加氢裂化装置
工艺计算与技术分析

（第二版）

李立权　主　编

中国石化出版社

内 容 提 要

本书全面介绍了加氢裂化工艺计算的基本知识,详述了加氢裂化工艺计算基础和方法,对加氢裂化工艺计算和技术方案进行了详细分析和对比。全书涵盖加氢裂化原料和产品、物料平衡、热量平衡和压力平衡、工艺技术、单体设备、安全泄放、能耗及节能等内容。

本书注重理论与实际相结合,对加氢裂化工艺计算和技术分析有很好的指导作用,可供炼油行业从事科研、设计、生产、管理及教育的人员阅读和参考。

图书在版编目(CIP)数据

加氢裂化装置工艺计算与技术分析/李立权主编.
—2版.—北京:中国石化出版社,2020.2
ISBN 978-7-5114-5659-5

Ⅰ.①加… Ⅱ.①李… Ⅲ.①石油炼制—加氢裂化—化工计算 Ⅳ.①TE624.4

中国版本图书馆 CIP 数据核字(2020)第 018294 号

中国石化出版社出版发行

地址:北京市东城区安定门外大街 58 号
邮编:100011 电话:(010)57512500
发行部电话:(010)57512575
http://www.sinopec-press.com
E-mail:press@sinopec.com
北京富泰印刷有限责任公司印刷
全国各地新华书店经销

*

787×1092 毫米 16 开本 38.25 印张 957 千字
2020 年 4 月第 2 版 2020 年 4 月第 1 次印刷
定价:198.00 元

第二版前言

随着降低柴汽比、化工品需求增加、生产过程清洁化、日益严格的环保法规、不断提高的产品要求、汽车电动化、地缘政治动荡等多种因数综合作用，与本书第一版出版时相比，加氢裂化技术的发展方向发生了一定变化，主要体现在：一是转向生产更多化工原料（2019 年国内首套柴油加氢裂化生产重石脑油的装置投产）、汽油（2017 年首套新建催化柴油加氢裂化生产汽油的装置投产）、特种油及高档润滑油基础油（2016 年首套新建生产 API Ⅲ⁺的加氢裂化-加氢异构装置投产）；二是重油轻质化（将更多残渣油转换为轻质馏分油，2019 年国内首套沸腾床渣油加氢裂化装置投产）；三是更长的运转周期要求（国内大部分企业实施了四年一修，中国石化部分企业五年一修）；四是安全要求更高（2018~2019 年底中国石化开展了高压串低压及合规性检查与整改，目前相关标准正在制定中）；五是节能需要增加（2018 年 4 月中国石化提出了绿色企业远景目标：到 2035 年，绿色低碳发展水平达到国际先进水平；到 2050 年，绿色低碳发展水平达到国际领先水平）；六是大型化（2019 年国内投产了 600 万吨/年柴油加氢裂化装置、750 万吨/年蜡油加氢裂化装置、650 万吨/年渣油加氢裂化装置，这些装置成为了世界上运营的最大同类装置）；七是更高的产品标准，2020 年 1 月 1 日我国在全国范围内实施第六阶段车用汽油和车用柴油标准，2020 年 1 月 1 日船用燃料硫含量从 3.5%降到 0.5%，需改造或新建加氢装置适应产品质量升级。

本书第一版侧重于馏分油加氢裂化的相关计算和技术分析，根据形势的变化，第二版增加和完善的内容主要有：一是随着国内开发和国外引进的渣油加氢裂化装置开工，增加了渣油加氢裂化方面的相关内容；二是配合中国石化高压串低压排查、合规性检查工作，增加了安全计算方面的相关内容；三是配合节能工作，增加液力透平的工艺计算及技术分析；四是每一章结尾增加了近年来关注的热点难点问题，希望通过对加氢裂化热点难点问题的思考和行动，促进加氢技术进步；五是增加了部分计算公式，这些公式更多聚焦于加氢裂化装置标定报告的准确性和完整性，以更好配合中国石化股份有限公司对加氢裂化装置标定报告的要求；六是增加了装置计算实例，这些实例来源于两期加氢裂化、渣油加氢装置专家班学员的作业。

第一版前言

    加氢裂化技术是炼油厂生产清洁/超清洁燃料、化工原料和油品轻质化的关键技术，集炼油技术、高压技术和催化技术为一体。《油气杂志》的统计表明：2001~2008 年，世界原油加工能力增长 4.99%，加氢处理增长 20.3%，加氢裂化增长 16.54%，预计 2015 年相对于 2005 年加氢处理增长 30%，加氢裂化增长 60%。中国石化科技开发部的统计表明：2001~2006 年，中国石油和中国石化原油加工能力提高了 31.31%；而加氢裂化装置能力提高了 94.16%；加氢处理装置能力提高了 80.95%。2007 年末，世界加氢装置平均占一次原油加工能力的 54.3%，日本 95.19%，德国 85.81%，美国 83.12%，中国石油和中国石化 38%。2006~2010 年世界加氢裂化的增长率预计为 23.19%，加氢精制预计为 17.00%。Hart 公司预计：2005~2020 年，世界原油平均比重指数将从 32.8 下降到 32.3，硫含量将从 1.17% 上升到 1.35%，到 2020 年，全球总脱硫能力将增加 55%，其中中间馏分油脱硫能力需增加 59%，这必将促使各种加氢技术迅猛发展。

    随着加氢裂化技术的进步和快速发展，应用于工艺工程设计的各种网络计算软件也得以普及和应用，使工艺工程设计人员可以很方便地对加氢裂化装置进行工艺流程优化、物料衡算、热量衡算、压力平衡、单体设备计算及多方案技术对比和分析，但计算基准如何选取、计算方法如何确定、计算公式的适用范围如何、要控制哪些参数才能达到计算目的、计算结果如何应用于工艺工程、如何利用生产中产生的问题来修正工艺设计使其更符合实际等，仍是工艺工程设计的核心和结果可靠的基础。加氢裂化装置的工艺工程设计既是对单一设计原料在一定操作条件下，满足产品要求的最优化工艺工程(包括投资、能耗、经济性、可操作性和可靠性)研究和实践；也是在一定限制条件下(工艺流程、操作条件、催化剂、设备、管线等)，适应不同原料、生产一定变化范围产品的工艺工程研究和实践。因此，加氢裂化装置的工艺工程设计既需要理论、经验或半经验计算模型或公式作为工艺工程设计的基础，也需要工程经验补充工艺工程设计，使其适用变化和非正常工况的要求。本书作者试图从众多的网络计算软件中提取经实践检验是成熟、可靠的理论，经验或半经验计算模型、公式作为加氢裂化装置的工艺计算基础，结合作者多年来的工程经验，形成能满足目前加氢裂化技术水平的工艺工程设计和技术分析专著，以促进加氢裂化装置设计、生产、管理水平的提高，为我国加氢裂化技术的快速发展尽一点微薄之力。

《加氢裂化装置工艺计算和技术分析》内容包括：原料油方面的工艺计算及技术分析、产品方面的工艺计算及技术分析、物料平衡及技术分析、热量平衡及技术分析、压力平衡及技术分析、工艺技术及技术分析、工艺因素及技术分析、工艺技术方案及技术分析、高压换热器工艺计算及技术分析、压缩机工艺计算及技术分析、高压泵工艺计算及技术分析、高压反应器工艺计算及技术分析、高压空冷器工艺计算及技术分析、高压加热炉工艺计算及技术分析、高压循环氢脱硫塔工艺计算及技术分析、高压分离器工艺计算及技术分析、过滤器工艺计算及技术分析、安全泄放系统工艺计算及技术分析、能耗及节能等。

本书以馏分油固定床加氢裂化技术为基础，工艺技术方案、技术经济分析以可比的价格体系为计算基准，为避免具体技术数据引起纠纷，敏感的技术数据采用了基准及基准±百分数的表示方式，引用标准、软件均为国际、国内通用，没有涉及未公开发表的新技术、新方法，没有未经工业装置验证的经验或半经验计算模型或公式，没有各设计单位和工程公司未公开发表的工程设计标准、未公开发行的技术资料等。

本书编写过程中，得到了炼油企业界的许多同仁、中国石化集团洛阳石油化工工程公司同事及中国石化出版社的支持和帮助，在此一并表示感谢！

目　　录

I

X

第1章　有关原料油方面的工艺计算

加氢裂化装置原料油性质一般包括密度、馏程、特性因数、相对分子质量、残炭、沥青质、烃族组成、硫含量、烯烃含量、氮含量、金属含量、氢含量、API、BMCI、黏度、黏度指数、酸值、黏重常数、倾点(或凝点)、水含量、折光率、闪点、蜡含量、固性物等。不同类型、生产不同目的产品的加氢裂化装置关注不同的原料油性质，需要不同的设计理念。

1.1　原料油的拟组分切割[1,11,17~19,22]

加氢裂化装置可能加工一种或多种原料油，各馏分的沸程宽窄不等，组成不同(几千至几十万个分子)，不能笼统用简单方式表示。20世纪30年代，Katz和Brown提出了"拟组分"的概念，他们指出：复杂体系如石油馏分，其组成通常表示为一个蒸馏曲线(如实沸点蒸馏曲线、恩氏蒸馏曲线)，可以被看作有限数目精确切割的窄馏分混合物。每一个窄馏分都可被当作一个纯组分处理，称为"拟组分"或"虚拟组分"，同时以窄馏分的平均沸点、密度、平均相对分子质量等表征各个拟组分的性质。在工艺计算过程中，将"拟组分"等同于纯组分进行模拟计算。这样，加氢裂化加工的每一种原料油就可表示为不同拟组分组成的混合物系。

实沸点蒸馏具有精馏作用，在一定意义上反映了石油馏分的组分分布，窄馏分切割的馏分宽度一般为15~20℃，切割的组分数目越多，馏分越窄，越能反映组分分布的性质，但组分数目越多，计算越困难，耗时越多，也受计算机允许的最大组分限制。

加氢裂化装置加工的原料油均为重组分，由于石油馏分的复杂性，即使在一个很窄的馏分范围内，也无法确定所含每一个组分的性质，工程上只能用隐含的平均性质来表示。

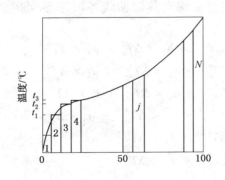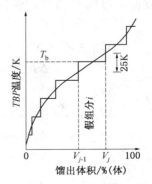

图1-1　积分法切割拟组分示意

图1-1为实沸点蒸馏曲线，用函数表示如下：

$$TBP = TBP_{(V)}$$

图中每一个阶梯下面对应的面积代表切割的一个拟组分，实际上是一段窄馏分。如第 j

个拟组分，体积百分数为切割的体积区间 $V_j - V_{j-1}$，该拟组分的实沸点为：

$$TBP_j = (V_j - V_{j-1})^{-1} \int_{V_{j-1}}^{V_j} TBP_{(V)} \, \mathrm{d}v$$

由于 $TBP_{(V)}$ 是一个隐函数，并不能严格积分。只有当两个切割点温度足够小时，才可以用 TBP_{j-1} 和 TBP_j 的算术平均值来代替拟组分 j 的实沸点，即：

$$TBP_j = T_{\frac{1}{2}} = \frac{(TBP_{j-1} - TBP_j)}{2}$$

求得窄馏分的 $T_{\frac{1}{2}}$，实测得到 $d_{15.6}^{15.6}$ 和 M（相对分子质量）（或通过计算得到）后，就可以将这一个窄馏分当作一个拟组分，与纯组分性质一样计算其他的基本物理性质了，如：临界性质、偏心因子等。加氢裂化原料油这个复杂混合物就可以看成由一定数量的拟组分构成的假多元混合物（表 1-1），按照多元气液平衡的各种处理方法进行。

表 1-1　典型的加氢裂化原料油拟组分切割数据

$T_{\frac{1}{2}}$/K	$d_{15.6}^{15.6}$	M	组成/%(体)	组成/%(mol)
560.95	0.8513	223.50	4.9	8.021
617.05	0.8724	278.35	5.0	6.600
645.95	0.8790	311.41	10.0	11.889
668.75	0.8795	340.61	10.0	10.876
687.55	0.8865	365.20	9.9	10.225
700.95	0.8964	382.36	9.9	9.875
712.05	0.9070	396.68	10.0	9.630
729.85	0.9206	421.21	10.0	9.206
749.85	0.9164	454.01	9.9	8.502
771.45	0.9086	494.94	10.0	7.732
790.95	0.9283	525.62	9.9	7.438

（1）蒸馏数据的换算关系一

一般情况下，研究单位提供的为恩氏蒸馏数据，计算前往往需要将恩氏蒸馏数据换算为实沸点蒸馏数据。恩氏蒸馏曲线各段温差与实沸点蒸馏曲线各段温差互相换算的数学模型为：

$$\Delta T_{t_1} = a_1 \times \Delta T_{a_1} + a_2 \times \Delta T_{a_1}^{1.65} + a_3 \times \Delta T_{a_1}^2 + a_4 \times \Delta T_{a_1}^{4.5} \tag{1}$$

$$\Delta T_{t_2} = a_1 \times \Delta T_{a_2} + a_2 \times \Delta T_{a_2}^{1.5} + a_3 \times \Delta T_{a_2}^{3.79} + a_4 \times \Delta T_{a_2}^{4.99} \tag{2}$$

$$\Delta T_{t_3} = a_1 \times \Delta T_{a_3} + a_2 \times \Delta T_{a_3}^{1.5} + a_3 \times \Delta T_{a_3}^{3.8} + a_4 \times \Delta T_{a_3}^6 \tag{3}$$

$$\Delta T_{t_4} = a_1 \times \Delta T_{a_4} + a_2 \times \Delta T_{a_4}^{1.55} + a_3 \times \Delta T_{a_4}^{3.79} + a_4 \times \Delta T_{a_4}^{3.3} \tag{4}$$

$$\Delta T_{t_5} = a_1 \times \Delta T_{a_5} + a_2 \times \Delta T_{a_5}^{1.65} + a_3 \times \Delta T_{a_5}^{3.3} \tag{5}$$

$$\Delta T_{t_6} = a_1 \times \Delta T_{a_6} + a_2 \times \Delta T_{a_6}^{2.59} + a_3 \times \Delta T_{a_6}^{2.92} \tag{6}$$

$$\Delta T_{a_1} = a_1 \times \Delta T_{t_1}^{1.29} + a_2 \times \Delta T_{t_1}^{1.3} + a_3 \times \Delta T_{t_1}^{3.5} \tag{7}$$

$$\Delta T_{a_2} = a_1 \times \Delta T_{t_2}^{0.9} + a_2 \times \Delta T_{t_2}^{2.8} + a_3 \times \Delta T_{t_2}^{3.8} + a_4 \times \Delta T_{t_2}^6 \tag{8}$$

$$\Delta T_{a_3} = a_1 \times \Delta T_{t_3}^{0.9} + a_2 \times \Delta T_{t_3}^{2.8} + a_3 \times \Delta T_{t_3}^{3.8} + a_4 \times \Delta T_{t_3}^{5.5} \tag{9}$$

$$\Delta T_{a_4} = a_1 \times \Delta T_{t_4}^{0.9} + a_2 \times \Delta T_{t_4}^{2.2} + a_3 \times \Delta T_{t_4}^{2.89} + a_4 \times \Delta T_{t_4}^6 \tag{10}$$

$$\Delta T_{a_5} = a_1 \times \Delta T_{t_5}^{0.9} + a_2 \times \Delta T_{t_5}^{1.9} + a_3 \times \Delta T_{t_5}^{3.1} + a_4 \times \Delta T_{t_5}^4 \tag{11}$$

$$\Delta T_{a_6} = a_1 \times \Delta T_{t_6}^{0.3} + a_2 \times \Delta T_{t_6}^{1.4} + a_3 \times \Delta T_{t_6}^{2.3} + a_4 \times \Delta T_{t_6}^{4} \tag{12}$$

式中，ΔT_{a_1}、ΔT_{a_2}、ΔT_{a_3}、ΔT_{a_4}、ΔT_{a_5}、ΔT_{a_6} 依次为恩氏蒸馏馏出体积分数 0~10%，10%~30%，30%~50%，50%~70%，70%~90%，90%~100%各段温度差，℃；

ΔT_{t_1}、ΔT_{t_2}、ΔT_{t_3}、ΔT_{t_4}、ΔT_{t_5}、ΔT_{t_6} 依次为实沸点蒸馏馏出体积分数 0~10%，10%~30%，30%~50%，50%~70%，70%~90%，90%~100%各段温度差，℃；

a_1、a_2、a_3、a_4 为公式系数。

由恩氏蒸馏50%点温度计算两曲线50%点温差的数学模型：

$$\Delta T = a_1 + a_2 \times T_a^2 + a_3 \times T_a^3 + a_4 \times \Delta T_a^{3.7}$$

式中　T_a——恩氏蒸馏50%点的温度，℃；

ΔT——实沸点蒸馏50%点温度与恩氏蒸馏50%点温度温差，℃。

使用时应注意：

① 适用于特性因数 $K = 11.8$，沸点低于427℃的油品。

② 凡恩氏蒸馏温度>246℃时，考虑到裂化的影响，须进行温度校正：

$$\lg D = 0.00852T - 1.691$$

式中　D——温度校正值（加至 T 上），℃；

T——超过246℃的恩氏蒸馏温度，℃。

③ ΔT_{a_1} 使用的温差为 0~50℃，ΔT_{a_2}、ΔT_{a_3}、ΔT_{a_4}、ΔT_{a_5} 使用的温差为 0~100℃，ΔT_{a_6} 使用的温差为 0~53℃；

④ 适用的加氢裂化原料馏出温度为 38~483℃；

⑤ ΔT_{t_1} 和 ΔT_{t_6} 适用温差为 0~70℃，ΔT_{t_2}、ΔT_{t_3}、ΔT_{t_4}、ΔT_{t_5} 适用温差为 0~114℃。

（2）蒸馏数据的换算关系二

1987 年的 API 法：常压恩氏蒸馏（ASTM D86）与实沸点蒸馏数据换算不需要进行裂化修正，为各种商业流程模拟软件所推荐[41]：

$$T_b = a_1 T_n^{a_2}$$

式中　T_b——实沸点蒸馏温度，℃；

T_n——恩氏蒸馏温度，℃；

a_1，a_2——模型参数，见表1-2。

表1-2　模型参数

分率/%（体）	a_1	a_2
0	0.91772	1.0019
10	0.55637	1.0900
30	0.76169	1.0425
50	0.90128	1.0176
70	0.88214	1.0226
90	0.95516	1.0110
95	0.81769	1.0355

（3）蒸馏数据的换算关系三

API 推荐常压恩氏蒸馏（ASTM D1160）曲线转换为常压实沸点蒸馏曲线步骤：

① 将常压 ASTM D1160 曲线转换为 10mmHg 压力下的 ASTM D1160 曲线；

② 将 10mmHg 压力下的 ASTM D1160 曲线转换为 10mmHg 压力下的实沸点蒸馏曲线；

③ 将 10mm 压力下实沸点蒸馏曲线转换为常压实沸点蒸馏曲线。

其中，常压 ASTM D1160 曲线向 10mmHg 压力 ASTM D1160 曲线转换时采用：给定正常沸点，计算不同压力下沸点温度，其换算关系为：

$$\lg P^* = \frac{3000.538 \mathcal{X} - 6.7615}{43 \mathcal{X} - 0.9876} \qquad \mathcal{X} > 0.0022$$

$$\mathcal{X} = \frac{6.7615 - 0.9876 \log P^*}{3000.538 - 43 \log P^*} \qquad P^* < 2\text{mmHg}$$

$$\lg P^* = \frac{2663.129 \mathcal{X} - 5.9943}{95.75 \mathcal{X} - 0.9725} \qquad 0.0013 \leqslant \mathcal{X} \leqslant 0.0022$$

$$\mathcal{X} = \frac{5.9943 - 0.9725 \log P^*}{2663.129 - 95.76 \log P^*} \qquad 2\text{mmHg} \leqslant P^* \leqslant 760\text{mmHg}$$

$$\lg P^* = \frac{2770.085 \mathcal{X} - 6.4126}{36 \mathcal{X} - 0.9896} \qquad \mathcal{X} < 0.0013$$

$$\mathcal{X} = \frac{6.4126 - 0.9896 \log P^*}{2770.085 - 36 \log P^*} \qquad P^* > 760\text{mmHg}$$

$$\mathcal{X} = \frac{\dfrac{T'_{760}}{T} - 0.000516 T'_{760}}{748.1 - 0.3861'_{760}}$$

$$T = \frac{T'_{760}}{(748.1 - 0.3861 T'_{760}) \mathcal{X} + 0.000516 T'_{760}}$$

$$T'_{760} = T_{760} - \frac{25f}{18}(K - 12) \lg \frac{P^*}{760}$$

$$f = 0.0 \qquad (T_{760} < 366.48\text{K})$$

$$f = 1.0 \qquad (P^* < 760\text{mmHg}, \ T_{760} > 477.59\text{K})$$

$$f = \frac{1.8 T_{760} - 659.7}{200} \qquad (P^* > 760\text{mmHg}, \ 366.48 \leqslant T_{760} \leqslant 477.59\text{K})$$

式中　P^*——蒸气压，mmHg；

　　　$\mathcal{X}$——沸点参数；

　　　T——沸点温度，K；

　　T_{760}——常压沸点，K；

　　T'_{760}——校正到 K 值为 12 的常压沸点，K；

　　　K——特性因数；

　　　F——校正因子。

1.2　密度、*API*、*BMCI*、V_{GC}、*CH*、K_H（K_R）、*RI*、*I*、*WN*、*WF* 计算[1,9~11,14~17,20,23~26]

1.2.1　密度

（1）密度的概念

单位体积所含物质在真空中的质量，其表达式为；

$$\rho = \frac{m_{真空}}{V}$$

式中　ρ——密度，g/cm^3；

$m_{真空}$——质量，g；

V——体积，cm^3。

（2）标准密度

在标准温度下测得的密度，一般是在 15.6℃ 或 20℃ 下测得。我国规定在标准温度 20℃ 下测得的密度为标准密度，用 ρ_{20} 表示。

（3）视密度

测量温度下的密度，用 ρ_t 表示。

（4）相对密度

物质密度与规定温度下水的密度之比称为相对密度，用 d 表示。

$$d = \frac{\rho_{油}}{\rho_{水}}$$

（5）标准相对密度

我们国家规定 20℃ 的试油密度与 4℃ 水的密度之比称为标准相对密度，用 d_4^{20} 表示。

$$d_4^{20} = \frac{\rho_{20油}}{\rho_{4水}}$$

（6）国际标准相对密度

北美石油工业协会规定 15.6℃ 的试油密度与 15.6℃ 水的密度之比称为标准相对密度，后演化为国际标准，用 $d_{15.6}^{15.6}$ 表示。

$$d_{15.6}^{15.6} = \frac{\rho_{15.6油}}{\rho_{15.6水}}$$

$d_{15.6}^{15.6}$ 与 d_4^{20} 可用表 1-3 中的校正值相互换算，换算关系式为：

$$d_{15.6}^{15.6} = d_4^{20} + \Delta d$$

吴子明在完成 2017 年加氢裂化、渣油加氢专家班学员大作业时为便于在线优化计算，假定国际标准相对密度与标准相对密度为一阶线性方程，通过最小二乘法回归公式为：

$$d_{15.6}^{15.6} = 0.994267 d_4^{20} + 0.009142$$

表 1-3　相对密度换算表

$d_{15.6}^{15.6}$ 或 d_4^{20}	Δd	$d_{15.6}^{15.6}$ 或 d_4^{20}	Δd
0.7000~0.7100	0.0051	0.8400~0.8500	0.0043
0.7100~0.7300	0.0050	0.8500~0.8700	0.0042
0.7300~0.7500	0.0049	0.8700~0.8900	0.0041
0.7500~0.7700	0.0048	0.8900~0.9100	0.0040
0.7700~0.7800	0.0047	0.9100~0.9200	0.0039
0.7800~0.7900	0.0046	0.9200~0.9400	0.0038
0.8000~0.8200	0.0045	0.8400~0.9500	0.0037
0.8200~0.8400	0.0044		

徐春明等[38]归纳相对密度换算校正值公式为：

$$\Delta d = \frac{1.598 - d_4^{20}}{176.1 - d_4^{20}}$$

式中　d_4^{20}——20℃标准相对密度；

Δd——相对密度换算校正值。

对于加氢裂化装置加工的原料油，温度升高，密度下降；温度降低，密度升高，如图1-2所示。

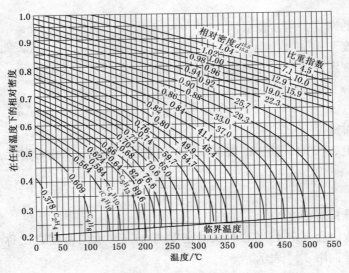

图 1-2　加氢裂化原料在任一温度下的相对密度

当温度变化在 20±5℃ 范围内变化时，视密度与标准密度的换算关系如下：

$$d_{20} = d_t + r(T - 20)$$

式中　d_{20}，d_t——油品温度20℃、t℃时的密度，g/cm³；

T——测量温度，℃；

r——平均温度密度系数，（g/cm³）/℃。

（7）常压沸点下的液体密度

Benson 法：
$$d_b = d_c \cdot \frac{V_c}{V_b}$$

或 $$d_b = 0.4221 \lg p_c + 1.981$$

式中 d_b——常压沸点下的液体密度，g/cm³；

   d_c——临界密度，g/cm³；

   V_c——临界体积，cm³/g；

   V_b——常压沸点下的液体体积，cm³/g；

   p_c——临界压力，atm（1atm=101.3kPa）。

Tyn-Calus 法： $$d_b = 0.285 d_c^{1.048}$$

加氢裂化原料油密度与温度关系见图1-3。

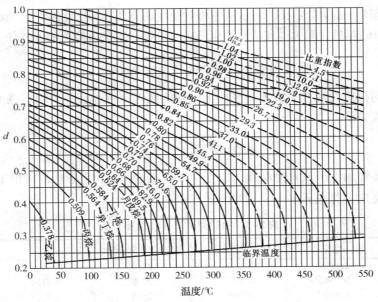

图1-3 加氢裂化原料油密度与温度的关系

（8）原料油的混合密度

当两种或更多原料混合形成加氢裂化原料时，原料油的混合密度可近似地按可加性进行计算。

$$d_{混} = V_1 d_1 + V_2 d_2 + \cdots + V_i d_i$$

或 $$d_{混} = \cfrac{1}{\cfrac{W_1}{d_1} + \cfrac{W_2}{d_2} + \cdots + \cfrac{W_i}{d_i}}$$

式中 $d_{混}$——原料油的混合密度，g/cm³；

  $V_1, V_2, \cdots, V_i$——原料油中各组分的体积分数，%（体）；

  $W_1, W_2, \cdots, W_i$——原料油中各组分的质量分数，%；

  $d_1, d_2, \cdots, d_i$——原料油中各组分的密度，g/cm³。

（9）密度与油品化学组成的关系

烃类分子中所含碳原子数相同时，芳烃的密度最大，烷烃的密度最小，环烷烃介于二者之间。同族烃类中，所含碳原子数越多，则密度越大。

（10）密度与加氢裂化产品的关系

一般情况下，加氢裂化原料的密度与加氢裂化产品（喷气燃料和柴油）的密度相一致，即加氢裂化原料密度高者，加氢裂化产品的密度也较高，见表1-4。

表1-4　加氢裂化原料密度与加氢裂化产品密度的关系

项　　目	大庆 VGO+CGO	伊朗 VGO	沙特 VGO
原料密度/(g/cm³)	0.8607	0.9012	0.9133
喷气燃料(132~282℃)密度/(g/cm³)	0.7853	0.8001	0.8018
柴油(282~350℃)密度/(g/cm³)	0.8034	0.8186	0.8238

1.2.2　API 度

API 度是美国石油学会定义的表示液体相对密度的方法，API 度除作为制定石油价格的标准，还被用来对储存量、附加税和特许使用费进行分类，它是由波美刻度按如下公式导出：

$$Drgrees\ Baume = \frac{140}{d_{15.6}^{15.6}} - 130$$

然而，人们很快发现按照波美刻度校正得到的液体比重存在一个固定偏差，经过进一步修正后的方程式如下：

$$API = \frac{141.5}{d_{15.6}^{15.6}} - 131.5$$

加氢裂化装置加工的原料油的相对密度一般在 0.85~1.0，表1-5 给出了在此范围内相对密度与 API 度的换算关系。

表1-5　相对密度与 API 度换算表

API 度	$d_{15.6}^{15.6}$	d_4^{20}	API 度	$d_{15.6}^{15.6}$	d_4^{20}
10	1.0000	0.9968	22.5	0.9188	0.9149
10.5	0.9965	0.9933	23.0	0.9159	0.9120
11.0	0.9930	0.9897	23.5	0.9129	0.9090
11.5	0.9895	0.9852	24.0	0.9100	0.9060
12.0	0.9861	0.9828	24.5	0.9071	0.9031
12.5	0.9826	0.9794	25.0	0.9042	0.9002
13.0	0.9792	0.9760	25.5	0.9013	0.8973
13.5	0.9759	0.9726	26.0	0.8984	0.8944
14.0	0.9725	0.9629	26.5	0.8956	0.8916
14.5	0.9692	0.9658	27.0	0.8927	0.8887
15.0	0.9659	0.9625	27.5	0.8899	0.8858
15.5	0.9626	0.9592	28.0	0.8871	0.8830
16.0	0.9593	0.9560	28.5	0.8844	0.8803
16.5	0.9561	0.9527	29.0	0.8816	0.8775
17.0	0.9529	0.9495	29.5	0.8789	0.8748
17.5	0.9497	0.9463	30.0	0.8762	0.8721
18.0	0.9465	0.9430	30.5	0.8735	0.8694
18.5	0.9433	0.9399	31.0	0.8708	0.8667
19.0	0.9402	0.9368	31.5	0.8681	0.8639
19.5	0.9371	0.9337	32.0	0.8654	0.8612
20.0	0.9340	0.9306	32.5	0.8628	0.8586
20.5	0.9309	0.9271	33.0	0.8602	0.8560
21.0	0.9279	0.9241	33.5	0.8576	0.8534
21.5	0.9248	0.9210	34.0	0.8550	0.8508
22.0	0.9218	0.9180	34.5	0.8524	0.8482

在同一沸点范围内，相对密度越高，API 度越小，其组成中烷烃越少，烷烃和芳烃越多。

1.2.3　BMCI

相关指数、关联指数或芳烃指数 BMCI 的定义为：

$$BMCI = \frac{48640}{T_c} + 473.7d_{15.6}^{15.6} - 456.8$$

式中　BMCI——美国矿务局关联指数（U.S. Bureau of Mines Correlation Index）；

T_c——立方平均沸点，K；

$d_{15.6}^{15.6}$——国际标准相对密度。

一般烷烃 BMCI 值为 0~12，环烷烃为 24~52，单环芳烃为 55~100。

加氢裂化原料油的芳香性愈强，则 BMCI 值越大；氢含量越大，则 BMCI 值越小。

【计算实例】

已知：大庆 VGO（350~500℃）$d_4^{20}=0.8586$，$T_c=703$K，计算相关指数。

计算：由表 1-5 的换算关系可知：$d_{15.6}^{15.6}=0.8628$

将已知数据代入：$BMCI = \frac{48640}{T_c} + 473.7d_{15.6}^{15.6} - 456.8$

$$= \frac{48640}{703} + 473.7 \times 0.8628 - 456.8 = 21.1$$

1.2.4　黏重指数（V_{GC}）

黏重指数（Viscosity-gravity constant）的定义为：

$$V_{GC} = \frac{d_{15} - 0.108 - 0.1255 \lg(v_{100} - 0.8)}{0.90 - 0.0971 \lg(v_{100} - 0.8)}$$

或

$$V_{GC} = \frac{d_{15.6}^{15.6} - 0.24 - 0.0381 \lg v_{100}}{0.755 - 0.0111 \lg v_{100}}$$

式中　V_{GC}——黏重指数；

d_{15}——15℃的密度，g/cm³；

v_{100}——100℃时的运动黏度，mm²/s。

对于链烷烃 $V_{GC}=0.73~0.75$，环烷烃 $V_{GC}=0.85~0.98$，芳香烃 $V_{GC}=0.95~1.13$。

石蜡基油 $V_{GC}<0.82$，中间基油 $V_{GC}=0.82~0.85$，环烷基油 $V_{GC}>0.85$。

【计算实例】

已知：中原 VGO（350~540℃）$d_4^{20}=0.8612$，$v_{100}=5.21$ mm²/s，计算黏重指数。

计算：由表 1-5 的换算关系可知：$d_{15.6}^{15.6}=0.8654$

将已知数据代入：$V_{GC} = \frac{d_{15.6}^{15.6} - 0.24 - 0.0381 \lg v_{100}}{0.755 - 0.0111 \lg v_{100}}$

$$= \frac{0.8654 - 0.24 - 0.0381 \lg 5.21}{0.755 - 0.0111 \lg 5.21} = 0.8006$$

1.2.5 碳氢比(CH)

碳氢比(CH)的定义为:

$$CH = \frac{C}{H}$$

式中 C——碳,%;

H——氢,%。

一般链烷烃的 $CH = 5.1 \sim 5.8$,环烷烃的 $CH = 6 \sim 7$,芳烃的 $CH = 7 \sim 12$,几种常压渣油的 CH 计算结果见表 1-6。不同烃组成的 CH 见图 1-4。

表 1-6 几种常压渣油 CH 计算结果

项目	大庆	大港	中原	阿曼	孤岛	辽河	胜利	塔中	科威特
C_W/%	86.32	86.00	85.37	85.99	84.99	87.39	86.36	86.79	84.38
H_W/%	13.27	12.56	12.02	12.10	11.69	11.94	11.77	11.78	10.99
CH	6.506	6.847	7.102	7.107	7.270	7.319	7.337	7.367	7.678

相对分子质量为 $70 \sim 300$,中平均沸点为 $300 \sim 616K$ 的加氢裂化原料,碳氢比的关联式为:

$$CH = 3.4707\exp(1.485 \times 10^{-2}T_{me} + 16.94d_{15.6}^{15.6} - 1.2492 \times 10^{-2}T_{me}d_{15.6}^{15.6})T_{me}^{-2.725}(d_{15.6}^{15.6})^{-6.796}$$

相对分子质量为 $300 \sim 600$,中平均沸点为 $616 \sim 811K$ 的加氢裂化原料,碳氢比的关联式为:

$$CH = 2.1471 \times 10^{-22}\exp(8.4312 \times 10^{-3}T_{me} + 1.0312 \times 10^{2}I - 2.736 \times 10^{-2}T_{me}I)T_{me}^{-0.786}I^{-21.567}$$

式中,$I = 1.8429 \times 10^{-2}\exp(1.1635 \times 10^{-3}T_{me} + 5.144d_{15.6}^{15.6} - 5.9202 \times 10^{-4}T_{me}d_{15.6}^{15.6})T_{me}^{-0.407}(d_{15.6}^{15.6})^{-3.333}$

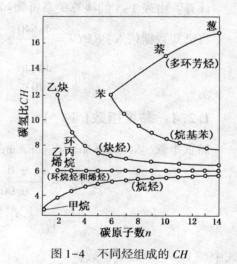

图 1-4 不同烃组成的 CH

1.2.6 $K_H(K_R)$ [27]

把我国渣油的碳氢比、相对分子质量及密度组合为一个称为 K_H 的重质油特性化参数,其关系式为:

$$K_H = \frac{10\frac{H}{C}}{M^{0.1236}d_{20}}$$

第一类:$K_H > 7.5$,表示二次加工性能好;

第二类:$6.5 < K_H < 7.5$,表示二次加工性能中等;

第三类:$K_H < 6.5$,表示二次加工性能差。

【计算实例】

已知:大庆常压渣油($>350℃$)馏分 $d_4^{20} = 0.8959$,$M = 563$,$C = 86.32$,$H = 13.27$,计算大庆常压渣油特性化参数。

计算：将已知数据代入：

$$K_H = \frac{10\frac{H}{C}}{M^{0.1236}d_{20}} = \frac{10 \times \frac{86.32}{13.27}}{563^{0.1236} \times 0.8959} = 33.19$$

国外渣油的重质油特性化参数 K_R 可表示为：

$$K_R = \frac{20\frac{H}{C}}{M^{0.1236}v_{70}^{0.1305}}$$

式中　v_{70}——70℃时的运动黏度，mm^2/s。

饱和分的质量分数 $= -0.21K_R^3 + 4.51K_R^2 - 19.89K_R + 29.38$

胶质的质量分数 $= 0.50K_R^2 - 11.88K_R + 29.38$

残炭的质量分数 $= 0.26K_R^2 - 6.00K_R + 34.77$

1.2.7　RI

RI 表示交折点，计算公式：

$$RI = n - \frac{d_{20}}{2}$$

式中　n——20℃时的折光率。

一般链烷烃的 $RI = 1.044 \sim 1.055$，环烷烃的 $RI = 1.028 \sim 1.046$，芳烃的 $RI = 1.050 \sim 1.107$。

1.2.8　I

I 表示黄氏因子，计算公式：

$$I = \frac{n^2 - 1}{n^2 + 2}$$

当20℃时的折光率未知时　　$I = aT_{me}^b (d_{15.6}^{15.6})^c \exp(d_0 T_{me} + d_1 d_{15.6}^{15.6} + d_2 d_{15.6}^{15.6})$

式中　　T_{me}——中平均沸点，K；

a，b，c，d_0，d_1，d_2——常数，对轻、重原料取不同数值，见表1-7。

表1-7　黄氏因子 I 计算中的常数取值

项　目	$M = 70 \sim 300$，$T_v = 36 \sim 343$	$M = 300 \sim 600$，$T_v = 343 \sim 538$
a	2.3435×10^{-2}	1.8429×10^{-2}
b	0.0572	-0.407
c	-0.720	-3.333
d_0	7.0290×10^{-4}	1.1635×10^{-3}
d_1	2.468	5.144
d_2	-1.0267×10^{-3}	-5.9202×10^{-4}

表1-7 的适用范围：$M = 70 \sim 600$，$T_v = 36 \sim 538$，$d_{15.6}^{15.6} = 0.63 \sim 1.1$，$n = 1.35 \sim 1.65$。

一般链烷烃的 $I = 0.219 \sim 0.265$，环烷烃的 $I = 0.246 \sim 0.273$，芳烃的 $I = 0.285 \sim 0.295$。

1.2.9　WN

$$WN = M(n - 1.4750)$$

一般链烷烃的 $WN = -8.79$，环烷烃的 $WN = -5.41 \sim 4.43$，芳烃的 $WN = 2.62 \sim 43.6$。

1.2.10　WF

$$WF = M(d_{20} - 0.8510)$$

一般链烷烃的 $WF = -17.8$，环烷烃的 $WF = -8.39 \sim 7.36$，芳烃的 $WF = 1$。

1.3　特性因数、平均沸点、折光率、折光指数计算[1,6~8,10,13,16~17,23~26]

1.3.1　特性因数

为了对复杂的石油馏分进行处理，就必须知其特征性质，由特征性质来关联其他性质。特性因数 K 在评价加氢裂化原料的质量时被广泛使用，它是由密度和平均沸点计算得到，也可以从计算特性因数的诺谟图求出（见图1-5）。K 值有 UOP K 和 Watson K 两种：

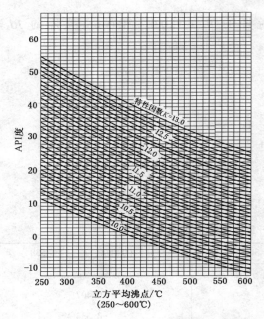
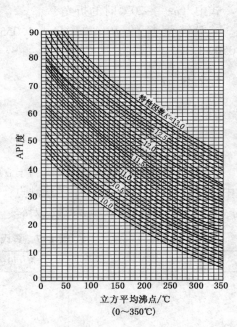

图1-5　特性因数与立方平均沸点关系图

$$\mathrm{UOP}\ K = \frac{(1.8T_{ca})^{\frac{1}{3}}}{d_{15.6}^{15.6}} \quad 或 \quad \mathrm{UOP}\ K = \frac{(1.8T_{CA})^{\frac{1}{3}}}{d_{15.6}^{15.6}}$$

式中　T_{ca}——立方平均沸点，K。

T_{CA}——立方平均沸点，℉，$1℉ = \dfrac{9}{5}t + 32$。

$$\text{Watson}K = \frac{(T_{me} + 460)^{\frac{1}{3}}}{d_{15.6}^{15.6}}$$

式中　　T_{me}——中平均沸点，℉。

　　两种 K 值的计算结果相差甚微。特性因数是说明加氢裂化原料石蜡烃含量的指标。K 值高，原料的石蜡烃含量高；K 值低，原料的石蜡烃含量低；但它在芳香烃和环烷烃之间则不能区分开。

　　K 值的平均值，烷烃最大，约在 12 以上，烷烃中又以轻烷最大，如：甲烷为 19.54，乙烷为 18.38，正丁烷和异丁烷分别为 13.51 和 13.82，随相对分子质量的增大而变小，但在 C_5 以上逐渐稳定下来，约在 12~13 之间，同原子数的烷烃随歧化程度增大，K 值增大。

　　芳香烃的 K 值最小，一般在 9.5~10.8；芳烃化程度愈高 K 值愈小，芳环上烷基链愈长，K 值则愈大。

　　环烷烃的 K 值介于芳烃和石蜡烷烃之间，并且也随环上的烷基增长而增大。

　　由于加氢裂化反应基本不具备环化功能，原料的特性因数与加氢裂化石脑油的环烷烃+芳烃含量密切相关。原料 K 值高者，加氢裂化产品 65~179℃ 石脑油中 C_6~C_9 的环烷烃+芳烃含量较低。蜡油加氢裂化原料的 K 值见表 1-8。

表 1-8　蜡油加氢裂化原料的 K 值

项　目	华北	大庆	惠州	中原	大港	胜利	塔中	北疆	辽河
实沸点范围/℃	350~500	350~520	350~500	350~540	350~520	350~500	350~500	350~500	350~500
K	13.39	12.65	12.60	12.58	12.23	11.88	11.86	11.79	11.51

【计算实例】

已知：大港 VGO（350~520℃）$d_4^{20} = 0.8780$，$T_{ca} = 697.5K$，计算 $UOPK$。

计算：由表 1-5 的换算关系可知：$d_{15.6}^{15.6} = 0.8821$

将已知数据带入

$$\text{UOP } K = \frac{(1.8T_{ca})^{\frac{1}{3}}}{d_{15.6}^{15.6}} = \frac{(1.8 \times 697.5)^{\frac{1}{3}}}{0.8821} = 12.23$$

混合物的特性因数等于各组分的质量分数与其特性因数乘积之和。其数学式为：

$$K_{混} = W_1K_1 + W_2K_2 + \cdots + W_iK_i$$

式中　　　　　$K_{混}$——混合物的特性因数；

W_1，W_2，$\cdots$，W_i——组分1、组分2、$\cdots$组分 i 的质量分数,%；

K_1，K_2，$\cdots$，K_i——组分1、组分2、$\cdots$组分 i 的特性因数。

1.3.2　平均沸点

　　物质的标准沸点是指其蒸气压和大气压相等时的温度。在沸点下，物质从液态变为气态。按严格的定义，沸点是液相和气相可以平衡共存的温度。

在求加氢裂化装置原料油的物理参数时，常用平均沸点来表征其气化性能。典型的平均沸点的分类有 5 种：①体积平均沸点，主要用于求定其他难以直接测定的平均沸点；②质量平均沸点，主要用于求定油品的真临界温度；③立方平均沸点，主要用于求定油品的特性因数 K 和运动黏度；④实分子平均沸点，主要用于求定油品的假临界温度和偏心因数；⑤中平均沸点，用于求定油品含氢量、特性因数、假临界压力、燃烧热和平均相对分子质量等物理性质。

（1）体积平均沸点

$$T_v = \sum X_{vi} T_{bi}$$

式中　　T_v——体积平均沸点，K；

　　　　X_{vi}——组分 i 的体积分率，%（体）；

　　　　T_{bi}——组分 i 的正常沸点，K。

T_v 可以由恩式蒸馏馏出体积 10%、30%、50%、70%、90% 的气相温度计算得到。

$$T_v = \frac{T_{10} + T_{30} + T_{50} + T_{70} + T_{90}}{5}$$

式中　　T_{10}，T_{30}，T_{50}，T_{70}，T_{90}——馏出体积 10%、30%、50%、70%、90% 的气相温度，K。

体积平均沸点主要用来求定其他难以直接测定的平均沸点。

（2）实分子平均沸点

$$T_m = \sum X_{mi} T_{bi}$$

式中　　T_m——实分子平均沸点，K；

　　　　X_{mi}——组分 i 的摩尔分率，%。

当用图表求定烃混合物或油品的假临界温度、偏心因数时，需用实分子平均沸点，简称为分子平均沸点。

（3）质量平均沸点

$$T_w = \sum X_{wi} T_{bi}$$

式中　　T_w——质量平均沸点，K；

　　　　X_{wi}——组分 i 的质量分率，%。

当采用图表求定油品的真临界温度时，则用到质量平均沸点。

（4）立方平均沸点

$$T_{ca} = \left(\sum X_{wi} T_{bi}^{\frac{1}{3}} \right)^3$$

式中　　T_{ca}——立方平均沸点，K。

也可用经验公式表示：

$$T_{ca} = 79.23 M^{0.3709} d_{20}^{0.1326}$$

当用图表求定油品的特性因数和运动黏度比需用立方平均沸点。

（5）中平均沸点

中平均沸点是分子平均沸点和立方平均沸点的算术平均值。

$$T_b = \frac{T_m + T_{ca}}{2}$$

式中　　T_b ——中平均沸点，K。

当用图表求定油品的氢含量、特性因数、假临界压力、燃烧热和平均相对分子质量时，需用中平均沸点。

（6）平均沸点之间的换算

① 查图换算。在平均沸点计算中，仅有体积平均沸点可由石油馏分的馏程测定数据直接计算得到，其他的平均沸点由相关图表查得（图 1-6）。

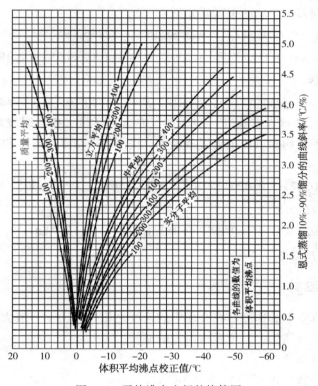

图 1-6　平均沸点之间的换算图

② 公式换算。1980 年周佩正[37] 根据石油馏分的体积平均沸点及其馏程斜率，提出关联式如下：

$$T_w = T_v + \Delta w$$

$$\ln \Delta w = -3.64991 - 0.02706 T_v^{0.6667} + 5.16388 S^{0.25}$$

$$T_m = T_v + \Delta m$$

$$\ln \Delta m = -1.15158 - 0.01181 T_v^{0.6667} + 3.70684 S^{0.3333}$$

$$T_{ca} = T_v + \Delta ca$$

$$\ln \Delta ca = -0.82368 - 0.08997 T_v^{0.45} + 2.45697 S^{0.45}$$

$$T_{me} = T_v + \Delta me$$
$$\ln\Delta me = -1.53181 - 0.0128T_v^{0.6667} + 3.64678S^{0.3333}$$

式中　S——为恩氏蒸馏馏分斜率，$S = \dfrac{T_{90} - T_{10}}{90 - 10}$，℃/%；

　　　T_v——体积平均沸点，℃；

　　　Δw——质量平均沸点校正，℃；

　　　Δm——分子平均沸点校正，℃；

　　　Δca——立方平均沸点校正，℃；

　　　Δme——中平均沸点校正，℃。

王洛春等[8]经计算验证发现，周佩正公式在馏程斜率 S<3 时，计算校正值和图表查到的值之间存在较大误差，提出的关联式如下：

$$\ln\Delta w = -0.297355 - 0.020364T_v^{0.6667} + 3.88299S - 2.496209S^2 + 1.509s^3 - 0.19415S^4$$

$$\ln\Delta m = -0.147458 - 0.011152T_v^{0.6667} + 4.937071S - 4.196802S^2 + 2.195509s^3 - 0.57586S^4 + 0.059054S^5$$

$$\ln\Delta ca = -0.50972 - 0.093059T_v^{0.45} + 3.881827S - 2.384079S^2 + 0.794408s^3 - 0.097038S^4$$

吴子明在完成 2017 年加氢裂化、渣油加氢专家班学员大作业时发现，王洛春关联式在质量平均沸点和分子平均沸点校正值误差较大，提出对质量平均沸点和分子平均沸点公式参数修正如下：

$$\ln\Delta w = -0.402971 - 0.0207252T_v^{0.6667} + 2.47568S - 0.797944S^2 + 0.132775S^3 - 0.00721591S^4$$

$$\ln\Delta m = 0.649927 - 0.0106078T_v^{0.6667} + 3.158384S - 1.719428S^2 + 569683S^3 - 0.0737467S^4$$

1.3.3　折射率

折射率是光在真空中的速度与在介质中的速度之比。折射率一般大于 1.0。油品的折射率取决于：化学组成及结构、温度及入射光的波长。

（1）组成结构计算法

20℃折射率的计算公式：

$$n_{20} = 1.4752 - \frac{k'}{i_c + z'}$$

式中　n_{20}——20℃折射率；

　　　i_c——组分的碳原子数；

　　　k'，z'——常数，见表 1-9。

表 1-9　折射率计算公式中的常数

烃　类	k'	z'
正构烷烃	0.6838	0.82
正构烯烃	0.5610	0.44

烃　　类	k'	z'
正烷基环戊烷	0.3920	0
正烷基环己烷	0.3438	0
正烷基苯	-0.1125	-2.3

（2）黄氏参数计算法

$$n_{20} = \left(\frac{1.0 + 2I}{1.0 - I} \right)^{0.5}$$

（3）寿德清–向正为计算法

$$n_{20} = 0.520545 + 0.854754 d_{20} + \frac{0.193995}{d_{20}}$$

（4）折射率的换算

折射率还受温度的影响，温度升高折射率变小。一般情况下，加氢裂化原料油的折射率随温度变化时，可用下式估算：

$$n_t = n_{t_0} - 0.0004(t - t_0)$$

式中　n_t——温度为 t℃时的折射率；

n_{t_0}——温度为 t_0℃时的折射率。

1.3.4　折光指数

$$RI_{20} = 1 + 0.8447 (d_{15.6}^{15.6})^{1.2056} (T_v + 273.15)^{-0.0557} M^{-0.0044}$$

$$RI_{60} = 1 + 0.8156 (d_{15.6}^{15.6})^{1.2392} (T_v + 273.15)^{-0.0576} M^{-0.0007}$$

式中　RI_{20}——20℃的折光指数；

RI_{60}——60℃的折光指数。

【计算实例】

已知：某加氢裂化原料 VGO $d_{15.6}^{15.6} = 0.913$，苯胺点 = 88.9℃，ASDM D1160：10%/30%/50%/70%/90%馏出温度为 652/751/835/935/1080℉，计算 RI_{20} 和 RI_{60}。

计算：

第一步：$T_v = \dfrac{T_{10} + T_{30} + T_{50} + T_{70} + T_{90}}{5} = \dfrac{652 + 751 + 835 + 935 + 1080}{5} = 851℉ = 455℃$

第二步：$M = 17.8312 \times 10^{-3} \times (d_{15.6}^{15.6})^{-0.0976} AP^{0.1238} T_v^{1.6971}$

$= 17.8312 \times 10^{-3} \times (0.913)^{-0.0976} \times 88.9^{0.1238} \times 455^{1.6971} = 1015.94$

第三步：$RI_{20} = 1 + 0.8447 (d_{15.6}^{15.6})^{1.2056} (T_v + 273.15)^{-0.0557} M^{-0.0044}$

$= 1 + 0.8447 (0.913)^{1.2056} \times (455 + 273.15)^{-0.0557} \times 446.56^{-0.0044} = 1.5086$

$RI_{60} = 1 + 0.8156 (d_{15.6}^{15.6})^{1.2392} (T_v + 273.15)^{-0.0576} M^{-0.0007}$

$= 1 + 0.8156 (0.913)^{1.2392} (455 + 273.15)^{-0.0576} \times 446.56^{-0.0007} = 1.4961$

1.4　相对分子质量计算 [1~6,10,17,23~24,26]

由于加氢裂化装置加工的原料油是一种组成不确定的复杂化合物，无法用各组分相对分子质量平均摩尔加和而得，一般用平均沸点(中平均沸点或中沸点)和相对密度(或 API 比重度)来关联。

典型的计算平均相对分子质量的方法有：API-1987 法、Sim-Daubert 方法、改进的 Riazi-Daubert 方法、Lee-Kesler 方法、改进的 Cavett 方法等十多种。

1.4.1　API-1987 法

$$M = 42.965 \left[\exp(2.097 \times 10^{-4} T_b - 7.78712 d_{15.6}^{15.6} + 2.0848 \times 10^{-3} T_b d_{15.6}^{15.6}) \right] T_b^{1.26007} (d_{15.6}^{15.6})^{4.98308}$$

1.4.2　Sim-Daubert 方法

$$M = 5.805 \times 10^{-5} T_b^{2.3770} (d_{15.6}^{15.6})^{-0.9371}$$

1.4.3　改进的 Riazi-Daubert 方法

$$M = 0.654494 \times 10^{-4} T_b^{2.3489} d_{20}^{-1.07276}$$

【计算实例】

已知：加氢裂化装置加工的原料油为辽河 VGO(350～500℃)，$d_4^{20} = 0.9083$，$T_{ea} = 697.5K$，计算相对分子质量。

计算：将已知数据代入

$$M = 0.654494 \times 10^{-4} T_b^{2.3489} d_{20}^{-1.07276}$$
$$= 0.654494 \times 10^{-4} \times 713.8^{2.3489} \times 0.9083^{-1.07276} = 366$$

当加氢裂化装置加工脱沥青油、常压渣油时，由于馏分重，不能得到平均沸点数据时，可用黏度和相对密度代替：

$$M = 223.56 v_{38}^{(-1.2435+1.1228 d_{20})} v_{99}^{(3.4758-3.038 d_{20})} (d_{15.6}^{15.6})^{-0.6665}$$

式中　v_{38}——38℃时的运动黏度，mm^2/s；

v_{99}——99℃时的运动黏度，mm^2/s。

1.4.4　Lee-Kesler 方法

$$M = -12272.6 + 9486.4 d_{15.6}^{15.6} + (8.37414 - 5.99166 d_{15.6}^{15.6}) T_b +$$

$$\left[1 - 0.77084 d_{15.6}^{15.6} - 0.02058 (d_{15.6}^{15.6})^2 \right] \left(0.7465 - \frac{222.466}{T_b} \right) \times \frac{10^7}{T_b} +$$

$$\left[1 - 0.80882 d_{15.6}^{15.6} - 0.02226 (d_{15.6}^{15.6})^2 \right] \left(0.32284 - \frac{17.3354}{T_b} \right) \times \frac{10^{12}}{T_b^3}$$

Lee-Kesler 计算相对分子质量的方法与 Lee-Kesler 计算焓等热力学性质的方法相对应。

1.4.5　改进的 Cavett 方法

$$M = (1.712001734 - 0.01029424 API) API + (0.323547365 + 0.01067433 API +$$
$$0.3333483058 API^2) \times T_b + (8.188248556 \times 10^{-4} + 2.654179942 \times 10^{-5} API +$$
$$1.650658662 \times 10^{-17} API^2) T_b^2 + 26.868$$

此式应用于加工平均沸点大于 149℃的加氢裂化装置原料油，与计算气液相平衡的 CS、GS 方法相对应。

1.4.6　寿德清等建立的方法

$$M = 184.534 + 2.29451T_b - 0.23324T_b \times K + 0.132853 \times 10^{-4}(T_b \times K)^2 - 0.62217\rho \times T_b$$

此式应用于加工平均沸点大于 149℃的加氢裂化装置原料油，与计算气液相平衡的 CS、GS 方法相对应。

1.4.7　经验方法

$$M = a + bT_m + cT_m^2$$

式中　a，b，c——随馏分特性因数不同而变化的常数，见表 1-10。

表 1-10　计算相对分子质量经验公式中的常数与特性因数的关系

K	10.0	10.5	11.0	11.5	12.0
a	56	57	59	63	69
b	0.23	0.24	0.24	0.225	0.18
c	0.0008	0.0009	0.0010	0.00115	0.0014

1.4.8　石油大学的计算方法

$$M = 184.534 + 2.29451T_b - 0.2332K \cdot T_b + 1.32853 \times 10^{-5}(K \cdot T_b)^2 - 0.6222d_{20} \cdot T_b$$

1.4.9　Total 方法

$$M = 17.8312 \times 10^{-3} \times (d_{15.6}^{15.6})^{-0.0976}AP^{0.1238}T_v^{1.6971}$$

式中　AP——苯胺点，℃。

1.4.10　翁汉波等建立的方法[28]

$$M = 139.4 - 0.381T_b + 0.00152T_b^2 + 0.306T_bd_{20} - 0.457.8d_{20} + 560.8(d_{20})^2$$

此计算式试验原料温度范围为 54~500℃。

1.4.11　孙昱东等建立的方法[29]

$$M = 0.010726T_b^{\left(1.52849 + 0.06435 ln\frac{T_b}{1078 - \frac{T_b}{d_4^{20}}}\right)}$$

此计算式适用范围：$M = 76~1685$；$d_4^{20} = 0.63~1.09$；$T_b = 150~545℃$。

1.4.12　陈雄华建立的方法[39]

陈雄华给出的基于 50℃运动黏度和 100℃运动黏度的方法为：

$$M = 250.1948v_{50}^{0.11318}v_{100}^{0.05068}$$

式中　ν_{50}——50℃时的运动黏度，mm²/s；

ν_{100}——100℃时的运动黏度，mm²/s。

1.4.13　程从礼建立的方法[40]

程从礼给出的基于相对密度、残炭值和 50% 馏出温度的催化裂化原料平均相对分子质量方法为:

$$M = \frac{-28.11920 + 112.75048(1+CCR)^{0.18797} + 0.01175T_{30}^{1.63663}}{d_4^{20}}$$

式中　d_4^{20}——20℃相对密度;

　　CCR——残炭值,%;

　　T_{50}——50%馏出温度,℃。

1.4.14　混合物的相对分子质量

加氢裂化混合原料的平均相对分子质量在工艺计算中是必不可少的。当已知混合原料在气相时的质量流率,要求得体积流率时,根据理想气体方程,必须先求定平均相对分子质量才能算出体积流率;在加氢裂化分馏部分的汽提塔计算中,一般都用水蒸气汽提,为求定油气分压,也必须先求得相对分子质量;在热平衡计算中为求得汽化潜热,也需要相对分子质量数值等。

(1) 公式计算

当两种以上原料油混合时,混合原料油的平均相对分子质量可以用加和法计算。

$$M_{混} = \frac{W_1 + W_2 + \cdots + W_i}{\dfrac{W_1}{M_1} + \dfrac{W_2}{M_2} + \cdots + \dfrac{W_i}{M_i}}$$

式中　　　　$M_{混}$——混合原料油的平均相对分子质量;

M_1,M_2,$\cdots$,M_i——各原料油的平均相对分子质量。

(2) 查图求取

参见图 1-7 至图 1-9。

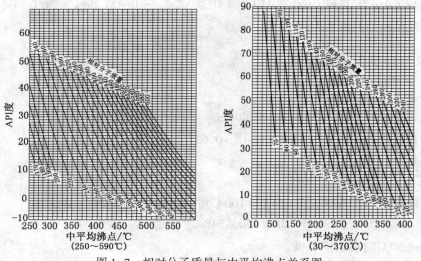

图 1-7　相对分子质量与中平均沸点关系图

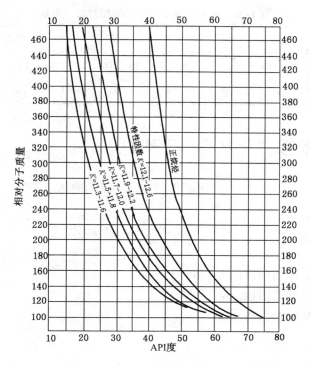

图 1-8　相对分子质量与 API 度关系图

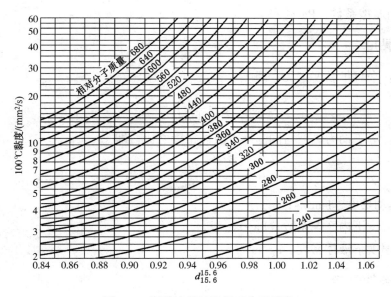

图 1-9　润滑油基础油相对分子质量

1.4.15　蜡油加氢裂化原料的相对分子质量

表 1-11 列出了我国蜡油作加氢裂化原料时的典型相对分子质量。

表 1-11   蜡油加氢裂化原料的相对分子质量

项　　目	惠州	中原	大庆	胜利	北疆	大港	任丘	辽河	塔中
实沸点范围/℃	350~500	350~500	350~500	350~500	350~500	350~520	350~500	350~500	350~500
M	413	400	398	382	376	375	369	366	357

1.5 黏度计算[9,11~12,17,21,23~24,26]

在某一温度下，当液体受外力作用而作层流运动时，液体分子间产生的内摩擦力称为黏度，表达式为：

$$F = \eta \cdot A \frac{d_v}{d_x}$$

式中 F——两液层之间的内摩擦力，N；

　　A——两液层的接触面积，m^2；

　　d_v——两液层的相对运动速度，m/s；

　　d_x——两液层的间距，m；

　　$\dfrac{d_v}{d_x}$——与流动方向垂直的速度梯度，s^{-1}；

　　η——内摩擦系数，Pa·s。

1.5.1 黏度

动力黏度：来自于黏度定义，即

$$\eta = \frac{F/A}{\mathrm{d}v/\mathrm{d}x}$$

运动黏度：等于动力黏度与同温度下液体密度之比，即

$$\nu = \frac{\eta_t}{\rho_t}$$

式中 ν——运动黏度，mm^2/s；

　　η_t——t 温度下内摩擦系数，Pa·s；

　　ρ_t——t 温度下液体密度，kg/m^3。

1.5.2 条件黏度

（1）恩氏黏度（Engler Viscosity）：是一定量试样在规定温度（50℃、80℃、100℃）下，从恩氏黏度计流出 200mL 所需的秒数 $\tau_{t,油}$ 与一定量 20℃ 的蒸馏水从恩氏黏度计流出 200mL 所需的秒数 $\tau_{t,水}$ 的比值，用 ^0E 表示，即：

$$^0E = \frac{\tau_{t,油,200mL}}{\tau_{t,水,200mL}}$$

在同一温度下，^{0}E 越大，油品的黏度越大。

（2）赛氏黏度（Saybolt Viscosity）：是一定量试样在规定温度（100℉、200℉）下，从赛氏黏度计流出 60mL 所需的秒数，单位："赛氏秒"（s）。同一温度下，该时间越长，黏度越大。

（3）雷氏黏度（Redwood Viscosity）：是一定量试样在规定温度下，从雷氏黏度计流出 50mL 所需的秒数，单位："雷氏秒"（s）。

1.5.3　黏度换算

（1）运动黏度换算成赛氏通用黏度

$$v'_{t} = [1 + 0.0001098(t - 37.778)] v_{eq'}$$

$$v_{eq'} = 4.6324 + \frac{(1.0 + 0.3264v_{t}) \times 10^{5}}{3930.2 + 262.7v_{t} + 2397v_{t}^{2} + 1.646v_{t}^{3}}$$

式中　t——温度，℃；

　　v_{t}——温度 t 下运动黏度，mm^{2}/s；

　　v_{t}'——温度 t 下赛氏通用黏度，s（或 SUS）；

　　$v_{eq'}$——温度 t 下等价赛氏通用黏度，s。当 $t = 37.778$℃时，$v_{eq'}$ 为实际的通用赛氏黏度。换算关系见表 1-12。

（2）运动黏度换算成赛氏重油黏度

$$v_{50'} = 0.4717v_{50} + \frac{13924}{(v_{50})^{2} - 72.59v_{50} + 6816}$$

$$v_{98.9'} = 0.4792v_{98.9} + \frac{5610}{(v_{98.9})^{2} + 2130}$$

式中　$v_{50'}$，$v_{98.9'}$——温度 50℃和 98.9℃下赛氏通用黏度，s；

　　v_{50}，$v_{98.9}$——温度 50℃和 98.9℃下运动黏度，mm^{2}/s。

表 1-12　运动黏度与赛氏通用黏度的换算表

运动黏度/(mm^{2}/s)	对应的赛氏通用黏度/s	
	100℉	200℉
1.81	32.0	32.2
2.71	35.0	35.2
4.26	40.0	40.3
7.37	50.0	50.3
10.33	60.0	60.4
13.08	70.0	70.5
15.66	80.0	80.5
18.12	90.0	90.6
20.54	100.0	100.7
43.0	200.0	202.0
64.6	300.0	302.0
86.2	400.0	402.0
108.0	500.0	504.0
129.5	600.0	604.0

续表

运动黏度/(mm²/s)	对应的赛氏通用黏度/s	
	100℉	200℉
139.8	648.0	652.0
151.0	700.0	—
172.6	800.0	—
194.2	900.0	—
215.8	1000.0	—

（3）雷氏黏度、恩氏黏度与运动黏度的换算

$$\chi = a_0 v + \frac{1}{a_1 + a_2 v + a_3 v^2 + a_4 v^3}$$

上式用于从运动黏度换算雷氏黏度、恩氏黏度。

$$v = b_0 \chi - \frac{b_1 \chi}{\chi^3 + b_2}$$

上式用于从雷氏黏度、恩氏黏度换算运动黏度。

式中　　　　　χ——运动时间(s)或恩氏度；

$a_0 \sim a_4$，$b_0 \sim b_2$——参数，按表 1-13 取值。

表 1-13　雷氏黏度、恩氏黏度与运动黏度的换算

参数	60℃雷氏 1 号黏度	雷氏 2 号黏度	恩氏黏度
	$v>4.0$	$v>73$	$v>1.0$
a_0	4.0984	0.40984	0.13158
a_1	0.038014	0.38014	1.1326
a_2	1.919×10^{-3}	0.01919	0.01040
a_3	2.78×10^{-5}	2.78×10^{-4}	0.000656
a_4	5.21×10^{-6}	5.21×10^{-5}	0.0
	$\chi>35$	$\chi>31$	$\chi>1.0$
b_0	0.244	2.44	7.60
b_1	8000	3410	18.0
b_2	12500	9550	1.7273

【计算实例】

已知：胜利常压渣油（>350℃）100℃下运动黏度=139.7 mm²/s，计算 100℃下的雷氏黏度和恩氏黏度。

计算 1：100℃下的雷氏黏度

因 100℃下运动黏度=139.7 mm²/s，大于 73，按表 1-13 可知 $a_0 \sim a_4$ 参数，将已知数据代入可得雷氏 2 号黏度为：

$$\chi = a_0 v + \frac{1}{a_1 + a_2 v + a_3 v^2 + a_4 v^3}$$

$$= 0.40984 \times 139.7 + \frac{1}{0.38014 + 0.01919 \times 139.7 + 2.78 \times 10^{-4} \times 139.7^2 + 5.21 \times 10^{-5} \times 139.7^3}$$

$$= 57.26$$

计算2：100℃下的恩氏黏度

因 100℃下运动黏度 = 139.7 mm²/s，大于73，按表1-13可知 $a_0 \sim a_4$ 参数，将已知数据代入可得恩氏黏度为：

$$\chi = a_0 v + \frac{1}{a_1 + a_2 v + a_3 v^2 + a_4 v^3}$$

$$= 0.13158 \times 139.7 + \frac{1}{1.1326 + 0.0104 \times 139.7 + 0.000656 \times 139.7^2 + 0.0 \times 139.7^3}$$

$$= 18.45$$

（4）查图换算黏度

图1-10是黏度换算图。

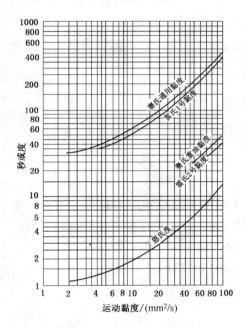 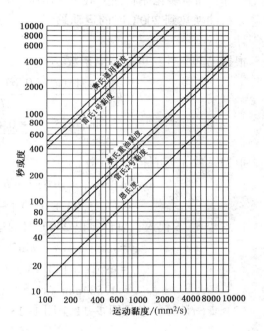

图1-10 黏度换算图

1.5.4 常压下加氢裂化原料油的黏度计算

（1）公式计算

加氢裂化原料油在 0.1MPa、37.78℃和98.89℃的黏度计算式为：

$$\lg v_{37.78} = 4.39371 - 1.94733K + 0.12769K^2 + 3.2629 \times 10^{-4}API - 0.0118246K \cdot API +$$
$$\frac{0.171617K^2 + 10.9943API + 0.0950663API^2 - 0.860218K \cdot API}{API + 50.3642 - 4.78231K}$$

$$\lg v_{98.89} = -0.463634 - 0.166532API + 5.13447 \times 10^{-4}API^2 - 8.48995 \times 10^{-3}K \cdot API +$$
$$\frac{0.080325K + 1.24899API + 0.197687API^2}{API + 26.786 - 2.6296K}$$

式中 $v_{37.78}$，$v_{98.89}$——温度 37.78℃和98.89℃下运动黏度，mm²/s。

　　当已知两点温度(一般专利商会给出 50℃ 和 100℃)下的黏度时，4.0MPa 以下加氢裂化原料油(未经高压原料油泵升压前)任意换热温度后的黏度可用下式计算：

$$v = \exp[\exp(a + b\ln T)] - 0.6$$

　　式中的系数 a、b 可用下式计算：

$$a = \ln[\ln(v_1 + 0.6)] - b\ln T_1$$

$$b = \frac{\ln[\ln(v_1 + 0.6)] - \ln[\ln(v_2 + 0.6)]}{\ln T_1 - \ln T_2}$$

式中　v，v_1，v_2——加氢裂化原料油在温度 T、T_1、T_2 下的运动黏度，mm^2/s。

　　【计算实例】

　　已知：加氢裂化原料油为胜利 VGO(350~500℃)，$v_{50} = 25.26mm^2/s$，$v_{100} = 5.94mm^2/s$，计算原料油换热到 200℃ 时的运动黏度。

　　计算：

　　根据已知条件，可计算出系数 b：

$$b = \frac{\ln[\ln(v_1 + 0.6)] - \ln[\ln(v_2 + 0.6)]}{\ln T_1 - \ln T_2}$$

$$= \frac{\ln[\ln(5.94 + 0.6)] - \ln[\ln(25.26 + 0.6)]}{\ln 373 - \ln 323} = -3.8166$$

　　根据系数 b，可计算出系数 a：

$$a = \ln[\ln(v_1 + 0.6)] - b\ln T_1$$

$$= \ln[\ln(5.94 + 0.6)] - (-3.8166)\ln 373 = 23.23$$

　　将系数 a、b 代入，可计算出 200℃ 时的运动黏度 v：

$$v = \exp[\exp(a + b\ln T)] - 0.6$$

$$= \exp\{\exp[23.23 + (-3.8166)\ln 473]\} - 0.6$$

$$= 1.534mm^2/s$$

　　(2) 查图计算，参见图 1-11 至图 1-13。

1.5.5　高压下加氢裂化原料油的黏度计算

　　(1) 公式计算

　　经高压原料油泵升压后，加氢裂化原料油的黏度计算式 1：

$$\lg\left(\frac{\mu_p}{\mu_a}\right) = P \frac{-0.0102 + 0.04042\mu_a^{0.181}}{6.89476}$$

　　加氢裂化原料油的黏度计算式 2：

$$\lg\left(\frac{\mu_p}{\mu_a}\right) = P \frac{0.0239 + 0.01638\mu_a^{0.278}}{6.89476}$$

式中　μ_p——给定温度和压力下的黏度，mm^2/s；

　　　μ_a——给定温度和 0.1MPa 压力下的黏度，mm^2/s；

　　　P——给定压力，MPa。

　　【计算实例】

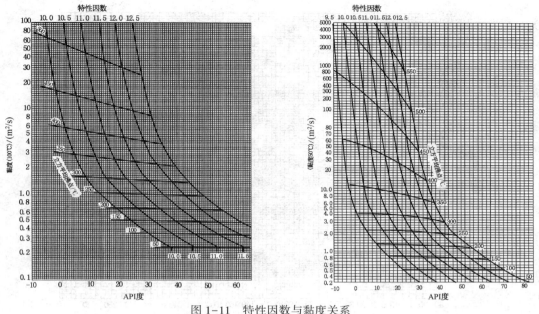

图 1-11　特性因数与黏度关系

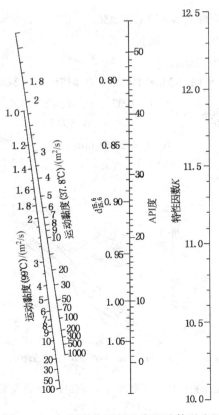

图 1-12　加氢裂化原料油常压液体黏度图

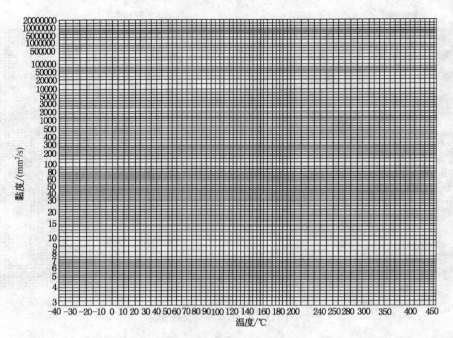

图 1-13　加氢裂化原料油常压液体黏度与温度关系

已知：加氢裂化加工的原料油胜利 VGO（350~500℃），$\nu_{200} = 1.534\,\mathrm{mm^2/s}$，$d_4^{20} = 0.8126$，计算原料油在升压到 18.5MPa、200℃时的黏度。

计算：首先计算 μ_a：

$$\mu_a = (1.534 \times 10^{-2}) \times 0.8126 = 1.2465$$

$$\lg\left(\frac{\mu_p}{1.2465}\right) = P\,\frac{-0.0102 + 0.04042 \times 1.2465^{0.181}}{6.89476}$$

$$\mu_p = 1.3578\,\mathrm{mm^2/s}$$

（2）查图计算（图 1-14、图 1-15）

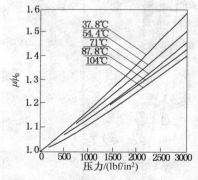

图 1-14　加氢裂化原料油压力下黏度与常压黏度的比值与温度、压力的关系

$1\mathrm{lbf/in^2} = 214.3\mathrm{Pa}$

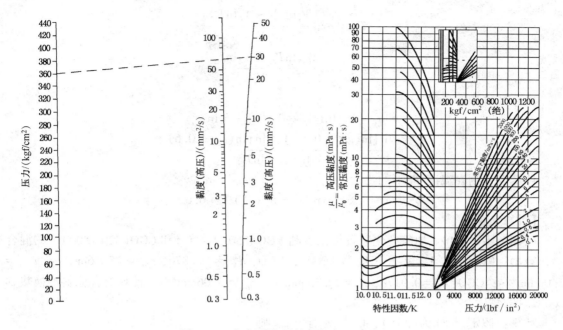

图 1-15　加氢裂化原料油在高压下黏度

$1kgf/cm^2 = 98.67kPa$

1.5.6　常压下加氢裂化混合原料油的黏度计算

（1）两种原料的混合

问题描述：体积为 V_1 的馏分 1 和体积为 V_2 的馏分 2 混合，得到体积 $V_x = V_1 + V_2$ 的混合物 X，已知馏分 1 在两点温度 T_{11}、T_{21} 下的黏度为 v_{11}、v_{21}，馏分 2 在两点温度 T_{12}、T_{22} 下的黏度为 v_{12}、v_{22}，求混合物 X 在某温度 T_x 下的黏度 ν_x。

计算：计算馏分 1 的系数 a_1、b_1：

$$a_1 = \ln[\ln(v_{11} + 0.6)] - b_1 \ln T_{11}$$

$$b_1 = \frac{\ln[\ln(v_{11} + 0.6)] - \ln[\ln(v_{21} + 0.6)]}{\ln T_{11} - \ln T_{21}}$$

计算馏分 2 的系数 a_2、b_2：

$$a_2 = \ln[\ln(v_{22} + 0.6)] - b_2 \ln T_{22}$$

$$b_2 = \frac{\ln[\ln(v_{12} + 0.6)] - \ln[\ln(v_{22} + 0.6)]}{\ln T_{12} - \ln T_{22}}$$

计算馏分 1 黏度等于馏分 2 黏度 v_{12}、v_{22} 时的两点温度：

$$T_{11}^x = \exp\frac{\ln[\ln(v_{12} + 0.6) - a_1]}{b_1}$$

$$T_{21}^x = \exp\frac{\ln[\ln(v_{22} + 0.6) - a_2]}{b_2}$$

计算混合物在黏度等于馏分 2 黏度 v_{12}、v_{22} 时的两点温度：

$$T_{1x} = \exp \frac{V_1 \ln T_{11}^x + V_2 \ln T_{12}}{V_x}$$

$$T_{2x} = \exp \frac{V_1 \ln T_{21}^x + V_2 \ln T_{22}}{V_x}$$

计算混合物的系数 a_x、b_x：

$$a_x = \ln[\ln(v_{22} + 0.6)] - b_x \ln T_{2x}$$

$$b_x = \frac{\ln[\ln(v_{12} + 0.6)] - \ln[\ln(v_{22} + 0.6)]}{\ln T_{1x} - \ln T_{2x}}$$

计算混合物在温度 T_x 下的黏度：

$$v_x = \exp[\exp(a_x + b_x \ln T_x)] - 0.6$$

【计算实例】

已知：某 1.5Mt/a 加氢裂化装置加工胜利 VGO(350~500℃)和 CGO(320~500℃)的混合物，VGO：CGO=9：1，年开工时数 8000h，VGO：$d_4^{20} = 0.8876$，$v_{50} = 25.26 \text{mm}^2/\text{s}$，$v_{100} = 5.06 \text{mm}^2/\text{s}$；CGO：$d_4^{20} = 0.9178$，$v_{50} = 22.35 \text{mm}^2/\text{s}$，$v_{100} = 5.06 \text{mm}^2/\text{s}$，计算混合原料油换热到 200℃时的黏度。

计算：假定 VGO 为馏分 1，CGO 为馏分 2，则

$$T_{11} = 50 + 273.15 = 323.15 \text{K}；v_{11} = 25.26 \text{ mm}^2/\text{s}$$
$$T_{21} = 100 + 273.15 = 373.15 \text{K}；v_{21} = 5.94 \text{mm}^2/\text{s}$$
$$T_{12} = 50 + 273.15 = 323.15 \text{K}；v_{12} = 22.35 \text{mm}^2/\text{s}$$
$$T_{22} = 100 + 273.15 = 373.15 \text{K}；v_{22} = 5.06 \text{mm}^2/\text{s}$$
$$T_x = 200 + 273.15 = 473.15 \text{K}$$

首先计算 V_1、V_2、V_x：

$$V_1 = \frac{\frac{15.0 \times 10^4}{0.8} \times 0.9}{887.6} = 190.12 \text{m}^3/\text{h}$$

$$V_2 = \frac{\frac{15.0 \times 10^4}{0.8} \times 0.1}{917.8} = 20.43 \text{m}^3/\text{h}$$

$$V_x = V_1 + V_2 = 190.12 + 20.43 = 210.55 \text{m}^3/\text{h}$$

计算馏分 VGO 的系数 a_1、b_1：

$$b_1 = \frac{\ln[\ln(v_{11} + 0.6)] - \ln[\ln(v_{21} + 0.6)]}{\ln T_{11} - \ln T_{21}}$$

$$= \frac{\ln[\ln(25.26 + 0.6)] - \ln[\ln(5.94 + 0.6)]}{\ln 323 - \ln 373} = -3.817$$

$$a_1 = \ln[\ln(v_{11} + 0.6)] - b_1 \ln T_{11}$$
$$= \ln[\ln(25.26 + 0.6)] - (-3.817)\ln 323 = 23.233$$

计算馏分 CGO 的系数 a_2、b_2：

$$b_2 = \frac{\ln[\ln(v_{12} + 0.6)] - \ln[\ln(v_{22} + 0.6)]}{\ln T_{12} - \ln T_{22}}$$

$$= \frac{\ln[\ln(22.35 + 0.6)] - \ln[\ln(5.06 + 0.6)]}{\ln 323 - \ln 373} = -4.113$$

$$a_2 = \ln[\ln(v_{22} + 0.6)] - b_2 \ln T_{22}$$

$$= \ln[\ln(5.06 + 0.6)] - (-4.113)\ln 373 = 24.906$$

计算馏分 VGO 黏度等于馏分 CGO 黏度 v_{12}、v_{22} 时的两点温度:

$$T_{11}^{x} = \exp\frac{\ln[\ln(v_{12} + 0.6)] - a_1}{b_1}$$

$$= \exp\frac{\ln[\ln(22.35 + 0.6)] - 23.233}{-3.817} = 326.2$$

$$T_{21}^{x} = \exp\frac{\ln[\ln(v_{22} + 0.6)] - a_1}{b_1}$$

$$= \exp\frac{\ln[\ln(5.06 + 0.6) - 24.906]}{-4.113} = 380.9$$

计算混合物在黏度等于 CGO 黏度 v_{12}、v_{22} 时的两点温度:

$$T_{1x} = \exp\frac{V_1 \ln T_{11}^{x} + V_2 \ln T_{12}}{V_x}$$

$$= \exp\frac{190.12\ln 326.2 + 20.43\ln 323}{210.55} = 325.9$$

$$T_{2x} = \exp\frac{V_1 \ln T_{21}^{x} + V_2 \ln T_{22}}{V_x}$$

$$= \exp\frac{190.12\ln 380.9 + 20.43\ln 373}{210.55} = 380.3$$

计算混合物的系数 a_x、b_x:

$$b_x = \frac{\ln[\ln(v_{12} + 0.6)] - \ln[\ln(v_{22} + 0.6)]}{\ln T_{1x} - \ln T_{2x}}$$

$$= \frac{\ln[\ln(22.35 + 0.6)] - \ln[\ln(5.06 + 0.6)]}{\ln 325.9 - \ln 380.3} = -3.844$$

$$a_x = \ln[\ln(v_{22} + 0.6)] - b_x \ln T_{2x}$$

$$= \ln[\ln(5.06 + 0.6)] - (-4.3855)\ln 380.3 = 23.387$$

计算混合物在温度 T_x 下的黏度:

$$v_x = \exp[\exp(a_x + b_x \ln T_x)] - 0.6$$

$$= \exp[\exp(23.387 + (-3.844)\ln 473.15)] - 0.6 = 1.51$$

(2) 三种原料的混合

首先计算两种原料的混合物系数 a_x、b_x,然后令 $X = 1$,即将两种原料油作为馏分 1,再将第三种原料油作为馏分 2,按两种混合原料的计算方法求取混合物的系数 a_x、b_x,再利用混合物在温度 T_x 下的黏度计算公式即可得到结果。

(3) 三种以上原料的混合

先计算两种原料的混合,再计算三种原料的混合,依次类推可计算三种以上原料混合物在温度 T_x 下的黏度。

1.6　族组成、结构参数计算[9~12,17,21,26]

1.6.1　族组成

族组成是决定加氢裂化原料性质的一项最本质最基础的数据，同一馏程的不同族组成，会得到不同的产品收率、产品质量。

表1-14列出了使用质谱法对我国几种VGO和CGO分析的结果。

表1-14　几种VGO和CGO原料的族组成

项目	VGO						CGO	
	大庆	任丘	中原	辽河	胜利	鲁宁管输	辽河	鲁宁管输
链烷烃	52.0	43.3	50.5	23.9	30.5	35.9	30.2	38.8
环烷烃	34.6	37.6	29.7	40.1	41.3	33.8	29.8	25.7
一环	14.8	7.6	10.9	8.3	9.7	9.8	11.5	12.5
两环	9.6	5.0	5.4	8.0	7.1	7.2	6.6	5.7
三环	5.5	7.2	3.9	8.8	8.6	6.8	4.5	3.7
四环	4.1	15.9	9.4	9.2	14.2	10.0	4.7	3.7
五环	0.6	1.5	0.1	5.3	1.5	—	2.5	—
六环	0.0	0.4	0.0	0.0	0.2	—	—	—
总饱和烃	86.6	80.9	80.2	64.0	71.8	69.7	60	64.5
一环芳烃	7.6	6.5	9.3	13.7	10.9	12.3	13.4	12.0
烷基苯	4.1	2.6	5.9	4.1	4.8	5.5	5.1	5.2
环烷苯	2.0	1.8	1.8	4.9	3.0	3.7	4.4	3.6
二环烷苯	1.5	2.1	1.6	4.7	3.1	3.4	3.6	3.2
二环芳烃	3.4	5.2	4.2	10.5	6.7	8.0	11.5	10.0
萘类	1.2	1.8	1.4	3.4	2.0	2.9	2.5	2.5
苊类/二苯并呋喃	1.0	1.8	1.5	3.6	2.4	2.7	4.2	3.9
芴类	1.2	1.6	1.3	3.5	2.3	2.4	4.7	3.5
三环芳烃	1.3	2.7	1.8	4.0	2.8	3.0	5.3	3.6
菲类	0.9	1.0	1.1	2.5	1.4	1.9	3.5	2.5
环烷菲	0.4	1.7	0.7	1.4	1.4	1.1	1.8	1.1
四环芳烃	0.6	1.1	0.8	1.4	1.2	1.3	1.9	1.5
五环芳烃	0.1	0.1	0.1	0.3	0.1	0.1	0.2	—
总噻吩类	0.2	0.3	0.4	0.2	0.7	0.9	0.7	2.4
未鉴定芳烃	0.2	0.6	0.5	2.9	0.9	1.3	0.8	0.2
胶质	0.0	2.6	2.7	3.1	4.9	3.1	5.7	—

（1）直馏原料油的族组成计算

常减压装置来的350~520℃加氢裂化装置直馏原料油的族组成计算可采用下式：

$$P\% = -699.0474 - 382.7212V_{GC} + 1000.083RI - 0.712WN$$

$$N\% = 1971.3654 + 226.4639V_{GC} - 2017.4791RI + 0.3479WN$$

$$A\% = -1364.2453 + 176.4097V_{GC} + 1185.0262RI + 0.0525WN$$

$$MA\% = -157.4473 + 28.9899V_{GC} + 136.4874RI + 0.1092WN$$

$$DA\% = -603.634 + 94.668V_{GC} + 508.4963RI - 0.1389WN$$

$$PA\% = -604.164 + 52.7518V_{GC} + 540.0425RI - 0.0822WN$$

$$R\% = 192.9247 - 20.1524V_{GC} - 167.63RI + 0.3116WN$$

式中，P 为链烷烃；N 为烷烃；A 为芳烃；MA 为单环芳烃；DA 为双环芳烃；PA 为三环以上芳烃；R 为胶质。

适用范围：$P = 1\% \sim 61\%$；$N = 22\% \sim 70\%$；$A = 12\% \sim 45\%$。

（2）渣油原料油的族组成计算

①常减压装置来的 $>350℃$ 常压渣油加氢裂化装置原料油的族组成计算可采用下式：

$$Sa\% = 132.8622 - 6.6384CH - 0.4108WF - 27.1205V_{GC} + 0.01151CH \cdot WF \cdot V_{GC}$$

$$Ar\% = -61.2275 - \frac{0.6408}{CH} + 0.1511WF + 111.5705V_{GC} - 0.01145CH \cdot WF \cdot V_{GC}$$

$$(R + A_T)\% = 18.4119 - 7.4098CH + 0.3702WF - 77.3671V_{GC} - 0.02409CH \cdot WF \cdot V_{GC}$$

式中，Sa 为饱和烃；Ar 为芳烃；A_T 为沥青质；R 为胶质。

适用范围：$Sa = 32\% \sim 63\%$；$Ar = 19\% \sim 31\%$；$(R+A_T) = 12\% \sim 45\%$。

②常减压装置来的 $>500℃$ 减压渣油加氢裂化装置原料油的族组成计算可采用下式：

$$Sa\% = 40.9808 - 18.1185CH + 171.7014V_{GC}$$

$$Ar\% = 159.1765 + \frac{20.0911}{CH} - 1.5048WF - 203.8005V_{GC} + 2.0186WF \cdot V_{GC} + 1.6737\frac{WF}{CH}$$

$$R\% = 171.5153 - \frac{23.7267}{CH} + 0.6113WF - 157.6732V_{GC} - 0.6113WF \cdot V_{GC} - 10.6292\frac{WF}{CH}$$

$$(R + A_T)\% = 182.1022 - \frac{23.3247}{CH} + 1.6527WF - 171.7036V_{GC} - 0.5255WF \cdot V_{GC} - 10.8036\frac{WF}{CH}$$

$$A_T\% = (R + A_T)\% - R\%$$

适用范围：$Sa = 12\% \sim 48\%$；$Ar = 26\% \sim 40\%$；$R = 26\% \sim 57\%$；$(R+A_T) = 26\% \sim 57\%$。

1.6.2 结构参数

加氢裂化原料的化学组成极其复杂，可能含有相对分子质量很大的胶质和沥青质，虽同一组分性质存在差异，但在结构上是有共性的，可以借助一系列结构参数加以表征。

（1）n-d-m 法

常减压装置来的加氢裂化装置直馏原料油的结构参数可采用 n-d-m 法计算，计算方法见表1-15。

表1-15　结构参数的 n-d-m 法计算表

已知：n_{20}		已知：n_{70}	
计算：$v = 2.52(n_{20} - 1.475) - (d - 0.851)$		计算：$x = 2.42(n_{70} - 1.46) - (d - 0.828)$	
$\omega = (d - 0.851) - 1.1(n_{20} - 1.475)$		$y = (d - 0.828) - 1.1(n_{70} - 1.46)$	
$C_A\%$	如果 v 是正值 $$C_A\% = 430v + \frac{3660}{M}$$ 如果 v 是负值 $$C_A\% = 670v + \frac{3660}{M}$$	$C_A\%$	如果 x 是正值 $$C_A\% = 410x + \frac{3660}{M}$$ $C_A\% = 410x + 3660/M$ 如果 x 是负值 $$C_A\% = 720x + \frac{3660}{M}$$

	已知：n_{20}		已知：n_{70}
$C_R\%$	如果 ω 是正值 $C_R\% = 820\omega - 3S + \dfrac{1000}{M}$ 如果 ω 是负值 $C_R\% = 1440\omega - 3S + \dfrac{10600}{M}$	$C_R\%$	如果 y 是正值 $C_R\% = 775y - 3S + \dfrac{11500}{M}$ 如果 y 是负值 $C_R\% = 1400y - 3S + \dfrac{12100}{M}$
R_A	如果 v 是正值 $R_A = 0.44 + 0.055M \cdot v$ 如果 v 是负值 $R_A = 0.44 + 0.08M \cdot v$	R_A	如果 x 是正值 $R_A = 0.41 + 0.055M \cdot x$ 如果 x 是负值 $R_A = 0.41 + 0.08M \cdot x$
R_T	如果 ω 是正值 $R_T = 1.33 + 0.146M(\omega - 0.005S)$ 如果 ω 是负值 $R_T = 1.33 + 0.18M(\omega - 0.005S)$	R_T	如果 y 是正值 $R_T = 1.55 + 0.146M(y - 0.005S)$ 如果 y 是负值 $R_T = 1.55 + 0.18M(y - 0.005S)$

表 1-15 中　　$C_A\%$——芳香环上的碳原子数占总碳原子数的百分数；

　　　　　　　$C_R\%$——芳香环和环烷环在内的环上碳原子数占总碳原子数的百分数；

　　　　　　　R_A——每一个分子平均的芳香环数；

　　　　　　　R_T——每一个分子平均的总环数。

　　适用范围：$\dfrac{C_A}{C_N} < 1.5$，原料油硫含量≤2%，氮含量≤0.5%，相对分子质量>200。

$$C_N\% = C_R\% - C_A\%$$

式中　$C_{N\%}$——环烷环上碳原子数占总碳原子数的百分数。

$$C_P\% = 100 - C_R\%$$

式中　$C_P\%$——烷烃碳原子数占总碳原子数的百分数。

$$R_N = R_r - R_A$$

式中　R_N——平均分子环烷的环数。

　　根据表 1-15 可方便地计算出加氢裂化装置直馏原料油的典型结构参数，见表 1-16。

表 1-16　典型 VGO 结构参数

VGO	结构参数/%			$\dfrac{C_N}{C_P}$	K
	C_P	C_N	C_A		
大　庆	74.7	16.5	8.8	0.22	12.5
中　原	74.5	15.9	9.6	0.21	12.5
胜　利	61.9	23.9	14.2	0.38	12.1
大　港	64.5	17.6	17.9	0.27	11.9
辽　河	62.5	23.5	14.0	0.38	12.2
任　丘	66.5	22.3	11.2	0.34	12.4
鲁宁管输	68	14.7	17.3	0.95	12.6
南　阳	71.5	17.4	11.1	0.24	12.6
江　汉	70.6	17.7	11.7	0.25	12.6

续表

VGO	结构参数/%			$\dfrac{C_N}{C_P}$	K
	C_P	C_N	C_A		
江　苏	81.6	9.40	9.0	0.12	12.8
青　海	69.8	23.7	6.5	0.34	12.6
延　长	66.3	22.6	11.1	0.34	12.3
二　连	61.6	26.9	11.5	0.44	12.3
轻阿拉伯	51.2	25.7	32.1	0.50	
新　疆	64.0	29.4	6.60	0.46	12.3

（2）$RI - V_{GC}$ 关联式

$$C_P = 257.37 - 101.33RI - 357.3V_{GC}$$

$$C_A = 246.4 - 367.01RI + 196.312V_{GC}$$

$$C_N = -403.77 + 265.68RI + 160.988V_{GC}$$

适用范围：200<M<600。

（3）RI-CH 关联式

常减压装置来的 350~520℃ 加氢裂化装置直馏原料油的结构参数计算可采用下式：

$$C_P\% = 480.0755 - 243.1508RI - 23.5578V_{GC}$$

$$C_A\% = -230.4405 + 144.9947RI + 13.7567CH$$

$$C_N\% = -149.635 + 98.1561RI + 9.8011CH$$

适用范围：$C_A = 5\% \sim 22\%$；$C_N = 13\% \sim 27\%$；$C_P = 51\% \sim 81\%$。

（4）CCR-CH 关联式

常减压装置来的>350℃ 常压渣油加氢裂化装置原料油的结构参数计算可采用下式：

$$C_P\% = 286.8586 - 6.4124CCR - 32.802CH + 1.0815CCR \cdot CH$$

$$C_A\% = -87.6922 + 2.7317CCR + 15.1207CH - 0.3708CCR \cdot CH$$

$$C_N\% = -99.1664 + 3.6807CCR + 17.6813CH - 0.6477CCR \cdot CH$$

适用范围：$C_A = 5\% \sim 29\%$；$C_N = 8\% \sim 26\%$；$C_P = 49\% \sim 87\%$。

常减压装置来的>500℃ 减压渣油加氢裂化装置原料油的结构参数计算可采用下式：

$$C_P\% = 208.8422 - 4.2137CCR - 18.6272CH + 0.4468CCR \cdot CH$$

$$C_A\% = -86.8704 + 1.717CCR + 14.6081CH - 0.2142CCR \cdot CH$$

$$C_N\% = -21.9718 + 2.4967CCR + 4.0191CH - 0.2326CCR \cdot CH$$

适用范围：$C_A = 12\% \sim 34\%$；$C_N = 12\% \sim 26\%$；$C_P = 40\% \sim 75\%$。

（5）Total 关联式

$$C_A = -814.136 + 635.192RI_{20} - 129.266d_{15.6}^{15.6} + 0.1013M - 0.34S - 0.6872\ln v_{100}$$

1.7　闪点、爆炸范围、倾点计算 [11~12,17]

1.7.1　闪点

石油产品在规定条件下，加热到它的蒸气与火焰接触时会发生闪火现象的最低温度称为闪点。闪点主要与原料组成有关。一般原料油沸程越高，闪点也会越高。

（1）加氢裂化原料油闪点的计算式

① 恩式蒸馏温度关联式：

由恩式蒸馏10%（体）点温度，可计算原料油的闭口闪点。

$$T_{FF} = \cfrac{1}{-0.024209 + \cfrac{2.84947}{T_{10}} + 3.4254 \times 10^{-3} \ln T_{10}}$$

式中　T_{FF}——闭口闪点，K。

适用范围：闪点-26.1~162.8℃；恩式蒸馏10%（体）点温度65.5~621.1℃。

② 平均沸点关联式：

$$T_F = 0.683 T_b + 71.7$$

式中　T_F——原料油的闪点，℃。

适用范围：原料油的馏程>350℃的馏分。

（2）加氢裂化混合原料油闪点的计算式

由于闪点不具备加和性，在重质加氢裂化原料中加入较轻的馏分油，闪点会降低很多，也并非按比例降低。

① 质量分数关联式：

$$T_{混} = \frac{A T_A + B T_B - f(T_A - T_B)}{100}$$

式中　$T_{混}$——混合原料油的闪点，℃；

　　　T_A——混合原料油中高闪点油品的闪点，℃；

　　　T_B——混合原料油中低闪点油品的闪点，℃；

　　　A——混合原料油中高闪点油品的质量分数，%；

　　　B——混合原料油中低闪点油品的质量分数，%；

　　　f——常数，换算系数见表1-17。

表1-17　混合原料油闪点计算式中的常数值

A/%	B/%	f	A/%	B/%	f
5	95	3.3	55	45	27.6
10	90	6.5	60	40	29.0
15	85	9.2	65	35	30.0
20	80	11.9	70	30	30.3
25	75	14.5	75	25	30.4
30	70	17.0	80	20	29.2
35	65	19.4	85	15	26.0
40	60	21.1	90	10	20.0
45	55	23.9	95	5	12.0
50	50	25.9	100	0	

② 闪点差值关联式：

$$T_{混} = -\Delta T \lg\left(\frac{A}{10^{\frac{T_A}{\Delta T}}} + \frac{B}{10^{\frac{T_B}{\Delta T}}}\right) - B\Delta T^A$$

式中　ΔT——两种原料油闪点的差值, ℃。$\Delta T < 115$℃ 时, 计算得到的混合原料油的闪点误差值 ±1℃; $\Delta T \geqslant 115$℃ 时, 计算得到的混合原料油的闪点误差值 ±2℃。

1.7.2　爆炸范围[33]

油气在空气中达到一定浓度范围并遇到火源时, 发生闪火爆炸的浓度范围称为爆炸范围。爆炸范围内可燃气体的最小含量称为爆炸下限, 最大含量称为爆炸上限。

（1）纯物质爆炸范围计算式

$$V_{下} = \frac{100}{4.85(m-1)+1}$$

$$V_{上} = \frac{100}{1.21(m-1)}$$

式中　$V_{下}$——纯物质爆炸下限, %(体);

$V_{上}$——纯物质爆炸上限, %(体);

m——燃烧一个纯物质所需的氧原子数。

（2）混合物爆炸范围计算式

$$V_{混(下)} = \frac{100}{\dfrac{a_1}{N_1} + \dfrac{a_2}{N_2} + \cdots + \dfrac{a_n}{N_n}}$$

$$V_{混(上)} = \frac{100}{\dfrac{a_1}{N'_1} + \dfrac{a_2}{N'_2} + \cdots + \dfrac{a_n}{N'_n}}$$

式中　　　$V_{混(下)}$——混合物爆炸下限, %(体);

$V_{混(上)}$——混合物爆炸上限, %(体);

$N_1, N_2 \cdots N_n$——混合物中各组分的爆炸下限浓度, %(体);

$N'_1, N'_2 \cdots N'_n$——混合物中各组分的爆炸上限浓度, %(体);

$a_1, a_2 \cdots a_n$——混合物中各组分的体积百分数, %(体)。

1.7.3　倾点

倾点是油品在规定条件下, 冷却到能够继续流动时的最低温度。一般情况下, 加氢裂化原料油的倾点比凝点高 1~3℃。

加氢裂化原料油的倾点可用下式计算:

$$T_{pp} = 130.472 \left(d_{15.6}^{15.6}\right)^{2.970566} M^{(0.61235 - 0.473575S)} \left(v_{100}\right)^{(0.310311 - 0.32834S)}$$

式中　T_{PP}——原料油的倾点, K。

适用范围: $T_{PP} = -78.9 \sim 60$℃; $M = 140 \sim 800$; $v_{100} = 1 \sim 3500$ mm²/s; $API = 1 \sim 50$; $d_{15.6}^{15.6} = 0.78 \sim 1.07$。

1.8　芳碳率、芳香度计算

1.8.1　芳碳率计算

芳香环上的碳原子占分子中总碳的百分率称为芳香碳分率(简称芳碳率)[30]。

$$f_A = \frac{C_A}{C_T}$$

式中　f_A——芳碳率,%;

　　　C_A——芳环结构上的碳原子数;

　　　C_T——总碳原子数。

(1) 计算式1[30]

$$f_A = 1.132 - 0.560\left(\frac{H}{C}\right)$$

式中　H——氢含量,%;

　　　C——碳含量,%。

此式适用于估算减压渣油、直馏沥青及其组分的芳碳率。

(2) 计算式2[30]

$$f_A = a\left(\frac{H}{C}\right) + b$$

式中　a,b——常数。

(3) 计算式3[31]

$$f_A = \frac{2C_T - H_T}{C_T \times f}$$

式中　H_T——总氢原子数;

　　　f——对减压渣油和胶质,$f = 2.0$;对渣油中的芳烃,$f = 1.7$。

(4) 刘晨光计算式[32]

$$f_A = 0.547\left(\frac{A_{1600}}{A_{1600} + 0.16A_{1460} + 0.23A_{1380}}\right) + 0.024$$

式中　A_{1600},A_{1460},A_{1380}——1600cm^{-1}、1460 cm^{-1}和1380 cm^{-1}吸收峰的吸收度,可由红外吸收光谱测得。

(5) Williams 计算式[34]

$$f_A = 0.59\left(\frac{M_C}{d}\right)_C - 1.15\left(\frac{H}{C}\right) + 0.77$$

$$\left(\frac{M_C}{d}\right)_C = \left(\frac{M_C}{d}\right) - 6.0 \times \left(\frac{100 - \%C - \%H}{\%C}\right)$$

$$\frac{M_C}{d} = \frac{M}{C \cdot d}$$

(6) Browen-Landner 计算式[35]

$$f_A = \dfrac{\dfrac{C}{H} - \left(\dfrac{H_\alpha + H_\beta + H_\gamma}{2H_T}\right)}{\dfrac{C}{H}}$$

式中　H_α——与芳环的 α-碳相连的氢原子数，化学位移 2.0~4.0μm；

　　　　H_β——芳环的 β 位及 β 位以远的 CH_2、CH 上的氢原子数，化学位移 1.0~2.0μm；

　　　　H_γ——芳环的 γ 位及 γ 位以远的甲基上的氢原子数，化学位移 0.5~1.0μm。

1.8.2　芳香度计算

Yui 和 Sanfordt 的计算式[36]：

$$f_{AP} = 1445.37 - 3025.99d_4^{20} + 1585.86\,(d_4^{20})^2 - 0.0006179T_b^2 - $$
$$2.61AP + 0.00783993AP^2 + 0.152767T_b(\ln AP)$$

式中　f_{AP}——^{13}C 芳香度，%。

1.9　原料油方面的热点难点问题

（1）重质馏分油的蒸馏曲线

ASTM D2892：常压相当温度（AET）≤ 400℃；

ASTM D5236：AET≤565℃；

分子精馏：565℃≤AET≤720℃；

AET>720℃没有试验设备可测量，只能采用外延方法（曲线外延或公式外延），计算误差大。

（2）重质馏分油的黏度计算

目前的计算方法有：Simsci Heavy Oil、Petroleum、Kinematic、Lohrenz、API、Twu、SIMSCI、Pure、Tight、Medium、Loose、CHEVRON、MAXWELL 等多种模型计算方法，这些计算方法大部分已嵌入到大型计算软件中。

以上每一种计算方法均有一定局限性。

原料油品种不同、加工方式不同导致的物系变化，黏度计算误差均较大。

计算公式外延，黏度计算误差大。

（3）黏度与温度的关联性

计算公式适应温度范围小，如：最高温度370℃。

从低温区外延到高温区黏度计算误差大。

从高温区外延到低温区黏度计算误差也大。

在浊点以下温度获得的黏度，采用内插或外延黏度计算重复性差。

在初馏点以上获得的黏度，采用内插或外延黏度计算重复性差。

参　考　文　献

[1] 韩崇仁主编. 加氢裂化工艺与工程[M]. 北京：中国石化出版社，2001：493-576.

[2] Riaz M R, Danben T E. Simplify Property Predictions [J]. Hydrocarben Processing, 1980, 59 (3): 115-116.

[3] Kesler M G, Lee B I. Improved prediction of enthalpy of fractions [J]. Hydrocarben Processing, 1976, 55 (3): 153-158.

[4] Hariu O H, Sage R C. Crude Split Figured by Computer [J]. Hydrocarben Processing, 1969, 48 (4): 143-148.

[5] API Technical Dab Book-Petroleum Refining. 4th ed. US: API, 1983, 2: 13-23.

[6] 寿德清, 向正为. 中国石油基础物性的研究(一)[J]. 石油炼制, 1984, (4): 1-7.

[7] 林世雄. 石油炼制工程[M]. 3版. 北京: 石油工业出版社. 2000: 63-111.

[8] 王洛春, 仇汝臣, 方晨昭. 石油馏分平均沸点的新数学关联式[J]. 青岛科技大学学报, 2004, 25(1): 8-10.

[9] 陈俊武, 曹汉昌主编. 催化裂化工艺与工程[M]. 北京: 中国石化出版社, 1995: 408-490.

[10] 侯祥麟主编. 中国炼油技术[M]. 2版. 北京: 中国石化出版社, 2001: 7-43.

[11] 王松汉主编. 石油化工设计手册: 第一卷　石油化工基础数据[M]. 北京: 化学工业出版社, 2002: 909-986.

[12] 廖克俭主编. 天然气及石油产品分析[M]. 北京: 中国石化出版社. 2006: 22-152.

[13] Zhou Peizheng. Correlation of the Average Boiling Points of Petroleum Fractions with Pseudocritical Constants [J]. Int Chem Eng 1984, 24: 731.

[14] 韩崇仁主编. 加氢裂化工艺与工程[M]. 北京: 中国石化出版社, 2001: 309-380.

[15] 卢焕章. 石油化工基础数据手册[M]. 北京: 化学工业出版社, 1982: 28-29.

[16] [美]詹姆斯 G. 斯佩特编著. 化学工程师实用数据手册-Perry's 标准图标及公式[M]. 陈晓春, 孙巍译. 北京: 化学工业出版社, 2006: 11-20.

[17] 梁文杰主编. 石油化学[M]. 东营: 石油大学出版社, 1996: 88-124.

[18] 胡真. 原油蒸馏过程的建模与优化控制[D]. 杭州: 浙江大学, 2000.

[19] 刘寒秋. 原油蒸馏过程的模拟和优化[D]. 天津: 天津大学, 2005.

[20] 邹仁鋆编著. 石油化工裂解原理与技术[M]. 北京: 化学工业出版社, 1981: 19-39.

[21]《石油炼制与化工编辑部》译. 流化催化裂化手册[M]. 2版. 北京: 中国石化出版社. 2002: 57-66; 273; 277.

[22] 刘文静, 仇汝臣, 方晨昭. 石油馏分实沸点蒸馏曲线与恩氏蒸馏曲线关系的新数学模型[J]. 青岛科技大学学报, 2006, 27(4): 304-308.

[23] 燃料化学工业部石油化工设计院, 石油化工设计参考资料: (二)工艺计算图表[M]. 北京: 燃料化学工业部石油化工设计院出版. 1977: 13-50.

[24] 程玉明, 方家乐编. 油品分析[M]. 北京: 中国石化出版社, 2001: 30-120.

[25] 曹汉昌, 郝希仁, 张韩主编. 催化裂化工艺计算与技术分析[M]. 北京: 石油工业出版社, 2000: 33-69; 561-579.

[26] 侯芙生主编. 炼油工程师手册[M]. 北京: 石油工业出版社, 1995: 46-131.

[27] 石铁磐, 胡云翔. 减压渣油特征化参数的研究[J]. 石油学报, 1997, 13(2): 1-6.

[28] 翁汉波, 马春曦, 赵晓非. 石油馏分平均相对分子质量数学关联式的建立[J]. 大庆石油学院学报, 1995, 19(3): 64-67.

[29] 孙星东, 杨朝合. 一种计算石油馏分相对分子质量的新方法[J]. 石油大学学报: 自然科学版, 2000, 24(3): 5-7.

[30] 李春年编著. 渣油加工工艺[M]. 北京: 中国石化出版社, 2002: 42-79.

[31] 陈俊武, 曹汉昌. 催化裂化过程中物料化学结构组成变化规律的探讨(上)[J]. 石油学报: 石油化工,

1993, 9(4): 1-11.

[32] 刘晨光, 阙国和, 陈月珠, 等. 减压渣油芳碳率 f_A 的两个经验计算方法[J]. 石油炼制, 1987 (12): 53.

[33] 廖克俭, 戴跃玲, 丛玉凤. 石油化工分析[M]. 北京: 化学工业出版社, 2005: 200-201.

[34] Williams R B. Characterization of Hydrocarbons in Petroleum by Nuclear Magnetic Resonance——Symposium on Composition of Petroleum Oils[M]. ASTM, Spec Tech Publ, 1958: 224.

[35] Brown J K, Ladner W R. A Study of the Hydrogen Distribution in Coal-like Materials by High-resolution Nuclear Magnetic Resonance Spectroscopy Ⅱ-A Comparison with Infrared Measurement and the Conversion to Carbon Structure[J]. Fuel, 1960, 39: 87-96.

[36] Yui S M, Sanford E C. "Predicting Cetane Number and Carbon-13 NMRA romaticity of Bitumen-Derived Middle Distillates from Density, Aniline Point, and Mid-Boiling Point," Accepted for publication in the AOSTRA J. of Research, 1991.

[37] 周佩正. 石油馏分的平均沸点和假临界常数的关联[J]. 华东石油学院学报, 1980(2): 77-89.

[38] 徐春明, 杨朝合. 石油炼制工程[M]. 石油工业出版社, 2009: 59.

[39] 陈雄华. 两黏度计算国外中间基原油 VGO 相对分子质量的公式[J]. 广东化工, 2012, 39(12): 75-76.

[40] 程从礼. 催化裂化原料平均相对分子质量的计算[J]. 石油学报: 石油加工, 2014, 30(1): 83-86.

[41] 肖磊, 曹睿, 王俊, 等. 常压下石油馏分蒸馏曲线换算的数学模型[J]. 炼油技术与工程, 2009, 39 (12): 49-53.

第2章 有关产品方面的工艺计算

加氢裂化过程产生的产品主要有：CH_4、C_2H_6、C_3H_8、$i\text{-}C_4H_{10}$、$n\text{-}C_4H_{10}$、轻石脑油、重石脑油、喷气燃油、柴油、润滑油基础油和加氢裂化尾油。CH_4、C_2H_6、C_3H_8、$i\text{-}C_4H_{10}$、$n\text{-}C_4H_{10}$可从石油化工基础数据手册中直接查取，轻石脑油也可分析到纯物质，其纯组分的各种性质也可从石油化工基础数据手册中纯物质性质中查取。

2.1 加氢裂化产品重石脑油、喷气燃油、柴油、润滑油基础油和加氢裂化尾油通用性质计算 [7~9,12,14~16]

2.1.1 比热容计算

（1）比热容

比热容分为真实比热容和平均比热容。真实比热容为物质在某一温度点时的比热容。例如，150℃的实分子比热容为该物质在150℃（当温度变化无限小）时的比热容，而不是指较宽温度范围（如0~150℃）的平均比热容。因此，如果用在较宽温度范围时，在工程上可按下式计算加氢裂化产品的平均比热容。

$$C_{平} = \frac{1}{t_2 - t_1} \cdot \sum_{i}^{n} C_i \Delta t_i$$

式中 $C_{平}$——平均比热容，kJ/(kg·℃)；

$\quad n$——从 t_1 到 t_2 间分成的段数；

$\quad C_i$——i 段的算术平均比热容，kJ/(kg·℃)；

$\quad \Delta t_i$——i 段的温差，℃；

$\quad t_1$，t_2——温度，℃。

比热容分为比定压热容 C_p 和比定容热容 C_v。比定压热容为恒定压力时的比热容，也就是物质增1℃所增加的焓。比定容热容为恒定容积时的比热容，它小于比定压热容。

（2）加氢裂化产品液相比热容

加氢裂化液相产品：重石脑油、喷气燃油、柴油、尾油的对比压力均≤0.85，其某温度下的质量比定压热容（C_p）计算方式如下：

$$C_p = A_1 + A_2 + A_3 T^2$$

$$A_1 = -4.90383 + (0.099319 + 0.104281 \times d_{15.6}^{15.6})K + \frac{4.81407 - 0.194833K}{d_{15.6}^{15.6}}$$

$$A_2 = (7.53624 + 6.21461K) \times (1.12172 - \frac{0.27634}{d_{15.6}^{15.6}}) \times 10^{-4}$$

$$A_3 = -(1.35652 + 1.11863K) \times (2.9027 - \frac{0.70958}{d_{15.6}^{15.6}}) \times 10^{-7}$$

从一已知温度和压力下的液体比热容换算为另一温度和压力下的比热容，可按下式计算：

$$C_{p1} = C_{p2} \left(\frac{\omega_1}{\omega_2} \right)^{2.8}$$

式中　C_{p1}，C_{p2}——在 t_1、p_1 和在 t_2、p_2 时的比热容，kcal/(kg·℃)，可按图 2-1 查取；

　　　　ω_1，ω_2——在 t_1、p_1 和在 t_2、p_2 时的液体膨胀系数，可从图 2-2 查取。

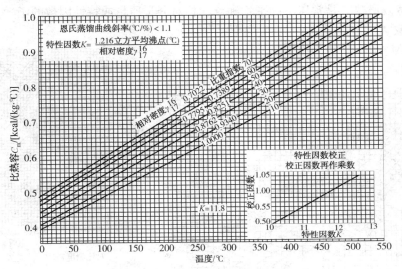

图 2-1　加氢裂化产品的液体比热容

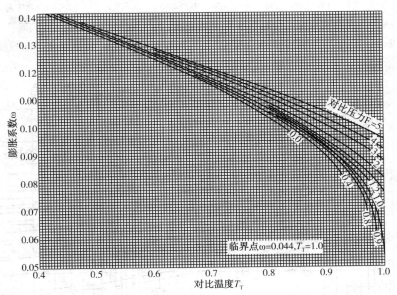

图 2-2　加氢裂化产品的液体膨胀系数

（3）混合液体比热容

混合物的比热容可按下式计算：

$$C_m = \sum W_i C_i$$

式中　C_m——加氢裂化产品的混合物的比热容，kJ/(kg·℃)；

W_i——i 组分的质量分数,%;

C_i——i 组分的比热容,kJ/(kg·℃)。

2.1.2 蒸发潜热计算

单位物质在一定温度下由液态转化为气态所需的热量称为蒸发潜热(汽化潜热)。加氢裂化产品的蒸发潜热,是常压下的平均沸点、相对分子质量或特性因数的函数。可由图 2-3 至图 2-5 查取。

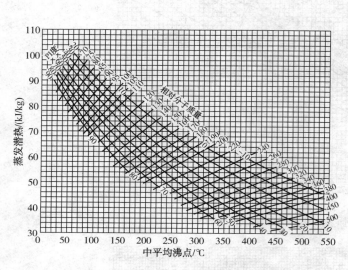

图 2-3 加氢裂化产品的蒸发潜热

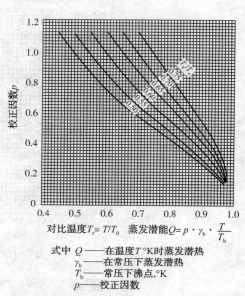

式中 Q——在温度 T °K 时蒸发潜热
γ_b——在常压下蒸发潜热
T_b——常压下沸点,°K
p——校正因数

图 2-4 加氢裂化产品的蒸发潜热校正图

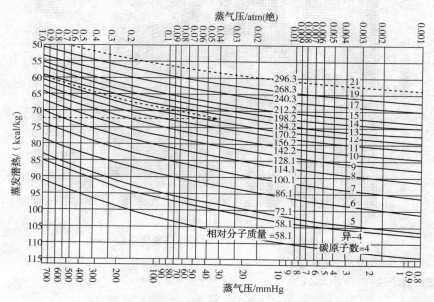

图 2-5 加氢裂化产品减压时的蒸发潜热

2.1.3　导热系数计算

$$\lambda = 0.0083 \frac{d^{0.167}}{M^{0.661} Z^{0.5}}$$

$$Z = \frac{V_{\mathrm{L}}}{RT_{\mathrm{b}}\left(101.6 - 82.4 \frac{T}{T_{\mathrm{b}}}\right)}$$

$$R = 0.082 \frac{\dfrac{\mathrm{kg}}{\mathrm{cm}^2} \cdot \mathrm{m}^3}{\dfrac{\mathrm{K}}{\mathrm{kg}}}$$

式中　λ——加氢裂化产品的导热系数，kcal/(m·℃·h)；

　　　d——密度，g/cm^3；

　　　M——相对分子质量；

　　　Z——液体压缩系数；

　　　V_{L}——分子比容，m^3/kg；

T_{b}，T——沸点、所需温度，K。

加氢裂化产品的导热系数也可由图 2-6 查取。

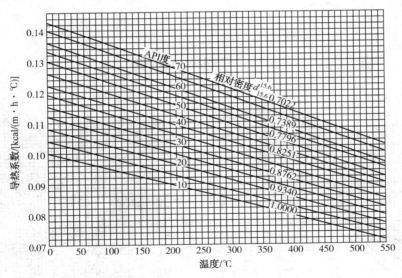

图 2-6　加氢裂化产品的导热系数

2.1.4　特性因数计算

用特性因数可求取加氢裂化产品的化学性质，也可用特性因数结合密度或平均沸点求定加氢裂化产品的其他物理性质(图 2-7、图 2-8)。

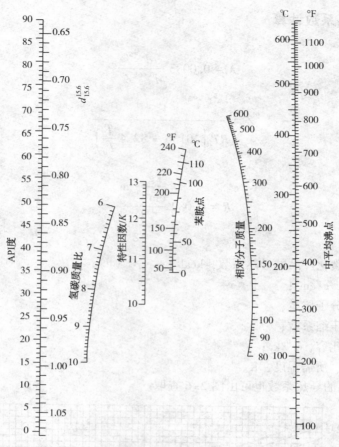

图 2-7　加氢裂化产品的特性因数求取

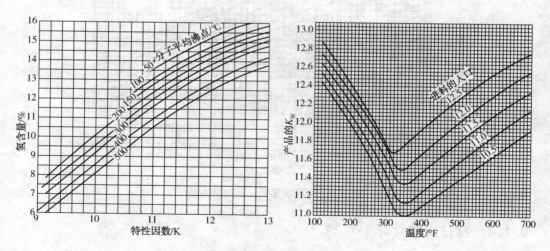

图 2-8　典型的加氢裂化产品特性因数

2.1.5　相对分子质量计算

由于加氢裂化产品是各种化合物的复杂混合物，相对分子质量是其中各种组分相对分子质量的平均值，因而称为平均相对分子质量更为合适。

平均相对分子质量常用来计算油品的汽化热、石油蒸气的体积、分压以及化学性质等。

平均相对分子质量随馏分沸程的增高而增大。典型的加氢裂化产品的平均相对分子质量大致的数值如下：石脑油 100~120，煤油 130~200，轻柴油 210~240，低黏度润滑油基础油 300~360，高黏度润滑油基础油 370~500。

计算石脑油、煤油、柴油平均相对分子质量的公式如下：

$$M = a + bT_m + cT_m^2$$

式中　M——相对分子质量；

　　　T_m——实分子平均沸点；

a，b，c——随馏分特性因数不同而变化的常数，见表2-1。

表2-1　计算相对分子质量公式中的常数与特性因数的关系

K	10.0	10.5	11.0	11.5	12.0
a	56	57	59	63	69
b	0.23	0.24	0.24	0.225	0.18
c	0.0008	0.0009	0.0010	0.00115	0.0014

对于加氢裂化产生的相对分子质量较大的润滑油基础油、加氢裂化尾油，可根据黏度和密度数值，查图2-9至图2-11求取。

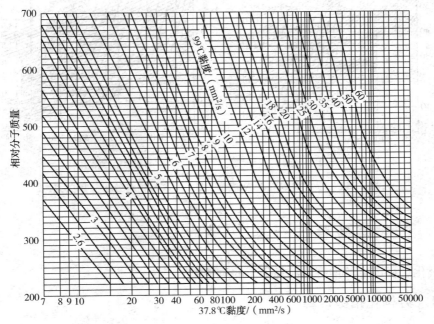

图2-9　黏度与相对分子质量关系

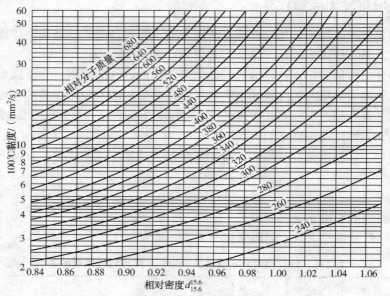

图 2-10　黏度、相对密度与相对分子质量关系

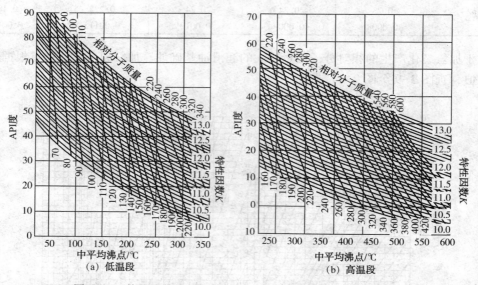

（a）低温段　　　　　　　　（b）高温段

图 2-11　特性因数、平均沸点、API 指数与相对分子质量关系

2.2　重石脑油性质计算[1,7~9,12,16]

加氢裂化过程产生的重石脑油是优质的重整料。

2.2.1　芳构化指数计算

一般将 $N+A$、$N+2A$ 或 $N+3.5A$ 的体积百分数称为芳构化指数或重整指数，通常多用 $N+2A$ 表示。

$$N + 2A = \sum C_i^N\% + 2\sum C_i^A\%$$

式中　$N + 2A$ ——芳构化指数，N 代表环烷烃，A 代表芳烃；

　　　$C_i^N\%$ ——加氢裂化重石脑油中环烷烃的体积分数；

　　　$C_i^A\%$ ——加氢裂化重石脑油中芳烃的体积分数。

【计算实例】

已知：加氢裂化加工的原料油为胜利 VGO（350~500℃），加氢裂化产生的重石脑油（82~177℃）的结构组成见表 2-2，计算其芳构化指数。

表 2-2　加氢裂化重石脑油的结构组成

项　目	C_6	C_7	C_8	C_9	C_{10}	Σ
烷烃/%	7. 69	12. 19	12. 16	10. 12	6. 01	48. 17
环烷烃/%	6. 36	13. 75	13. 11	10. 56	4. 52	48. 30
芳烃/%	0. 73	0. 88	1. 02	0. 90		3. 53

计算：将已知条件代入计算式：

$$N + 2A = \sum C_i^N\% + 2\sum C_i^A\%$$
$$= (6. 36 + 13. 75 + 13. 11 + 10. 56 + 4. 52) + 2 \times (0. 73 + 0. 88 + 1. 02 + 0. 9)$$
$$= 55. 36$$

2. 2. 2　芳烃潜含量计算

一般将加氢裂化重石脑油中 C_6 以上的环烷烃全部转化为芳烃的量与原料中的芳烃量之和称为芳烃潜含量。

$Ar\%$ = 苯潜含量 + 甲苯潜含量 + C_8 芳烃潜含量 + C_9 芳烃潜含量 + …

式中　$Ar\%$ ——芳烃潜含量，%。

苯潜含量（%）= $C_6^N\% \times \dfrac{78}{84}$ + 苯 %，78、84 为 C_6^N 和苯的相对分子质量；

甲苯潜含量（%）= $C_7^N\% \times \dfrac{92}{98}$ + 甲苯 %，92、98 为 C_7^N 和甲苯的相对分子质量；

C_8 芳烃潜含量（%）= $C_8^N\% \times \dfrac{106}{112}$ + C_8 芳烃 %，106、112 为 C_8^N 和 C_8 芳烃的相对分子质量；

C_9 芳烃潜含量（%）= $C_9^N\% \times \dfrac{120}{126}$ + C_9 芳烃 %，120、126 为 C_9^N 和 C_9 芳烃的相对分子质量；

C_{10} 等芳烃潜含量依此类推。

【计算实例】

已知：某加氢裂化重石脑油中含环己烷 4.5%，甲基环戊烷 2.5%，C_7 环烷烃 18%，C_8 环烷烃 14%，C_9 环烷烃 4%，苯 0.5%，甲苯 1.5%，二甲苯 1.6%，C_9 芳烃 0.4，计算芳烃潜含量。

计算：

将已知条件代入计算式：

苯潜含量 $= C_6^N\% \times \dfrac{78}{84} +$ 苯 $\% = (4.5 + 2.5)\% \times \dfrac{78}{84} + 0.5\% = 7\%$

甲苯潜含量 $= C_7^N\% \times \dfrac{92}{98} +$ 甲苯 $\% = 18\% \times \dfrac{92}{98} + 1.5\% = 18.4\%$

C_8 芳烃潜含量 $= C_8^N\% \times \dfrac{106}{112} + C_8$ 芳烃 $\% = 14\% \times \dfrac{106}{112} + 1.6\% = 14.85\%$

C_9 芳烃潜含量 $= C_9^N\% \times \dfrac{120}{126} + C_9$ 芳烃 $\% = 4\% \times \dfrac{120}{126} + 0.4\% = 4.21\%$

$Ar\% =$ 苯潜含量+甲苯潜含量+C_8芳烃潜含量+C_9芳烃潜含量
　　　$= 7\% + 18.4\% + 14.85\% + 4.21\% = 44.46\%$

2.3　喷气燃料性质计算[2~3,7~10,12,16~17]

加氢裂化装置一般生产煤油型 3# 喷气燃料，馏程为 140~260℃，冰点<-46℃，闪点>38℃，烟点≥25，烯烃和硫含量很小，元素组成变化范围一般为：C：85.5%~86.6%，H：13.4%~14.5%。

2.3.1　氢含量计算

$$H = \dfrac{9.1959 + 0.01448T_v - 0.07018A}{d_{15.6}^{15.6}} + 0.02644A + 0.0001298A \cdot T_v - 0.01345T_v + 2.014$$

式中　H——氢含量，%；

　　　T_v——体积平均沸点，K；

　　　$d_{15.6}^{15.6}$——相对密度；

　　　A——喷气燃料的芳烃含量，%。

此式也可绘制成诺谟图，查图计算。典型喷气燃料氢含量见表 2-3。

表 2-3　典型喷气燃料氢含量

项目	新疆	胜利	大庆	管输	孤岛
$d_{15.6}^{15.6}$	0.7816	0.7879	0.7758	0.8194	0.8376
$A/\%$	6.4	15.4	7.3	19.7	6.5
T_v/K	184	180	183	214	230
$H/\%$	14.46	13.97	14.53	13.52	13.67

2.3.2　相对分子质量计算

$$M = (n_{20} - d_{20}) \exp(4.5489 + 0.00442T_v)$$

或　　　　　　　　$\lg M = 1.9778 + 0.00192T_v + \lg(n_{20} - d_{20})$

表 2-4 为典型喷气燃料相对分子质量。

表 2-4　典型喷气燃料相对分子质量

项目	新疆	胜利	大庆	管输	孤岛
M	140	137	140	155	163

2.3.3　烟点计算

烟点是煤油和喷气燃料一个重要指标。

烟点由 ASTM D1322 方法确定。按照该方法进行测试时，烟点是无烟火焰的最大高度。ASTM D1322 的附件有从辉光值计算烟点或从烟点计算辉光值的方程式。Jenkins 和 Walsh[18] 给出了从相对密度和苯胺点估算喷气燃料烟点、辉光值、芳烃含量或氢含量的图（见图 2-12、图 2-13）。

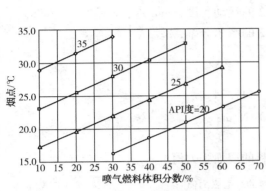

图 2-12　喷气燃料烟点与原料的关系

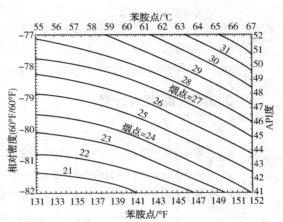

图 2-13　喷气燃料烟点与原料的关系

2.3.4　黏度计算

（1）常压下喷气燃料的黏度计算

$$\lg\lg(v+0.73)=\alpha-3.8265T$$

式中　v——运动黏度，mm^2/s；

　　　T——温度，K；

　　　α——系数，同一个油品此值相同。

计算时，将已知温度及该温度下的黏度输入，即可计算出该油品的 α 值，然后将需要求取的温度和求得的 α 值代入，即可得该温度下的黏度。

常压下喷气燃料黏度的典型值见表 2-5。

表 2-5　典型喷气燃料的黏度值　　　　　　　　　　　　mm^2/s

温度/℃	新疆	胜利	大庆	管输	孤岛
20	1.42	1.32	1.45	2.19	2.98
30	1.23	1.15	1.27	1.84	2.53
40	1.08	1.01	1.11	1.57	2.11
50	0.96	0.91	1.00	1.36	1.79
60	0.86	0.81	0.88	1.20	1.55

（2）加压下喷气燃料的黏度计算

$$\lg \frac{\nu_1}{\nu_0} = \frac{10^{-5}P - 10}{70.31} \times [0.0239 + 0.01638(\nu_0)^{0.278}]$$

式中　P——绝对压力，Pa；

　　　ν_0——喷气燃料在温度 T 和常压（0.1MPa）下的运动黏度，mm^2/s；

　　　ν_1——喷气燃料在温度 T 和压力 P 下的运动黏度，mm^2/s。

（3）两种喷气燃料的混合黏度计算

$$\lg \nu_{mix} = m_1 \lg \nu_1 + m_2 \lg \nu_2$$

式中　ν_{mix}——两种喷气燃料的混合运动黏度，mm^2/s；

　　　ν_1,ν_2——喷气燃料组分1和喷气燃料组分2的运动黏度，mm^2/s；

　　　m_1,m_2——喷气燃料组分1和喷气燃料组分2的摩尔分率，%。

2.3.5　表面张力计算

$$\sigma_{20} = 54.68 d_{20} - 17.74$$

式中　σ_{20}——喷气燃料在20℃时的表面张力，$10^{-3}N/m$；

　　　d_{20}——喷气燃料在20℃时的密度，g/cm^3。

适用范围：0~300℃。表2-6为典型喷气燃料的表面张力值。

表2-6　典型喷气燃料的表面张力值　　　　　　　　　　　$10^{-3}N/m$

温度/℃	新疆	大庆A	大庆B	管输	孤岛
20	24.83	25.39	24.69	27.06	28.06
30	23.91	24.50	23.75	26.13	27.12
40	23.01	23.61	22.82	25.19	26.18
50	22.14	22.73	21.88	24.25	25.25
60	22.29	21.86	20.95	23.33	24.32

2.3.6　密度计算

喷气燃料密度与飞机的续航距离及时间有关，密度每变化1%，发动机涡轮的平衡转速成反比地变化约0.5%，密度变化也会影响燃烧室中的空气/燃料比。

（1）密度随温度的变化计算

$$d_4^t = d_4^{20} + \beta(t - 20)$$

式中　d_4^t——喷气燃料在 t℃时的相对密度；

　　　d_4^{20}——喷气燃料在20℃时的相对密度；

　　　β——校正系数，$\beta = -(0.862 - 0.13 d_4^{20}) \times 10^{-3}$，$g/(℃\cdot cm^3)$。

（2）假临界密度和临界密度的计算

① 假临界密度的计算

$$d_{pc} = \frac{10^{-5}P_{pc} + 5.27}{0.02545} \times \frac{M}{T_{pc}}$$

$$T_{pc} = 24.2787(T_b + 460)^{0.58848}(d_{15.6}^{15.6})^{0.3596} - 460$$

$$P_{pc} = 3.12281 \times 10^{-9} (T_b + 460)^{-2.3125} (d_{15.6}^{15.6})^{2.3201}$$

式中　d_{pc}——喷气燃料的假临界密度，g/cm^3；

M——喷气燃料的相对分子质量；

T_{pc}——喷气燃料的假临界温度，℉；

T_b——中平均沸点，℉；

P_{pc}——喷气燃料的假临界压力，lbf/in^2，$lbf/in^2 = 6894.76Pa$。

② 临界密度的计算

临界密度可由图2-14查出。

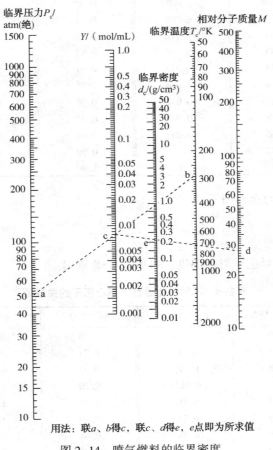

用法：联a、b得c，联c、d得e，e点即为所求值

图2-14　喷气燃料的临界密度

（3）喷气燃料蒸气密度的计算

喷气燃料在各个温度下实际上均处于气–液两相平衡，在临界温度以下各温度存在气液平衡的饱和线，求取临界温度以下的蒸气密度为喷气燃料蒸气在饱和线上的密度。

$$d_{vs} = \frac{M \cdot P_s}{0.0831434 \times 10^5 Z_s \cdot T}$$

式中　d_{vs}——喷气燃料蒸气在饱和线上的密度，g/cm^3；

P_s——喷气燃料在温度为T℃时的饱和蒸气压，Pa；

　　　T——喷气燃料的温度，K；

　　　Z_s——喷气燃料蒸气在饱和线上的压缩性因子，$Z_s = Z_s^{(0)} + \omega Z_s^{(1)}$。

　　其中，$Z_s^{(0)}$ 和 $Z_s^{(1)}$ 为对比温度和对比压力下压缩性因子的相关函数，由表2-7查出（当对比压力<0.05时，$Z_s = 1$）。

表2-7　不同对比压力下压缩性因子的相关函数

对比压力	$Z_s^{(0)}$	$Z_s^{(1)}$	对比压力	$Z_s^{(0)}$	$Z_s^{(1)}$
0.05	0.935	0.000	0.70	0.59	-0.075
0.1	0.896	-0.002	0.75	0.56	-0.081
0.15	0.864	-0.005	0.80	0.53	-0.087
0.2	0.835	-0.008	0.85	0.50	-0.090
0.25	0.809	-0.012	0.90	0.47	-0.091
0.30	0.783	-0.018	0.92	0.45	-0.090
0.35	0.758	-0.025	0.94	0.43	-0.089
0.40	0.734	-0.033	0.95	0.42	-0.089
0.45	0.711	-0.041	0.96	0.41	-0.088
0.50	0.688	-0.049	0.97	0.40	-0.087
0.55	0.665	-0.056	0.98	0.38	-0.085
0.60	0.640	-0.063	0.99	0.35	-0.083
0.65	0.615	-0.069	1.00	0.291	-0.080

　　ω 为喷气燃料蒸气的离心因子：

$$\omega = \frac{\lg P_r - (\lg P_r)^{(0)}}{(\lg P_r)^{(1)}}$$

式中，P_r 为对比压力，对应于对比温度。可由表2-8查出。

表2-8　不同对比温度下离心因子的关联项

对比温度	$-(\lg P_r)^{(0)}$	$-(\lg P_r)^{(1)}$	对比温度	$-(\lg P_r)^{(0)}$	$-(\lg P_r)^{(1)}$
1.00	0.000	0.000	0.76	0.741	0.704
0.98	0.051	0.043	0.74	0.822	0.795
0.96	0.103	0.088	0.72	0.908	0.894
0.94	0.157	0.0134	0.70	1.000	1.000
0.92	0.212	0.183	0.68	1.098	1.121
0.90	0.269	0.233	0.66	1.198	1.25
0.88	0.328	0.287	0.64	1.308	1.39
0.86	0.390	0.345	0.62	1.424	1.55
0.84	0.453	0.406	0.60	1.550	1.72
0.82	0.520	0.472	0.58	1.683	1.91
0.80	0.590	0.543	0.56	1.828	2.12
0.78	0.664	0.621	0.54	1.984	1.35

　　临界温度以下喷气燃料在饱和线上的液相密度可按下式计算：

$$d_{ls} = \left[\frac{d_{pc}}{0.5(d_{20} + d_v) - 1} \times \frac{t - 20}{t_{pc} - 20} + 1 \right] \times (d_{20} + d_v) - d_{vs}$$

式中　d_{ls}——喷气燃料液相在饱和线上 t℃时的密度，g/cm³；

d_{ps}——喷气燃料在临界点时的密度，g/cm^3；

d_{vs}——喷气燃料蒸气在饱和线上 $t℃$ 时的密度，g/cm^3；

d_{20}——喷气燃料在 20℃ 时的密度，g/cm^3；

d_v——喷气燃料蒸气在 20℃ 时的密度，g/cm^3；

t_{pc}——喷气燃料的温度，K。

2.3.7　声学性质计算

喷气燃料在冰点至沸点温度范围内，燃料中的音速可用下式计算：

$$\alpha = A \left(\frac{\sigma_t}{d_t} \right)^{\frac{2}{3}}$$

式中　α——温度 $t℃$ 时喷气燃料中的音速，m/s；

σ_t——温度 $t℃$ 时喷气燃料中的表面张力，N/m；

d_t——喷气燃料在 $t℃$ 时的密度，g/cm^3；

A——与温度有关的比例系数，可从表 2-9 中查出。

表 2-9　喷气燃料声学性质计算中的比例系数

温度/℃	-50	-40	-20	0	20	40	60	80	100	120	140
$A \times 10^{-4}$	135	132	128	123	120	117	114	112	111	110	100

2.3.8　电性质计算

喷气燃料基本上是由非极性或极性很弱的烃类分子组成，当喷气燃料中的芳烃和高沸点馏分含量增多时，介电常数增大。

$$\varepsilon = 1.667 d_4^t + 0.785$$

式中　ε——喷气燃料的介电常数；

d_4^t——喷气燃料在 $t℃$ 时的相对密度。

喷气燃料的介电常数随温度的变化并不是线形关系。

$$(TK_\varepsilon) = \frac{1}{\varepsilon} \cdot \frac{d\varepsilon}{dt}$$

式中　(TK_ε)——温度系数，可从表 2-10 中查出；

t——喷气燃料的温度，℃。

表 2-10　喷气燃料电性质计算中的温度系数

温度/℃	-60	-20	20	60	100	140
$(TK_\varepsilon) \times 10^{-4}$	-6.57	-6.77	-6.96	-7.16	-7.36	-7.58

喷气燃料中有溶解水时，介电常数将略有增大。

$$\varepsilon = \gamma \cdot \varepsilon_1 + (1 - \gamma) \varepsilon_2$$

式中　γ——喷气燃料中溶解水的体积分数，%（体）；

ε_1——喷气燃料中溶解水的介电常数，一般为 $\varepsilon_1 = 31$，如果溶解水为细微的乳化水时，

$\varepsilon_1 = 80$；

ε_2——干喷气燃料的介电常数。

2.4 柴油性质计算[2~9,11~13,16]

2.4.1 闪点计算

可燃柴油蒸气与空气的混合气在一定的浓度范围内临近火焰时，发生短暂闪火（爆炸）的最低温度，称为柴油闪点。

由恩式蒸馏10%（体）点温度，可计算柴油的闭口闪点。

$$T_{FF} = \cfrac{1}{-0.024209 + \cfrac{2.84947}{T_{N,10}} + 3.4254 \times 10^{-3} \ln T_{N,10}}$$

式中　T_{FF}——闭口闪点，K；

$T_{N,10}$——原料油恩式蒸馏10%（体）点温度，K。

适用范围：闪点为-26.1~162.8℃；恩式蒸馏10%（体）点温度为65.5~621.1℃。

（1）两种混合柴油闪点计算

①重量法。由于闪点不具备加和性，两种柴油混合时，混合柴油闪点可用如下重量法公式计算：

$$T_{混} = \frac{A \cdot t_a + B \cdot t_b - f(t_a - t_b)}{100}$$

式中　$T_{混}$——混合柴油的闪点，℃；

A，B——柴油馏分 a 和柴油馏分 b 的体积分率，%（体）；

t_a，t_b——柴油馏分 a 和柴油馏分 b 的闪点，且 $t_a > t_b$，℃；

f——系数，由表2-11查取。

表2-11　柴油闪点的混合系数

A	B	f	A	B	f
5	95	3.3	55	45	27.6
10	90	6.5	60	40	29.2
15	85	9.2	65	35	30.0
20	80	11.9	70	30	30.3
25	75	14.5	75	25	30.0
30	70	17.0	80	20	29.2
35	65	19.4	85	15	26.0
40	60	21.7	90	10	21.0
45	55	23.9	95	5	12.0
50	50	25.9			

当闪点在35~150℃范围时，两种柴油的调合可采用闪点调合计算图，见图2-15。当甲、乙两种柴油的闪点为已知数，连接这两点的直线即可求出该两种柴油混合后的闪点，其计算结果与生产实测值绝对误差小于±2℃。

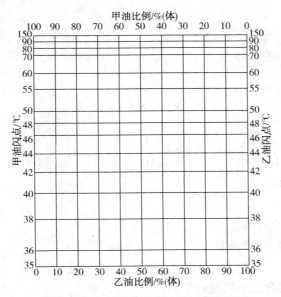

图 2-15　两种柴油混合后的闪点计算图

② 闪点差值关联式：

$$T_{混} = -\Delta T \cdot \lg\left(\frac{A}{10^{\frac{T_A}{\Delta T}}} + \frac{B}{10^{\frac{T_B}{\Delta T}}}\right) - B \cdot \Delta T^A$$

式中　$T_{混}$——混合原料油的闪点，℃；

T_A——混合原料油中高闪点油品的闪点，℃；

T_B——混合原料油中低闪点油品的闪点，℃；

A——混合原料油中高闪点油品的质量分数，%；

B——混合原料油中低闪点油品的质量分数，%；

ΔT——两种原料油闪点的差值，℃。

$\Delta T < 115℃$时，计算得到的混合原料油的闪点误差值±1℃；$\Delta T \geqslant 115℃$时，计算得到的混合原料油的闪点误差值±2℃。

（2）多种混合柴油闪点计算

$$0.929^t = 0.929^{t_1} \cdot V_1 + 0.929^{t_2} \cdot V_2 + \cdots + 0.929^{t_n} \cdot V_n$$

式中　　　　t——混合柴油的闪点，℃；

t_1，t_2，$\cdots$，t_n——混合柴油 1、2、$\cdots$、n 的闪点，℃；

V_1，V_2，$\cdots$，V_n——混合柴油 1、2、$\cdots$、n 的体积分数，%（体）。

2.4.2　苯胺点计算

苯胺是一种芳香族胺，当它用作溶剂时，在低温下对芳烃分子有很好的选择性，在高温下对烷烃和环烷烃有很好的选择性。柴油的苯胺点是指柴油在苯胺中溶解的最低温度。

苯胺点还可以用于测定油品中的芳烃含量，如下式：

$$芳烃(\%) = k(T_1 - T_2)$$

式中　k——相当于苯胺点每降低 1℃ 的芳烃（%）变化，其数值因油品的沸程不同和芳烃总含量不同而变化；

　　T_1——未脱除芳烃的苯胺点，℃；

　　T_2——脱除芳烃后的苯胺点，℃。

（1）HPI 关联式

$$AP = -336.82 - 2.6964CN + \frac{180.9}{3d_{15.6}^{15.6}}$$

$$CN = 3.48453 + \frac{1.35067T_b}{100} + 0.179368\left(\frac{T_b}{100}\right)^2 - 0.01246\left(\frac{T_b}{100}\right)^3 + 0.001963\left(\frac{T_b}{100}\right)^4$$

式中　AP——苯胺点，℉；

　　　　CN——碳数。

（2）混合柴油苯胺点计算

首先计算混合柴油的混合指数：

$$I_m = V_1 \cdot I_1 + V_2 \cdot I_2 + \cdots + V_n \cdot I_n$$

式中　　　　I_m——混合柴油的混合指数；

　I_1，I_2，$\cdots$，I_n——混合柴油1、2、$\cdots$、n 的混合指数；

V_1，V_2，$\cdots$，V_n——混合柴油1、2、$\cdots$、n 的体积分数，%（体）。

　　然后由表 2-12 查出混合柴油苯胺点。

表 2-12　混合柴油的苯胺点

AP/℉	0	1	2	3	4	5	6	7	8	9
-20		1.00	2.46	4.17	6.06	8.10	10.3	12.6	14.9	17.4
-10	20.0	22.6	25.3	28.1	30.9	33.8	36.8	39.8	42.8	46.0
0	49.1	52.4	55.6	58.9	62.3	65.7	69.1	72.6	76.1	79.6
10	83.2	86.8	90.5	94.2	97.9	102	105	109	113	117
20	121	125	129	133	137	141	145	149	153	157
30	162	166	170	174	179	183	187	192	196	200
40	205	209	214	218	223	227	232	237	241	246
50	250	255	260	264	269	274	279	283	288	293
60	298	303	308	312	317	322	327	332	337	342
70	347	352	357	362	367	372	377	382	388	393
80	398	403	408	414	419	424	429	435	440	445
90	451	456	461	467	472	477	483	488	494	499
100	505	510	516	521	527	532	538	543	549	554
110	560	566	571	577	582	588	594	599	605	611
120	617	622	628	634	640	645	651	657	663	669
130	674	680	686	692	698	704	710	716	722	727
140	733	739	745	751	757	763	769	775	781	788
150	794	800	806	812	818	824	830	836	842	849
160	855	861	867	873	880	886	892	898	904	911
170	917	923	930	936	942	948	955	961	967	974
180	980	986	993	999	1006	1012	1019	1025	1031	1038
190	1044	1050	1057	1064	1070	1077	1083	1090	1096	1103
200	1110	1116	1122	1129	1136	1142	1149	1156	1162	1169

续表

$AP/°F$	0	1	2	3	4	5	6	7	8	9
210	1176	1182	1189	1196	1202	1209	1216	1222	1229	1236
220	1242	1249	1256	1262	1269	1276	1283	1290	1330	1337
230	1310	1317	1324	1331	1337	1344	1351	1358	1365	1372
240	1379	1386	1392	1400	1406	1413	1420	1427	1434	1441
$AP_{混}/°F$	0	1	2	3	4	5	6	7	8	9
0	−736	−730	−723	−716	−709	−703	−696	−689	−682	−675
10	−668	−660	−653	−646	−639	−631	−623	−616	−608	−600
20	−593	−584	−577	−569	−561	−552	−544	−536	−528	−519
30	−511	−503	−494	−488	−477	−468	−460	−451	−442	−433
40	−425	−416	−407	−398	−389	−380	−371	−361	−352	−343
50	−334	−324	−315	−306	−296	−287	−277	−267	−258	−248
60	−239	−229	−219	−210	−200	−190	−180	−170	−160	−150
70	−140	−130	−120	−110	−100	−89.6	−79.4	−69.2	−58.9	−48.6
80	−38.3	−27.9	−17.5	−7.06	3.39	13.9	24.4	35.0	45.5	56.1
90	66.8	77.4	88.1	98.8	110	120	131	142	153	164
100	175	186	197	208	219	230	241	252	263	274
110	285	297	308	319	330	342	353	364	376	387
120	399	410	422	433	445	456	468	479	491	503
130	514	526	538	550	561	573	585	597	609	620
140	632	644	656	668	680	692	704	716	728	741

【计算实例】

已知：某加氢裂化柴油的体积比 0.8、苯胺点 70°F，另一加氢裂化柴油的体积比 0.2、苯胺点 40°F(混合的)，计算混合后的苯胺点。

计算：

由表 2-12 查得：苯胺点 70°F 柴油的混合指数 347；苯胺点 40°F(混合的)柴油的混合指数−425。

将已知条件代入计算式：

$$I_m = V_1 \cdot I_1 + V_2 \cdot I_2 = 0.8 \times 347 + 0.2 \times (-425) = 193$$

查得混合指数 193 时，柴油的苯胺点 37°F(或 102°F 混合的)。

2.4.3　柴油指数、十六烷指数、十六烷值计算

(1) 柴油指数(Diesel Index，简称 DI)计算

①公式计算：

DI 计算 1[20]：

$$DI = \frac{API \times AP}{100}$$

DI 计算 2：

$$DI = \frac{(1.8AP + 32)(141.5 - 131.5 \times d_{15.6}^{15.6})}{100 d_{15.6}^{15.6}}$$

从上面两式可看出，随着柴油苯胺点的升高.密度的减小，则柴油指数增高。从烃类的

性质可知，烷烃的密度小、苯胺点高，而芳香烃的密度大、苯胺点低，故燃料中烷烃的含量越多，芳香烃的含量越少，则柴油指数越高。

柴油指数越高，其十六烷值越高，两者之间的关系见表2-13。

表2-13　柴油指数与十六烷值的关系

柴油指数	20	30	40	50	60	70	80
十六烷值	30	35	40	45	55	65	80

② 查图求取(图2-16)。

(2) 十六烷指数计算

① 关联式1：

$$CI = 162.41 \lg \frac{t_{50}}{d_{20}} - 418.51$$

式中　CI——十六烷指数；

　　　t_{50}——柴油50%馏出温度，℃。

② 关联式2：GB/T 11139规定的柴油十六烷指数计算关联式为：

$$CI = 431.29 - 1586.88d_{20} + 730.97(d_{20})^2 + 12.392(d_{20})^3 +$$
$$0.0515(d_{20})^4 - 0.554T_b + 97.803(\lg T_b)^2$$

③ 关联式3：ASTM D976规定的计算方法：

$$CI = 454.74 - 1641.416d_{15.6}^{15.6} + 774.74(d_{15.6}^{15.6})^2 - 0.554T_b + 97.803(\lg T_b)^2$$

④ 关联式4：ASTM D4737-96a规定的计算方法：

$$CI = 45.2 + 0.0892T_{10N} + (0.131 + 0.901B)T_{50N} + (0.0523 - 0.420B)T_{90N} +$$
$$0.00049(T_{10N}^2 - T_{90N}^2) + 107B + 60B^2$$

式中　$T_{10N} = T_{10} - 215$；　$T_{50N} = T_{50} - 260$；　$T_{90N} = T_{90} - 310$；

　　　$B = e^{-3.5D} - 1$；

　　　T_{10}，T_{50}，T_{90}——ASTM D86的10%、50%、90%馏出温度，℃。

⑤关联式5：在日本的柴油标准(JIS K2204)中，列有求十六烷指数的公式，列线图见图2-17。

$$CI = 0.49 - 83 + 1.06577X - 0.0010552X^2$$

$$X = 97.833(\lg A)^2 + 2.2088API\lg A + 0.01247API^2 - 42351\lg A - 4.7808API + 419.59$$

$$A = \frac{9}{5}(760\text{mmHg 的 50\% 馏出温度，℃}) + 32$$

(3) 自燃点指数、自燃点校正指数

$$自燃点指数 = \frac{API \cdot AP \cdot T_b}{100000}$$

$$自燃点校正指数 = \frac{1.4API \cdot AP \cdot T_b}{100000}$$

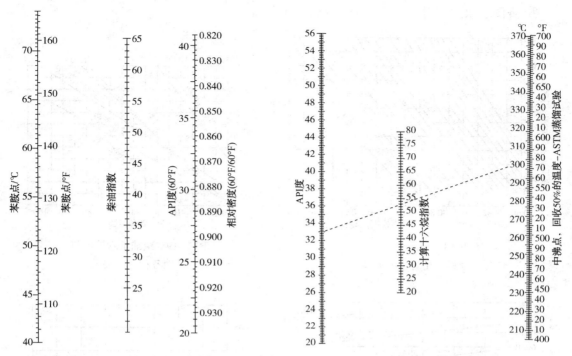

图 2-16　柴油指数列线图　　　　　　　　　　图 2-17　计算十六烷指数列线图

（4）十六烷值计算

十六烷值代表柴油在柴油发动机中着火性能的一个约定量值。正构烷烃的十六烷值最高；相对分子质量越大，十六烷值越高；正构烯烃的十六烷值稍低于相应的正构烷烃；环烷烃的十六烷值低于碳数相同的正构烷烃和正构烯烃；无侧链或短侧链的芳香烃的十六烷值最低，且环数越多，十六烷值越低。

① 关联式 1。我国柴油十六烷值与密度的关联式如下：

$$CN = 442.8 - 462.9d_{20}$$

② 关联式 2。Ethyl 开发的关联式被 ASTM 十六烷值预测工作组审查认为是最好的方法。

$$CN = 5.28 + 0.371CI + 0.112 (CI)^2$$

③ 关联式 3。混合柴油的十六烷值可用下式计算：

$$CN = 16.419 - 1.1332 \frac{AP}{100} +$$

$$12.9676 \left(\frac{AP}{100}\right)^2 - 0.205 \left(\frac{AP}{100}\right)^3 + 1.1723 \left(\frac{AP}{100}\right)^4$$

④ 关联式 4。

$$CN = \frac{2}{3} \times 柴油指数 + 14$$

或

$$CN = 0.744AP + 11.6$$

⑤ 查图求取。所用图见图 2-18 至图 2-21 所示。

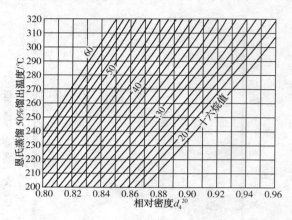

图 2-18　柴油十六烷值与
馏程、相对密度关系

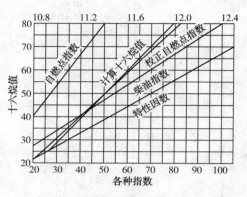

图 2-19　柴油十六烷值与
其他各种指数关系

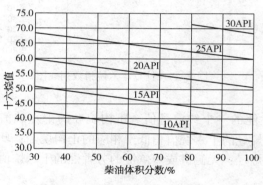

图 2-20　柴油十六烷值与原料关系

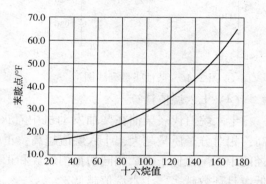

图 2-21　从苯胺点求十六烷值

⑥ 计算十六烷值与实测十六烷值。图 2-22 列出了计算十六烷值与实测十六烷值的关系。

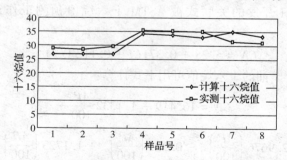

图 2-22　计算十六烷值与实测十六烷值的关系

从图 2-22 可看出，加氢裂化不同样品的计算十六烷值与实测十六烷值没有正相关性或负相关性。

（5）十六烷值与十六烷指数的关系

图 2-23 至图 2-24 列出了十六烷值与十六烷指数的关系。

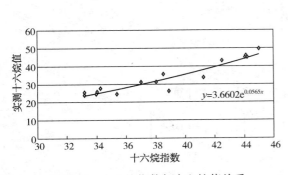

图 2-23 十六烷指数与十六烷值关系

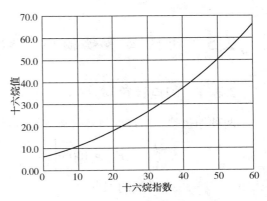

图 2-24 从十六烷指数求十六烷值

2.4.4 柴油凝点计算

当加氢裂化产品柴油的凝点≤11℃时，混合柴油的凝点可由下式计算：

$$SP = 9.4656\delta^3 - 57.0821\delta^2 + 129.075\delta - 99.2741$$

当加氢裂化产品柴油的凝点>11℃时，混合柴油的凝点可由下式计算：

$$SP = -0.0105\delta^3 - 0.864\delta^2 + 13.811\delta - 16.2033$$

式中 SP——混合柴油的凝点，℃；

δ——凝点换算因子，$\sum \delta_i \cdot W_i = A \cdot \delta_A$。

其中，δ_i 为 i 组分的凝点换算因子；W_i 为 i 组分的质量，kg/h；A 为混合后的产品质量，kg/h；δ_A 为产品的凝点换算因子。

混合柴油的凝点换算因子也可从表 2-14 中查得。

表 2-14 柴油凝点与换算因子对应关系

凝点/℃	0	0.5	1.0	1.5	2.0	2.5	3.0	3.5	4.0	4.5
−50	0.4891	0.4927	0.4959	0.4989	0.5017	0.5046	0.5077	0.5112	0.5152	0.5200
−45	0.5272	0.5350	0.5432	0.5516	0.5600	0.5668	0.534	0.5800	0.5865	0.5932
−40	0.6000	0.6077	0.6156	0.6239	0.6323	0.6411	0.6500	0.6597	0.6695	0.6793
−35	0.6889	0.6982	0.7062	0.7137	0.7208	0.7277	0.7340	0.7414	0.7486	0.7559
−30	0.7632	0.7707	0.7784	0.7868	0.7954	0.8041	0.8128	0.8215	0.8300	0.8369
−25	0.8437	0.8508	0.8584	0.8665	0.8768	0.8886	0.9011	0.9140	0.9270	0.9400
−20	0.9512	0.9623	0.9733	0.9848	0.9955	1.0074	1.0200	1.0326	1.0452	1.0577
−15	1.0700	1.0803	1.0905	1.1008	1.1115	1.1228	1.1358	1.1507	1.1665	1.1828
−10	1.1995	1.2166	1.2324	1.2481	1.2643	1.2811	1.2989	1.3185	1.3404	1.3633
−5.0	1.3868	1.4109	1.4351	1.4586	1.4818	1.5050	1.5282	1.5514	1.5744	1.5962
0.0	1.6184	1.6412	1.6649	1.6897	1.7176	1.7481	1.7795	1.8115	1.8440	1.8759
5.0	1.9051	1.9345	1.9643	1.9950	2.0269	2.0614	2.0982	2.1365	2.1763	2.2177
10.0	2.2600	2.3044	2.3499	2.3963	2.4434	2.4912	2.5381	2.5838	2.6304	2.6784
15.0	2.7281	2.7800	2.8382	2.8988	2.9612	3.0252	3.0904	3.1555	3.2198	3.2850
20.0	3.3510	3.4180	3.4862	3.5564	3.6279	3.7006	3.7745	3.8494	3.9248	3.9993
25.0	4.0753	4.1531	4.2333	4.3160	4.4014	4.4899	4.5827	4.6803	4.7833	4.8923
30.0	5.0079	—	—	—	—	—	—	—	—	—

2.5 润滑油基础油性质计算[2~9,16]

2.5.1 闪点计算

两种加氢裂化所产润滑油基础油混合后闪点可采用下式计算:

$$F_{混} = 100\lg\left[\left(\frac{V_1}{V_1 + V_2}\right)10^{\frac{F_1}{10}} + \left(\frac{V_1}{V_1 + V_2}\right)10^{\frac{-F_2}{10}}\right]$$

式中 $F_{混}$——混合油的闪点,℃;

     F_1,F_2——组分1、组分2的闪点,℃;

     V_1,V_2——组分1、组分2的体积分数,%(体)。

2.5.2 黏度计算

(1)查图计算(图2-25)

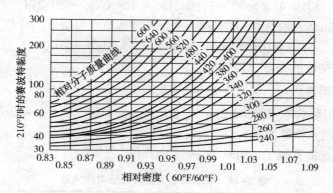

图2-25 润滑油基础油在98.9℃时赛波特通用黏度

(2)国际通用的黏度混合计算模型

$$\lg\mu_{混} = \sum V_i \cdot \lg\mu_i$$

式中 $\mu_{混}$——混合油的黏度,mm^2/s;

     μ_i——i组分的黏度,mm^2/s;

     V_i——i组分的体积分数,%(体)。

(3)美国标准局的黏度混合计算模型

$$\lg\lg\mu_{混} = \sum V_i \cdot \lg\lg(\mu_i + K)$$

式中 K——常数,37.8℃润滑油基础油的$K = 0.6$。

(4)H值计算法

$$H \approx 870\lg\lg(\mu + 0.7) + 154$$

式中 H——混合黏度的H值,见表2-15。

表 2-15　混合黏度的 H 值

黏度/(mm²/s)	0	0.1	0.2	0.3	0.4	0.5	0.6	0.7	0.8	0.9
1	-300	-271	-247	-222	-199	-179	-161	-145	-131	-119
2	-108	-97	-88	-79	-70	-62	-55	-48	-41	-35
3	-29	-23	-17	-12	-7	-2	3	8	12	17
4	21	25	30	34	37	41	45	49	52	56
5	59	63	66	69	72	76	79	82	85	88
6	91	93	96	99	102	106	108	110	112	114
7	116	118	120	122	124	126	128	129	131	133
8	135	137	138	140	142	143	145	147	148	150
9	151	153	154	156	157	159	160	162	163	164

黏度/(mm²/s)	0	1	2	3	4	5	6	7	8	9
10	166	179	191	201	211	220	225	236	243	250
20	256	262	268	273	278	283	288	292	296	300
30	304	307	311	314	317	320	323	326	329	332
40	334	337	339	342	344	346	348	351	353	355
50	357	359	360	362	364	366	368	369	371	372
60	374	376	377	378	380	381	383	384	385	387
70	388	389	391	392	393	394	395	396	398	399
80	400	401	402	403	404	405	406	407	408	409
90	410	411	412	413	413	414	415	416	417	418

黏度/(mm²/s)	0	10	20	30	40	50	60	70	80	90
100	419	426	433	440	445	450	455	460	464	468
200	472	475	478	481	484	487	490	492	495	497
300	499	501	503	505	507	509	511	513	514	516
400	518	519	521	522	523	525	526	527	529	530
500	531	532	534	535	536	537	538	539	540	541
600	542	543	544	545	546	547	547	548	549	550
700	551	552	552	553	554	555	555	556	557	558
800	558	559	560	560	561	562	562	563	564	564
900	565	565	566	567	567	568	568	569	569	570

黏度/(mm²/s)	0	100	200	300	400	500	600	700	800	900
1000	571	576	580	584	588	592	595	598	601	604
2000	606	608	611	613	615	617	619	621	622	624
3000	625	627	628	630	631	633	634	635	636	637
4000	639	640	641	642	643	644	645	646	647	648
5000	648	649	650	651	652	653	653	654	655	656
6000	656	657	658	658	659	660	660	661	662	662
7000	663	663	664	665	665	666	666	667	667	668
8000	668	669	669	670	670	671	671	672	672	673
9000	673	674	674	675	675	676	676	676	677	677

（5）黏度混合指数法

$$VF_b = \sum V_i \cdot VF_i$$

式中　VF_b——混合油的黏度混合指数，见表 2-16；

VF_i —— i 组分的黏度混合指数；

V_i —— i 组分的体积分数，%（体）。

表 2-16　黏度混合指数

黏度/(mm²/s)	0.00	0.01	0.02	0.03	0.04	0.05	0.06	0.07	0.08	0.09
0.5	0.000	0.006	0.013	0.019	0.025	0.03	0.036	0.041	0.046	0.051
0.6	0.056	0.061	0.065	0.069	0.074	0.078	0.082	0.086	0.089	0.093
0.7	0.097	0.100	0.104	0.107	0.110	0.114	0.117	0.120	0.123	0.126
0.8	0.128	0.131	0.134	0.137	0.139	0.142	0.144	0.147	0.149	0.152
0.9	0.154	0.156	0.159	0.161	0.163	0.165	0.167	0.169	0.172	0.174

黏度/(mm²/s)	0.0	0.1	0.2	0.3	0.4	0.5	0.6	0.7	0.8	0.9
1	0.176	0.194	0.210	0.224	0.236	0.247	0.257	0.266	0.275	0.283
2	0.290	0.297	0.303	0.309	0.314	0.320	0.325	0.329	0.334	0.338
3	0.342	0.346	0.350	0.353	0.357	0.360	0.363	0.366	0.369	0.372
4	0.375	0.378	0.380	0.383	0.385	0.387	0.390	0.392	0.394	0.396
5	0.398	0.400	0.402	0.404	0.406	0.408	0.410	0.411	0.413	0.414
6	0.416	0.418	0.419	0.421	0.422	0.423	0.425	0.426	0.428	0.429
7	0.431	0.432	0.433	0.434	0.436	0.437	0.438	0.439	0.440	0.442
8	0.443	0.444	0.445	0.446	0.447	0.448	0.449	0.450	0.451	0.452
9	0.453	0.454	0.455	0.456	0.456	0.457	0.458	0.459	0.460	0.461

黏度/(mm²/s)	0	1	2	3	4	5	6	7	8	9
10	0.462	0.470	0.477	0.483	0.489	0.494	0.499	0.503	0.508	0.511
20	0.513	0.519	0.522	0.525	0.528	0.531	0.533	0.536	0.538	0.541
30	0.543	0.545	0.547	0.549	0.551	0.553	0.555	0.557	0.558	0.559
40	0.561	0.563	0.564	0.566	0.567	0.568	0.570	0.571	0.572	0.573
50	0.575	0.576	0.577	0.578	0.579	0.580	0.581	0.582	0.583	0.584
60	0.585	0.586	0.587	0.588	0.589	0.590	0.591	0.592	0.592	0.593
70	0.594	0.595	0.596	0.596	0.597	0.598	0.599	0.599	0.600	0.601
80	0.602	0.602	0.603	0.603	0.604	0.605	0.605	0.606	0.607	0.607
90	0.608	0.608	0.609	0.610	0.610	0.611	0.611	0.612	0.612	0.613

黏度/(mm²/s)	0	10	20	30	40	50	60	70	80	90
100	0.613	0.618	0.623	0.627	0.631	0.634	0.637	0.640	0.643	0.646
200	0.648	0.651	0.653	0.655	0.657	0.659	0.661	0.662	0.664	0.666
300	0.667	0.669	0.670	0.671	0.673	0.674	0.675	0.676	0.678	0.679
400	0.680	0.681	0.682	0.683	0.684	0.685	0.686	0.687	0.688	0.688
500	0.689	0.690	0.691	0.692	0.692	0.693	0.694	0.695	0.696	0.696
600	0.697	0.698	0.698	0.699	0.700	0.700	0.701	0.701	0.702	0.702
700	0.703	0.704	0.704	0.705	0.705	0.706	0.706	0.707	0.707	0.708
800	0.708	0.709	0.709	0.710	0.710	0.711	0.711	0.712	0.712	0.713
900	0.713	0.714	0.714	0.715	0.715	0.715	0.716	0.716	0.716	0.717

黏度/(mm²/s)	0	100	200	300	400	500	600	700	800	900
1000	0.717	0.721	0.724	0.727	0.730	0.733	0.735	0.737	0.739	0.741
2000	0.743	0.745	0.747	0.748	0.750	0.751	0.752	0.754	0.755	0.756
3000	0.757	0.758	0.759	0.761	0.762	0.763	0.764	0.765	0.765	0.766
4000	0.767	0.768	0.769	0.770	0.770	0.771	0.772	0.772	0.773	0.774
5000	0.775	0.775	0.776	0.777	0.778	0.778	0.778	0.779	0.779	0.780

续表

黏度/(mm²/s)	0	100	200	300	400	500	600	700	800	900
6000	0.780	0.781	0.781	0.782	0.782	0.783	0.783	0.784	0.784	0.785
7000	0.785	0.786	0.786	0.787	0.787	0.787	0.788	0.788	0.789	0.790
8000	0.790	0.790	0.790	0.791	0.791	0.791	0.792	0.792	0.792	0.793
9000	0.793	0.794	0.794	0.794	0.795	0.795	0.795	0.796	0.796	0.797

黏度/(mm²/s)	0	1000	2000	3000	4000	5000	6000	7000	8000	9000
10000	0.796	0.799	0.802	0.804	0.806	0.808	0.810	0.812	0.814	0.815
20000	0.817	0.818	0.820	0.821	0.822	0.823	0.824	0.825	0.826	0.827
30000	0.828	0.829	0.830	0.831	0.832	0.833	0.833	0.834	0.835	0.836
40000	0.836	0.837	0.838	0.838	0.839	0.839	0.840	0.841	0.841	0.842
50000	0.842	0.843	0.843	0.844	0.844	0.845	0.845	0.846	0.846	0.847
60000	0.847	0.848	0.848	0.848	0.849	0.849	0.850	0.850	0.850	0.851
70000	0.851	—	—	—	—	—	—	—	—	—
80000	0.854	—	—	—	—	—	—	—	—	—
90000	0.858	—	—	—	—	—	—	—	—	—

【计算实例】

表 2-17 为混合黏度的计算实例。

表 2-17　混合黏度计算实例列表

组分	调合组分的体积分率/%	黏度(40℃)/(mm²/s)	混合指数	组分体积×指数
A	0.5	640	0.7	0.35
B	0.3	16.4	0.5	0.15
C	0.2	2.15	0.3	0.06
合计	1.0	39.5	1.5	0.56

(6)黏度系数法

$$C_{混} = \sum V_i \cdot C_i$$

式中　$C_{混}$——混合油的黏度系数；

　　　V_i——i 组分的体积分数,%(体)；

　　　C_i——i 组分的黏度系数, $C_i = 1000\lg\lg(\mu + 0.8)$ 。

计算方法：通过表 2-18 查出各加氢裂化润滑油基础油的黏度系数，按上式计算出混合后的加氢裂化润滑油基础油的黏度系数，再从表 2-18 查出对应的黏度。

2.5.3　黏度指数计算

黏度指数是表征黏-温性能的指标，将宾夕发尼亚原油的所有窄馏分(H 油)的黏度指数均人为地规定为 100，将得克萨斯海湾沿岸原油的所有窄馏分(L 油)的黏度指数均人为地规定为 0。

当黏度指数(VI)为 0~100 时, VI 按下式计算：

$$VI = 100\frac{L - U}{L - H}$$

当黏度指数(VI)为≥100 时, VI 按下式计算：

表 2-18　加氢裂化润滑油基础油的黏度系数

黏度/(mm²/s)	黏度系数	黏度/(mm²/s)	黏度系数	黏度/(mm²/s)	黏度系数	黏度/(mm²/s)	黏度系数
1	−593.00	29	168.58	57	245.97	84	285.20
2	−349.54	30	172.76	58	247.82	85	286.34
3	−236.74	31	176.79	59	249.62	86	287.47
4	−166.70	32	180.66	60	251.34	87	288.58
5	−117.23	33	184.39	61	253.09	88	289.68
6	−79.61	34	187.98	62	254.78	89	290.76
7	−49.59	35	191.41	63	250.44	90	291.83
8	−24.81	36	194.74	64	258.06	91	292.89
9	−3.82	37	197.97	65	259.64	92	293.92
10	14.27	38	201.07	66	261.21	93	294.95
11	30.14	39	204.11	67	262.75	94	295.97
12	44.13	40	207.00	68	264.25	95	296.96
13	56.86	41	209.83	69	265.61	96	297.95
14	68.28	42	212.57	70	267.18	97	298.92
15	78.72	43	215.23	71	208.01	98	299.89
16	87.33	44	217.82	72	270.01	99	300.84
17	97.05	45	220.33	73	271.39	100	301.03
18	105.22	46	222.79	74	272.75	110	309.93
19	112.83	47	225.10	75	274.08	120	317.89
20	119.94	48	227.48	76	275.39	130	325.09
21	126.61	49	229.74	77	276.68	140	331.66
22	132.84	50	231.94	78	277.96	150	337.68
23	138.80	51	234.09	79	279.21	160	343.23
24	144.39	52	236.19	80	280.44	170	348.39
25	149.72	53	238.24	81	281.66	180	353.20
26	154.77	54	240.20	82	282.86	190	357.09
27	159.58	55	242.20	83	284.03	200	361.93
28	164.21	56	244.41				

$$VI = 100 + \frac{10^N - 1}{0.00715}$$

其中

$$N = \frac{\lg H - \lg U}{\lg Y}$$

式中　U——加氢裂化产生的润滑油基础油 40℃时的运动黏度，mm²/s；

Y——加氢裂化产生的润滑油基础油 100℃时的运动黏度，mm²/s；

H——与加氢裂化产生的润滑油基础油 100℃运动黏度相同、黏度指数为 100 的 H 标准油在 40℃时的运动黏度，mm²/s；

L——与加氢裂化产生的润滑油基础油 100℃运动黏度相同、黏度指数为 0 的 L 标准油在 40℃时的运动黏度，mm²/s；

以上计算式可表示为图 2-26。

加氢裂化产生的润滑油基础油黏度指数也可从图 2-27 求取。

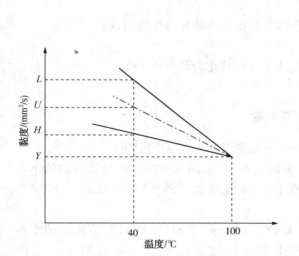

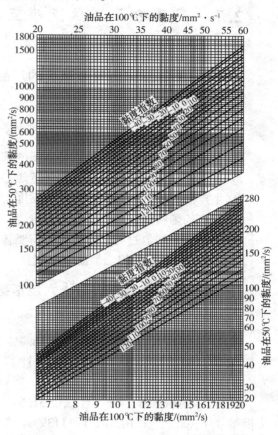

图 2-26 润滑油基础油黏度指数示意图

图 2-27 加氢裂化产生的润滑油基础油黏度指数

2.6 加氢裂化尾油性质计算[14]

2.6.1 BMCI 计算

相关指数或芳烃指数 *BMCI* 的定义为：

$$BMCI = \frac{48640}{T_c} + 473.7d_{15.6}^{15.6} - 456.8$$

式中 *BMCI*——美国矿务局关联指数（U. S. Bureau of Mines Correlation Index），*BMCI* 与乙烯最大产率的关系见图 2-28；

T_c——立方平均沸点，K。

2.6.2 VI 计算

加氢裂化尾油 *VI* 计算同润滑油基础油 *VI* 计算。

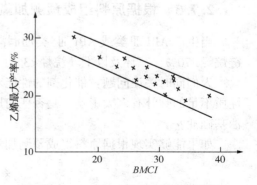

图 2-28 *BMCI* 与乙烯最大产率的关系

2.7　产品方面的热点难点问题

2.7.1　加氢裂化定向生产目的产品，实现真正的分子炼油

人们希望可以做到：
① 加氢裂化的裂化过程不产生甲烷、乙烷等气体组分；
② 生产重石脑油时，产品均是需要的苯、甲苯、二甲苯；
③ 生产柴油时，柴油中不含多环芳烃；
④ 生产润滑油基础油时，尾油由黏度指数高、黏度也高的异构烷烃组成；
⑤ 生产乙烯料时，尾油全部由直链烷烃组成；
⑥ 多环芳烃加氢过程中不生焦，需要转化几个环就转化为几个环。
这些希望也许是梦想，但愿梦想成真。

2.7.2　柴油十六烷值与十六烷指数相关联

【实例】同一套加氢裂化装置的两个柴油产品十六烷值与十六烷指数[19]：
样品1：链烷烃53.7%、环烷烃36.7%、芳烃9.6%，采用SH/T 0694计算得到的十六烷指数为：62.2，采用GB/T 11139计算的十六烷指数为：58.93，实测的十六烷值为：60.9；
样品2：链烷烃60.7%、环烷烃31.6%、芳烃7.7%，采用SH/T 0694计算得到的十六烷指数为：63.7，采用GB/T 11139计算的十六烷指数为：60.70，实测的十六烷值为：61.8。
以上两个样品测量十六烷值与标准计算的十六烷指数无法关联。
加氢裂化装置由于催化剂、操作条件等因素对产品柴油的芳烃饱和、异构化程度、裂解性能的影响，致使有很高的柴油十六烷值（60~75），超出了十六烷指数计算的一般规律，无法用正偏差或负偏差表示。
也许不久的将来，人们能够将柴油十六烷值与十六烷指数相关联。

2.7.3　根据原料组成预测加氢裂化尾油黏度指数

当生产API Ⅲ类或API Ⅲ⁺类油润滑油基础油时，是否需要原料油满足：饱和烃>99%，链烷烃>70%，三环及以上环烷烃<3%，一直是关注的热点问题。
人们同时关注问题：催化剂的性能对生产API Ⅲ类或API Ⅲ⁺类油润滑油基础油的原料性质不足的弥补有多大影响？是否任何原料都可用加氢方法生产API Ⅲ类或API Ⅲ⁺类润滑油基础油？
如果能够实现根据原料组成预测加氢裂化尾油黏度指数，将会大大简化企业生产。

参 考 文 献

[1] 徐承恩主编. 催化重整工艺与工程[M]. 北京：中国石化出版社，2006：96-106.

[2] 刘济瀛等编著. 中国喷气燃料[M]. 北京: 中国石化出版社, 1991: 115-256.

[3] 廖克俭主编. 天然气及石油产品分析[M]. 北京: 中国石化出版社, 2006: 22-152.

[4] 原油情报站编辑组. 世界原油数据集[M]. 北京: 原油科技信息, 1993: 7-11.

[5] 蔡智, 黄维秋, 李伟民, 等. 油品调合技术[M]. 北京: 中国石化出版社, 2006: 179-231.

[6] 程丽华, 吴金林. 石油产品基础知识[M]. 北京: 中国石化出版社, 2006: 47~60

[7] 燃料化学工业部石油化工设计院. 石油化工设计参考资料(二)工艺计算图表[M]. 北京: 燃料化学工业部石油化工设计院出版, 1977: 13-50.

[8] 侯祥麟主编. 中国炼油技术[M]. 2 版. 北京: 中国石化出版社, 2001: 554-558.

[9] 林世雄. 石油炼制工程[M]. 3 版. 北京: 石油工业出版社, 2000: 63-111.

[10] [苏]Н. ф. 杜傅夫金, В. Г. 马拉尼切娃, Ю. П. 马苏尔, Б. П. 费奥多罗夫. 喷气燃料性能手册[M]. 常汝楫译. 北京: 航空工业出版社, 1990: 1-135.

[11] 侯芙生主编. 炼油工程师手册[M]. 北京: 石油工业出版社. 1994: 110-131; 347-351.

[12] 程玉明, 方家乐. 油品分析[M]. 北京: 中国石化出版社, 2001: 30-120.

[13] 李成武, 苏桂荣. 石油产品分析[M]. 哈尔滨: 哈尔滨船舶工程学院出版社, 1989: 71-79.

[14] 邹仁鋆编著. 石油化工裂解原理与技术[M]. 北京: 化学工业出版社, 1981: 19-39.

[15] [美]J. H. 加里, G. E. 汉德书克著. 石油炼制技术与经济(第二版)[M]. 王加炜, 胡德铭译. 北京: 中国石化出版社, 1991: 78-90.

[16] 梁文杰主编. 石油化学[M]. 东营: 石油大学出版社, 1996: 163-230.

[17] [美]Robert E. Maples 著. 石油炼制工艺与经济(第二版)[M]. 吴辉译. 北京: 中国石化出版社, 2002: 190-214.

[18] 高晋生, 张德祥. 煤液化技术[M]. 北京: 化学工业出版社, 2005: 20.

[19] 杨勇, 张凤泉, 刘馨璐, 等. 中间馏分油密度、十六烷值等指标之间关系的研究[J]. 石油库与加油站, 2017, 26(3): 24-26.

第3章　物料平衡及技术分析

3.1　加氢裂化物料平衡的定义、分类、方法和步骤[1~6,24,33,36]

3.1.1　加氢裂化物料平衡的定义

加氢裂化装置的目的是在一定温度、压力、催化剂条件下，将原料油加氢转化为希望的产品(表3-1)，可简单表述如下。

表3-1　加氢裂化装置原料到产品示意

直馏、裂解石脑油		液化石油气
常压馏分油、减压馏分油		轻石脑油、重石脑油
催化柴油、重整抽余油		汽油、喷气燃料、柴油
沸腾床(悬浮床)柴油	加氢裂化	溶剂油
焦化蜡油、减黏蜡油		导热油
沸腾床(悬浮床)蜡油		工业级白油
脱沥青油、蜡膏		催化裂化(裂解)原料
常压渣油、减压渣油		乙烯料
煤焦油、费脱合成油		润滑油基础油

加氢裂化装置的物料平衡就是根据质量守恒定律，确定原料和产品间的定量关系，从而计算原料和辅助材料用量、副产品和产品产量、三废的排放量等。对特定的加氢裂化装置或加氢裂化装置的某个设备，进入系统物料的总质量等于离开系统的总质量、加上系统积累及损耗的物料量之和。即

输入物料的总质量=输出物料的总质量+系统内积累的物料质量+系统损耗的物料质量

或
$$\sum (m_i)_r = \sum (m_i)_c + \sum (m_i)_l + \sum (m_i)_s$$

式中 $\sum (m_i)_r$ ——输入物料的总质量，kg/h、t/d 或 kmol/h；

$\sum (m_i)_c$ ——输出物料的总质量，kg/h、t/d 或 kmol/h；

$\sum (m_i)_l$ ——系统内积累的物料质量，kg/h、t/d 或 kmol/h；

$\sum (m_i)_s$ ——系统损耗的物料质量，kg/h、t/d 或 kmol/h。

正常生产的加氢过程是连续稳流操作过程，操作条件不随时间而变，系统内无物料积累，上式可简化为：

$$\sum (m_i)_r = \sum (m_i)_c + \sum (m_i)_s$$

加氢裂化装置在进行理论物料平衡、设计计算物料平衡时，不计算漏损，上式可进一步简化为：

$$\sum (m_i)_r = \sum (m_i)_c$$

加氢裂化装置物料平衡是工艺设计和设备设计的基础，只有在完成物料平衡的基础上才能进行热量平衡，从而进行工艺方案的比选、设备和管线的计算、仪表参数的确定、完成工艺原则流程（PFD）和工艺管道及仪表流程（PID）的设计。

通过物料平衡可以分析实际生产过程的完善程度，找出改造措施来完善工艺流程，达到提高产品或副产品的收率、减少三废排放的目的。

3.1.2 加氢裂化物料平衡的分类

加氢裂化装置物料平衡的目的是用于定量描述入料与出料的质量衡算平衡结果。按计算对象可分为总物料平衡和某组分物料平衡；以某组分物料平衡为例，对加氢裂化装置可进行硫平衡、氢平衡等。

物料平衡的范围可分为全厂、车间、工段和设备的物料平衡。描述的对象可以是单元操作设备、局部体系、单个单元（工段、装置）、联合单元（或装置）分厂、整个企业等。对于加氢裂化装置，由于加工原料为石油馏分、主要目的产品为液化石油气、汽油、重石脑油、喷气燃料、柴油、催化裂化原料、乙烯料、润滑油基础油，组分庞大，根本无法准确测量。因此，加氢裂化装置的物料平衡除气体组分、轻烃外，只能通过馏分表述。

加氢裂化装置的物料平衡可表征为单体物料平衡、局部体系物料平衡及装置物料平衡，如：反应器物料平衡、分馏塔物料平衡等单体设备物料平衡，反应部分物料平衡、分馏部分物料平衡等局部体系物料平衡，及加氢裂化装置的物料平衡。

3.1.3 加氢裂化物料平衡的方法

加氢裂化装置物料平衡的计算方法一般可分为理论物料平衡、试验物料平衡、设计计算物料平衡和工业生产物料平衡四种。近年来，预测装置物料平衡来指导生产也取得了较好的效果。

加氢裂化装置的生产受催化剂活性的影响，物料平衡因运转阶段不同而不同。因此，表述加氢裂化装置物料平衡时，一般应说明加氢裂化装置的运转状态，如运转初期（SOR）、运转中期（MOR）、运转末期（EOR）。

加氢裂化装置的理论物料平衡一般由工艺技术专利商（或催化剂供应商）提供，由纯理论计算或将试验结果经过理论计算处理后得到。它反映了催化剂（或催化剂级配）的特性，在同一装置、加工相同原料、相同操作条件（如：操作压力、操作温度、空速等）下，不同工艺技术专利商给出的耗氢不同，得到的物料平衡不同；同一工艺技术专利商采用不同催化剂系列或催化剂级配时，得到的物料平衡不同；由于加氢裂化催化剂在运行过程中会失活，一般通过提高温度来补偿，因此，在同一装置、加工相同原料、相同的操作条件、相同的催化剂系列或催化剂级配下，不同运转阶段的物料平衡也不同。

加氢裂化装置的试验物料平衡也由工艺技术专利商（或催化剂供应商）提供，是工艺技术专利商（或催化剂供应商）在小型试验装置或中型试验装置上试验得到。因试验采用的原料油为固定性质油品，试验所用氢气为水解产生的纯氢，因此，试验结果接近理论物料平衡。

　　加氢裂化装置的设计计算物料平衡为设计单位根据专利商(或催化剂供应商)提供的理论物料平衡或试验物料平衡及企业要求,将注水、注汽等参与物料平衡的组分考虑在内,依据工艺流程生产出满足企业要求的目的产品所得到的物料平衡。设计计算物料平衡也是理论计算的物料平衡,一般不包括漏损。相同的理论物料平衡,由于企业的要求不同,也会得到不同的设计计算物料平衡。

　　加氢裂化装置的工业生产物料平衡为企业根据装置流量表所读到的数字汇集整理所得到的物料平衡。一般用某一时间装置各流量表所读到的数字汇集整理,它只能宏观表示装置的物料平衡。首先,由于从原料到产品,不同的流程、不同的设计理念(如缓冲罐的停留时间、设备和管线的流速),会使从原料到产品经历的时间不同,如:原料油进装置 $50 \sim 80 min$ 后低压分离器气体产生,$1 \sim 2.5h$ 后汽提塔顶气排出,$2 \sim 3.5h$ 以后分馏塔顶产品、分馏塔侧线产品(如:重石脑油、喷气燃料)排出,轻柴油从减压分馏塔抽出的话至少还需 $30 \sim 50 min$,因此在同一时间计量得到的工业生产物料平衡并不能从理论上反应催化剂的性能,并不是严格意义上的物料平衡,但可作为基本判断;其次,由于装置各流量表均存在误差,所读到的数字不能做到入、出相等,因此,工业生产物料平衡均需要圆整或校正;第三,工业装置多多少少存在跑、冒、滴、漏现象,也会导致工业生产物料平衡的误差。

　　加氢裂化装置的预测物料平衡主要是对产品:干气、液化石油气、轻石脑油、重石脑油、喷气燃料、柴油收率的预测,根据预测结果得到物料平衡表,进一步计算出装置氢平衡,为全厂氢气的资源优化利用提供指导。

3.1.4　加氢裂化物料平衡的步骤

　　加氢裂化装置理论物料平衡、试验物料平衡一般由计算和试验确定;工业生产物料平衡根据装置流量表读到的数字汇集整理。

　　手工计算加氢裂化装置设计计算物料平衡的步骤一般如下:

　　(1) 明确设计任务:包括生产规模、年操作时数、原料和氢气规格、公用工程条件、产品性质要求、目的产品或副产品收率要求等。

　　(2) 要求工艺技术专利商(或催化剂供应商)提供用于物料平衡(理论物料平衡或试验物料平衡)计算用的基本条件:反应操作条件(包括反应温度、反应压力、反应器温升、化学氢耗等)、理论物料平衡、副产品和产品性质(包括馏程、密度、黏度、芳烃含量、多环芳烃含量、硫含量、十六烷值、十六烷指数、烟点、BMCI 等)、催化剂性质(包括金属组成等)、硫化方法、再生方法等。

　　(3) 画出物料衡算示意图:对所确定衡算的系统给出物料衡算示意图,标明各种物料进出的方向、数量、组成以及温度、压力等操作条件,待求的未知数据用适当的字母或符号表示出来,以便于分析。在示意图中与物料衡算有关的内容不能遗漏,否则造成物料衡算的错误。

　　(4) 对于简单的加氢裂化过程可写出主、副化学反应方程式并配平:目的是便于分析反应过程的特点,为计算做好准备。当副反应很多时,只写出主要的,或者以其中之一作为代表。为了下一步热量衡算的方便,应同时写明反应过程的热效应。

　　(5) 确定物料衡算的任务:根据示意图和反应方程式,分析物料变化的情况,选择适用的公式，明确物料衡算中哪些是已知的，哪些是未知待求的，建立计算程序。

（6）收集计算数据：有关的物理化学常数，如密度、化学平衡常数等，有关数据的适用范围和条件。

（7）选定计算基准：选定恰当的计算基准可使计算过程简化。计算基准是进行物料衡算所选择的起始物理量，包括物料名称、数量和单位，衡算结果得到的其他物料量均是相对该基准而言的。选择基准的原则是尽量使计算简化，通常可选用未知变量最少的物流作为物料衡算基准或选择与衡算系统相关的任何一股物料或其中某个组分的一定量为基准，亦可选择一定量的原料或产品为基准。

（8）进行原料和产品的拟组分切割。

（9）确定物料平衡计算所需的热力学方法(如：BK10、CS、GS、SRK、PR 等)。

（10）列方程组、联立求解：在前述工作的基础上，运用有关方面的理论，针对物料变化情况，分析各数量之间的关系，列出独立数学关联式开始计算，有几个未知数则列出几个方程。若已知原料量，欲求知可得到多少产品时，则可以顺着流程从前往后计算。反之，则逆着流程从后向前计算。计算时单位要统一。

（11）核对和整理计算结果：如果目的产品或副产品收率不满足设计任务要求，则重新调整 PFD、重新计算，直到满足要求为止；以表格或图的形式将物料衡算结果表示出来，全面反映输入和输出的各种物料和包含的各种组分的绝对量和相对含量。

利用大型计算软件计算加氢裂化装置设计计算物料平衡时，上述步骤可大大简化。

3.2　加氢裂化装置不同物料平衡的表述方式[7~10,24,36]

3.2.1　理论物料平衡、试验物料平衡

（1）加氢裂化装置理论物料平衡、试验物料平衡见表 3-2。

表 3-2　不同压力下加氢裂化装置的试验物料平衡

项　　目	IFP		RIPP	
反应压力/MPa	14.0	7.0	14.5	9.5
入方/%				
原料油	100	100	100	100
氢气	2.3	1.7	2.6	2.4
合计	102.3	101.7	102.6	102.4
出方/%				
H_2S+NH_3	2.5	2.5	3.2	3.2
C_1+C_2	0.5	0.5	0.4	0.4
C_3+C_4	3.8	4.1	2.5	2.5
石脑油	19.0	20.0	21.0	18.7
喷气燃料	34.8	34.0	32.8	32.7
柴油	41.7	40.6	21.9	23.7
尾油	——	——	20.8	21.2
合计	102.3	101.7	102.6	102.4

（2）加氢裂化装置单体设备理论物料平衡见表3-3。

表3-3 加氢裂化高压分离器的物料平衡计算比较   kmol/h

组 分	进料	出料		
		液相	气相	水相
水	349.965	0.198	6.346	343.421
氨	12.919	0.0	0.0	12.919
硫化氢	35.638	6.981	15.738	12.919
氢	7356.023	117.371	7238.652	—
甲烷	1193.915	84.712	1109.201	—
乙烷	22.841	4.889	17.952	—
丙烷	56.458	23.863	32.595	—
异丁烷	86.851	53.192	33.659	—
正丁烷	40.697	27.620	13.078	—
异戊烷	61.882	50.781	11.101	—
正戊烷	24.215	20.740	3.476	—
轻石脑油	84.578	79.237	5.342	—
重石脑油	156.667	153.455	3.212	—
喷气燃料	328.225	327.414	0.812	—
柴油	66.987	66.986	0.001	—
循环油	157.378	157.378	0.000	—
总计	10035.215	1174.815	8491.137	369.260

（3）加氢裂化装置硫元素理论物料平衡见表3-4。

表3-4 加氢裂化装置硫元素理论物料平衡[①]

项 目	2014-1-17	2014-1-18	2014-1-19
	硫含量/t	硫含量/t	硫含量/t
入方			
催柴原料	8.41	7.23	5.52
合计	8.41	7.23	5.52
出方			
H_2S	8.38	7.20	5.50
轻石脑油	0.00078	0.00084	0.00083
重石脑油	0.0023	0.0030	0.0028
汽油	0.0072	0.0024	0.0020
柴油	0.023	0.023	0.013
合计	8.41	7.23	5.52

①2018年加氢裂化、渣油加氢专家班柳伟学员作业。

（4）加氢裂化装置氮元素理论物料平衡见表3-5。

表3-5 加氢裂化装置氮元素理论物料平衡[①]

项 目	物料名称	质量/(kg/h)	总硫/(kg/h)
入 方	原料油	188456	138.72
	化学耗氢	4375	0
	合计	192831	138.72

续表

项　　目	物料名称	质量/(kg/h)	总硫/(kg/h)
出　方	H_2S	4375	0
	NH_3	168	138.69
	C_1	1208	0
	C_2	1091	0
	C_3	3357	0
	$i\text{-}C_4$	3284	0
	$n\text{-}C_4$	1040	0
	气体中 C_5	422	0
	$C_5 \sim 80℃$	11514	0.000
	$80 \sim 174℃$	31903	0.000
	$174 \sim 280℃$	62728	0.000
	$280 \sim 365℃$	56153	0.000
	$>365℃$	13972	0.03
	损失	1616	0.000
	合计	192831	138.72

①2018 年加氢裂化、渣油加氢专家班姜来学员作业。

3.2.2　加氢裂化装置设计计算物料平衡

（1）加氢裂化装置设计计算物料平衡

某 0.6Mt/a 加氢裂化装置加工克拉玛依管输油、哈萨克斯坦含硫原油的减二线油：减三线油：减四线油：脱沥青油=35.1：35.1：17.5：12.3 的混合油，生产石脑油、喷气燃料、柴油、乙烯原料、轻质润滑油料、中质润滑油料及重质润滑油料产品(表 3-6)。

表 3-6　加氢裂化装置设计计算物料平衡

项　　目	运转初期		项　　目	运转初期	
	比例/%	物料量/(kg/h)		比例/%	物料量/(kg/h)
入方			重石脑油	10.67	7600
原料油	100	71250	喷气燃料	35.42	25237
氢气	2.23	1589	柴油	14.96	10657
注水	8.42	6000	乙烯原料	5.73	4084
汽提蒸汽	2.61	1863	轻质润滑油	11.58	8251
贫胺液	1.4	1000	中质润滑油	6.39	4550
合计	114.66	81702	重质润滑油	6.58	4688
出方			含硫污水	8.91	6349
干气	0.54	388	含油污水	2.6	1850
脱硫后低分气	0.9	644	富胺液	1.45	1035
液化石油气	2.51	1791	合计	114.66	81702
轻石脑油	6.43	4578			

（2）加氢裂化装置单体设备设计计算物料平衡见表 3-7。

表 3-7　加氢裂化装置热高分空冷器设计计算物料平衡　　　　　kmol/h

项　目	热高分空冷器入口	热高分空冷器出口	项　目	热高分空冷器入口	热高分空冷器出口
H_2	13449.01	13449.01	拟组分 150-156	48.01	48.01
H_2S	292.72	292.72	拟组分 156-164	55.60	55.60
NH_3	35.45	35.45	拟组分 164-175	55.56	55.56
H_2O	2466.63	2466.63	拟组分 175-193	76.01	76.01
N_2	2.32	2.32	拟组分 193-220	114.65	114.65
甲烷	711.92	711.92	拟组分 220-250	118.21	118.21
乙烷	199.02	199.02	拟组分 250-280	132.25	132.25
丙烷	177.86	177.86	拟组分 280-299	44.07	44.07
异丁烷	59.04	59.04	拟组分 299-310	29.01	29.01
正丁烷	49.82	49.82	拟组分 310-316	16.43	16.43
拟组分 28-33	24.08	24.08	拟组分 316-320	9.10	9.10
拟组分 33-40	29.97	29.97	拟组分 320-325	13.67	13.67
拟组分 40-56	59.81	59.81	拟组分 325-335	21.86	21.86
拟组分 56-77	70.73	70.73	拟组分 335-350	25.65	25.65
拟组分 77-107	85.96	85.96	拟组分 350-375	27.69	27.69
拟组分 107-129	50.85	50.85	拟组分 375-412	18.94	18.94
拟组分 129-138	19.27	19.27	拟组分 412-480	7.03	7.03
拟组分 138-142	8.40	8.40	拟组分 480-550	0.57	0.57
拟组分 142-146	8.20	8.20	拟组分 550-630	0.02	0.02
拟组分 146-150	7.42	7.42	总计	18622.78	18622.78

3.2.3　工业生产物料平衡

（1）加氢裂化装置工业生产物料平衡见表 3-8。

表 3-8　加氢裂化装置 MOR 工业生产物料平衡

项　目	物料量/(t/d)	比例/%	项　目	物料量/(t/d)	比例/%
入方			轻石脑油	167.066	3.82
原料油	4370.431	100	重石脑油	729.363	16.69
氢气	133	3.04	喷气燃料	1389.586	31.80
合计	4538.347	103.04	柴油	1761.016	40.29
出方			外排尾油	127.773	2.92
脱硫后干气	61.623	1.41	轻污油	47.20	1.08
膜回收的氢气	24.350	0.56	损失	15.297	0.35
酸性气	59.875	1.37	合计	4538.347	103.04
液化石油气	120.0	2.75			

（2）加氢裂化装置硫元素工业生产物料平衡见表 3-9。

表 3-9　加氢裂化装置硫元素工业生产物料平衡[①]

项　目	物　料	硫质量/(t/h)	硫质量分数/%
入　方	罐区蜡油	5.7753	90.688
	焦化蜡油	0.5930	9.312
	合计	6.3683	100.000
出　方	循环氢	3.6905	57.877
	干气	1.7517	27.471
	低分气	0.2398	3.761
	脱硫前液化气	0.1021	1.601
	污油	0.051	0.800
	产品	0.0001	0.002
	冷低分酸性水	0.5170	8.108
	汽提塔酸性水	0.0243	0.381
	合计	6.3765	100.000

[①] 2018 年加氢裂化、渣油加氢专家班姚立松学员作业。

图 3-1 分列出了加氢裂化装置硫分布比例。

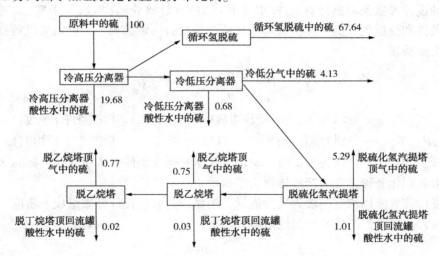

图 3-1　加氢裂化装置硫分布框图

注：根据 2018 年加氢裂化、渣油加氢专家班白宏学员作业整理。

（3）加氢裂化装置氮元素工业生产物料平衡见表 3-10。

表 3-10　加氢裂化装置氮元素工业生产物料平衡[①]

项　目	物　料	氮质量/(t/h)	氮质量分数/%
入　方	罐区蜡油	0.3018	83.140
	焦化蜡油	0.0612	16.860
	合计	0.3630	100.000

续表

项　目	物　料	氮质量/(t/h)	氮质量分数/%
出　方	干气	0.0000	0.000
	低分气	0.0000	0.000
	液化气	0.0000	0.000
	富胺液	0.0000	0.000
	污油	0.0029	0.799
	液体产品	0.0001	0.028
	冷低分酸性水	0.3408	93.875
	汽提塔顶酸性水	0.0192	5.298
	合计	0.3630	100.000

①2017 年加氢裂化、渣油加氢专家班姚立松学员作业。

（4）加氢裂化装置工业生产气体物料平衡矫正

加氢裂化装置物料平衡的基础是测量仪表，当输送介质与设计介质组成、密度、温度、压力等发生较大变化时，需要矫正。对气体物料，最常用差压流量计，差压流量计中最常用的是孔板流量计。

孔板的设计参数是根据计算条件（温度和压力）及计算介质（组成和密度）而得，工业装置的操作条件和反应生成的气体组成与设计值必然会有一定的偏差，就需要进行孔板流量温压补偿和密度矫正。

$$V_{实} = \left(\frac{\rho_{设} \times P_{实} \times T_{设}}{\rho_{实} \times P_{设} \times T_{实}} \right)^{\frac{1}{2}} \times V_{设}$$

式中　　$\rho_{设}, P_{设}, T_{设}$——分别为设计条件下压力（kPa）、温度（K）、标准条件下密度（kg/m³）；

$\rho_{实}, P_{实}, T_{实}$——分别为实际条件下压力（kPa）、温度（K）、标准条件下密度（kg/m³）；

$V_{设}, V_{实}$——分别为矫正前、矫正后气体的标准条件下体积流量，标 m³/h。

（5）加氢裂化装置工业生产液体物料平衡矫正

加氢裂化装置液体测量一般为质量流量，当输送介质与设计介质组成、密度、温度、压力等发生较大变化时，测量的质量流量需要矫正。

$$\frac{G_{实}}{G_{设}} = \sqrt{\frac{\rho_{实}}{\rho_{设}}}$$

式中　　$G_{实}$——实际条件下流体的质量流量，kg/h；

$\rho_{实}$——实际条件下流体的密度，kg/m³；

$G_{设}$——设计条件下流体的质量流量，kg/h；

$\rho_{设}$——设计条件下流体的密度，kg/m³。

3.2.4　预测物料平衡

根据加氢裂化装置生产统计数据，利用最小二乘法等数学计算式，求取出计算式系数，建立计算产品收率的二次多项式关联模型，求解得产品收率，即可得到装置的预测物料平衡。预测物料平衡与实际物料平衡之间必然会有一定误差，误差大小取决于模型的准确度。

【计算实例】

某中压加氢裂化装置产品收率的二次多项式关联模型[37]为:

$$Y = a + b\rho + c\rho^2 + dT_v + eT_v^2 + fT + gT^2 + hp + ip^2 + jS_v + kS_v^2 + l\left(\frac{H}{O}\right) + m\left(\frac{H}{O}\right)^2$$

式中　$a,b,c,d,e,f,g,h,i,j,k,l,m$——参数,可查表 3-11 求取;

　　　　ρ——原料油密度,kg/m³;

　　　　T_v——体积平均沸点,℃;

　　　　T——平均反应温度,℃;

　　　　p——反应压力,MPa;

　　　　S_v——体积空速,h⁻¹;

　　　　$\dfrac{H}{O}$——氢油体积比。

表 3-11　某中压加氢裂化计算收率用的模型系数

参数	干气	LPG	轻石脑油	重石脑油	喷气燃料	柴油
a	615.43272	1140.5897	−85.18427	−1320.415	4285.729	−4536.152
b	−1.142163	−2.206788	−0.076121	2.5901918	−7.840899	8.6757794
c	0.0006838	0.0013169	0.00006684	−0.001536	0.0046593	−0.005191
d	0.1450239	0.4188339	−0.962582	0.4972897	1.0215091	−1.120075
e	−0.000219	−0.000684	0.0017049	−0.000991	−0.001608	0.0017964
f	−1.003208	−1.693697	1.0601558	1.0126999	−7.062559	7.6866076
g	0.0014094	0.002376	−0.001274	−0.001229	0.0101189	−0.011401
h	0.4562648	0.0093198	−4.703011	−5.779169	−12.20325	22.219845
i	0.0012057	0.0342108	0.2156791	0.2310987	0.7194554	−1.20165
j	6.4541706	8.8899537	16.123556	−10.50502	59.675474	−80.63813
k	−1.319631	−1.800556	−3.026814	2.2183195	−11.87733	15.806007
l	0.0156852	0.027534	0.0688389	0.0664834	0.233871	−0.412412
m	-1.01×10^{-5}	-1.73×10^{-5}	-3.45×10^{-5}	-3.72×10^{-5}	−0.000149	0.0002479

3.3　氢气平衡[11～25,29～31,33～36]

加氢裂化过程物料平衡不同于其他过程的特点就在于必须做好氢气平衡(如同催化裂化过程必须做好碳平衡一样)及有效利用,只有如此才能发挥加氢裂化的作用,提高企业的经济效益。

3.3.1　氢的特性

氢的相对分子质量 2.016,仅是 α 离子(氢核)的一半。体积略大于氦原子,临界温度 33.2K,分子之间的作用力很小。

氢气由于其分子的特殊性,其行为有许多反常之处。如:在油中的溶解度随温度的升高而增加,溶解热为特别大的正值,溶解于油中为吸热反应,可产生"量子效应",被称为"量子气体"。

一般气体服从对应状态原理。

$$T_r = \frac{T}{T_c}$$

式中 T_r——对比温度；

　　　　T——体系的热力学温度，℃；

　　　　T_c——临界温度，℃。

$$P_r = \frac{P}{P_c}$$

式中 P_r——对比压力；

　　　　P——体系的压力，MPa；

　　　　P_c——临界压力，MPa。

上式表明，气体接近临界点时，都显示出相似的性质，形成的对应态原理为：所有的物质在相同的对应态下，表现出相同的性质，即组成、结构、分子大小相近的物质有相近的性质。但量子气体氢偏离这一规律，其对比温度和对比压力只能采用下式计算：

$$T_r = \frac{T}{T_c + 8}$$

$$P_r = \frac{P}{P_c + 8}$$

氢的物理性质偏离宏观上的规律：氢的对比温度和对比压力不符合对应状态原理；在高温高压下，含氢混合体系的虚拟临界常数不能使用；含氢体系的密度和焓等性质，也不符合对应状态原理，只能采用氢和溶剂的偏摩尔量加和计算等。

（1）含氢体系气液相平衡计算

GS 法和 CS 法在较低温度下对含氢高压系统的适应性较好，高温下偏差较大；高压下改进的 SRK 方法最好，有普遍的适应性；低压下，PROCESS、PRO-Ⅱ 中的 GS 法较好。

（2）含氢体系密度

含氢体系的气体密度以改进的 SRK 方法最好；含氢体系的液体密度可采用 Rackett 的饱和液体密度计算方法结合 Lu-Rea 的压力校正方法及含溶解氢的偏摩尔体积计算。

（3）含氢体系焓、熵、比热容等热性质

含氢气体物系的热性质可近似用对应状态原理计算；含氢液体物系的热性质不能用以混合液体的虚拟临界性质为基础的对应（比）状态原理计算，需用溶解氢和偏摩尔焓的加和计算。

3.3.2　氢气平衡

加氢裂化装置氢气平衡可从原料和产品中氢气分布来进行氢气平衡计算。

（1）原料氢含量

① 查图求取，如图 3-2 所示。

② 公式计算：

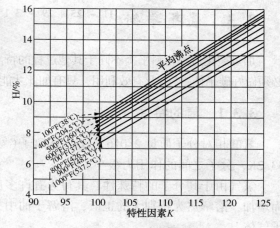

图 3-2　原料油的氢含量

$$H_F = \left(\frac{H \cdot C}{12} + H \right) \times 100$$

式中　H_F——烃分子的氢含量；

　　　H——烃分子中氢原子数；

　　　C——烃分子中碳原子数。

$$H_F = \frac{\sum G_i H_{F_i}}{100}$$

式中　H_F——加氢裂化原料油的氢含量，%；

　　　G_i——加氢裂化原料中组分 i 的含量，%；

　　　H_{F_i}——原料中组分 i 的氢含量，%。

【计算实例】

已知：某加氢裂化原料的重量组成和各类烃的平均分子式，求加氢裂化原料的氢含量。

计算：先计算各组分的氢含量，然后计算加氢裂化原料油的氢含量，见表 3-12。

表 3-12　加氢裂化原料的氢含量计算表

组分		已　　知			计　　算	
		G_i	氢饱和度	平均分子式	H_{F_i}	$\frac{G_i H_{F_i}}{100}$
烷烃		60.4	2	$C_{14}H_{30}$	15.15	0.1506
环烷烃	单环	22:5	0	$C_{14}H_{28}$	14.23	3.2018
	双环	4.8	-2	$C_{16}H_{30}$	13.51	0.6485
	三环	1.0	-4	$C_{16}H_{32}$	12.90	0.1290
单环芳烃	烷基苯	4.3	-6	$C_{14}H_{22}$	11.58	0.4079
	茚满	2.2	-8	$C_{14}H_{20}$	10.64	0.2341
	茚	0.8	-10	$C_{14}H_{18}$	9.68	0.0774
双环芳烃	萘	2.5	-12	$C_{14}H_{16}$	8.70	0.2175
	萘并烷烃	0.6	-14	$C_{14}H_{14}$	7.69	0.0261
	二苯并环烷	0.4	-16	$C_{14}H_{12}$	6.67	0.0267
三环芳烃		0.5	-18	$C_{14}H_{10}$	5.62	5.63

$$H_F = \frac{\sum G_i H_{F_i}}{100} = 14.0577$$

（2）产品氢含量

① 石脑油氢含量：

$$H_{石脑油} = 1.86K - 0.012T_b$$

② 柴油氢含量：

$$H_{柴油} = 2.52K - 0.005T_b - 15.3$$

③ 产品氢含量计算方法 1：

$$H_{产品} = P \cdot H_P + N \cdot H_N + A \cdot H_A$$

式中　P, N, A ——加氢裂化产品中烷烃、环烷烃、芳烃的分率；

　　　H_P, H_N, H_A ——加氢裂化产品中烷烃、环烷烃、芳烃的氢含量，%。

④ 产品氢含量计算方法2：

$$H_{产品} = 0.084(2.016 - f_A) \cdot C - \frac{201.6(R_T - 1)}{M} - 0.0624 \times S - 0.1428N$$

⑤ 查图3-3、图3-4求取。

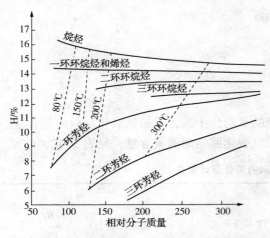

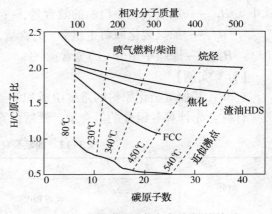

图3-3　加氢裂化产品的相对分子质量与氢含量的关系　　　图3-4　油品碳原子数与氢含量的关系

（3）氢气平衡

【计算实例】

某加氢裂化装置加工阿拉斯加北坡原油焦化瓦斯油和FCC轻循环油，其物料平衡和氢平衡见表3-13。

表3-13　加氢裂化装置氢气平衡计算结果

项　目	H_2/%	流量/(kg/h)	H_2/(kg/h)
入方			
焦化瓦斯油	11.8	64922	7671
FCC 轻循环油	8.89	42587	3786
H_2	100.0	4645	4645
小计	—	112154	16102
出方			
H_2S	5.8	1882	109
C_3H_8 及更轻组分	20.0	3107	621
C_4H_{10}	17.2	7734	1330
C_5H_{12} ~ 180℃	15.4	16311	2512
180 ~ 400℃	13.8	66097	9121
400 ~ 520℃	12.5	16701	2087
溶解氢	—	322	322
小计	—	112154	16102

氢气平衡计算的关键在于计算氢气耗量(简称氢耗)。

加氢裂化装置氢耗包括化学氢耗、溶解氢耗、泄漏氢耗和排放氢耗。氢耗影响装置投资、公用工程消耗和操作成本,是加氢裂化装置设计和操作的重要工艺参数。

3.3.3　化学氢耗计算

加氢裂化过程一连串的化学反应使产品的氢含量较原料有所增加,氢碳比上升,为此,加氢裂化过程要耗用一定数量供化学反应的氢,即化学氢耗。

(1) 化学氢耗的组成

陈俊武提出的化学氢耗组成包括三个子项:

① 杂原子转变的氢耗(Z_a):

$$苯并噻吩 + 3H_2 \longrightarrow H_2S + 乙苯$$

$$咔唑 + 2H_2 \longrightarrow NH_3 + 联苯$$

$$喹啉 + 4H_2 \longrightarrow NH_3 + 丙苯$$

$$苯并呋喃 + 3H_2 \longrightarrow H_2O + 乙苯$$

$$环烷酸 + 3H_2 \longrightarrow 2H_2O + 烷基环烷$$

从化学计量学的角度分析每个杂原子(硫、氧、氮)的当量氢耗后,提出了简化的计算式:

$$Z_a = 0.15\Delta S + 0.4\Delta N + 0.25\Delta O_x$$

式中　Z_a——杂原子转变的氢耗,%(对原料油);

ΔS——原料和总产品中有机硫含量的差额,%(对原料油);

ΔN——原料和总产品中有机氮含量的差额,%(对原料油);

ΔO_x——原料和总产品中有机氧含量的差额,%(对原料油)。

② 从大分子裂解为小分子的氢耗(Z_c):

$$Z_c = 2.016 \times (B_p - B_f)$$

式中　Z_c——从大分子裂解为小分子的氢耗,kmol;

B_p——以 100kg 原料油为基准,裂化烃产品总分子数,kmol;

B_f——以 100kg 原料油为基准,原料分子数,kmol。

③ 脱除杂环元素的大分子烃的芳环部分加氢成为环烷环,还有部分环烷环裂解开环,生成一个假想的与原料油平均分子的碳数相同但芳环和环烷环数有所减少的大分子所需要的化学氢耗(Z_b):

$$Z_b = 0.084\Delta C'_A + \frac{201.6 \times (\Delta R_A + \Delta R_N)}{M_p}$$

$$\Delta C'_A = \frac{C_f \cdot C_{Af}}{100} - \sum \frac{Y_{Pi} C_{Pi} C_{APi}}{100}$$

$$\Delta R_A = R_{Af} - \sum \frac{M_f Y_{Pi} R_{APi}}{100 M_{Pi}}$$

$$\Delta R_N = R_{Nf} - \sum \frac{M_f Y_{Pi} R_{NPi}}{100 M_{Pi}}$$

式中 $\Delta C'_A$ ——以原料油为基准的原料和总产品的芳碳量差值，%；

       ΔR_A ——以 1mol 原料油为基准的原料和总产品的芳环数差值，环/mol；

       ΔR_{Af} ——以 1mol 原料油为基准的原料芳环数，环/mol；

       ΔR_N ——以 1mol 原料油为基准的原料和总产品的环烷环数差值，环/mol；

       ΔR_{Nf} ——以 1mol 原料油为基准的总产品的环烷环数，环/mol；

       C_f ——原料油的碳含量，%；

       C_{Af} ——原料油中芳环的碳含量，%；

       C_{Pi} ——某一产品的碳含量，%；

       C_{APi} ——某一产品中芳环的碳含量，%；

       Y_{Pi} ——各产品的产率，%；

       M_f ——原料油的相对分子质量；

M_p , M_{pi} ——产品或某一产品的相对分子质量。

  馏分油、渣油加氢裂化的化学氢耗构成见表 3-14、表 3-15。

表 3-14   馏分油加氢裂化的化学氢耗构成

原料油		VGO/CGO	HVGO	VGO
生产方案		最大中馏分油	最大重石脑油	未转化油作乙烯料
原料油氢含量/%		13.2	12.7	12.5
化学氢耗/%		2.2	2.39	1.8
其中	脱除杂原子	0.08	0.10	0.27
	加氢饱和	0.81	1.46	0.89
	加氢裂化	1.31	2.34	0.64

表 3-15   渣油加氢裂化的化学氢耗构成

项 目		加氢脱硫	加氢裂化
原料油		常压渣油	减压渣油
原料油硫含量/%		3.0	5.2
原料油残炭/%		8.2	25.0
加氢脱硫率/%		90	85
加氢脱残炭率/%		73	73
加氢裂化率(>500℃)/%		35	73
原料油氢含量/%		12.6	10.1
化学氢耗/%		1.1	2.3
其中	脱除杂原子	0.37	0.63
	加氢饱和	0.37	1.16
	加氢裂化	0.36	0.51

  （2）典型的测定和计算方法

  ① 实验室的直接测定。多用在研究单位，正常生产也可采用。缺点：麻烦，费时、费钱，不能灵活地适应多种可变的工况。

  ② 经验估算。测定石油馏分的分子是不大可能的，经验估计必须用与原料种类有关的平均氢耗因数，参见图 3-5 及表 3-16。

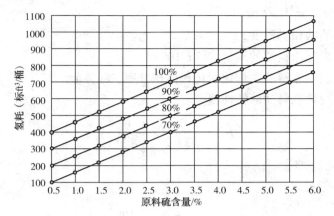

图 3-5 脱硫与氢耗

表 3-16 氧含量与当量氢耗量的关系

原　料	氧含量/%			氢耗量/(m³H₂/m³进料)		
	最小	典型	最大	最小	典型	最大
直馏石脑油(低硫)	0.002	—	0.005	0.089	—	0.223
直馏石脑油(高硫)	0.020	—	0.040	0.89	—	1.78
焦化石脑油	—	0.04	—	—	1.78	—
催化裂化石脑油	—	0.02	—	—	0.89	—
直馏柴油	0.005	—	0.010	0.223	—	0.445
馏分油或循环油	0.010	—	0.040	0.445	—	1.78
重减压瓦斯油	—	0.06	—	—	2.67	—

a. 石脑油加氢处理：

$$H_1 = 0.178 \times \frac{H_0}{(d_{15.6}^{15.6})_f}$$

$$H_0 = 25.0 + 70.0S_f + 290.0N_f + 6.5O_f + 28.0(ASF) \cdot A_f$$

$$ASF = 0.11 + 76.0\,(N_f)^2 + 0.039S_f$$

式中　　H_1——氢耗量，$m^3 H_2/t$ 进料；

$(d_{15.6}^{15.6})_f$——原料油的相对密度；

S_f, N_f, O_f——加氢裂化原料油中硫、氮、烯烃量，%；

A_f——加氢裂化原料油中芳烃量，%(体)；

ASF——芳烃饱和因数。

$$H'_1 = \frac{1}{625.2} \times \frac{H_0}{(d_{15.6}^{15.6})_f}$$

式中　　H'_1——氢耗量，%。

b. 中馏分油加氢处理：

$$H_1 = 0.178 \times \frac{H_0}{(d_{15.6}^{15.6})_f}$$

$$H_0 = 25.0 + 120.0S_f + 159.5N_f + 8.0\,(d_{15.6}^{15.6})_f \cdot B_f + 290.0(FCC) \cdot (11.9 - K_f)$$

式中　H_1——氢耗量，m^3H_2/t 进料；

　$(d_{15.6}^{15.6})_f$——原料油的相对密度；

　B_f——加氢裂化原料油的溴价，$gBr/100mL$；

　FCC——加氢裂化原料油中催化裂化料体积分率，%(体)；

　K_f——加氢裂化原料油的特性因数。

$$H'_1 = \frac{1}{625.2} \times \frac{H_0}{(d_{15.6}^{15.6})_f}$$

式中　H'_1——氢耗量，%。

c. 重瓦斯油加氢处理：

$$H_1 = 0.178 \times \frac{H_0}{(d_{15.6}^{15.6})_f}$$

$$H_0 = 40.0 + 150.0S_f + 101.5N_f + 7.0(d_{15.6}^{15.6})_f \cdot B_f + 300.0(FCC) \cdot (11.9 - K_f)$$

$$H'_1 = \frac{1}{625.2} \times \frac{H_0}{(d_{15.6}^{15.6})_f}$$

d. 渣油加氢脱硫：

对常压渣油：

$$H_1 = 0.178 \times \frac{H_0}{(d_{15.6}^{15.6})_f}$$

$$H_0 = [150.0S_f + 0.41M_f + 101.5N_f] \cdot [2.72(d_{15.6}^{15.6})_f - 1.61]$$

$$H'_1 = \frac{1}{625.2} \times \frac{H_0}{(d_{15.6}^{15.6})_f}$$

式中　M_f——加氢裂化原料油中镍+钒含量，$\mu g/g$。

对减压渣油：

$$H_1 = 0.178 \times \frac{H_0}{(d_{15.6}^{15.6})_f}$$

$$H_0 = [150.0S_f + 0.39M_f + 91.5N_f] \cdot [2.72(d_{15.6}^{15.6})_f - 1.61]$$

$$H'_1 = \frac{1}{625.2} \times \frac{H_0}{(d_{15.6}^{15.6})_f}$$

齐鲁 VRDS 化学氢耗的计算公式为：

$$H_1 = 790.018 - 703.909(d_{15.6}^{15.6})_f + 8.185S_f + 10.519N_f + 6.313M_f - 0.819T$$

式中　T——平均反应温度，℃。

表 3-17 为 VRDS 不同产品性质和操作条件下的化学氢耗。

表 3-17　VRDS 不同产品性质和操作条件下的化学氢耗

硫含量/%	氮含量/%	相对密度	平均温度/℃	化学氢耗/(m^3H_2/t 进料)
0.40	0.60	0.95	378.26	163.50
1.20	1.80	0.94	390.04	160.40

硫含量/%	氮含量/%	相对密度	平均温度/℃	化学氢耗/(m³H₂/t 进料)
1.60	0.20	0.99	388.05	222.90
2.00	0.80	0.93	393.05	165.70
2.80	2.00	0.92	383.05	145.90
3.20	0.40	0.97	390.04	185.00
3.60	1.00	0.91	388.05	124.10
4.00	1.60	0.96	393.05	142.00

e. 沥青质、胶质和重芳烃加氢转化。

残炭的前身物质(沥青质和带烷基侧链的重芳烃)侧链切断后剩下的稠环芳烃核(占前身物质相对分子质量的 50%~70%，含有 4~7 个芳环，氢碳原子比 0.5~0.6)，在高温加热过程中即生成碳，而在加氢转化过程中进行下述反应：

$$CH_{0.5} + 0.55H_2 \longrightarrow CH_{1.6}$$

耗氢：$12 \times \dfrac{0.093}{1.0078} = 1.1$(原子)

产品相当于一芳环或三个环烷环的重油，即转化 1t"残炭"用氢 0.1t。

用于重油加氢裂化的氢耗较大，随原料族组成、馏分轻重、转化程度的不同，化学氢耗在 2%~4%，其中大分子烷烃裂解为小分子烃，每生成一分子烃要消耗一分子氢。相对分子质量为 450 的重质烷烃部分裂解为中间馏分为主的产物时，分子数约增加 3 倍，理论氢耗是 1.2%；裂解为石脑油为主的产物时，分子数约增加 5 倍，理论氢耗是 2%；至于分子内芳环饱和及环烷开环的氢耗也很大，如相对分子质量为 200~300 的双环和三环芳烃(带侧链)，芳环饱和氢耗约为 5%，再把生成的环烷加氢开环，又要耗氢 2%，两者合计 7%。

加氢饱和和加氢裂化的氢耗要比脱硫、脱氮、脱金属高几倍。

加氢过程与脱碳过程一样，也可根据原料和产品的氢碳比值，用类似的方程式表达：

$100CHm + NH_2 = A \cdot CHm_a + B \cdot CHm_b + C \cdot CHm_c + D \cdot CHm_d + E \cdot CHm_e + F \cdot CHm_f + G \cdot CHm_g + J \cdot H$

碳平衡式：

$$100 = A + B + C + D + E + F + G$$

氢平衡式：

$100m + 2N = A \cdot m_a + B \cdot m_b + C \cdot m_c + D \cdot m_d + E \cdot m_e + F \cdot m_f + G \cdot m_g + J$

式中　$A \sim G$——每 100 个原料油碳原子中干气、液化石油气、轻石脑油、重石脑油、喷气燃料、柴油和尾油的碳原子数；

J——与 S、N、O 结合为 H_2S、NH_3、H_2O 的氢原子数；

N——化学氢耗的分子数；

M——原料的氢碳原子比值；

$m_a \sim m_g$——相应于 $A \sim G$ 产品的氢碳原子比值。

上式中各值见表 3-18，化学氢耗的估值见表 3-19 至表 3-22。

表 3-18　几种加氢反应方程式数据

原油名称	胜利	胜利	墨西哥	科威特
馏　分	焦化柴油	减压馏分油	减压渣油	常压渣油
加氢过程	加氢脱硫	加氢裂化	加氢裂化	加氢脱硫
A	0.15	0.8	4.6	0.6
B	0.13	9.8	5.0	
C	1.0	12.1	24.4	2.2
D	98.7	18.3		
E	—	42.2	12.0	—
F		16.8	20.5	8.7
G	—	—	33.5	88.5
J	0.5	1.5	2.0	3.5
N	4.5	18.4	20.2	7.7
M	1.68	1.78	1.47	1.63
m_a	3.6	3.6	3.4	2.8
m_b	2.6	2.55	2.5	
m_c	1.85	2.3	2.0	1.9
m_d	1.76	2.1		
m_e	—	2.02	1.9	
m_f		2.05	1.9	1.8
m_g		—	1.4	1.65

表 3-19　化学氢耗的分项估算

项　目		化学氢耗量/$(m^3 H_2/m^3$ 进料$)$
脱硫 1%	石脑油	
	直馏	6.8
	裂化	8.8
	煤油、柴油	
	直馏	15.8
	裂化	18.8
	直馏重柴油	21.6
脱氮 1%		54.3
		62.4
脱氧 1%		44.5
		54
溴价降低一个单位		1.25
		溴价差值×1.4
饱和 1%烯烃		1.6
饱和 1%芳烃		4.8
		5.5
加氢裂化		4.45

表 3-20　按油品 100%不饱和的化学氢耗

项　目	API 度	$d_{15.6}^{15.6}$	化学氢耗量/$(m^3 H_2/m^3$ 进料$)$
石脑油	55	0.7587	158~167
	50	0.7796	132~148

续表

项　　目	API 度	$d_{15.6}^{15.6}$	化学氢耗量/(m³H₂/m³进料)
煤、柴油	45	0.8017	116~132
	40	0.8203	102~116
	35	0.8498	89~103
催化裂化原料	30	0.8762	75~89
	25	0.9042	62~76.5
	20	0.9340	50~60

表 3-21　加氢裂化化学氢耗的总体估算

项　　目	MHC	MPHC	SSOT	中油循环加氢裂化	尾油循环加氢裂化	
					中油产品	轻油产品
氢耗量/(m³H₂/t 进料)	~150	~200	193~280	300~350	232~340	366~390

表 3-22　不同原料加氢裂化的化学氢耗

项　　目	伊轻	伊重	沙轻	沙中	科威特	胜利
体积空速/h⁻¹	1.3	1.1	1.3	1.3	1.4	1.4
反应温度/℃	基准-2	基准-8	基准-10	基准-6	基准-10	基准
转化率/%	67.7	54.6	67.7	63.8	55.6	55.0
化学氢耗/%	2.38	2.00	2.42	2.50	2.30	2.10

③ 利用元素组成进行计算。实验测定原料和产品中元素组成，如碳、氢、硫、氮等，所有产品氢的加和减去原料氢即为化学氢耗。

④ 利用族组成进行计算。轻质油品用 PONA 和重质油品用 SARA（SP），其中沥青质又分为 C_5 和 C_7 沥青质两种。近年来，把芳烃和胶质分别进一步分离为轻、中、重三个亚组分并研究它们的结构组成。利用质谱分析可把环烷烃和芳烃按环数目分类，但胶质和沥青质则由于相对分子质量过大，难以作出分析。

陈俊武提出了一套由结构参数定量关联的指标来合理解释加氢过程中的结构组成变化和化学氢耗，估算某些目的产品和预见改变某些条件时氢耗的变化，从而探寻优化转化过程和降低氢耗的途径。

计算重油氢含量的公式：

$$H = 0.082(2.016 - f_A)C - \frac{201.6(R_A + R_N - 1)}{M} - 0.0312XS - 0.0714YN - \frac{2O_L}{M}$$

式中　H, C, S, N——氢、碳、硫、氮元素含量，%；

　　　X, Y——硫原子及氮原子减少的氢原子数；

　　　O_L——烯烃含量，%；

　　　M——相对分子质量；

　f_A, R_A, R_N——结构参数（通用符号）。

⑤ 利用结构组成进行计算。早期采用 $n-d-m$ 法可得出 C_P、C_N、C_A、R_A、R_N 等结构参数，近年来采用核磁共振波谱法可以得到更多的并且较准确的结构参数。

⑥ 利用物化性质进行计算。如密度、折光指数、特性因数、BMCI 指数、溴价和苯胺点

等，它们都在一定范围内提供有关结构的局部信息。

⑦ 利用化学键能进行计算。从化学键变化的角度看，H—H 键、C—C 键断裂和 C—H 键生成反应代表典型的加氢反应，其中 C—C 键断裂分为：C—Cσ 键断裂(烷烃断链)、C—Cπ 键断裂(烯烃饱和)、C—C 大 π 键断裂(芳烃饱和)。

计算拟合组分氢含量的公式：

$$H = 2C + 2 - (2R_T + 2R_N + 4R_A + C_O)$$

式中　H——拟合组分的氢原子数；

　　　C——每升油品的碳原子数；

　　　C_O——每升油品的烯烃碳原子数；

　　　R_T——总环数；

　　　R_A——芳香环数；

　　　R_N——环烷环数。

2016 年 3 月，清华大学基础分子科学中心与南开大学元素有机化学国家重点实验室键能研究团队对外发布化学键能数据库"iBonD 1.0"，目前 2.0 也已上线，可免费上线查询。中国化学会网址：http://www.chemsoc.org.cn/；数据库网址：http://ibond.chem.tsinghua.edu.cn 或 http://ibond.nankai.edu.cn。

（3）化学氢耗的影响因数

化学氢耗与原料油性质、催化剂性质、运转时间、工艺流程、产品质量要求、产品方案及反应压力等因数有关。

① 原料油性质。原料油性质与化学氢耗的定性、定量关系分别见表 3-23、表 3-24，不同原料加氢裂化装置氢气消耗见图 3-6 至图 3-9。

表 3-23　原料油性质与化学氢耗的定性关系

变　量	化学氢耗	变　量	化学氢耗
原料油硫含量 ↑	↑	烯烃含量 ↑	↑
原料油氮含量 ↑	↑	原料油干点 ↑	↑
芳烃含量 ↑	↑	原料油密度 ↑	↑

表 3-24　原料油性质与化学氢耗的定量关系

项　目		伊轻 VGO	沙轻 VGO
密度(20℃)/(g/cm³)		0.9027	0.9037
馏程/℃	初馏点	288	281
	50%	424	410
	终馏点	536	529
硫含量/%		1.55	2.37
氮含量/(μg/g)		1302	671
BMCI 值		42.6	44.3
烃族组成(质谱分析)/%	链烷烃	21.5	22.5
	环烷烃	36.1	28.5
	总芳烃	39.9	47.8
	胶质	2.5	1.2

续表

项　　目	伊轻 VGO	沙轻 VGO
反应温度/℃	386~389	380~378
>370℃ 单程转化率/%	~80	~80
化学氢耗/%	2.58	2.78

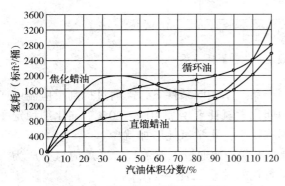

图 3-6　加氢裂化装置氢气消耗

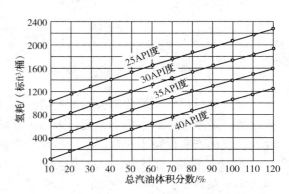

图 3-7　直馏蜡油加氢裂化装置氢气消耗

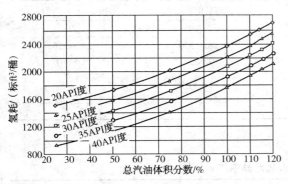

图 3-8　催化裂化轻循环油加氢裂化装置氢气消耗

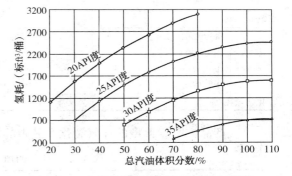

图 3-9　焦化蜡油加氢裂化装置氢气消耗

② 催化剂性质。不同催化剂接近相同目的产品条件下的氢耗不同，某厂加氢裂化的运转结果见表 3-25，催化剂平均温度与化学氢耗关系见图 3-10。

表 3-25　催化剂性质与化学氢耗

项　　目	HC-K/3824	3936/（3882/3903）	3936/（3974/HC-K）
VGO/t	802475	637473	103077
H₂/t	29278	25415	3425
氢耗(标态)/（m³/t）	364.85	398.7	332.3

③ 运转时间。以伊朗 VGO 为原料，在反应压力 15.7MPa、精制氢油体积比 900：1、裂化氢油体积比 1150：1、精制油氮含量约 50μg/g 条件下稳定性小型试验结果见表 3-26。

表 3-26　运转时间与化学氢耗

采样时间/h	744~800	2264~2408
化学氢耗/%	2.17	2.23

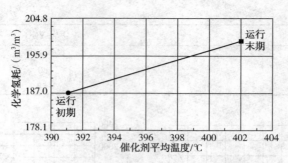

图 3-10　催化剂平均温度与化学氢耗关系

随着装置运转，催化剂会逐渐失活，在目的产品产率相同条件下，需通过提高反应温度来维持。带来气体产率增加，运行末期比运转初期化学氢耗要增加 10%～20%。催化剂稳定性好，气体产率增幅小，对产品选择性与质量影响就小，化学氢耗增加就少。

④ 产品质量。以沙轻 VGO 为原料，采用单段串联一次通过工艺流程，在反应氢分压为14.5MPa 条件下，不同转化率的产品质量与化学氢耗的关系见表 3-27。

表 3-27　产品质量与化学氢耗

项　　目		>350℃单程通过		
转化率/%		65	70	75
柴油质量	馏分范围/℃	282～350	282～350	282～350
	密度(20℃)/(g/cm³)	0.8297	0.8238	0.8170
	十六烷值	60	64	65
	十六烷指数	72.5	76.1	78.4
化学氢耗/%		2.30	2.48	2.64

⑤ 产品方案。典型的加氢裂化产品中的氢耗量见表 3-28。

表 3-28　典型的加氢裂化产品中的氢耗量

项　　目	轻石脑油	重石脑油	喷气燃料	柴油
化学氢耗/%	16.0～16.1	14.9～15.1	15.0	14.3～15.6

多出石脑油(或多出石脑油与喷气燃料)的轻油生产方案与多出喷气燃料与柴油的中油生产方案化学氢耗对比见表 3-29、表 3-30、图 3-11。

表 3-29　产品方案与化学氢耗

项　　目		中油生产方案			轻油生产方案	
		茂名	南京	天津	金山	扬子
产率/%	干气	0.368	1.03	6.53	0.25	0.619
	液化石油气	5.748	11.66	3.27	13.54	16.725
	轻石脑油	12.225	18.60	6.26	21.42	24.360
	重石脑油	15.952	19.265	33.2	66.98	60.542
	喷气燃料	50.0411	37.50	25.6	—	—
	柴油	17.000	13.500	29.4	—	—
化学氢耗(标态)/(m³/t原料)		277.76	303.52	379	294.56	387.74

表 3-30 不同产品方案的化学氢耗

项 目		伊轻 VGO		沙轻 VGO		胜利 VGO	
产品方案		中油+尾油	中 油	中油+尾油	中 油	中油+尾油	中 油
中油/%	喷气燃料	33.4	47.9	32.3	49.0	29.7	48.1
	柴油	15.2	15.0	15.8	20.3	10.0	16.5
尾油/%		32.3		32.3		45.0	
化学氢耗/%		2.38	2.92	2.42	3.22	2.10	2.73

尾油裂解为喷气燃料和柴油后，加氢裂化的化学氢耗量明显增加。

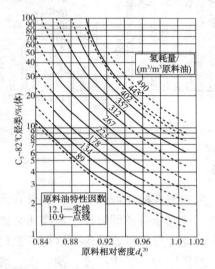

图 3-11 原料油相对密度、生成油（$C_5 \sim 82℃$）馏分收率和氢耗量关系

⑥ 工艺流程。以辽河催化裂化柴油与直馏柴油 1 : 1 混合油和大庆常三、减一与重油催化裂化柴油 1 : 1.3 : 2.3 混合油为原料，在中压条件下，不同流程的产品质量与化学氢耗的关系见表 3-31。

表 3-31 工艺流程与化学氢耗

项 目	>350℃全循环	单程通过	项 目	>350℃全循环	单程通过
反应压力/MPa	6.86	6.86	氢油体积比	1200 : 1	1000 : 1
反应温度/℃	362	372	化学氢耗/%	2.32	1.48
体积空速/h^{-1}	1.51	1.60			

⑦ 反应压力。以伊轻 VGO 和沙轻 VGO 为原料，不同的反应压力与化学氢耗的关系见表 3-32。

表 3-32 反应压力与化学氢耗

项 目	伊轻 VGO			沙轻 VGO		
反应压力/MPa	8.0	10.0	14.5	8.0	10.0	14.5
反应温度/℃	380/375	380/379	379/385	385/379	380/379	366/368
体积空速/h^{-1}	1.0/1.25	1.25/1.5	1.0/1.2	1.2/1.5	1.2/1.5	1.1/1.36
>370℃转化率/%	69	69	70	65	60	65
化学氢耗/%	1.79	1.92	2.64	1.83	2.16	2.30

⑧ 不同装置的化学氢耗。2018 年加氢裂化、渣油加氢专家班 25 位学员大作业计算的化学氢耗见图 3-12。

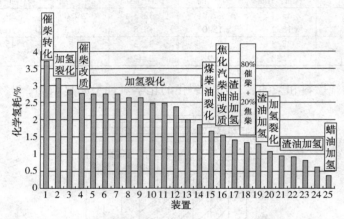

图 3-12　不同装置的化学氢耗

3.3.4　溶解氢耗计算

加氢裂化装置溶解氢耗一般溶解在高压液体物流中，带入低压系统的氢耗。涉及的物流主要包括：热高压分离器液体、冷高压分离器液体、冷高压分离器的含硫污水、循环氢脱硫塔的富溶剂、循环氢压缩机入口缓冲罐的排放液等。这部分氢气量，被油、水、溶剂溶解带入低压系统，带走的量取决于操作压力、操作温度、油、水、溶剂的流量和物流特性。实际生产中还与容器内液体的停留时间及设备结构有关。

冷高压分离器中含硫污水的溶解氢耗：一般占含硫污水的 0.015% ~ 0.025%，占原料油的 8 ~ 14μg/g，一般情况下可忽略不计。

循环氢脱硫塔富溶剂的溶解氢耗：一般占富溶剂量的 0.011% ~ 0.021%，占原料油的 100 ~ 150μg/g，可适当考虑。

循环氢压缩机入口缓冲罐排放液的溶解氢耗：由于排放液正常时无流量，间断排放，且每次排放量又小，一般情况下可忽略不计。

（1）氢的溶解性

在较高压力下，氢在油中的溶解度随温度升高而增加，在高温下有很高的对比温度，反常于一般气体的溶解度-温度规律，高温高压下氢在油中的溶解度可达 50%（mol）。因为氢在烃（油）中的偏摩尔溶解热为正值（几千卡/摩尔），表现为强烈的吸热反应，温度升高有利于吸热的溶解过程进行。

从动力学讲，温度升高，石油馏分的黏度减小，组织变得稀薄，氢的扩散系数又很大，有利于氢向油中扩散，加速了氢在油中的溶解平衡的达到。大量数据证明：氢在烷烃中的溶解度随烷烃的相对分子质量增加而增大（表 3-33），氢在芳烃中的溶解度随芳烃的相对分子质量增加而减小（表 3-34）。

（2）经验估算

溶解氢耗的分项估算见表 3-35。

表 3-33　氢在烷烃中的溶解性

溶剂	T/K	P/MPa	溶解常数	P/MPa	溶解常数	P/MPa	溶解常数
癸烷	344.3	4.46	0.0369	8.60	0.0682	14.46	0.1094
		7.13	0.0576	12.46	0.0958	17.39	0.1288
	373.2	4.41	0.0418	8.36	0.0760	12.93	0.1124
		5.96	0.0557	10.85	0.0963	15.04	0.1284
	423.5	3.71	0.0435	7.48	0.0851	11.32	0.1232
		4.82	0.0561	8.13	0.0914	11.66	0.1264
二十烷	323.2	3.26	0.0320	7.02	0.0663	10.71	0.0978
		3.40	0.0333	10.51	0.0964	12.91	0.1152
		6.77	0.0644	—	—	—	—
	373.2	2.23	0.0273	5.81	0.0686	8.69	0.0989
		2.41	0.0296	6.73	0.0776	10.40	0.1147
		3.09	0.0371	7.01	0.0811	11.82	0.1289
	423.2	2.81	0.0410	5.33	0.0756	7.75	0.1064
		3.97	0.0573	6.24	0.0874	9.30	0.1264

表 3-34　氢在芳香烃中的溶解性

溶剂	T/K	P/MPa	溶解常数	P/MPa	溶解常数	P/MPa	溶解常数
苯	323.2	4.07	0.0123	8.22	0.0245	11.97	0.0351
		4.56	0.0138	9.80	0.0290	15.73	0.0455
	373.2	2.55	0.0103	5.60	0.0233	11.51	0.0477
		4.15	0.0173	7.57	0.0316	12.71	0.0523
	423.2	4.05	0.0207	7.07	0.0381	10.44	0.0569
		4.85	0.0254	7.40	0.0400	10.73	0.0585
萘	373.2	5.29	0.0157	11.80	0.0346	18.53	0.0530
		5.50	0.0165	12.35	0.0362	19.39	0.0553
	423.2	4.29	0.0166	8.77	0.0337	14.08	0.0534
		4.84	0.0189	9.95	0.0385	15.21	0.0567
		7.06	0.0273	12.46	0.0470		

表 3-35　溶解氢耗的分项估算

项　目		溶解氢耗量/(m³H₂/m³进料)
分离器温度40℃，每1atm分压计		0.07
按不同油品	石脑油	6.4~11
	煤油、柴油	4.1~7.65
	催化裂化原料	3.4~6.8

采用冷分流程，高分压力 15.7~16.5MPa 条件下的溶解氢耗估算见表 3-36。

表 3-36　溶解氢耗的总体估算

项　目	一次通过	中油循环加氢裂化	尾油循环加氢裂化	
			中油产品	轻油产品
氢耗量/(m³H₂/t进料)	13~15	35~38	26~33	35~38

（3）利用软件进行计算

由于加氢裂化高压分离物系中含有 H_2、H_2S、NH_3、H_2O、轻烃、轻石脑油、重石脑油、喷气燃料、柴油、循环油等组分，组分性质难以准确计算；$H_2S-NH_3-H_2O$ 挥发性弱电解质体系的电离、分解、反应、溶解加大了气液相平衡计算的难度；氢气的"量子效应"导致其反常于一般气体的溶解度-温度规律、虚拟临界常数不能使用、不符合对应状态原理等，使得很难用手算的方式进行计算。即使国际上通用的大容量软件计算程序，虽可应用于工程计算，也均有不同程度的误差。

（4）溶解氢耗的影响因数

溶解氢耗与工艺流程、产品质量、产品方案、分离器的温度及分离器的压力等因数有关。

① 工艺流程。不同工艺流程，分离器的溶解氢耗不同。典型的溶解氢耗见表3-34。

② 产品质量。由于氢在烷烃中的溶解度随烷烃的相对分子质量增加而增大，在芳烃中的溶解度随芳烃的相对分子质量增加而减小。因此，随着重芳烃饱和为轻芳烃、重芳烃开环变成长侧链环烷烃，溶解氢耗增大。

③ 产品方案。产品方案对溶解氢耗的影响见表3-37。

表3-37　产品方案与溶解氢耗

项　　目		MM	ZH	TJ	JS	LH
流程类型		尾油全循环				柴油全循环
主产品		喷气燃料	柴油	重石脑油+喷气燃料	重石脑油	重石脑油
高压分离器压力/MPa		16.48	16.2	16.4	14.61	16.0
高压分离器温度/℃		49	49	50	43	43
产率/%	轻石脑油	12.23	20.65	9.14	21.42	16.41
	重石脑油	15.95	18.32	46.11	66.98	52.09
	喷气燃料	50.04	22.03	35.73	—	—
	柴油	17.00	20.04	—	—	—
溶解氢耗(标态)/(m³·t 油)		16.09	19.82	21	23.44	21.2
溶解氢耗(标态)/(m³·t 原料)		26.31	32.5	39.63	37.97	35.86

④ 分离器的温度。采用阿拉伯轻质原油与重质原油各半组成的混合原油的减压蜡油为原料，以表3-38数据为基础的计算结果见图3-13。

表3-38　计算基础

项　　目		精制反应器	裂化反应器
新鲜进料/(t/h)		150	
循环油/(t/h)		72	
出口压力/MPa		16.2	16.0
氢油体积比(标态)/(m³/m³)		1472	1635
反应温度(末期)/℃		404	421
热高压分离器压力/MPa		15.6	
冷高压分离器	温度/℃	50	
	压力/MPa	15.5	

从图3-13可看出：

a. 曲线 I 表明：随热高分温度升高，冷高分中油量增加，冷高分中溶解氢量增加。

b. 曲线 II 表明：在低温段时，热高分油汽化量少，随着热高分温度的升高，热高分中溶解氢量增加；而到一定温度(160℃左右)后，热高分油汽化量增加较快，油量减少，溶解氢量随着温度增加而下降。

　　c. 曲线Ⅲ表明：当热高分温度大于某一值时，热、冷高分油中的溶解氢总量变化不大，且随着温度的增加，溶解氢总量逐渐减少。

　　⑤ 分离器的压力与溶解氢耗关系见表3-39。

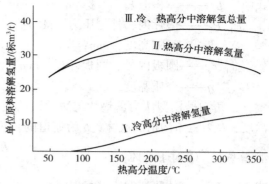

图 3-13　溶解氢量-热高分温度关系

表 3-39　分离器的压力与溶解氢耗的关系

冷高压分离器压力/MPa	16.28	16.86	17.06
冷高压分离器温度/℃	50	50	50
溶解氢耗(标态)/(m³/t 原料)	基准	基准+2.1	基准+4.17

3.3.5　泄漏氢耗计算

　　理论上讲，处于高温、高压、临氢、易燃、易爆、有毒介质操作环境的加氢裂化装置应为零泄漏，但对于有几千甚至几万个泄漏点的高压系统：管道加工精度和表面光洁度问题，拧紧螺栓的次序和螺纹装配对中等安装问题，密封材料的性能和使用寿命，填料压盖调紧和操作阀门的力度等操作、维护方面的问题，阀门、法兰、丝堵的质量问题，新氢压缩机、循环氢压缩机等动设备都可能引起泄漏。因此，工业装置以安装完成后的氢气气密试验，泄漏不超过允许值作为工程优秀的标志。

　　密封失效不仅会造成巨大的经济损失，而且会污染环境，甚至酿成重大人员伤亡事故。日本炼油行业十年来的燃烧爆炸事故调查结果表明，其灾难性事故 70% 以上是由于密封失效引起的泄漏造成的。美国挑战者号航天飞机的泄漏爆炸事件则已经引起世界范围内的巨大震动。随着科学技术的进步、现代工业的发展以及创建"无泄漏工厂"的兴起，对密封性能的要求越来越苛刻，这也大大推动了密封技术研究工作的进展。

　　近年来，许多工业发达国家设立专门研究机构，投入大量人力和资金，就密封机理、密封材料、元件性能、连接设计方法及泄漏检测等展开了一系列研究，取得了较大进展。

　　从国内外专家对密封垫片的研究现状来看，对密封元件进行新型结构和新型材料的开发研究是改善密封性能和密封效果最直接、最有效的两个途径。今后一段时间内，研究重点将集中在高品质非石棉制品等新型密封材料的开发、连接设计方法的工程化技术、密封垫片分级制造等新技术的开发、新型密封元件规范系数的确定以及法兰密封设计、使用与管理专家系统的建立等几个方面。

　　由于任何制造或加工方法都不可能形成绝对光滑的理想表面，也不可能实现密封面间的完全嵌合以及密封件毛细孔的完全阻塞，所以在相互接触的密封面间和密封件的内部总是存在着细微的间隙或通道，因而，对垫片密封来说，泄漏是不可避免的。

　　常见的垫片密封模型有平行圆板、三角沟槽和多孔介质模型 3 种。

　　平行圆板模型将流体介质通过密封点处的泄漏简化为介质通过间隙高度为 h，由圆板内径 r_1 处流至外径 r_2 处的定常、层流流动，其体积泄漏率为：

$$L_v = \frac{\pi(P_1 - P_2) \cdot h^3}{6\eta} \cdot \ln\left(\frac{r_2}{r_1}\right)$$

式中　L_v——体积泄漏率，标 cm^3/s；

　　P_1, P_2——垫片内、外侧压力，MPa；

　　　h——间隙高度，mm；

　r_1, r_2——圆板内径、圆板外径，mm；

　　　η——介质黏度，mm^2/s。

三角沟槽模型认为，垫片与法兰面的间隙由许多三角沟槽所组成，设 H 为三角沟槽的深度，L 为三角沟槽的底宽，b 为流道的长度（通常为垫片的宽度），ρ 为介质密度，则体积泄漏率为：①对于液体

$$L_v = \frac{L \cdot H^3 \cdot \Delta\rho}{C \cdot \eta \cdot b}$$

式中　L_v——体积泄漏率，标 cm^3/s；

　　L——三角沟槽的底宽，mm；

　　H——三角沟槽的深度，mm；

　　ρ——介质密度，g/cm^3；

　　C——常数；

　　b——流道的长度（通常为垫片的宽度），mm。

②对于气体

$$L_v = \frac{L \cdot H^3 \cdot \Delta(P)^2}{2C \cdot \eta \cdot b}$$

多孔介质模型认为非金属垫片材料可近似看作各向同性的多孔介质，其流道由多个弯曲的半径大小不等的毛细管组成。气体通过多孔介质的流动状态可分为层流和分子流，其流率为层流流率和分子流流率之和。研究表明，毛细管半径 r 随垫片残余应力 σ 的增大而减少，存在 $r=f(\sigma-n)$ 的关系。气体通过垫片的泄漏率方程为：

$$L_{pv} = \frac{A_L \cdot \sigma^{n_1}}{b \cdot \eta} \cdot P_m(P_2 - P_1) + \frac{A_m \cdot (P_2 - P_1)}{b} \sqrt{\frac{T}{m}} \sigma^{-n_m}$$

$$P_m = \frac{P_1 + P_2}{2}$$

式中　　　L_{pv}——体积泄漏率，标 cm^3/s；

A_L, A_m, n_1, n_m——常数，试验测量值；

　　　　σ——垫片残余应力，N。

垫片密封模型的建立，为预测法兰连接的泄漏率提供了理论依据。但是，其泄漏率的计算公式仅描述了流体通过特殊流道泄漏的一般规律，对于具体的密封问题，由于垫片材料、结构、密封面状况和加载过程等各不相同，计算公式的应用十分困难。因此，有必要对常用垫片进行分类，对不同的垫片种类采用不同的密封模型，通过大量实验确定泄漏率计算公式中的各种系数。

平面法兰的泄漏量计算公式为：

$$Q = \frac{9.6\pi h^3 \cdot (P_2 - P_1)}{13.9\eta \lg(\frac{r_2}{r_1})} \times 10^4$$

式中　Q——介质泄漏量，标 cm^3/s；

　　r_1——法兰内径，mm；

r_2——法兰外径，mm。

标准允许的泄漏率：管法兰用缠绕式垫片 SH 3407 规定见表 3-40。

表 3-40　缠绕式垫片密封性能试验允许泄漏率　　　　　标 cm³/s

泄漏率等级	允许泄漏率	泄漏率等级	允许泄漏率
1	$1.2×10^{-5}$	3	$1.0×10^{-3}$
2	$1.0×10^{-4}$		

注：2 级为石油化工管道用垫片的通用等级。

在 GB 4622.3《缠绕式垫片技术条件》中，以 $DN80mm$ 的带内、外环缠绕式垫片为标准试验垫片，在规定的试验条件下，对允许的泄漏率分为四级：

$$≤1.2×10^{-5}cm^3/s （Ⅰ级）$$
$$≤1.0×10^{-4} cm^3/s （Ⅱ级）$$
$$≤1.0×10^{-3}cm^3/s （Ⅲ级）$$
$$≤1.0×10^{-2} cm^3/s （Ⅳ级）$$

影响泄漏的典型因素：

① 结合面间隙的大小：泄漏量与间隙大小成三次方关系，即间隙增大一倍，泄漏量就会增大 7 倍；

② 内外差压：泄漏量与内外差压成正比，加氢裂化装置内外差压越大，泄漏量就会越大；

③ 介质黏度：泄漏量与介质黏度成反比，加氢裂化装置氢气的黏度较小，泄漏容易；

④ 操作温度：操作温度越高，介质黏度越小，气态分子运动加剧，泄漏也会增大；

⑤ 密封材料的致密性、回弹性、压缩性、耐腐蚀性、耐高温性等也影响泄漏量；

⑥ 振动和冲击会使金属管产生和扩展疲劳裂纹、使密封垫片松弛失效等，导致泄漏和增大泄漏量。

循环氢压缩机在边界摩擦工况下，主密封的泄漏量计算公式为：

$$Q = 3.6 × 10^{-6} \frac{\pi d_m \cdot \Delta p h^2 \cdot S}{p_c^2}$$

$$h = 0.5\left(\frac{R_{1max}}{R_{a1}} - \frac{R_{2max}}{R_{a2}}\right)$$

式中　　Q——主密封的泄漏量，m³/s；

S——缝隙系数，N/(m²·s)；

d_m——密封面平均直径，m；

p_c——密封面接触压力，Pa；

Δp——压差，Pa；

h——缝隙高度，m；

R_{1max}, R_{2max}——端面微观不平度的最大值，m；

R_{a1}, R_{a2}——端面微观不平度的平均值，m。

对于螺旋槽干气密封的泄漏量计算公式为：

$$Q = \frac{\pi h_0 \cdot (p_g - p_i)}{6\mu \ln\left(\dfrac{R_g}{R_i}\right)}$$

式中　h_0——端面间非开槽区流体膜厚度，m；

　　　μ——流体动力黏度，Pa·s；

　　　p_g——槽坝交界面处的气膜压力，Pa；

　　　p_i——密封运行时密封环内径处介质压力，Pa；

　　　R_g——槽底，m；

　　　R_i——密封端面内径处，m。

采用串联干气密封，一般控制：一级密封泄漏量≤5 标 m³/h；二级密封泄漏量≤2 标 m³/h。

由于氢原子体积很小，且处于高压条件下，因此，加氢裂化装置的泄漏主要以氢气的泄漏为主，其标准见表3-41。

表3-41　典型的加氢裂化装置氢气气密试验泄漏标准　　　　　　　　　　MPa/h

项　　目	C公司	U公司	A公司
80年代压降	<0.3	<0.45	<0.35
目前压降	<0.245	<0.02	≤0.005(连续4h以上)

说明：氢气气密试验应在高压分离器正常操作压力条件下，以新鲜氢气为试验介质，静压试验若干小时的结果。

I公司规定：氮气气密条件下，8h内，压降应<0.02 MPa/h。

一般泄漏氢耗占总氢耗的1.5%~2.0%或泄漏氢耗0.9~1.8 m³H₂/m³进料。

3.3.6　排放氢耗计算

氢气排放的目的：

① 减少循环氢中的杂质含量，如：H₂S、CH₄、N₂、O₂等，提高氢分压，满足产品质量要求；

② 设备运行的需要；

③ 全厂氢气综合利用的需要，如：15 MPa加氢裂化排放至8MPa加氢脱硫，再排放至4MPa加氢精制，实现氢气的逐级利用。

加氢裂化装置的排放氢气点一般设在冷高压分离器顶、循环氢进脱硫塔入口管线、循环氢压缩机入口管线或新氢进新氢压缩机入口缓冲罐的管线上，排放可采用压力控制、流量控制或压力流量串级控制。

排放氢耗等于实际排放的氢气量，即各排放点的排放氢气量之和就是排放氢耗。

氢气的升压需要动力，因此排放必然会造成加氢裂化装置加工费用增加；氢气的消耗同时使原材料费用上升，即生产成本的上升，导致经济效益变差。一般加氢裂化装置不采用排放氢气方案，也没有排放氢耗。

3.3.7　工业总氢耗计算

加氢裂化过程气体平衡主要是研究反应部分的气体平衡，而反应部分的气体平衡主要是计算工业氢耗量。气体平衡关系见图3-14。

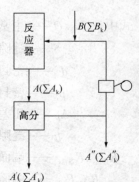

图3-14　气体平衡关系图

（1）已知条件

化学氢耗；

气体组成：H_2S、NH_3、CH_4、C_2H_6、C_3H_8、$i\text{-}C_4H_{10}$、$n\text{-}C_4H_{10}$等；

H_2S、NH_3、CH_4、C_2H_6、C_3H_8、$i\text{-}C_4H_{10}$、$n\text{-}C_4H_{10}$等在生成油中的溶解度系数；

高压分离器压力；

循环氢的氢纯度；

漏损的氢气量。

（2）基本计算方程

反应生成气体及组分量　$A = \sum A_k$（包括新氢带入的组分）

补充新氢及组分量　　　　$B = \sum B_k$

溶解气体及组分量　　　　$A' = \sum A'_k$

排放气体及组分量 $A'' = \sum A''_k$

根据物料平衡　　　　　　$A_k = A'_k + A''_k$　　　　　　　　　　（1）

根据亨利定理　　　　　　$A'_k = \alpha_k \cdot P_k \cdot L$　　　　　　　（2）

根据道尔顿定理　　　　　$P_k = \dfrac{P \cdot A''_k}{A''}$　　　　　　　（3）

式中　α_k——各组分的溶解度系数，标 $m^3/(t \cdot MPa)$；

　　　L——生成油量，t；

　　　P——高压分离器压力，MPa；

　　　P_k——各组分在高压分离器的分压，MPa。

在高压分离器操作压力下，理论计算时，气液两相应达到平衡，将式(3)代入式(2)：

$$A'_k = \alpha_k \cdot \frac{P \cdot A''_k}{A''} \cdot L = \alpha_k \cdot A''_k \cdot \frac{P \cdot L}{A''}$$

令　　　　　　　　　　　　$\dfrac{A''}{P \cdot L} = Z$

则　　　　　　　　$A'_k = \alpha_k \cdot \dfrac{A''_k}{Z}$　　或　$\dfrac{A'_k}{A''_k} = \dfrac{\alpha_k}{Z}$　　　　（4）

联解方程式(1)、(4)得　　$A''_k = \dfrac{Z}{Z + \alpha_k} \cdot A'_k$

因 $A'' = \sum A''_k$，所以 $A'' = \dfrac{Z \cdot \sum A_k}{Z + \alpha_k} = Z \cdot \left(\dfrac{A_1}{\alpha_1 + Z} + \dfrac{A_2}{\alpha + Z} + \cdots + \dfrac{A_k}{\alpha_k + Z} \right)$　（5）

因 $Z = \dfrac{A''}{P \cdot L}$，所以　　$P \cdot L = \dfrac{A''}{Z} = \sum \dfrac{A_k}{Z + \alpha_k}$

假设生成油量为1t，则　　$P = \sum \dfrac{A_k}{Z + \alpha_k}$

或　　　$P = P_1 + P_2 + \cdots + P_k = \dfrac{A_1}{\alpha_1 + Z} + \dfrac{A_2}{\alpha_2 + Z} + \cdots + \dfrac{A_k}{\alpha_k + Z}$　（6）

计算时，给定高压分离器压力，氢气分压，假定一个 Z 值，带入式(6)中计算 Z 值，当其与给定值相近或相等时即可。

表3-42 给出了氢气和甲烷的溶解度系数，表3-43 给出了生成气的溶解度系数。

表3-42 氢气和甲烷的溶解度系数

过程名称			高分操作条件		加氢生成油性质				H_2	CH_4
			压力/MPa	温度/℃	相对密度 d_4^{20}	IP/℃	50%/℃	EP/℃	\multicolumn{2}{c} ×0.1 标 m³/(t 生成油·MPa)
焦化柴油加氢精制①			~6.0	—	0.806	72	263	332	0.09	0.28
焦化汽柴油加氢精制①			~7.0	~30	0.769	77	204	304	0.104	0.153
直馏蜡油加氢裂化①	一次通过		~11.0	~30	0.780	80	273	350(80%)	0.11	0.58
	部分循环		~11.0	—	0.790	—	—	—	0.11	0.53
	全循环		~11.0	—	0.779	80.5	281	349.5(80%)	0.12	0.63
直馏蜡油两段加氢裂化①	一段部分裂化	一段	~11.0	~35	0.803	99	345	361(60%)	0.09	0.46
		二段	~11.0	~35	0.754	80.5	250.5	351.5(80%)	0.16	0.795
	一段精制	一段	~11.0	~35	0.883	333	413	474(95%)	0.08	0.31
		二段	~11.0	~35	0.775	90	264	351(80%)	0.13	0.65
直馏蜡油单段加氢裂化	②		~11.0	~35	0.784	58	260	406	0.124	0.75
	③		~11.0	~35	0.784	58	260	406	0.175	0.67
页岩油全馏分高压液相固定床加氢			~20.0	~35	0.815	120	328	492	0.158	0.392
高压固定床气相加氢	预加氢		20~27	—	0.807	71	199	316	0.096	0.60
	加氢裂化		20~27	—	0.738	62	125	260(95%)	0.15	0.96
	加氢裂化		27	~30	—	—	—	—	0.1	0.42

①小型试验；②中型试验；③半工业装置。

表3-43 生成气的溶解度系数

过程名称			高分操作条件		溶解度系数					
			压力	温度	\multicolumn{6}{c} ×0.1 标 m³/(t 生成油·MPa)
			MPa	℃	H_2	CH_4	C_2H_6	C_3H_8	C_4H_{10}	H_2S
焦化柴油加氢精制①			~6.0		0.09	0.28	1.03	1.21	1.27	—
焦化汽柴油加氢精制①			~7.0	~30	0.104	0.153	0.432	3.100		
直馏蜡油加氢裂化	一次通过		~11.0	~30	0.11	0.58	1.96	3.12		
	部分循环		~11.0	—	0.11	0.53	2.40	3.18	9.41	
	全循环		~11.0	—	0.12	0.63	1.46	2.91	—	
直馏蜡油两段加氢裂化①	一段部分裂化	一段	~11.0	~35	0.09	0.48	1.46	—		
		二段	~11.0	~35	0.16	0.795	1.88	—		
	一段精制	一段	~11.0	~35	0.06	0.31	0.68	—		
		二段	~11.0	~35	0.13	0.65	1.64	—		
直馏蜡油单段加氢裂化	②		~11.0	~35	0.124	0.75	1.82	4.78		4.5
	③		~11.0	~35	0.175	0.67	1.74	4.09		4.46
页岩油全馏分高压液相固定床加氢			~20.0	~35	0.158	0.392	1.23	1.36	2.52	—
高压固定床气相加氢④	预加氢		20~27		0.096	0.60	2.17	5.06	13.86	3.0
	加氢裂化		20~27		0.15	0.96	7.34	11.9	30.65	5.75
	加氢裂化		27	~30	0.1	0.42	2.3	6.6	13.2	1.8

①小型试验；②中型试验；③半工业装置；④工厂数据。

（3）基本计算步骤

以 10t 原料油为基础，假定每吨原料油耗氢量，并根据新氢组成列出各组分数量；扣除漏损氢量(除氢气外，还应有甲烷等)；

反应后，减去化学氢耗，增加反应生成 H_2S、NH_3、CH_4、C_2H_6、C_3H_8、$i\text{-}C_4H_{10}$、$n\text{-}C_4H_{10}$ 等；

求解计算反应后的气体组分，A_k；

列出各组分的溶解度系数，α_k；

假定 Z 值，列出 $\alpha_k + Z$ 值；

求分压 $P = \dfrac{A_k}{Z + \alpha_k}$，当求出的氢气分压与给定值不吻合时；

重新假定 Z 值，列出 $\alpha_k + Z$ 值；

再求分压 $P = \dfrac{A_k}{Z + \alpha_k}$，当求出的氢气分压与给定值接近或相吻合时即可。

（4）计算实例

已知：某直馏蜡油加氢裂化装置化学氢耗 1.5%；

新氢组成[%(体)]：H_2 94.5，CH_4 5.5；

气体生成量(对原料油%)：H_2S 0.15、CH_4 0.65、C_2H_6 0.85、C_3H_8 1.2、C_4H_{10}、C_5H_{12} 1.55；

溶解度系数[$Nm^3/$(t 生成油·MPa)]：H_2 0.15、CH_4 0.65、C_2H_6 1.74、C_3H_8 4.3、C_4H_{10} 9.4、H_2S 4.5；

漏损气体假定为氢气，~5 $Nm^3/$t 原料油；

高压分离器操作压力为 13.0 MPa，循环氢纯度为 80%。

计算每吨直馏蜡油加氢裂化消耗的新鲜氢气量。

计算：换算化学氢耗及气体生成量(%)为 $Nm^3/$t 原料油，见表 3-44。

$$化学氢耗 = \left(\frac{1.5 \times 22.4}{2 \times 100}\right) \times 1000 = 168 \ Nm^3/t \ 原料油$$

生成气体

$$CH_4 = \left(\frac{0.65 \times 22.4}{16 \times 100}\right) \times 1000 = 9.1 \ Nm^3/t \ 原料油$$

$$C_2H_6 = \left(\frac{0.85 \times 22.4}{30 \times 100}\right) \times 1000 = 6.4 \ Nm^3/t \ 原料油$$

$$C_3H_8 = \left(\frac{1.2 \times 22.4}{44 \times 100}\right) \times 1000 = 6.1 \ Nm^3/t \ 原料油$$

$$C_4H_{10}、C_5H_{12} = \left(\frac{1.55 \times 22.4}{58 \times 100}\right) \times 1000 = 6.0 \ Nm^3/t \ 原料油$$

$$H_2S = \left(\frac{0.15 \times 22.4}{34 \times 100}\right) \times 1000 = 0.98 \ Nm^3/t \ 原料油$$

表 3-44　化学氢耗及气体生成量

项　目		H₂	CH₄	C₂H₆	C₃H₈	C₄H₁₀	H₂S	合计
新氢	%（体）	94.5	5.5	—	—	—	—	
	Nm³/t 原料油	235.15	14.85	—	—	—	—	
漏损/（Nm³/t 原料油）		−4.75	—					
入反应器/（Nm³/t 原料油）		250.4	14.85					
反应/（Nm³/t 原料油）		−168	9.1	6.4	6.1	6.0	0.98	
反应后 A_k/（Nm³/t 原料油）		82.4	23.95	6.4	6.1	6.0	0.98	
α_k/[Nm³/（t 生成油·MPa）]		0.15	0.65	1.74	4.3	9.4	4.5	
$\alpha_k + Z$,（$Z \approx 0.65$）		0.80	1.30	2.39	4.95	10.05	5.15	
分压 P_k/MPa		10.3	1.84	0.268	0.123	0.059	0.019	12.609
油中溶解气体 A'_k（$A'_k = 9.58 P_k$ ×α_k）/（Nm³/t 生成油）		14.8	11.45	4.47	5.08	5.36	0.82	41.98
排放氢气	Nm³/t 原料油	67.6	12.5	1.93	1.02	0.64	0.16	83.85
	%（体）	80.7	14.83	2.3	1.22	0.76	0.19	100.0

3.4　氢气来源及要求 [14,26~28]

补充氢的主要来源有：电解食盐、制氢装置产氢、化肥的排放氢、重整装置副产氢、富氢气体的深冷分离（或油吸收分离、吸附分离和扩散分离等）、渣油部分氧化产氢、无烟煤或焦炭间歇式水煤气发生炉造气、富氧气体连续煤粉沸腾床发生炉造气、鲁奇煤加压造气和乙烯副产氢。

3.4.1　电解氢

饱和食盐水通过电解，产生的氢气经提纯，除去微量 Cl_2、O_2、CO 与 CO_2，可得到纯度 99%的工业氢、纯度 99.9%的纯氢、纯度 99.99%的高纯氢、纯氢 99.999%的超高纯氢。但由于能耗高，经济性差，只适用于小规模加氢裂化装置，如：实验室的小试装置或中试装置。表 3-45 为高纯氢的杂质含量。

表 3-45　高纯氢的杂质含量

杂质含量/（μg/g）	分析 1	分析 2
O_2	25	0.9
CO	≤5	0.2
CO_2	≤5	—
CH_4	≤5	0.2
N_2	—	2.75

3.4.2　制氢装置产氢

产氢方式：化学净化法（包括脱硫、水蒸气转化、高温变换、低温变换、G-V 法脱 CO_2、甲烷化）产氢和变压吸附法（包括脱硫、水蒸气转化、高温变换、PSA）产氢。见表 3-46 及表 3-47。

表 3-46 工业氢组成的典型数据

补充氢组成	制氢装置产氢	
	水蒸气转化	变压吸附
H_2/%	96.5	99.5
CH_4/%	3.5	0.5
CO/(μg/g)	<20	<10
CO_2/(μg/g)	<20	<20
O_2/(μg/g)	<100	<100
Cl_2/(μg/g)	<1	<1

表 3-47 化学净化法与变压吸附法的比较

项 目	化学净化法	变压吸附法
工艺流程	较复杂	较简单
原料消耗	1.0	1.40~1.50
燃料消耗	1.0	0.40~0.45
综合能耗	1.0	0.85
工程投资	1.0	1.05~1.10
原料与燃料差价	差价大选择	差价小选择

3.4.3 重整装置副产氢

因工艺流程不同也有几种形式：半再生式、组合床及连续重整产氢，见表 3-48。

表 3-48 重整氢组成的典型数据

组 成	半再生式		连续重整
H_2/%	81.3	90.97	93.08
CH_4/%	3.9	4.48	1.45
C_2H_6/%	7.8	3.37	2.12
C_3H_8/%	4.0	0.67	1.5
C_4H_{10}/%	1.0	0.18	0.79
C_5H_{12}/%	—	0.03	0.16
N_2+O_2/%	1.9(N_2)	0.03	—
HCl/(μg/g)	<0.1	—	—

半再生重整装置氢气产率一般 2.8%~3.2%，连续再生重整装置氢气产率一般 3.9%~5.4%。

3.4.4 加氢裂化装置补充氢的典型控制项目和指标

表 3-49 给出了补充氢的典型控制项目和指标。

表 3-49 补充氢的典型控制项目和指标

项 目	正常	最大
CO/(μg/g)	<10	<25
CO_2/(μg/g)	<10	<25
水/(μg/g)	没有游离水	
H_2/%	越高越好	
CH_4、C_2H_6、C_3H_8、C_4H_{10}、C_5H_{12}、N_2/%	越低越好	

（1）CO、CO_2危害

① CO可使催化剂暂时性中毒；CO_2起稀释作用，降低氢分压。

② CO与催化剂含有的Ni或沉积在催化剂上的原料油中Ni反应形成四羰基镍。反应式为：$Ni+4CO \rightarrow Ni(CO)_4$，温度越低越易生成$Ni(CO)_4$，在相同温度及CO浓度下，压力越高越易生成。

③ CO和CO_2与氢反应生成CH_4和H_2O时产生反应热，增加了催化剂床层的温升，消耗的H_2降低了循环氢的纯度，增加了加工费用，所产生的水还可能促使催化剂生焦率的增加。

④ CO和CO_2对加氢催化剂脱氮活性的影响比裂化活性的影响更大一些。

（2）措施

① 制氢装置设置甲烷化设施，尽可能转化掉CO。

② 采用变压吸附或膜分离方法，提纯氢气。

3.5　加氢过程中的氢气有效利用[16]

3.5.1　加氢处理

加氢处理过程中氢气用于脱除硫、氮、氧等杂质和饱和烯烃，油品收率98%~99%，氢气的有效利用率高。

3.5.2　加氢精制

加氢精制过程中氢气用于脱除硫、氮、氧等杂质、饱和烯烃和部分芳烃，也会产生少量气体和轻组分，油品收率≥90%，氢气的有效利用率较高。但这种方法优于其他精制手段。

3.5.3　馏分油加氢裂化

馏分油加氢裂化过程中氢气用于脱除硫、氮、氧等杂质、饱和烯烃和部分芳烃、裂解产生气体、轻馏分油、中间馏分油等产品。

干气和液化石油气：均为饱和烃，干气可作燃料气、制氢原料；液化石油气虽不如烯烃利用广泛，但可直接做产品。干气和液化石油气耗氢约为总化学氢耗的20%。

汽油馏分：辛烷值低，做汽油馏分时需催化重整，通过催化重整可以回收氢气，但加氢和脱氢过程的反复使过程能耗增加较多，一般相当于5倍氢耗的燃料油。

煤油馏分：质量好，可直接生产3#喷气燃料，氢气利用得当。

柴油馏分：倾点低、十六烷值高、硫含量低、芳烃含量低、安定性好，加氢裂化柴油是优质的清洁燃料，氢含量比加氢精制后的焦化柴油、催化柴油高，在产品质量要求低时，一部分加氢是多余的。产品质量要求高时，氢气利用合理，有效利用率高。

3.5.4　渣油加氢裂化

渣油加氢裂化过程中氢气用于脱除硫、氮、氧、金属等杂质、饱和部分芳烃、裂解产生气体、轻馏分油、中间馏分油等产品。

用于脱除硫、氮、氧、金属等杂质的耗氢是必要的。

用于把能够生成残炭的大分子稠环芳烃转化为不生成残炭的重油，就 1kg 氢转化 10kg 残炭而言，氢的利用是合理的，否则这些物质在下一步的加工中不是变成焦炭，就是成为硬质沥青的组分，减少了轻质油的收率。

用于把重油加氢裂化为轻质油的情况与馏分油加氢裂化相近，不过饱和芳烃和烷烃裂化的氢耗更高，构成了渣油加氢裂化氢耗的主要部分。

3.6　物料平衡的热点难点问题

3.6.1　工业生产装置的物料平衡

物料平衡计算的基础是物料计量，计量就必须用流量计，而流量计有：容积式流量计、差压式流量计、浮子流量计、涡轮流量计、电磁流量计、质量流量计等 60 多种，各种流量计均有一定误差。

设计：对差压式流量计，其流出系数的影响有孔径与管径的比值 β、取压装置、雷诺数、节流件安装偏心度、前后阻流件类型及直管段长度、孔板入口边缘尖锐度、管壁粗糙度、流体流动湍流度等，任何一个偏差都会导致流量计量的偏差。

介质：工业装置实际运行的介质组成、密度、流量、温度、压力与设计的物性参数又不可能一致，其测量、分析也会产生误差。

流量计故障：电源故障、测量管道阻塞、阀门泄漏、测量管泄漏、输送介质存在两相流、接地故障、电磁干扰、振动干扰、零点错误等仪表测量故障也会产生误差。

由于 DCS 显示的计量数据是根据设计条件下物性数据得到的，换成工业装置实际数据时需要进行组成矫正和温压矫正，矫正也会产生误差。

所有误差累积，就造成装置物料不平衡。

3.6.2　工业生产装置的元素平衡

元素平衡主要指硫平衡、氮平衡、氢平衡及金属平衡，计算的基础是物料计量和化验分析，物料计量和化验分析的误差就会导致计算的元素不平衡。

3.6.3　动态物料平衡

物料平衡的计算基础为系统处于稳态条件，加氢裂化装置开工阶段的硫化工况为非稳态过程，将非稳态过程划分为几个稳态过程，如：硫化初期、理论耗硫 50%、理论硫化结束，可计算硫化期间不同阶段物料平衡，对指导硫化操作、判断硫化效果有积极的现实意义。

参　考　文　献

[1] 王松汉主编.石油化工设计手册：第四卷[M].北京：化学工业出版社，2001：37-49.

[2] 杨基和，蒋培华主编.化工工程设计概论[M].北京：中国石化出版社，2005：96-114.

[3]《石油炼制与化工》编辑部译.流化催化裂化手册(第二版)[M].北京：中国石化出版社，2002：

114-128.

[4] 李贵贤，卞进发主编．化工工艺概论[M]．北京：化学工业出版社，2002：31-33.

[5] 陈声宗主编．化工设计[M]．北京：化学工业出版社，2001：43-47.

[6] 黄璐，王保国编．化工设计[M]．北京：化学工业出版社，2001：114-171.

[7] 胡志海，熊震霖，石亚华，等．关于加氢裂化装置反应压力的探讨[J]．石油炼制与化工，2005，36（4）：35-38.

[8] 赵颖，王国旗．1.5 Mt/a 单段两剂全循环加氢裂化装置设计与标定[J]．炼油技术与工程，2006，36（9）：36-41.

[9] 缪书海．独山子 0.6 Mt/a 加氢裂化装置的设计与运行[J]．炼油技术与工程，2005，35(10)：15-17.

[10] 韩崇仁主编．加氢裂化工艺与工程[M]．北京：中国石化出版社，2001：518-549.

[11] 韩崇仁主编．加氢裂化工艺与工程[M]．北京：中国石化出版社，2001：639-646.

[12] 陈俊武．加氢过程中的结构组成变化和化学氢耗[J]．炼油设计．1992，（3）：2-10.

[13] 曾榕辉，于丹，廖士纲．中东含硫 VGO 加氢裂化反应性能的研究[J]．炼油设计．2000，30(11)：39-42.

[14] 陈连财，沈春夜．高压加氢裂化装置的扩能改造[J]．石油炼制与化工．2001，32(3)：22-25.

[15] 王凤来，关明华，胡永康．3976 高抗氮高生产灵活性加氢裂化催化剂性能研究[J]．石油炼制与化工．2001，32(8)：36-39.

[16] 葛在贵，关明华，王凤来．高活性中压加氢裂化催化剂 3905 的性能与工业制备[J]．石油炼制与化工．1996，27(4)：6-12.

[17] 曾榕辉，祁兴维．操作条件对加氢裂化柴油产品质量影响的考察[J]．石油炼制与化工．2002，33(6)：27-31.

[18] 韩崇仁主编．加氢裂化工艺与工程[M]．北京：中国石化出版社，2001.493-574.

[19] 朱华兴，叶杏园．热高压分离流程在加氢裂化装置中的应用[J]．炼油设计．1995，25(5)：2-6.

[20] 阮徐诏，仇家骅．工业管道泄漏防治[M]．北京：冶金工业出版社，1988：6-13.

[21] 石油化工干部管理学院组织编写．加氢催化剂、工艺和工程技术：试用本[M]．北京：中国石化出版社，2003：316-480.

[22] 韩崇仁主编．加氢裂化工艺与工程[M]．北京：中国石化出版社，2001：493-576.

[23] 史由编译．加氢处理和加氢脱硫[J]．炼油设计．1987，17(3)：47-58.

[24] [美]Robert E Maples 著．石油炼制工艺与经济（第二版）[M]．吴辉译．北京：中国石化出版社，2002：190-226.

[25] [美]纳尔逊 W L 著．石油炼制工程（上册）[M]．左鹿笙译北京：中国工业出版社，1964：193-248.

[26] 蔡成寅．CB-6 重整催化剂用电解氢还原[J]．石油炼制，1992，23(3)：19-23.

[27] 伍于璞．大型超低压连续重整装置的设计与运行[J]．炼油设计，1999，29(7)：7-13.

[28] 于海龙，翟桂云，索长森．重整氢气的净化和利用[J]．石油炼制与化工，1994，25(6)：42-44.

[29] 第一石油化工建设公司炼油设计研编．加氢精制与加氢裂化[M]．北京：石油化学工业出版社，1977：43-123.

[30] [美]加里 J H，汉德书克 G E 著．石油炼制技术与经济（第二版）[M]．王加祎，胡德铭译．北京：中国石化出版社．1991：78-90.

[31] 王志坤，张昕，耿彦青．干气密封在炼油厂离心压缩机上的应用[J]．化工机械，2005，32(1)：45-48.

[32] [美]Surinder Parkash 著．石油炼制工艺手册[M]．孙兆林，王海彦，赵杉林译．北京：中国石化出版社．2007：17~60；218~238.

[33] 邱若磐．炼油厂氢气资源优化利用研究[D]．大连：大连理工大学，2003.

[34] 王和顺. 干气密封运行状态稳定性的研究[D]. 成都：西南交通大学，2006.

[35] 李立权编著. 加氢裂化装置操作指南[M]. 北京：中国石化出版社，2005：60-69.

[36] 曹汉昌，郝希仁，张韩主编. 催化裂化工艺计算与技术分析[M]. 北京：石油工业出版社，2000：45-52；145-174.

[37] [美]Robert E Maples 著. 石油炼制工艺与经济(第二版)[M]. 吴辉译. 北京：中国石化出版社. 2002：190-214.

[38] 邵为谠，孟祥海，张睿，等. 中压加氢裂化装置氢平衡核算研究[J]. 炼油技术与工程，2012，42(9)：8-12.

第4章 热量平衡及技术分析

4.1 加氢裂化热量平衡的定义、分类、方法和步骤[2~5,9~14,18,23]

4.1.1 加氢裂化热量平衡的定义

能量衡算就是在物料平衡基础上，根据能量守恒定律，定量表示工艺过程中能量传递和转化的数量关系，确定需要加入或可利用的能量，从而确定加热量、冷却量、泵及压缩机等输送设备的功率、换热设备的尺寸、工艺流程的热利用、反应器结构的设计及过程的能量利用效率；也可以考察能量的传递和转化对过程操作条件的影响。通过加氢裂化装置能量衡算可以得到过程能量指标(也称能耗)，分析能量利用是否合理，以便节能降耗提高过程的能量利用水平。因此，能量衡算是一项很重要的加氢裂化工艺计算。

能量衡算的基本依据是稳流体系热力学第一定律表达式，亦即能量衡算通式：

$$\Delta H + g \cdot \Delta h + \frac{1}{2}\Delta u^2 = Q + W$$

式中　ΔH——单位质量流体的焓变；

Q——单位质量流体所吸收的热或放出的热，吸收热量时为正，放出热量则为负；

W——单位质量流体所接受的外功或所作的外功，接受外功时 W 为正，向外界做功时 W 为负；

$g \cdot \Delta h$——单位质量流体的位能变化；

$\frac{1}{2}\Delta u^2$——单位质量流体的动能变化。

在进行设备的热量衡算时，位能变化、动能变化、外功等项相对较小，可忽略不计，因此可简化为：

输入能量(基准点以上)+产生能量=输出能量(基准点以上)

全面的能量衡算应该包括热能、动能、电能、化学能和辐射能等。但在加氢裂化装置操作中，经常涉及的能量是热能，所以加氢裂化装置的能量衡算主要是热量衡算，即通常所说的热量平衡。

以上计算均未包括反应热，包括反应热的热量平衡方程可用下式表示：

$$Q_1 + Q_2 + Q_3 = Q_4 + Q_5 + Q_6 + Q_7$$

式中　Q_1——物料带入热，如有多股物料进入，应是各股物料带入热量之和；

Q_2——过程放出的热，包括反应放热、冷凝放热、溶解放热、混合放热等；

Q_3——从加热介质获得的热；

Q_4——物料带出热，如有多股物料带出，应是各股物料带出热量之和；

Q_5——冷却介质带出的热；

Q_6——过程吸收的热；

Q_7——热损失。

对加氢装置反应器的热平衡可表示为：

$$原料油+氢气=生成油十生成气+反应热$$

热量平衡与物料平衡的差别在于：物料平衡的总质量是已知的，而某一组分（或馏分）的总能量却很难表示。因此，物料的总能通常以其在给定温度的标准态的相对量表示。如：蒸汽的热量或焓是以压力等于其饱和蒸气压、温度273K的液体水的相对量表示。

物料平衡是工艺设计和设备设计的基础，只有在完成物料平衡的基础上才能进行热量平衡，从而进行工艺方案的比选、设备和管线的计算、仪表参数的确定，完成工艺原则流程（PFD）和工艺管道及仪表流程（PID）的设计。

加氢裂化装置工程设计中，通过热量衡算可以得到下面各种工况下的设计参数：

① 换热设备的热负荷：包括换热器，水冷器、空冷器、蒸汽发生器、常压分馏塔塔顶冷凝器、喷气燃料汽提塔底重沸器等；

② 反应器的换热量：包括绝热式固定床反应器、悬浮床反应器、沸腾床反应器等；

③ 反应器的急冷氢用量、急冷油用量等；

④ 加热蒸汽、冷却水、脱盐水的用量：这些量是其他工程（如供热等）的设计依据；

⑤ 换热器冷、热支路的物流比例：在加氢裂化装置工程设计中，常设置不经过换热器的冷支路以调节物料温度，通过热量衡算可确定进换热器和进冷支路的物流比例；

⑥ 设备进口、出口的各股物料中某股物料的温度；

⑦ 加热设备需要的负荷：如反应进料加热炉、分馏塔进料加热炉等。

4.1.2　加氢裂化热量平衡的分类

热量平衡的目的是定量描述入料与出料的热量衡算平衡结果。按计算对象可分为装置热量平衡、单元热量平衡和单体设备热量平衡；以单体设备热量平衡为例：对加氢裂化装置可进行反应器热量平衡、分馏塔热量平衡等。

以加氢裂化反应器的微元体作能量平衡时，常常把位能、动能和功各项能量忽略不计，只计算反应热和其他热传递项目，因此，热量衡算也可简化如下：

单位时间加入的热量-单位时间输出的热量-单位时间的反应热=单位时间热焓的变化

上式通常称为能量方程式，其积分式为热平衡式。

加氢裂化装置的热源主要有：反应热、燃料供给的热量、蒸汽带入的热量或蒸汽驱动产生的动能、电机提供的能量以及基准点以上输入的能量。

冷源主要有：空气、烟气、冷却水、溶剂带走的热量、散失到周围环境中的热量损失以及基准点以下输入的能量。

加氢裂化装置热量平衡可表征为单体热量平衡、局部体系热量平衡及装置热量平衡，如：反应器、分馏塔等单体设备热量平衡、反应部分、分馏部分等局部体系热量平衡及加氢裂化装置的热量平衡。

4.1.3　加氢裂化热量平衡的基准和方法

（1）热量衡算的基准

　　热量衡算需确定计算基准，计算基准包括两方面：数量上的基准和相态的基准(亦称为基准态)。

　　关于数量上的基准，指用哪个量出发来计算热量。可先按 1kmol 或 1kg 物料为基准计算热量，然后再换算为以小时作基准的热量；也可以直接用设备的小时进料量来计算热量。后者更为常用。

　　在热量衡算中之所以要确定基准态，是因为在热量衡算中广泛使用焓这个热力学函数，焓没有绝对值，只有相对于某一基准态的相对值，从焓表和焓图中查到的焓值，其实是与所在焓图或焓表的基准态的焓差，而各种焓图和焓表所采用的基准态不一定是相同的，所以在进行热量衡算时需要规定基准态。基准态可以任意规定，不同物料可使用不同的基准，但对同一种物料，其进口和出口的基准态必须相同。

　　(2) 热量衡算的方法

　　热量平衡的计算方法一般可分为操作负荷下的热量平衡、设计热量平衡和工业生产热量平衡三种。

　　操作负荷下的热量平衡：加氢裂化装置运转过程中，催化剂逐渐失活，需要提高反应温度来补偿催化剂活性的降低，不同温度、不同催化剂活性的反应热不同，导致不同运转阶段的热量平衡不同。因此，表述加氢裂化装置热量平衡时，一般应说明加氢裂化装置的运转状态，如运转初期(SOR)、运转中期(MOR)、运转末期(EOR)，因此就产生运转初期操作负荷下的热量平衡、运转中期操作负荷下的热量平衡、运转末期操作负荷下的热量平衡等。工程设计时，一般只计算运转初期操作负荷下的热量平衡和运转末期操作负荷下的热量平衡。

　　设计计算热量平衡为设计单位根据设计计算的物料平衡及企业要求，依据工艺流程进行的热量平衡。设计计算热量平衡一般应包括热损失。相同的装置，由于热量利用的不同，也会得到不同的设计计算热量平衡，从而导致装置的能耗不同。

　　工业生产热量平衡为企业根据装置流量表所读到的数字汇集整理所得到的物料平衡、公用工程消耗计算汇总所得。

4.1.4　加氢裂化热量平衡的步骤

　　(1) 手工计算加氢裂化装置热量平衡的步骤

　　① 明确设计任务：包括生产规模、年操作时数、原料和氢气规格、公用工程条件、产品性质要求、目的产品或副产品收率要求等。

　　② 要求工艺技术专利商(或催化剂供应商)提供用于物料平衡计算用的基本条件：反应操作条件(包括反应温度、反应压力、反应器温升、化学氢耗等)、理论物料平衡、副产品和产品性质(包括馏程、密度、黏度、芳烃含量、多环芳烃含量、硫含量、十六烷值、十六烷指数、烟点、BMCI 等)、催化剂性质(包括金属组成等)、硫化方法、再生方法等。

　　③ 绘制初版 PFD 或物料平衡示意图并根据计算要求确定衡算体系：即明确物料和能量的输入项和输出项。在流程图上用带箭头的实线表示所有的物流、能流及其流向。用符号表示各物流变量和能流变量，并标出其已知值，必要时还应注明其相态，然后用闭合虚线框出所确定体系的边界线。出入衡算体系的物流和能流的实线应与体系的边界线相交。若能流方向未知，可先进行假设，如果计算结果为负，说明实际流向与假设方向相反。

　　④ 选定物料衡算和能量衡算基准：进行热量衡算之前，一般要进行物料衡算求出各物

料的量，有时物料和能量衡算方程式要联立求解，均应有同一物料衡算基准。基准的选择并不影响计算结果的正确性，但合适的基准会使计算工作量大为减少。由于焓值均与状态有关，多数反应过程在恒压下进行，温度对焓值影响很大，许多文献资料、手册图表和公式中给出的各种值和其他热力学数据均有温度基准，一般多以298K（或273K）为基准温度。而且，同一物质在相变前后有焓变，计算时一定要弄清物质所处的相态。

⑤ 根据具体计算要求收集有关数据：能量衡算所需数据通常包括物料的组成、流量、温度、压力、物性和相平衡数据、反应计量关系及物质的热力学数据等。计算数据的获得渠道主要是设计要求给定、现场测定和通过文献和手册查出。在使用热力学数据时应注意文献上数据的基准态应与选择的温度基准一致，若不一致应进行换算。

⑥ 进行原料和产品的拟组分切割。

⑦ 确定物料平衡计算所需的热力学方法（如 BK10、CS、GS、SRK、PR 等）。

⑧ 列出物料平衡方程和能量平衡方程并计算求解：根据质量守恒定律列出物料平衡方程；根据稳流体系热力学第一定律表达式列出能量平衡方程。按照体系的实际情况进行必要的简化，即在工程计算所允许的范围内可省去一些数值相对很小的项，但一般应予以说明。求解过程一般是先进行物料平衡，然后在此基础上进行能量平衡。若过程比较复杂，则可能要进行物料平衡和能量平衡联解，才能求出结果。

⑨校核检验：通常情况下要将计算结果列成物料及能量平衡表，以便进行校核和上级部门审核。根据质量守恒定律和能量守恒定律，进入体系的物料总量和总能量，应分别等于离开体系的物料总量和总能量。也可以采用另一种算法或选取另一种基准进行计算，比较其结果。计算结果不应因方法不同而异。在很多情况下，还应求出单元设备或全过程的热效率。

（2）手工计算加氢裂化装置单体设备热量平衡的步骤

① 画出单元设备的物料流向及变化示意图。

② 根据物料流向及变化，列出热量衡算方程式：

$$\sum Q = \sum H_{出} - \sum H_{入}$$

式中　$\sum Q$——设备或系统与外界环境各种换热量之和，其中常常包括热损失（低温时是传入的热量），kJ；

　　　$\sum H_{出}$——离开设备或系统各股物料的焓之和，kJ；

　　　$\sum H_{入}$——进入设备或系统各股物料的焓之和，kJ。

热平衡方程式还可写成如下形式：

$$Q_1 + Q_2 + Q_3 + \cdots = Q_I + Q_N + Q_R + \cdots$$

式中　Q_1——所处理的各股物料带入设备的热量，kJ；

　　　Q_2——由加热剂（或冷却剂）传给设备和物料的热量，kJ；

　　　Q_3——各种热效应如化学反应热、溶解热等，kJ；

　　　Q_I——离开设备各股物料带走的热量，kJ；

　　　Q_N——加热设备消耗的热量，kJ；

　　　Q_R——设备的热损失，kJ。

③ 搜集有关数据：要收集已知物料量、工艺条件（温度、压力）以及有关物性数据和热力学数据，如比热容、汽化比热容、标准生成热等。

④ 确定计算基准温度：在进行热量衡算时，应确定一个合理的基准温度（0℃）或298K

（25℃）为基准温度；其次，还要确定基准相态。

⑤ 各种热量的计算。

a. 各种物料带入（出）的热量 Q_1 和 Q_2 的计算。

$$Q = \sum m_i \cdot C_{p_i} \cdot \Delta t_i$$

式中　m_i——物料的质量，kg；

C_{p_i}——物料的比热容，kJ/(kg·K)，循环氢的比热容见图4-1；

Δt_i——物料进入或离开设备的温度与基准温度的差值，K。

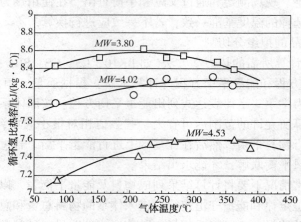

图4-1　循环氢的比热容

b. 过程热效应 Q_3 的计算。过程的热效应可分为两类：一类是化学反应热，另一类是状态热。这些数据可以从手册中查取或从实际生产数据中获取，也可按有关公式求得。

c. 加热设备消耗的热量 Q_N 的计算。

$$Q_N = \sum m_w \cdot C_{p_w} \cdot \Delta t_w$$

式中　m_w——设备各部分的质量，kg；

C_{p_w}——设备各部分物料的比热容，kJ/(kg·K)；

Δt_w——设备各部分加热前后的平均温度，K。

计算时，m_w 可估算，C_{p_w} 可在手册中查取。对于连续设备，Q_R 可忽略，但间歇过程必须计算。

d. 设备热损失 Q_R 的计算。

$$Q_R = \sum A \cdot \alpha_T \cdot (t_w - t_o) \cdot \tau$$

式中　A——设备散热表面积，m²；

α_T——散热表面对周围介质的传热系数，kJ/(m²·h·K)；

t_w——设备壁的表面温度，K；

t_o——周围介质的温度，K；

τ——过程的持续时间，h。

当周围介质为空气作自然对流时，而壁面温度 t_w 又在323~627K的范围内，可按下列经验公式求取 α_T，$\alpha_T = 8 + 0.05 t_w$

根据保温层的情况．热损失 Q_R 可按所需热量的10%左右估算。如果整个过程为低温，

则热平衡方程式的 Q_R 为负值，表示冷量的损失。

e. 传热剂向设备传入或传出的热量 Q_2 的计算。

Q_2 在热量衡算中是待求取的数值。当 Q_2 求出以后，就可以进一步确定传热剂种类（加热剂或冷却剂）、用量及设备所具备的传热面积。若 Q_2 为正值，则表示设备需要加热；若 Q_2 为负值，表示需要从设备内部取出热量。

⑥ 列出热量平衡表。

⑦ 传热剂用量的计算：设备的热量往往是通过传热剂按一定方式来传递的。因此，对传热剂的选择及用量的计算是热量计算中必不可少的内容。

a. 加热剂用量的计算：常用的加热剂有水蒸气、烟道气、电能等。

（Ⅰ）间接加热时水蒸气消耗量的计算：

$$m_o = \frac{Q_2}{I - C_p \cdot t}$$

式中　m_o ——间接加热时水蒸气消耗量，kg/h；

　　　　I ——水蒸气热焓，kJ/kg；

　　　　C_p ——水的比热容，kJ/(kg·K)；

　　　　t ——冷凝水温度（常取水蒸气温度），K。

（Ⅱ）燃料消耗量的计算：

$$m_b = \frac{Q_2}{\eta_t \cdot Q_t}$$

式中　m_b ——燃料消耗量，kg/h；

　　　　η_t ——燃烧炉的热效率，%；

　　　　Q_t ——燃料的发热值，kJ/kg。

（Ⅲ）电能消耗量的计算：

$$E = \frac{Q_2}{860\eta}$$

式中　E ——电能消耗量，kW；

　　　　η ——电热设备的电功效率（一般为 85%～0.95%），%。

b. 冷却剂消耗量的计算。常见的冷却剂为水、空气等，可按下式计算：

$$m_w = \frac{Q_2}{C_{p0}(t_{in} - t_{out})}$$

式中　m_w ——冷却剂消耗量，kg/h；

　　　　C_{p0} ——冷却剂比热容，kJ/(kg·K)；

　　　　t_{in} ——冷却剂进口温度，K；

　　　　t_{out} ——冷却剂出口温度，K。

⑧ 传热面积的计算

温度是传热面积计算的重要因素。为了及时地控制过程中的物料温度，使整个生产过程在适宜的温度下进行，就必须使所用的换热设备有足够的传热面积。传热面积的计算通常由热量衡算式算出所传递的热量 Q_2，再根据传热速率方程求取传热面积。

$$A = \frac{Q_2}{K \cdot \Delta t_m}$$

式中　A——传热面积，m^2；

　　　K——传热系数，$kJ/(m^2 \cdot h \cdot K)$；

　　　Δt_m——传热剂与物料之间的平均温度差，K。

传热面积根据过程中热负荷最大的传热阶段决定。所以在计算传热面积时，必须先计算整个过程多个阶段的热量，通过比较才能决定热负荷最大的阶段，从而确定传热面积的大小。

4.2　加氢裂化应用的热力学方法选择及性质计算 [6~8,22~23]

4.2.1　临界性质

在加氢裂化工艺计算中广泛使用对应状态原理计算物系的热力学性质和传递性质，所以临界性质数据就成为物性计算中必备的重要基础性质数据之一。

由于物性关联的需要，把烃类混合物看作理想溶液，认为其混合物的临界性质是组成它的各组分临界性质的摩尔(分数)加和。

在高压下，混合物系不可能处于理想状态。由纯组分混合后，将产生性质数值的过剩量。因此按这样简单的混合规则求得的临界性质数值和真实的临界性质值有很大差别，为了和真实性质区别，称其为假(或虚拟)临界性质。

（1）真临界温度

$$T_c = 85.66 + 0.9259 - 0.3959 \times 10^{-3} \Delta^2$$

$\Delta = d_{15.6}^{15.6}(1.8 T_r + 132.0)$

式中　T_c——真临界温度，℃。

（2）真临界压力

$$P_c = 1.119887 \left(\frac{T_c}{T_{pc}}\right)^{5.656282} \cdot (P_{pc})^{1.001047}$$

式中　P_c，P_{pc}——真、假临界压力(图 4-2)，kPa；

　　　T_c，T_{pc}——真、假临界界温度(图 4-3)，K。

（3）假临界温度

① Lee-Kesler 方法。此方法用于 Lee-Kesler 三参数对应状态关联式计算焓、熵、比热容和气体密度中。

$$T_{pc} = 189.83 + 450.5 d_{15.6}^{15.6} + (0.4244 + 0.1174 d_{15.6}^{15.6}) \cdot T_b + \frac{(0.1441 - 1.0069 d_{15.6}^{15.6}) \times 10^5}{T_b}$$

② 改进的 Riazi-Daubert 关联式。此关联式与 SRK 状态方程一起使用，假临界温度与 API 度和特性因数的关联图如图 4-4 所示。

$$T_{pc} = 18.2394 (T_b)^{0.595251} \cdot (d_{15.6}^{15.6})^{0.34742}$$

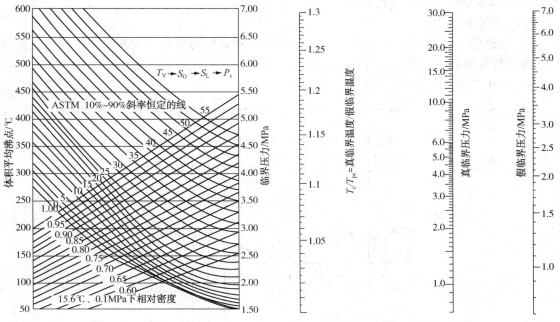

图 4-2　石油馏分真临界压力关联图　　　图 4-3　石油馏分真、假临界压力列线图

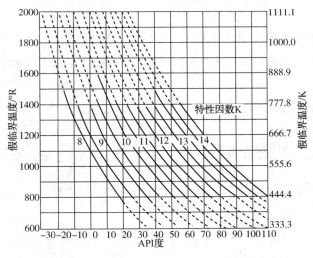

图 4-4　假临界温度与 API 度和特性因数的关联图

③ Cavett 方法。此方法用于计算气-液相平衡的 CS 和 GS 中。

当 $T_b \leqslant 704.4℃$ 时，

$$T_t = 1.67909873 - 0.0019053187T_b + 1.260054922 \times 10^{-6}(T_b)^2$$

当 $T_b > 704.4℃$ 时，

$$T_t = 0.9622 - 0.000130041(T_b - 704.4)$$

计算出 T_t 后，按下式计算 T_{pc}：

$$T_{pc} = \{[(5.888088 \times 10^{-8}API + 9.5570856 \times 10^{-6}) \cdot T_b - 0.0089202] \cdot API +$$

$0.30582674 \times 10^{-3} + T_t\} \cdot (T_t + 17.7778T_b) + 426.745$

（4）假临界压力

① 改进的 Riazi-Daubert 关联式。此关联式与 SRK 状态方程一起使用，假临界温度与 API 度和特性因数的关联图如图 4-5 所示。

$$P_{pc} = 0.295152 \times 10^{-7} (T_b)^{-2.2082} (d_{15.6}^{15.6})^{2.22086}$$

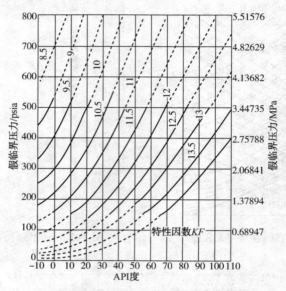

图 4-5　假临界压力与 API 度和特性因数的关联图

② Lee-Kesler 方法。此方法用于 Lee-Kesler 三参数对应状态关联式计算焓、熵、比热容和气体密度中。

$$\ln P_{pc} = 10.294153 - \frac{0.0566}{d_{15.6}^{15.6}} - \left(0.436392 + \frac{4.12164}{d_{15.6}^{15.6}} + \frac{0.213426}{(d_{15.6}^{15.6})^2}\right) \times$$

$$\frac{T_b}{1000} + \left[4.75794 + \frac{11.81952}{d_{15.6}^{15.6}} + \frac{1.5301548}{(d_{15.6}^{15.6})^2}\right] \times 10^7 (T_b)^2 - \left[2.45055 + \frac{9.901}{(d_{15.6}^{15.6})^2}\right] \times \frac{(T_b)^3}{10^{10}}$$

③ Cavett 方法。此方法用于计算气-液相平衡的 CS 和 GS 中。

当 $T_b \leqslant 537.8℃$ 时，

$$T_t = 9.4120109 \times \frac{T_f}{10^4} - 3.0474792 \times \frac{(T_f)^2}{10^6} + 1.5184103 \times \frac{(T_f)^3}{10^9}$$

当 $T_b > 537.8℃$ 时，

$$T_t = -0.587864 - 0.0005985 \times (T_f - 1000)$$

计算出 T_t 后，按下式计算 T_o：

$$T_o = \left[\left(\frac{1.3949619API}{10^{10}} + \frac{1.1047899}{10^8}\right) API \cdot (T_f)^2 - \frac{4.8271599API}{10^8} - \frac{2.087611}{10^5}\right] \cdot$$

$$API \cdot T_f + T_t + 2.82904$$

其中，$T_f = 1.8T_b + 32$。

计算出 T_o 后，按下式计算 P_{pc}：

$$P_{\mathrm{pc}} = 6.8947 \times 10^{T_0}$$

4.2.2 气-液相平衡计算

将石油馏分作实沸点切割为许多窄馏分,将每一窄馏分当作一个(假)组分来处理,和其他纯组分一样进入混合物系,然后由各组分的基本性质来计算体系的热力学性质和容量性质。计算简明框图如图4-6所示。

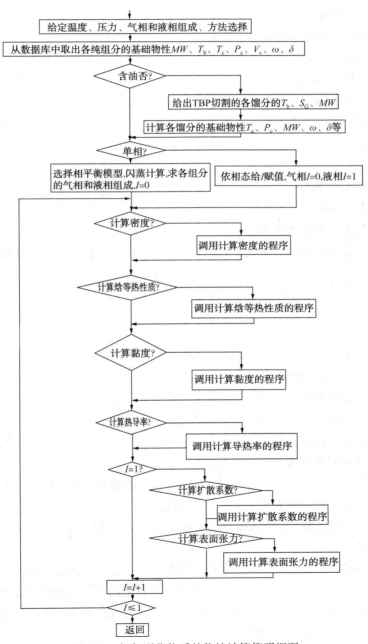

图 4-6 加氢裂化物系的物性计算简明框图

在体系的温度和压力确定之后，体系中气相和液相达到平衡的条件是其中的任一组分的气-液相逸度相等，即

$$f_i^v = f_i^l$$

其中，

$$f_i^v = \varphi_i^v \cdot y_i \cdot P , \quad f_i^l = \gamma_i \cdot \chi_i \cdot f_i^0$$

式中　　f——逸度；

　　　　φ——逸度系数；

　　　　y——气相摩尔分率，%；

　　　　P——体系压力，MPa；

　　　　γ——液相活度系数；

　　　　χ——液相摩尔分率，%；

v，l，0，i——分别表示气相、液相、标准态、组分。

气-液相平衡常数可按下式计算：

$$K_i = \frac{\varphi_i^l}{\varphi_i^v}$$

式中　　K_i——i 组分在温度 T、压力 P 下的气-液相平衡常数；

　　　　φ_i^l——i 组分液相逸度系数；

　　　　φ_i^v——i 组分气相逸度系数。

有氢存在时，温度>70℃的加氢裂化产物气-液相平衡常数可按下式计算：

$$K_i = \left(\frac{P_i}{P} \right) \cdot \exp^{\frac{V_i (P - P_i)}{R \cdot T}}$$

$$V_i = \frac{M}{(d_t)_i}$$

式中　　P_i——i 组分在温度 T 下的蒸气压，MPa；

　　　　P——系统压力，MPa；

　　　　V_i——i 组分在温度 T 下的液体体积，m^3

　　　　d_t——i 组分在温度 T 下的液体密度，kg/m^3；

　　　　R——848kg/（kmol·K）。

CS 和 GS 方法的计算相平衡常数步骤：

① 给定物系温度、压力和气、液相组成。对于石油馏分，用 TBP 切割窄馏分数据，计算窄馏分的相对密度、中平均沸点、相对分子质量等；

② 从数据库查取各纯组分的基础物性数据，如沸点、相对分子质量、对比温度、对比压力、偏心因子等；

③ 根据窄馏分的相对密度、中平均沸点计算与纯组分一样的基础物性数据；

④ 根据所选的方法计算各组分的 CS 方法或 GS 方法的纯液相逸度系数和活度系数；

⑤ 计算 RK 状态方程的气相各参数，并解 RK 立方方程. 求得气相压缩因子 Z；

⑥ 计算各组分的气相逸度系数；

⑦ 计算各组分的平衡常数，如图 4-7 所示。

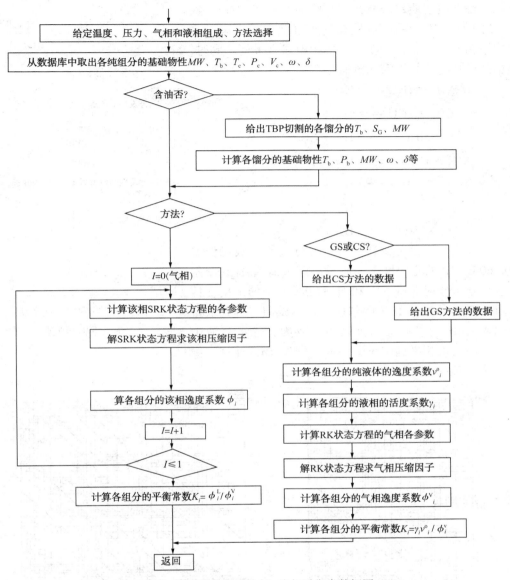

图 4-7　计算加氢裂化气-液相平衡常数框图

4.2.3　挥发性弱电介质水溶液气-液相平衡计算

在高压、高温、催化剂、氢气作用下，加氢裂化反应会生成硫化氢、氨和水等。为了减缓腐蚀设备、污染环境，通过注水来洗涤硫化氢和氨。由于硫化氢、氨和水都是极性化合物，特别是水和氨的极性很强，在常压常温下，水是液态形式，而硫化氢和氨则是气态，硫化氢是恶臭的剧毒气体，氨是有强烈刺激性臭味的气体，由于水是强极性的弱电解质液体，是极性化合物和离子型化合物的最佳溶剂，而非极性或弱极性的烃类和油与之几乎不相溶。因此，这类挥发性弱电解质水溶液在一定压力和温度下，不仅在气相和液相之间存在着溶解-解吸的动态平衡，在液相中也存在弱电解质的电离平衡或化学平衡。

挥发性弱电解质水溶液在其封闭体系中建立如图4-8所示的平衡状态。弱电解质在其水溶液中呈电离平衡和化学平衡，游离态分子在气液两相中建立平衡。同时，体系中还保持着物料平衡和电荷平衡。

$$NH_3 + H_2O \rightleftharpoons NH_4^+ + OH^-$$

$$CO_2 + H_2O \rightleftharpoons H^+ + HCO_3^-$$

$$HCO_3^- \rightleftharpoons H^+ + CO_3^{2-}$$

$$NH_3 + HCO_3^- \rightleftharpoons NH_2COO^- + H_2O$$

$$H_2S \rightleftharpoons H^+ + HS^-$$

$$HS^- \rightleftharpoons H^+ + S^{2-}$$

$$H_2O \rightleftharpoons H^+ + OH^-$$

加氢裂化反应部分高压、低压冷分离器一般操作温度40~60℃。在给定温度下，假设溶液中 NH_3/H_2S 摩尔比，由其分压分别求得 NH_3 和 H_2S 在溶液中的浓度，计算所求的溶液中 NH_3/H_2S 摩尔比、反复试差，直到求得溶液中 NH_3/H_2S 摩尔比和所设的一致为止。水溶液中 NH_3/H_2S 的气液相平衡图见图4-9至图4-16，计算实例见表4-1。

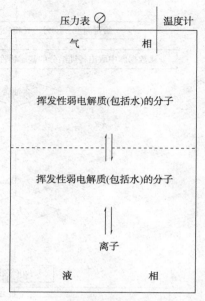

图4-8　挥发性弱电解质水溶液的相平衡

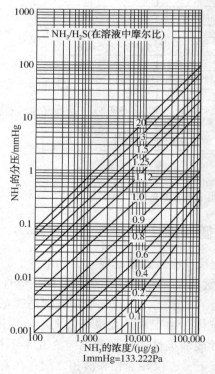

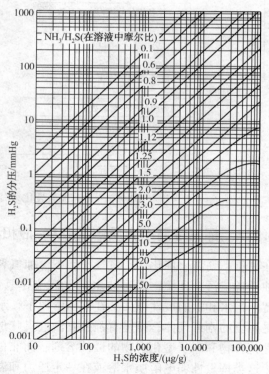

图4-9　26.7℃水溶液中 NH_3 的气液相平衡图　　图4-10　26.7℃水溶液中 H_2S 的气液相平衡图

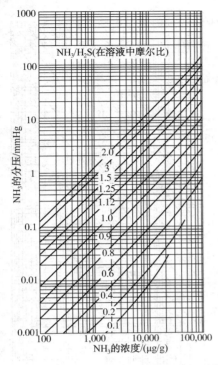

图 4-11　37.8℃ 水溶液中 NH₃ 的气液相平衡图

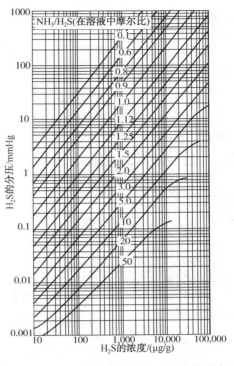

图 4-12　37.8℃ 水溶液中 H₂S 的气液相平衡图

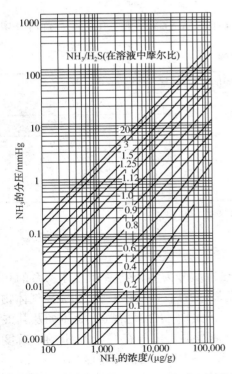

图 4-13　48.9℃ 水溶液中 NH₃ 的气液相平衡图

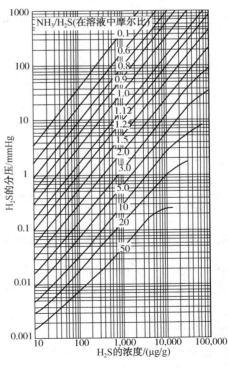

图 4-14　48.9℃ 水溶液中 H₂S 的气液相平衡图

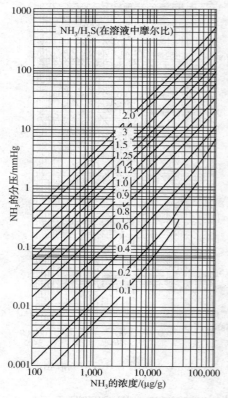

图4-15　65.6℃水溶液中 NH$_3$ 的气液相平衡图

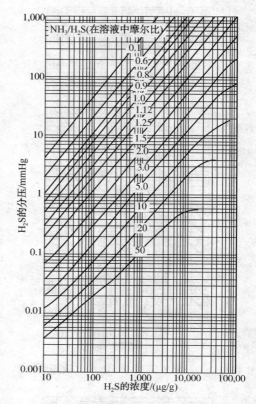

图4-16　65.6℃水溶液中 H$_2$S 的气液相平衡图

表4-1　计算实例

操作条件：温度37.8℃，气相中 NH$_3$ 的分压6.0mmHg，气相中 H$_2$S 的分压6.0mmHg。

假定 NH$_3$/H$_2$S（摩尔比）	NH$_3$ 的浓度/(μg/g)	H$_2$S 的浓度/(μg/g)	计算的 NH$_3$/H$_2$S	
			质量比	摩尔比
1.5	13500	2800	4.71	9.4
2.0	9100	5500	1.65	3.3
2.3	8100	7000	1.16	2.3
3.0	6700	11000	0.61	1.2

注：1mmHg = 133.322Pa。

4.2.4　焓、熵、比热容等热性质计算

高压下含氢、烃（油）物系的焓、熵、比热容等热性质分为气体物系和液体物系的热性质两大部分。气体分子之间距离较大，相互作用不显著，所以含氢气体物系和无氢气体物系一样，其热性质可以近似地用对应状态原理来估算。但是对于含溶解氢的液体烃及其混合物，随着压力和温度升高，其溶解度急剧增大，在高压高温下氢气在烃（油）中的溶解度可以高达近50%（摩尔）；氢溶于烃（油）中氢的偏摩尔焓是很大的正值，每摩尔约为几千卡，因此和密度一样，其焓等热性质不能用混合液体的虚拟临界性质为基础的对应（比）状态原理来估算，不能用溶解氢和溶剂的偏摩尔焓的加和来估算。

$$H = \chi_1 \cdot \hat{H}_1 + \chi_2 \cdot \hat{H}_2$$

式中　H——在体系压力和温度下含溶解氢的液体烃溶液的焓，kJ；

　　　$\hat{H}$——在体系压力和温度下体系的偏摩尔焓，kJ；

　　　χ——体系的组成，摩尔分数；

　1，2——溶剂、氢。

给定体系的焓可用该温度下的理想气体焓加上压力校正来计算。

$$H = H^0 + \frac{RT_c}{M} \cdot \frac{H - H^0}{RT_C}$$

式中　H——在体系压力和温度下的焓，kJ；

　　　0——在温度 T 下理想气体的相应量。

$$S = S^0 + \frac{R}{M} \cdot \frac{S - S^0}{R}$$

式中　S——在体系压力和温度下的熵，kJ。

$$C_p = (C_p)^0 + \frac{R}{M} \cdot \frac{C_p - (C_p)^0}{R}$$

式中　C_p——在体系压力和温度下的比定压热容。

$$C_v = (C_v)^0 + \frac{R}{M} \cdot \frac{C_v - (C_v)^0}{R}$$

式中　C_v——在体系压力和温度下的比定容热容。

4.3　热量平衡计算[1~2,14~17,22~23]

由于石油馏分的复杂性和组分的不确定性，很难通过单组分的化学反应计算加氢裂化反应的热效应。作为工程设计和工业生产必不可少的重要数据，迫使许多研究者采用不同的方法进行计算或估算。

4.3.1　反应热计算及热量平衡

（1）经验估算

反应热的分项估算见表4-2。

表4-2　反应热的分项估算

项　　目		反应热/（kcal/m³H₂）			
		断键设计法1	断键设计法2	宏观估算1	宏观估算2
加氢脱氮反应		962.05	—	—	585~675
加氢脱硫反应		695	426.34	603	585~675
烯烃加氢反应		1339.3	—	1341	1260
芳烃饱和反应		1339.3	759.2	—	360~720
单环芳烃饱和反应		—	—	720	—
脱氢生成烯烃		—	—	−1341	—
加氢裂化反应	环烷烃裂化	491.1	447.8		450~530
	链烷烃裂化	491.1	447.8		

（2）利用燃烧热进行计算

物质与氧生成特定产物的反应称为燃烧反应。由于燃烧反应生成的物质可以是气态，也可以是液态，因此，燃烧反应有高热值和低热值之分。以1mol化合物为基础，298K条件下的燃烧热称为标准燃烧热。

$$\Delta H_{反} = 反应物的燃烧热 - 生成物的燃烧热$$

因为燃烧为放热反应，所以应以负值代入。反应物包括：原料油+氢气；生成物包括：生成油+生成气。

测定物质燃烧热的仪器称为卡（路里）计（calorimeter）或量热计，被测

反应物装入卡计中，和空气混合，然后点火燃烧。燃烧计的周围有水汽套，流动的水可将燃烧产物冷却到反应物的温度，由于卡计的设备能使势能和动能的变化忽略不计，很明显水吸收的热量，就等于燃烧反应放出的热量。

$$\Delta H_c = 81C + 300H - 26(O - S)$$

式中 C，H，O，S——元素分析数据，%。

【计算实例】

加氢裂化的物料平衡见表4-3。

表4-3   加氢裂化的物料平衡

项 目		流量/（kg/h）
进 料	原料油	100
	循环油	107
	化学氢耗	3.31
出 料	生成油	187.4
	生成气 C_1	7.17
	C_2	5.90
	C_3	4.83
	C_4	1.69
	H_2S	0.20
	NH_3	0.49
	N_2O	1.64
	损失	0.99

经卡计测定的燃烧热：原料油 9638 kcal/h；生成油 9787 kcal/h。

单体物质 H_2、H_2S、NH_3、C_1、C_2、C_3、C_4 的燃烧热从表4-4查取。

表4-4   加氢裂化产生的纯组分的标准燃烧热

组 分	相对分子质量	沸点/℃	燃烧热/（kcal/kg）
H_2	2.016	-252.87	33884
CH_4	16.04	-161.5	13264
C_2H_6	30.07	-88.6	12398
C_3H_8	44.10	-42.1	12033

组　　分	相对分子质量	沸点/℃	燃烧热/(kcal/kg)
$n\text{-}C_4H_{10}$	58.12	0.5	11837
H_2S	34.08	-59.55	4000
N_3H	17.03	-33.33	4550

计算得到的加氢裂化装置热平衡见表 4-5。

表 4-5　加氢裂化的热量平衡

项　　目			流量/(kg/h)	总热量/(kcal/h)
进	原料油		100	
	循环油		107	
	化学氢耗		3.31	2107230
	总计		210.31	
出	生成油		187.4	
	生成气	C_1	7.17	
		C_2	5.90	
		C_3	4.83	
		C_4	1.69	
	H_2S		0.20	2083480
	NH_3		0.49	
	N_2O		1.64	
	损失		0.99	
	总计		210.31	

$$\Delta H_{反}=进料的燃烧热-出料的燃烧热$$
$$=2107230-2083480$$
$$=23750\ \text{kcal/h}$$
$$=114.7\ \text{kcal/(h · kg 新鲜原料油)}$$

利用燃烧热计算反应热,必须测出反应准确的物料平衡、原料及产品的组成,并且找到原料及各产物准确的燃烧热数据才能进行。一般情况下,单体烃的燃烧热可以从各种石油化工数据手册中查到。对于油品的燃烧热则需通过图表及经验公式计算出来。表 4-6 列出了中东馏分油和绥中馏分油的燃烧热[24]。

表 4-6　中东馏分油和绥中馏分油的燃烧热

沸程/℃	Q/(kJ/g)	
	中东馏分油	绥中馏分油
200~225	46.42	46.55
225~250	45.52	46.22
250~275	45.42	46.10
275~300	45.32	45.93

沸程/℃	$Q/(kJ/g)$	
	中东馏分油	缓中馏分油
300~325	45.25	45.67
325~350	45.11	45.56
350~375	44.95	45.46
375~395	44.58	45.35
395~425	43.95	45.10
425~450	43.58	44.72
450~475	43.30	
475~500	43.07	

$$Q_{中东} = \frac{62.267(2n^2 - 1)}{d(2n^2 + 1)} - \frac{186.99}{M}$$

$$Q_{缓中} = \frac{67.131(2n^2 - 1)}{d(2n^2 + 1)} - \frac{384.35}{M}$$

式中　Q——在20℃下的燃烧热，kJ/g；

　　　d——在20℃下的密度，g/cm³；

　　　n——在20℃下的折光率；

　　　M——相对分子质量。

如果知道油品的API度和特性因数K，可以查API数据手册的关联图得到，亦可用下式计算。

① 馏分油：

$Q_{燃、高热} = 8505.4 + 846.81K + 114.92API + 0.12186API^2 - 9.951K \times API + 91.23H$

$Q_{燃、低热} = Q_{燃、高热} - 91.23H$

② 渣油

$$Q_{燃、高热} = 47.47API + 16690 + 91.23H$$

$$Q_{燃、低热} = Q_{燃、高热} - 91.23H$$

式中　$Q_{燃、高热}, Q_{燃、低热}$——分别为烃类燃烧的高热值与低热值；

　　　　　API——油品的相对密度指数；

　　　　　K——油品的特性因数；

　　　　　H——油品氢含量，%。

由于烃的燃烧热为10000~13000 kcal/kg，氢的燃烧热为34000kcal/kg，物料平衡氢0.1%的误差将会使反应热误差34kcal/kg，加氢裂化反应的反应热一般平均100 kcal/kg，因此，根据燃烧热计算反应热的误差较大。

（3）利用生成热进行计算（表4-7）

由元素生成一个化合物的反应称为生成反应。如：

$$C + 0.5O_2 + 2H_2 \longrightarrow CH_3OH \quad 生成反应$$

$$H_2O + SO_3 \longrightarrow H_2SO_4 \quad 不是生成反应$$

由元素生成化合物的生成反应中内能和焓的变化，称为生成热。生成热与物质的状态有关。以 1 摩尔化合物为基础，298K 条件下的生成热称为标准生成热。

表 4-7　氢气和加氢裂化产生的纯组分的标准生成热

组　　分	相对分子质量	沸点/K	生成热/（J/mol）
H_2	2.016	33.0	0
NH_3	17.031	405.5	−45720
H_2S	31.080	373.2	−20180
H_2O	18.015	647.3	−242000
CH_4	16.04	190.4	−74900
C_2H_6	30.07	305.4	−84740
C_3H_8	44.10	369.8	−103900
$n\text{-}C_4H_{10}$	58.12	425.2	−126200
$i\text{-}C_4H_{10}$	58.12	408.2	−134600
$n\text{-}C_5H_{12}$	72.15	469.7	−146500
$i\text{-}C_5H_{12}$	72.15	460.4	−154600

　　由于化学反应可以用加法和减法合并，与每一个化学方程相联系的标准反应热，也同样可以合并得到与合并后的方程相关联的标准反应热。

　　由元素生成热计算反应热：

$$\Delta H_R = (\Delta H_f^T)_{产物} - (\Delta H_f^T)_{反应物}$$

　　当化合物和元素都处于单位活度标准态时可表示为：

$$\Delta H_{f,T}^0 = \left[(\Delta H_T^0 - \Delta H_0^0) + \Delta H_{f,0}^0\right]_{化合物} - \left[\sum(\Delta H_T^0 - \Delta H_0^0)\right]_{元素}$$

式中　$\Delta H_{f,T}^0$——温度 T 时的标准生成热，kJ；

　　　ΔH_T^0——温度 T 时化合物或元素的焓，kJ；

　　　ΔH_0^0——温度 0K 时化合物或元素的焓，kJ；

　　　$\Delta H_{f,0}^0$——温度 0K 时的标准生成热，kJ。

　　由于元素生成烃类的生成热比燃烧热小许多倍，特别是由于氢的生成热为零，而氢的燃烧热为 $34.0×10^6$ kcal/kg，因此，按生成热之差计算反应热在一定程度上降低了按氢的燃烧热平衡概念、原料油、生成油、生成气组成的不确定性测定造成的误差。

　　生成热计算法特点：

　　① 由于氢的生成热为零，消除了氢计算的影响；

　　② 对于液体产品，由于不能分析出单个组成，只能是族组成等数据，给生成热计算带来困难，采用模拟组分代替，则结果是反应热与组分的结构状况无关。

　　利用生成热计算反应热，需对不同的原料油、生成油给出能真正代表该物流的模拟组分，由于模拟组分一般采用馏程、相对密度、相对分子质量数据，不同加氢深度的生成油很难准确表达，计算也会产生一定误差。

　　（4）利用键断裂的能量进行计算

　　物质分子内部各原子之间存在着一种稳定的结合力，形象化这种结合力为连接原子之间的键，称为化学键。每种化学键在分子中代表着一种结合力，也代表一种能量，利用键断裂的能量是基于它是牢固的特征分子（表 4-8），对不同反应计算的热效应有足够的准确性。

表 4-8　典型的键能数据　　　　　　　　　　　kcal/mol

项　　目	CC	NN	OO	CO	CN
单键	C—C 83	N—N 38	O—O 33	C—O 84	C—N 70
双键	>C=C< 147	—N=N— 100	O=O 118	>C=O 176	>C=N— 147
三键	—C≡C— 194	N≡N 226	—	—	—C≡N 210

按键断裂的能量计算加氢裂化的反应热，就向计算氢耗一样，需进行以下的基本阶段：

① 非均质有机化合物的氢解；

② 芳烃环的加氢；

③ 本质为加氢裂化的环烷烃断裂；

④ 环烷基分子的加氢脱烷基；

⑤ 烷烃根据氢的自由键裂解。

按消耗 1mol 氢计算的反应热如下：

$$Q = 51.2\left(n_{H_2}^{C-S} + n_{H_2}^{H} + n_{H_2}^{1-k}\right) + 80.4 n_{H_2}^{a}$$

$$n_{H_2}^{a} = \frac{Y_{H_2} M_C}{100 M_{H_2}}$$

式中　Q——反应热，kcal/mol；

$n_{H_2}^{C-S}$——有机硫化物氢解时氢的摩尔数，mol；

$n_{H_2}^{H}$——环烷烃裂解时氢的摩尔数，mol；

$n_{H_2}^{1-k}$——加氢裂化时氢的摩尔数，mol；

Y_{H_2}——以原料为基准的氢耗，%；

M_C——原料的相对分子质量；

M_{H_2}——氢的相对分子质量。

以西西伯利亚原油的减压馏分油为原料，在分子筛加氢裂化催化剂上进行的热平衡与工业结果对比见表 4-9、表 4-10。

表 4-9　R_1 反应热计算结果对比

反应段	段高/m	入口温度/℃	裂解深度/%	反应热/(kcal/kg)	汽化率/%		出口温度/℃	
					入口	出口	计算	实际
1	0.53	400	1.5	28.0	12.0	13.5	403	
2	2.00	401	6.5	119.7	13.0	19.5	412	411
3	1.72	406	6.2	80.4	19.0	23.0	409	
4	1.71	408	6.5	65.7	23.0	27.0	414	410
5	3.45	413	15.5	161.2	28.5	41.0	422	421

表 4-10　R₂ 反应热的计算结果对比

反应段	段高/m	入口温度/℃	裂解深度/%	反应热/(kcal/kg)	汽化率/%		出口温度/℃	
					入口	出口	计算	实际
1	3.40	400	10.2	105.9	24.6	44.5	408	408
2	4.17	403	15.8	164.9	43.0	59.3	412	411
3	3.10	403	10.6	110.1	54.0	69.0	415	411

上述计算结果表明，利用键断裂能量计算的加氢裂化反应热与工业结果相比，有足够的精确度。

利用键断裂能量计算反应热也存在由于研究得到的资料少、有一些键断裂能量存在自相矛盾等问题，使得计算变得困难。

（5）实验室测量反应热

在高温高压实验条件下，用实验的方法测定小型试验装置或中型试验装置的热平衡，求取反应热。

$$原料油 + H_2 \xrightarrow{\Delta H_反} 生成油 + 生成气$$

式中　$\Delta H_反$——反应热，负值表示放热，正值表示吸热，kcal/kg 原料油。

实验室测量反应热，在高温高压实验条件下得到的原料、生成油、生成气的热容和热焓数据存在一定的误差，试验设备的热损失很难测定，加之物料平衡、热量平衡不可避免地会出现误差，使结果的准确性变差。

典型的热平衡计算反应热的方法为：

反应热=（反应产物带走的热−原料油带入的热）+（循环氢气及反应生成气带走的热−循环氢气带入的热）+冷氢气吸收的热−热损失

用公式可表示为：

$$\Delta H_反 = (W_{P,OUT}H_{P,OUT} - W_{F,IN}H_{F,IN}) + (V_{RG+G,OUT}C_{RG+G,OUT}T_{RG+G,OUT} - V_{RG+G,IN}C_{RG+G,IN}T_{RG+G,IN}) - [V_{LRG,IN}C_{LRG,P}(T_{LRG,OUT} - T_{LRG,IN})] - F_R \times \alpha \times \Delta T$$

式中　$W_{P,OUT}$——反应器出口反应产物量，kg/h；

　　　$H_{P,OUT}$——反应器出口温度条件下反应产物的焓，kcal/kg；

　　　$W_{F,IN}$——反应器入口原料油量，kg/h；

　　　$H_{F,IN}$——反应器入口温度条件下原料油的焓，kcal/kg；

　　$V_{RG+G,OUT}$——反应器出口循环氢气及反应生成气量，标 m³/h；

　　$C_{RG+G,OUT}$——反应器出口循环氢气及反应生成气的平均比热容，kcal/(kg·℃)；

　　$T_{RG+G,OUT}$——反应器出口温度，℃；

　　　$V_{RG+G,IN}$——反应器入口循环氢气量，标 m³/h；

　　$C_{RG+G,IN}$——反应器入口循环氢气的比热容，kcal/(kg·℃)；

　　　$T_{RG+G,IN}$——反应器入口温度，℃；

　　　$V_{LRG,IN}$——冷氢气量，标 m³/h；

　　　$C_{LRG,P}$——冷氢气的平均比热容，kcal/(kg·℃)；

　　　$T_{LRG,OUT}$——冷氢气出反应器温度（等于反应器出口温度），℃；

　　　$T_{LRG,IN}$——冷氢气进反应器温度，℃；

F_R —— 反应器外表面积，m^2；

α —— 传热系数，$\alpha = \alpha_\kappa + \alpha_r$；

α_κ —— 对流传热系数，$\alpha_\kappa = 2.2(t_f - t_a)$；

t_f —— 器壁表面温度，℃；

t_a —— 反应器周围空气温度，℃；

a_r —— 辐射系数，$a_r = \dfrac{\left(\dfrac{t_f - 273}{100}\right)^{\frac{1}{2}} - \left(\dfrac{t_a - 273}{100}\right)^{\frac{1}{2}}}{t_f - t_a}$；

Δt —— 温差，$\Delta t = t_f - t_a$，℃。

根据工厂实测，器壁表面温度≤300℃，热损失量为200~300kcal/（$m^2 \cdot$ h）。

表4-11~表4-13列出了加氢裂化装置不同化学反应的典型反应热和平衡常数。

表4-11　含硫化合物加氢脱硫反应的典型反应热和平衡常数

反　　　应	$\Delta H_m^{\theta}(700K)/(kJ/mol)$	$\lg K_p$		
		500K	700K	900K
$CH_3SH+H_2 \rightleftharpoons CH_4+H_2S$		8.37	6.10	4.69
$C_2H_5SH+H_2 \rightleftharpoons C_2H_6+H_2S$	−70	7.06	5.01	3.84
$n-C_3H_7SH+H_2 \rightleftharpoons C_3H_8+H_2S$		6.05	4.45	3.52
$(CH_3)_2S+2H_2 \rightleftharpoons 2CH_4+H_2S$		15.68	11.42	8.96
$(C_2H_5)_2S+2H_2 \rightleftharpoons 2C_2H_6+H_2S$	−117	12.52	9.11	7.13
$CH_3SSCH_3+3H_2 \rightleftharpoons 2CH_4+2H_2S$		26.08	19.03	14.97
$C_2H_5SSC_2H_5+3H_2 \rightleftharpoons 2C_2H_6+2H_2S$		22.94	16.79	13.23
四氢噻吩 $+2H_2 \rightleftharpoons n-C_4H_{10}+H_2S$	−122	8.79	5.26	3.24
四氢噻喃 $+2H_2 \rightleftharpoons n-C_5H_{12}+H_2S$	−113	9.22	5.92	3.97
噻吩 $+4H_2 \rightleftharpoons n-C_4H_{10}+H_2S$	−281	12.07	3.85	−0.85
甲基噻吩 $+4H_2 \rightleftharpoons i-C_5H_{12}+H_2S$	−276	11.27	3.17	−1.43

表4-12　喹啉和吲哚的加氢、氢解及脱氮反应的平衡常数及反应热

反　　　应	$\lg K_p$		$\Delta_r H_m^{\theta}/(kJ/mol)$
	300℃	400℃	
喹啉 $+2H_2 \rightleftharpoons$ 1,2,3,4-四氢喹啉	−1.4	−3.2	−134
喹啉 $+2H_2 \rightleftharpoons$ 5,6,7,8-四氢喹啉	−0.7	−3.0	−172

续表

反　应	lgK_p		$\Delta_r H_m^\theta$/(kJ/mol)
	300℃	400℃	
1,2,3,4-四氢喹啉 + 3H$_2$ ⇌ 十氢喹啉	−2.8	−5.4	−193
5,6,7,8-四氢喹啉 + 3H$_2$ ⇌ 十氢喹啉	−3.5	−5.6	−155
1,2,3,4-四氢喹啉 + H$_2$ ⇌ 邻丙基苯胺(C$_3$H$_7$, NH$_2$)	4.3	3.0	−96
十氢喹啉 + 2H$_2$ ⇌ 丙基环己烷(C$_3$H$_7$) + NH$_3$	6.3	7.9	−117
邻丙基苯胺(C$_3$H$_7$, NH$_2$) + H$_2$ ⇌ 丙基苯(C$_3$H$_7$) + NH$_3$	6.0	5.6	−29
喹啉 + 4H$_2$ ⇌ 邻丙基苯胺(C$_3$H$_7$, NH$_2$) + NH$_3$	7.0	3.3	−272
吲哚 + H$_2$ ⇌ 吲哚啉	−2.7	−3.3	−46
吲哚啉 + H$_2$ ⇌ 邻乙基苯胺(C$_2$H$_5$, NH$_2$)	4.7	3.3	−105
邻乙基苯胺(C$_2$H$_5$, NH$_2$) + H$_2$ ⇌ 乙基苯(C$_2$H$_5$) + NH$_3$	5.8	5.0	−59
吲哚 + 3H$_2$ ⇌ 邻乙基苯胺(C$_2$H$_5$, NH$_2$) + NH$_3$	7.8	5.0	−205

表 4-13　几种有机含氧化合物加氢脱氧反应的平衡常数和反应热

反　应	lgK_p		$\Delta_r H_m^\theta$/(kJ/mol)
	350℃	400℃	
呋喃 + 4H$_2$ ⇌ n-C$_4$H$_{10}$ + H$_2$O	11.4	9.2	−352
四氢呋喃 + 2H$_2$ ⇌ n-C$_4$H$_{10}$ + H$_2$O	11.4	10.2	−84
苯并呋喃 + 3H$_2$ ⇌ 乙基苯(C$_2$H$_5$) + H$_2$O	10.0	9.3	−105

4.3.2 能量消耗计算

（1）已知条件（表 4-14）

表 4-14 某加氢裂化装置能量消耗计算基础数据

序 号	符 号	描 述	单 位	数 值
一		原 料		
1	F	加氢裂化新鲜进料量	t/h	100
2	D	加氢裂化进料密度	t/m³	0.893
3	P_{MH}	新氢进装置压力	MPa	1.11
二		产品收率		
1	Y_G	气体产品收率	%（新鲜料）	7.731
2	Y_{LPG}	液化气产品收率	%（新鲜料）	6.393
3	Y_{LN}	轻石脑油产品收率	%（新鲜料）	20.65
4	Y_{HN}	重石脑油产品收率	%（新鲜料）	18.323
5	Y_J	喷气燃料产品收率	%（新鲜料）	22.03
6	Y_D	柴油产品收率	%（新鲜料）	30.039
三		操作条件		
1	T_{RI}	精制反应器入口温度	℃	379
2	T_{RO}	裂化反应器出口温度	℃	411
3	$R_{H/O}$	精制及裂化反应器入口氢油体积比（不含急冷氢）	Nm³·m³	1401.167
4	$RT_{H/O}$	总氢油体积比（含急冷氢）	Nm³·m³	1674.57
5	Y_H	氢耗	%（新鲜料）	2.78
6	C	单程转化率	%	0.6209
三		操作条件		
7	P_{HS}	高分压力	MPa	16.2
8	T_{MH}	新氢压缩机出口温度	℃	128
9	B	新氢压缩机级数		3
10	T_{RG}	循环氢压缩机出口温度	℃	61
11	M_{RG}	循环氢相对分子质量		4.8
12	T_E	反应流出物换热终温	℃	150
13	T_{HS}	高分温度	℃	49
14	ΔP	系统压降	MPa	2.7

（2）计算方法、步骤及计算结果

① 燃料能耗：包括反应部分加热炉、分馏部分加热炉（脱丁烷塔底重沸炉、常压塔底重沸炉、减压塔底重沸炉）。

计算公式：

$$E_1 = [18.7 - 0.078(T_{RO} - T_E)]Y_G + [16.4 - 0.077(T_{RO} - T_E)]Y_{LPG} +$$
$$[23.5 - 0.075(T_{RO} - T_E)]Y_{LN} + [9.5 - 0.069(T_{RO} - T_E)]Y_{HN} +$$
$$[10.8 - 0.066(T_{RO} - T_E)]Y_J + [25.8 - 0.067(T_{RO} - T_E)]Y_D +$$
$$[0.367(T_{RI} - T_{MH}) + 0.1M_{RG}(T_{RO} - T_E) - 0.1M_{RG}(T_{RI} - T_{RG})]Y_H +$$
$$0.061(T_{RI} - 60) + [35.5 - 0.068(T_{RO} - T_{RI} - T_E + 370)]\frac{1 - C}{C} +$$

$$0.2M_{RG}\dfrac{R\frac{H}{O}(T_{RI}-T_{RG})-RT\frac{H}{O}(T_{RO}-T_{E})}{22414D}$$

将已知数据代入：

$$
\begin{aligned}
E_1 =&\; [18.7-0.078(411-150)]\times0.07731+[16.4-0.077(411-150)]\times0.0639+\\
&\;[23.5-0.075(411-150)]\times0.2065+[9.5-0.069(411-150)]\times0.18323+\\
&\;[10.8-0.066(411-150)]\times0.2203+[25.8-0.067(411-150)]\times0.30039+\\
&\;[0.367(379-128)+0.1\times4.8411-150-0.1\times4.8(379-61)]\times0.0278+\\
&\;0.061(379-60)+[35.5-0.068(411-379-150+370)]\dfrac{1-0.6209}{0.6209}+\\
&\;0.2\times4.8\dfrac{1401.17\times(379-61)-1674.57(411-150)}{22414\times0.893}
\end{aligned}
$$

$$=0.13-0.23+0.81-1.56-1.42+2.50+2.45+19.46+11.21+0.41$$

$$=32.85\times10^4\,\mathrm{kcal/t}$$

② 电耗。

a. 新氢压缩机。气体绝热压缩所需功率：

$$W_1=4136\times F\times Y_H/(2\times C_H)\times B\times\left[\left(\dfrac{P_{HS}+\Delta P}{P_{MH}}\right)^{0.2857/B}-1\right]$$

将已知数据代入：

$$W_1=4136\times100\times0.0278/(2\times0.965)\times3\times\left[\left(\dfrac{16.2+2.7}{1.11}\right)^{0.2857/3}-1\right]$$

$$=5540\,\mathrm{kW}$$

b. 反应进料泵：

$$W_2=0.272\times\dfrac{V_F(P_{HS}+\Delta P)}{\eta_1}$$

式中　η_1——泵效率，%。

将已知数据代入：$W_2=0.272\times\dfrac{115.3(16.2+2.7)}{0.55}=1078\,\mathrm{kW}$

c. 循环油泵：

$$W_3=0.272\times\dfrac{V_U(P_{HS}+\Delta P)}{\eta_2}$$

式中　η_2——泵效率，%。

将已知数据代入：$W_3=0.272\times\dfrac{100.9(16.2+2.7)}{0.55}=943\,\mathrm{kW}$

d. 其他电耗。其他用电设备的总功率：

$$W_4=13.67F$$

将已知数据代入：$W_4=13.67\times100=1367\,\mathrm{kW}$

e. 总电耗：

$$E_2=0.2828\times\dfrac{W_1+W_2+W_3+W_4}{F}$$

将已知数据代入：$E_2 = 0.2828 \times \dfrac{5540 + 1078 + 943 + 1367}{100} = 25.25 \times 10^4 \text{kcal/t}$

③ 蒸汽能耗。

a. 3.5MPa 蒸汽。

循环压缩机：

$$W_5 = 0.00036 \times V_H \times \left[\left(\frac{P_{HS} + \Delta P}{P_{HS}} \right)^{0.408} - 1 \right] \times (T_{HS} + 273.13) + 100$$

其中，多变效率取 0.7，汽耗率为 18.37kg/(kW·h)

3.5MPa 蒸汽耗量：$18.37 W_5$ kg/h

将已知数据代入：

$$W_4 = 0.00036 \times 211070 \times \left[\left(\frac{16.2 + 2.7}{16.2} \right)^{0.408} - 1 \right] \times (49 + 273.13) + 100 = 1689 \text{kW}$$

3.5MPa 蒸汽耗量：31 t/h

b. 1.0 MPa 蒸汽。

1.0MPa 蒸汽耗量：$60F$ kg/h

将已知数据代入，1.0 MPa 蒸汽耗量：6 t/h

c. 总蒸汽能耗：

$$E_3 = 0.22 \times \frac{W_5}{F} + 4.56$$

已知数据代入：$E_3 = 0.22 \times \dfrac{1689}{100} + 4.56 = 8.28 \times 10^4 \text{kcal/t}$

④ 水。

a. 循环水。

$$E_4 = 0.12 Y_G + 0.2 Y_{LPG} + 0.29 Y_{LN} + 0.18 Y_{HN} + 0.18 Y_J + 0.42 Y_D + 0.27 \frac{1 - C}{C} + 0.01 \frac{W_1}{F}$$

将已知数据代入：

$$E_4 = 0.12 \times 0.07731 + 0.2 \times 0.06393 + 0.29 \times 0.2065 + 0.18 \times 0.18323 +$$

$$0.18 \times 0.2203 + 0.42 \times 0.30039 + 0.27 \frac{1 - 0.6209}{0.6209} + 0.01 \frac{5540}{100}$$

$$= 0.009 + 0.013 + 0.06 + 0.033 + 0.04 + 0.126 + 0.165 + 0.554$$

$$= 1.00 \times 10^4 \text{kcal/t}$$

b. 除氧水：　　　　　　　　$E_5 = 0.55$

c. 其他水，包括凝结水、污水等。

$$E_6 = 0.05$$

⑤ 其他能耗，包括除净化压缩空气、氮气的能耗。

$$E_7 = \frac{75}{F}$$

将已知数据代入：$E_7 = \dfrac{75}{100} = 0.75 \times 10^4 \text{kcal/t}$

⑥ 总能量消耗：

$$E = \frac{E_1}{0.9} + E_2 + E_3 + E_4 + E_5 + E_6 + E_7$$

将已知数据代入：

$$E = \frac{32.85}{0.9} + 25.25 + 8.28 + 1.0 + 0.55 + 0.05 + 0.75$$

$$= 72.15 \times 10^4 \text{kcal/t}$$

$$= 3021 \text{MJ/t}$$

4.4　反应热的排除[14,19~21]

4.4.1　反应热排除的方法

加氢反应宏观上表现为放热反应，这些反应在装有催化剂的厚壁反应器内进行，反应温度 200~450℃。为了减少热损失，提高能量利用率，一般加氢反应器均采用热壁结构（20 世纪 80 年代以前，个别装置采用冷壁结构，目前已不用）的外保温形式，并要求有极小的散热损失。为保证加氢反应过程能够在最佳温度条件下运行，并使加氢反应尽可能在等温条件下操作，从而充分发挥催化剂的性能，适当提高催化反应速度，就必须及时将反应热引起的温升降下来。降低反应热引起温升的过程俗称反应热的排除。

反应热的排除，一般采用注入冷介质的方式降低反应热引起的温升，即：注入轻质饱和的加氢生成油或冷氢气的方式。轻质饱和的加氢生成油一般为：中压分离器底油、采用热高压分离流程的冷高压分离器底油，轻质油品加氢装置也可采用饱和的高压分离器底油或低压分离器底油。冷氢气一般为循环氢压缩机出口的氢气（可以是循环氢，也可以是循环氢与新氢的混合物）、循环氢压缩机出口的循环氢与新氢压缩机出口新鲜氢气的混合氢。

对大多数加氢装置，设计推荐的冷介质为循环氢压缩机出口的循环氢。虽然循环氢相对分子质量小，热容量低，降低相同反应温度需要注入体积量大，引起反应器内反应物体积增大的程度远远大于轻质饱和的加氢生成油，缩短了反应物在反应器内的停留时间，但有利于加快反应速度，加快的结果可以抵消缩短停留时间的影响，且总效果使反应速度加快；循环氢扩散快，能快速与反应物均匀混合使温度降低；大量循环氢的存在，可避免降低反应氢分压，对加氢反应的平衡转化、催化剂的稳定性、单位反应空间的效率有利；同时具有调节温度灵敏和操作方便的特点。

对于加氢裂化装置，注入轻质饱和的加氢生成油会增加气体产率和氢气消耗，增加操作费用，降低装置的经济效益；从安全角度讲，循环氢压缩机是整个装置的核心，事故率低于任何动设备；当装置发生飞温时，循环氢是有效的降温剂。因此，加氢裂化装置采用的冷介质应为循环氢压缩机出口的循环氢。

不同的加氢反应过程产生的反应热不同，不同的催化剂体系对反应器的温升要求不同，而不同催化剂的强度不同、容垢能力不同，因此催化剂床层数量的设置和注入冷氢量的多少应根据以上因素综合考虑。

从纯理论上来说，催化剂床层越多，催化剂床层温差越小，催化反应越接近等温反应，越有利于发挥催化剂的效能。但催化剂床层多，则反应器容积利用率低，投资增加。单床层反应器容积利用率可大于90%，但反应器进出口温差过大，对维持催化剂稳定性及装置长周期运转不利。

单催化剂床层及多催化剂床层反应器进出口温差关系见图4-17、图4-18。图4-16为等床层进出口温度、等温升、等床高的设计理念，该工艺特点是可减小筒体热应力，催化剂利用率高，但急冷氢用量大。

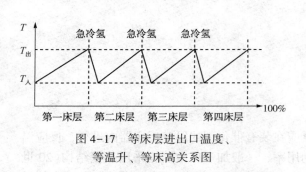

图 4-17　等床层进出口温度、
等温升、等床高关系图

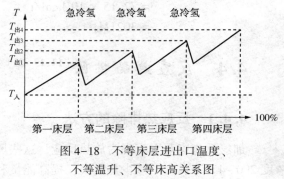

图 4-18　不等床层进出口温度、
不等温升、不等床高关系图

图4-18为采用不等床层进出口温度、不等温升、不等床高的设计理念，该工艺的特点是可减少急冷氢量，适用于使用温度较高的催化剂，但筒体的热应力较大，工业装置多采用表面热电偶来检测反应器催化剂床层温升，当表面热电偶温度异常时也可联锁停工。

4.4.2　反应器热量平衡和冷介质量计算

（1）单反应器床层热量平衡

$$Q_1 + Q_R = Q_2 + Q_L$$

$$Q_1 = Q_{入1} + Q_{入2} + Q_{入3}$$

$$Q_{入1} = + Q_{入1气} + Q_{入1液}$$

$$Q_{入1气} = F \cdot \delta \cdot H_{入1气}, \ Q_{入1液} = F \cdot (1 - \delta) \cdot H_{入1液}$$

$$Q_2 = Q_{出1} + Q_{出2} + Q_{出3} + Q_{出4} + Q_{出5}$$

$$Q_{出1} = + Q_{出1气} + Q_{出1液}$$

$$Q_{出1气} = G \cdot \beta \cdot H_{出1气}, \ Q_{出1液} = G \cdot (1 - \beta) \cdot H_{出1液}$$

$$Q_L = \alpha_1 \cdot A_1 \cdot \Delta t_1 + \alpha_2 \cdot A_2 \cdot \Delta t_2 + \cdots + \alpha_n \cdot A_n \cdot \Delta t_n$$

式中　　Q_1——催化剂床层入口条件下的反应物热量（此时，催化剂床层入口未注冷介质），kJ/h；

$Q_{入1}$——催化剂床层入口条件下原料油的热量，kJ/h；

F——原料油流量，kg/h；

δ——原料油气化率，%；

$H_{入1气}, H_{入1液}$——气、液相原料油焓值，kJ/h；

$Q_{入2}$——催化剂床层入口条件下新氢的热量，kJ/h；

$Q_{入3}$——催化剂床层入口条件下循环氢的热量，kJ/h；

Q_R——反应热，kJ/h；

Q_2——催化剂床层出口条件下生成物的热量，kJ/h；

$Q_{出1}$——催化剂床层出口条件下生成油的热量，kJ/h；

G——生成油流量，kg/h；

β——生成油气化率，%；

$H_{出1气}$，$H_{出1液}$——气、液相生成油焓值，kJ/h；

$Q_{出2}$——催化剂床层出口条件下生成气的热量，kJ/h；

$Q_{出3}$——催化剂床层出口条件下溶解气的热量，kJ/h；

$Q_{出4}$——催化剂床层出口条件下循环氢的热量，kJ/h；

$Q_{出5}$——(如果排放氢的话)催化剂床层出口条件下排放氢的热量，kJ/h；

Q_L——反应器热损失，kJ/h；

$A_1, A_2, \cdots, A_n$——反应器外壁各部分的表面积，m^2；

$\Delta t_1, \Delta t_2, \cdots, \Delta t_n$——反应器外壁各部分表面温度(保温层内温度)与环境温度(保温层外表面温度)差，℃；

$\alpha_1, \alpha_2, \cdots, \alpha_n$——反应器外壁表面自然对流传热系数($\alpha_c$)和辐射传热系数($\alpha_r$)之和，kJ/($m^2 \cdot h \cdot ℃$)。

$$\alpha_c = 5.98 \ (t_w - t_o)^{\frac{1}{3}}$$

$$\alpha_r = 14.2 \ \frac{\left(\dfrac{t_w + 273}{100}\right)^4 - \left(\dfrac{t_o + 273}{100}\right)^4}{t_w - t_o}$$

式中　t_w——反应器外壁表面温度(保温层内温度)，℃；

　　　t_o——反应器保温层外表面温度(或环境温度)，℃。

工程设计时，保温材料、保温厚度的选择一般要求满足：$Q_L < 0.02 Q_R$，也有的工程公司要求：$Q_L < 0.01 Q_R$。

(2) 多反应器床层中带冷介质的单反应器床层热量平衡和冷介质量计算

$$Q_2 + Q_3 + Q_R = Q_4 + Q_L$$

$$Q_2 = Q_{出1} + Q_{出2} + Q_{出3} + Q_{出4} + Q_{出5}$$

$$Q_{出1} = + Q_{出1气} + Q_{出1液}$$

$$Q_{出1气} = G \cdot \beta \cdot H_{出1气}, \quad Q_{出1液} = G \cdot (1 - \beta) \cdot H_{出1液}$$

$$Q_4 = Q_{出11} + Q_{出12} + Q_{出13} + Q_{出14} + Q_{出15} + Q_{出16}$$

$$Q_{出11} = + Q_{出11气} + Q_{出11液}$$

$$Q_{出11气} = G \cdot \beta \cdot H_{出11气}, \quad Q_{出11液} = G \cdot (1 - \beta) \cdot H_{出11液}$$

式中　Q_2——多反应器床层中上催化剂床层出口条件下生成物的热量，kJ/h；

　　　$Q_{出1}$——多反应器床层中上催化剂床层出口条件下生成油的热量，kJ/h；

　　　G——生成油流量，kg/h；

　　　β——生成油气化率，%；

$H_{出1气}$，$H_{出1液}$——气、液相生成油焓值，kJ/h；

　　　$Q_{出2}$——多反应器床层中上催化剂床层出口条件下生成气的热量，kJ/h；

　　　$Q_{出3}$——多反应器床层中上催化剂床层出口条件下溶解气的热量，kJ/h；

$Q_{出4}$——多反应器床层中上催化剂床层出口条件下循环氢的热量，kJ/h；

$Q_{出5}$——多反应器床层中上催化剂床层出口条件下排放氢的热量（如果排放氢的话），kJ/h；

Q_3——冷介质带入两反应器床层间的热量，kJ/h；

Q_R——反应热，kJ/h；

Q_4——多反应器床层中带冷介质的催化剂床层出口条件下生成物的热量，kJ/h；

$Q_{出11}$——多反应器床层中带冷介质的催化剂床层出口条件下生成油的热量，kJ/h；

$Q_{出12}$——多反应器床层中带冷介质的催化剂床层出口条件下生成气的热量，kJ/h；

$Q_{出13}$——多反应器床层中带冷介质的催化剂床层出口条件下溶解气的热量，kJ/h；

$Q_{出14}$——多反应器床层中带冷介质的催化剂床层出口条件下循环氢的热量，kJ/h；

$Q_{出15}$——多反应器床层中带冷介质的催化剂床层出口条件下排放氢的热量（如果排放氢的话），kJ/h；

$Q_{出16}$——多反应器床层中带冷介质的催化剂床层出口条件下冷介质的热量（如果排放氢的话），kJ/h；

Q_L——反应器热损失，kJ/h，计算方法同单反应器床层热量平衡中的Q_L。

工程设计时，保温材料、保温厚度的选择一般要求满足：$Q_L<0.02Q_R$，对于反应热较大的催化剂床层也有要求：$Q_L<0.01Q_R$。

（3）反应器热量平衡和冷介质流量计算

炼油工业中的加氢裂化装置，一般由专利提供商（或催化剂供应商）根据企业所上加氢裂化装置的原料油，在试验室纯氢条件下，用专利提供商（或催化剂供应商）的催化剂试验确定满足企业产品要求的试验条件（催化剂级配、空速、温度、压力等），试验得出：原料性质、产品性质、化学氢耗、产品收率、催化剂级配方案、空速、反应温度（各反应器床层入口温度、出口温度、平均温度）、反应压力等；或由专利提供商（或催化剂供应商）在大量试验数据基础上，模拟计算确定以上设计基础数据；由工程设计单位根据加工装置的实际情况，计算工业装置的实际物料平衡、压力平衡和热量平衡。

加氢裂化装置所加工的原料油、生成的石油产品（除气体外）均为宽石油馏分，而反应器处于高温、高压、临氢操作工况，各物料的理化性质会发生较大偏差，早期采用的手工计算涉及平均沸点温度校正图、平衡蒸发曲线各段温度差与恩式蒸馏曲线各段温度差关系图、平衡蒸发50%馏出温度与恩式蒸馏50%馏出温度关系图、石油馏分焦点温度图、石油馏分焦点压力图、石油馏分临界温度图、石油馏分临界压力图、相对分子质量与中平均沸点关系图、石油的相对密度图、石油馏分焓图、压力对石油馏分液态焓的影响、石油馏分的假临界性质、压力对石油馏分气体焓的影响、气体热焓之校正图（在高压范围内），计算时用已知的数据插值求取需要的数据，其中也会涉及相平衡及用道尔顿分压定律计算气化率，由于涉及试差求取，计算误差较大，计算工作量也很大。目前，各工程公司均采用全球统一的PRO-Ⅱ或Aspen-Plus流程模拟软件进行计算，节省了大量的计算工时，也使计算更加准确。

（4）计算实例——计算加氢装置反应热和冷氢量

已知：某加氢装置原料油流量310000 kg/h（其中柴油271250kg/h，石脑油38750kg/h）；生成油流量309194 kg/h（其中柴油276419kg/h，石脑油32775kg/h）；反应器入口新氢流量

32780 m^3/h；反应器入口循环氢流量 164118 m^3/h；生成气和溶解气流量 2523 m^3/h；排放氢流量 0 m^3/h。

操作条件：反应器入口温度 310℃，反应器出口温度 375℃（未注急冷氢），反应器入口压力 8.2MPa，反应器出口压力 7.8MPa，做急冷氢的循环氢入反应器压力 8.5MPa，温度 83℃。

气体组成见表 4-15。

表 4-15　气体组成　　　　　　　　　　　　　%

项 目	H_2	H_2S	NH_3	CH_4	C_2H_6	C_3H_8	C_4H_{10}	M
新 氢	92	—	—	8.0	—	—	—	3.1347
循环氢	83.22	—	—	15.86		0.82		4.3928
生成气	—	69.3	6.8	13.4	4.6	1.9	4.0	31.398

计算：在反应器出口温度 350℃时注入的急冷氢量。

将已知数据代入以上计算公式可得：

$Q_1 = 113.6 \times 10^6 \ kJ/h \ (P = 8.2MPa, \ t = 310℃)$

$Q_2 = 193.7 \times 10^6 \ kJ/h \ (P = 7.8MPa, \ t = 375℃)$

$Q_R = 80.1 \times 10^6 \ kJ/h$

$Q_L = 0kJ/h$（假定保温良好，没有热损失）

$W_C = 15400kg/h$（急冷氢量）

4.5　加氢裂化装置热损失

4.5.1　反应器热损失[25~27]

（1）反应器壳体热损失计算方法 1

$$Q = \frac{h_0 \cdot A \cdot (t_o - t_a)}{1000}$$

$$h_0 = \frac{\left\{ 3.72 \dfrac{\left[\left(\dfrac{t_o}{100}\right)^4 - \left(\dfrac{t_a}{100}\right)^4 \right]}{t_o - t_a} + 1.26 (t_o - t_a)^{\frac{1}{3}} + 3.75 \dfrac{v^{0.6}}{D^{0.4}} \right\}}{1.163}$$

式中　Q——反应器热损失，kW；

　　h_0——对流及辐射联合传热系数，$W/(m^2 \cdot K)$；

　　A——反应器外表面积，m^2；

　　t_o——反应器表面温度，K；

　　t_a——环境温度，K；

　　v——风速，m/s；

　　D——反应器外径，m。

（2）反应器壳体热损失计算方法 2

$$Q = h_0 A \Delta t$$

$$\Delta t = t_o - t_a , \quad h_0 = \cfrac{1}{\cfrac{1}{a_0} + \cfrac{1}{a_1} + \cfrac{\delta}{\lambda}}$$

$$a_0 = a_r + a_k$$

$$a_r = \cfrac{C}{(t_s - t_a)\left[\left(\cfrac{t_s + 273}{100}\right)^4 - \left(\cfrac{t_a + 273}{100}\right)^4\right]}$$

$$a_k = \cfrac{26.38}{(t_{cp} + 397)^{0.5}\left(\cfrac{t_s - t_a}{D_1}\right)^{0.25}}$$

$$t_{cp} = \cfrac{t_s - t_a}{2}$$

式中　a_1——设备外壁至保温层内侧空隙间空气的给热系数，W/($m^2 \cdot ℃$)，一般为 11.61~13.95；

　　　δ——保温隔热层厚度，m；

　　　λ——保温隔热层热导率，W/(m·℃)；

　　D_1——反应器保温隔热层外径，m。

当 $vD_1 < 0.8 m^2/s$ 时，　　　　　　$a_k = 4.04 \dfrac{v^{0.618}}{D_1^{0.382}}$

当 $vD_1 > 0.8 m^2/s$ 时，　　　　　　$a_k = 4.24 \dfrac{v^{0.805}}{D_1^{0.15}}$

（3）反应器壳体热损失计算方法3

$$Q = h_0 A \Delta t$$

$$h_0 = 4.33 \frac{\left(\dfrac{t_o}{100}\right)^4 - \left(\dfrac{t_a}{100}\right)^4}{\Delta t} + 1.47 \Delta t^{\frac{1}{3}} + 4.36 \frac{v^{0.6}}{D_1^{0.4}}$$

4.5.2　反应加热炉热损失[27~28]

（1）加热炉烟气热损失计算方法1

$$Q = \eta_{烟} Q_{设}$$

$$\eta_{烟} = \frac{(0.006549 + 0.032685\alpha)(t_{烟} + 1.3475 \times 10^{-4} t_{烟}^2) - 1.1 + (4.043\alpha - 0.252) \times 10^{-4} g_{co}}{100 + 0.04\alpha \cdot \Delta t}$$

$$\alpha = \frac{21 - 0.0627 g_{o_2}}{21 - g_{o_2}} \qquad （干烟气）$$

$$\alpha = \frac{21 - 0.116 g_{o_2}}{21 - g_{o_2}} \qquad （湿烟气）$$

式中　Q——加热炉烟气热损失，MW；

$\eta_{烟}$——加热炉烟气热损失占设计负荷的百分数,%；也可从图 4-19 查取, 有空气预热置于炉顶时, 查取值+0.5%；

$Q_{设}$——加热炉设计负荷, MW；

α——过剩空气系数, 也可从图 4-20 查取；

$t_{烟}$——排烟温度,℃；

g_{o_2}——排烟中氧含量百分数,%；

Δt——空气预热温度-15.6℃, 不预热或自身烟气预热时为0℃；

g_{co}——排烟中一氧化碳含量, $\mu g/g$。

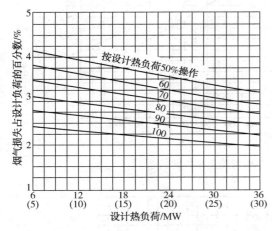

图 4-19　加热炉烟气热损失与设计负荷的关系

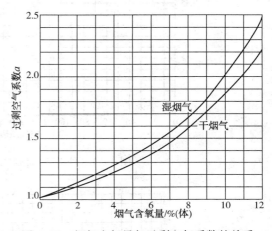

图 4-20　烟气含氧量与过剩空气系数的关系

（2）加热炉烟气热损失计算方法 2

$$Q = \eta_{烟} Q_{设}$$
$$\eta_{烟} = K(\eta_{显} + \eta_{不燃})$$

式中　K——外部热源预热空气温度的校正系数, 可从图 4-21 查取, 不预热或自身烟气预热时为 1；

$\eta_{显}$——排烟显热损失百分数,%, 可从图 4-22 查取；

$\eta_{不燃}$——排烟化学不完全燃烧损失百分数,%, 可从图 4-23 查取。

（3）加热炉炉墙热损失计算

$$Q = q_{强度}A_{炉面} = h_{炉墙}(t_{炉墙表} - t_{空气})A_{炉面}$$

式中　Q——加热炉炉墙热损失, kW；

$q_{强度}$——加热炉炉墙散热强度, $kW/(m^2 \cdot h)$；

$t_{炉墙表}$——反应(或分馏)加热炉炉墙温度,℃；

$h_{炉墙}$——加热炉炉墙的传热系数, $kW/(m^2 \cdot ℃)$；

$t_{空气}$——反应(或分馏)加热炉炉墙外空气温度,℃；

$A_{炉面}$——加热炉炉墙热外表面积, m^2。

加氢裂化的反应加热炉目前均为箱式加热炉, 传热系数可由下式计算：

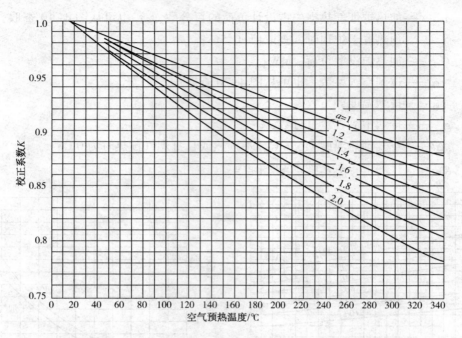

图 4-21　外部热源预热空气温度与校正系数的关系

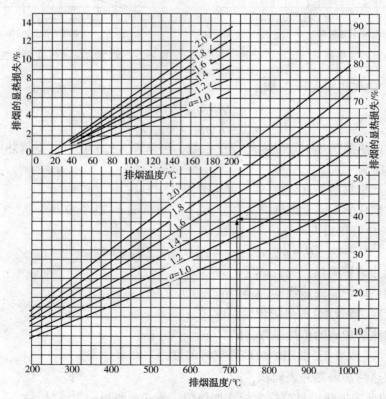

图 4-22　排烟温度与排烟热损失的关系

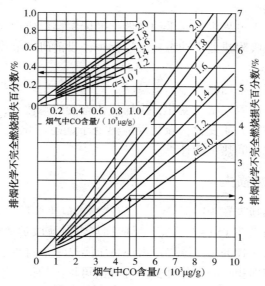

图 4-23　烟气中 CO 含量与排烟化学不完全燃烧损失的关系

$$h_{反应炉墙} = \cfrac{1}{\cfrac{\delta_1}{\lambda_1} + \cfrac{\delta_2}{\lambda_2} + \cdots + \cfrac{\delta_n}{\lambda_n} + \cfrac{1}{h_{炉墙空气}}}$$

加氢裂化的分馏部分加热炉目前均为圆筒加热炉，传热系数可由下式计算：

$$h_{分馏炉墙} = \cfrac{1}{\cfrac{1}{2\lambda_1}\ln\cfrac{d_2}{d_1} + \cfrac{1}{2\lambda_2}\ln\cfrac{d_3}{d_2} + \cdots + \cfrac{1}{2\lambda_n}\ln\cfrac{d_{n+1}}{d_2} + \cfrac{1}{h_{炉墙空气}d_{n+1}}}$$

式中　　$\delta_1, \delta_2, \cdots, \delta_n$ ——反应（或分馏）加热炉炉墙每一层材料的厚度，m；

　　　　$h_{炉墙空气}$ ——反应（或分馏）加热炉炉墙至空气的传热系数，$kW/(m^2 \cdot \text{℃})$；

　　$\lambda_1, \lambda_2, \cdots, \lambda_n$ ——反应（或分馏）加热炉炉墙每一层材料的导热系数，$kW/(m^2 \cdot \text{℃})$，可查图求取；

　　$d_1, d_2, \cdots, d_n$ ——分馏加热炉炉墙每一层材料的内径（或外径），m。

4.6　热量平衡的热点难点问题

4.6.1　突破键能计算反应热的难题

加氢裂化反应热除了实验室测量外，主要通过燃烧热、生成热、键能做理论计算或经验公式估算，但由于数据少，导致计算误差较大；

随着族团键能研究的进展加快，细分化的族团键能将有助于提高反应热计算的准确性。

4.6.2　动态热平衡计算

加氢裂化热平衡计算主要为稳态热平衡计算，动态热平衡计算由于影响因数多，处于非稳态状态，未列入工程设计的计算范围。

（1）装置开工吸附热平衡

加氢裂化装置首次开工过程中，开工油在催化剂床层会形成很大的吸附热量，由于随进料量、反应温度变化，该吸附热处于动态变化过程中，目前研究、设计、生产均未进行开工吸附热热平衡计算。

（2）催化剂硫化期间热平衡

催化剂硫化过程中，随着注硫量变化，金属氧化态变成硫化态，也会放出大量热量，随着注硫量、注硫温度、注硫介质变化，硫化反应热处于动态变化过程中，目前研究、设计、生产均未进行催化剂硫化期间热平衡计算。

4.6.3　降低装置热损失

加氢裂化反应器壁热损失在 $10 \sim 50kW$，反应器出入口单个法兰热损失在 $15 \sim 30kW$，反应加热炉辐射段炉墙热损失在 $150 \sim 350kW$，反应加热炉对流段炉墙热损失在 $30 \sim 80kW$，反应加热炉炉底热损失在 $50 \sim 100kW$，螺纹锁紧环高压换热每个封头热损失在 $5 \sim 15kW$，提高保温材料性能、降低裸露面积，开发保证安全和泄漏可检测的保温设施，可有效降低加氢裂化装置热损失。

参 考 文 献

[1] 韩崇仁主编. 加氢裂化工艺与工程[M]. 北京：中国石化出版社，2001：639-646.

[2] 王松汉主编. 石油化工设计手册：第四卷[M]. 北京：化学工业出版社，2002：2-13；24-49；980-987.

[3] [美]nicholas p chopey 主编. 化工计算手册(第三版)[M]. 朱开红译. 北京：中国石化出版社，2005：70-86；105-116.

[4] [比]弗罗门特 G F，[美]比肖夫 K B 著. 反应器分析与设计[M]. 北京：化学工业出版社，1985：372-385.

[5]《石油炼制与化工》编辑部译. 流化催化裂化手册(第二版)[M]. 北京：中国石化出版社，2002：114-149.

[6] 韩崇仁主编. 加氢裂化工艺与工程[M]. 北京：中国石化出版社，2001：439-560.

[7] Newman S A. Sour Water Design by Charts(Part Ⅰ)[J]. Hydroc Process，1991(9)：145.

[8] Newman S A. Sour Water Design by Charts(Part Ⅱ)[J]. Hydroc Process，1991(10)：101.

[9] 李贵贤，卞进发主编. 化工工艺概论[M]. 北京：化学工业出版社，2002：31-35.

[10] 杨基和，蒋培华主编. 化工工程设计概论[M]. 北京：中国石化出版社，2005：115-136.

[11] 管国锋，赵汝博主编. 化工原理[M]. 2 版. 北京：化学工业出版社，2002：168-169.

[12] 陈声宗主编. 化工设计[M]. 北京：化学工业出版社，2001：48-50.

[13] 黄璐，王保国编. 化工设计[M]. 北京：化学工业出版社，2001：173-218.

[14] 第一石油化工建设公司炼油设计研究编. 加氢精制与加氢裂化[M]. 北京：石油化学工业出版社，1977：72-100.

[15] 石油化学工业部科学技术情报研究所. 石油化工科技资料(油气加工)滴流法加氢脱硫. 北京：石油化学工业部科学技术情报研究所，1-39.

[16] 石油化工管理干部学院组织编写. 加氢催化剂、工艺和工程技术(试用本)[M]. 北京：中国石化出版社，2003：331-344.

[17] API Data Book.

[18] 侯文顺主编. 化工设计概论[M]. 北京：化学工业出版社，1999：32-35.

[19] 李大东主编. 加氢处理工艺与工程[M]. 北京：中国石化出版社，2004：665-675.

[20] 金桂三. 高压加氢冷氢用量计算法及其程序[J]. 石油炼制，1986，17(4)：21-26.

[21] 华贲，陈安民. 炼厂散热的实用计算和㶲经济分析[J]. 石油炼制，1984，15(2)，2-3.

[22] 梁文杰主编. 石油化学[M]. 东营：石油大学出版社，1996：358-403.

[23] 曹汉昌，郝希仁，张韩主编. 催化裂化工艺计算与技术分析[M]. 北京：石油工业出版社，2000：178 -211.

[24] 张龙力，马士楠，杨昊燃，等. 原油馏分油的折光率与燃烧热关系[J]. 实验室研究与探索，2016，35(5)：14-17.

[25] 王子宗主编. 石油化工设计手册(第四卷)：工艺和系统设计[M]. 北京：化学工业出版社，2015：520-523.

[26] 姚玉英. 化工原理[M]. 天津：天津大学出版社，2001：265；969.

[27] 侯芙生主编. 炼油工程师手册[M]. 北京：石油工业出版社，1995：1116；506.

[28] 中国石油化工总公司石油化工规划院组织编写. 石油化工设备手册(第三分篇)：石油化工加热炉设计(上册)[M]. 北京：石油化学工业出版社，1976：211-215.

第 5 章 压力平衡及技术分析

5.1 加氢裂化压力平衡的定义、分类、方法和步骤[1~5]

5.1.1 加氢裂化压力平衡的定义

对于加氢和裂化反应同时发生的加氢裂化过程，压力起着十分重要的作用。压力的变化不仅影响转化深度、产品分布、产品质量，对装置投资、操作费用及催化剂寿命也有重要影响。

加氢裂化装置的压力平衡有两种定义：一是维持反应器氢分压，满足产品质量和收率要求的压力平衡，此平衡是基于反应机理的压力平衡；二是生产上为了维持循环氢压缩机正常运转所需的压力平衡。

加氢裂化装置工程设计中的压力平衡一般为高压部分（即反应部分）压力平衡，低压部分的压力平衡一般可通过作单体设备压力平衡分别计算。

高压部分的压力平衡因整个高压回路没有可切断的阀门（个别装置设置高压空冷器入口和出口阀门，这种设置理念假定高压空冷器 2^n 个入口阀门或 2^n 个出口阀门不会全部同时出现故障）或设备（反应器被堵死的情况例外），系统的压力最高点是循环氢压缩机的出口压力，系统压力最低点是循环氢压缩机的入口压力，因此，高压部分压力平衡的差压即为循环氢压缩机的差压，或者说循环氢压缩机出口的高压循环氢不可能由于中途受阻而无法回到循环氢压缩机入口。

工程设计中，高压部分压力平衡一般以确定高压分离器压力作为压力平衡的低点来进行，通过压力平衡可以得到下面各种工况下的设计参数：

① 高压分离器压力：也可以循环氢压缩机入口分液罐压力作为计算基准；

② 升压设备的出口压力及扬程：这些升压设备包括原料油泵、循环油泵、高压注水泵、新氢压缩机、注氨泵、注硫泵等；

③ 换热设备的差压：这些换热设备包括高压换热器、冷却器、空冷器、蒸汽发生器等；

④ 加热设备的差压：这些加热设备包括反应进料加热炉或氢气加热炉等；

⑤ 反应器的差压：包括预加氢反应器、加氢精制反应器、加氢裂化反应器及反应分离器等；

⑥ 管道的差压：管线、管件压降；

⑦ 混合器的差压：如原料油和氢气混合器、反应流出物和注水的混合器、正常生产期间未拆卸的碱液混合器等；

⑧ 孔板的差压：循环氢流量孔板，氢气加热炉每路的计量孔板；

⑨ 阀门的差压：如高压空冷器入口阀门或出口阀门；

⑩ 循环氢压缩机的差压。

　　近年来，也有工程公司采用变高压分离器压力（或循环氢压缩机入口分液罐压力）的办法来实现设计意义上的精确控制反应部分氢分压的理念，此时的压力平衡由于基点为反应器的氢分压（可以是入口氢分压、出口氢分压或平均氢分压，但这些值均为动态变量），故循环氢压缩机的入口压力、出口压力也是一个动态变量。因此，采用变高压分离器压力（或循环氢压缩机入口分液罐压力）的加氢裂化装置高压部分压力平衡广义上是一个动态平衡，但设计意义上的高压部分压力平衡也可以高压分离器压力（或循环氢压缩机入口分液罐压力）作为压力平衡的低点来进行，只是这一个低点在设计运行的不同阶段需要随时变化。

5.1.2　加氢裂化压力平衡的分类

　　加氢裂化压力平衡的目的是用于定量描述反应部分或单体设备压力平衡衡算结果。高压部分的压力平衡按计算对象可分为反应部分压力平衡、单体设备压力平衡和管路系统压力平衡。

　　加氢裂化装置的压力源主要有：原料油泵、循环油泵、高压注水泵、新氢压缩机、注氨泵、注硫泵、循环氢压缩机等。

　　压降的消耗主要有：高压换热器、冷却器、空冷器、蒸汽发生器、反应进料加热炉或氢气加热炉、加氢精制反应器、加氢裂化反应器、分离器、脱硫塔、调节阀、管道、混合器、孔板等。

5.1.3　加氢裂化压力平衡的基准和方法

　　（1）压力平衡的基准

　　加氢裂化压力平衡的计算基准包括两方面：一方面可以某一点压力为计算基准，工程上通常以高压分离器压力或循环氢压缩机入口分液罐压力作为计算基准；另一方面可以某一计算值为计算基准，如反应器入口氢分压、反应器出口氢分压、反应器入口与出口氢分压的平均值为计算基准。

　　以某一计算值为计算基准时，高压部分压力平衡是一个广义上的动态平衡和计算时的静态平衡相关联的平衡。理论上可做到平衡，实际上无法实现反应器氢分压与高压分离器压力或循环氢压缩机入口分液罐压力的无缝连接。

　　（2）压力平衡的计算方法

　　压力平衡的计算方法一般可分为设计压力平衡和工业生产压力平衡两种。

　　设计计算压力平衡为设计单位根据设计计算的压力平衡及企业要求，依据工艺流程进行的压力平衡。设计计算压力平衡一般应计算运转初期压力平衡和运转末期压力平衡，并将运转初期压力平衡和运转末期压力平衡表示在工艺原则流程图上。运转末期压力平衡所确定的单体设备最大压降应作为该设备设计的最大计算压降。

　　工业生产压力平衡为企业根据装置压力表所读到的数字汇集整理所得到的压力平衡或根据循环氢压缩机的差压整理的压力平衡。

　　加氢裂化装置运转过程中，催化剂逐渐失活，需要提高反应温度来补偿催化剂活性的降低，不同温度条件下物质的相态不同，体积流量不同，导致经过设备和管线的压降不同；不同反应温度裂解产生的物质不同，不同物质的黏度不同，经过设备和管线的压降不同；加氢裂化装置运转过程中，原料中的金属组分逐渐沉积在催化剂表面，导致反应器压降增加；换热设备和加热设备在运转过程中会结垢，导致流通面积减少，压降也会增加。因此，不同运转阶段的压力平衡不同。

表述加氢裂化装置压力平衡时，一般应说明加氢裂化装置的运转状态，如运转初期（SOR）、运转中期（MOR）、运转末期（EOR），因此就产生运转初期操作负荷下的压力平衡、运转中期操作负荷下的压力平衡、运转末期操作负荷下的压力平衡等。

工业生产过程中，同一加氢裂化装置不同处理量所得压力平衡数据不同。

5.1.4　加氢裂化压力平衡的步骤

加氢裂化装置反应部分压力平衡的步骤一般如下：

① 明确设计任务：包括生产规模、年操作时数、原料和氢气规格、公用工程条件、产品性质要求、目的产品或副产品收率要求等。

② 要求工艺技术专利商（或催化剂供应商）提供用于压力平衡计算用的基本条件：物料平衡条件、热量平衡条件及压力平衡条件。

③ 绘制初版压力平衡示意图并根据计算要求确定衡算体系：加氢裂化装置一般以反应部分为衡算体系，根据循环氢的流线构成闭路循环。

④ 在选定物料衡算和能量衡算基准上，确定压力平衡基准，当以反应器氢分压为计算基准时，可预估反应器到高压分离器的压降，流程模拟计算时以高压分离器的压力为基准。

⑤ 根据具体计算要求收集有关数据：在物料衡算和能量衡算所需数据的基础上，确定压降的计算数据和公式，获得渠道主要是设计要求给定、现场测定和通过文献和手册查出，不同设备所需的计算数据和公式不同。

⑥ 在物料衡算和能量衡算基础上，分别列出各单体设备压力平衡方程并计算求解。

⑦ 确定单体设备结构参数，进行单体设备核算：通常情况下，不同结构形式设备的压降不同，目前情况下，由于含氢不互容两相流压降计算误差较大，因此应慎选计算方法。在选定设备形式后，应用选定的设备结构参数和型式，重新核定压降。

⑧ 预估管线直径，确定管线压降的计算数据和公式，计算管线压降。

⑨ 预估管件数量，折合为相应的管线当量长度，用管线压降的计算数据和公式计算当量管线压降。

⑩ 根据选定的孔板和阀门，计算孔板和阀门的压降。

⑪校核检验：通常情况下要将计算结果列成压力平衡表或压力平衡图，对压降过大（或过小）的设备，可调整结构型式重新计算。

5.2　加氢裂化反应器压力平衡计算[2~4,6~19]

5.2.1　反应器压力降的组成

加氢裂化反应器压力平衡就是计算加氢裂化反应器压力降，即内构件压降和催化剂床层压降。

（1）内构件压力降

加氢裂化反应器内部一般设有入口扩散器、反应器顶部过滤分配盘（部分装置）、积垢蓝框、每个催化剂床层上部分配盘、每两个催化剂床层间的冷氢箱、反应器出口收集器等。近年来,新设计装置逐渐取消反应器顶部积垢蓝框。内构件压力降因专利公司的内构件型式、设计理念不同而不同,没有统一的计算方法。一般在 0.01~0.03MPa 之间。

(2)催化剂床层压力降

引起催化剂床层压力降的主要因素有:床层中流体的加速、减速及局部区域的气、液湍动引起的惯性力的作用;气–液、液–固、气–固界面的流体流动的黏滞力的作用;界面力(毛细管力)的作用,对发泡液体尤为显著;液体受静压力的作用。

在相互强作用区内,气–液的惯性力起主要作用;在相互弱作用区内,黏滞力和界面力起主要作用。因此,催化剂床层压力降与气液相质量流速、流体物性、床层空隙率等因素有关。

工业装置上,催化剂床层压力降由两部分组成:一是开工初期的床层压力降,一般称为床层净压力降;另一部分是随着运转周期产生的压力降增量,即催化剂床层压力降随着运转周期的延长而增加。

(3)反应器压力降的影响因素

催化剂床层压力降与气、液相质量速度、流体物性(如气体密度)、床层空隙率等因素有关。

从冷模试验结果可以看出:随着气、液相质量速度的增加,压力降也相应增加,见图5-1。

当反应器内气相质量流速一定时,加氢裂化床层内的流体流动状况对压降的影响因反应器内流体的流型而异。在滴流区,液相质量流速的改变几乎对催化剂床层压力降不产生任何影响,即床层压力降与液相质量流速无关;在脉动区,液相质量流速的微小变化都会引起床层压力降明显改变。二者几乎呈直线关系,因此脉动区内维持液相质量流速的稳定非常重要,见图5-2。

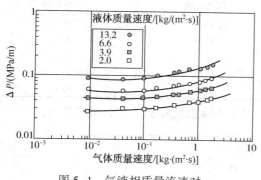

图 5-1 气液相质量流速对
催化剂床层压力降的影响

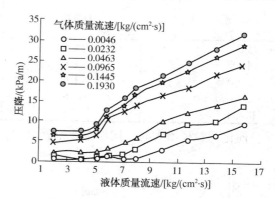

图 5-2 三叶草型催化剂液相质量
流速对催化剂床层压力降的影响

当反应器内液相质量流速一定时,加氢裂化床层内的气液两相的流动类型对压降的影响不明显,气相质量流速增加,催化剂床层压力降上升;从上升趋势看,催化剂床层压力降随气速的不断增加,上升趋势有所减缓。因此,在滴流区,催化剂床层压力降对气相质量流速的变化较敏感;在脉动区,气相质量流速、液相质量流速的变化均可引起床层压力降明显改变,但液相质量流速的影响更明显,见图5-3。

在气、液相质量速度一定时,气相密度增加,压力降下降,见图5-4。

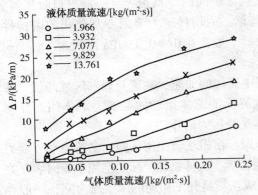

图 5-3　三叶草型催化剂气相质量流速
对催化剂床层压力降的影响

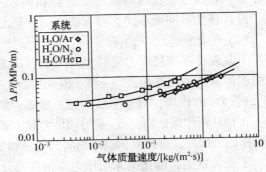

图 5-4　气相密度对催化剂
床层压力降的影响

床层空隙率是决定床层压力降大小的一个关键因素，随着床层空隙率的减少，床层压力降增加，见图 5-5。

床层空隙率直接与催化剂的形状、大小、粒度分布、颗粒与床层的直径比以及装填方式有关。

表 5-1 列出了球形、圆柱形及三叶草形等不同形状的催化剂的床层空隙率的典型数据。可以看出，对布袋装填方式，在粒径相同条件下，三叶草形比球形、圆柱形的床层空隙率分别高 11.5 及 4.5 个百分点。

表 5-1　不同形状催化剂的床层空隙率

形　　状	当量直径/mm	床层空隙率/%	
		稀相装填	密相装填
球形	1.6	35.0	30.0
圆柱形	1.6	42.0	36.0
三叶草形	1.6	46.5	39.5
五叶草形	1.6	45.5	38.5
拉西环	1.6	54.5	46.0

催化剂粒径增大时，床层空隙率就增大，床层压力降也就相应下降，见图 5-6。

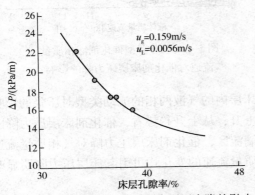

图 5-5　床层空隙率对催化剂床层压力降的影响

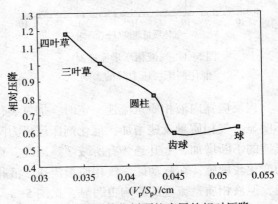

图 5-6　不同催化剂颗粒床层的相对压降

固定床中同一横截面上的径向空隙率分布情况，有人曾作过试验研究，对于均一颗粒的固定床，与器壁距离小于颗粒直径之处，空隙率较大，而床层中心较小。器壁的这种影响，称为壁效应。在非球颗粒充填的催化剂床层中，同一截面上的空隙率除了壁效应影响所及的范围外，都是均匀的，但球形或圆柱形上下波动。由于壁效应的影响，要求床层直径与颗粒直径之比在 10 以上，否则床层空隙率的分布就十分不均匀。加氢装置催化剂床层直径与催化剂直径之比越大，床层空隙率的分布越均匀。如图 5-7 所示，图中 d_t 为催化剂床层直径（mm），d_p 为催化剂颗粒直径（mm）。

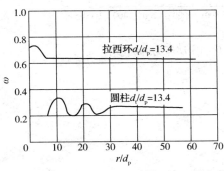 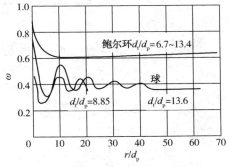

图 5-7　固定床空隙率的径向分布

催化剂颗粒的粒度分布越不均匀，床层的空隙率越小。这是因为小颗粒易于充填在大颗粒间的空隙内的缘故。颗粒表面越光滑，越易于构成接触紧密的床层，因此空隙率越小，如图 5-8 所示。

装填方式不同，催化剂床层的压降不同，如图 5-9、图 5-10 所示。

异形催化剂粒可降低床层压力降，见图 5-11。

从表 5-2 可看出，催化剂形状可使黏性力引起的催化剂床层压力降相差约 2.03 倍（与粗糙度对催化剂床层压力降的影响程度相当），使惯性力引起的催化剂床层压力降相差约 2.70 倍。

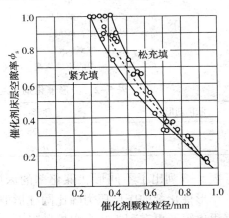

图 5-8　不同装填方式加氢反应器的空隙率

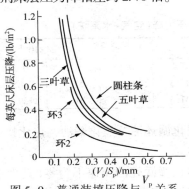 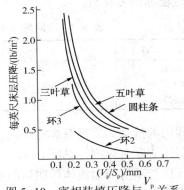

图 5-9　普通装填压降与 $\dfrac{V_p}{S_p}$ 关系　　　图 5-10　密相装填压降与 $\dfrac{V_p}{S_p}$ 关系

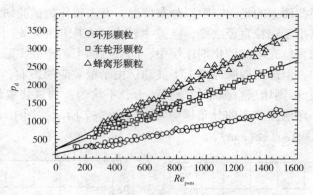

图 5-11 催化剂形状对催化剂床层压力降的影响

图中 p_d ——无因次数组， $p_d = \dfrac{\Delta p}{L} \cdot \dfrac{p}{p_0} \cdot \dfrac{d_{psm}^2}{\mu \cdot u_0} \cdot \dfrac{\varepsilon^3}{(1-\varepsilon)^2}$

Re_{psm} ——雷诺数， $Re_{psm} = \dfrac{d_{psm} \cdot G}{\mu(1-\varepsilon)}$；

式中 Δp ——压降，Pa；

　　L ——床高，m；

　　p,p_0 ——压力，Pa；

　　d_{psm} ——当量直径，m；

　　μ ——操作状态下的黏度，Pa/s；

　　u_0 ——表观流速，m/s；

　　ε ——床层空隙率；

　　G ——单位面积的质量流速，kg/(s·m²)。

表 5-2 异形催化剂床层压力降-流量关系中的颗粒形状系数

催化剂形状	环形	车轮形	蜂窝形
α	110.73	215.19	224.73
β	0.76429	1.5359	2.0662

表 5-3 列出了不同形状催化剂的床层压力降典型数据。可以看出，在相同处理量下，三叶草形催化剂的床层压力降比圆柱形催化剂要低得多，而且三叶草形的外表面积更大，扩散路程更短，更有利于减少内扩散阻力。因此，三叶草形等异形催化剂对降低床层压力降和改善传质过程都较为有利。

表 5-3 不同形状催化剂的床层压力降（空气-水系统）

液相速度/(m/s)	4.08×10⁻³				3.24×10⁻³			
气相速度/(m/s)	0.1	0.2	0.3	0.4	0.1	0.2	0.3	0.4
三叶草(d_p=2.27mm)	2.7	6.0	10.7	15.3	36.0	57.3	74.7	90.7
圆柱形(d_p=2.57mm)	6.4	13.9	24.0	41.3	69.3	100.0	120.0	134.7

反应器内的液相如果具有起泡倾向，如催化裂化循环油、焦化柴油、焦化蜡油，也会对催化剂床层压力降有影响，见图 5-12。

由于气体与不可压缩流体最明显的差别是气体在壁面处的流速不为零（其大小与气体分子运动的平均自由程有关），并且气体的密度、流速等参数沿床层空间不断变化，因此，气体温度、压力对催化剂床层压力降也有影响。

5.2.2　反应器压力降计算

在压力平衡计算中，加氢裂化装置运转初期反应器压力降一般占系统压力降的30%~45%，运转末期一般占系统压力降的45%~55%（早期设计的加氢裂化装置由于空速较低，装填催化剂量较多，运转末期压力降所占比例更大），而由于压力平衡无法满

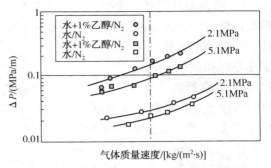

图 5-12　液相起泡性对催化剂床层压力降的影响

足，造成循环氢压缩机出、入口压差过大被迫停工的装置，主要是由于反应器压力降增加过多导致反应器内构件的无法承载。因此，计算和确定反应器压力降是压力平衡计算的重要环节。

（1）内构件压力降计算

内构件压力降计算主要是分配器的压力降计算。

① 分配器的结构形式。

反应器内床层分布器的主要目的是将气液均匀地覆盖在催化剂床层，即从宏观上使每一个喷淋点出来的气相量和液相量相同或近视相同，从而保证产品的质量、收率、装置的长周期运转。因为，宏观上的分布不均匀，会导致局部区域反应物接触滞后、催化剂不能发挥作用，影响反应速率、产品质量和产品收率；由于加氢裂化反应为强放热反应，床层出现温度梯度、沟流，会使局部催化剂长时间处于高温状态而导致烧结，使催化剂使用率下降，一旦出现"飞温"，就会导致装置的事故停工；催化剂床层流道不畅，会引起催化剂床层压降增加，增加循环氢压缩机的功率；部分催化剂的失活，使产品质量下降、产品收率降低，从而引起非正常停工等。

不同的分布器，实现气液相分配的宏观均匀性的方法不同。工业应用的典型分配器主要有：泡罩型分配器、喷射型分配器、垂直管型分配器、文丘里型分配器、CZ 型分配器、Technip 型分配器等，如图 5-13 所示。

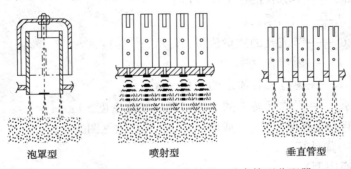

泡罩型　　　喷射型　　　垂直管型

图 5-13　典型的泡罩型、喷射型、垂直管型分配器

a. 泡罩型分配器。主要由中心管和外罩组成。一般中心管开有 2~6 条缝，作为液流通道，外罩上开有 4~8 条缝，作为气流通道，液体从中心管齿缝进入，靠气、液两相在中心管和外罩之间的环隙形成沸腾状"混合流"、湍动的"气泡流"或"环雾状流"，使液相得到破碎和分散，较均匀地分布到下层磁球或催化剂床层上。CZ 型分配器与其工作原理相似。

b. 喷射型分配器。主要由侧面开有孔或缝的垂直管及底部的缩口组成。液体由侧面开的孔或缝溢流进入垂直管，气相则从垂直管上方进入，经分配器出口的缩口使气相和液相加速，形成高速流体，从而使液相得到充分雾化，喷洒到反应器床层上。文丘里型分配器与其工作原理相似。

c. 垂直管型分配器。主要由侧面开有孔或缝的垂直管组成。液体由侧面开的孔或缝溢流进入垂直管，气相则从垂直管上方进入，靠气体对液体的剪切作用，将液流破碎，喷洒到反应器床层上。Technip 型分配器与其工作原理相似。

② 分配器压力降计算。

a. 泡罩型分配器压力降计算：

$$\lg(\Delta P') = 1.5095\left(\frac{Q}{1000}\right)^{-0.088} + 0.035u_g$$

$$\Delta P = 0.7218\Delta P'$$

式中　ΔP——分配器的压力降，MPa；

　　　Q——操作状态下的液相负荷，m^3/h；

　　　u_g——操作状态下的喷口气速，m/s。

（Ⅰ）节流孔压力降计算：

计算公式 1（通用型）：

$$\Delta P_1 = C_1 \cdot \frac{G_2^2}{2\rho_L} \cdot \left(1 + \frac{\rho_L}{\rho_G} \cdot \chi^{1.5}\right) \cdot \left[1 - \left(\frac{2A_2}{A_1}\right)^2\right]$$

计算公式 2（UOC 型）：

$$\Delta P_1 = K_1 \cdot e^{\beta_1} \cdot \frac{G_1^2}{2\rho_L} \cdot \left(1 + \frac{\rho_L}{\rho_G - 1} \cdot \chi^{1.5}\right)$$

计算公式 3（新型）：

$$\Delta P_1 = K_2 \cdot e^{\beta_2} \cdot \frac{G_2^2}{2\rho_L} \cdot \left(1 + \frac{\rho_L}{\rho_G - 1} \cdot \chi^{1.5}\right)$$

式中　　　　　　ΔP_1——节流孔的压力降，Pa；

K_1，K_2，β_1，β_2，C_1——回归系数；

　　　G_1，G_2——节流孔的质量流量，$kg/(m^2 \cdot s)$；

　　　　　χ——质量含气率，%；

　　　A_1，A_2——急冷氢各流道的面积，m^2；

　　　ρ_L，ρ_G——操作状态下的液体密度、气体密度，kg/m^3。

UOC 型与新型节流孔回归系数（或阻力系数）的对比见图 5-14。

（Ⅱ）方箱压力降计算：

计算公式 1（通用型）：

$$\Delta P_2 = C_2 \cdot \frac{G_2^2}{2\rho_L} \cdot \left(1 + \frac{\rho_L}{\rho_G - 1} \cdot \chi^{1.5}\right)\left[1 - \left(\frac{A_4}{A_3}\right)^2 \cdot \left(\frac{A_2}{A_4}\right)^2\right]$$

式中　A_2, A_3, A_4——急冷氢各流道的面积，m^2；

　　　C_2——回归系数；

G_1——方箱的质量流量，kg/(m²·s)。

计算公式 2(UOC 型)：

$$\Delta P_2 = K_3 \cdot \frac{G_1^2}{2\rho_L} \cdot \left(1 + \frac{\rho_L}{\rho_G - 1} \cdot \chi^{1.5}\right) - 264.44$$

式中　K_3——回归系数。

计算公式 3(新型)：

$$\Delta P_2 = K_4 \cdot \frac{G_1^2}{2\rho_L} \cdot \left(1 + \frac{\rho_L}{\rho_G - 1} \cdot \chi^{1.5}\right) - 400.4$$

式中　K_4——回归系数。

UOC 型与新型方箱压力降的对比见图 5-15。

（Ⅲ）筛孔板压力降计算：

$$\Delta P_3 = C_3 \cdot \left(\frac{A_2^2}{A_4}\right) \cdot \left(1 - \frac{2A_4}{A_5}\right)^2 \cdot \left(\frac{G_1^2}{2\rho_L}\right) \cdot \left(1 + \frac{\rho_L}{\rho_G - 1} \cdot \chi\right)$$

式中　C_3——回归系数。

UOC 型与新型筛孔板压力降的对比见图 5-16。

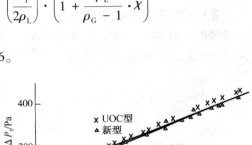

图 5-14　UOC 型与新型节流孔回归系数的对比

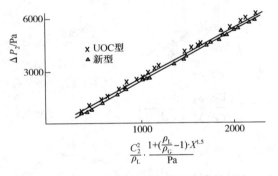

图 5-15　UOC 型与新型方箱压力降的对比

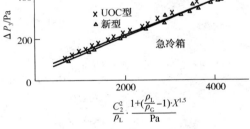

图 5-16　UOC 型与新型筛孔板压力降的对比

（Ⅳ）急冷氢箱的总压力降计算：

$$\Delta P = \Delta P_1 + \Delta P_2 + \Delta P_3$$

UOC 型与新型急冷氢箱的总压力降对比对比图 5-17。

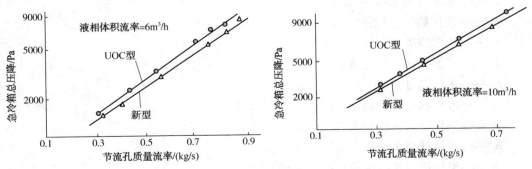

图 5-17　UOC 型与新型急冷氢箱的总压力降对比

b. 喷射型分配器压力降计算：

$$lg(\Delta P') = 1.0485(u_g)^{0.366} + 2.6483(u_L)^{0.549}$$
$$\Delta P = 1.3332 \times 10^{-4}\Delta P'$$

式中　u_L——操作状态下的喷口液速，m/s。

（2）催化剂床层压力降计算公式

加氢裂化装置的反应器为典型的滴流床反应器。滴流床反应器内催化剂床层压力降大小与床中流型有很大关系。在反应器尺度上，一般可将气、液两相流动划分四个主要的流型：滴流、脉动流、喷射流以及鼓泡流。在颗粒尺度上，颗粒表面上液体流动形态也有不同，如膜、溪流、液滴等形态。滴流出现在气液进料流速相对较低的情况下，脉动流则发生在气液进料流速相对较高的情况下。当气体流速很高而液体流速仍然很低时发生喷射流，相反，高液速低气速则发生鼓泡流。反应器在加氢裂化装置这样的高压下操作时，流型转变与常压下不同，差异在于对流型转变的定量描述。现有模型或为经验关联，或基于流动稳定性原理导出不同的判据，多用于滴流与脉动流间的界定。

大量经验关联式用于计算压降，适用不同的物系及操作范围。主要的两相压降关联法有：纯经验关联式；以动量、能量守恒为基础，用相似参数表示的关联式；根据因次分析建立无因次关联式；方程计算压降。计算压降的模型大致可分为两类，即确定性模型和随机模型。

①Larkin 公式：

$$lg\left(\frac{\delta_{lg}}{\delta_1 + \delta_g}\right) = \frac{K_1}{(lg\chi)^2 + K_2}$$
$$\delta = \left(150\mu\frac{1-\varepsilon_b}{d_p \cdot \rho \cdot u_0}\right) + 1.75\left[\frac{(1-\varepsilon_b)}{(\varepsilon_b)^3}\frac{\rho \cdot u_0^2}{d_p}\right]$$
$$\left(\frac{\Delta P}{\Delta P}\right)_{lg} = \delta_{lg} - h_1 \cdot \rho_1 - (1-h_1) \cdot \rho_g$$
$$lgh_1 = A + Blg\chi - C(lg\chi)^2$$
$$\chi = (\delta_1 + \delta_g)^{\frac{1}{2}}$$

式中　ΔP——催化剂床层压力降，MPa；
　　　K_1——气液传质系数，cm/s；
　　　K_2——液固传质系数，cm/s；
　　　d_p——催化剂颗粒粒径，cm；
　　　ε_p——床层空隙率；
　　　h_1——床层空隙容积持液分率；
　　　ΔL——床层高度，m；
　　　μ——操作状态下的黏度，kg/(m·s)；
　　　μ_0——操作状态下的表观气速，m/s；
　　　δ_{lg}——流体通过单位床层高度的能量损失；
　　　δ_1——液体通过单位床层高度的能量损失；
　　　δ_g——气体通过单位床层高度的能量损失；
　A,B,C——系数。

适用范围：催化剂直径大于 1.59mm。

对于加氢裂化反应：$K_1 = 0.62$，$K_2 = 0.83$，$A = 0.440$，$B = 0.4$，$C = 0.12$。

② Clements-Schmidt 公式：

$$\frac{\left(\dfrac{\Delta P}{\Delta L}\right)_{\text{lg}}}{\left(\dfrac{\Delta P}{\Delta L}\right)_{\text{g}}} = 1.507 \mu \cdot d_{\text{p}} \left(\frac{\varepsilon_{\text{b}}}{1 - \varepsilon_{\text{b}}}\right)^3 \cdot \left(\frac{Re_{\text{G}} \cdot We_{\text{G}}}{Re_{\text{L}}}\right)^{-\frac{1}{3}}$$

$$We_{\text{G}} = \frac{(\mu_{\text{g}})^2 \cdot d_{\text{p}} \cdot \rho_{\text{g}}}{\delta_{\text{l}}}$$

③ Turpin-H 公式：

$$\ln f_{\text{lg}} = 7.625 - 1.047 \ln z' + 0.009 (\ln z')^2 - 0.022 (\ln z')^3$$

$$f_{\text{lg}} = \left(\frac{\Delta P}{\Delta Z}\right) \cdot \frac{d_{\text{e}}}{2 (u_{\text{g}})^2 \cdot \rho_{\text{G}}}$$

$$z' = \frac{(Re_{\text{G}})^{1.167}}{(Re_{\text{L}})^{0.767}}$$

$$d_{\text{e}} = \frac{2\varepsilon_{\text{b}} \cdot d_{\text{p}}}{3(1 - \varepsilon_{\text{b}})}$$

④ Ergun 方程：

a. 单相流 Ergun 方程。单相流体质量速度分别与两相同时通过床层时相同。

$$\Delta P = A \left[\frac{(1 - \varepsilon_{\text{b}})^2 \cdot \mu \cdot u}{(d_{\text{p}})^2 \cdot (\varepsilon_{\text{b}})^3}\right] + B \cdot \frac{1 - \varepsilon_{\text{b}}}{(\varepsilon_{\text{b}})^3} \cdot \frac{\rho \cdot u^2}{d_{\text{p}}}$$

式中 A——常数，150；

B——常数，1.75；

u——操作状态下的线速度，m/s。

b. 两相流 Ergun 方程。黏性力与惯性阻力系数 A、B 不是常数，与催化剂及床层特性有关。

$$\Delta P = A \left[\frac{(1 - \varepsilon_{\text{b}})^2 \cdot \mu \cdot u}{(d_{\text{p}})^2 \cdot (\varepsilon_{\text{b}})^3}\right] + B \cdot \frac{1 - \varepsilon_{\text{b}}}{(\varepsilon_{\text{b}})^3} \cdot \frac{\rho \cdot u^2}{d_{\text{p}}}$$

式中 A——常数，$A = 72C^2 r$；

B——常数，$B = 0.5808C^3$。

其中，$C = 1 - d\ln \varepsilon$

$$d = 0.7184 + 0.03634 \frac{\delta}{\varphi_{\text{s}}}$$

$$r = -0.3086 + \frac{1.3135}{\delta}$$

$$\delta = \frac{3(1 - \varepsilon)}{2\varepsilon}$$

⑤ Levec 方程。Levec 利用传统的相对渗透率概念和毛细管压力降计算方法，模拟气、液两相并流的滴流床反应器，提出了床层压力降与液体动持留量的关联式。

$$\Delta P_{LG} = \left(\frac{A \cdot Re_G}{Ge_G} + \frac{\dfrac{B \cdot (Re_G)^2}{(Ga)_G}}{K_G - 1} \right) \cdot \rho_G$$

床层中液体动持留量：

$$\left(A\,Re_G + \frac{\dfrac{B \cdot (Re_G)^2}{(Ga)_G}}{K_G} \right) - \left(\frac{A \cdot (Re)_L}{Ga} + \frac{B \cdot (Re_L)^2}{(Ga)_L} \right) \cdot \rho_G \cdot (K_L \cdot \rho_L) = 1$$

式中　ΔP_{LG}——气、液两相通过催化剂床层压力降，MPa·m；

　　　　K_G——气相的相对渗透率，$K_G = S_G^{4.8}$，$S_G = \dfrac{1 - \varepsilon_L}{\varepsilon}$；

　　　　K_L——液相的相对渗透率，$K_L = S_L^{4.3}$，$S_L = \dfrac{\varepsilon_0}{\varepsilon - \varepsilon_s}$；

　　　　ε_0——液体在床层中的动持留量占床层体积的比率；

　　　　ε_s——液体在床层中的静持留量占床层体积的比率；

　　Ga_G, Ga_L——气、液相的伽利略常数；

　　　　A, B——系数。

⑥王月霞方程。王月霞等通过试验，发展了有效空隙率的概念。试验发现，两相并流通过滴流床反应器的过程中，气、液两相在各自有效的空间内流动，产生的压力降遵循 Ergun 方程的规律性：

$$\Delta P_G = A_G \left[\frac{(1 - \varepsilon_G)^2 \cdot \mu_G \cdot u_G}{(d_p)^2 \cdot (\varepsilon_G)^3} \right] + B_G \cdot \frac{1 - \varepsilon_G}{(\varepsilon_G)^3} \cdot \frac{\rho_G \cdot (u_G)^2}{d_p}$$

$$\Delta P_L = A_L \left[\frac{(1 - \varepsilon_L)^2 \cdot \mu_L \cdot u_L}{(d_p)^2 \cdot (\varepsilon_L)^3} \right] + B_L \cdot \frac{1 - \varepsilon_L}{(\varepsilon_L)^3} \cdot \frac{\rho_L \cdot (u_L)^2}{d_p}$$

式中　$\Delta P_G, \Delta P_L$——气、液通过错滑稽床层压力降，MPa/m，在稳定条件下，$\Delta P_G = \Delta P_L = \Delta P_{LG}$；

　　　　μ_G, μ_L——操作状态下气、液的动力黏度，kg/(m·s)；

　　　　u_G, u_L——操作状态下气、液的空塔线速，m/s；

　　　　ρ_G, ρ_L——操作状态下气、液的密度，kg/cm³；

A_G, A_L, B_G, B_L——气、液两相的黏性阻力系数与惯性阻力系数，在催化剂特性和床层特性相同的情况下，$A_G = A_L$、$B_G = B_L$；

　　　　d_p——催化剂颗粒的当量粒径，$d_p = 6 \times \dfrac{V_p}{S_p}$，m；

　　　　V_p——催化剂体积，m³；

　　　　S_p——催化剂的外表面积，m²；

　　$\varepsilon_G, \varepsilon_L$——气、液并流通过滴流床反应器时各自的有效空隙率，它们与床层空隙率及床层剩余空隙率的关系为：$\varepsilon = \varepsilon_L + \varepsilon_G + \varepsilon_K$。

其中，
$$\varepsilon_K = \varepsilon_S \left(1 - \exp \frac{-b}{(Re)^c} \right)$$

$$b = 20.473(\varphi_s)^2 \cdot \varepsilon - 2.396$$

$$c = 1.409(\varphi_s)^2 \cdot \varepsilon^{0.5} - 0.3696$$

$$Re = Re_G + Re_L$$

$$Re_G = \frac{2d_p \cdot \rho_G \cdot u_G}{3(1 - \varepsilon_G)}$$

$$Re_L = \frac{2d_p \cdot \rho_L \cdot u_L}{3(1 - \varepsilon_L)}$$

$$\varepsilon_s = 0.0586 + \frac{0.003386}{E_\sigma}$$

$$E_\sigma = \frac{2d_p \cdot \rho_{LG} \cdot \varepsilon}{\sigma_L(1-\varepsilon)}$$

其中，φ_s——催化剂球形度，无因次；

σ——流体的表面张力，N/m；

角标：G——气相，L——液相。

这些压降关联式形式不同，其偏差的主要原因在于催化剂颗粒尺寸、操作条件和测试手段不同。在用以上各式计算压降时，实际上是假定整个催化剂床层空隙率恒定不变，但是在实际工业操作中由于固体杂物的沉积使催化剂床层空隙率明显降低，因而催化剂床层的压力降在床层运转一段时间后会随时间延长急剧增大。

⑦ 经验公式 1。2017 年加氢裂化、渣油加氢专家班学员刘涛在完成大作业时，实验室测定了直径 1.1～2.4mm 蝶形催化剂的空隙率，见表 5-4。对所得到的数据作图，见图 5-18。

表 5-4　蝶形催化剂直径与空隙率的关系

直径/mm	空隙率/%	直径/mm	空隙率/%
1.1	39.87	2.1	44.09
1.3	40.86	2.4	45.08
1.5	42.03		

从图 5-18 可以看到，催化剂直径和空隙率呈线性关系，R^2 为 0.9894。加氢催化剂空隙率在 0.35～0.65 之间，拟合得到：压降与催化剂空隙率的 4.65 次方成反比。结合 Ergun 方程：压降与催化剂床层高度成正比、与物流黏度成正比、与进料量成正比、与反应器质量流速成正比，得出以下经验公式：

$$\Delta P = \alpha \cdot \Delta L \cdot \lg \frac{\mu \cdot F}{\varepsilon_b^{4.65} \cdot D^2}$$

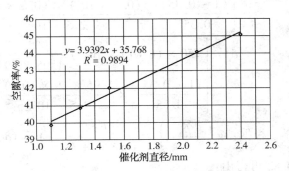

图 5-18　蝶形催化剂直径与空隙率的关系

式中　α——系数；

　　　μ——原料油黏度（100℃），mm^2/s；

　　　F——原料油流量，t/h；

　　　D——反应器直径，m；

上式对渣油加氢有较好的适应性。

⑧ 经验公式 2。2017 年加氢裂化、渣油加氢专家班学员姚立松在完成大作业时，结合所在加氢裂化装置现状，总结的反应器压降计算公式为：

$$\Delta P = \alpha^2 \cdot \frac{33.7857}{UOPK} \cdot 10^{-5} \cdot \Delta L \cdot D \cdot \left(\frac{19}{P}\right)^{\left[1-\left(\frac{CAT+273.15}{653.15}\right)\right]} \cdot \rho \cdot F^{0.62} \cdot V^{0.67} \cdot \mu^{0.35} \cdot \varepsilon_b^{\left(\frac{2600}{CAT+275.15}\right)}$$

式中　α——污垢系数，对加氢裂化（SOR 及 EOR）取 1.0；拓展到渣油加氢，SOR：1.0，

　　　　　EOR：1.1~1.3；

　　　P——反应器入口操作压力，$MPa(G)$；

　　CAT——催化剂平均操作温度，℃；

　　　ρ——催化剂装填密度，kg/m^3；

　　　F——原料油标准体积流率（15.6℃），m^3/h；

　　　V——反应器入口气体标准体积流率，Nm^3/h。

（3）催化剂床层压力降计算实例

在压力 5.0MPa 及 370℃下，滴流床反应器内进行石油馏分的加氢脱硫，计算加氢脱硫催化剂床层压降。

已知数据：催化剂直径 $2.5 \times 10^{-3}m$，催化剂床层空隙率 0.35，液相黏度 $= 0.50 \times 10^{-3} kg/(m \cdot s)$，气相黏度 $= 0.015 \times 10^{-3} kg/(m \cdot s)$，液相密度 $= 900 kg/m^3$，气相密度 $= 1.95 kg/m^3$，液相空塔气速 $= 0.3 \times 10^{-2} m/s$，气相空塔气速 $= 9 \times 10^{-2} m/s$。

解：根据 Larkin 公式：

$$\delta = \left[150\mu \frac{1-\varepsilon_b}{d_p \cdot \rho \cdot u_0} + 1.75\right] \cdot \left[\frac{(1-\varepsilon_b)}{(\varepsilon_b)^3} \frac{\rho \cdot u_0}{d_p}\right]$$

可分别计算 δ_l、δ_g：

$$\delta_l = \left[150 \times (0.5 \times 10^{-3}) \frac{1-0.35}{(0.3 \times 10^{-2}) \times (0.9 \times 10^3) \times (0.3 \times 10^{-2})} + 1.75\right] \cdot$$

$$\left[\frac{(1-0.35)}{0.35^3} \times \frac{(0.9 \times 10^3) \times (0.3 \times 10^{-2})}{2.5 \times 10^{-3}}\right] = 440.7 N \cdot m^{-3}$$

$$\delta_g = \left[150 \times (0.015 \times 10^{-3}) \frac{1-0.35}{1.95 \times (9 \times 10^2) \times (2.5 \times 10^{-3})} + 1.75\right] \cdot$$

$$\left[\frac{(1-0.35)}{0.35^3} \times \frac{1.95 \times (9 \times 10^{-2})}{2.5 \times 10^{-3}}\right] = 486.9 N \cdot m^{-3}$$

根据：$\lg\left(\frac{\delta_{lg}}{\delta_l + \delta_g}\right) = \frac{K_1}{(\lg \chi)^2 + K_2}$ 、$\chi = (\delta_l + \delta_g)^{\frac{1}{2}}$ 及对于加氢反应：$K_1 = 0.62$，$K_2 = 0.83$ 可得出：

$$\lg\left(\frac{\delta_{lg}}{440.7 + 486.9}\right) = \frac{0.62}{[\lg (440.7 + 486.9)^{\frac{1}{2}}]^2 + 0.83}$$

解得，$\delta_{lg} = 5.15 \times 10^3 \text{N} \cdot \text{m}^{-3}$

根据：$\lg h_1 = A + B \lg \chi - C(\lg \chi)^2$ 及对于加氢反应：$A = 0.440$，$B = 0.4$，$C = 0.12$ 可得出：

$$\lg h_1 = 0.440 + 0.4 \lg (440.7 + 486.9)^{\frac{1}{2}} - 0.12 [\lg (440.7 + 486.9)^{\frac{1}{2}}]^2$$

$$h_1 = 0.3559$$

根据：$\left(\dfrac{\Delta P}{\Delta L}\right)_{lg} = \delta_{lg} - h_1 \cdot \rho_1 - (1 - h_1) \cdot \rho_g$ 可得出：

$$\left(\dfrac{\Delta P}{\Delta L}\right)_{lg} = 5.15 \times 10^3 - 0.3559 \times (0.9 \times 10^3) - (1 - 0.3559) \times 1.95$$

$$= 5.47 \times 10^3 \text{N} \cdot \text{m}^{-3}$$

5.2.3　反应器压力降的典型数据

反应器压力降的典型数据见表 5-5 至表 5-9。

表 5-5　实验室测得的数据与计算公式得出的反应器压力降对比

误差范围	0%～20%	20%～30%	30%～50%	>50%	最大误差/%
Larkins	0.16	0	1.3	98.5	−79
Tosun	55.23	29.3	12.5	2.9	70
Turpin	12.8	9.8	37.1	41	−90
Levec	80.7	16.3	2.12	0.06	60
王月霞	91.6	5.0	1.79	0.06	55.4

表 5-5 所列数据为相对误差点占实验数据总数的百分比。

表 5-6　工业数据与计算公式得出的反应器压力降对比

装置	ΔP_E/MPa	Larkins		Tosun		Turpin		Levec		王月霞	
		ΔP_C/MPa	误差/%	ΔP_C/MPa	误差/%	ΔP_C/MPa	误差/%	ΔP_C/MPa	误差/%	ΔP_C/MPa	误差/%
JS	0.03	0.0089	−70.2	0.025	−16.6	0.0232	−22.5	0.044	45	0.0284	−5.2
NJ	0.164	0.053	−65.5	0.132	−19.5	0.112	−31.7	0.62	278	0.185	12.8
YZ	0.092	0.0147	−59.7	0.0469	−49.0	0.0199	−78.3	0.216	134.7	0.0805	12.92
ZH	0.10	0.0463	−53.7	0.0625	−37.5	0.0563	−43.7	0.1832	83.2	0.0993	−0.653

注：ΔP_E 为实测的床层压力降，ΔP_C 为计算的床层压力降；误差 $= \dfrac{\Delta P_C - \Delta P_E}{\Delta P_E} \times 100$

表 5-7　加氢裂化装置压力降的典型设计实例

装置		精制反应器压降/MPa	裂化反应器压降/MPa		反应器压降/总压降/%	精制反应器压降到高分压降/MPa	说　明
			1	2			
A	SOR	0.23	0.21	0.24	43	1.58	反应器间压降 0.07MPa，裂化反应器 B 至高分压降 0.07MPa
	EOR	0.42	0.35	0.37	55.9	2.04	
B	SOR	0.22	0.23	—	40.5	1.11	反应器间压降 0.14MPa，裂化反应器 B 至高分压降 0.52 MPa
	EOR	0.42	0.43	—	56.3	1.51	

表 5-8　工业装置的典型压力降数据

项目	A 装置		B 装置		C 装置		D 装置		E 装置	
	流体线速/（m/s）	压力降/MPa	流体线速/（m/s）	压力降/MPa	流体线速/（m/s）	压力降/MPa	流体线速/（m/s）	压力降/MPa	流体线速/（m/s）	压力降/MPa
换热器壳程	0.065	—	2.13	—	—	<1	0.66	2~3	0.6	3.0
加热炉	7.7	—	3.47	—	5.95	1	10.9	2~4	7.6	14.0
反应器	0.125	5~10	0.18	—	0.14	1~2	0.19	6~8	0.15	5.0
换热器管程	0.85	—	11.4	—	—	<1	6.1	1~6	1.4	6.0
冷却器						5~7		1.2~1.4		2.0
总压降	—	20~25	—	4~5				15.2~22.4		30

表 5-9　工业装置床层压力降对比

项目	P/MPa	T/℃	u_G/（m/s）	u_L/（m/s）	μ_G/[kg/（m·s）]	μ_L/[kg/（m·s）]	ρ_G/（kg/m³）	ρ_L/（kg/m³）	σ_L/（N/m）	Δp_E/MPa	Δp_C/MPa	误差/%
NJ	18.0	380	0.305	0.0406	18.6	263	17.1	720.8	9.82	0.164	0.185	12.8
JS	14.9	378	0.318	0.045	17.6	267	13.7	700.1	9.50	0.03	0.0284	−5.2
YZ	16.43	370	0.262	0.035	18.4	336	19.9	705.4	9.46	0.092	0.0895	12.2
ZH	16.96	380	0.294	0.0416	18.15	375.2	19.2	698.9	9.64	0.10	0.0993	−0.653
	16.96	380	0.294	0.0423	18.19	274.8	19.18	698.8	9.65	0.14	0.113	−19.27

5.3　加氢裂化装置反应部分压力控制[20~21]

5.3.1　反应部分压力控制的目的

　　加氢裂化装置的主要反应包括加氢精制反应和加氢裂化反应。加氢精制反应一般指杂原子的脱除反应，如：加氢脱硫、加氢脱氮、加氢脱氧、加氢脱金属以及不饱和烃的加氢饱和等反应，加氢裂化反应主要是烃类的加氢异构化和裂化（包括开环）反应，这些反应都需要在氢压和双功能催化剂上进行，因此，为了维持反应系统氢压和提供反应所需的氢气，必须补充新鲜氢气或同时排放循环氢气。维持反应系统氢压就是控制反应系统的压力。

5.3.2　反应部分压力控制的方法

　　（1）用废氢排出量控制反应压力

　　为使反应压力在规定的范围内运转，反应压力可利用高压分离器后部废氢出口管线上的压力调节器自动控制放出的废氢量来控制反应压力。

　　（2）用补充氢量控制反应压力

　　① 氢分压可利用循环氢管线上的氢气分析器自动控制补入的新氢量，以保持循环氢的纯度。

　　② 将高压分离器的压力与新氢压缩机的流量串级，当高压分离器的压力下降时，说明化学氢耗增加，通过新氢压缩机的旁路线自动控制补充新氢，维持反应压力在规定的范围内；当高压分离器的压力上升时，说明化学氢耗减少，通过新氢压缩机的旁路线自动控制减少补充新氢，维持反应压力在规定的范围内。当然，为使反应压力在规定的范围内运转，在

系统阻力增加以后，在新氢压缩机允许操作指标内，也可适当提高控制点的压力。

　　a. 补充新氢与循环氢压缩机出口的循环氢混合进入反应系统。高分压力及新氢压缩机压力控制系统流程见图 5-19。

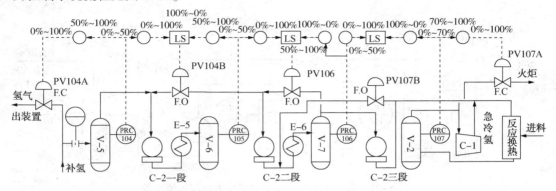

图 5-19　高分压力及新氢压缩机压力控制系统流程

C-2—新氢压缩机；V-5—新氢压缩机一段入口分液罐；V-6—新氢压缩机二段入口分液罐；

V-7—新氢压缩机三段入口分液罐；V-2—高压分离器；C-1—循环氢压缩机；

E-5、E-6—新氢压缩机级间冷却器；LS—低值选择器；O—转换器

　　当高压分离器压力下降时，其容器上的压力调节器 PRC107 为正作用，因此输出在 0%~70% 范围内时，经转换（反向）为 100%~0% 进入低值选择器（LS），当选上时，则由 PRC107 控制补充氢压缩机三段出口返回阀 PV107B。高分压力下降，则 PV107B 开度减小，返回量少，则去高分的氢气量多，促使高分压力上升；高分压力上升时调节器输出趋近 70%，经转换（反向）趋近于 0%，三段出口返回阀 PV107B 开度加大. 返回量多，去高分的氢气量小，因而压力下降达到给定值。

　　当高压分离器压力上升，PRC107 输出在 70%~100% 范围时，经转换为 0%~100% 去作用 PV107A，即排废氢至火炬系统，只有在不正常时，加氢裂化装置才会出现。PRC107 输出的另一路 0%~70% 信号经转换（反向）为 100%~0%。因为信号>70% 去低值选择器的信号为 0%，当选上 PV107B 时，则全开新氢压缩机三段出口返回阀 PV107B，因此新氢压缩机三段入口分液罐压力上升，依此类推，返回量多，去高分的氢气量小，因而压力下降达到给定值。

　　每台调节器的输出、调节阀的开度见图 5-20。

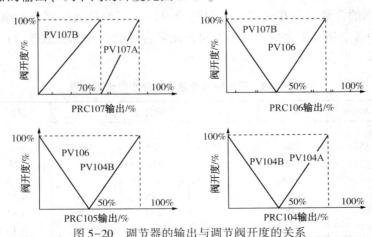

图 5-20　调节器的输出与调节阀开度的关系

b. 补充氢气直接进入高压分离器。高分压力及新氢压缩机压力控制系统流程图 5–21。

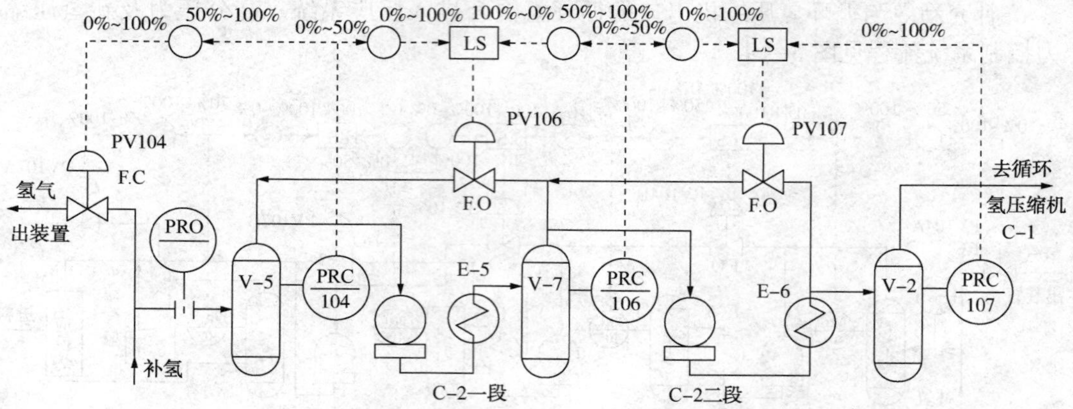

图 5–21　高分压力及新氢压缩机压力控制系统流程

C–2—新氢压缩机；V–5—新氢压缩机一段入口分液罐；V–6—新氢压缩机二段入口分液罐；
V–7—新氢压缩机三段入口分液罐；V–2—高压分离器；C–1—循环氢压缩机；
E–5、E–6—新氢压缩机级间冷却器；LS—低值选择器；O—转换器

　　如果氢气源的压力较高，经二段压缩后可以直接进入高压分离器时，可采用此控制系统流程。高压分离器上设有压力调节器 PRC107，其输出经低值选择后控制压缩机二级出口返回二级入口调节阀的开度。PRC107 为反作用调节器，高压分离器压力下降时，输出上升，使返回阀 PVC107 开度变小，因而返回的氢气量少而向高压分离器补充的氢气量多，促使高压分离器压力上升达到给定值。根据往复式压缩机的性能，新氢压缩机一段入口分液罐(V–5)压力也低，则自动增加补充氢气量。当高分压力上升时与此过程相反。

5.4　加氢裂化反应器压力降增大的原因及对策[3,21~30]

5.4.1　压力降增大的原因

（1）原料油中固有的金属

① 固有金属的含量及存在形式。典型的国内外减压馏分油中固有的金属含量见表 5–10，蜡油馏分中各金属元素含量占原油中同种元素含量的百分比见表 5–11，原油及组分中金属元素分配状况见表 5–12。

表 5–10　国内外原油减压馏分油中金属含量　　　　　　　　　　　　　　　μg/g

VGO	大庆	胜利	辽河	阿曼	沙特	伊朗	米纳斯
馏程/℃							
5%	352	326	238(IP)	323	319	331	380
终馏点	517	527	559	539	531	522	500
砷	<0.5	<0.5		<0.5		<0.5	
钠	0.06	0.09		2.38		0.12	
铁	0.24	0.25	5	0.38	1.76	0.44	0.66
镍	0.04	0.13	0.6	0.08	0.06	0.15	0.05

续表

VGO	大庆	胜利	辽河	阿曼	沙特	伊朗	米纳斯
铜	0.01	0.01	0.03	<0.01	0.02	0.06	0.02
钒	<0.05	<0.05	0.8	<0.05	0.13	0.30	
铅	0.05	<0.05		<0.10		<0.05	

表5-11 蜡油馏分中各金属元素含量占原油中同种元素含量的百分比   %

金属元素	第一套常减压蒸馏装置			第二套常减压蒸馏装置		
	减压一线	减压二线	减压三线	减压一线	减压二线	减压三线
Fe	2~30	3~40	4~50	3~8	5~10	6~40
Ni	0.1~1	0.2~2	0.3~10	0.1~2	0.4~4	3~6
Ca	0.5~2	0.5~3	0.6~6	0.4~2	0.5~3	1~3
Mg	2~8	2~7	2~6	1~5	2~5	2~7
Mn	1~7	1~4	4~5	1~3	1~3	2~8

表5-12 原油及组分中金属元素分配状况 $\mu g/g$

金属元素	原油	甲醇可溶物	胶质	沥青质
铁	73.1	1.95	66.4	895.0
镍	93.5	7.21	147.0	852.0
钒	7.5	0.82	12.4	61.6
汞	21.2	0.686	29.6	140.0
钴	12.7	0.8	10.7	122.0
锌	9.32	0.74	8.86	109.0

在石油中，已检测出的59种微量元素中（其中45种为微量金属元素），按化学属性可分为三类：

第一类：变价金属，如V、Ni、Fe、Mo、Co、W、Cr、Cu、Mn、Pb、Ca、Hg、Ti 等；

第二类：碱金属和碱土金属，如Na、K、Ba、Ca、Sr、Mg 等；

第三类：卤素和其他元素，如Cl、Br、I、Si、Al、As 等。

固有的微量金属以三种形式存在于原油中：

第一种：以无机的水溶性盐类形式存在，如钾、钠的氯化物盐类，这些金属主要存在于原油乳化的水相里。在原油脱盐过程中，这些盐的绝大部分被水洗或加破乳剂而除去。

第二种：以油溶性的有机化合物或络合物形式存在。如：镍、钒、铁、铜等，这些微量金属经过蒸馏后，会有部分进入馏分油中，大部分浓缩于渣油中。在经过脱盐、脱水的原油中，以油溶性的有机化合物或络合物形式存在的微量金属的形态可能有多种，如：与碳原子以化学键形态相结合，形成有机酸盐形态；与氧、氮、硫原子形成配位络合物；形成金属卟啉络合物等。

第三种：以极细的矿物质微粒悬浮于原油中。

加氢裂化原料中铁含量与原油固有的铁含量并不一定成对应关系。某厂对上百个脱盐原油与加氢裂化蜡油铁含量数据的统计结果见表5-13。

表 5-13　原油及蜡油中铁含量分析　　　　　　　　　　　　μg/g

编号	原油中铁含量	加氢裂化蜡油中铁含量
1	8.30	1.25
2	8.63	1.82
3	8.55	2.11
4	3.71	1.68

② 固有金属的危害。主要是沉积并堵塞反应器内构件和催化剂床层，造成催化剂的微孔堵塞而失去活性，且无法用再生的方法将其除去，形成不可逆的永久性失活。

某加氢裂化装置积垢篮筐中的堵塞物经 X 射线荧光光谱法测定，铁含量 61%，催化剂过筛后的粉末中铁含量 50%~66%。

某中压加氢裂化装置第二周期仅运转约 4 个月的时间，就不得已对反应器进行撇头处理，反应器内构件和催化剂床层积垢样品分析结果见表 5-14。

表 5-14　积垢样品荧光分析（半定量）数据　　　　　　　　　　　%

项　目	入口分配器	积垢篮	保护剂顶部	保护剂底部	催化剂装填位置
CaO	10.1	30.4	26.4	23.3	29.1
ZnO	3.1	7.4	8.0	9.9	4.7
Fe_2O_3	25.1	5.9	9.6	13.4	9.4
P_2O_5	25.1	45.0	41.0	28.6	24.6
SO_3	22.1	5.3	7.7	17.8	18.8
Na_2O	0.67		1.10	1.70	0.88
SiO_2	0.51	0.83	0.91	0.35	0.29
Cl		0.16		0.08	0.40
NiO	2.50	0.41	0.60	0.27	0.72
As_2O_3	0.8	1.5	2.8	3.6	3.3
MoO_3	0.18	0.24		0.38	0.17
WO_3					4.6
K_2O		0.09	0.06	0.06	
Cr_2O_3	8.50	0.93	0.71	0.20	0.16
MnO	0.77	0.09	0.13	0.12	0.08

（2）原料油中携带的固体微粒

直馏原料油中携带的固体微粒主要是机械杂质、油泥、腐蚀产物等，而腐蚀产物主要为铁离子。

典型的直馏原料油中固有的铁含量与经过常减压蒸馏的铁含量对比见表 5-15。

表 5-15　实沸点蒸馏与常减压蒸馏的铁含量对比

实沸点蒸馏	馏分/℃	350~410	410~480	480~500	>500
	铁/(μg/g)	0.784	0.109	0.333	14.2
常减压蒸馏	馏分/℃	180~437	330~492	305~529	
	铁/(μg/g)	5.73	4.43	8.68	

某厂第一套、第二套常减压蒸馏装置加工原油酸值小于 0.5mgKOH/g 时，减压一线、

减压二线、减压三线蜡油馏分中铁离子小于1μg/g,随着原油酸值增加,减压蜡油馏分中铁离子含量增加,如图5-22所示。

减压蜡油馏分中环烷酸含量与原油酸值基本呈线性关系,如图5-23所示。

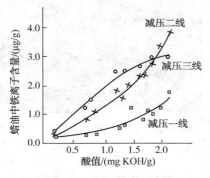 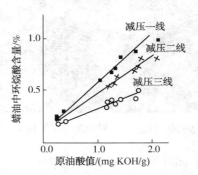

图5-22 原油酸值与减压 蜡油馏分中铁离子含量的关系

图5-23 原油酸值与其减压 蜡油馏分中酸含量的关系

在同一线蜡油中,铁离子含量随环烷酸含量增高而增加;铁离子含量增加的幅度为减压三线>减压二线>减压一线。减压三线环烷酸含量虽低,但抽出温度高又加速了环烷酸腐蚀,在220℃后腐蚀性随温度升高而加大,270~280℃范围腐蚀性最大,如图5-24、图5-25所示。

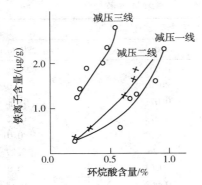 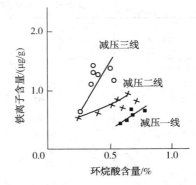

图5-24 某厂第一套常减压蒸馏装置减压 蜡油馏分中环烷酸与铁离子含量的关系

图5-25 某厂第二套常减压蒸馏装置减压 蜡油馏分中环烷酸与铁离子含量的关系

二次加工油品,如焦化蜡油、催化裂化循环油,可能会有焦粉和催化剂粉末。焦化蜡油含有的焦粉导致反应器进料分配器结垢情况见图5-26,反应器顶部分配盘上结垢情况如图5-27所示。

焦化蜡油进加氢裂化装置前一般要求进行粗过滤,过滤粒径40~60μg/g。原料油进入加氢裂化装置后,一般设有自动反冲洗过滤器,以除去大部分固体微粒,过滤粒径10~25μg/g,也有采用5μg/g过滤粒径。未过滤掉的更细的微粒在通过换热器和催化床层时,还会聚集成更大的粒子,以及在这些容器中还会产生铁锈、焦粉等,最终积累在催化剂颗粒之间。

图 5-26 反应器进料分配器结垢情况

图 5-27 反应器顶部分配盘上结垢情况

（3）循环油中携带的固体微粒

一段串联全循环流程的加氢裂化装置，循环油返回到裂化反应器时，腐蚀产物会导致裂化反应器一床层压力降上升过快。

JL 厂在对加氢裂化反应器整个催化剂撇顶过程中未发现催化剂结块现象，主要是粉尘含量特别大，顶部高达 15% 以上；粉尘深入程度高，直到催化剂已撇出达 50% 左右时，粉尘含量才勉强合格。这种现象与该厂精制反应器床层的结块及粉尘深入程度低完全不一样，见表 5-16。

表 5-16 催化剂床层所含粉尘元素分析结果   %

项 目	粉尘试样距入口法兰距离		
	3000mm	3900mm	5100mm
Ca	0.051	0.033	0.044
K	<0.01	<0.01	<0.01
Mo	0.080	0.071	0.088
Al	0.077	0.072	0.25
Mg	<0.01	<0.01	<0.01
Mn	0.25	0.26	0.27
Co	<0.01	<0.01	<0.01
Ni	0.079	0.062	0.12
V	<0.01	<0.01	<0.01
Fe	32.29	32.30	32.11
Na	0.12	0.054	0.033

ZH 厂在对加氢裂化反应器第一床层催化剂撇顶过程中，发现自上而下撇出的粉尘中铁含量在 40% 左右，硫含量也在 40% 左右，可以认为粉尘中的主要成分是铁的硫化物，见表 5-17，装置原则流程如图 5-28 所示。

表 5-17 ZH 厂加氢裂化反应器卸剂采样分析结果   %

采样位置	Fe	C	S	Mo	Ni	Na	Al
3.2m 催化剂处	0.510	6.83	9.58	0.012	5.910	0.031	21.24
3.7m 催化剂处	0.590	7.21	10.62	<0.01	5.690	0.028	19.05
4.2m 催化剂处	0.053	6.60	10.47	<0.01	5.900	0.025	19.35

采样位置	Fe	C	S	Mo	Ni	Na	Al
积垢篮顶部瓷球	34.17	2.67	39.80	0.410	0.940	0.040	0.018
积垢篮内	35.41	1.49	38.27	0.320	0.150	<0.01	0.021
3.2m 积垢处	41.30	0.82	41.52	0.370	0.082	0.013	0.100
3.7m 积垢处	36.58	0.92	41.76	0.340	0.097	<0.01	0.026
4.2m 积垢处	40.41	0.82	41.18	0.350	0.260	0.016	0.480
篮框间瓷球	39.07			0.360	0.110	<0.01	0.120
分配器上	40.52	4.28	41.36	0.380	0.240	0.056	0.038

循环油中的腐蚀产物随加工原料硫含量、流程、设备材质的选择不同而变化。

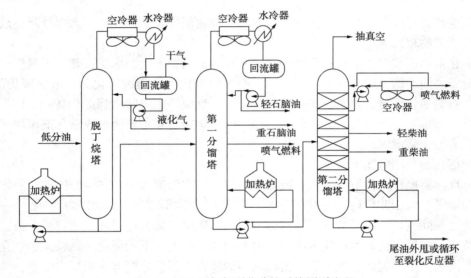

图 5-28 ZH 厂加氢裂化分馏系统原则流程

加氢裂化分馏系统油品铁离子随流程变化见表 5-18。

表 5-18 ZH 厂加氢裂化分馏系统油品铁离子分析数据 μg/g

时间	原料油	冷低分油	热低分油	脱丁烷塔底油	分馏塔底油	循环油
脱丁烷塔改造前						
2000-04-12		0.11	未检出	2.89	—	18.59
2000-06-15	0.78	0.15	0.40	7.29	2.90	21.03
2000-06-18	0.50	0.25	0.17	3.27	7.57	17.90
2000-07-03	0.56	检不出	检不出	2.83	2.79	10.72
2000-07-21	0.28	0.39	0.35	2.53	2.38	21.70
脱丁烷塔改造后						
2001-05-29	0.62	0.11		0.53	0.22	1.56
2001-06-01	0.52	检不出		0.10	0.44	1.69
2002-03-18	—	—		0.98		1.71
2002-03-20				0.94		1.54

（4）原料油中携带的重质烃

减压馏分油中四环以上的稠环芳烃，因黏度大，向催化剂内部扩散的速度慢，反应速度低，在反应器内的停留时间较长，特别是与硫、氧、氮组成的非烃化合物非常不稳定，相对分子质量一般在 1000 左右甚至更高，容易缩合生焦堵塞催化剂床层，造成反应器床层压降增大。

（5）催化剂性能差

催化剂制备过程包括：原料选择和工作溶液配置；沉淀和生焦，确定催化剂的孔结构与性质；洗涤，从催化剂中脱出杂质；干燥，提高催化剂的物理性能；成型，将催化剂制备成片、粒、球、三叶草、四叶草等形状；煅烧或活化，将催化剂中的水合物或盐类煅烧成氧化物；浸渍，将活性组分负载于相应的载体上。不同催化剂的制备过程不一定相同，有些过程还需多次使用，如：浸渍活性组分后的催化剂还需再次干燥、煅烧，将其转化为相应的氧化物。

从上述制备过程不难看出，除少数过程影响催化剂的化学性质外，大部分制备过程会影响到催化剂的物理性能。

当催化剂强度差时：运转过程中遇水就会破碎而堵塞催化剂床层；开停工过程中，存于催化剂分子之间的蜡类组分在低温时凝固，高温时汽化也会崩裂催化剂，造成催化剂粉碎，如：某厂石蜡加氢装置，停工检修后再次开工时，反应器压降陡增到 2.0MPa 以上。

催化剂长短不一、出现不应有的弯曲较多时，运转过程中就会造成催化剂床层下沉，也会造成反应器压降增加。

（6）催化剂装填方案不合理

加氢反应器操作条件下，当气、液相有效的床层空隙率大于 20%~25% 时，催化剂床层压降增加缓慢。低于此值时，催化剂床层压降会以指数形式迅速增加。主催化剂一般活性高，能快速脱除原料中金属组分而导致反应器顶部床层压降快速增加，装置就会被迫停工。

只有将反应器催化剂床层脱金属活性由弱到强，从上到下的催化剂颗粒大小、孔径、床层空隙率由大到小，脱硫、脱氮活性由低到高的适宜匹配，才可提高床层空隙率，捕捉原料中的各种杂质，使这些杂质向催化剂床层深处分布，从而达到减缓生焦速度，防止催化剂床层被堵塞。

（7）反应器内构件设计或安装不合理

反应器内构件（图 5-29），特别是入口扩散器、分配盘、急冷氢箱设计或安装不合理，就会造成流体分配不均匀，甚至沟流等，由于加氢反应是剧烈的放热反应，温度高的反应床层区域反应剧烈，放出的热量大，使温升增大；温度低的催化剂床层区域则相反。高温的反应区域就会使原料在死角处积聚生焦，从而堵塞催化剂床层。

（8）催化剂装填效果不合理

稀相装填是利用料斗、金属立管和帆布袋，在距活性填充物床层一定高度下，使装有活性填充物的帆布袋沿反应器内侧圆周缓慢放出活性填充物，达到分布比较均匀的目的。因此，在装填过程中应尽可能减小架桥，避免产生沟流；尽量避免反应器中心部位装填密度较小、周边较大的现象。某加氢裂化装置运行 700 天后，发现催化剂床层下沉 12.5cm。

密相装填是利用专用密实装填器，在非净化压缩空气的推动下使活性填充物每个粒子均匀分散在床层截面的恰当位置。因此，在装填过程中应控制好非净化压缩空气的压力，避免装填后的催化剂床层发生沟流、壁效应、偏流、轴向返混，使活性填充物内外表面被流动液体以液膜形式润湿的分率最大化。

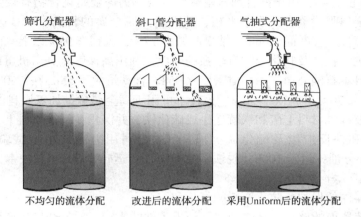

图 5-29　内构件对分配的影响

5.4.2　压力降增大的对策

（1）合理选择原油品种，确保加氢原料在设计范围

当一套加氢装置建成后，在设计处理能力下，达到希望的目的产品数量和质量条件时，能够加工的原料有一定的范围，如：设计加工低硫原油的装置，在改造完成前很难加工高硫原油；设计加工低酸原油的装置，在改造完成前也很难加工高酸原油。因此，选择合适的原料可延长装置的操作周期，减缓反应器压降的快速增加。

（2）上游装置精心操作，降低加氢原料质量的波动

常减压装置优化和提高"一脱四注"工艺，提高原油脱盐效率，优化注碱、注氨、注水工艺，开发并应用能有效抑制活性硫、环烷酸等酸性物质腐蚀的缓蚀剂。含盐量少，可从根本上消除氯离子腐蚀，注碱中和微量的残盐，高效缓蚀剂牢固吸附在金属表面形成单分子保护膜，使腐蚀大为减小，保证提供合适的加氢原料。

常减压装置优化加热炉出口温度，防止油品裂解产生不饱和烃引起的缩合，可降低加氢原料的不饱和烃、胶质和沥青质含量；优化洗涤段操作，严格控制减压馏分油的切割温度，减少减压蜡油的雾沫夹带及携带的重质馏分油和金属组分。

焦化装置严格控制含硅消泡剂的使用、焦炭塔和过滤器的操作，减少或避免硅和焦粉带入加氢原料。

（3）上游装置关键部位采用耐腐蚀材料，降低加氢原料中铁离子的含量

环烷酸存在于大多数原油中，一般含量在 0.02%～2.0%，相对分子质量为 200～350 左右，环烷酸腐蚀常发生在常减压装置的加热炉管、回弯头和减压塔闪蒸段，使器壁变薄并形成蚀坑，腐蚀产生的环烷酸铁便进入馏分油中。

原料中的硫在 230～410℃生成活性很强的硫化氢、元素硫和硫醇，它们极易发生化学反应。硫化氢和硫醇在高温下与铁能形成硫化亚铁薄层，脱落后形成铁锈进入馏分油中。

常减压装置常压和减压转油线、加热炉管、回弯头、减压塔内构件等高温、相变部位和易冲刷部位更换耐腐蚀材质。

（4）加氢原料进装置前脱金属

加入螯合剂的溶剂萃取脱金属：用氨基羧酸或二元羧酸及其盐类的水溶液与含铁加氢原

料混合，控制 pH 值 5~6，由于螯合剂氨基羧酸对铁、钙等金属化合物有较强的亲和力，因而能将铁、钙等金属吸附螯合并溶于水相，从而达到脱金属的目的。CLG 公司对我国胜利原油进行试验，搅拌反应时间 15min，结果脱铁率 77%，脱钙率 90% 以上。

磁分离技术脱铁：铁及其化合物有较强的磁性，利用高梯度磁分离机可以将加氢原料中的铁吸附分离。日本石油公司采用相对密度 0.958、含铁量大于 $55\mu g/g$、50℃黏度 $242mm^2/s$ 的重油进行试验，70℃下脱铁率 50%。该技术可用于高金属含量加氢原料油的初步处理。

吸附脱铁：在纤维材料上硫和铁就地生成硫化铁，并沉积在纤维材料上，沉积的硫化铁又进一步促进硫和铁反应以及硫化铁沉积。CLG 公司用上流式小型试验装置处理含铁 $100\mu g/g$ 的减压馏分油，运转 100h，脱铁率大于 75%；运转 2000h，脱铁率大于 90%；再运转 120h，脱铁率仍大于 90%。

（5）加强原料油的保护，防止原料的氧化和缩合

加氢原料进装置前的储存、运输期间受外界条件的影响，质量会发生变化，如：稠环芳烃、非烃类（特别是不饱和的非烃类）、胶质、沥青质等遇光、热及氧后就会发生化学反应，缩合成更大的分子。因此，加氢原料（特别是焦化蜡油、催化裂化循环油）在储存罐、中间罐中存放时，应隔绝空气，采用惰性气体（如氮气）密封。

（6）加强原料油的过滤，保证原料油的适度纯净

设置原料油自动反冲洗过滤器，脱除原料中 $10\sim25\mu m$ 的固体颗粒，并加强管理，生产中不允许将原料油自动反冲洗过滤器旁路掉。

（7）采用分级装填技术，减缓催化剂床层压降的上升

分级装填技术是利用活性填充物的尺寸梯度，实现活性梯度的分配、延缓压降的积累。日本石油公司对三种不同装填方式的活性填充物床层，用含有细微颗粒的水流进行试验，试验 1 采用不同尺寸的活性填充物按传统方式装填的床层；试验 2 在梯度装填的基础上，活性填充物上部装填 KG-1 保护剂；试验 3 只有一种活性填充物，装填结果见表 5-19。

表 5-19　三种不同装填方式的活性填充物

项目	试验 1		试验 2		试验 3	
	活性填充物	高度/mm	活性填充物	高度/mm	活性填充物	高度/mm
一层	AS-20-6Q(6.4Q)	37	KG-1-5B	110	KFR-10-1.3Q	680
二层	AS-20-6Q(3.2Q)	101	KG-1-3B	110	—	—
三层	KFR-10-2.1E	101	KFR-10-1.5Q	110	—	—
四层	KFR-10-1.5E	101	KFR-10-1.3Q	350	—	—
五层	KFR-10-1.3E	340	—	—	—	—
合计	—	680	—	680	—	680

从图 5-30 所示压力降与相对处理量的变化趋势可以看出，试验 3 与试验 1 的差别是分级装填的活性填充物床层可大幅度降低床层压降，应用保护剂的试验 2 则可进一步改善床层压降。

图 5-31 表明，没有分级装填的活性填充物床层容易在顶部堵塞；有分级装填的活性填充物床层具有很大的沉积空间；多孔保护剂 KG-1 有最大的容垢能力。

（8）加入阻垢剂，减缓催化剂床层结块

催化剂床层压力降增加较快的原因之一：生成的硫化铁、焦粉及催化剂粉尘等由小聚大，形成了以硫化铁为主的连续沉积层，堵塞了流体通道的结果。

Welchem 公司开发了一种油溶性液体阻垢剂，该剂有较高的表面化学性质，对硫化铁、

焦粉及催化剂粉尘有很强的亲和性，能增加它们之间吸引力，促使聚结成球体，从而破坏连续的沉积层，再现床层空隙率，达到减少催化剂床层压力降的目的。该剂不会造成加氢催化剂中毒，也不会污染产品。

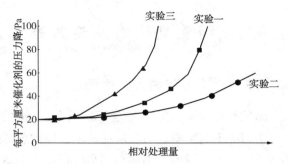

图 5-30　三种不同装填方式压力降与相对处理量的关系

一套以减压馏分油和焦化蜡油为原料的加氢裂化装置，以进料量 $28\mu g/g$ 注入该剂，连续注入 22h 后，催化剂床层压力降至注入前的 53%。根据压力降上升情况，每隔 4~5 天以 $30\mu g/g$ 的量连续注入 24h，维持了 5 个月的正常生产直到大修。

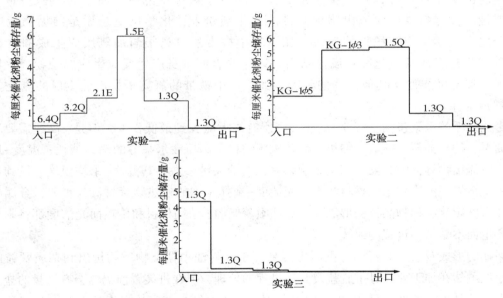

图 5-31　三种不同装填方式粉尘储存量示意
E，Q—催化剂型号代号

典型的阻垢剂加注系统流程示意见图 5-32。

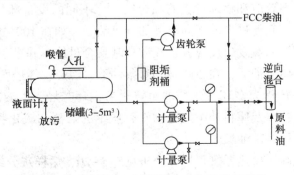

图 5-32　典型的阻垢剂加注系统流程示意图

5.5　加氢裂化高压换热器压力降增大的原因及对策[31~40]

5.5.1　压力降增大的原因

高压换热器压力降增大的主要原因就是结垢，即不需要的物质在传热面上的堆积。

结垢的不利影响包括：增加热阻，导致总传热系数降低，使所需设计投资费用增加；换热器压降增加，需要增加原料油泵扬程；清洗结垢换热表面的维护费用增加；由于换热量不足，会造成装置处理能力降低；停工期间的费用增加。

引起结垢的原因可归纳为：沉淀结垢是未溶解物质在传热表面的沉淀，如上有装置腐蚀产生的硫化亚铁等；粒状结垢是流体中的悬浮颗粒在传热表面上的堆积，如加工焦化蜡油时的焦粉或反应流出物中携带的催化剂粉末；化学反应结垢是结垢物流中各种组分之间化学反应沉积物的形成，如原料中携带的氯离子与加氢反应生成的氨在降温过程中析出形成硫氢化铵；腐蚀结垢是因传热表面本身产生反应生成腐蚀物，垢化传热表面，甚至可能促使其他污物的附着，如原料中携带的氯离子、反应生成的硫化氢与金属铁反应生成。

影响结垢的因素包括：流速-高速可将所有结垢减少到最低程度，但是，高速需要增加原料油泵、循环油泵、新氢压缩机、循环氢压缩机、高压注水泵等的动力消耗；温度-原料油、反应流出物等污界面温度是影响结垢程度的关键参数，其温度（平均温度）及其传热系数决定该界面温度；结构材料和表面光洁度-选择正确的换热器管材极为重要，金属的粗糙度和密度影响沉积物晶核的形成、沉淀和附着倾向，结构材料和传热面光洁度都将影响结垢的产生而不是结垢过程的继续。

垢样的形成及组成分析：无机垢主要来源于原料油中盐类物质的析出和杂质颗粒的沉积。原油虽然在加工前经过了脱盐及其他过程的处理，但在进装置前仍然会有微量的盐类残留下来，油品中的酸性物质如 Cl^-，对设备管线产生腐蚀，其腐蚀产物析出并沉积于设备和管线表面；另外，原料油中未过滤掉的机械杂质等在设备和管线的低速流动部位不断沉积，形成无机垢。

有机垢的形成是化学反应和物理过程的综合结果，不同的设备部位，不同的温度区域，各种化学反应相互作用相互促进形成不同类型的有机油垢，如在 100~300℃ 条件下，由原料油中的烷烃、烯烃、芳烃与氧发生反应，生成游离基聚合母体，并进一步聚合缩合，生成附着力较强的高分子黏结体胶油垢；在 200~400℃ 条件下，烷烃、烯烃发生自聚环化，并逐步脱氢缩合，由低级芳烃转化为多环芳烃，进而转化为稠环芳烃，由液态焦油转化为固体沥青，并进而转化为焦垢；以及原料油中氯化物水解产生的氯盐和硫化物分别与轻油、重油、蜡油等混合一起，形成的含硫油垢。

某厂加氢裂化装置高压换热器管程垢样分析见表 5-20，垢样灰分组成见表 5-21，原料在储运中铁、氧含量分析数据见表 5-22。

表5-20 高压换热器管程垢样分析

分析项目	原料	垢样
灼烧失重/%	—	81.45
灰分/%	—	18.55
Ca/(μg/g)	0.50	61.94
Na/(μg/g)	0.26	231.00
Mg/(μg/g)	0.07	9.16
Cu/(μg/g)	0.02	9.93
Ni/(μg/g)	0.01	91.47
Fe/(μg/g)	2.28	12.93%
Cl/%	8.2	725
S/%	0.78	9.50
C/%	86.11	60.99
H/%	12.26	7.89
O/%	0.59	6.00
N/%	0.12	0.44
酸值/(mgKOH/g)	1.73	—

表5-21 垢样灰分组成

灰分中主要物质	占灰分/%	占垢样/%
Ca(以CaO计)	0.0467	0.0086
Na(以NaCl计)	0.3167	0.05819
Mg(以MgO计)	0.0082	0.00152
Cu(以CuO计)	0.0067	0.00124
Ni(以NiO计)	0.0627	0.00116
Fe(以Fe_2O_3计)	99.56	18.47
总计	100	18.55

表5-22 原料在储运中铁、氧含量分析数据

原料	Fe/(μg/g)	O/%
加氢裂化原料过滤器前	2.02	1.20
加氢裂化原料过滤器后	39.25	—
常减压装置(1)减压二线	1.45	0.85
常减压装置(2)减压二线	1.78	1.02
催化柴油	0.11	0.74

从表5-20、表5-21、表5-22可知结垢的主要原因：原料在该高压换热器上游流程中因腐蚀生成的铁盐在换热器中的沉积及因高温在换热器中发生腐蚀生成的铁盐等是形成无机垢的主体；油品中不安定组分因接触了氧，在加热和在金属离子作用下发生的自由基聚合反应是生成有机垢的主要原因；芳烃类物质的缩聚反应也是生成有机垢的原因之一(滤后原料中单芳烃、双芳烃及多芳烃含量分别为18.07%、14.68%、7.76%)。

5.5.2 压力降增大的对策

解决了高压换热器的结垢，就降低了高压换热器的压力降。

(1) 物理清洗

通过人工方式对换热器的油垢进行清除，以高压射流为主。即用小口径的喷嘴以高压水

连续喷射，靠射流的冲击力除去换热器上面的焦油垢。清洗过程中，根据换热器的结垢情况，选择不同角度和孔径的喷嘴，不断改变压力和流量来进行清洗。该法时间短，效果好，但受换热器结构的限制，有时留有死角。

（2）有机溶剂清洗

对油垢进行清洗的有机溶剂种类较多，主要有混合烃类、卤代烃类和芳香烃类等，清洗机理主要是依靠有机溶剂具有较强的溶剂能力而达到对重油垢、焦油垢与焦炭垢的清除。混合烃类也称石油溶剂，如汽油、煤油、柴油等，清洗时油垢被软化溶解再被清洗液冲走或挥发带走；卤代烃类有三氯乙烯、四氯化碳和三氟三乙烷等；常用的芳香烃类主要有苯、甲苯和二甲苯。

（3）碱性水溶液清洗

碱溶液和油脂发生皂化反应，广泛应用于工业脱脂，常用的碱性物质有氢氧化钠、碳酸钠、磷酸钠等。实际清洗时，在碱液中添加一定量的表面活性剂，通过其协同效应，使润湿渗透、分散乳化与增溶能力倍增，它广泛地代替石油溶剂清洗轻油垢与重油垢，但对黏性较强的焦油垢、胶油垢的清洗，清洗能力差。因此结合换热器的垢样分析，进行碱洗，也可将碱洗作为有机溶剂清洗前的表面脱脂。

（4）加阻垢剂

阻垢剂应具有如下性能：较强的清净分散性，防止微粒聚集；较强的抗氧性，防止自由基反应；抗聚合性，终止链反应；抗腐蚀和金属钝化功能；不能危害加氢催化剂，低氮、低硫及不含金属离子等。

图5-33表明加阻垢剂后对高压换热器总传热系数的影响；图5-34表明加阻垢剂后某高压换热器出口原料油温度的变化。表5-23为阻垢剂的抗垢试验结果。

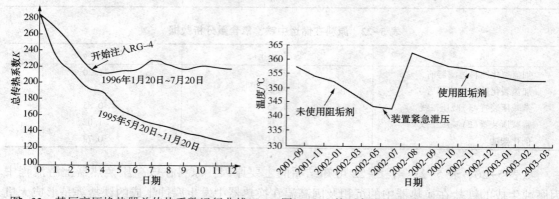

图5-33　某厂高压换热器总传热系数运行曲线　　图5-34　某厂高压换热器出口原料油温度变化

表5-23　阻垢剂的抗垢试验结果

温度/℃	加阻垢计量/（μg/g）				加阻垢计量/（μg/g）		
	100	150	200	空白	100	150	200
	甲苯不溶物质量含量/%				抗垢率/%		
390	0.016	0.011	0.010	0.04	66.7	77.1	81.2
395	0.053	0.045	0.029	0.16	68.5	73.2	82.7
400	0.168	0.124	0.112	0.75	77.9	83.7	85.2
405	0.654	0.381	0.310	1.85	64.8	79.5	83.3

从表 5-23 可看出，阻垢剂具有较高的抗垢率，可有效地抑制结垢。

表 5-24 给出了某阻垢剂的分析结果。

表 5-24　阻垢剂的分析结果

项目	铝	钙	铁	钠	锌	镁
含量/(μg/g)	0.58	16.25	17.4	2.1	8.9	2.42

从表 5-24 可看出，阻垢剂具有较高的金属含量。

某国外专利商坚决反对加氢裂化装置加入阻垢剂，认为阻垢剂可导致催化剂永久中毒并失活，阻垢剂将换热器的结垢延迟到在反应器结垢。

5.6　压力平衡的热点难点问题

5.6.1　反应器催化剂床层压力降计算

反应器催化剂床层压力降计算的准确程度受催化剂粒径和长度的均一性、催化剂装填密度的均一性、催化剂床层上部及下部填充物装填的均一性、反应器内物料结焦程度及均匀性、反应器内物料结垢程度及均匀性、催化剂床层金属沉积的均匀性、催化剂空隙率变化的均匀性、催化剂粉碎程度、反应物料物性参数及计算公式的准确性影响。

目前的理论计算公式、半经验计算公式及经验计算公式均只能在一定条件下有一定的准确性，尚没有考虑了各种因素的全周期准确计算公式。

5.6.2　大幅降低反应系统压力降

第一代 SHEER 加氢裂化技术比常规加氢裂化技术降低反应系统压力降 10%；

第二代 SHEER 加氢裂化技术在第一代 SHEER 加氢裂化技术的基础上，进一步降低了反应系统压力降 10%；

第三代 SHEER 加氢裂化技术在第二代 SHEER 加氢裂化技术的基础上，能否再进一步降低反应系统压力降 20%~30%，值得期待。

5.6.3　扩能改造后的反应系统压力平衡

装置扩能改造一般以不改造循环氢压缩机为条件，而反应系统的压力平衡实际上是循环氢压缩机差压是否满足改造要求？系统压力降增加，循环氢压缩机差压不变，必然影响装置长周期运行。

参　考　文　献

[1] 第一石油化工建设公司炼油设计研究编. 加氢精制与加氢裂化[M]. 北京：石油化学工业出版社，1977：114-123.

[2] 石油化工干部管理学院组织编写. 加氢催化剂、工艺和工程技术(试用本)[M]. 北京：中国石化出版社，2003：316-480.

[3] 韩崇仁主编. 加氢裂化工艺与工程[M]. 北京：中国石化出版社，2001：222-226；447-458；665-701.

[4] 李大东主编. 加氢处理工艺与工程[M]. 北京: 中国石化出版社, 2004: 651-723.

[5] 《石油炼制与化工》编辑部译. 流化催化裂化手册(第二版)[M]. 北京: 中国石化出版社, 2002: 139-145.

[6] 齐国祯, 谢在库, 钟思青, 等. 滴流床的压降和持液量[J]. 华东理工大学学报: 自然科学版, 2006, 32(1): 20-23.

[7] 刘乃汇, 刘辉, 李成岳, 等. 低、高压滴流床中压降和持液量计算的统一关系式[J]. 化工学报, 2003, 54(4): 543-548.

[8] 褚家瑞, 金中林. 加氢反应器分配器的实验研究[J]. 化学工程, 1990, 18(5): 8-14.

[9] 熊杰明. 滴流床反应器典型分配器的结构与性能[J]. 北京石油化工学院学报, 2000, 8(2): 16-20.

[10] 李雪, 白雪峰. 气-液-固滴流床反应器放大中的重要参数及其数学模型[J]. 化学与黏合, 2003, (1): 26-29.

[11] 李顺芬, 赵玉龙. 小颗粒滴流床反应器的流体力学研究[J]. 化学反应工程与工艺, 1994, 10(2): 178-189.

[12] 袁一. 化学工程师手册[M]. 北京: 机械工业出版社, 1999: 581-589.

[13] 赵庆国, 廖晖, 李绍芬. 气体的温度和压力以及颗粒形状对固定床压降的影响[J]. 化学反应工程与工艺, 2000, 16(1): 1-6.

[14] 林付德, 蔡连波. 新型加氢反应器内构件的研究[J]. 炼油技术与工程, 2003, 33(8): 40-43.

[15] 林付德, 蔡连波, 谢育辉. 加氢反应器内构件-急冷箱的试验研究[J]. 石油化工设备技术, 2003, 24(1): 10-13.

[16] 陈云磊, 杨爱英, 张吉瑞. 滴流床中催化剂与惰性填料不同配比下的气液传质研究[J]. 北京服装学院学报, 2000, 20(1): 16-20.

[17] 王月霞, 朱豫飞, 郭文良, 等. 滴流床反应器床层压力降的预测[G]//加氢制氢装置工程设计40年文集. 洛阳石化工程公司, 1996, 120-129.

[18] 王建华主编. 化学反应工程(下册): 化学反应器设计[M]. 成都: 成都科技大学出版社, 1989: 382-415.

[19] 李绍芬主编. 化学与催化反应工程[M]. 北京: 化学工业出版社, 1986: 261-265.

[20] 第一石油化工建设公司炼油设计研究院编. 加氢精制与加氢裂化[M]. 北京: 石油化学工业出版社, 1977: 72-100; 149-150.

[21] 韩崇仁主编. 加氢裂化工艺与工程[M]. 北京: 中国石化出版社, 2001: 803-807; 847-849.

[22] 孙荣. 加氢裂化反应器压力降上升过快的原因及对策[J]. 炼油设计, 2002, 32(3): 53-56.

[23] 袁振华, 帅绪平. 加氢裂化原料中铁离子来源探讨[J]. 石油炼制与化工, 1995, 26(2): 19-24.

[24] 沈春夜, 戴宝华, 罗锦保, 等. 加氢裂化装置加工高硫原料腐蚀问题的剖析及对策[J]. 石油炼制与化工, 2003, 34(2): 26-30.

[25] 赵开城. 应用 TK-RINGS 催化剂解决精制反应器压力降问题总结[C]. 加氢裂化装置第三次年会报告论文集. 洛阳: 《炼油设计》编辑部出版, 1991, 182-188.

[26] 宫内爱光, 高田稔, 刘谦, 等. 防止加氢装置固定床反应器压力降过快升高的对策[J]. 炼油设计, 2000, 30(1): 23-27.

[27] 张树广, 穆海涛, 胡正海. 加氢裂化装置(SSOT)反应器内构件的改造[J]. 齐鲁石油化工, 1999, 27(4): 307-310.

[28] 倪晓亮, 李运鹏. 镇海加氢裂化装置第一次撇头总结[J]. 加氢技术, 1996, 22(2): 31.

[29] 李立权编著. 加氢裂化装置操作指南[M]. 北京: 中国石化出版社, 2005: 161-170.

[30] 曹为廉. 加氢裂化精制反应器压降增加的原因和对策[J]. 石油炼制与化工, 1991, 22(8): 31-34.

[31] 李镇, 裴建军, 高冰梅, 等. VRDS 装置换热器抗垢剂的研究[J]. 齐鲁石油化工, 2000, 28(2): 84-87.

[32] 徐忠娟. 换热器污垢的防治对策简述[J]. 常州技术师范学院学报, 2001, 7(2): 31-36.

[33] 王伟，裴建军. 加氢裂化装置换热器阻垢剂的研制与应用[J]. 齐鲁石油化工，1997，25(4)：265
　　　-267.

[34] 赵万红. 扬子石化加氢裂化换热器结垢的处理[J]. 江苏化工，2003，31(3)：48-50.

[35] 刘公召，陈尔霆，高峰，等. 渣油高温换热器结垢原因与防垢剂研究[J]. 节能，1999(8)：9-12.

[36] 杨善让，徐志明著. 换热设备的污垢与对策[M]. 北京：科学出版社，1995：17-102.

[37] 吴双应，李友荣. 一项评价污垢对换热器传热性能影响的指标[J]. 化工机械，2001，28(3)：144-146.

[38] Mukherjee R，徐朝霞，曹晨. 阻止换热器结垢的新技术[J]. 国外油田工程，2000，16(7)：43-47.

[39] 余存烨. 石化设备油垢焦垢的清洗[J]. 石油化工腐蚀与防护，2000，17(4)：55-59.

[40] 邹滢，欧阳福生，翁惠新，等. 石油加工过程中的阻垢剂[J]. 炼油设计，2000，30(12)：47-50.

第6章 加氢裂化工艺技术及技术分析

加氢裂化技术一般以原料、产品、反应部分流程、转化率、压力、尾油去向及床型进行命名。比较公认的转化率命名为:

加氢处理(记为 HT, Hydrotreating):烃类在氢压和催化剂存在下,原料油的相对分子质量不降低、原料油分子重排程度很少的加氢过程。

加氢精制(记为 HF, Hydrorefining):烃类在氢压和催化剂存在下,≤15%的原料油转化为产品分子小于原料分子的加氢过程。

缓和加氢裂化(记为 MHC, Mild Hydrocracking):烃类在氢压和催化剂存在下,15%~40%的原料油转化为产品分子小于原料分子的加氢过程。

加氢裂化(记为 HC, Hydrocracking):烃类在氢压和催化剂存在下,>40%的原料油转化为产品分子小于原料分子的加氢过程。

馏分油的加氢裂化技术加工柴油(含直馏及二次加工柴油)、蜡油(含常压、减压及二次加工蜡油)、脱沥青油及混合油,渣油加氢裂化技术加工渣油(含常压及减压渣油)、脱沥青油及混合油。

近年来,多数专利公司为了技术推广,多以商业方式进行命名。

6.1 馏分油中压加氢裂化技术[1~25]

馏分油中压加氢裂化是在中等压力、工艺流程和其他参数与传统加氢裂化相近或相当条件下,达到低成本油化结合的重油轻质化、轻油改质技术的总称。

6.1.1 馏分油中压加氢裂化技术

馏分油中压加氢裂化是在氢分压≤10.0MPa、进料和其他参数与传统加氢裂化相近或相当条件下,达到较高转化率,生产超低硫和低芳烃柴油、高芳潜重整料、优质乙烯料等产品的工艺技术。一般表述为 MPHC。Mobil、AKZO、Kellogg 三家公司联合推出的中压加氢裂化技术表述为 MAK-MPHC,Axens 公司表述为 HyK-MC,抚顺石油化工科学研究院(简称 FRIPP)的中压加氢裂化技术表述为 FMHT-MPHC,石油化工科学研究院(简称 RIPP)的中压加氢裂化技术表述为 RMC。

RMC 技术的中试和标定结果见表 6-1。FMHT-MPHC 技术研究结果见表 6-2。

表 6-1 RMC 技术的中试和标定结果

项 目	燕山	上海	扬子	湛江	中试	燕山
标定时间	2002-3	2002-12	2005-5	2005-12	—	2005-4
原料油性质						
密度(20℃)/(g/cm³)	0.8533	0.8918	0.8805	0.8978	0.8721	0.8706
硫含量/%	0.0757	1.64	1.78	0.38	0.27	0.27
氮含量/(μg/g)	395	771	409	1020	592	609

续表

项 目	燕山	上海	扬子	湛江	中试	燕山
干点/℃	530	526	505	535	528	530
BMCI 值	20.5	39.4	36.9	44.4	28.2	28.6
催化剂	RN-2/RT-5		RN-2/RT-1		RN-32/RHC-1	
操作条件						
总体积空速/h⁻¹	1.03	0.60	0.57	0.58	1.1	1.0
高分压力/MPa	9.3	11.1	11.0	11.4	8.0(氢分压)	8.7(氢分压)
产品分布/%						
重石脑油	17.99	17.21	17.85	16.86	10.87	12.55
柴油	24.13	45.46	47.91	49.10	14.92	20.05
尾油	51.51	31.10	27.41	27.72	62.83	61.16
主要产品性质						
重石脑油芳潜/%	51	59	64	53	55.6	55.4
柴油十六烷值	58	56	59	54	56.3[①]	46.1[①]
尾油 BMCI 值	8.5	10.3	10.0	11.1	11.6	11.9

① 十六烷指数(ASTM D4737)。

表 6-2　FMHT-MPHC 技术的研究结果

原料油	沙中 VGO	大庆 VGO 与催柴混合油	金山 VGO	金山 VGO 与 CGO 混合油	伊朗 VGO
原料油性质					
密度(20℃)/(g/cm³)	0.9249	0.8627	0.9034	0.9062	0.9164
硫含量/%	2.53	0.13	1.55	1.58	1.60
氮含量/(μg/g)	932	816	823	1009	1475
馏分范围/℃	251~540	126~492	256~542	253~541	328~531
操作条件					
总压/MPa	8.0	10.0	12.0	12.0	12.0
体积空速/h⁻¹	0.8/1.6	1.6/2.0	1.05/1.38	1.05/1.38	1.05/1.38
平均反应温度/℃	381/376	374/370	370/362	373/362	385/374
产品分布/%					
重石脑油	32.04	16.03	28.26	23.61	26.17
喷气燃料			27.36	25.37	24.81
柴油	39.77	59.40	14.98	17.11	14.04
尾油	17.04	20.41	21.57	27.36	28.25
主要产品性质					
重石脑油					
馏分范围/℃	65~165	82~160	65~165	65~165	65~165
芳潜/%	54.2	66.4	56.3	57.6	58.4
喷气燃料					
馏分范围/℃	—	—	165~260	165~260	165~260
密度(20℃)/(g/cm³)	—	—	0.8033	0.8108	0.8111
烟点/mm	—	—	27	23	22
芳烃/%	—	—	7.6	9.0	9.5
萘系烃/%	—	—	0.09	0.14	0.10

原料油	沙中 VGO	大庆 VGO 与催柴混合油	金山 VGO	金山 VGO 与 CGO 混合油	伊朗 VGO
柴油					
馏分范围/℃	165~370	160~370	260~350	260~350	260~350
凝点/℃	-22	-16	-25	-16	-22
十六烷指数	53.1	50.2	77.1	72.4	71.8
尾油					
馏分范围/℃	>370	>370	>350	>350	>350
BMCI 值	11.9	8.2	9.7	11.1	10.4

6.1.2　馏分油缓和加氢裂化技术

　　馏分油缓和加氢裂化是在较低氢分压(一般 3.5~7.0MPa)、较低转化率(一般 20%~40%)条件下,采用单段一次通过流程或单段串联一次通过流程,以生产低硫、低氮、氢含量和烷烃含量较高的优质 FCC 装置原料或优质裂解制乙烯原料的工艺技术。一般表述为 MHC,FRIPP 的中压加氢裂化技术表述为 FMHT-MHC,Axens 公司表述为 HyK-LC、HyK-10。

　　UOP 公司 MHC 技术的工业应用结果见表 6-3,FMHT-MHC 技术的研究结果见表 6-4。

表 6-3　UOP 公司 MHC 技术的工业应用结果

项　目	文图拉炼厂	加勒比炼厂	项　目	文图拉炼厂	加勒比炼厂
原料油性质			产品分布/%		
密度(15.6℃)/(g/cm³)	0.9096	0.9366	石脑油	3.9	9.1
硫含量/%	1.24	1.26	柴油	43.2	23.4
氮含量/(μg/g)	3700	1900	尾油	53.8	70.7
初馏点/℃	223	292	主要产品性质		
50%/℃	414	466	柴油		
干点/℃	546	582	密度(15.6℃)/(g/cm³)	0.8718	0.8794
溴价/(gBr/100g)	3.9	2.7	硫含量/%	0.05	0.02
特性因数(K)	11.81	11.77	90%馏出温度/℃	351	336
康氏残炭/%	0.10	0.71	闪点/℃	97	>82
BMCI 值	44.8	51.7	十六烷指数	47.4	42.3
催化剂	DHC 系列,单剂		尾油		
操作条件			密度(15.6℃)/(g/cm³)	0.9024	0.9065
总体积空速/h⁻¹	0.3~2.0		硫含量/%	0.09	0.08
氢分压/MPa	3.43~6.86		特性因数(K)	12.0	12.1
			BMCI 值	39.6	38.9

表 6-4　FMHT-MHC 技术的研究结果

原料油	伊朗 VGO1	伊朗 VGO2	沙轻 VGO	沙中 VGO
原料油性质				
密度(20℃)/(g/cm³)	0.9048	0.9027	0.9155	0.9240
硫含量/%	1.47	1.55	2.29	2.43
氮含量/(μg/g)	1171	1300	820	895

续表

原料油	伊朗 VGO1	伊朗 VGO2	沙轻 VGO	沙中 VGO
馏分范围/℃	325~461	288~536	342~492	327~546
BMCI 值	46.0	42.4	48.9	51.1
操作条件				
氢分压/MPa	8.0	8.0	10.0	10.8
产品分布/%				
重石脑油	16.8	17.7	15.8	17.2
柴油	47.1	47.8	39.2	44.6
尾油	31.2	25.0	40.2	30.2
主要产品性质				
重石脑油芳潜/%	66.0	61.2	65.5	60.2
柴油十六烷值	44.1	47.1	44.3	48.7
尾油 BMCI 值	19.3	15.5	17.3	15.4

6.1.3　馏分油中压加氢改质技术

（1）柴油中压加氢改质技术

柴油中压加氢改质技术是在较低氢分压条件下，采用单段一次通过流程或单段串联一次通过流程，大幅度提高催化柴油的十六烷值和降低其密度，改变催化柴油的烃类组成结构，降低催化柴油中的芳烃含量，提高饱和烃的含量，将环烷烃开环的一类技术总称。RIPP 表述为 MHUG、RICH，FRIPP 表述为 MPHUG、MCI，Mobil、AKZO、Kellogg 三家公司联合推出的技术表述为 MAK-LCO，Criteron 和 Lummus 公司联合推出的技术表述为 SynShift。这些技术的应用结果见表 6-5、表 6-6。

表 6-5　MHUG、RICH 技术的工业应用结果

项　　目	大庆 MHUG	锦州 MHUG	中试 RICH	
原料油	常三、减一、催柴	直柴、催柴	辽河、直柴、催柴	燕山、直柴、催柴
原料油性质				
密度(20℃)/(g/cm^3)	0.8520	0.8998	0.8788	0.8876
硫含量/%	0.0773	0.2112	0.19000	0.3600
氮含量/(μg/g)	428	801	569	1082
馏分范围/℃	190~416	210~357	205~379	199~388
十六烷值	—	31.9	39.4	35.6
操作条件				
反应器入口压力/MPa	8.67	6.7(高分)	6.4	6.4
精制段平均温度/℃	374.2	348.4	基准	基准
裂化段平均温度/℃	384.7	346.5	基准	基准
产品分布/%				
重石脑油	21.35	5.77	—	—
柴油	55.26	94.84	91.6	95.7
尾油	15.07			
主要产品性质				
重石脑油芳潜/%	—	65.8	66.8	65.95
柴油十六烷指数(值)	51	40.8	(51.3)	(47.9)
柴油十六烷值增加	—	—	11.9	12.3

表 6-6   MPHUG、MCI 技术的研究结果及工业应用结果

项　目	中试 MPHUG			MCI
原料油	大庆常三、减一、催柴	大庆焦柴、轻蜡	胜利焦柴、轻蜡	广州催柴
原料油性质				
混合比例	21.5∶28.5∶50	50∶50	50∶50	100
硫含量/(μg/g)	880	5100	1200	7000
氮含量/(μg/g)	544	839	897	882
馏分范围/℃	234~417	180~440	180~480	239~367(95%)
十六烷值	—	—	—	33.9
操作条件				
空速(精制/裂化)/h⁻¹	2.0/2.0	1.0/1.2	1.0/1.2	1.0
氢分压/MPa	6.4	6.4	6.4	6.3
产品分布/%				
重石脑油	26.8	14.4	16.9	
柴油	49.9	66.2	65.1	96.64
尾油	11.8	12.1	13.2	—
主要产品性质				
重石脑油芳潜/%	57.7	68.3	70.4	柴油十六烷值
柴油十六烷值	57.7	58.0	43.1	44.8,提高10.9个
尾油 BMCI 值	5.0	10.5	5.8	单位

（2）润滑油中压加氢改质技术

润滑油中压加氢改质技术是在中等氢分压、较低温度条件下，采用加氢处理-加氢精制串联一次通过流程，较大幅度提高润滑油基础油原料的黏度指数，并尽可能提高润滑油基础油产品收率的一类技术。RIPP 表述为 RLT，其工业应用结果见表 6-7。

表 6-7   RIPP RLT 工业应用结果

原料油	减三线		减四线
原料油性质			
密度(20℃)/(g/cm³)	0.8715		0.869
硫含量/(μg/g)	2900		3900
氮含量/(μg/g)	193.4		
初馏点/5%/50%/90%/℃	341/393/458/506		340/457/490/—
凝点/℃	46		56
脱蜡油黏度指数	63		71
黏度(100℃)/(mm²/s)	7.285		9.87
色度/号	3.5		8.0
加氢处理	减三线(工况1)	减三线(工况2)	减四线
入口压力/MPa	12.0	12.0	12.0
入口氢分压/MPa	11.06	11.03	11.42
体积空速/h⁻¹	0.4	0.4914	0.48
入口温度/℃	351.9	354.8	347.6
床层总温升/℃	17	21	14
氢油体积比	1841	1454	1498
加氢精制			
入口压力/MPa	11.8	11.8	11.8

续表

原料油	减三线		减四线
入口氢分压/MPa	10.87	10.85	11.12
体积空速/h^{-1}	0.8	0.99	0.97
入口温度/℃	291.6	293.3	289.3
床层总温升/℃	2	1.2	2
氢油体积比	1785	1390	1398
产品分布/%			
汽油	5.20	6.73	8.35
柴油	17.24	15.58	3.25
轻质润滑油	10.25	12.80	6.34
中质润滑油	—	—	20.74
重质润滑油	65.55	63.56	60.68
主要产品性质			
汽油			
密度(20℃)/(g/cm^3)	0.7232	0.7211	0.7380
IP/50%/EP/℃	38/116/162	43/116/159	45/120/167

柴油	常柴	减柴	常柴	减柴	常柴	减柴
密度(20℃)/(g/cm^3)	0.7805	0.8513	0.7862	0.8504	0.8263	0.857
初馏点/℃	161	226	165	270	184	314
50%/℃	174	298	172	313	227	334
95%/℃	198	333	183	354	271	348
终馏点/℃	215	340	—	385	285	353
凝点/℃	<-15	<-15	<-15	<-15	<-15	<-15
十六烷值	38	51	35	54	43	54

轻质润滑油	减三线(工况1)	减三线(工况2)	减四线
密度(20℃)/(g/cm^3)	0.8416	0.8452	0.8523
黏度(40℃)/(mm^2/s)	15.53	17.87	19.8
黏度(100℃)/(mm^2/s)	3.52	3.76	4.12
凝点/℃	25	28	33
初馏点/50%/98%/℃	332/392/405	351/384/396	370/397/421
脱蜡油倾点/℃	-18	-18	-12
含蜡油黏度指数	105	96	110
脱蜡油黏度指数	96	84	70
中质润滑油			
密度(20℃)/(g/cm^3)	—	—	0.8512
黏度(40℃)/(mm^2/s)	—	—	16.44
黏度(100℃)/(mm^2/s)	—	—	6.12
凝点/℃			49
IP/50%/84%/℃	—	—	414/478/500
脱蜡油倾点/℃			-10
脱蜡油黏度指数	—	—	83
重质润滑油			
密度(20℃)/(g/cm^3)	0.8356	0.8350	0.8536
黏度(50℃)/(mm^2/s)	18.41	18.83	不流动
黏度(100℃)/(mm^2/s)	5.39	5.51	9.36
凝点/℃	48	47	59

原料油	减三线		减四线
初馏点/50%/98%/℃	401/451/495	392/438/480	441/—/—
脱蜡油倾点/℃	−14	−13	−17
含蜡油黏度指数	148	150	—
脱蜡油黏度指数	112	113	98

6.1.4　馏分油中压加氢处理技术

馏分油中压加氢处理技术是在较低氢分压、较低反应温度条件下，采用单段单剂一次通过流程，生产低凝柴油、优质裂解制乙烯原料、润滑油料、白油料的一类加氢裂化技术的总称。

（1）柴油中压加氢处理技术

RIPP 表述为 MHT，其技术的工业应用结果见表 6-8。

表 6-8　MHT 技术的工业应用结果

原料油	大庆常三、减一		原料油	大庆常三、减一	
原料油性质			产品分布/%		
密度(20℃)/(g/cm³)	0.8360	0.8342	石脑油	32.01	31.39
硫含量/(μg/g)	460	455	-35 号低凝柴油	12.29	11.46
氮含量/(μg/g)	189	104	尾油	51.40	52.35
溴价/(gBr/100g)	3.42	2.31	主要产品性质		
馏分范围/℃	233~412	248~442	石脑油硫含量/(μg/g)	4.2	1.7
操作条件	运转初期	运转8000h后	柴油十六烷值(计算)	49	46
氢分压/MPa	9.9	9.7	柴油凝点/℃	−37	−38
催化剂床层平均温度/℃	358	370	尾油 BMCI 值	9.4	6.8

（2）润滑油中压加氢处理技术（表 6-9）

表 6-9　荆门的工业应用结果

原料油	鲁宁管输减三线糠醛精制抽余油	鲁宁管输减四线糠醛精制抽余油	原料油	鲁宁管输减三线糠醛精制抽余油	鲁宁管输减四线糠醛精制抽余油
原料油性质			产品分布/%		
密度(20℃)/(g/cm³)	0.8765	0.8690	轻柴油	17.14	3.72
黏度(100℃)/(mm²/s)	7.565	9.870	轻质润滑油	6.10	6.63
硫含量/(μg/g)	3500	3900	中质润滑油	—	21.68
氮含量/(μg/g)	196.6	361.1	重质润滑油	69.33	63.43
酸值/(mgKOH/g)	3.0	0.10	主要产品性质	150N	500N
蜡含量/%	34.19	49.24	密度(20℃)/(g/cm³)	0.8382	0.8487
IP/5%/10%/℃	364/432/440	340/457/465	黏度(40℃)/(mm²/s)	5.09	9.457
50%/90%/95%/℃	458/483/502	490/—/—	黏度(100℃)/(mm²/s)	25.90	71.06
脱蜡后黏度指数	65	71	黏度指数	127	108
脱蜡后倾点/℃	−12	−6	倾点/℃	−12	−11
操作条件			硫含量/(μg/g)	<5	<5
氢分压/MPa	10.0	10.0	氮含量/(μg/g)	<5	<5
反应温度/℃	350~360	350~360	芳烃含量/%	<5	<5

6.1.5 馏分油中压加氢降凝技术

（1）柴油中压加氢降凝技术

柴油中压加氢降凝技术是在较低氢分压或中压条件（特别苛刻原料需要较高压力）下，脱硫、脱氮、改善柴油质量的基础上，又降低柴油凝点的一种技术。

对低硫、低氮原料，可采用单段单剂一次通过流程进行催化脱蜡或异构脱蜡。一般表述为 DW。Exxon Mobil 公司表述为 MDDW，Shell 公司表述为 SDD，FRIPP 表述为 HDW。

对中等硫、中等氮原料，可采用单段两剂串联一次通过流程进行加氢精制-催化脱蜡或异构脱蜡。一般表述为 HF-DW。Akzo Nobel、ExxonMobil、Kellogg Brown & Root 公司表述为 MIDW，Shell 公司表述为 SDD，UOP 公司表述为 MQDUnionfing，FRIPP 表述为 HF-HDW，Akzo Nobel（2004 年 Albemarle 公司兼并了其催化剂业务）、Fina 联合开发的技术表述为 MAKFing CFI。

对高硫、高氮原料，可采用两段流程，一段进行加氢精制、二段进行催化脱蜡或异构脱蜡。Exxon Mobil 公司表述为 MIDW，Shell 公司表述为 HDT-SDD，UOP 公司表述为 MQDUnionfing。

在降低柴油凝点的同时，需要大幅度提高柴油十六烷值时，可采用提高十六烷值-临氢降凝组合技术。RIPP 表述为 RICH-临氢降凝，FRIPP 表述为 MCI-临氢降凝（表6-10）、FHI。

UOP 公司的 MQDUnionfing 技术也可实现深度脱硫、脱芳、临氢降凝、降低密度的组合。

表6-10 HF-HDW 技术的研究结果

项 目	催柴	常三线	催柴、常三线	催柴、减一线	催柴、常三线
原料油性质					
密度（20℃）/（g/cm³）	0.8767	0.8241	0.852	0.858	0.8613
硫含量/%	1400	2100	807	1200	1300
氮含量/（μg/g）	1006	241	643	851	676
馏分范围/℃	175~355	269~359	212~375	213~410	203~358
凝点/℃	-4	17	11	14	10
蜡含量/%	4.5	22.4	13.6	11.6	14.5
实际胶质/（mg/100mL）	136	53	72	200	129
十六烷值	31.8	64.0	52.4	50.1	52.4
操作条件					
氢分压/MPa	5.0	3.4	6.0	6.0	6.0
精制体积空速/h⁻¹	1.5	2.0	1.8	1.5	3.6
降凝体积空速/h⁻¹	1.5	1.0	1.2	1.5	1.8
精制反应温度/℃	基准	基准+15	基准+10	基准	基准+20
降凝反应温度/℃	基准+5	基准+15	基准+10	基准	基准+20
产品分布/%					
汽油	10.0	28.0	6.4	13.0	13.6
柴油	87.4	64.5	87.1	77.5	80.0
柴油产品性质					

续表

项　目	催柴	常三线	催柴、常三线	催柴、减一线	催柴、常三线
密度(20℃)/(g/cm³)	0.8795	0.8362	0.8583	0.8588	0.8717
馏分范围/℃	175~368	134~371	155~379	127~354	161~367
硫含量/%	42	43	23	47	43
氮含量/(μg/g)	40	26	38	10	38
凝点/℃	<-50	<-44	-35	<-50	<-50
冷滤点/℃	<-30	<-35	<-30	<-30	<-30
十六烷值	31.5	46.9	45.2	45.0	40.8
实际胶质/(mg/100mL)	28	52	35	32	69
氧化安定性/(mg/100mL)	1.2	1.7	1.5	1.9	2.0

RIPP 评价了催化裂化柴油：轻蜡油=9：1，混合原料密度(20℃)：0.8827g/cm³，硫含量：1212μg/g，氮含量：796μg/g，凝点：11℃，十六烷值(实测)：35.2，采用加氢精制-临氢降凝与 RICH-临氢降凝两种技术的试验的评价结果见表6-11。

表6-11　RIPP 对加氢精制-临氢降凝与 RICH-临氢降凝的评价结果

项　目	加氢精制-临氢降凝	RICH-临氢降凝	项　目	加氢精制-临氢降凝	RICH-临氢降凝
操作条件			石脑油		
氢分压/MPa	6.3	6.4	密度(20℃)/(g/cm³)	0.6948	0.7204
总体积空速/h⁻¹	1.15×基准	基准	馏分范围/℃	48~157	65~161
精制反应温度/℃	基准-3	基准	芳烃潜含量/%	24.5	36.5
降凝反应温度/℃	基准+2	基准	柴油		
化学氢耗/%	1.43	1.85	密度(20℃)/(g/cm³)	0.8685	0.8588
产品分布/%			馏分范围/℃	187~395	187~396
汽油	10.57	8.44	凝点/℃	-46	-38
柴油	85.90	90.29	冷滤点/℃	-42	-41
主要产品性质			十六烷值	36.8	39.0

（2）润滑油中压加氢脱蜡技术

润滑油中压加氢脱蜡技术是对含蜡润滑油原料在中等压力条件下，以蜡分子裂解或异构化反应为主，降低润滑油基础油凝点的一种技术。以蜡分子裂解反应为主的润滑油中压加氢脱蜡技术称为催化脱蜡；以蜡分子异构化反应为主的润滑油中压加氢脱蜡技术称为异构脱蜡。

表6-12 至表6-14 为一些馏分油的脱蜡评价结果。

表6-12　FRIPP 中东原油减压馏分油糠醛精制油催化脱蜡的评价结果

项　目	中东原油减压馏分油糠醛精制油
原料油性质	
密度(20℃)/(g/cm³)	0.8753

续表

项　目	中东原油减压馏分油糠醛精制油		
硫含量/(μg/g)	270		
氮含量/(μg/g)	109		
馏分范围/℃	367~554		
凝点/℃	43		
蜡含量/%	18.1		
黏度(100℃)/(mm²/s)	7.283		
操作条件			
氢分压/MPa	5.0~8.0		
氢油体积比	400~800		
体积空速/h⁻¹	0.4~1.0		
反应温度/℃	基准	基准+5	基准+13
产品分布/%			
汽油	13.3	14.0	16.9
柴油	4.3	3.6	3.1
脱蜡油	69.9	68.7	58.5
主要产品性质			
密度(20℃)/(g/cm³)	0.8809		
硫含量/(μg/g)	11.5		
氮含量/(μg/g)	2.5		
IP/30%/50%/70%/EP/℃	367/435/452/473/554		
凝点/℃	−20		
黏度指数	86		
黏度(40℃)/(mm²/s)	64.36		

表 6-13　FRIPP VGO 加氢处理后催化脱蜡的评价结果

项　目	环烷–中间基原油馏分油	
原料油性质		
密度(20℃)/(g/cm³)	0.8664	
硫含量/(μg/g)	5.2	
氮含量/(μg/g)	3.5	
IP/30%/50%/70%/EP/℃	332/401/412/427/481	
凝点/℃	32	
蜡含量/%	15.7	
黏度(100℃)/(mm²/s)	5.541	
操作条件		
氢分压/MPa	8.0	8.0
氢油体积比	800	800
体积空速/h⁻¹	1.0	1.0
反应温度/℃	300	310

项　目	环烷-中间基原油馏分油	
产品分布/%		
汽油	4.5	4.8
柴油	0.9	0.3
脱蜡油	81.1	78.1
主要产品性质		
密度(20℃)/(g/cm³)	0.8782	0.8874
黏度(40℃)/(mm²/s)	53.37	54.42
黏度(100℃)/(mm²/s)	6.726	6.712
凝点/℃	−15	−24
黏度指数	68.8	65.0

表 6-14　RIPP 异构脱蜡的研究结果

项　目	减三线浅度糠醛精制油	减四线浅度糠醛精制油	轻脱沥青油浅度糠醛精制油
原料油性质			
黏度(100℃)/(mm²/s)	8.01	11.32	27.26
密度(20℃)/(g/cm³)	0.8804	0.8863	0.8931
色度/号	<1.5	5.5	8.0
凝点/℃	43	48	61
硫含量/(μg/g)	8400	10200	20100
氮含量/(μg/g)	158	272	688
IP/10%/30%/℃	419/441/450	436/466/477	470/504/527
50%/70%/95%/℃	464/475/510	492/503/539	544/549/565
润滑油总收率/%	>320℃馏分	>470℃馏分	>520℃馏分
运转初期	72.0	38.3	43.8
8000h 后	73.1	43.7	47.2
主要产品性质	运转初期		
黏度(40℃)/(mm²/s)	43.01	78.62	219.7
黏度(100℃)/(mm²/s)	6.55	9.92	20.59
黏度指数	103	106	110
倾点/℃	−27	−20	−21
	8000h 后		
黏度(40℃)/(mm²/s)	40.58	89.13	275.2
黏度(100℃)/(mm²/s)	6.29	10.32	23.15
黏度指数	102	97	104
倾点/℃	−27	−21	−18

　　Exxon Mobil 公司的催化脱蜡技术表述为 MLDW、MSDW，Lyondell 公司的催化脱蜡技术表述为 CDW，Chevron 公司的异构脱蜡技术表述为 IDW，Lyondell 公司的异构脱蜡技术表述为 ISO-CDW，BP 公司的异构脱蜡技术表述为 BP，Exxon Mobil 公司的蜡异构化技术表述为 MWI，Shell 公司的蜡异构化技术表述为 XHVI。

6.2　馏分油高压加氢裂化技术 [1~2,4,24~37]

馏分油高压加氢裂化是在氢分压>10.0MPa、较高反应温度条件下，达到重油轻质化的一类技术总称。

6.2.1　馏分油单段加氢裂化技术

馏分油单段加氢裂化技术是指采用单台反应器(包括因运输原因分成两台反应器的情况)，装填使用单一主催化剂(同时完成加氢精制和加氢裂化两个反应过程)和少量保护剂，生产化工原料、燃料油品、乙烯原料、润滑油料的一类加氢裂化技术总称。单段加氢裂化工艺可以根据加工原料和产品方案要求，按一次通过、部分循环或全循环等方式运行。表 6-15 为国外单段加氢裂化技术工业应用结果。

FRIPP 表述为 FDC，CLG 表述为 SSOT。

表 6-15　国外单段加氢裂化技术工业应用结果

项　　目	加拿大奥特朗布勒斯角炼厂	伊朗 Shiraz	伊朗 Esfahan	伊朗 Arak	科威特舒巴炼厂
原料油性质	中东 VGO	—	—	—	—
密度(20℃)/(g/cm^3)	0.910	0.913	0.9136	0.912	0.910
硫含量/%	2.22	1.8	1.6	2.0	2.8
氮含量/(μg/g)	889	1750	1300	1270	874
IP/℃	318	337	310	315	368(5%)
EP/℃	578	565	515	504	555
操作条件					
反应压力/MPa	17.5	17.9	17.9	18.2	14.0
体积空速/h^{-1}	0.56	0.955	0.933	0.973	1.0
氢油体积比	1140	1285	1500	1500	890
产品收率/%					
喷气燃料					
柴油	87.5	>75	—	79.4	85
主要产品性质					
喷气燃料					
烟点/mm	—	>25	—	—	—
冰点/℃	—	<-50	-54	—	—
芳烃/%	—	<20	<20	—	—
柴油					
密度(20℃)/(g/cm^3)	0.8203	—	—	—	0.82
硫含量/(μg/g)	5	—	—	—	<10
倾点/℃	-32	<-4	-18	—	-18(凝点)
馏分范围/℃	177~366	—	—	—	149~371
十六烷值	—	>55	—	—	—

(1)单段单剂一次通过加氢裂化技术，FRIPP 实验室评价结果见表 6-16。

表 6-16　FRIPP 实验室评价结果

项　　目	伊朗 VGO	
原料油性质		
密度(20℃)/(g/cm³)	0.9147	
硫含量/氮含量/(μg/g)	17800/1627	
IP/10%/30%/50%/70%/90%/95%/EP/℃	341/380/409/432/462/510/534/547	
凝点/℃	32	
BMCI 值	46.7	
黏度(50℃/100℃)/(mm²/s)	39.11/6.993	
催化剂	FC-30	FC-28
操作条件		
氢分压/MPa	15.7	15.7
反应温度/℃	基准-3	基准
体积空速/h⁻¹	0.92	0.92
氢油体积比	1200	1200
产品分布/%		
<82℃	3.1	3.0
82~138℃	8.0	8.1
138~249℃	24.8	24.7
249~371℃	29.5	29.2
>371℃	32.6	33.3
主要产品性质		
82~138℃		
密度(20℃)/(g/cm³)	0.7330	0.7400
馏分范围/℃	66~141	71~136
芳烃潜含量/%	62.0	60.4
138~249℃		
密度(20℃)/(g/cm³)	0.8096	0.8046
馏分范围/℃	142~251	141~244
烟点/mm	21	23
冰点/℃	<-60	-58
芳烃/%	8.9	8.9
249~371℃		
密度(20℃)/(g/cm³)	0.8337	0.8372
馏分范围/℃	268~348	261~351
凝点/℃	-9	-10
十六烷值	57.6	56.0
>371℃		
密度(20℃)/(g/cm³)	0.8411	0.8410
馏分范围/℃	375~530	376~528
BMCI 值	12.9	13.0

（2）单段单剂全循环加氢裂化技术，评价结果对比见表6-17。

表6-17　单段单剂全循环加氢裂化技术对比评价结果

项　目	伊轻VGO	伊轻VGO	项　目	伊轻VGO	伊轻VGO
原料油性质			重石脑油	10.98	14.16
密度(20℃)/(g/cm³)	0.9024	0.8972	喷气燃料	29.87	32.85
硫含量/(μg/g)	10100	14700	柴油	48.96	42.59
氮含量/(μg/g)	1138	1215	化学氢耗/%	2.76	2.73
馏分范围/℃	321~528	282~510	主要产品性质		
流程	>385℃尾油全循环	>385℃尾油全循环	重石脑油		
催化剂	FC-14	TAC	芳烃潜含量/%	47.77	59.87
操作条件			喷气燃料		
反应压力/MPa	15.7	15.7	烟点/mm	29	28
反应温度/℃	400	420	芳烃/%	7.0	8.4
体积空速/h⁻¹	0.96	0.96	冰点/℃	<-60	-60
氢油体积比	1240	1240	柴油		
单程转化率/%	77	77	凝点/℃	-38	-13
产品分布/%			十六烷指数	59.5	64.4
轻石脑油	6.65	6.45			

（3）单段两剂加氢裂化技术，工业应用结果见表6-18。

表6-18　FRIPP单段两剂加氢裂化技术工业应用结果

项　目	金陵中期标定	海南初期标定	项　目	金陵中期标定	海南初期标定
原料油性质			柴油	42.26	74.87
密度(20℃)/(g/cm³)	0.9088	0.9017	主要产品性质		
硫含量/氮含量/(μg/g)	19700/1322	6511/1023	重石脑油		
馏分范围/℃	331~524	260~540	芳烃潜含量/%	43.0	40.1
流程	尾油全循环	尾油全循环	喷气燃料		
操作条件			烟点/mm	24	—
反应器入口压力/MPa	16.04	14.77	芳烃/%	13.3	—
反应器入口氢分压/MPa	13.95	13.31	柴油		
平均反应温度/℃	408.4	400.3	凝点/℃	-12	-30
体积空速/h⁻¹	0.64	0.62	十六烷值	59.5	54.4(十六烷指数)
化学氢耗/%	2.31	2.15	芳烃/%	10.6	—
单程转化率/%	65	63.7	循环油		
产品分布/%			凝点/℃	0	-20
轻石脑油	3.86	6.08	黏度指数	100	111
重石脑油	13.77	15.87	硫含量/(μg/g)	4.5	160
喷气燃料	36.73				

6.2.2　馏分油单段串联加氢裂化技术

馏分油单段串联加氢裂化技术是指采用精制反应器和裂化反应器串联，分别完成脱除杂质和裂化功能，主要生产化工原料、燃料油品、乙烯原料、润滑油料或产品组合的一类加氢裂化技术总称。单段串联加氢裂化工艺可以根据加工原料和产品方案要求，按一次通过、部分循环或全循环等方式运行。

CLG 表述为 Isocracking，UOP 表述为 Hydrocracking，Axens 公司表述为 HyK-HC、H-Oil_{DC}（原称 T-Star），FRIPP 表述为 FMD_1、FMN、FMC_1。

（1）单段串联一次通过高中间馏分油（简称高中油）加氢裂化技术（表6-19）

表 6-19　单段串联一次通过高中油加氢裂化技术对比评价实验结果

项目	胜利 VGO		伊朗 VGO	
原料油性质				
密度(20℃)/(g/cm³)	0.9138		0.9164	
硫含量/氮含量/(μg/g)	7700/2300		16000/1475	
馏分范围/℃	350~560		328~531	
BMCI 值	44.6		48.2	
裂化催化剂	FC-26	DHC-39	FC-26	FHC-50
操作条件				
反应压力/MPa	15.7	15.7	14.7	14.7
裂化催化剂体积空速/h⁻¹	1.5	1.5	1.5	1.5
氢油体积比	1500	1500	1500	1500
反应温度/℃	387	388	380	380
精制油氮含量/(μg/g)	5~8	5~8	5~8	5~8
产品分布/%				
<82℃	4.48	4.66	3.6	2.6
82~132℃	8.34	8.09	8.4	8.0
132~282℃	33.67	31.22	33.0	33.6
282~370℃	16.24	17.22	19.8	19.0
>370℃	36.43	37.82	32.3	34.2
中油选择性/%	78.51	77.90	78.0	79.9
主要产品性质				
82~132℃				
芳烃潜含量/%	62.9	61.7	60.6	60.1
132~282℃				
烟点/mm	26	26	27	26
芳烃/%	4.6	4.8	6.5	6.7
282~370℃				
凝点/℃	-7	-9	-6	-2
十六烷值	56.3	55.0	57.3	58.6
>370℃				
BMCI 值	14.7	14.6	16.8	12.8

（2）单段串联全循环高中油加氢裂化技术（表 6-20）

表 6-20 单段串联全循环高中油加氢裂化技术中试实验结果

项　目	伊朗 VGO	项　目	伊朗 VGO
原料油性质		产品分布/%	
密度（20℃）/（g/cm³）	0.9121	<82℃	6.53
硫含量/氮含量/（μg/g）	12800/1330	82~132℃	13.46
馏分范围/℃	335~532	132~282℃	44.80
BMCI 值	45.0	282~370℃	31.84
精制催化剂/裂化催化剂	3996/FC-26	产品性质	
反应压力/MPa	15.7	82~132℃芳烃潜含量/%	13.46
（精制体积空速/裂化体积空速）/h⁻¹	1.06/1.26	132~282℃烟点/mm	30
单程转化率/%	70	282~370℃十六烷值（实测）	64.0

（3）单段串联一次通过多产化工原料加氢裂化技术（表 6-21、表 6-22）

表 6-21 RIPP 单段串联一次通过多产化工原料加氢裂化技术性能数据

技术名称	RMC	多产化工原料
精制反应温度/℃	基准	基准-（8~10）
裂化反应温度/℃	基准	基准-（8~10）
重石脑油选择性/%	基准	基准+4.4
重石脑油收率/%	基准	基准+（10~20）
化工料（轻石+重石+尾油）/%	基准	基准+11.4
尾油 BMCI 值	基准	基准-（1~2）

表 6-22 单段串联一次通过多产化工原料加氢裂化技术对比评价结果

项　目	原料 1	原料 2	原料 3
原料油性质			
密度（20℃）/（g/cm³）	0.9086	0.9097	0.9098
硫含量/氮含量/（μg/g）	12000/1400	12000/2300	18000/986
馏分范围/℃	260~556	260~554	255~550
BMCI 值	43.6	44.2	44.1
催化剂		RN-32/RHC-5	
操作条件			
反应压力/MPa	15.0	15.0	15.0
体积空速/h⁻¹	0.7	0.7	0.7
产品分布/%			
轻石脑油	4.84	4.34	6.02
重石脑油	29.76	24.07	31.27
喷气燃料	21.86	21.04	15.37
尾油	41.02	48.83	44.76
化工料（LPG+轻石+重石+尾油）	78.98	79.63	84.80
主要产品性质			
重石脑油芳潜/%	56	58	52
喷气燃料烟点/mm	30	29	29
尾油 BMCI 值	10.4	11.4	11.8

（4）单段串联全循环多产重整原料加氢裂化技术（表6-23）

表6-23　单段串联全循环多产重整原料加氢裂化技术中试结果

原料油性质		伊朗 VGO
密度（20℃）/（g/cm³）		0.9121
硫含量/氮含量/（μg/g）		12800/1330
馏分范围/℃		335~532
BMCI 值		45.0
催化剂	FC-24	国外剂
操作条件		
反应压力/MPa	15.7	15.7
裂化剂体积空速/h⁻¹	2.0	2.0
裂化反应温度/℃	367	372
产品分布/%		
轻石脑油（<65℃）	20.12	22.68
重石脑油（65~177℃）	69.54	66.16
轻石脑油辛烷值（MON）	84.5	83.6
重石脑油芳烃潜含量/%	49.6	48.4

（5）单段串联一次通过灵活生产化工原料和中间馏分油的加氢裂化技术（表6-24）

表6-24　单段串联一次通过灵活生产化工原料和中间馏分油的加氢裂化技术评价

原料油性质		中东 VGO
密度（20℃）/（g/cm³）		0.9034
硫含量/氮含量/（μg/g）		15500/823
IP/10%/30%/50%/℃		256/344/399/430
70%/90%/95%/EP/℃		457/502/524/542
BMCI 值		42.5
催化剂	FF-36/FC-32	FF-36/FC-32
操作条件		
反应压力/MPa	12.0	12.0
体积空速/h⁻¹	1.38	1.38
反应温度/℃	370/360	370/363
精制油氮含量/（μg/g）	5~10	5~10
单程转化率/%	70	70
尾油切割点/℃	>350	>320
产品分布/%		
轻石脑油	4.5	5.55
重石脑油	23.05	27.74
喷气燃料	25.17	26.35
柴油	16.26	10.83
尾油	29.24	27.63
主要产品性质		
重石脑油		
馏分范围/℃	65~165	65~165
芳烃潜含量/%	58.9	56.6
喷气燃料		

续表

	165~260	165~260
馏分范围/℃	165~260	165~260
烟点/mm	22	25
芳烃/%	10.4	8.7
萘烯烃/%	0.16	0.13
柴油		
馏分范围/℃	260~350	260~320
凝点/℃	-21	-25
十六烷值	72.5	71.0
尾油		
馏分范围/℃	>350	>320
BMCI值	10.8	9.9
链烷烃/%	52.4	57.9
90%/95%/EP/℃	491/510/527	485/506/518

（6）单段串联减压部分尾油循环生产润滑油料的加氢裂化技术（表6-25）

韩国蔚山炼油厂将>380℃在塔顶温度80℃、塔顶压力75mmHg、塔底温度325℃、塔底压力150mmHg条件下进行减压蒸馏，将流出油中的100N馏分油5%和150N馏分油20%（合计占尾油的25%）送加氢异构，其余的馏分油混合后循环返回加氢裂化反应器，此操作称为操作方案1。

表6-25 韩国蔚山炼油厂的工业应用

原料油性质	VGO			
相对密度	0.9218			
馏分范围/℃	260~547			
硫含量/氮含量/(μg/g)	30000/8000			
苯胺点/℃	78			
倾点/℃	33			
黏度(40℃)/(mm²/s)	49.4			
黏度(100℃)/(mm²/s)	6.35			
黏度指数	64			
烃饱和度/%	31			
加工方法	加氢处理		加氢裂化	
催化剂	HC-K		HC-22	
反应压力/MPa	17.66		17.50	
反应温度/℃	386.1		393.8	
体积空速/h⁻¹	2.1		1.26	
氢油体积比	1019		1339	
润滑油产品收率/%(体)				
轻质润滑油	33			
100N馏分油	8.3			
中馏分油	11.7			
150N馏分油	47			
尾油减压蒸馏	轻质润滑油	100N馏分油	中馏分油	150N馏分油
相对密度	0.8309	0.8319	0.8328	0.8385
馏分范围/℃	278~462	377~482	341~520	424~523
黏度(60℃)/(mm²/s)	7.63	8.50	9.26	13.89

续表

黏度(100℃)/(mm²/s)	3.45	3.80	4.19	5.70
黏度指数	143	154	179	172
闪点/℃	143	220	192	248
挥发度/%	—	14.9	—	4.8
平均相对分子质量	347	387	403	456
K 值	12.73	12.88	12.93	13.04
倾点/℃	—	30.7	—	35.0

（7）单段串联常压部分尾油循环生产润滑油料的加氢裂化技术（表6-26）

韩国蔚山炼油厂将50%>380℃循环返回加氢裂化反应器，其余50%在塔顶温度80℃、塔顶压力75mmHg、塔底温度325℃、塔底压力150mmHg条件下进行减压蒸馏，再取出流出油中100N馏分油10%和150N馏分油40%（合计占尾油的50%）送加氢异构，其余的馏分油混合后再循环返回加氢裂化反应器，此操作称为操作方案2。

表6-26　韩国蔚山炼油厂的工业应用

原料油性质	VGO			
相对密度	0.9218			
馏分范围/℃	260~547			
硫含量/氮含量/(μg/g)	30000/8000			
苯胺点/℃	78			
倾点/℃	33			
黏度(40℃)/(mm²/s)	49.4			
黏度(100℃)/(mm²/s)	6.35			
黏度指数	64			
烃饱和度/%	31			
加工方法	加氢处理		加氢裂化	
催化剂	HC-K		HC-22	
反应压力/MPa	17.66		17.50	
反应温度/℃	385.9		384.1	
体积空速/h⁻¹	2.1		1.25	
氢油体积比	1017		1336	
润滑油产品收率/%(体)				
轻质润滑油	32.9			
100N 馏分油	8.4			
中馏分油	11.8			
150N 馏分油	46.9			
尾油减压蒸馏	轻质润滑油	100N 馏分油	中馏分油	150N 馏分油
相对密度	0.8304	0.8319	0.8333	0.8358
馏分范围/℃	275~463	378~434	339~518	425~525
黏度(60℃)/(mm²/s)	7.62	8.50	9.27	13.89
黏度(100℃)/(mm²/s)	3.43	3.80	4.14	5.70
黏度指数	139	154	169	172
闪点/℃	142	221	195	249
挥发度/%	—	15.0	—	5.0
平均相对分子质量	346	388	402	457
K 值	12.72	12.88	12.92	13.04
倾点/℃	—	30.7	—	36.1

（8）反序单段串联生产润滑油料的加氢裂化技术（表 6-27、表 6-28）

反序单段串联生产润滑油料的加氢裂化技术是指采用异构脱蜡/加氢精制串联一次通过工艺流程，以异构裂化、异构化为主，将正构烷烃大部分转化为异构烷烃并保留在润滑油馏分中，先裂化后精制的一类生产润滑油料、白油料的加氢裂化技术总称。

表 6-27　反序单段串联生产润滑油料的加氢裂化技术的研究结果

项　目	加氢裂化尾油		加氢处理的 VGO		加氢处理的 DAO	
原料油性质						
密度(20℃)/(g/cm³)	0.8322		0.8540		0.8577	
黏度(100℃)/(mm²/s)	3.931		6.678			
硫含量/(μg/g)	14.5		4.3		14.7	
氮含量/(μg/g)	1.0		1.0		1.2	
倾点/℃	35		48		>51	
蜡含量/%	3.5		23.5		38.6	
馏分范围/℃	341~508		365~549		376~574(65%)	
操作条件						
反应压力/MPa	14.5		14.5		14.5	
体积空速/h⁻¹	0.4/0.8		0.4/0.8		0.4/0.8	
产品性质						
馏分范围/℃	350~390	>390	350~470	>470	350~485	>485
黏度(40℃)/(mm²/s)	10.39	24.28	32.56	68.21	33.71	108.9
黏度(100℃)/(mm²/s)	2.722	4.789	5.511	9.270	5.944	13.58
黏度指数	100	121	105	113	124	123
倾点/℃	<-48	-18	-33	-9	<-21	-9
氧化安定性/min		290				295

表 6-28　反序单段串联生产白油料的加氢裂化技术的研究结果

项　目	加氢裂化尾油
原料油性质	
密度(20℃)/(g/cm³)	0.8396
黏度(100℃)/(mm²/s)	5.336
硫含量/(μg/g)	15
氮含量/(μg/g)	1.2
倾点/℃	39
蜡含量/%	18.7
IP/10%/30%/50%/℃	331/405/429/449
70%/90%/95%/98%/℃	469/510/521/543
Fe/Ni/Cu/V/(μg/g)	21.8/0.01/0.02/0.06
Pb/Na/Ca/Mg/(μg/g)	<0.01/0.02/0.85/0.22
脱蜡油性质	
黏度(40℃)/(mm²/s)	32.20
黏度(100℃)/(mm²/s)	5.781
黏度指数	122
倾点/℃	-12
操作条件	
反应压力/MPa	15.6

续表

项　目	加氢裂化尾油			
反应温度(异构脱蜡/加氢精制)/℃	380/220			
体积空速(异构脱蜡/加氢精制)/h⁻¹	0.4/0.4			
氢油体积比	500			
产品收率/%	方案 1		方案 2	
石脑油	3.88		3.88	
煤油	16.85		16.85	
柴油	5.82		5.82	
10 号白油	12.16		—	
15 号白油	—		32.59	
26 号白油	59.46		—	
36 号白油	—		39.03	
产品性质	10 号	26 号	15 号	36 号
密度(20℃)/(g/cm³)	0.8249	0.8386	0.8297	0.8422
IP/℃	310	352	323	380
10%/℃	345	413	362	447
30%/℃	352	428	378	455
50%/℃	361	447	394	462
70%/℃	370	469	405	472
90%/℃	382	506	416	493
EP/℃	394	543	425	548
黏度(40℃)/(mm²/s)	8.787	28.72	13.06	39.16
黏度(100℃)/(mm²/s)	2.45	5.393	3.171	6.683
倾点/℃	−36	−18	−27	−12
黏度指数	100	124	105	126
易炭化物	通过	通过	通过	通过

6.2.3　馏分油两段加氢裂化技术

馏分油两段加氢裂化技术是指加氢精制与加氢裂化各自独立构成一个系统,或循环油单独进一个加氢裂化系统,生产化工原料、燃料油品的一类加氢裂化技术总称。

两段加氢裂化技术一般表述为 TSR,FRIPP 表述为 FMD2、FMC2,UOP 表述为将加氢处理段分开的加氢裂化过程、具有独立加氢系统的两段工艺过程、Hycycle 等,CLG 表述为 RS、SSRS 等。

(1)尾油全循环最大量生产中间馏分油的两段加氢裂化技术(表6-29)

表 6-29　FMD2 中试结果

项　目	沙中 VGO∶CGO=5.3∶1		伊朗 VGO	
原料油性质				
密度(20℃)/(g/cm³)	0.9232		0.9121	
硫含量/氮含量/(μg/g)	23800/1269		12800/1325	
馏分范围/℃	325~520		335~532	
操作条件	第一段	第二段	第一段	第二段
催化剂	FF-16/FC-14	FC-28	FF-16/FC-14	FC-28

续表

项　　目	沙中 VGO：CGO = 5.3：1		伊朗 VGO	
反应压力/MPa	13.7	13.7	13.7	13.7
体积空速/h^{-1}	1.1	2.4	1.1	2.4
反应温度/℃	404	380	406	380
单程转化率/%	60	60	6	60
产品分布/%				
重石脑油	11.84		11.32	
喷气燃料	29.34		28.75	
柴油	47.42		50.60	
主要产品性质				
重石脑油				
馏分范围/℃	79~130		79~130	
芳烃潜含量/%	48.3		42.8	
喷气燃料				
馏分范围/℃	130~230		130~230	
烟点/mm	29		30	
芳烃/%	10.2		8.5	
柴油				
馏分范围/℃	230~360		230~360	
凝点/℃	-19		-21	
十六烷值	60.3		58.2	
硫含量/(μg/g)	<10		<10	

（2）尾油部分循环生产中间馏分油的两段加氢裂化技术（表 6-30）

表 6-30　高氮难裂化重质蜡油原料两段加氢裂化工艺数据

原料油性质	巴西原油的 HVGO	
密度(15.6℃)/(g/cm^3)	0.9490	
硫含量/氮含量/(μg/g)	8000/3500	
5%/50%/℃	320/450	
总芳烃/多环芳烃/%	50/30	
产品分布/%	方案 1	方案 2
石脑油	23	11
喷气燃料	26	18
柴油	46	27
尾油	4	43
主要产品性质		
石脑油		
硫含量/(μg/g)	<10	<10
辛烷值/MON/RON	55/65	55/65
喷气燃料		
硫含量/(μg/g)	<10	<10
氮含量/(μg/g)	<1	<1
烟点/mm	>27	>25
柴油		
硫含量/(μg/g)	<10	<10

氮含量/(μg/g)	<1	<1
十六烷值	55	53
尾油		
硫含量/(μg/g)	<5	<5
氮含量/(μg/g)	<1	<1
黏度指数	>120	>100
倾点(溶剂脱蜡后)/℃	−12	−12

（3）中油全循环多产优质化工原料的两段加氢裂化技术（表6-31）

该技术第一段采用单段串联工艺流程一次通过，处理新鲜原料；第二段处理第一段加氢裂化所得177~350℃（或370℃）的中间馏分油，可以将重质、劣质的加氢裂化原料全部转化为优质的化工轻油。

表6-31　FMC$_2$中试结果

项　　目	沙中 VGO		伊朗 VGO	
原料油性质				
密度(20℃)/(g/cm³)	0.9205		0.9121	
硫含量/氮含量/(μg/g)	22500/654		12800/1325	
馏分范围/℃	296~524		335~532	
BMCI 值	49.8		45.0	
操作条件	第一段	第二段	第一段	第二段
催化剂	FF−26/3976	3976	FF−26/3976	3976
反应压力/MPa	12.4	12.4	12.4	12.4
体积空速/h⁻¹	0.6	3.0	0.6	3.0
产品分布/%				
轻石脑油	9.96		10.36	
重石脑油	53.79		53.33	
尾油	31.31		32.46	
主要产品性质				
轻石脑油				
馏分范围/℃	<65		<65	
硫含量/氮含量/(μg/g)	<1/<1		<1/<1	
辛烷值(MON)	85.2		85.2	
重石脑油				
馏分范围/℃	65~177		65~177	
芳烃潜含量/%	60.4		60.0	
硫含量/氮含量/(μg/g)	<1/<1		<1/<1	
尾油				
馏分范围/℃	>350		>350	
BMCI 值	12.1		11.5	

（4）裂化、精制各自独立构成一个系统生产润滑油料的两段加氢裂化技术（表6-32）

该技术第一段采用单段一次通过加氢裂化流程，用于提高原料的黏度指数；第二段加氢精制第一段加氢裂化所产润滑油馏分油或加氢精制第一段加氢裂化所产润滑油馏分油经溶剂脱蜡后的脱蜡油，加氢裂化与加氢精制各自独立构成一个系统生产润滑油料的一类加氢裂化技术总称。

表 6-32　法国石油研究院技术的工业应用结果

项　目	新疆混合原油减三线	新疆混合原油减四线	新疆混合原油丙烷脱沥青油
原料油性质			
密度(20℃)/(g/cm³)	0.8887	0.9001	0.9027
IP/2%/10%/℃	351/381/410	367/397/444	—
50%/90%/97%/℃	424/447/454	476/520/547	—
硫含量/氮含量/(μg/g)	3300/500	2451/1076	874/1332
残炭/%	0.01	0.092	0.89
折光率(20℃)	1.5046	1.5048	1.5062
黏度(100℃)/(mm²/s)	6.3	12.10	33.4
铁含量/(μg/g)	1.24	2.78	3.48
蜡含量/%	11	18	21.5
脱蜡后			
黏度(40℃)/(mm²/s)	7.44	14.20	38.65
黏度(100℃)/(mm²/s)	68.92	213.90	979.10
黏度指数	54	39	64
操作条件			
一段(加氢裂化或称加氢处理)			
冷高分压力/MPa	16.25	16.25	16.25
反应平均温度/℃	395.1	384.2	378
体积空速/h⁻¹	0.4	0.4	0.36
氢油体积比	1496	1220	1600
二段(加氢精制或称加氢后精制)			
反应压力/MPa	16.25	16.25	16.25
反应平均温度/℃	314	313	313
体积空速/h⁻¹	0.54	0.53	0.70
氢油体积比	464	1031	837
产品收率/%			
汽油	14.63	5.35	1.53
煤油	20.02	18.6	10.60
75N 含蜡油	6.87	2.86	10.1
125N 含蜡油	40.07	—	—
200N 含蜡油	—	30.80	7.6
500N 含蜡油	—	28.20	18.6
150BS 含蜡油	—	—	41.8

产品性质	HH125N	HH200N	HH500N	HH150BS
黏度(40℃)/(mm²/s)	25.50	44.24	102.0	523.90
黏度(100℃)/(mm²/s)	4.90	7.146	11.64	33.62
黏度指数	119	104	95	97
色度/号	0.5	0.5	1.0	1.5
倾点/℃	−21	−15	−12	−12
蒸发损失/%	12.57	13.23	3.16	–
氧化安定性/min	294	270	267	334
紫外灯照射后色度增加值	1.0	3.5	4.0	3.5

（5）加氢裂化、催化脱蜡/加氢精制各自独立构成一个系统生产润滑油料的两段加氢裂化技术（表 6-33）

　　该技术第一段采用单段一次通过加氢裂化流程，用于提高原料的黏度指数；第二段催化脱蜡/加氢精制第一段加氢裂化所产润滑油馏分油，以催化脱蜡与加氢精制一段串联工艺流程构成第二段，加氢裂化与催化脱蜡/加氢精制各自独立构成一个系统生产润滑油料的一类加氢裂化技术总称。

表 6-33　RIPP 技术在克拉玛依石化公司的应用

项　　目	常三线	减二线	减三线	轻脱沥青油
原料油性质				
密度(20℃)/(g/cm³)	0.8839	0.9155	0.9254	0.9165
IP/10%/℃	272/290	313/353	342/400	382/482
30%/50%/℃	300/312	380/401	429/442	530/551
90%/℃	346	446	472	–
硫含量/(μg/g)	664	1031	1050	1460
氮含量/(μg/g)	205	1400	1800	2600
倾点/℃	−52	−19	−5	0
折光率(20℃)	1.4856	1.5046	1.5084	1.5062
黏度(100℃)/(mm²/s)	2.38	7.19	14.65	63.94
黏度(40℃)/(mm²/s)	9.85	81.41	353.64	2788.84
Fe/(μg/g)	24.8	3.4	14.2	3.0
Ca/(μg/g)	1.0	0.9	1.4	1.8
Ni+V+Cu/(μg/g)	<0.1	<0.1	<0.1	<0.1
黏度指数	33	2	−49	48
操作条件				
氢分压/MPa		15.0		
体积空速/h⁻¹		0.5		
产品收率/%				
石脑油		2.07	2.07	2.83
煤油		1.25	1.25	2.39
轻柴油		3.71	3.71	4.13
轻润滑油		5.66	3.09	5.65
中润滑油		—	2.64	14.78
重润滑油		86.18	86.04	68.91
产品性质				
黏度(40℃)/(mm²/s)	8.28	47.36	188.76	405.18
黏度(100℃)/(mm²/s)	2.19	5.59	11.17	25.39
黏度指数	49	20	−13	82
倾点/℃	−50	−36	−18	−13
色度/号	0	0	0	0
组成(质谱法)/%				
链烷烃	9.9	6.6	6.1	8.4
总环烷烃	90.1	93.4	93.9	91.6
一环环烷	14.6	9.4	7.9	7.9
二环环烷	16.9	19.9	16.0	10.0
三环环烷	24.7	22.3	19.6	11.2
四环环烷	15.3	26.4	27.3	28.0
五环环烷	8.6	15.4	19.0	29.6
六环环烷	0	0	4.1	4.9

（6）加氢裂化、异构脱蜡/加氢精制各自独立构成一个系统生产润滑油料的两段加氢裂化技术（表6-34）

该技术第一段采用单段一次通过加氢裂化（也有称为加氢处理一说）流程，用于提高原料的黏度指数；第二段异构脱蜡/加氢精制第一段加氢裂化所产润滑油馏分油，以异构裂化、异构化为主，采用异构脱蜡与加氢精制一段串联工艺流程构成第二段，加氢裂化与异构脱蜡/加氢精制各自独立构成一个系统生产润滑油料的一类加氢裂化技术总称。

表 6-34　采用 CLG 技术的工业应用结果

项　目	减二线、减三线混合蜡下油（150N）	减四线糠醛精制油（650N）	糠醛精制轻脱沥青油（120BS）
原料油性质			
密度(20℃)/(g/cm³)	0.866	0.875	0.879
IP/℃	353	413	464
50%/℃	415	539	464
95%/℃	453	—	—
硫含量/(μg/g)	131	576	793
氮含量/(μg/g)	94	126	710
倾点/℃	-15	54	56
黏度(100℃)/(mm²/s)	5.2	12.73	31.52
操作条件			
加氢裂化			
进料/(t/h)	29.0	25.0	20.8
入口压力/MPa	基准	基准	基准
反应平均温度/℃	基准	基准+40	基准+51
异构脱蜡			
入口压力/MPa	基准	基准	基准
反应平均温度/℃	基准	基准+18	基准+29
加氢精制			
反应平均温度/℃	基准	基准+30	基准+30
产品收率/%			
喷气燃料	4.09	5.47	5.08
轻润滑油	15.04	13.24	10.96
中润滑油	63.79	6.21	10.41
重润滑油	—	51.31	47.54
基础油总收率	78.83	70.76	68.91

产品主要性质	150N		650N			120BS		
黏度等级(100℃)/(mm²/s)	2.0	5.0	2.0	4.0	10.0	2.0	5.0	20.0
倾点/℃	-37	-28	-31	-23	-15	<-40	-25	-15
闪点/℃	179	211	187	242	279	177	243	304
黏度(40℃)/(mm²/s)	10.1	31.20	12.16	29.5	79.06	11.21	37.91	153.6
黏度(100℃)/(mm²/s)	2.17	5.31	2.87	5.51	11.25	2.95	6.55	18.8
IP/℃	299	372	300	360	415	289	402	363
50%/℃	364	422	403	475	509	376	446	—
95%/℃	393	451	441	529	—	421	464	—
黏度指数	—	103	—	125	132	—	126	—
外观	透明	透明	透明	透明	透明	透明	透明	透明
比色/号	0	0	0	0	0	0	0	0

6.3　馏分油加氢裂化组合技术[1~2,24,37]

6.3.1　馏分油加氢裂化-加氢脱硫组合工艺

加氢裂化-加氢脱硫组合工艺是针对炼厂扩能改造的需要而开发的一种加氢裂化组合工艺(表6-35),一是具有充分利用原加氢裂化系列的循环氢系统,在加氢脱硫系列反应后的富余氢气,经过热高分后,作为加氢裂化系列的补充氢气进入裂化反应器入口重复进行使用,从而实现了加氢裂化装置大规模扩能后,无需对循环氢系统进行扩能,或循环氢系统只需进行少量的扩能;二是具有很好的操作灵活性,两个系列既可以加工相同的原料油,也可以加工不同的原料油,加氢脱硫系列可以按加氢脱硫脱氮反应条件操作,为FCC装置提供原料。该组合工艺尤其适合那些已有加氢裂化装置,但因加工含硫原油、劣质原油,而需再建设一套加氢脱硫装置,对FCC原料进行加氢预处理的炼油企业。

表6-35　加氢裂化-加氢脱硫组合工艺的工业试验结果

项　目	工业试验条件与结果		项　目	工业试验条件与结果	
原料油及性质	沙轻VGO:伊朗VGO=65:35		主要产品性质		
密度(20℃)/(g/cm³)	0.9106		重石脑油		
硫含量/氮含量/(μg/g)	21400/900		馏分范围/℃	82~132	
馏分范围/℃	298~529		芳烃潜含量/%	64.0	
试验条件	加氢裂化	加氢脱硫	喷气燃料		
催化剂	3996/3882/3903	FDS-4	馏分范围/℃	132~270	
操作条件			烟点/mm	28	
反应压力/MPa	14.5	14.5	芳烃/%	9.4	
反应温度/℃	377/370(精制/裂化)	365	柴油		
体积空速/h⁻¹	1.40/1.01(精制/裂化)	1.25	馏分范围/℃	270~350	
单程转化率/%	75	—	密度(20℃)/(g/cm³)	0.821	
产品收率/%			总芳烃/%	8.7	
重石脑油	14.69	—	十六烷值(实测)	65	
喷气燃料	36.66	—	硫含量/(μg/g)	<30	
柴油	13.55	—	尾油		
尾油	24.46	97.01	硫含量/(μg/g)	<10	1000
			BMCI值	10.1	33.8

6.3.2　馏分油加氢裂化-缓和加氢裂化组合工艺

馏分油加氢裂化-缓和加氢裂化组合工艺适用于炼厂扩能改造(表6-36),一是具有充分利用原加氢裂化系列的循环氢系统,在缓和加氢裂化系列反应后的富余氢气,经过热高分后,作为加氢裂化系列的补充氢气进入裂化反应器入口重复进行使用,从而实现了加氢裂化装置大规模扩能后,无需对循环氢系统进行扩能,或循环氢系统只需进行少量的扩能;二是具有很好的操作灵活性,两个系列既可以加工相同的原料油,也可以加工不同的原料油,可实现原料油92%~100%的转化。目的产品为优质的催化重整原料、喷气燃料、清洁柴油和低BMCI值的加氢未转化油。

表6-36　加氢裂化-缓和加氢裂化组合工艺试验结果

项　目	工业试验条件与结果		项　目	工业试验条件与结果
原料油及性质	伊重 VGO		主要产品性质	
密度(20℃)/(g/cm³)	0.9072		重石脑油	
硫含量/氮含量/(μg/g)	18400/1542		馏分范围/℃	82~132
馏分范围/℃	261~539		芳烃潜含量/%	59.6
试验条件	加氢裂化	缓和加氢裂化	喷气燃料	
催化剂	3996/3974	再生 HC-K	馏分范围/℃	132~282
操作条件			密度(20℃)/(g/cm³)	0.7972
反应压力/MPa	14.5	14.5	烟点/mm	31
反应温度/℃	390/390(精制/裂化)	385	芳烃/%	3.1
体积空速/h⁻¹	1.07/1.21(精制/裂化)	0.40	柴油	
单程转化率/%	~70	~50	馏分范围/℃	282~370
总转化率/%	92.5		密度(20℃)/(g/cm³)	0.8224
化学氢耗/%	2.97		总芳烃/%	7.0
产品收率/%			十六烷值(实测)	65.6
重石脑油	12.76		硫含量/(μg/g)	<30
喷气燃料	43.64		尾油	
柴油	25.42		硫含量/(μg/g)	<10
尾油	7.52		BMCI 值	9.5

6.3.3　馏分油缓和加氢裂化-催化脱蜡组合工艺

馏分油缓和加氢裂化-催化脱蜡组合工艺适用于炼厂既要求部分转化原料为轻质产品，又要求降低产物的浊点和倾点，调整反应苛刻度，可灵活地控制产品分布和柴油产品凝点的场合，见表6-37。

AKZO-FINA 公司表述为 CFI/MHC。

表6-37　缓和加氢裂化-催化脱蜡组合工艺研究结果

项　目	工业试验条件与结果		项　目	工业试验条件与结果	
原料油及性质	VGO		尾油	57.75	50.13
氮含量/(μg/g)	1010		主要产品性质		
碱氮含量/(μg/g)	267		石脑油		
250~370℃馏分浊点/℃	0		馏分范围/℃	C₅~180	C₅~180
250~370℃馏分十六烷值	44.8		煤油		
>370℃馏分硫含量/(μg/g)	14760 操作条件		馏分范围/℃	180~250	180~250
反应压力/MPa	3.0~5.0		柴油		
反应温度/℃	350~430		馏分范围/℃	250~370	250~370
体积空速/h⁻¹	2.0		浊点/℃	−1	−11
氢油体积比	200~500		十六烷值	43.5	42.5
产品收率/%	MHC	CFI/MHC	尾油		
石脑油	6.80	11.31	馏分范围/℃	>370	>370
煤油	6.38	6.48	硫含量/(μg/g)	280	310
柴油	27.12	28.90			

6.4　馏分油加氢裂化技术分析 [1~2,24,37]

在加氢裂化装置的投资、操作费用及投资回收期方面，IFP 认为，虽然高压加氢裂化的操作压力比中压加氢裂化高四分之一，但转化率高 20%，催化剂使用寿命长 50%。因此，对于一套 1.50Mt/a 装置，尽管高压加氢裂化装置的投资比中压加氢裂化高 26%，操作费用高 23%，但装置的投资回收期仅长 0.1 年。

馏分油加氢裂化技术分析所列数据见表 6-38 至表 6-42。

表 6-38　技术分析所用加氢裂化原料油性质

项　目	阿拉伯轻原油减压瓦斯油	项　目	阿拉伯轻原油减压瓦斯油
馏分范围(实沸点)5%/50%/90%//℃	370/460/550	氮含量/(μg/g)	800
相对密度	0.9210	黏度(100℃)/(mm²/s)	8.0
硫含量/%	2.7		

表 6-39　不同加氢裂化技术操作条件、产品收率和质量技术分析

项　目	缓和加氢裂化	中压加氢裂化	高压加氢裂化
操作条件			
压力/MPa	基准	1.5×基准	2×基准
空速	基准	0.75×基准	0.75×基准
转化率/%(体)	30	70	90
催化剂寿命/年	2	2	3
产品收率/%(体)			
液化气	0.67	1.67	4.8
石脑油	2.09	14.17	23.78
喷气燃料	—	32.65	45.07
柴油	26.71	30.29	31.60
尾油	72.31	32.13	11.03
C₃ 以上	101.78	110.91	116.28
氢耗/%	0.80	2.05	2.55
主要产品性质			
喷气燃料			
硫含量/(μg/g)	—	<20	<10
芳烃/%(体)	—	<20	11
烟点/mm	—	20~21	27
萘/%(体)	—	<1	<1
柴油			
硫/(μg/g)	300	<50	<20
十六烷指数	45	55	64
总芳烃/%	—	11	5
稠环芳烃/%	≤11	<6	<2
尾油			
相对密度	0.8950	0.8500	0.8350
硫含量/(μg/g)	1000	<50	<30
BMCI 值	—	18	8~10
脱蜡油黏度指数	—	100~110	125

表 6-40 不同加氢裂化技术投资和操作费用技术分析

项　　目	缓和加氢裂化	中压加氢裂化	高压加氢裂化
加工能力/(Mt/a)	1.50	1.50	1.50
转化率/%(体)	30	70	90
公用工程费用/(10^4美元/a)	427	675	725
催化剂费用/(10^4美元/a)	51	85	66
氢气费用/(10^4美元/a)	1036	2727	3436
可变费用[1]/10^4美元	1514	3487	4227
总投资[2]/10^4美元	7500	10800	13600
总操作费用[3]/(10^4美元/a)	3139	5837	7177
每桶进料费用/美元	3.17	5.90	7.24
产品-原料/(10^4美元/bbl)	4.20	9.01	10.85
可变费用/(美元/bbl)	-1.53	-3.52	-4.27
投资回收期/a	2.8	2.0	2.1

① 包括公用工程、催化剂和氢气。
② 包括储存费用和应急费用等。
③ 0.25×总投资+可变费用。

表 6-41 加氢裂化压力对装置投资和产品质量的影响

氢分压/MPa	8.4	10.5	14.1
反应器体积	1.5×基准	基准	0.6×基准
投资/10^4美元	+9%	基准	+5%
产品质量			
喷气燃料烟点/mm	18	22	27
十六烷指数	46	50	55

表 6-42 不同加氢裂化技术建设投资和操作费用技术分析

装置类型	HPHC	MPHC	MPHC
高分总压/MPa	14.0	10.0	7.0
运行方式	全循环	一次通过	一次通过
单程转化率/%(体)	70	70	50
总转化率/%(体)	90~100	70	50
相对建设投资①	100	73	62
单位转化深度相对建设投资①	100~111	104	124
相对建设投资②	134	94	62
单位转化深度相对建设投资③	134~149	134	124
相对操作费用③	1	0.7	0.6
单位转化深度相对操作费用③	1.0~1.1	1.0	1.2

①装置界区内。
②含制氢能力增加。
③新氢按 0.08 美元/Nm³ 计算。

6.5　渣油加氢裂化技术

渣油加氢裂化是渣油深度转化和提高轻油收率最重要的技术之一，也是渣油高效、清洁利用的途径之一。在轻质原油产量下降、中质及重质原油产量增加，环保法规日益严格的情况下，其重要性尤其突出。

20 世纪 50 年代初期，创建于 1943 年的美国烃研究公司(HRI)开发了一种沸腾床渣油加氢裂化技术(H-Oil)。

70 年代，HRI 与城市服务公司合作实现了 H-Oil 工业化。随后，HRI 和美国德士古(Tex-aco)公司合作，共同转让 H-Oil 技术；1995 年 HRI 被法国石油研究院(IFP)收购，2001 年 7 月 1 日 IFP LicensingTech Service 与 Procatalyse Catalyse&Adsorbents 成立 AXENS，成为 H-Oil 技术许可发放人。

1975 年城市服务公司与 Lummus 公司合作，开发了另一种沸腾床加氢裂化技术(LC-Fining)。1993 年，Chevron、Lummus 及 Global 联合成立 CLG，但直到 2000 年 CLG 才成为 LC-Fining 技术许可发放人。

20 世纪 60 年代，中国石化开始沸腾床渣油加氢裂化(STRONG)技术开发，2016 年 50kt/a 沸腾床渣油加氢裂化装置在金陵石化建成投产并进行了一系列工业试验。

6.5.1　H-Oil 技术

表 6-43 列出了 H-Oil 技术的典型操作条件，表 6-44 列出了 H-Oil 技术的原料、产品及产品收率。

表 6-43　H-Oil 技术的典型操作条件[38]

项目	数值	项目	数值
温度/℃	415~440	压力/MPa	13.5~21.0
空速/h⁻¹	0.4~1.3	催化剂置换量/(kg 催化剂/m³原料油)	0.35~2.1

表 6-44　H-Oil 技术的原料、产品及产品收率[38]

项　　目	原料	产　　品					
	常压渣油	C_1~C_3	C_4~177℃	177~343℃	343~524℃	>524℃	合计
产品收率/%(体)		(2.4)	15.9	31.0	35.3	24.1	101.6(106.3)
相对密度	1.0153		0.7128	0.8633	0.9396	1.0505	0.9088
硫含量/%	4.85		0.15	0.45	1.12	3.25	1.38
氮含量/(μg/g)	5600		140	1460	3420	9410	4070
残炭/%	15.6			0.2	28.2		
Ni+V/(μg/g)	295			<1	310	82	

6.5.2　LC-Fining 技术

表 6-45 列出了 LC-Fining 技术的典型操作条件，表 6-46 列出了 LC-Fining 技术加工加拿大 Athahasca 油砂沥青减压渣油的原料、产品及产品收率的模拟结果。

表 6-45　LC-Fining 技术的典型操作条件[39]

项　　目	数　值	项　　目	数　值
温度/℃	410~440	压力/MPa	11~18

表 6-46　LC-Fining 技术的原料、产品及产品收率[39]

项　目	原料	产品						
	常压渣油	燃料气	丙烷/丙烯	丁烷/丁烯	$C_5 \sim 204℃$	$204 \sim 343℃$	$343 \sim 538℃$	$>538℃$
产品收率/%	—	5.9	3.5	2.4	5.9	22.5	26.9	29.1
API 度	2.88	—			76.6	45.4	25.7	7.2
硫含量/%	5.55	—			0.0	0.1	0.7	2.3
氮含量/($\mu g/g$)	4756	—			6	976	1628	7919

6.5.3　STRONG 技术

表 6-47 列出了 STRONG 技术在某公司以减压渣油为原料的操作条件，表 6-48 列出了该减压渣油的原料性质，表 6-49 列出了 STRONG 技术的产品性质，表 6-50 列出了 STRONG 技术的产品收率。

表 6-47　STRONG 技术的操作条件[40]

项　目	数　值	项　目	数　值
温度/℃	$400 \sim 420$	压力/MPa	14.1
空速/h^{-1}	$0.17 \sim 0.22$		

表 6-48　STRONG 技术的原料性质[40]

项目	密度(20℃)/(kg/m^3)	CCR/%	氮含量/($\mu g/g$)	硫含量/%	Ni/($\mu g/g$)	V/($\mu g/g$)	黏度(100℃)/(mm^2/s)
数值	1035.8	23.73	4600	6.0	47.3	163.5	3063

表 6-49　STRONG 技术的产品性质[40]

项　目	工况	CCR/%	氮含量/($\mu g/g$)	硫含量/%	Ni+ V/($\mu g/g$)
工艺条件	1	10.83	3774	1.87	23.24
	2	7.50	3010	1.17	6.34
	3	4.36	2830	0.83	6.35

表 6-50　STRONG 技术的产品收率[41]

项　目	$C_1 \sim C_5$	$C_5 \sim 182℃$	$182 \sim 343℃$	$343 \sim 380℃$	$380 \sim 566℃$	$>524℃$
产品收率/%(体)	10.7	14.6	35.7	3.0	23.7	11.6

6.6　渣油加氢裂化组合技术

6.6.1　渣油加氢裂化-未转化渣油溶剂脱沥青组合工艺[42]

CLG 将 LC-Fining 与未转化渣油溶剂脱沥青组合，提高了渣油的转化率，延长沸腾床加氢裂化的运行周期。图 6-1 为 LC-Fining 与溶剂脱沥青组合工艺（LC-MAX）示意流程图，表 6-51 为 LC-Fining 与 LC-MAX 加工俄罗斯出口的减压渣油原料的对比结果。

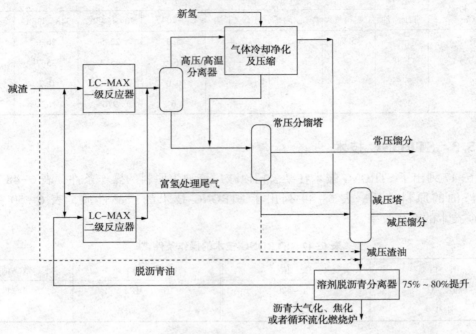

图 6-1　LC-MAX 示意流程图

表 6-51　LC-Fining 与 LC-MAX 加工同一种原料的对比结果

项　　目	LC-Fining	LC-MAX
转化率/%	63	86~91
原料灵活性	好	优秀
反应器体积	基准	基准×0.9
化学耗氢	基准	基准×1.15（转化率高 20%）
催化剂添加速度	基准	基准×0.88
塔底产品	低硫燃料油	焦化料、气化料
分馏塔结焦	基准	远远小于基准
未转化油处理	低硫燃料油	气化料、循环硫化锅炉、电厂（200 万 t/a、90~100t/d 氢气或者从沥青中得到 100MW 电）

6.6.2　渣油加氢裂化-馏分油加氢处理组合工艺[43]

CLG 将 LC-Fining 与加氢处理组合，形成 LC-Fining/HDT 组合工艺。组合进来的加氢处理装置既可以加工 LC-Fining 装置生产出来的馏分油又可以加工炼厂的其他馏分油原料。加氢处理装置反应部分的设备费用比单建一套装置减少 50%。LC-Fining 与 HDT 共用一套高压氢气回路，并且 HDT 可以利用 LC-Fining 流出物中的过剩氢气。当两部分产物共同分馏时，由于热量的组合，还可使 HDT 的能量利用效率很高。图 6-2 为用 LC-Fining/HDT 组合工艺对 Alberta 沥青改质的流程图，表 6-52 为组合工艺加工的蜡油性质，表 6-53 为组合工艺得到的产品性质。

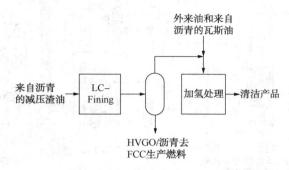

图 6-2　用 LC-Fining/HDT 组合工艺对 Alberta 沥青改质的流程图

表 6-52　组合工艺加工的蜡油性质

项　　目	LC-Fining 的 LGO	外来的 SRGO	HDT 混合油
馏程/℃	121~427	93~482	93~482
氮含量/(μg/g)	1600~2000	400~700	>1000
硫含量/%	0.2~0.5	2.0~2.5	1.0~1.5

表 6-53　组合工艺得到的产品性质

项　　目	柴油	VGO 塔底油
API 度	34	26
氮含量/(μg/g)	<10	<100
硫含量/%	<100	<200
十六烷指数	45	—

6.6.3　渣油加氢裂化-馏分油加氢裂化组合工艺[44]

CLG 将 LC-Fining 与加氢裂化组合，形成 LC-Fining/ISOCRACKING 组合工艺。可将 LC-Fining 的减压瓦斯油转化为柴油和其他轻质油品，转化率 65%。在同一个高压回路中，可以将来自 LC-Fining 装置的所有瓦斯油和更轻的产品改质为符合欧洲标准的柴油以及汽油重整装置原料和高质量的流化催化裂化原料。一体化装置的投资费用比单建一套加氢裂化装置减少 30%~40%。

图 6-3 为 LC-Fining/ISOCRACKING 组合工艺流程图，表 6-54 为 LC-Fining 产品收率，表 6-55 为 LC-Fining 产品的混合性质，表 6-56 为在转化率 60%~70%条件下组合工艺得到的产品性质。

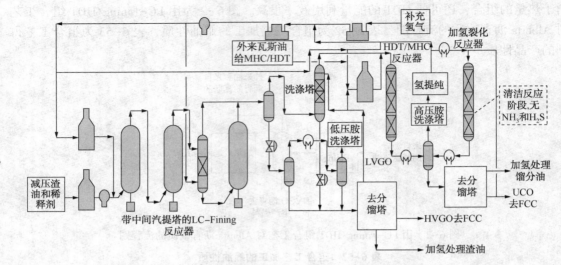

图 6-3　LC-Fining/ISOCRACKING 组合工艺流程图

表 6-54　LC-Fining 产品收率

项　　目	减压馏分油	柴油	石脑油
产品收率/%	46	40	14

表 6-55　LC-Fining 产品的混合性质

项　　目	API	氮含量/(μg/g)	硫含量/%
数　　值	29	2900	0.25

表 6-56　组合工艺得到的产品性质

项　　目	石脑油	柴油	VGO 塔底油
氮含量/(μg/g)	<0.5		<100
硫含量/(μg/g)	<0.5	<10	<50
十六烷值		51	

6.6.4　渣油加氢裂化-催化裂化组合工艺[45]

FRIPP 研究认为：沸腾床渣油加氢反应生成的加氢常渣作为催化裂化原料，可以改善催化裂化装置进料性质，改善催化裂化装置的操作。表 6-57 为渣油加氢裂化-催化裂化组合工艺加工的原料，表 6-58 为催化裂化得到的产品收率，表 6-59 为催化裂化得到的产品性质。

表 6-57　组合工艺加工的原料性质

项目	密度/(kg/m³)	硫含量/%	残炭/%	沥青质/%	Ni/(μg/g)	V/(μg/g)
数值	1010.2	3.31	19.67	2.28	61.36	171.50

表 6-58　催化裂化得到的产品收率　　　　　　　　　　　%

项　目	干气	液化石油气	$C_5 \sim 200℃$	$200 \sim 350℃$	>350℃
数　值	1.35	14.61	44.07	19.59	11.10

表 6-59　催化裂化得到的产品性质

项　目	汽油	柴油
密度/(kg/m^3)	750.3	952.1
氮含量/($\mu g/g$)	398.5	2058
硫含量/($\mu g/g$)	136.3	10900
辛烷值	93.5	-34(凝点/℃)

6.7　工艺技术的热点难点问题

6.7.1　原油加氢裂化技术

原油直接加氢裂化生产目的产品可大幅降低投资、能耗、占地、操作费用，减少中间过程损失，提高产品综合利用率，应成为研究院、工程公司、炼油企业努力的方向。

6.7.2　高度集成的加氢裂化组合工艺

将柴油、蜡油、渣油高度集成到一套加氢裂化组合工艺中，共用一套高压系统，分区加工不同原料、生产不同目的产品，灵活应用沸腾床、固定床等多种反应器床型，优化组合反应、精馏、分离、闪蒸等单元操作，融合数字化、智能化技术，应成为未来加氢裂化组合工艺的方向。

6.7.3　延长加氢裂化运行周期的技术

延长加氢裂化运行周期是提高加氢裂化装置效益的有效途径之一，减少高压换热器、反应加热炉、反应器结垢，避免高压换热器、反应加热炉、反应器、减压塔、减压炉、减压塔底换热器结焦，降低高压空冷、高压空冷入口管线、汽提塔顶部塔盘、汽提塔顶管线、汽提塔顶空冷器腐蚀等是提高加氢裂化运行周期的有效措施。

参 考 文 献

[1] 韩崇仁主编. 加氢裂化工艺与工程[M]. 北京：中国石化出版社，2001：459-492.

[2] 李大东主编. 加氢处理工艺与工程[M]. 北京：中国石化出版社，2004：1059-1132.

[3] 许雪茹. 低、中、高压催化柴油加氢工艺探讨[J]. 齐鲁石油化工. 2005，33(2)：83-84.

[4] 聂红，胡志海，戴立顺，等. RIPP 加氢裂化技术及渣油加氢技术开发和应用[C]//加氢裂化协作组第七届年会报告论文集. 抚顺：中国石化抚顺石油化工研究院，加氢裂化协作组，2007：14-24.

[5] 曾榕辉. 环境友好的炼油化工技术[M]. 北京：中国石化出版社，2003：146-154.

[6] 胡志海. RICH 技术工艺研究与开发[C]//中国石油学会第四届石油炼制学术年会报告论文集，2001：241-243.

[7] 赵振辉，贾景山. RICH 技术应用运转总结[C]//加氢裂化协作组第五届年会报告论文集. 抚顺：中国石化抚顺石油化工研究院，加氢裂化协作组，2003：504-510.

[8] 蒋东红，胡志海，刘学芬. RICH 技术生产Ⅱ类柴油的研究[C]//加氢裂化协作组第五届年会报告论文集. 抚顺：中国石化抚顺石油化工研究院，加氢裂化协作组，2003：482-490.

[9] 张毓莹，蒋东红，卫剑，等. RICH 技术加工催直柴混合油的工艺研究和实践[C]//加氢裂化协作组第六届年会报告论文集(预印本). 抚顺：中国石化抚顺石油化工研究院，加氢裂化协作组，2005：352-357.

[10] 潘德满. FRIPP 中压加氢改质及加氢异构降凝技术的开发与工业应用[C]//加氢裂化协作组第七届年会报告论文集. 抚顺：中国石化抚顺石油化工研究院，加氢裂化协作组，2007：249-254.

[11] 方向晨，赵玉琢，兰玲，等. 环境友好的炼油化工技术[M]. 北京：中国石化出版社，2003：203-211.

[12] 于海龙，李华明，徐国臣，等. 中压加氢改质技术的工业应用[J]. 石油炼制与化工，1994，25(7)：9-12.

[13] 刘守义，廖士纲，郑灌生，等. 中压加氢改质工艺的技术开发[J]. 石油炼制与化工，1994，25(8)：1-6.

[14] 许剑浩，于海龙，孙助权，等. 中压加氢处理技术的应用[J]. 炼油设计，1995，25(1)：27-31.

[15] 于海龙，许剑浩，傅连友，等. RT-1 催化剂中压加氢处理技术的工业实践[J]. 石油炼制与化工，1995，26(12)：6-9.

[16] 彭焱，孟祥兰，方维平. 柴油馏分加氢精制/临氢降凝一段串联工艺的开发[J]. 石油炼制与化工，2000，31(4)：8-11.

[17] 白雪莲，刘洪朝，吉李彬，等. MCI-临氢降凝组合技术在延炼柴油加氢装置的应用[J]. 辽宁化工，2004，33(3)：151-153.

[18] 胡志海，蒋东红，赵新强. RICH-临氢降凝组合工艺的研究与开发[J]. 石油炼制与化工，2004，35(1)：1-4.

[19] 尹成红，张丽琴，孙发民. 柴油临氢降凝技术研究进展[J]. 应用能源技术，2007，112(4)：7-9.

[20] 刘丽芝，杨军. 催化脱蜡工艺生产润滑油基础油[J]. 润滑油，1999，14(6)：6-10.

[21] 李立权. 加氢脱蜡技术进展[J]. 润滑油，2000，11(1)：22-25.

[22] 刘平，杨军. 润滑油加氢异构脱蜡技术[J]. 炼油设计，2002，32(5)：22-24.

[23] 何武章，蒲祖国. 荆门石化 200kt/a 润滑油加氢改质装置试生产[J]. 石油炼制与化工，2002，33(10)：16-19.

[24] 姚国欣，刘伯华，廖健. 生产最大量中馏分油的加氢裂化技术[C]//加氢裂化协作组第三届年会报告论文集. 抚顺：中国石化抚顺石油化工研究院，加氢裂化协作组，1999：61-90.

[25] 刘平，高雪松. 加氢技术在制取润滑油基础油中的应用[C]//加氢裂化协作组第三届年会报告论文集. 抚顺：中国石化抚顺石油化工研究院，加氢裂化协作组，1999：597-602.

[26] 王凤来，关明华，曾榕辉，等. FC-16 高活性高中油型加氢裂化催化剂性能研究[C]//加氢裂化协作组第五届年会报告论文集. 抚顺：中国石化抚顺石油化工研究院，加氢裂化协作组，2003：368-376.

[27] 李菘延，翟京宋，高爽. 大庆石化 120 万吨/年加氢裂化装置开工及运行总结[C]//加氢裂化协作组第六届年会报告论文集(预印本). 抚顺：中国石化抚顺石油化工研究院，加氢裂化协作组，2005：607-621.

[28] 吴宜东，于丹. 单段加氢裂化技术特点及其应用[J]. 炼油技术与工程，2003，33(5)：27-31.

[29] 石友良. 国外馏分油加氢裂化技术新进展[C]//加氢裂化协作组第七届年会报告论文集. 抚顺：中国石化抚顺石油化工研究院，加氢裂化协作组，2007：32-37.

[30] 关明华，方向晨. 持续进步的馏分油加氢裂化技术[C]//加氢裂化协作组第七届年会报告论文集. 抚顺：中国石化抚顺石油化工研究院，加氢裂化协作组，2007：1-13.

[31] 董昌宏. FF-20/FC-14 催化剂工业应用总结[C]//加氢裂化协作组第七届年会报告论文集. 抚顺：中

国石化抚顺石油化工研究院，加氢裂化协作组，2007：38-45.

[32] 曾榕辉，孙洪江. FDC 单段两剂多产中间馏分油加氢裂化技术开发及工业应用[C]//加氢裂化协作组第七届年会报告论文集. 抚顺：中国石化抚顺石油化工研究院，加氢裂化协作组，2007：50-56.

[33] 樊宏飞，徐学军，王凤来，等. 环境友好的炼油化工技术[M]. 北京：中国石化出版社，2003：176-185.

[34] 杜艳则，王凤来，关明华，等. FC-32 新一代灵活型加氢裂化催化剂研制与工业放大[C]//加氢裂化协作组第七届年会报告论文集. 抚顺：中国石化抚顺石油化工研究院，加氢裂化协作组，2007：165-172.

[35] 中国石油化工信息学会石油炼制分会编. 2007 年中国石油炼制技术大会论文集[C]. 北京：中国石化出版社，2007：636-642.

[36] 王凤来，关明华，祁兴维，等. FC-12 新一代灵活型加氢裂化催化剂工艺试验研究[C]//加氢裂化协作组第五届年会报告论文集. 抚顺：中国石化抚顺石油化工研究院，加氢裂化协作组，2003：354-360.

[37] 曾榕辉，胡永康. 环境友好的炼油化工技术[M]. 北京：中国石化出版社，2003：131-139.

[38] 姚国欣. 渣油沸腾床加氢裂化技术在超重原油改质厂的应用[J]. 当代石油化工，2008，16(1)：23-29.

[39] 姚国欣. 渣油深度转化技术工业应用的现状、进展和前景[J]. 石油化工技术与应用，2012，30(1)：1-12.

[40] 刘汪辉，姜来，刘海涛，等. STRONG 沸腾床示范装置工业应用[J]. 当代化工，2017，46(9)：1894-1896.

[41] 姜来. 渣油沸腾床加氢技术现状及操作难点[J]. 炼油技术与工程，2014，44(12)：8-11.

[42] Mario Baldassari, Ujjal Mukherjee. Dencker. Maximum Value Addition with LC-MAX and VRSH Technologies[C]. AFPM Annual Meeting, Marriott Rivercenter San Antonio, TX, 2015, AM-15-78.

[43] Ujjal Mukherjee, Mohammad Habib, Art Dahlberg, et al. Dencker. Maximum Value Addition with LC-MAX and VRSH Technologies[C]. NPRA Annual Meeting, Marriott Rivercenter San Antonio, TX, 2007, AM-07-62.

[44] Sigrid Spiele, Ujjal Mukherjee, Art Dahlberg. Upgrading Residuum to Finished Products In Integrated Hydroprocessing Platforms: Solutions and Challenges [C]. NPRA Annual Meeting, Salt Lake City, UT, 2006, AM-06-64.

[45] 刘建锟，杨涛，蒋立敬，等. 沸腾床与催化裂化组合工艺研究[J]. 现代化工，2013，33(10)：104-107.

第7章　加氢裂化的工艺因素及技术分析

7.1　原料油性质的影响及技术分析 [1~12,17,19]

7.1.1　硫

加氢裂化原料中的硫主要是硫醇、二硫化物、硫醚、噻吩、氢化噻吩、苯并噻吩、二苯并噻吩等。硫化物在加氢过程中最终转化为硫化氢和烃。对非贵金属硫化型催化剂，硫化氢的存在可改变催化剂表面的酸性质，是保持催化剂活性金属组分的硫化状态所不可缺少的。但硫化氢在催化剂活性中心的竞争吸附也降低了加氢催化剂的活性，对加氢脱硫、脱氮、芳烃饱和会带来负面影响。

（1）硫含量

原料硫含量影响产品的硫含量，产品硫含量可通过动力学方程进行计算：

$$S_P = \exp \frac{\ln\left(\frac{1}{S_f^{(n-1)}} + \frac{k \times (n-1)}{LHSV}\right)}{1-n}$$

式中　S_P——产品硫含量,%；

$\quad\quad S_f$——原料硫含量,%；

$\quad\quad k$——加氢脱硫反应速度常数；

$\quad\quad n$——加氢脱硫反应级数；

$LHSV$——体积空速。

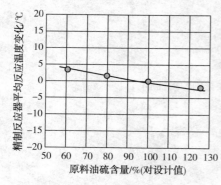

图 7-1　原料油中硫含量
对反应温度的影响

（2）原料油中硫含量对反应温度的影响（图 7-1）

（3）循环氢中硫化氢浓度对反应温度的影响（图 7-2）

对于非贵金属催化剂，一般认为循环氢中硫化氢分压应保持在 0.05MPa 以上或循环氢中硫化氢浓度保持在 0.03%~0.05%；过高的硫化氢含量会使气相中的硫化氢与离开裂化床层的少量烯烃反应生成硫醇的量增加，导致产品的腐蚀不合格，过量的硫化氢含量也会使设备腐蚀增加，一般建议循环氢中硫化氢浓度保持在<2%为宜。

对含硫低的原料，为维持一定的硫化氢分压，可在原料中加入一定量的含硫化合物，如 CS_2、RSH、DMDS 等；也可将硫化物直接加入反应系统；将含硫低的原料与含硫高的原料混合后作为加氢裂化原料。

（4）原料中噻吩的体积分数对催化剂积炭的影响（图 7-3）

加氢裂化催化剂上存在一定数目的精制中心，因此原料中的有机含硫化合物在加氢过程中可转化为硫化氢。含硫化合物的体积分数较低时，精制中心有能力将这些含硫化合物转化，当含硫化合物的体积分数较高时，将有部分的含硫化合物在催化剂表面的活性中心吸附，造成裂化反应平衡的失调，导致催化剂上大量生成积炭。

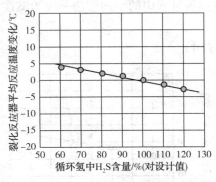

图 7-2　循环氢中硫化氢浓度
对反应温度的影响

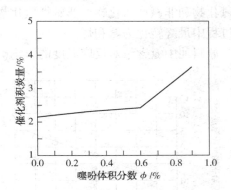

图 7-3　原料油中噻吩体积分数
对催化剂积炭的影响

（5）原料中噻吩的体积分数对催化剂价态分布的影响（表 7-1）

表 7-1　噻吩体积分数对积炭催化剂上 W 价态分布及 S/W、S/Ni 的影响

噻吩含量/%	W 价态分布/%			S/W	S/Ni
	W^{6+}	W^{5+}	W^{4+}		
0.0	19.39	13.09	67.52	1.72	4.08
0.3	18.53	12.82	68.65	1.79	4.24
0.6	17.94	17.94	69.67	1.87	4.45
0.9	17.89	17.89	69.55	1.90	4.56

随着噻吩体积分数的增加，积炭催化剂中 W^{6+} 逐渐减少，而催化剂中 S 与活性金属的比值有所增大，说明 W 和 Ni 的硫化度逐渐增加，它们被进一步硫化；当噻吩体积分数大于 0.6%时，S/W 及 S/Ni 比值基本稳定。

（6）噻吩对积炭催化剂孔性质的影响（表 7-2）

表 7-2　不同实验条件下生成的积炭催化剂的孔性质

试验条件	孔尺寸分布/%			比表面积/(m^2/g)
	<6nm	6~10nm	>10nm	
新鲜催化剂	38.73	36.13	25.14	253.8
甲苯	32.05	37.29	30.66	193.2
甲苯+0.3%噻吩	28.32	34.25	37.43	173.5
甲苯+0.6%噻吩	28.09	33.67	38.24	146.7
甲苯+0.9%噻吩	27.51	34.40	38.09	133.9

随着原料中噻吩体积分数的增加，积炭催化剂的比表面逐渐降低。在孔分布中，与无噻吩的原料相比，小孔、中孔所占比例小幅下降，而大孔上升，说明在噻吩存在下积炭比较均

匀地分布在不同孔道内，并可能在大孔或外表面生成了部分机械孔，使大孔的比例上升。

7.1.2 氮

单环、双环氮化物（如吡啶、喹啉、吡咯、吲哚等）主要集中在轻馏分中，稠环含氮化合物（如吖啶、咔唑等）主要集中在重馏分中，原料的氮含量随沸点增高而增加。氮化物分为碱性氮化物和非碱性氮化物，非碱性氮化物在加氢过程中的中间产物一般为碱性，氮化物在加氢过程中最终转化为氨和烃。

（1）原料油中氮含量对反应温度的影响（图7-4）

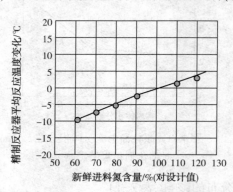
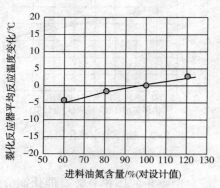

图7-4 原料油氮含量对反应温度的影响

原料油氮含量增高，精制反应温度也必须提高。以设计原料油氮含量下的裂化反应器平均反应温度为基准，当原料油氮含量增值设计值的120%时，如保持其单程转化率不变，裂化反应器平均温度需提高2℃（表7-3）。

表7-3 原料油氮含量对裂化反应温度的影响

原料油	科威特	IMEG"A"	伊朗
馏分/℃	349~549	349~549	349~549
氮含量/(μg/g)	649	765	1165
硫含量/(μg/g)	25000	23000	17000
初期反应温度/℃	B	B+6.1	B+13.9

以精制油氮含量10μg/g下的裂化平均反应温度为基准，当精制油氮含量从10μg/g增加到15μg/g时，若保持单程转化率不变，裂化平均反应温度需提高1℃（图7-5）。

RIPP总结得出进料氮含量变化对精制平均温度的影响[25]：

$$y = 12.521x - 11.972$$

式中 y——反应温度变化，℃；

x——进料氮含量与设计氮含量比值，%。

RIPP总结得出精制平均温度与精制氮含量的关系[25]：

$$y = 2\times10^{-9}x^6 - 7\times10^{-7}x^5 + 9\times10^{-5}x^4 - 0.0055x^3 + 0.1754x^2 - 3.1346x - 29.585$$

式中 y——反应温度变化，℃；

x——精制油氮含量，μg/g。

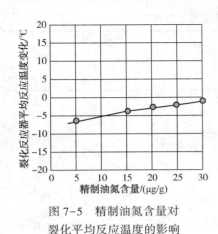

图 7-5　精制油氮含量对
裂化平均反应温度的影响

（2）循环氢中氨含量对加氢裂化反应过程的影响（表 7-4）

氨对加氢裂化反应有很强的抑制作用，这种作用源于竞争吸附。竞争吸附是可逆的，吸附与脱附呈平衡性。在较低的氨浓度条件下氨的脱附速度很慢，提高温度可以加快催化剂的活性恢复速度，提高活性恢复的程度。

表 7-4　氨对 Pd-Y 分子筛加氢裂化催化剂活性的影响

循环氢中的氨含量/($\mu g/g$)	0	184
平均反应温度/℃	362	384
<C_4收率/%	30.9	16.9
C_5~204℃收率/%	89.6	97.7

（3）循环氢中氨含量对中馏分油选择性的影响（表 7-5）

表 7-5　循环氢中氨含量对中馏分油选择性的影响

反应温升/℃	45	45
循环氢中的氨含量/($\mu g/g$)	65	570
产品分布/%		
<140℃ 石脑油	17.58	14.22
140~355℃ 柴油	62.81	71.31
其中：160~280℃ 低凝柴油	32.57	32.46
中油选择性/%	78.13	83.37

在加氢裂化装置反应温升 45℃ 的情况下，通过提高循环氢中的氨浓度，部分抑制加氢裂化催化剂的活性，可消除反应温升造成的过度裂化对目的产品的影响，提高加氢裂化的中油选择性。

（4）氮对催化剂选择性的影响（图 7-6）

气体中不含氨时，C_{11}~C_{24}产率只有 7%，含氨相当于原料中氮含量 2000$\mu g/g$ 时，C_{11}~C_{24}产率高达 35%。氨含量高时，催化剂酸性中心受到抑制，原料中的大分子仍会裂化，而中等和较小分子的裂化减弱，二次裂解反应速度降低，故维持了较高的中馏分油选择性。

（5）氮对催化剂活性的影响（图 7-7 和表 7-6）

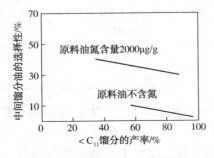

图 7-6　氮对催化剂选择性的影响

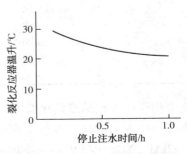

图 7-7　氮对催化剂活性的影响

表7-6　裂化反应器进料氮含量与反应温度的关系

氮含量/(μg/g)	催化剂 A	催化剂 B
<10	T1	T2
20~50	T1+5~20	T2+4
50~100	T1+10~25	T2+9

氮化物是加氢裂化、异构化、氢解反应的强阻滞剂，碱性氮化物能中和催化剂的酸性，对依靠酸性而产生裂解活性的加氢裂化催化剂有抑制作用。

（6）氮对催化剂失活率的影响（图7-8）

注水中断，裂化反应器床层温升随时间变化而延长，氮含量的增加抑制了催化剂的裂解活性。

（7）氮对四氢萘加氢的影响（表7-7）

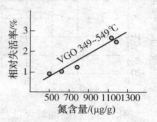

图7-8　原料油氮含量对催化剂失活率的影响

表7-7　不同氮含量时四氢萘加氢速度常数与表观活化能

氮含量/(μg/g)	四氢萘加氢速度常数/s^{-1}			表观活化能/(kJ/mol)
	320℃	330℃	340℃	
0	0.00817	0.00929	0.0102	58.8
125	0.00398	0.00553	0.00794	96.6
250	0.00143	0.00345	0.00574	138.6
500	0.00021	0.00125	0.00374	184.4

含氮化合物对四氢萘加氢活性存在强烈抑制作用，随着氮含量增加，四氢萘加氢速度常数迅速降低；氮含量相同时，反应温度越低，氮化物的抑制作用越强。可能是温度升高，提高了活性中心的转化频率，使氮化物的吸附强度降低，有利于四氢萘在活性中心上的竞争吸附。

氮化物的加入使四氢萘加氢表观活化能增大，说明催化剂表面活性中心性质不均匀，加氢活性有高有低，氮化物占据的可能是高活性中心，四氢萘主要在活性较低的中心上反应；即使在氮含量较低时，四氢萘加氢的表观活化能较无氮时也明显增大，说明含氮化合物对四氢萘加氢的抑制作用很强。

（8）氮对不同类型四氢萘加氢的影响（表7-8）

表7-8　不同氮含量时四氢萘加氢速度常数与表观活化能

催化剂	四氢萘加氢速度常数/s^{-1}		活性保留率/%
	10%四氢萘+正庚烷	10%四氢萘+正庚烷+氮 250μg/g	
NiW/Al	0.00434	0.00132	30.4
NiW/BAl	0.00372	0.00094	25.3
NiW/FAl	0.00388	0.00106	27.3
NiW/ASA	0.00346	0.00121	35.0

含氮化合物存在强烈抑制催化剂的四氢萘加氢活性，氮含量250μg/g时催化剂的四氢萘加氢活性下降70%左右；从活性保留率的大小来看，氮对金属组分与载体相互作用较弱的催化剂 NiW/BAl、NiW/FAl 的四氢萘加氢活性的抑制程度大于对金属组分与载体相互作用较强的催化剂的抑制程度。

（9）原料中吡啶的体积分数对催化剂积炭的影响（图 7-9）

吡啶属于有机碱性氮化物，它可以与催化剂上的酸性节点发生强烈化学吸附，使酸性中心中毒而影响催化剂的裂化活性；同时吡啶在其他物质的加氢反应中是催化剂的毒物，它本身的加氢速度很慢，其加氢生成的产物（哌啶）在催化剂的加氢活性中心上吸附相当牢固，影响了其加氢性能，使催化剂裂化性能与加氢性能不匹配，导致积炭反应速率升高，催化剂的积炭质量分数增加。

（10）原料中吡啶的体积分数对催化剂酸中心的影响（表 7-10）

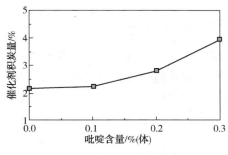

图 7-9 原料油中吡啶的体积
分数对催化剂积炭的影响

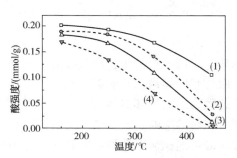

图 7-10 积炭催化剂的酸强度分布情况
吡啶的体积分数：（1）0；（2）0.1%；
（3）0.2%；（4）0.3%

用含吡啶原料运转后的催化剂，其各种酸中心的酸量（160℃、250℃、350℃和450℃时的弱酸、中酸、中强酸和强酸）均小于以甲苯为原料油运转后的催化剂，并且随着吡啶体积分数的增加，这种趋势逐渐增强。催化剂的酸中心强度越强，减弱的程度越大，尤其是强酸中心（450℃）被严重削弱。当吡啶体积分数为 0.3% 时，催化剂上的强酸中心已完全消失。说明吡啶在催化剂上的吸附存在一定的选择性，它优先选择在强度较高的酸性中心上吸附。

（11）吡啶对积炭催化剂孔性质的影响（表 7-9）

表 7-9 吡啶对积炭催化剂孔性质的影响

试验条件	孔尺寸分布/%			比表面积/（m²/g）
	<6nm	6~10nm	>10nm	
新鲜催化剂	38.73	36.13	25.14	253.8
甲苯	32.05	37.29	30.66	193.2
甲苯+0.1%噻吩	24.34	41.81	33.85	138.2
甲苯+0.2%噻吩	23.58	42.06	34.36	109.5
甲苯+0.3%噻吩	23.11	42.01	34.88	98.1

随着原料中吡啶体积分数的增加，积炭催化剂的比表面大幅度降低。在孔分布中，与无吡啶的原料相比，小孔所占比例明显下降，而中孔和大孔所占的比例都小幅上升，说明在吡啶存在下积炭主要集中在催化剂的微孔。

（12）氮对反应氢分压的影响（图 7-11）

7.1.3 芳烃

（1）不同取代基的单环芳烃对催化剂积炭的影响（图 7-12）

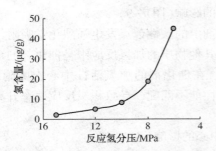

图 7-11　氮与反应氢分压的关系

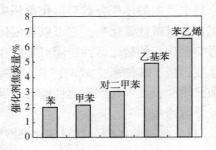

图 7-12　不同取代基的单环芳烃
对催化剂上积炭量的影响

单环芳烃的原料油中，取代基的不饱和度、碳链长度和数目与加氢催化剂积炭有密切的关系。取代基的碳链越长、碳链数目越多、不饱和程度越高，越容易导致积炭。对取代基中碳原子总数为二的单环芳烃而言，积炭量顺序为对二甲苯<乙苯<苯乙烯，说明取代基的不饱和度对积炭的影响更大，长度次之，数目相对最小。

（2）催化剂积炭对孔性质的影响（表 7-10）

表 7-10　不同取代基的单环芳烃积炭时催化剂的孔性质

| 反应 | 孔尺寸分布/% | | | | | | 比表面积/（m²/g） |
	<4nm	4~6nm	6~8nm	8~10nm	10~15nm	>15nm	
无	7.94	30.79	23.48	12.65	9.41	15.73	253.8
苯	6.16	27.59	24.34	13.62	11.05	17.24	236.1
甲苯	6.01	26.04	24.23	13.06	11.32	19.34	193.2
二甲苯	5.98	25.91	24.20	13.08	11.46	19.37	195.6
乙苯	5.03	24.50	23.49	13.54	12.61	20.83	175.3
苯乙烯	5.87	26.33	20.71	13.07	13.54	20.48	162.1

若将孔径小于 6nm 的孔称为小孔，6~10nm 的孔为中孔，而大于 10nm 的孔则为大孔的话，积炭大部分沉积在催化剂的小孔孔道或堵塞小孔孔口，其余的积炭有一部分在催化剂的中孔道生长，但还有一部分积炭将不可避免地生长在大孔和孔外，通过孔口间的搭桥作用而形成大的积炭分子。

（3）环数不同的芳烃对催化剂积炭的影响（图 7-13）

加氢裂化原料油中含有双环以上芳烃，有的原料所占的比例还较大。因为芳烃，尤其是双环以上的芳烃存在着更大的积炭倾向，从图 7-13 可看出，

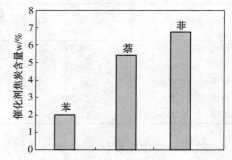

图 7-13　不同环数的芳烃对
催化剂上积炭量的影响

苯的积炭量最小，萘居中，菲最大。在加氢裂化过程中，苯环的稳定性使其加氢裂化反应速率较低；相对而言萘和菲均比苯更容易加氢。

（4）催化剂积炭对孔性质的影响（表 7-11）

表 7-11 不同环数芳烃积炭时催化剂的孔性质

反应	孔尺寸分布/%						比表面积/
	<4nm	4~6nm	6~8nm	8~10nm	10~15nm	>15nm	(m²/g)
无	7.94	30.79	23.48	12.65	9.41	15.74	253.8
苯	6.16	27.59	24.34	13.62	11.05	17.25	236.1
萘	4.84	24.35	22.18	13.62	13.85	21.15	148.9
菲	4.39	23.93	21.02	13.99	13.82	22.85	124.9

萘和菲生成的积炭对催化剂孔性质的影响规律和单环芳烃相似，即积炭量越大，比表面积的减少越多；所有积炭催化剂的孔径分布中小孔所占的比例较新鲜催化剂显著下降，大孔所占的份额则明显变大。这种变化趋势比单环芳烃更为明显。

（5）催化剂积炭对酸强度分布的影响（图 7-14）

所有积炭催化剂的弱酸(160℃)、中酸(250℃)、中强酸(350℃)和强酸(450℃)与新鲜催化剂相比都有降低，但降低幅度不同。苯的积炭对催化剂酸强度影响最小，只是总酸量有所降低，但酸强度分布总体上与新鲜催化剂曲线趋势类似。而萘和菲积炭对催化剂的酸强度影响较大，强酸部分几乎被积炭完全覆盖，弱酸和中强酸亦有相当大的减弱，说明这两种反应物的积炭呈全方位沉积在催化剂的各种酸位上，在强酸位上更严重。相比较而言，菲的这种影响较萘明显。

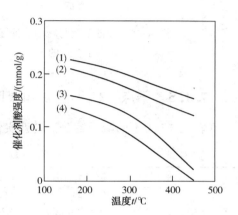

图 7-14 不同环数芳烃积炭时对催化剂酸强度的影响
1—新鲜；2—苯；3—萘；4—菲

（6）多环芳烃加氢裂化的反应性

① 反应性存在下列顺序：芘<菲<萘<蒽，苯<萘，芴<四氢荧蒽<荧蒽。二氢菲加氢比四氢菲或八氢菲都快。蒽的反应性大于菲，可能因为蒽的共振稳定化能较小，使其反应性增强，反应加快。二氢芘加氢接近于菲加氢，这可能是由于它们的三个饱和环相同。如前所述，荧蒽加氢的第一步比芴快 10 倍，这是由于荧蒽有萘环存在，它比芴中的苯环更具反应性，而四氢荧蒽加氢为十氢荧蒽亦比芴的第一步加氢快 3 倍，则可能由于四氢荧蒽加氢时五元环的束缚不那么强烈。

② 饱和环的存在对反应性有利，如八氢菲加氢就比萘满快。

③ 取代基对分子的反应性有影响。

7.1.4　氧

天然原油中的含氧化合物较少，一般氧含量小于 1%，个别原油可达 2%~3%。原油中的氧含量都是以有机含氧化合物的形式存在，这些含氧化合物大致有两种形式：酸性含氧化合物和中性含氧化合物。酸性含氧化合物包括环烷酸(分子式：$C_nH_{2n-1}O$)、芳香酸、脂肪酸和酚类等，总称石油酸。中性含氧化合物包括酮、醛和脂类等。

（1）原油酸值与减压蜡油馏分中铁离子含量的关系（图 7-15）

（2）减压蜡油馏分中环烷酸与铁离子含量的关系（图 7-16）

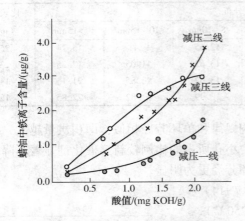
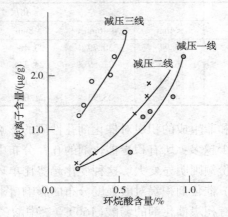

图 7-15　原油酸值与减压蜡油馏分中
铁离子含量的关系

图 7-16　减压蜡油馏分中环烷酸
与铁离子含量的关系

7.1.5　干点、C_7 不溶物和康氏残炭

表 7-12 为不同减压馏分油的残炭值。

表 7-12　不同减压馏分油的残炭值

原　　油	馏分/℃	残炭值/%	原　　油	馏分/℃	残炭值/%
大庆	350~520	0.02	沙特阿拉伯中质	350~500	0.08
辽河	350~500	0.11	沙特阿拉伯重质	350~500	0.15
胜利	350~500	0.03	也门	350~500	0.06
华北	350~500	0.01	阿曼	350~500	0.02
中原	350~500	0.04	伊朗轻质	350~500	0.04
北疆	350~500	0.11	伊朗重质	350~500	0.07
沙特阿拉伯轻质	350~500	0.08	科威特	350~500	0.02

① 干点高，黏度增大，原料分子在床层的流动和催化剂颗粒间的传质扩散阻力增大，反应速度减慢。

② 高干点、高黏度原料在传热设备中的流动性能差，传热设备效率低，加热炉负荷增加。

③ C_7 不溶物含量高、康氏残炭高，极易在催化剂活性中心上吸附的多环芳烃、稠环芳烃（PAH）含量高，而其本身或部分加氢的产物又难于脱附，在一定条件下发生脱氢缩合反应，可形成卵苯、晕苯类物质，进一步缩合生成焦炭类物质，使催化剂加速失活。

Union Oil 认为开始生成 PAH 和必须排放循环油的不同原料油干点温度见表 7-13。

表 7-13　原料油干点与生成 PAH 的关系

原料油种类	开始生成 PAH 的干点温度/℃	必须排放循环油的干点温度/℃
VGO	440.6	548.9
CGO	398.9	510
LCO	354.4	385

沙轻 VGO 干点 537.2℃时，反应物中晕苯含量约 30μg/g，卵苯含量约 10μg/g。VGO 干点增加到 573.3℃后，晕苯含量增到 75μg/g，卵苯含量增加到 60μg/g，结焦概率大幅增加（图 7-17）。

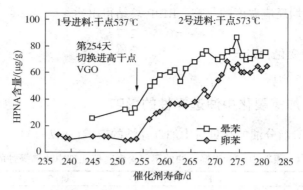

图 7-17 不同干点原料对生成多环芳烃的影响

④ 干点对再生周期的影响如图 7-18 所示。

⑤ 干点对精制催化剂数量的影响如图 7-19 所示。

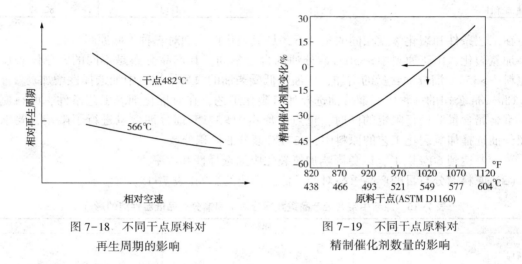

图 7-18 不同干点原料对
再生周期的影响

图 7-19 不同干点原料对
精制催化剂数量的影响

⑥ 干点对裂化反应速度常数的影响如图 7-20 所示。

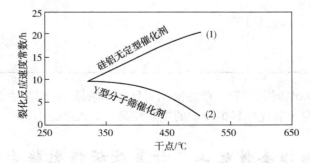

图 7-20 不同干点原料对裂化反应速度常数的影响

图 7-20 表明，原料分子增大时，对无定型催化剂来说反应速率增加，对分子筛催化剂来说反应速率下降。这是由于分子筛催化剂对大分子反应物的孔扩散限制引起的。但无定型催化剂裂化活性低，反应温度高，需要较高的操作压力以维持其活性稳定性。

⑦ 干点对精制平均反应温度的影响，RIPP 总结得出[25]：

$$y = 0.5x - 267$$

式中　y——反应温度变化，℃；

　　　x——原料干点，℃。

7.1.6　原料对加氢裂化中油选择性的影响

（1）原料中>350℃馏分油的含量对中油选择性的影响（表 7-14）

表 7-14　原料中>350℃馏分油的不同含量对催化剂中油选择性的影响

原 料 油	原料 1	原料 2	原料 3
>350℃馏分/%	55.0	58.75	59.20
产品分布/%			
<140℃石脑油	17.33	13.53	15.21
140~355℃柴油	69.38	71.70	71.06
其中：160~280℃低凝柴油	31.98	34.03	36.85
中油选择性/%	80.01	84.13	82.37

在工艺条件和裂化深度相同的条件下，加氢裂化催化剂对三种不同原料进行

加氢裂化，由于原料中>350℃馏分油的含量不同，其产品分布是不同的，总体表现为随原料中>350℃馏分油含量的增加，柴油、低凝柴油的收率增加，中油选择性增加。

Chevron 公司的一种中间馏分油选择加氢裂化工艺，在对催化剂、工艺条件、原料氮含量、重金属含量等进行限定的同时，重点对原料中>371℃馏分油含量进行了限定，要求中间馏分油选择加氢裂化工艺的原料中，>371℃馏分油体积分数

至少要达到 60%以上，以免影响加氢裂化中油选择性和收率。

（2）原料馏分与目的产品重叠对产品低温性能的影响（表 7-15）

表 7-15　原料中带有轻产品重叠馏分对中间馏分产品低温性能的影响

项　目	原料 1	原料 2
原料油性质		
馏程/℃		
初馏点/10%/50%/90%	312/340/388/442	339/360/387/441
蜡含量/%	25	25
凝点/℃	20	—
加氢裂化产品凝点/℃		
250~310℃馏分	-17	-40
300~310℃馏分	-3	-26
310~320℃馏分	4.5	-23

在裂化转化率为 60%时，原料 2 产品凝点明显低于原料 1，相差达 23~28℃，此差别主要由于原料 1 中有部分未转化的轻馏分油的凝点较高，带入产品中所致。

7.2　主要操作条件的工艺计算及操作数据分析[18,20~24]

7.2.1　反应温度

反应温度的主要表述方式有：反应器进口温度、反应器出口温度、催化剂床层进口温

度、催化剂床层出口温度、催化剂床层平均温度（BAT）、催化剂质量加权平均温度（WABT）、催化剂加权平均温度（CAT）及与反应温度有关的单位体积床层温升（单位长度床层温升）、催化剂允许的最高温度、催化剂允许的最高温升、反应器径向温差及催化剂的失活速率（℃/d）等。

（1）通过设在相关位置温度计可直接读取的反应温度

反应器进口温度、反应器出口温度、催化剂床层进口温度、催化剂床层出口温度可直接读取。

① 催化剂床层进口温度。对于等温升反应器，每一个催化剂床层进口温度均相等，且等于反应器进口温度，可直接读取；对于不等温升反应器，后一个催化剂床层进口温度均大于前一个催化剂床层进口温度。

催化剂床层进口温度可用入口层径向多点热电偶其中之一或多点热电偶的加权平均值来表述。

$$LAT_{in} = \frac{T_{i1} + T_{i2} + \cdots + T_{inn}}{n}$$

式中　LAT_{in}——催化剂床层进口温度，℃；

　　　　T_{i1}——催化剂床层进口第一点热电偶指示温度，℃；

　　　　T_{i2}——催化剂床层进口第二点热电偶指示温度，℃；

　　　　T_{inn}——催化剂床层进口第 n 点热电偶指示温度，℃。

② 催化剂床层出口温度

对于等温升反应器，每一个催化剂床层出口温度均相等，且等于反应器出口温度，可直接读取；对于不等温升反应器，后一个催化剂床层出口温度均大于前一个催化剂床层出口温度。

作为催化剂或反应器允许最高温度的判断标准，催化剂床层出口温度可用出口层径向多点热电偶其中之一或多点热电偶的加权平均值来表述。

$$LAT_{out} = \frac{T_{o1} + T_{o2} + \cdots + T_{outn}}{n}$$

式中　LAT_{out}——催化剂床层进口温度，℃；

　　　　T_{o1}——催化剂床层出口第一点热电偶指示温度，℃；

　　　　T_{o2}——催化剂床层出口第二点热电偶指示温度，℃；

　　　　T_{outn}——催化剂床层出口第 n 点热电偶指示温度，℃。

（2）催化剂床层水平面平均温度

给定水平面的平均温度。在某一水平面上，如果有 3 个床层热电偶，则这一层催化剂床层水平面平均温度（LAT）的计算如下：

$$LAT_i = \frac{T_{i1} + T_{i2} + T_{i3}}{3}$$

式中　LAT_i——第 i 个床层水平面平均温度，℃；

　　　　T_{i1}——第 i 个床层第一点热电偶指示温度，℃；

　　　　T_{i2}——第 i 个床层第二点热电偶指示温度，℃；

　　　　T_{i3}——第 i 个床层第三点热电偶指示温度，℃。

（3）催化剂床层平均温度

BAT 为单个床层入口水平面平均温度和出口水平面平均温度的算术平均值。

$$BAT_i = \frac{LAT_{ini} + LAT_{outi}}{2}$$

式中　BAT_i——第 i 个床层平均温度,℃;

　　　　LAT_{ini}——第 i 个床层入口水平面平均温度,℃;

　　　　LAT_{outi}——第 i 个床层出口水平面平均温度,℃。

（4）催化剂加权平均温度

当反应器内催化剂采用同种装填方式,CAT 定义为每个床层中活性催化剂体积分数与其催化剂床层平均温度乘积的算术平均数,即

$$CAT = \sum_i^n \varepsilon_i \times BAT_i$$

式中　CAT——催化剂加权平均温度,℃;

　　　　ε_i——第 i 个床层活性催化剂体积分数,%;

　　　　BAT_i——第 i 个床层平均温度,℃;

　　　　n——催化剂床层总数。

（5）催化剂质量加权平均温度

当反应器内同一床层催化剂采用不同种装填方式时,WABT 为每一种装填层的平均温度与该层催化剂质量的乘积相加所得的温度。

$$WABT = \sum_i^n \delta_i \frac{LAT_{ini} + LAT_{outi}}{2}$$

式中　$WABT$——催化剂质量加权平均温度,℃;

　　　　LAT_{ini}——每一种催化剂第 i 个床层入口水平面的平均温度,℃;

　　　　LAT_{outi}——每一种催化剂第 i 个床层出口水平面的平均温度,℃

　　　　δ_i——第 i 个床层活性催化剂质量分数,%;

　　　　n——催化剂床层总数。

（6）单位体积床层温升(单位长度床层温升)

加氢裂化装置中,一般同一类型(如:加氢精制或加氢裂化)的反应器直径相等,单位体积床层温升,可用单位长度床层温升代替。单位长度床层温升指的是整个床层温升除以整个床层长度。提出这个概念的目的是用它描述和比较不同床层的反应程度即反应负荷。我们希望每个床层的反应负荷尽量平均,使所有催化剂同步失活,同时更换。

$$\frac{\Delta T_i}{V_i} = \frac{LAT_{outi} - LAT_{ini}}{V_i}$$

式中　$\dfrac{\Delta T_i}{V_i}$——第 i 个床层单位体积床层温升,℃/m³;

　　　　LAT_{outi}——第 i 个床层出口水平面平均温度,℃;

　　　　LAT_{ini}——第 i 个床层入口水平面平均温度,℃;

　　　　V_i——第 i 个床层催化剂体积, m³。

$$\frac{\Delta T_i}{L_i} = \frac{LAT_{outi} - LAT_{ini}}{L_i}$$

式中 $\dfrac{\Delta T_i}{L_i}$——第 i 个床层单位长度床层温升,℃/m;

$\quad L_i$——第 i 个床层催化剂的切线高度,m。

(7) 催化剂允许的最高温度和催化剂床层允许的最高温升

由于加氢裂化是强放热反应,增加反应温度可以加快反应速度,并相应释放较大反应热。如果不将反应热及时排除,将导致热量积聚,床层反应温度骤然上升,即出现所谓"飞温"或"超温"现象,造成催化剂损坏,寿命降低,再生周期缩短,甚至设备的损坏。因此,生产操作中应严格控制催化剂床层温度,使其不超过催化剂允许的最高温度;严格控制催化剂床层温升,使其不超过催化剂允许的最高温升。

$$T_{max} = T_{nor} + \Delta T_{max}$$

式中 T_{max}——催化剂允许的最高温度,℃;

$\quad T_{nor}$——催化剂正常操作温度,℃;

$\quad \Delta T_{max}$——催化剂床层允许的最高温升,℃。

20 世纪 80 年代初,我国引进的加氢裂化装置要求反应器内任意点温度高出正常操作温度 14℃时,应立即降温处理;超过正常值 27.8℃时,应启动 2.1MPa/min 紧急泄压系统。

加氢裂化装置运转初期,催化剂活性高,反应温度相对低;运转末期,催化剂活性下降,为了保持运转初期时的反应速度或转化深度,必须提高反应温度。反应温度的提高是在初期温度的基础上,随着运转时间的增长而逐步增加的。

联合加氢裂化装置关于温度极限的规定列于表 7-16。

表 7-16 联合加氢裂化装置关于温度极限的规定

项 目	单段流程	两段流程
催化剂床层允许的最高温升/℃	17	17
加氢精制反应器出口温度高于裂化反应器入口温度的限制/℃	≥22	≥22
加氢裂化反应器循环氢加热炉出口温度高于反应器入口温度的限制/℃	≥56	—
循环油温度高于裂化反应器入口温度的限制/℃	≥22	≥22
第一段循环氢加热炉出口温度高于加氢精制反应器入口温度的限制/℃	—	≥56

(8) 径向温度差

床层流体分布的均匀性直接影响径向温度分布,低流速区,反应物与催化剂接触时间长,使得转化率增高反应放出热量多,但携热能力小,形成热量积聚而出现高温区。相反,在高流速区,反应物与催化剂接触时间短,转化率偏低反应热也较低,而携热能力大,出现低温区。因此,径向温度分布是流体均匀性的直接反映,是床层内构件及催化剂装填好坏的最好评价。

① 径向温差定义 1:

$$\Delta T_{rad} = T_{max-lat} - T_{min-lat}$$

式中 ΔT_{rad}——径向温度差,℃;

$\quad T_{max-lat}$——同一催化剂截面上的最大温度,℃;

$\quad T_{min-lat}$——同一催化剂截面上的最小温度,℃。

表 7-17 列出了国内某厂几次反应器内构件改造前后反应器径向温度分布状况。

表 7-17　国内某厂反应器径向温度分布

床层		改造前反应器径向温度典型数据					改造后反应器径向温度典型数据				
		床层温度/℃			冷氢/	径向温差/	床层温度/℃			冷氢/	径向温差/
		a 点	b 点	c 点	(m³/h)	℃	a 点	b 点	c 点	(m³/h)	℃
一	入口	382	388	381	0	7	365	365	364	0	1
	出口	402	403	401	—	2	384	383	383	—	1
二	入口	397	393	392	4091	5	382	382	382	72	0
	出口	414	410	402	—	12	399	392	397	—	7
三	入口	398	395	388	11149	12	388	378	384	5750	8
	出口	415	408	398	—	19	397	388	393	—	11
四	入口	396	391	378	13051	20	384	387	381	9743	17
	出口	425	412	388	—	37	412	374	391	—	38
五	入口	397	390	370	17130	27	381	373	377	8751	8
	出口	426	412	387	—	39	412	394	404	—	16

　　工业反应器径向温度分布总是偏离理想分布，在良好的催化剂装填及采用先进的反应器内构件技术条件下，径向温度分布可以接近理想分布（表 7-18）。

表 7-18　茂名 S-RHT 反应器径向温度分布

反应器		床层温度/℃			径向温差/℃
		a 点	b 点	c 点	
R101- I	上部	345.2	345.9	345.4	0.7
	中部	347.4	347.2	347.0	0.4
	下部	350.0	348.8	347.8	2.2
R104- I	上部	352.8	352.6	355.0	2.4
	中部	359.0	364.8	357.6	7.2
	下部	368.8	372.1	365.4	5.7
R105- I	上部	358.2	358.5	359.2	1.0
	中部	365.8	365.9	362.8	3.1
	下部	372.6	371.6	365.7	6.9

② 径向温差定义 2：

径向温差定义 2 只适用于催化剂床层顶部。

催化剂床层顶部的基准温度偏差：反应器在气相环境条件下，测得的最大温度与最小温度的偏差；

催化剂床层顶部测量径向温差：催化剂床层顶部任一点的测量温度读数与平均温度的差值；

催化剂床层顶部径向温差：催化剂床层顶部测量径向温差与催化剂床层顶部基准温度偏差的差值。

径向温差定义 2 可消除由于温度测量元件的偏差而引起的偏差。

（9）催化剂的失活速率

$$\frac{\Delta t}{d} = \frac{CAT_m - CAT_n}{m - n}$$

式中　$\dfrac{\Delta t}{d}$——催化剂的失活速率，℃/d；

　　　m，n——分别为运转天数，d；

CAT_m——运转 m 天后催化剂的加权平均温度，℃；

CAT_n——运转 n 天后催化剂的加权平均温度，℃。

原料油性质与催化剂的失活速率见表7-19。

表7-19 几种催化剂的失活速率

项 目		日本KPI公司	大庆MHUG	HC-102	HC-22
原料油	密度(20℃)/g/cm³	0.904~0.934	0.852	0.9155	0.9155
	馏程/℃	—	190~416	371~550	371~550
	硫含量/%	1.8~2.8	0.0773	2.37	2.37
	氮含量/(μg/g)	—	428	780	780
工艺流程		单段一次通过	单段一次通过	单段单剂全循环	单段串联全循环
操作条件	高分压力/MPa	5.4	8.67(反应器入口)	—	—
	转化率/%	35~45	40.1	100	100
失活速率/(℃/d)		0.04	0.028 (RN-1)	0.037 (RT-5)	0.06	0.028

7.2.2 反应压力

反应压力的主要表述方式有：反应器入口压力、反应器出口压力、反应器入口氢分压、反应器出口氢分压、平均氢分压及与反应压力有关的催化剂床层压降和反应器压降。

（1）反应器入口压力、反应器出口压力、催化剂床层压降和反应器压降

通过设在相关位置压力表或差压计可直接读取这些反应压力或差压。

（2）反应器入口氢分压

加氢裂化反应物流为多组分物流。反应器入口气相中氢分压可按道尔顿定律计算，即：

$$P_{\text{in-H}_2} = P_{\text{in-T}} \times \frac{m_{\text{in-H}_2}}{\sum\limits_i^n m_{\text{in-}i}}$$

式中 $P_{\text{in-H}_2}$——反应器入口氢分压，MPa；

$P_{\text{in-T}}$——反应器入口总压，MPa；

$m_{\text{in-H}_2}$——反应器入口氢气量，kmol/h；

$\sum\limits_i^n m_{\text{in-}i}$——反应器入口进料总量，kmol/h。

根据拉乌尔定律，在一定温度下物流中的各种烃类在气相中的分压等于该物质在同一温度下的饱和蒸气压乘以该物质在液相中的摩尔分数。装置设计时，为了获得高的反应器入口氢分压，常采用将全部新氢补入到反应器入口，不足部分用循环氢补充。

（3）反应器出口氢分压

$$P_{\text{out-H}_2} = P_{\text{out-T}} \times \frac{m_{\text{out-H}_2}}{\sum\limits_i^n m_{\text{out-}i}}$$

式中 $P_{\text{out-H}_2}$——反应器出口氢分压，MPa；

P_{out-T}——反应器出口总压，MPa；

m_{out-H_2}——反应器出口氢气量，kmol/h；

$\sum\limits_{i}^{n} m_{out-i}$——反应器出口产物总量，kmol/h。

当物料进入反应器后沿轴向逐步发生裂解反应，低分子烃含量逐渐增加，气相中各组分的摩尔分数逐渐变化，气液混合物中气体的溶解量不断变化，化学反应消耗氢气，气相中氢气的分率逐渐减小，物料通过反应器产生压降使反应器出口压力降低，以上情况的发生必然导致反应器出口氢分压小于反应器入口氢分压。低氢油比时，影响更大。

（4）平均氢分压

平均氢分压常作为反应压力或氢分压的代名词。

$$P_{ave-H_2} = \frac{P_{in-H_2} + P_{out-H_2}}{2}$$

式中 P_{ave-H_2}——平均氢分压，MPa；

P_{in-H_2}——反应器入口氢分压，MPa；

P_{out-H_2}——反应器出口氢分压，MPa。

7.2.3   空间速度

空间速度简称空速，是加氢裂化反应深度的参数，其他条件不变，空速决定了反应物流在催化剂床层的停留时间、反应器的体积及催化剂的用量。空速降低，反应时间增加，加氢裂化深度提高，床层温度上升，氢耗量略微增加，催化剂表面积炭也相应增加。空速的选择涉及原料性质、产品要求、操作压力、运转周期、催化剂价格等多种因素。

空速表述方式主要有：体积空速和质量空速。

（1）体积空速

工业生产中空速的代名词，是物料在催化剂床层的相对停留时间（空间时间）的倒数或表述为单位时间内每单位体积催化剂所通过的原料体积数。

$$SV = \frac{V_{FEED}}{V_{CAT}}$$

式中 SV——体积空速，h^{-1}；

V_{FEED}——单位时间原料的体积，m^3/h；

V_{CAT}——催化剂体积，m^3。

由上表达式可看出，对于一定的装置或一定的反应器，空速与单位时间进料量成正比，与催化剂体积成反比。

（2）质量空速

试验研究中两种催化剂性能对比时常用，工业生产中少用。为单位时间内每单位质量催化剂所通过的原料质量。

$$WV = \frac{W_{FEED}}{W_{CAT}}$$

式中 WV——质量空速，h^{-1}；

$\quad W_{FEED}$——单位时间原料的质量，t/h；

$\quad W_{CAT}$——催化剂质量，t。

7.2.4 氢油体积比(气油体积比)

氢油体积比简称氢油比，分反应器入口氢油体积比和反应器出口氢油体积比。气油体积比简称气油比，分反应器入口气油体积比和反应器出口气油体积比。

(1) 反应器入口氢油体积比(简称入口氢油比)

反应器入口单位时间单位标准体积的进料所需通过的氢气标准体积量。

$$VV_{in(H_2)} = \frac{V_{in(H_2)}}{V_{in(oil)}}$$

式中 $VV_{in(H_2)}$——反应器入口氢油体积比；

$\quad V_{in(H_2)}$——反应器入口单位时间通过的氢气的标准体积量，m^3/h；

$\quad V_{in(oil)}$——反应器入口单位时间通过的进料标准体积量，m^3/h。

气体的标准状态定义为：$0K$ 和 $0.098MPa$。

国内将液体的标准状态定义为：$20℃$条件下物料的密度计算的体积称为标准体积。

国外液体的标准状态定义有两种：一是用 $15.6℃$ 条件下物料的密度与 $15.6℃$ 条件下水的密度之比(称为相对密度)计算的体积称为标准体积；二是用 $15.6℃$ 条件下物料的密度计算的体积称为标准体积。

反应器入口的进料有几种类型：新鲜进料(一般指原料油)、新鲜进料+循环油及新鲜进料+未转化油，进料的标准体积需将新鲜进料、循环油和未转化油折合到标准状态。

加氢裂化反应器入口氢油体积比一般由全部新鲜氢气和部分循环氢气组成，通过调整循环氢气的流量来控制反应器入口氢油体积比。

(2) 反应器出口氢油体积比(简称出口氢油比)

反应器出口单位时间单位标准体积的氢气与反应器入口单位时间单位标准体积的进料之比。

$$VV_{out(H_2)} = \frac{V_{out(H_2)}}{V_{in(oil)}}$$

式中 $VV_{out(H_2)}$——反应器出口氢油体积比；

$\quad V_{out(H_2)}$——反应器出口单位时间通过的氢气的标准体积量，m^3/h；

$\quad V_{in(oil)}$——反应器入口单位时间通过的进料标准体积量，m^3/h。

反应器出口的氢气为扣除反应消耗的氢气后的新鲜氢气和循环氢气(包括冷却气体)，采用注冷油设施时，还包括冷油带入的氢气。

对于不注冷氢的加氢精制装置，当新鲜气体的氢纯度大于循环气体的氢纯度时，反应器出口氢油比小于反应器入口氢油比；当新鲜气体的氢纯度小于循环气体的氢纯度时，反应器出口氢油比大于反应器入口氢油比。对加氢裂化装置，一般使用的氢油比约 $1500\sim2500$，化学氢耗大，反应温升高，冷氢量大，反应器出口氢油比大于反应器入口氢油比。

（3）反应器入口气油体积比（简称入口气油比）

反应器入口单位时间单位标准体积的进料所需通过的气体标准体积量。

$$VV_{in(gas)} = \frac{V_{in(gas)}}{V_{in(oil)}}$$

式中　$VV_{in(gas)}$——反应器入口气油体积比；

$V_{in(gas)}$——反应器入口单位时间通过的氢气的标准体积量，m^3/h；

$V_{in(oil)}$——反应器入口单位时间通过的进料标准体积量，m^3/h。

反应器入口气体体积一般按反应器入口全部新鲜气体和循环气体的总量简化计算，不考虑气体在油中的溶解和油的汽化，对于裂化反应器不考虑脱硫、脱氮及少量裂解产生的气体量。

对于炉后混氢的加氢裂化流程，新鲜气体和循环气体通过加热炉加热以控制反应器入口温度。

（4）反应器出口气油体积比（简称出口气油比）

反应器出口单位时间单位标准体积的气体与反应器入口单位时间单位标准体积的进料之比。

$$VV_{out(gas)} = \frac{V_{out(gas)}}{V_{in(oil)}}$$

式中　$VV_{out(gas)}$——反应器出口气油体积比；

$V_{out(gas)}$——反应器出口单位时间通过气体的标准体积量，m^3/h；

$V_{in(oil)}$——反应器入口单位时间通过的进料标准体积量，m^3/h。

反应器出口气体体积一般按反应器出口全部新鲜气体扣除反应消耗的氢气和循环气体（包括冷却气体）的总量简化计算，不考虑气体在油中的溶解、裂解产生的气体和轻质油品的汽化。

对加氢裂化装置，由于注入的冷却气体量大于化学氢耗量，反应器出口气油比大于反应器入口气油比。

7.2.5　转化率

转化率表明原料裂解成目的产品的程度，与加氢裂化工艺流程有关。可表示为：第一反应器转化率、第二反应器转化率、第三反应器转化率等；也可表示为：一次通过转化率、单程转化率（尾油部分循环）、总转化率等。

转化率分：体积转化率和质量转化率，均以百分率表述。

由于无法得到石油组分的分子变化，工程上一般以实沸点某一温度为基准表示。

反应器转化率定义：反应器进料转化为产品分子小于进料分子的总量变化。如，以>350℃转化率为例：

$$反应器>350℃转化率\% = \left[\frac{(反应器入口>350℃馏分的总量)-(反应器出口>350℃馏分的总量)}{(反应器入口>350℃馏分的总量)}\right]×100$$

一次通过转化率定义：装置原料转化为产品分子小于原料分子的总量变化。如，以>350℃转化率为例：

$$\text{一次通过}>350℃\text{转化率}\% = \left[\frac{(\text{装置进料}>350℃\text{馏分的总量})-(\text{尾油中}>350℃\text{馏分的总量})}{(\text{装置进料}>350℃\text{馏分的总量})}\right]\times100$$

单程转化率(尾油部分循环)定义：装置原料转化为产品分子小于原料分子的总量变化。如，以>350℃转化率为例：

$$\text{单程}>350℃\text{转化率}\% = \left[\frac{(\text{装置进料}>350℃\text{馏分的总量})-(\text{尾油中}>350℃\text{馏分的总量})}{(\text{装置进料}>350℃\text{馏分的总量})+(\text{循环油总量})}\right]\times100$$

总转化率定义：装置原料转化为产品分子小于原料分子的总量变化。如，以>350℃转化率为例：

$$>350℃\text{总转化率}\% = 100-(\text{尾油中}>350℃\text{馏分的总量})$$

加氢裂化过程是重油轻质化过程，加氢尾油密度较原料油也明显降低，因此相同馏分的体积转化率明显低于质量转化率。

第二期加氢裂化、渣油加氢专家班学员计算了 25 套装置的转化率，见图 7-21。

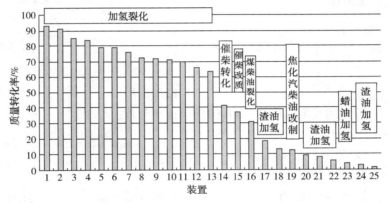

图 7-21　25 套装置的质量转化率

7.2.6　体积膨胀比

加氢裂化反应将重质原料转化为轻质产品，表现为体积膨胀，体积膨胀比为液相产品体积与原料油体积之比(一般不考虑干气和液化气等轻烃组分)。

计算实例(2017 年加氢裂化、渣油加氢专家班吴子明学员作业)见表 7-20。

表 7-20　加氢裂化装置体积膨胀比计算结果

项　　目	流量/(kg/h)	密度/(kg/m³)	体积/m³	体积膨胀比
入方：				
原料油	212800.0000	906.1	234.8527	1.00
纯氢	5574.1943	—	—	—
合计	—	—	234.8527	1.00
出方：				
硫化氢	5253.2011	—	—	—
氨气	131.1450	—	—	—
甲烷	2194.0110	—	—	—
乙烷	1518.4017	—	—	—
丙烷	1579.4972	—	—	—
异丁烷	3498.2130	—	—	—

项　目	流量/(kg/h)	密度/(kg/m³)	体积/m³	体积膨胀比
正丁烷	1034.3954	—	—	—
轻石脑油	10389.6245	629.7	16.4993	—
重石脑油	43916.6667	749.3	58.6103	—
喷气燃料	50666.6667	805.3	63.9165	—
柴油	27500.0000	818.1	33.6145	—
尾油	70583.3333	827.6	85.2868	—
合计	—	—	257.9274	1.0940

7.3　操作条件的影响及技术分析[3,7,12~16,18]

7.3.1　反应温度

（1）反应温度与转化率

反应温度对转化率的影响遵循阿累尼乌斯公式：

$$\frac{k_1}{k_2} = \exp\left[\frac{E}{R}\left(\frac{T_1 - T_2}{T_1 T_2}\right)\right]$$

式中　k_1，k_2——分别为反应温度 T_1 及 T_2 的反应速率常数；

　　　T_1，T_2——反应温度，K；

　　　　E——反应活化能，J/mol；

　　　　R——气体常数，8.314J/(K·mol)。

研究结果表明，各类反应动力学速度常数的对数与反应温度的倒数之间存在着非常好的线形关系，而这一点也是反应动力学理论 Arrhenius 方程要求满足的。

不同形式的催化剂对反应温度的敏感性不同，分子筛催化剂对反应温度极其敏感，增加同样转化率时，提温速度明显低于无定性催化剂；而不同形式的分子筛催化剂，增加同样转化率时，提温速度也不同。见表7-21、表7-22、图7-22及图7-23。

表7-21　不同催化剂的反应温度与转化率的关系

项　目		专利商 UO	专利商 IF	专利商 Un	专利商 FR
原料油	密度(20℃)/(g/cm³)	0.9189	0.906	0.9059	0.851
	馏程/℃	317~532(90%)	—	328~536	192~419
	硫含量/%	2.5	2.43	1.8	0.8
	氮含量/%	0.09	0.065	0.12	0.021
催化剂形式		DHC-6/DHC-2	Ni-Mo-分子筛	分子筛	分子筛
转化率/%		基准	基准	基准	基准
转化率增加/%		10/10	10	10	10
增加温升/℃		8.5/10	线形增加	2.8	4.0

表7-22　反应温度与转化率的关系

转化率/%	60	65	70
精制反应温度/℃	375	375	375
裂化反应温度/℃	365	367	369

续表

转化率/%	60	65	70
循环油量/(t/h)	基准	基准-23.7%	基准-55.5%
裂化催化剂体积量/m³	基准	基准-10%	基准-18.5%
循环油泵功率/kW	基准	基准-18.3%	基准-46%

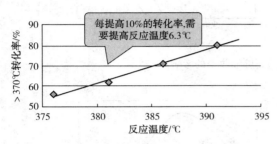

图7-22 反应温度与转化率的
关系(高中油型加氢裂化)

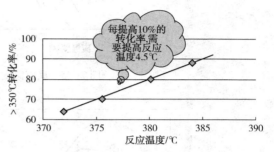

图7-23 反应温度与转化率的
关系(灵活型加氢裂化)

(2)反应温度与产物分布(表7-23、图7-24)

以馏程343~540℃、硫含量2.0%、氮含量0.125%的伊朗玛伦原油减压馏分油为原料,不同反应温度条件下的研究结果表明:随着反应温度增加,<150℃馏分含量增加,>150℃馏分含量减少;当反应温度达375℃时,>150℃馏分实现了全转化。

表7-23 反应温度对加氢裂化产物分布的影响

产物分布/%	反应温度/℃		
	359	367	375
丁烷	4.2	8.9	19.6
C₅~60℃馏分	6.3	11.3	21.7
60~150℃馏分	28.5	45.7	81.0
>150℃馏分	75.2	54.1	—

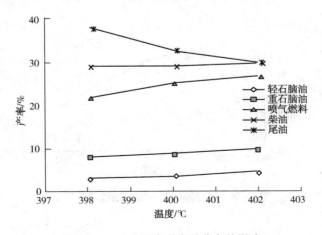

图7-24 反应温度对产品分布的影响

（3）反应温度与产品收率（图7-25~图7-28）

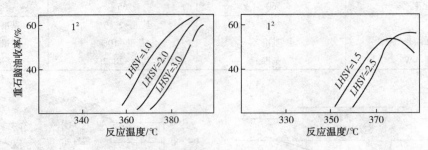

图7-25　反应温度对重石脑油收率的影响

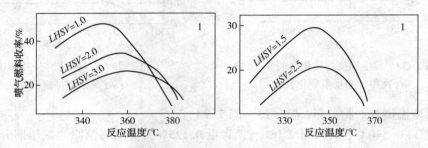

图7-26　反应温度对喷气燃料收率的影响

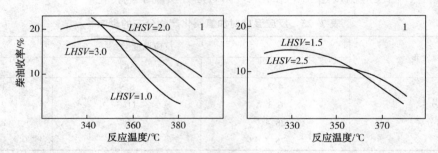

图7-27　反应温度对柴油收率的影响

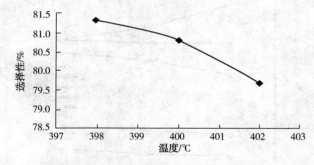

图7-28　反应温度对中馏分油收率的影响

（4）反应温升与加氢裂化中油选择性（表7-24）

表7-24　反应温升对加氢裂化催化剂中油选择性的影响

项　目	催化剂 1		催化剂 2	
反应入口温度/℃	基准	基准-10	基准 3+4	基准 3-10
反应出口温度/℃	基准 1	基准+10	基准 4+4	基准 4+10
平均反应温度/℃	基准 2	基准 2	基准 5+4	基准 5
反应温升/℃	0	20	0	20
产品分布/%				
石脑油	17.74	20.9	17.75	18.96
柴油	61.83	59.87	65.60	60.87
其中：低凝柴油	41.68	39.29	41.79	39.87
中油选择性/%	77.71	74.12	78.70	76.24

在工艺条件和裂化深度相同的条件下，同一加氢裂化催化剂，有20℃反应温升同无反应温升的情况比较，产品收率总体表现为：石脑油的收率增加、柴油和低凝柴油的收率减少，尤其影响中油收率和中油选择性，中油收率下降 1.9~4.7 个单位，中油选择性下降了 2.5~3.5 个单位，由此可见反应温升对加氢裂化催化剂的中油选择性影响是非常大的。

（5）床层温度与加氢裂化转化率/收率的关系（图7-29）

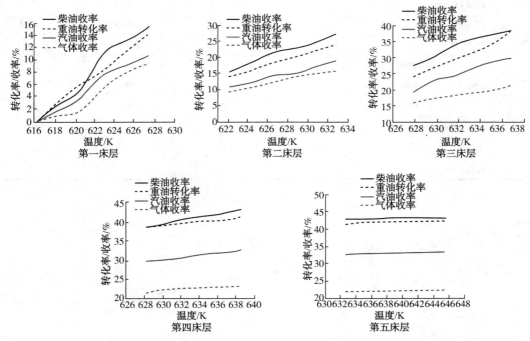

图7-29　床层温度与加氢裂化转化率/收率的关系

（6）反应温度与产物质量

以大庆重油催化裂化柴油和大港重油催化裂化柴油为原料，在氢分压 0.4MPa、空速 2.0h^{-1}、氢油体积比 1000 条件下，随着反应温度增加，轻石脑油异构烷烃含量增加，环烷烃、苯含量减少，辛烷值增加；重石脑油芳烃潜含量减少；轻柴油馏程变轻、十六烷值增加及凝点增加。反应温度与产物质量的关系见表7-25，反应温度对柴油干点的影响见图7-30。

表 7-25　反应温度与产物质量的关系

项　目		大庆重油催化裂化柴油		大港重油催化裂化柴油	
原料油	密度（20℃）/（g/cm³）	0.8614		0.8949	
	馏程/℃	180~380		180~350	
	硫含量/%	0.1167		0.1512	
	氮含量/%	0.0897		0.089	
反应温度/℃		370	380	360	380
<65℃轻石脑油	密度（20℃）/（g/cm³）	0.6418	0.6418	—	—
	组成/% C₄~C₆正构烷烃	22.81	22.39	29.33	29.23
	C₄~C₆异构烷烃	56.34	59.24	34.22	37.25
	C₅~C₆环烷烃	16.99	15.73	24.7	23.4
	苯	2.63	1.96	6.99	5.62
	C₇烃	1.23	0.68	4.76	4.50
	辛烷值	81.4	83.0	—	—
65~180℃重石脑油	密度（20℃）/（g/cm³）	0.7651	0.763	0.7874	0.7825
	芳烃潜含量/%	63.83	59.03	79.7	75.7
	硫含量/（μg/g）	<0.5	<0.5	<0.5	<0.5
	氮含量/（μg/g）	<0.5	<0.5	<0.5	<0.5
>180℃轻柴油	密度（20℃）/（g/cm³）	0.8243	0.8162	0.8511	0.8501
	馏程/℃ 50%	250	236	248	244
	90%	326	316	298	297
	95%	341	335	313	313
	硫含量/（μg/g）	2.9	2.9	4.8	4.7
	十六烷值	48.2	48.8	40	41
	凝点/℃	-6	-8	-25	-23

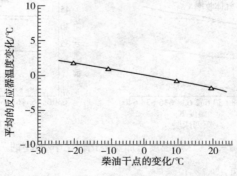

图 7-30　反应温度对柴油干点的影响

（7）反应温度与原料油的关系（表 7-26）

　　同一种原油的不同馏分，达到相近转化率时所需的反应温度不同。馏分越重，黏度越大，原料向催化剂内部扩散速度越慢，反应速率越低。减二线与减二脱蜡油和减一线的混合油相比，50%馏分温度高23℃，达到相近转化率时，反应温度需提高14℃；减二脱蜡油和减一线的混合油与常三和减一线的混合油相比，50%馏分温度高17℃，达到相近转化率时，反应温度需提高12℃。

（8）反应温度与反应器内流体分布性能

流体分布性能直接影响反应物与催化剂接触时间的均衡性，影响催化剂内、外表面被液体润湿的程度及由于分布不均形成的沟流和短路等，最终影响反应温度分布和产品质量。

表 7-26　反应温度与不同干点大庆馏分油的关系

项　　目			常三：减一=2:1	减二脱蜡油：减一=1:1	减二线
原料油	密度（20℃）/（g/cm³）		0.8426	0.8583	0.8563
	馏程/℃	初馏点	224	259	316
		50%	364	381	414
		干点	440	453	476
	氮含量/（μg/g）		160	320	343
反应温度/℃			411	423	427
产品收率/%	<130℃		12.9	13.6	13.6
	130~260℃		34.3	34.6	32.3
	260~320℃		19.3	18.6	14.6
	>320℃		66.5	66.8	60.5

Topsøe改善流体分布的工业应用实例：对某厂馏分油加氢脱硫装置分配器进行改造，其他条件不变，只改善流体分布，减少偏流的结果见表7-27。

表 7-27　反应温度与反应器内流体分布性能的关系

项　　目	原装置分配器	Topsøe 分配器
原料硫含量/%	0.7	0.9
平均床层温度/℃	346	321
产品硫含量/%	0.05	0.035
相对脱硫活性	1.0	2.5

从表7-27可看出，采用新的分配器，改善了流体的分布效果，即使原料硫含量提高28.5%，床层平均温度还低22~25℃，仍能使产品硫含量小于0.05%。

（9）反应温度与催化剂装填方式

催化剂密相装填后，球形催化剂可多装5%~8%，圆柱形催化剂可多装10%~15%，三叶草形催化剂可多装20%~25%。多装催化剂后，改善了流体分布，提高了液体接触效率，进而改善了床层温度分布，减少了热点出现的可能。

对硫含量为1.5%的柴油加氢生产0.3%的柴油产品，选择氢分压3.0MPa、空速4.0h⁻¹、氢油体积比175，应用不同形状催化剂，考察布袋装填和密相装填对反应的影响，见表7-28。

表 7-28　不同装填方式对反应的影响

催化剂	条件	布袋装填	密相装填
球　形	装填密度(20℃)/(kg/m³)	610	635(+7%)
	相对脱硫活性[①]	80	86
	初始反应温度/℃	352	350
KF-165-1.5E 圆柱形	装填密度(20℃)/(kg/m³)	690	780(13%)
	相对脱硫活性[①]	125	141
	初始反应温度/℃	340	336
KF-742-1.3Q 三叶草形	装填密度(20℃)/(g/cm³)	600	732(+22%)
	相对脱硫活性[①]	135	165
	初始反应温度/℃	337	331

① 相对脱硫活性 KF-124-1.5E 的布袋装填活性为 100 计。

从表 7-28 可看出，密相装填时球形、圆柱形和三叶草形的装填密度分别增加 7%、13% 和 22%，相对脱硫活性分别增加 6、16 和 30 个百分点，而初始反应温度分别下降 2℃、4℃ 和 6℃。

（10）反应温度与催化剂的关系

表 7-29 列出了贵金属 Pt 和非贵金属 Ni-Mo 分子筛催化剂，使用不同氮含量原料，在相同转化率条件下，所需的反应温度。

表 7-29　反应温度与催化剂的关系

项　目	KC-2000		KC-2100	
组分	Ni-Mo/分子筛		Pt/分子筛	
原料油氮含量/(μg/g)	0	2000	0	2000
转化 65% 所需反应温度/℃	295	380	250	360

从表 7-29 可看出，原料氮含量对催化剂活性影响很大，对贵金属催化剂影响更大，非贵金属 Ni-Mo 分子筛催化剂反应温度相差达 85℃，而贵金属 Pt 分子筛催化剂则达 110℃。

（11）反应温度与反应速度常数的关系（图 7-31、表 7-30）

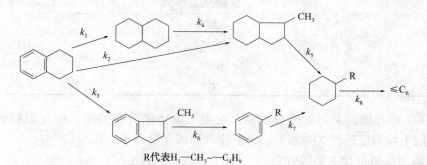

R 代表 H₁—CH₃~—C₄H₉

图 7-31　简化的四氢萘加氢裂化反应网络

表 7-30　反应速度常数(8.5MPa)

反应温度/℃	反应速度常数/h⁻¹							
	k_1	k_2	k_3	k_4	k_5	k_6	k_7	k_8
320	0.490	0.014	0.320	0.704	0.772	17.358	2.390	1.240
340	0.590	0.167	0.755	0.855	2.416	18.846	2.882	1.293
380	1.504	1.669	4.504	1.569	20.163	22.183	3.001	2.213

从表 7-30 可看出，代表双环裂解速率的速度常数 k_5 和 k_6 比代表单环裂解速率的 k_8 大，即单环和双环化合物同时被催化剂吸附时，双环吸附占优势。

（12）反应温度与蒸馏曲线

在氢分压 6.5MPa、空速 1.2h^{-1}、氢油体积比 1000 条件下，不同反应温度对产品 ASTM 蒸馏曲线的影响见图 7-32，图中点为试验值，曲线为计算值，最上面为原料油曲线。

（13）反应温度与催化剂失活的关系（图 7-33）

提高反应温度可使加氢反应速度加快，但随着反应温度的提高，加氢反应平衡倾向于生成原始物质，并加快加氢产物分解的趋向。

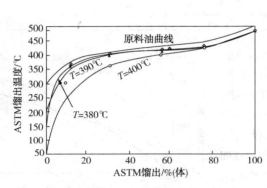

图 7-32　反应温度与蒸馏曲线的关系

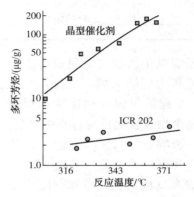

图 7-33　稠环芳烃含量与反应温度的关系

反应温度是芳烃脱氢缩合反应的关键因素，降低反应温度有利于改善催化剂的稳定性。

7.3.2　反应压力

从经济角度看，由于装置的投资随压力的升高而增加，因此，降低反应压力，不但可以减少投资，而且可提高生产安全性。但反应压力升高，氢分压相应升高，由于氢分压的升高，单位反应体积中氢浓度增加，氢通过液膜向催化剂表面扩散的推动力增加，扩散速度提高，有利于提高反应速度，延长反应时间，增加转化率，提高产品质量，延长装置运行周期。反应压力的选择应结合工厂可能加工的原油品种、加氢裂化的原料组成、原料性质、产品数量要求、产品质量及对未来产品质量的估计、下游装置对加氢裂化产品的要求、供氢能力和纯度、投资、效益及可能的发展规划等因素综合考虑。

（1）反应压力与加氢脱硫的关系（表 7-31）

表 7-31　反应压力与脱硫率的关系

反应压力/MPa		2.74	8.27
原料油硫含量/%		1.4	
反应条件	反应温度/℃	367	
	空速/h^{-1}	4.0	
脱硫率/%		87.5	91.5

在反应压力低于 2~3MPa 时，提高反应压力能明显地促进加氢脱硫反应活性；当反应压力大于 3MPa 时，对可直接脱出的硫化物（如硫醇、DBT 等），氢分压影响很小；当有氮化物同时存在时，提高反应压力可使氮化物分解速度加快，从而释放出更多的催化活性中心供

加氢脱硫；当反应压力大于3MPa时，对于那些不能或很难直接发生C—S键断裂的硫化物（如4,6-DMDBT等），提高反应压力可以较大地提高加氢脱硫的反应速度。

（2）反应压力与加氢脱氮的关系（表7-32）

反应压力对加氢脱氮影响很大。提高反应压力不仅提高了加氢脱氮反应速度，并且通过改变加氢脱氮的主要反应途径，从而改变相应的产品结构。

表7-32　反应压力与脱氮率的关系

反应压力/MPa		2.74	8.27
原料油氮含量/(μg/g)		1455	
反应条件	反应温度/℃	367	
	空速/h⁻¹	4.0	
脱氮率/%		26	71

对模型氮化物的加氢脱氮动力学研究表明，提高反应压力能够大幅度地提高加氢饱和速率，而对C—N键的氢解反应速率的促进作用很小，从而使整个加氢脱氮反应过程中氢解这一反应控制步骤的影响更加明显；而氢解反应活化能远大于加氢饱和反应活化能。因此，提高反应压力加氢脱氮表观反应活化能增加。图7-34表示了反应压力与加氢脱硫、加氢脱氮的关系。

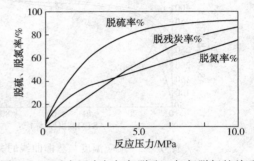

图7-34　反应压力与加氢脱硫、加氢脱氮的关系

（3）反应压力与烯烃加氢饱和

烯烃加氢饱和在加氢裂化反应过程都可能发生，一般反应压力条件下，虽然氮化物对烯烃加氢饱和反应有较强的阻抑作用，但都能够顺利地进行到底。含有二烯烃等多元烯烃的组分，在热的作用下易于产生自由基，并引发烯烃分子之间的热缩聚反应，生成难于被加氢分解的胶质等物质，沉积于催化剂床层顶部。

（4）反应压力与芳烃加氢的关系（图7-35）

加氢裂化原料的芳烃大致可分为单环芳烃、双环芳烃、三环芳烃和四环以上的多环芳烃。芳烃加氢在加氢裂化反应任何阶段都可能发生，而且需要较高的反应压力才能有效地进行，提高反应压力可以提高芳烃加氢饱和速度，而对环烷脱氢及环烷开环反应速度有阻抑作用；提高反应压力也能显著地提高芳烃的转化深度。

（5）反应压力与加氢裂化

烷烃加氢裂化主要发生的是异构化和裂化反应，提高反应压力对这些反应具有阻抑作用；芳香环的加氢裂化反应由于包括芳烃加氢过程，提高反应压力能够促进其加氢裂化，但当反应压力提高到一定程度，当加氢裂化反应的控制步骤变为异构化和裂化反应时，提高反应压力将再度抑制加氢裂化反应。而且随着原料芳香性的增加，反应压力由促进到抑制作用的转折点相应提高；有机氮化物和氨的存在也会提高加氢裂化反应对反应压力的依从性，即需要较高的反应压力。

（6）反应压力与转化率

反应压力对转化率的影响较为复杂，可以出现抑制、促进或不受影响等不同的状态。

不同原料在反应温度380℃，空速1.5h⁻¹、氢油体积比900条件下，反应压力与转化率

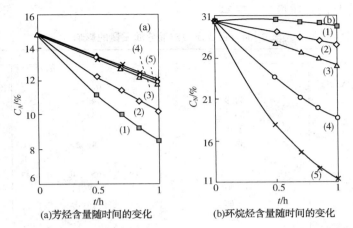

(a)芳烃含量随时间的变化 (b)环烷烃含量随时间的变化

图 7-35 氢分压和反应温度对芳烃加氢饱和反应和环烷烃开环反应的影响

（1）$T=380℃$，$P_{H_2}=10.0MPa$；（2）$T=380℃$，$P_{H_2}=8.0MPa$；（3）$T=380℃$，$P_{H_2}=6.5MPa$；

（4）$T=390℃$，$P_{H_2}=6.5MPa$；（5）$T=400℃$，$P_{H_2}=6.5MPa$。

的关系见图 7-36。

原料的芳香性、有无氮化物存在等是决定反应压力是否产生抑制、促进或不受影响等作用的本质因素。反应压力对裂化反应转化率的影响见图 7-37。

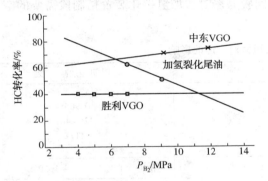

图 7-36 反应压力与转化率的关系

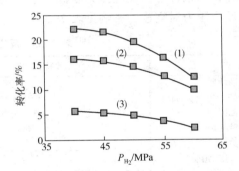

图 7-37 反应压力对裂化反应转化率的影响

$T=380℃$，$SV=2.0h^{-1}$，氢油体积比=800

（1）总的转化率；（2）异构化转化率；（3）裂化转化率

（7）反应压力与产物分布（表 7-33）

表 7-33 反应压力对馏分油产率的影响

反应压力/MPa	14.7	8.3	6.4
馏分油产率/%			
未稳定轻石脑油	8.9	7.8	8.4
65~165℃重石脑油	41.7	38.7	33.9
165~240℃煤油	—	27.0	24.0
165~260℃煤油	26.3	—	—
240~350℃柴油	—	14.9	19.3
260~350℃柴油	7.6	—	—

（8）反应压力与产物质量（表7-34）

表7-34　反应压力对馏分油质量的影响

反应压力/MPa	14.7	8.3	6.4
重石脑油			
密度(20℃)/(g/cm³)	0.7384	0.7423	0.7469
烷烃/%	44.9	45.2	42.6
环烷烃/%	53.2	47.1	45.4
芳烃/%	1.9	7.7	12.0
芳烃潜含量/%	52.2	52.2	54.8
煤油			
馏程/℃	165~260	165~240	165~240
密度(20℃)/(g/cm³)	0.7901	0.8014	0.8180
冰点/℃	<-60	<-60	<-60
烟点/℃	32	22	16
芳烃体积分数/%	5.4	16.1	27.4
柴油			
馏程/℃	260~350	240~350	240~350
密度(20℃)/(g/cm³)	0.8056	0.8026	0.8159
凝点/℃	-10	-13	-9
十六烷值	67.5	66.1	61.8

（9）反应压力与空速的关系（表7-35）

在相同条件下，反应压力越低，达到相同脱氮率时，加氢裂化装置精制段需要的空速越低。反应压力对空速的影响见表7-35。

表7-35　反应压力对空速的影响

项　　目	沙特轻油减二线					伊朗轻油减二线			
原料油性质									
密度(20℃)/(g/cm³)	0.9125					0.9048			
馏分范围/℃	335~468					325~461			
氮含量/(μg/g)	769					1171			
操作条件									
氢分压/MPa	8.0		10.0			8.0		10.0	
反应温度/℃	375	375	370	375	380	380	380	380	380
空速/h⁻¹	1.0	1.2	1.2	1.5	1.8	1.0	0.8	1.0	1.2
精制油氮/(μg/g)	16	28.3	17.8	20.3	24.4	25.0	1.3	4.8	16.9

（10）反应压力与反应温度

RIPP总结得出反应压力对精制平均温度的影响[25]：

$$y = (z - 8) \times 0.333$$

式中　y——反应温度变化，℃；

　　　z——反应氢分压，MPa。

（11）反应压力与流体分布

从加氢裂化反应器入口到出口，气相相对分子质量和密度可增加1.5~2.2倍；生产石脑油为主时，加氢裂化反应器出口几乎无液相。反应压力越低，汽化率越高，气相雷诺数可增加2~10倍。

对滴流床反应器而言，随着气、液相质量流速的不同范围，将呈现不同的流动区域。从加氢裂化反应器入口到出口，温度逐渐提高，压力逐渐降低，气相流速进一步增加，液相流速进一步减少，液相在气相中可能呈现喷洒流动状态。

当反应压力增高时，在相同气液流速下，由于气体密度增大，导致压力降增高，持液量下降，平均液膜厚度降低，因此过渡带向气液流动方向移动[23]。

（12）反应压力与床层压降

在相同气、液相质量速度下，反应器压力增加，使气相密度增加，气相表面速度减小而使床层压力降下降。反应压力对床层压力降的影响见图 7-38。

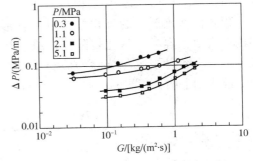

图 7-38 反应压力对床层压力降的影响
［质量流速 = 13.2kg/（$m^2 \cdot s$）］

（13）反应压力与催化剂失活（表 7-36、图 7-39）

加氢裂化反应在高温下，伴随着一些叠合及缩聚反应，特别在原料中稠环芳烃、沥青质、非烃化合物的含量较高时更加严重，这些叠合反应是生成积炭的前驱物质，而积炭的生成和增加则将导致催化剂活性中心的损失，造成失活而降低催化剂寿命。

表 7-36 反应压力对催化剂失活速率的影响

反应压力/MPa	脱氮催化剂操作周期/月	反应压力/MPa	催化剂相对失活率/%
11.8	14	10.2	1.0
12.9	24	11.9	0.5
13.3	29	13.6	0.25

注：数据取自中东馏分油 SSOT 工艺的研究结果。

（14）反应压力与催化剂积炭

图 7-40 为反应压力对催化剂积炭量的影响。从图中可看出，反应压力较低时，催化剂积炭很快，而随着压力升高积炭的质量分数呈线性下降，说明提高反应压力可以明显抑制催化剂的积炭。

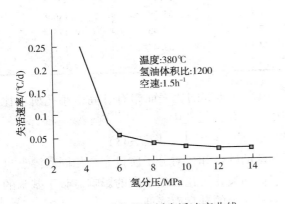

图 7-39 裂化催化剂失活速率曲线

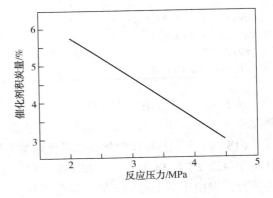

图 7-40 反应压力对催化剂积炭量的影响

（15）反应压力与催化剂酸强度

图 7-41 为积炭催化剂的酸强度分布。从图中可看出，反应压力越低，催化剂上各种酸

中心数目越少；而随着压力的升高，催化剂中各种酸中心数目均显著升高，尤其是催化剂的强酸中心上升更多，说明提高压力可以大幅度抑制积炭在催化剂酸性中心上的沉积。

（16）反应压力与催化剂积炭类型

积炭在催化剂上的沉积主要以两种形式存在：结构比较松散、容易被氧化烧除的纤维状积炭和结构比较致密、不容易被氧化烧除的假石墨型积炭。不同压力下催化剂上两类积炭的性质见表7-37。

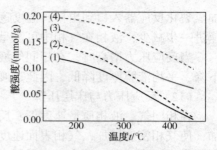

图7-41　积炭催化剂的酸强度分布
1—2.0MPa；2—2.5MPa；3—3.5MPa；4—4.5MPa

表7-37　不同压力下催化剂上两类积炭的性质

反应压力/MPa	2.0	2.5	3.5	4.5
纤维状积炭				
氧化烧炭温度/K	654	654	657	663
质量损失/%	2.20	1.89	1.26	0.69
占总积炭的比率/%	38	36	30	21
假石墨型积炭				
氧化烧炭温度/K	752	75	768	785
质量损失/%	3.60	3.36	2.94	2.61
占总积炭的比率/%	62	64	70	79

从表7-37可看出，随着反应压力的升高，纤维状积炭在催化剂总积炭中所占的比例逐渐减低，氧化烧炭温度升高；而石墨型积炭所占的相对比例则逐渐增大，氧化烧炭温度也升高。

（17）反应压力与积炭催化剂孔性质（表7-38）

表7-38　反应压力对积炭催化剂孔性质的影响

试验条件	孔尺寸分布/%			比表面积/(m²/g)
	<6nm	6~10nm	>10nm	
新鲜催化剂	38.73	36.13	25.14	253.8
2.0MPa 对二甲苯+苯乙烯	32.00	36.63	32.79	166.8
2.5MPa 对二甲苯+苯乙烯	30.29	37.28	32.43	175.4
3.5MPa 对二甲苯+苯乙烯	29.53	37.03	33.44	177.3
4.5MPa 对二甲苯+苯乙烯	29.20	36.78	34.02	185.4

从表7-38可看出，随着反应压力的提高，积炭催化剂的比表面略有升高，小孔所占比例逐步下降，说明在高压下生成的积炭更多集中在催化剂微孔中。

（18）反应压力与模型化合物悬浮床加氢裂化反应（图7-42、图7-43）

从图7-42、图7-43可看出，叔丁基苯和正丁基苯的碳数和相对分子质量完全相同，沸点也很接近，但由于分子结构不同，氢分压升高对它们的裂化转化产生不同的影响。叔丁基苯的转化率随压力升高而升高，而正丁基苯的转化率随压力的升高而降低。

悬浮床加氢过程中，氢气的存在会产生氢自由基，封闭热裂化生成的烃自由基，减缓自由基热反应的速度；从化学平衡的角度来看，初氢压的提高，降低了裂化反应的平衡转化率。正丁基苯转化率随压力升高而降低，是这两个方面的原因造成的。

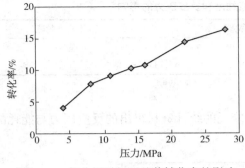

图 7-42　氢分压对叔丁基苯转化率的影响

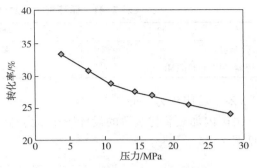

图 7-43　氢分压对正丁基苯转化率的影响

（19）反应压力与渣油悬浮床加氢裂化反应（表 7-39）

表 7-39　轮古常压渣油和克拉玛依常压渣油在不同初氢压下反应的产物分布

原料	氢分压/MPa	氢耗/%	气体/%	汽柴油/%	尾油/%	甲苯不溶物/%
LGAR	6.0	0.62	2.36	35.59	58.21	4.46
	9.0	0.83	3.31	38.58	54.66	4.48
KMAR	6.0	0.45	1.36	33.09	65.53	0.46
	9.0	0.53	2.23	34.48	63.14	0.68

注：LGAR—轮古常压渣油，KMAR—克拉玛依常压渣油。

　　渣油的悬浮床加氢裂化过程中，自由基裂化反应和氢解裂化反应依然是渣油裂化轻质化的主要反应，还可能存在着芳环加氢与裂化的反应。初氢压提高后，由于氢解裂化反应被促进而造成的转化率提高，超过了由于自由基裂化反应被抑制而导致的转化率降低，才表现出渣油转化率随压力的提高而提高的结果。

　　悬浮床加氢的自由基反应过程中还存在自由基的缩合反应。当初氢压提高后，活泼氢的数量增多，自由基的缩合反应会受到抑制，生焦减少。这是因为反应温度过高、初氢压过低，或者催化剂活性较低，反应体系中稠环芳烃自由基浓度过高，稠环芳烃自由基对氢自由基的需求量超过了氢自由基的供需量造成的，见表 7-40。

表 7-40　轮古常压渣油和克拉玛依常压渣油在不同初氢压下反应的气体产物组成　　　%

原料	氢分压/MPa	C_1^0	C_2^0	$C_1^=$	C_3^0	$C_3^=$	$i\text{-}C_4^0$	$n\text{-}C_4^0$	$C_4^=$	$C_{1-4}^0/C_{1-4}^=$（摩尔比）
LGAR	6.0	1.304	0.487	0.009	0.363	0.031	0.055	0.094	0.020	77
	9.0	1.772	0.560	0.019	0.447	0.070	0.072	0.129	0.043	46
KMAR	6.0	0.785	0.212	0.009	0.207	0.033	0.046	0.049	0.022	42
	9.0	1.125	0.323	0.011	0.413	0.063	0.108	0.135	0.054	33

　　从表 7-40 可看出，反应初氢分压提高后，气体产率升高，气体产物中烷烃和烯烃的摩尔比 $C_{1-4}^0/C_{1-4}^=$ 由 77 降为 46，气体中烯烃的质量分数升高，汽油、柴油产率升高，甲苯不溶物产率提高，氢耗也增加。这些结果说明，初氢压提高后气体产率的提高，应该是氢解裂化反应被促进的结果。氢耗增加，而甲苯不溶物产率和气体中的烯烃的质量分数增加，说明初氢压提高后反应所增加的氢耗，不是用于饱和气体中的小分子烯烃，也不是用于封闭由于热裂化反应而产生的自由基，抑制甲苯不溶物的生成，而是用于促进 360℃ 以上尾油中大分子的氢解裂化反应。

　　（20）反应压力与循环氢脱硫（表 7-41）

表 7-41　循环氢脱硫对循环氢纯度和反应压力的影响

项　目	循环氢脱硫	循环氢不脱硫
循环氢纯度/%	基准+2.29	基准
反应器平均氢分压/MPa	基准-0.36	基准

（21）反应压力与能耗

由国内加氢裂化装置的设计操作压力与设计能耗的统计资料得出的反应压力与能耗的关系见图 7-44。

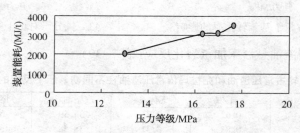

图 7-44　装置能耗与压力等级的关系

（22）反应压力与化学氢耗（表 7-42）

表 7-42　化学氢耗与反应氢分压关系

项　目	反应压力				
	15.0	10.0		8.0	
反应温度/℃					
精制	370	373	373	375	375
裂化	368	375	380	382	376
>350℃转化率/%	60.6	64.3	74.1	84.3	66.2
化学氢耗/%	2.228	1.994	2.012	2.003	1.850
转化率60%时的化学氢耗/%	2.227	1.986	1.986	1.798	1.798

由表 7-42 可见，随着压力的降低，化学氢耗显著降低。化学氢耗与氢分压大致有如下关系：

$$W_{H_2} = 0.6718\ln(P_{H_2}) + 0.416$$

式中　W_{H_2}——化学氢耗，%；

　　　P_{H_2}——反应器入口氢分压，MPa。

（23）反应压力与补充氢（表 7-43、图 7-45）

在反应物流中，氢气为多组分物流中的一个组成部分，其在气相中的分压符合道尔顿定律，即反应压力=氢气在气相中的摩尔分数乘以总压。补充氢纯度影响循环氢纯度，而循环氢纯度影响了反应器入口气相中氢纯度，从而影响氢分压。

表 7-43　补充氢与反应器入口氢分压的关系

补充氢来源	PSA 净化	化学净化	乙烯裂解氢	连续重整	半再生重整
补充氢纯度/%	99.9	97	95	90.91	86.9
脱硫后循环氢纯度/%	93.68	82.74	75.28	74.54	66.79
混氢纯度/%	95.59	87.34	81.63	80.07	73.88

续表

补充氢来源	PSA 净化	化学净化	乙烯裂解氢	连续重整	半再生重整
反应器入口氢纯度/%	95.31	87.01	81.44	80.03	73.93
反应器入口氢分压/MPa	15.7	14.4	13.4	13.2	12.2

从表 7-43、图 7-45 可以看出，补充氢纯度越高，反应器入口氢分压越高。

在反应总压一定的情况下，循环氢浓度的增加与反应器入口氢分压的提高呈线性关系，如图 7-46 所示。

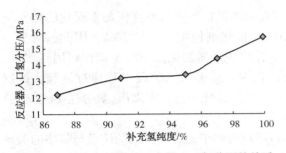
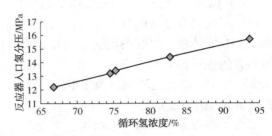

图 7-45　补充氢纯度与反应器入口氢分压的关系　　图 7-46　循环氢纯度与反应器入口氢分压的关系

(24) 反应压力与建设费用、操作费用(表 7-44~表 7-46)

表 7-44　IFP 研究的反应压力与投资、操作费用及回收期的关系

项　目	缓和加氢裂化	中压加氢裂化	高压加氢裂化
转化率/%(体)	30	70	90
公用工程费用/(万美元/a)	427	675	725
催化剂费用/(万美元/a)	51	85	66
氢气费用/(万美元/a)	1036	2727	3436
可变费用[1]/万美元	1514	3487	4227
总投资[2]/万美元	7500	10800	13600
总操作费用[3]/(万美元/a)	3139	5837	7177
每桶进料费用/美元	3.17	5.90	7.24
产品-原料/(美元/桶)	4.20	9.01	10.85
可变费用/(美元/桶)	-1.53	-3.52	-4.27
投资回收期/a	2.8	2.0	2.1

注：[1]包括公用工程、催化剂和氢气；[2]包括储存费用和应急费用等；[3]0.25×总投资+可变费用。

表 7-45　IFP 研究的反应压力与建设费用和操作费用的关系

装置类型	HPHC	MPHC	MPHC
高分总压/MPa	14.0	10.0	7.0
运行方式	全循环	一次通过	一次通过
单程转化率/%(体)	70	70	50
总转化率/%(体)	90~100	70	50
相对建设投资[1]	100	73	62
单位转化深度相对建设投资[1]	100~111	104	124

续表

装置类型	HPHC	MPHC	MPHC
相对建设投资[2]	134	94	62
单位转化深度相对建设投资[2]	134~149	134	124
相对操作费用[3]	1	0.7	0.6
单位转化深度相对操作费用[3]	1.0~1.1	1.0	1.2

①装置界区内。

②含制氢能力增加。

③新氢按 0.08 美元/标 m³ 计算。

　　IFP 以阿拉伯轻原油减压瓦斯油为原料，研究的结果认为：虽然高压加氢裂化的操作压力比中压加氢裂化高四分之一，但转化率高 20%，催化剂使用寿命长 50%，因此，对于一套 1.5Mt/a 装置，尽管高压加氢裂化装置的投资比中压加氢裂化高 26%，操作费用高 23%，但装置的投资回收期仅长 0.1 年。Chevron 公司认为，对于采用单段单程通过流程，控制 50% 转化率，设计运转周期为 2 年的一套 2.5Mt/a 加氢裂化装置，则高压（氢分压 14.1MPa）的投资比中压（氢分压 8.4MPa）少 4%。

　　由于在石油产品的需求结构、对发动机燃料质量的要求、石油产品的质量与价格的关系及高压设备国产化与进口之间的价格差异等方面，我国与法国、美国存在较大的差异，因此，IFP 和 Chevron 公司的研究结果并不能完全代表我国的实际情况。但有一点是完全可以肯定的，即在现有加氢催化剂技术水平的条件下，反应压力仍是决定加氢裂化产品质量和结构（尤其是喷气燃料和柴油）的最关键因素。

　　国内装置建设费用指装置界区以内的工程投资费用，按专业划分为：建筑物、构筑物、工艺设备、机械设备、工业炉、电气及电讯、自控仪表、采暖和通风、配管、一次投入催化剂和化学药剂等，不仅受反应压力影响，还与装置规模、氢气条件、设计标准、工艺路线、引进范围、自控水平、物价标准、相关行业的技术发展水平、装置所处地区的经济发展水平及建设地点的自然地质条件等因素有关。

　　国内操作费用包括辅助材料费用、燃料动力费用、人工费用和制造费用，与装置规模、装置能耗、原料油性质、催化剂性能、自控水平、设备状况、辅助材料和燃料动力价格、装置生产负荷率、装置开工率、企业管理水平等因素有关。

　　由于国内原材料价格变化较大，目前尚没有将反应压力与建设费用和操作费用形成准确的关系，根据有关资料统计的结果见表 7-46。

表 7-46　国内加氢裂化装置反应压力对建设费用和操作费用的影响

项　目	全循环	一次通过	中压	缓和	
反应压力/MPa	≥13.7	≥13.7	10.2	6.8	4.9
转化率/%	≥90	50~70	70	50	40
单位投资/%	100	85	73	62	50
单位加工费/%	100	76	70	60	60

　　根据有关资料统计得出的操作压力与建设费用的方程式为：

$$Y = 0.0072X + 0.24$$

式中　Y——装置的相对建设费用；

　　　X——装置操作压力。

7.3.3 空速

（1）空速与转化率

如果固定反应温度及其他条件，降低空速（即降低进料量），则提高反应速度，可提高转化率，其关系如图7-47所示。

从图7-47可看出，当空速2.4h^{-1}时，转化率为53%；将空速降为1.2h^{-1}时，转化率高达87%。

（2）空速与反应温度

以大庆LCO+LVGO为原料，在氢分压6.37MPa、进入裂化反应器原料氮含量5μg/g条件下，空速变化与反应温度的关系结果表明：当空速从1.0h^{-1}增至2.0h^{-1}时，其他工艺条件不变，达到相同裂化转化率时，反应温度将增加11.4℃，其关系如图7-48所示。

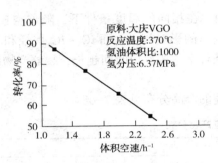
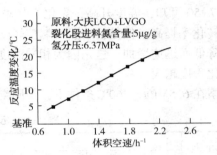

图7-47 空速与转化率关系示意图　图7-48 达到相同裂化转化率
　　　　　　　　　　　　　　　　　　时空速与反应温度关系

（3）空速与产品分布

不同空速通过调整反应温度而达到相同转化率时的产品分布，其关系见表7-47。

表7-47　VGO-MHC不同空速相同转化率时的产品分布

空速/h^{-1}		1.6	2.0
反应温度/℃		366	371
产品分布/%	<65℃轻石脑油	3.10	3.04
	65~180℃重石脑油	12.19	12.57
	180~350℃柴油	30.34	30.08
	>350℃未转化油	53.62	53.34

从表7-47可看出，不同空速相同转化率时，轻、重石脑油、柴油收率基本相当，即同一转化率下对过程的选择性没有影响，在一定范围内反应温度和空速可互相补偿。

反应温度不变，空速降低引起的产品分布变化，其关系如图7-49所示。

从图7-49可看出，随着空速减少及转化深度的增加，轻、重石脑油产率不断增加，而中间馏分油的产率在高的转化率时（低空速）有所下降。这与温度影响的规律相似，即过高的单程转化率将导致二次裂化反应的增加。

辽宁石油化工大学以正十烷为模型化合物，使用国产3824催化剂，研究了烷烃加氢裂化集总动力学，空速对产物分布的影响见图7-50。

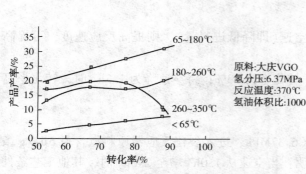

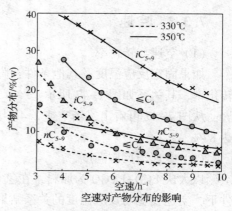

原料:大庆VGO
氢分压:6.37MPa
反应温度:370℃
氢油体积比:1000

图 7-49　空速变化对产品分布的影响　　　　图 7-50　空速对产物分布的影响

由图 7-50 可知，温度升高，裂化产物增加，在相同的温度条件下，随着空速的降低，正十烷的转化率提高。但是，$nC_5 \sim nC_9$ 烷烃受空速的影响较小，而 $iC_5 \sim iC_9$ 烷烃和气体组分随空速的降低而迅速增加。这是因为相同温度条件下，假反应时间越长，裂解产物的异构化程度与裂化程度越大。

四氢萘在 6.5MPa、360℃ 条件下，不同空速的产品分布见表 7-48。

表 7-48　反应产物分布　　　　　　　　　　　　　　%

产　　物	空速/h⁻¹				
	10	8	6	4	2
$C_1 \sim C_4$烷烃	0.4700	0.6586	1.2329	2.4569	5.9950
C_5烷烃	0.0676	0.1010	0.1062	0.1591	0.8304
苯	0.5533	0.8254	1.7136	3.5320	10.2955
甲苯	0.1099	0.1915	0.1742	0.1929	0.6204
乙苯	0.1323	0.1722	0.1835	0.1945	0.5125
$C_7 \sim C_{10}$环烷烃	0.4020	0.4462	0.9805	2.1795	2.3425
甲基全氢茚	0.3017	0.5084	1.5108	2.5379	5.7462
丁苯	1.3370	2.0364	2.4537	4.2135	9.2705
甲基茚满	2.6947	2.8187	4.2740	8.6714	9.8371
十氢萘	1.8520	2.6449	3.2832	5.1134	6.2018
四氢萘	87.4600	85.4999	80.4678	67.9141	46.4084
萘	4.6194	4.0968	3.6195	2.8347	1.9388

（4）空速与产品质量

不同空速通过调整反应温度而达到相同转化率时的产品质量变化见表 7-49、表 7-50。

表 7-49　VGO-MHC 不同空速相同转化率时的产品分布

空速/h⁻¹		1.6	2.0
反应温度/℃		366	371
65~180℃ 重石脑油	芳烃含量/%	11.0	12.6
	芳烃潜含量/%	61.46	60.0
180~350℃ 柴油	十六烷值	54	54
	凝点/℃	-6	-7
>350℃ 未转化油	BMCI 值	10.8	9.6

表 7-50　不同空速下的产品性质

体积空速/h⁻¹	82~138℃	138~249℃	249~371℃	>371℃
	芳烃/%	烟点/mm	十六烷值	BMCI 值
0.92	58.8	24	58.8	11.6
1.2	58.7	24	59.2	12

从表 7-49、表 7-50 可看出，不同空速相同转化率时，轻、重石脑油芳烃潜含量、柴油十六烷值、未转化油 BMCI 值十分接近或相等。

（5）空速与催化剂装填量

工业装置所说的空速即体积空速，因催化剂的不同及装填方式的不同导致催化剂的质量装填量不同。催化剂装填方式对装填量的影响已有介绍。同样空速条件下，因催化剂的不同对催化剂质量装填量的影响见表 7-51。

表 7-51　催化剂密度对催化剂装填量的影响

项　　目	HDN-30	HC-F	HR-348	HC-K/HC-T	KF-843	HC-P
装填密度	0.90ρ	ρ	1.10ρ	1.13ρ	1.20ρ	1.24ρ
体积装填量	v	v	v	v	v	v
质量装填量	$0.90w$	w	$1.10w$	$1.13w$	$1.20w$	$1.24w$

7.3.4　氢油体积比（气油体积比）

氢油体积比（气油体积比）也是加氢裂化的重要操作参数，影响着加氢裂化反应过程、催化剂寿命、装置操作费用和建设投资。

采用大量富氢气体循环的好处是：

① 原料油汽化率的提高，催化剂液膜厚度的降低，加氢反应的顺利进行，转化率的提高；

② 可以及时地把反应热从系统中带出，改善反应床层的温度分布，降低反应器的温升，使反应器温度容易控制，保持反应器温度平稳；

③ 可以保持系统足够的氢分压，使加氢反应顺利进行；

④ 可以防止油料在催化剂表面结焦，起到保护催化剂的作用；

⑤ 促使原料油雾化；

⑥ 提高反应物流速，确保反应物流通过催化剂床层的最小质量流率，保证反应过程中的传质传热效率；

⑦ 确保催化剂的外扩散，保持一定的反应速度。

但是若氢油体积比增加过多，将带来经济上的损失。例如，为了维持系统一定的差压，必须增大管径、增加循环氢压缩机负荷、增大基建投资，此外还造成循环氢压缩机功率增加，增大动力消耗。

（1）氢油体积比与反应温度

分子筛催化剂在不同压力条件下，达到相同转化率时，氢油体积比与反应温度的关系见表 7-52。

表 7-52　氢油体积比与反应温度的关系

原料油	胜利 VGO	LCO
反应压力/MPa	17	6.37
反应温度/℃（设计氢油体积比）	基准	基准1
反应温度/℃（80%设计氢油体积比）	基准+2.8	基准1+2.2
反应温度/℃（60%设计氢油体积比）	基准+4.8	基准1+3.2

从表 7-52 可看出，低氢油体积比需要较高的反应温度来补偿，才能达到相同的转化率。氢油体积比影响裂解深度的机理与反应压力的机理相同。

反应压力为 17MPa，原料油为胜利 VGO，使用分子筛型催化剂。若达到相同的转化率，当循环氢流量为设计的 60%时，反应温度将增加 4.8℃，反之每超过 20%，反应温度将降低约 2℃，见图 7-51。

中压下 LCO 缓和加氢裂化的影响规律，其反应压力为 6.37MPa，催化剂分子筛型催化剂，当循环氢流量为设计的 60%时，为达到相同的转化率，反应温度将提高 3.2℃，每超过 20%，则降低 1℃，见图 7-52。

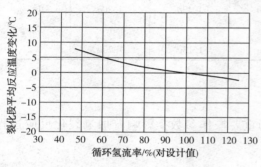

图 7-51　循环氢流率对裂化
平均反应温度的影响

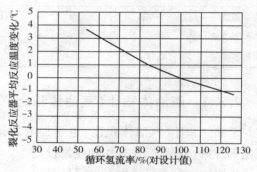

图 7-52　循环氢流率对所要求的
裂化平均反应温度的影响

（2）氢油体积比与转化率

分子筛催化剂以管输 VGO 为原料，在反应压力 6.37MPa、反应温度 374℃、空速 $1.6h^{-1}$ 条件下，不同氢油体积比时的转化率变化见表 7-53。

表 7-53　氢油体积比与转化率的关系

氢油体积比	700	800	1000	1400	≥1500
转化率/%	65	70	75	80	80

从表 7-53 可看出，在同样温度条件下，降低氢油体积比，则转化率降低，但氢油体积比≥1400 后，转化率基本不变。

（3）氢油体积比与产品分布

氢油体积比对产品分布的影响如图 7-53 所示。

（4）氢油体积比与催化剂寿命

较低的氢油体积比可使反应氢分压降低，而加氢裂化需要完成脱硫、脱氮、芳烃饱和、裂化、异构化及裂化形成的轻质产品的再加氢，在压力不够时，往往受热力学平衡限制，原

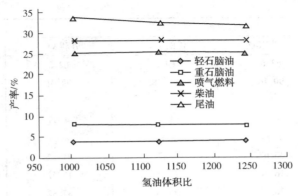

图 7-53　氢油体积比对产品分布的影响

料中稠环芳烃会产生一定程度的缩合反应，导致催化剂表面积炭，使催化剂失活而降低催化剂寿命。

7.3.5　运转时间

（1）运转时间对反应温度的影响如图 7-54 所示。

（2）运转时间对产品分布的影响如图 7-55 所示。

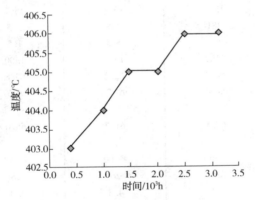

图 7-54　运转时间与裂化温度的关系

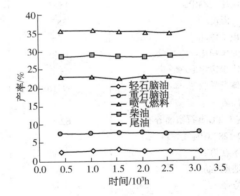

图 7-55　运转时间与产品分布的关系

7.3.6　催化剂

（1）催化剂对产品收率的影响见表 7-54。

表 7-54　不同催化剂对产品收率的影响

项　　目	催化剂 1		催化剂 2	
	胜利 VGO	伊朗 VGO	胜利 VGO	伊朗 VGO
操作条件				
反应压力/MPa	15.7	15.7	15.7	15.7
反应温度/℃	387	381	388	383
体积空速/h^{-1}	1.5	1.5	1.5	1.5
氢油体积比	1500	1500	1500	1500

续表

项　目	催化剂 1		催化剂 2	
	胜利 VGO	伊朗 VGO	胜利 VGO	伊朗 VGO
单程体积转化率/%	63.6	64.2	62.2	63.8
C_5 液体产品收率/%	99.16	98.78	99.01	98.67
产品分布/%				
<82℃	4.48	3.98	4.66	4.14
82～132℃	8.34	8.14	8.09	8.30
132～282℃	33.67	31.77	31.22	30.07
282～370℃	16.24	19.09	17.22	20.01
>370℃	36.43	35.80	37.82	36.15
中馏分油选择性/%	78.5	79.2	77.9	78.5

（2）催化剂对产品性质的影响见表 7-55。

表 7-55　不同催化剂对产品性质的影响

项　目	催化剂 1		催化剂 2	
	胜利 VGO	伊朗 VGO	胜利 VGO	伊朗 VGO
操作条件				
反应压力/MPa	15.7	15.7	15.7	15.7
反应温度/℃	387	381	388	383
体积空速/h^{-1}	1.5	1.5	1.5	1.5
氢油体积比	1500	1500	1500	1500
单程体积转化率/%	63.6	64.2	62.2	63.8
C_5 液体产品收率/%	99.16	98.78	99.01	98.67
产品性质				
82～132℃重石脑油芳潜/%	62.9	65.1	61.7	65.0
132～282℃喷气燃料				
冰点/℃	<-60	<-60	<-60	<-60
烟点/mm	26	26	26	26
芳烃/%	4.6	7.9	4.8	8.1
282～370℃柴油				
凝点/℃	-7	-5	-9	-4
十六烷值	56.3	58.7	55.0	58.8
>370℃尾油 BMCI 值	14.7	11.9	14.6	12.1

7.3.7　重新分割

以实沸点曲线的切割为理论依据，输入某种原料经加氢裂化以后所得的产品的相对密度、产率及恩氏蒸馏温度，重新划分产品，进而预测重新划分产品的性质，为不同的生产方案提供依据。

（1）相对密度

$$\rho_{混} = \sum_{i=1}^{n} \nu_i \rho_i = \left(\sum_{i=1}^{n} \frac{w_i}{\rho_i} \right)^{-1}$$

式中　$\rho_{混}$——混合油品的相对密度；

ρ_i——组分 i 的相对密度；

i——组分编号，从 1 到 n；

v_i——组分 i 的体积分数；

w_i——组分 i 的质量分数。

重石脑油、喷气燃料和柴油相对密度拟合曲线示意图见图 7-56。

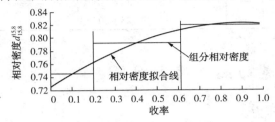

图 7-56　重石脑油、喷气燃料和柴油相对密度拟合曲线示意

（2）实沸点

在 ASTM 到 TBP 温度转换时，两条曲线的起始关联点为 50%，然后由起始关联点开始再向 0% 和 100% 两端逐次关联，因而愈在两端，累积的误差愈大，见图 7-57、图 7-58。

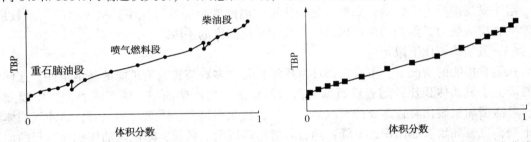

图 7-57　三产品组分 TBP 实沸点温度曲线示意　　图 7-58　三产品组分 TBP 实沸点温度拟合曲线

在两产品相接处插值一定介于第一产品的 90% 点和第二产品的 10% 点之间，同时剔除了最差的点。

（3）重新切割结果

表 7-56 列出了某生产方案产品重新切割计算结果比较。

表 7-56　某生产方案产品重新切割计算结果比较

裂化产品	运转初期			运转末期		
	重石脑油	喷气燃料	柴油	重石脑油	喷气燃料	柴油
切割温度/℃	82~127	127~282	>282	82~127	127~266	>266
馏程/℃						
IP/10%	93/99	135/154	281/291	93/99	132/151	273/281
30%/50%	105/109	174/193	303/311	105/109	167/183	289/299
70%/90%	114/122	218/248	319/334	114/122	203/232	311/324
EP	129	266	346	129	249	335
结　果	切割	实验	切割	实验	切割	实验	切割	实验	切割	实验	切割	实验
产率/%	19.38	19.44	59.11	57.22	16.92	18.76	23.11	23.16	44.56	42.38	12.71	14.85
$d_{15.6}^{15.6}$	0.7366	0.737	0.7841	0.7857	0.8101	0.81	0.747	0.7475	0.7942	0.795	0.8169	0.8166

裂化产品	运转初期					运转末期				
	重石脑油	喷气燃料		柴油		重石脑油	喷气燃料		柴油	
闪点/℃	—	36	38	144	128	—	39.1	38	141	121
苯胺点/℃	—	69.3	64	101	100	—	62.5	60	93.3	100
冰点/℃	—	−56	−57	—	—	—	−51.6	−56	—	—
凝点/℃	—	—	—	<0	0	—	—	—	<0	0
柴油指数	—	—	—	92.28	91.6	—	—	—	83.4	88.6

7.4　工艺因素的热点难点问题

（1）降低反应系统压力

由于受反应动力学影响，降低加氢裂化反应压力就导致产品质量下降（如：喷气燃料烟点降低、柴油芳烃含量增加），开发突破反应动力学限制的催化剂是降低反应系统压力的手段之一。

（2）降低反应系统温度

由于受反应热力学影响，降低加氢裂化反应温度就会降低转化率，减少目的产品数量，开发突破反应热力学限制的催化剂是降低反应系统温度的手段之一。

（3）氢油体积比下限运行

在装置扩能的情况下，不改造循环氢压缩机是大多数装置改造扩能的基本条件，这样就必然降低了氢油体积比；随着重石脑油需求量增加，生产柴油型、喷气燃料型、中馏分油型、灵活型加氢裂化装置需要按石脑油型生产，转化率提高，甲烷产率上升，即使气油体积比不变，也会导致氢油体积比下降；随着装置运转周期的延长，降低氢油体积比运行的加氢裂化装置是否适应生产要求、是否是合理的生产方案就成为需要研究的课题。

（4）变压力操作

特殊条件下的变压力操作，有利于提高目的产品质量，延长装置运转周期（如：催化柴油加氢转化生产汽油或芳烃装置）；但大多数运行的加氢裂化装置不适合变压力操作。

参 考 文 献

[1] 韩崇仁主编. 加氢裂化工艺与工程[M]. 北京：中国石化出版社，2001：309−492.

[2] 李大东主编. 加氢处理工艺与工程[M]. 北京：中国石化出版社，2004：626−666.

[3] 张喜文，马波，凌凤香. 原料油中氮、硫体积分数及反应压力对加氢裂化催化剂积炭的影响[J]. 燃料化学学报，2005，33(1)：101−106.

[4] 姚银堂，张喜文，马波，等. 不同结构的芳烃对加氢裂化催化剂积炭的影响[J]. 燃料化学学报. 2003，31(1)：58−63.

[5] 孙万付，马波，索继栓，等. 加氢裂化催化剂积炭行为的研究[J]. 催化学报，2000，21(3)：269−272.

[6] 王宗贤，郭爱军，阙国和. 辽河渣油热转化和加氢裂化过程中生焦行为的研究[J]. 燃料化学学报，1998，26(4)：327−333.

[7] 周家顺，阙国和. 反应条件对悬浮床加氢裂化过程的影响[J]. 燃料化学学报，2006，34(3)：324−327.

[8] 张瑞波，郭文良，霍宏敏. 加氢裂化宏观动力学模型研究[J]. 化学反应工程与工艺，1995，11(2)：

181-190.

[9] 王雷，邱建国，李奉孝．四氢萘加氢裂化反应动力学[J]．石油化工，1999，28(4)：240-243.

[10] 樊宏飞，郭大光，赵崇庆，等．FC-28 单段高中油选择性加氢裂化催化剂的反应性能[J]．石油化工高
      等学校学报，2005，18(3)：54-57.

[11] 李洪宝，黄卫国，康小洪，等．含氮化合物对 NiW 体系催化剂芳烃加氢性能的影响[J]．石油炼制与
      化工，2006，37(10)：27-30.

[12] 张学军，王刚，孟繁．影响加氢裂化催化剂中油选择性的因素及对策[J]．化工科技，2002，10(6)：
      51-54.

[13] 朱冬青．加氢改质装置催化剂最佳使用条件的研究[D]．天津：天津大学，2005.

[14] 樊宏飞，孙晓艳，关明华，等．FC-26 中间馏分油型选择性加氢裂化催化剂的研究[J]．石油炼制与化
      工，2005，36(2)：6-8.

[15] 徐征利，李承烈，李永林．加氢裂化产品的重新分割[J]．炼油设计，2000，30(1)：51-52.

[16] 喻胜飞，罗武生．重油加氢裂化四集总反应动力学模型的研究[J]．石油化工设计，2007，24(1)：15
      -17.

[17] 张全信，刘希尧．多环芳烃的加氢裂化[J]．工业催化，2001，9(2)：10-16.

[18] 李立权．加氢裂化装置操作指南[M]．北京：中国石化出版社，2005：70-92.

[19] 方向晨．氢分压对加氢裂化过程的影响[J]．石油学报：石油加工，1999，15(5)：6-13.

[20] MAOMING Hydrocracking Besis Desige。US：Union，1978：75-210.

[21] 侯祥麟主编．中国炼油技术[M]．2 版．北京：中国石化出版社，2001.244-303.

[22] 李洪禄，韩进东，郑汉忠．单段一次通过加氢异构裂化装置首次开工[J]．石油炼制，1993，24(2)：
      35-41.

[23] 顾国璋，柯大安，赵琰．HC-K、3824、3823 催化剂在工业加氢裂化装置上的应用[J]．石油炼制，
      1992，23(12)：5-10.

[24] 石油化工干部管理学院组织编写．加氢催化剂、工艺和工程技术(试用本)[M]．北京：中国石化出版
      社，2003：364-365.

[25] 2005 年中国石油炼制技术大会论文集[M]．北京：中国石化出版社，2005.

第8章 加氢裂化工艺技术方案及技术分析

8.1 反应部分工艺方案选择及技术分析[1~19]

8.1.1 工艺流程方案选择及技术分析

（1）基础数据1

① 原料油性质见表8-1。

表8-1 基准方案的原料油性质

项 目	沙轻 VGO	项 目	沙轻 VGO
密度(20℃)/(g/cm³)	0.9133	酸值/(mgKOH/g)	0.06
硫含量/%	2.58	残炭/%	0.08
氮含量/%	0.079	C/%	85.73
馏程/℃		H/%	12.00
IBP/10%/30%/50%	319/373/409/432	铁/(μg/g)	1.75
70%/90%/EBP	454/488/531	镍/(μg/g)	0.06
黏度(50℃)/(mm²/s)	24.69	钒/(μg/g)	0.13
凝点/℃	29	BMCI 值	46.1
折光(n^{70})	1.4948		

② 产品方案——目的产品：液化气、轻石脑油、重石脑油、喷气燃料、柴油。液化气为车用液化气组分，轻石脑油用于调汽油或作制氢原料，重石脑油作重整原料，喷气燃料、柴油作为产品(表8-2)。

表8-2 基准方案的产品分布 %

裂化反应器单程转化率	65%转化率	70%转化率
H₂S+NH₃	2.82	2.82
C₁/C₂	0.09/0.19	0.09/0.20
C₃/i-C₄/n-C₄	1.36/2.79/1.30	1.42/2.95/1.36
C₅~65℃	6.78	7.45
65~165℃	32.76	33.78
165~260℃	30.61	30.04
260~370℃	24.54	23.16
化学氢耗	3.24	3.27

③ 处理量：2.0 Mt/a，年开工时数：8000h。

（2）工艺流程方案选择及技术分析

根据基础数据1，装置可设计为：单段串联流程、两段流程和反应部分两系列流程，三种工艺流程方案的结果对比见表8-3。

表8-3　三种工艺流程方案的结果对比

项　　目	单段串联流程	两段流程		反应部分两系列流程
精制反应器				
直径/mm	4400	4400		3400
切线高/mm	22000	22000		22300
反应器重/t	860	860		489
反应器数	1	1		2
裂化反应器				
		一段	两段	
直径/mm	4800	4400	3400	3800
切线高/mm	19500	17400	14000	16800
反应器重/t	965	740	385	515
反应器数	1	1	1	2
反应器总重/t	基准	基准+8%~9%		基准+10%~11%
换热器重/t	基准	基准+10%~15%		基准+15%~18%
加热炉/台数	2	3		4
其他设备/台数	基准	基准+42%~45%		基准+53%~56%
投资/万元	基准	基准+4.2%~4.5%		基准+5.4%~5.9%
能耗/(MJ/t原料)	基准	相当		相当
占地/m²	基准	基准+5%~11%		基准+13%~22%

从表8-3可看出，在单体设备的制造、运输能满足要求的情况下，从投资、能耗、占地的角度出发，单段串联流程优于两段流程和反应部分两系列流程。

（3）增产柴油的工艺流程方案选择及技术分析（表8-4）

表8-4　增产柴油的工艺流程方案的结果对比

工艺流程	一段串联	一段串联	一段串联	单段	单段	单段	单段
运行方式	>330℃全循环	>350℃全循环	>350℃全循环	>385℃全循环	>385℃全循环	>385℃全循环	>385℃全循环
催化剂	中油型	中油型	高中油型	多产柴油	多产柴油	多产柴油	多产柴油
轻石脑油	<82℃	<82℃	<82℃	<93℃	<82℃	<93℃	<82℃
收率/%	11.4	10.6	7.3	8.76	6.65	8.76	6.65
重石脑油	82~177℃	82~177℃	82~177℃	93~165℃	82~138℃	93~165℃	82~138℃
收率/%	20.2	18.7	13.1	15.40	10.98	15.40	10.98
芳潜/%	56.0	57.2	49.1	55.25	52.98	55.25	52.98
喷气燃料	177~260℃	177~260℃	177~260℃	165~277℃	138~249℃	—	—
收率/%	49.3	48.3	49.1	32.31	29.87	—	—
芳烃/%	4.9	4.7	1.6	7.4	7.0	—	—
烟点/mm	31	30	31	28	29	—	—

续表

工艺流程	一段串联	一段串联	一段串联	单段	单段	单段	单段
柴油	260~330℃	260~350℃	260~350℃	277~385℃	249~385℃	165~385℃	138~385℃
收率/%	13.1	17.5	25.5	39.99	48.96	72.30	78.83
凝点/℃	-16	-8	-9	-26	-38	-42	-47
闪点/℃	—	—	—	147	135	81	63
十六烷指数	64.8	69.7	69.7	59.8	59.5	61.2	60.6

从表 8-4 可看出，以伊朗 VGO 为原料的对比结果表明：

① 用多产柴油的单段工艺流程比一段串联工艺流程柴油收率高。

② 采用高中油型加氢裂化催化剂的一段串联工艺流程比采用中油型加氢裂化催化剂的一段串联工艺流程柴油收率高。

③ 同一种工艺流程，循环油切割点由 330℃ 后移至 350℃，柴油收率增高。

④ 同一种工艺流程，不同的柴油馏分切割点得到的柴油收率相差较大。

8.1.2　尾油循环流程方案选择及技术分析

对比基准为基础数据 1，尾油循环流程方案的结果对比见表 8-5。

表 8-5　尾油循环流程方案的结果对比

循环方式	循环至精制反应器	循环至裂化反应器
精制反应器投资	基准	基准-21.6%
裂化反应器投资	基准	相同
原料油泵投资（国产）	基准	基准-25%
原料油泵投资（引进）	基准	基准-14.3%
循环油泵投资（引进）	基准	基准+150万美元
投资	基准	基准-320万元
原料油泵能耗/(MJ/t)	基准	基准-39.7
循环油泵能耗/(MJ/t)	基准	基准+51.2
能耗/(MJ/t)	基准	基准+11.5

从表 8-5 可看出，尾油循环至精制反应器前时，为了提高能量的利用率，就必须提高原料油泵的温度，从而导致投资增加，但能耗降低。

8.1.3　不同转化率的工艺技术方案及技术分析

对比基准为基础数据 1，不同转化率的工艺技术方案结果对比见表 8-6。

表 8-6　不同转化率的工艺技术方案结果对比

转化率	60%	65%	70%
精制温度/℃	375	375	375
裂化温度/℃	365	367	369
循环油量/(t/h)	基准	基准-23.7%	基准-55.5%
裂化催化剂/m³	基准	基准-10%	基准-18.5%
循环油泵功率/kW	基准	基准-18.3%	基准-46%

从表8-6可看出，随着转化率的增加，裂化温度升高，催化剂的运转周期会减少，但需要的循环油量、裂化催化剂和循环油泵功率会相应减少。

8.1.4 新氢纯度的方案选择及技术分析

对比基准为基础数据1，不同新氢纯度方案选择的结果对比见表8-7，不同新氢纯度对循环氢的影响见表8-8。

表8-7 不同新氢纯度方案选择的结果对比

新氢纯度	95%	96.5%	98.37%	99.9%
新氢量/(标 m³/h)	101000	99426	97920	96372
循环氢纯度/%	基准	基准+5%	基准+13%	基准+18.9%
反应压力/MPa	基准	基准-5.2%	基准-12.7%	基准-17.5%

表8-8 不同新氢纯度对循环氢的影响

H_2/%	90	90	96	96
C_1/%	10	5	4	2
其他烃/%	0	5	0	2
循环氢氢纯度	基准	基准+6	基准+10	基准+12

循环氢氢纯度变化与精制反应温度变化的关系如图8-1所示。

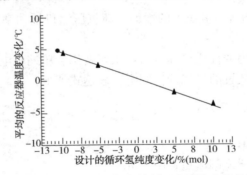

图8-1 循环氢氢纯度变化与精制反应温度变化的关系

从表8-7、表8-8、图8-1可看出，随着新氢纯度的增加，新氢用量减少，循环氢纯度增加，平均反应温度降低；在相同的反应氢分压条件下，所需的反应压力降低。

随着新氢中甲烷量减少，新氢纯度大幅增加，见表8-9。

表8-9 不同新氢纯度对加氢裂化装置的影响[①]

制氢方法	PSA 净化氢	化学净化氢
H_2/%	99.99	96.26
C_1/%	0.01	3.37
H_2O/%		0.37
加氢裂化反应器入口压力/MPa	16.86	18.06
高分压力/MPa	16.00	17.02
工业氢气耗量/(标 m³/h)	47839	49969

制氢方法	PSA 净化氢	化学净化氢
纯氢气耗量/(标·m³/h)	47336	48100
动力消耗/kW	基准	基准-46
燃料消耗/(kg/h)	基准	基准+58.6
加氢干气产量/(kg/h)	基准	基准+1228.5
加氢裂化装置工程费用/万元	基准	基准+730

① 模拟基准：1.0 Mt/a 全循环加氢裂化装置。

提高新氢纯度，既可减少加氢裂化装置动力消耗，也可降低工程费用。

8.1.5　新氢压力的方案选择及技术分析

对比基准为基础数据 1，不同新氢压力方案选择的结果对比见表 8-10。

表 8-10　不同新氢压力方案选择的结果对比

新氢压力/MPa	1.15	2.3
新氢压缩机轴功率/kW	基准+22.4%	基准
电机/kW	7800	5800
机型	6M80	4M80
投资/(万元/台)	基准+30.7%	基准

从表 8-10 可看出，随着新氢压力的增加，新氢压缩机轴功率减少，新氢压缩机投资相应降低。

但是，炼油厂新氢压力的优化目标应为：供氢费用、压缩机电费和新氢压缩机投资费用之和最小，假设各种供氢装置的氢气价格固定，表达式如下：

$$C = \sum_j \left(\sum_k F_{j,k} \times C_j \right) + C_e \times \sum_j \sum_k (3.6 \times P_{j,k}) + \sum_m \left(\frac{C_m}{365 \times 24} \right)$$

式中　C——总费用，元/h；

　　$F_{j,k}$——从氢源 j 到氢阱 k 的流量，Nm³/h；

　　C_j——氢源 j 的氢气价格，元/Nm³；

　　C_e——压缩机用电单价，元/(kW·h)；

　　$P_{j,k}$——压缩机能耗，W；

　　C_m——第 m 个新氢压缩机的投资费用。

8.1.6　循环氢压缩机方案选择及技术分析

对比基准为基础数据 1，循环氢压缩机方案选择的结果对比见表 8-11。

表 8-11　循环氢压缩机方案选择的结果对比

动力来源	3.5MPa 蒸汽→1.0MPa 蒸汽	3.5MPa 蒸汽→0.015MPa 凝汽
蒸汽用量/(t/h)	基准	基准-51.5
蒸汽能耗/(MJ/t 原料)	基准	基准+195.61
循环水/(t/h)	基准	基准+1400

续表

动力来源	3.5MPa 蒸汽→1.0MPa 蒸汽	3.5MPa 蒸汽→0.015MPa 凝汽
水能耗/(MJ/t 原料)	基准	基准+23.5
占地/m²	基准	基准+Δ
投资/万元	基准	基准+20%
能耗/(MJ/t 原料)	基准	基准+219.11

从表 8-11 可看出,加氢裂化装置循环氢压缩机采用备压蒸汽轮机驱动时,可节省投资、能耗和占地。加氢裂化装置一般推荐采用备压蒸汽轮机驱动。

8.1.7　循环氢脱硫方案选择及技术分析

(1) 基础数据 2

① 原料油:馏程 239~538℃,氮含量 1810μg/g。

② 产品方案——目的产品:液化气、轻石脑油、重石脑油、喷气燃料和柴油。

③ 产品分布:重石脑油 16%、喷气燃料 50%、柴油 17%。

④ 主要操作条件:高分压力 16.48MPa,高分温度 49℃,氢油体积比 1200,洗涤水用量 10%。

(2) 原料硫含量对循环氢硫含量的影响(表 8-12)

表 8-12　原料硫含量与循环氢硫含量的关系

原料硫含量/%	0.638	1.0	1.5	2.0	2.5	3.0	3.5
循环氢硫含量/%	0.198	0.515	0.942	1.36	1.77	2.17	2.56

(3) 操作方式对循环氢硫含量的影响

当加工原料硫含量 2.5%时,不同循环比(循环油量与新鲜原料量之比)下的循环氢硫化氢浓度不同,见表 8-13。

表 8-13　操作方式与循环氢硫含量的关系

操作方式	一次通过	部分循环			全循环
质量循环比	0	0.15	0.30	0.45	0.60
循环氢硫化氢浓度/%	2.12	2.02	1.93	1.85	1.77

(4) 含硫原料油的腐蚀(表 8-14)

表 8-14　不同温度下含硫 1.5%的原料对各种钢材的腐蚀速率　　　mm/a

温度/℃	碳钢	5Cr-0.5Mo	7Cr-0.5Mo	9Cr-0.5Mo	18Cr-8Ni
260	0.7	0.6	0.35	0.15	0.1
316	2.45	1.3	0.6	0.38	0.09
371	3.2	1.83	1.05	0.55	0.09
427	2.85	1.3	0.63	0.30	0.075
482	0.43	0.13	0.13	0.13	0.075

一些复杂的有机硫化物，在 115~120℃时开始分解生成硫化氢，在 190~200℃时分解较强烈，在 350~400℃时分解达到最强烈的程度。

（5）氢气流中硫化氢的腐蚀（表 8-15 至表 8-17）

表 8-15　不同温度下各种钢材在氢气流中硫化氢的腐蚀速率　　　　mm/a

硫化氢浓度/%	0.03	0.20	0.45	4.5	6.5
相当的 H_2S 分压/MPa	0.001	0.0067	0.015	0.150	0.217
315.6℃					
Cr9Mo1	0.14	0.36	0.67	0.53	0.58
Cr11.5~13.5	0.06	0.21	0.51	—	0.38
Cr16~18	0.01	0.02	0.05	—	0.08
1Cr18Ni9Ti	0.01	0.02	0.03	0.01	0.06
398.9℃					
Cr9Mo1	0.27	1.19	2.29	2.78	2.83
Cr11.5~13.5	0.19	0.98	1.68	—	1.81
Cr16~18	0.06	0.14	0.19	—	0.17
1Cr18Ni9Ti	0.01	0.08	0.15	0.15	0.25
482.2℃					
Cr9Mo1	0.28	1.83	4.20	6.84	6.12
Cr11.5~13.5	0.27	1.21	2.75	—	3.49
Cr16~18	0.18	0.41	0.51	—	0.49
1Cr18Ni9Ti	0.02	0.16	0.36	0.42	0.55

注：试验时间 800h，系统压力 3.33MPa。

表 8-16　不同钢材在不同温度的氢气流中硫化氢腐蚀速率　　　　mm/a

H_2S 分压/MPa	0.0033	0.0067	0.0669	0.3335
0~5% Cr				
315.6℃	0.25	0.48	0.51	0.64
426.7℃	0.89	1.78	2.03	2.03
537.8℃	1.27	2.79	3.30	3.43
Cr12				
315.6℃	0.03	0.08	0.10	0.15
426.7℃	0.23	0.38	0.43	0.46
537.8℃	0.51	0.64	0.71	0.76
1Cr18Ni9Ti				
315.6℃	0.03	0.03	0.03	0.05
426.7℃	0.05	0.15	0.20	0.23
537.8℃	0.20	0.33	0.38	0.43

表 8-17　压力和温度对腐蚀速率的影响　　　　mm/a

项目	压力/MPa				平均	偏差
	0.67	3.34	6.67	13.34		
315.6℃						
Cr9Mo1	0.47	0.70	0.63	0.54	0.59	0.08
Cr11.5~13.5	0.36	0.46	0.43	—	0.42	0.04
Cr17	0.08	0.10	0.08	—	0.09	0.01
1Cr18Ni9Ti	0.05	0.04	0.03	0.02	0.03	0.01
398.9℃						
Cr9Mo1	2.33	3.04	2.70	2.49	2.65	0.23

续表

项目	压力/MPa				平均	偏差
	0.67	3.34	6.67	13.34		
Cr11.5~13.5	1.37	1.75	1.93	—	1.69	0.20
Cr17	0.20	0.24	0.22	—	0.22	0.02
1Cr18Ni9Ti	0.25	0.28	0.20	0.17	0.22	0.04
482.2℃						
Cr9Mo1	5.10	6.32	5.01	5.60	5.50	0.45
Cr11.5~13.5	2.70	—	2.40	—	2.55	0.10
Cr17	0.51	0.53	0.47	—	0.51	0.02
1Cr18Ni9Ti	0.60	0.57	0.47	0.44	0.52	0.06

注：试验时间830h，硫化氢浓度7%。

从表8-15至表8-17可看出：

① 在 H_2S 浓度7%的氢气流中，总压由0.67MPa增加到13.34MPa时，在温度315.6℃、398.9℃、482.2℃下，H_2S 在钢材 Cr9Mo1、Cr11.5~13.5、Cr17、1Cr18Ni9Ti 的腐蚀速率，不随总压的升高而增加；但随温度的升高而增加。

② 在总压3.33MPa的氢气流中，H_2S 浓度由0.03%增加到6.5%（或 H_2S 分压由0.001MPa增加到0.21MPa）时，同一钢材的腐蚀速率，不但随温度的升高而增加，而且在 H_2S 浓度<1%时，随 H_2S 浓度增大而增加；但当 H_2S 浓度>1%时，其腐蚀速率不再随 H_2S 浓度增大而增加。

③ H_2S 分压由0.0033MPa增加到0.3335MPa，温度由315.6℃上升到537.8℃时，同一钢材的腐蚀速率随温度和 H_2S 浓度增大而增加。

④ 不同铬含量的钢材，在任何温度下，不管氢气流中 H_2S 浓度高低，其腐蚀速率均随铬含量的增高而降低。

（6）循环氢脱硫对腐蚀因子 K_p 的影响

腐蚀因子 K_p 的定义为：反应产物空冷器入口处干相物流（不包括水）中 NH_3 与 H_2S 的摩尔分数的乘积。K_p 值是用来衡量 NH_4HS 对反应产物空冷器及其出口管线腐蚀趋势的参数，以此来指导确定设计参数及设备防腐选材。K_p 值越大，NH_4HS 盐沉积温度越高，流体潜在的腐蚀性越强，反应产物空冷器允许的流速范围越窄。

随着反应生成物中 NH_4HS 盐（干基）浓度的增加，K_p 值也随着增加。但设有循环氢脱硫设施的装置，其 K_p 值低于不设循环氢脱硫装置2倍以上。反应生成物中 NH_4HS 盐（干基）浓度超过0.8时，设有循环氢脱硫设施的装置其 K_p 值在0.17~0.24之间；而不设循环氢脱硫装置的 K_p 值在0.46~0.68之间，如图8-2所示。

计算基准：

反应器入口氢油比：400 标 m^3/m^3；

冷高压分离器操作条件压力：4.8MPa，温度45℃；

冷低压分离器操作条件压力：0.8MPa，温度45℃；

产品汽提塔顶操作条件压力：0.2MPa；

柴油产品收率：大于98.0％。

（7）循环氢脱硫对产品汽提塔顶 H_2S 浓度的影响（图8-3）

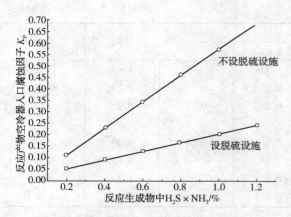

图 8-2 循环氢脱硫对腐蚀因子 K_p 的影响

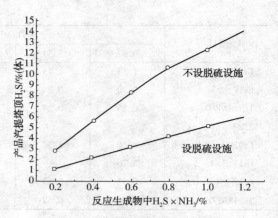

图 8-3 循环氢脱硫对产品
汽提塔顶 H_2S 浓度的影响

由低分油带到产品汽提部分的 H_2S 基本上富集在汽提塔顶,随着塔顶馏分的冷凝。在水冷凝析出的情况下,将产生对塔顶空冷器、水冷器、回流罐及相应管线的湿 H_2S 腐蚀。

相对于不设循环氢脱硫设施的装置,设有循环氢脱硫的装置其在汽提塔顶的 H_2S 浓度要低 2.5 倍以上,循环氢脱硫方案选择的结果对比见表 8-18。

计算基准:

反应器入口氢油比:400 标 m^3/m^3;

冷高压分离器操作条件压力:4.8MPa,温度 45℃;

冷低压分离器操作条件压力:0.8MPa,温度 45℃;

产品汽提塔顶操作条件压力:0.2MPa;

柴油产品收率:大于 98.0%。

表 8-18 循环氢脱硫方案选择的结果对比

项 目	循环氢脱硫	循环氢不脱硫
反应压力/MPa	基准	基准+2~2.5%
投资/万元	基准	基准-2.6~2.8%
能耗/(MJ/t 原料)	基准	基准-36.7
腐蚀	基准	基准+Δ
分馏适应性	基准	基准-Δ
安全长周期	基准	基准-Δ
可操作性	基准	基准-Δ

从表 8-18 可看出,对含硫油加氢裂化装置,增设循环氢脱硫会增加投资和能耗,但会减少设备腐蚀,增强分馏系统的适应性,提高装置安全长周期运行的可靠性和可操作性。因此,对含硫油或高硫油的加氢裂化装置一般推荐循环氢脱硫。

8.1.8 循环氢提纯方案选择及技术分析

加氢裂化反应速度随氢压的提高而加快。据测算,每增加 1MPa 的氢分压,加氢裂化装置的加工能力将增大 9%。此外,提高氢分压,还将延长催化剂的使用寿命和再生期,因此,提高加氢裂化装置循环氢纯度是优化设计的重要内容。

计算基准：

反应器入口氢油比：650 标 m^3/m^3；

冷高压分离器操作条件压力：16.1MPa，温度 49℃；

反应器入口氢分压：14.7MPa；

循环氢纯度：93.1%。

（1）直接外排循环氢提纯方案

在加氢裂化反应器内，由于氢参加反应，氢气溶解于油品中，以及生成烃类稀释了氢气等因素，都使氢分压下降。为了保持氢分压，只好把反应后的气体向外排放一部分，亦即排放部分甲烷等轻组分，相应减少了加氢生成油需要溶解的甲烷等组分的量，以提高循环氢的纯度。据计算：每排放 1mol 烃，就损失 4mol 氢，如图 8-4 所示。

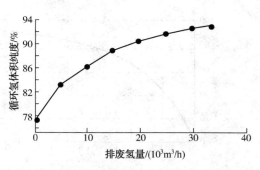

图 8-4　循环氢纯度和排废氢量关系

（2）膜分离提纯方案

加氢裂化循环氢经膜分离装置后，富氢气体（$H_2 \geqslant 95\%$）返回到新氢压缩机或单独设置的提浓氢压缩机。每排放 1mol 烃，损失 0.25mol 氢。氢气损失比直接外排循环氢流程减少了 16 倍，比油吸收法减少了 4 倍。由于氢分压的提高，也增大了加氢裂化装置的加工能力。加氢裂化过程中氢回收见图 8-5。

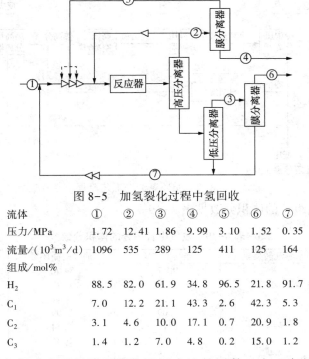

图 8-5　加氢裂化过程中氢回收

流体	①	②	③	④	⑤	⑥	⑦
压力/MPa	1.72	12.41	1.86	9.99	3.10	1.52	0.35
流量/($10^3 m^3/d$)	1096	535	289	125	411	125	164
组成/mol%							
H_2	88.5	82.0	61.9	34.8	96.5	21.8	91.7
C_1	7.0	12.2	21.1	43.3	2.6	42.3	5.3
C_2	3.1	4.6	10.0	17.1	0.7	20.9	1.8
C_3	1.4	1.2	7.0	4.8	0.2	15.0	1.2

由放空引起的氢气损失主要是膜回收装置压力比的函数。在一定的原料气浓度范围内，则收率 η 与压力比的函数关系总结如下：

$$\eta = 3.4882 + 4.9041\alpha - 1.3842\alpha^2 \quad (\alpha \leqslant 1.8)$$
$$\eta = 0.7024 + 0.1342\alpha - 0.0169\alpha^2 \quad (\alpha > 1.8)$$

式中　η——膜分离装置回收的氢气收率,%;

　　　α——膜分离装置前后氢气压力比。

回收率和压力比的关系如图 8-6 所示,循环氢纯度和膜分离规模的关系图 8-7 所示。

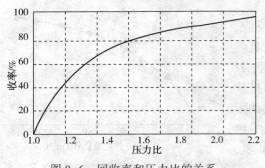

图 8-6　回收率和压力比的关系

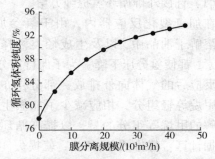

图 8-7　循环氢纯度和膜分离规模的关系

（3）油吸收提纯方案

为了减少氢气损失,可在高压分离器后加上油吸收器,用高压油泵把贫油注入油吸收器内来吸收烃,从而使油吸收后的尾气排放时,每排放 1mol 烃,只损失 1molH$_2$,减少了氢气损失。但是,增加这一套高压油吸收装置,设备投资很大。为了提高甲烷溶解度,就必须加大油的流量,所以,泵的电耗高,如图 8-8、图 8-9 所示。

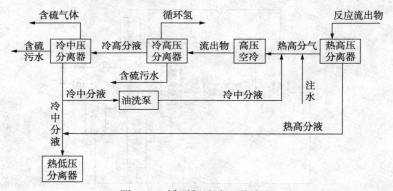

图 8-8　循环氢油洗工艺流程

氢气中混有其他组分的体积分数见表 8-19。

表 8-19　氢气中各组分的体积分数　　　　　　　　　　　　　　%

组　分	水蒸气转换氢	连续重整氢	油吸前循环氢	油吸后循环氢
氢	96	90.7	84.87	90.69
甲烷	4	2.59	8.13	5.04
乙烷	—	3.56	4.11	2.60
丙烷	—	2.09	1.99	1.32
正丁烷	—	0.19	0.54	—
异丁烷	—	0.52	0.36	0.39
异戊烷	—	0.35	—	—
硫化氢	—	—	—	0.30
合计	100	100.00	100.00	100.00

（4）变压吸附提纯方案（图 8-10）

变压吸附（PSA）方案与膜分离相似，但 PSA 需要在较低压力下操作，因此有降压→变压吸附→升压的过程。

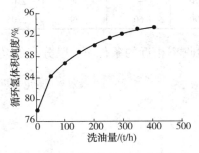
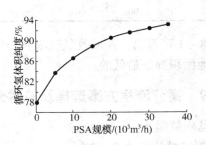

图 8-9　循环氢纯度和洗油量关系　　　图 8-10　循环氢纯度和变压吸附规模关系

（5）循环氢提纯方案的对比及技术分析（表 8-20）

表 8-20　四种方案的对比结果

项　　目	排废氢	膜分离	变压吸附	油洗
每吨进料的氢气损失/ m³	129	15	16	24.4
氢提纯的投资/万元	2400	2800	4600	2050
电耗/kW	3300	1700	3600	3400

从图 8-4 至图 8-10、表 8-19 至表 8-20 可看出：

① 补充氢的利用。变压吸附和膜分离两方案的氢气损失量最低，这是由于两方案的高氢回收率和高提浓氢纯度所决定的；油洗方案氢气损失量稍高；排废氢方案损失氢量最大。

② 设备投资。投资变化主要体现在氢提浓设施部分和补充氢量所需的压缩机部分。变压吸附方案投资最高，这是由于该方案需要将部分高压循环氢降到较低压力下通过变压吸附进行提浓，然后提浓氢再由提浓氢压缩机升压至系统操作压力。变压吸附设施和带升压功能的提浓氢压缩机投资都较高。

在膜分离方案中，由于膜分离工艺可以在较高压力下操作，提浓氢压缩机不需要大幅度的增压功能，费用较低，因此该方案比变压吸附方案投资低许多。

排废氢方案中，补充氢量增加，仅需增大补充氢压缩机的能力，设备投资增加不多。

由于泵的费用相对于压缩机而言低许多，因此油洗方案的投资最低。

③ 能耗。在氢提浓方案中，能耗的变化主要体现在耗电量上。膜分离方案耗电量远远低于其余三个方案。

日本宇部公司对用膜分离、PSA 和深冷分离等三种分离方法回收氢气进行了技术经济性比较，结果见表 8-21。

表 8-21　回收氢方法的比较

过　　程		氢回收率/%	产品氢浓度/%	产品流量/（标 m³/h）	功耗/kW	蒸汽消耗/（t/h）	冷却水消耗/（t/h）	投资/（万美元）	占地/m²
膜分离	30℃	87	97	73940	220	230	38	1.12	8.0
	100℃	91	96	76619	220	400	38	0.19	4.8

续表

过　　程	氢回收率/%	产品氢浓度/%	产品流量/(标 m³/h)	功耗/kW	蒸汽消耗/(t/h)	冷却水消耗/(t/h)	投资/(万美元)	占地/m²
PSA	73	98	60010	370	—	64	2.03	60.5
深冷	90	96	76619	390	60	79	2.06	120.0

从表8-21可看出，在回收氢气浓度和氢气回收率相近的条件下，膜分离的功耗、投资费用和占地面积都是最低的。

8.1.9　高分流程方案选择及技术分析

（1）基础数据3

①原料油性质见表8-22。

表8-22　原料油性质

项　　目	利比亚 VGO	尼日利亚 VGO	催化裂化柴油	混合进料
混合比例/%	55.48	32.12	12.4	100
密度(20℃)/(g/cm³)	0.8920	0.8985	0.9100	0.8960
硫含量/%	0.56	0.12	0.28	0.384
氮含量/(μg/g)	1300	1400	1500	1357
馏程/℃	330~540	330~540	195~365	192~540
残炭/%	0.14	0.04		
倾点/℃	38	36		

②产品方案——目的产品：液化气、轻石脑油、重石脑油、柴油和尾油。液化气为车用液化气组分，轻石脑油用于调汽油或产品，重石脑油作重整原料或产品，柴油作产品，尾油作乙烯裂解原料。产品组分分布见表8-23。

表8-23　产品组分分布　　　　　　　　　　　　　　　%

产品组分	单程转化率65%	产品组分	单程转化率65%
H_2S/NH_3	0.75/0.18	65~150℃	10.12
C_1/C_2	0.04/0.12	150~370℃	56.65
C_3/C_4	0.48/0.98	>370℃	30.02
C_5~65℃	2.21	化学氢耗/%	1.55

（2）热高分温度对循环氢浓度的影响（图8-11）

从图8-11可看出，热高分温度在180℃左右时循环氢中氢浓度最低；当热高分温度>180℃时，随着热高分温度的增加，循环氢中氢浓度增大；当热高分温度>240℃时，随着热高分温度的增加，循环氢中氢浓度增大趋势变缓。

（3）热高分温度对溶解氢的影响（图8-12）

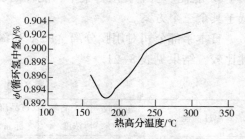

图8-11　热高分温度与循环氢中氢浓度的关系

从图 8-12 可看出，热高分溶解氢在热高分温度 240℃ 左右时最高，此后随着热高分温度增加而降低；冷高分溶解氢随着热高分温度增加而增加；总溶解氢随着热高分温度增加而增加，但在热高分温度 240℃ 后增加的趋势比在热高分温度 240℃ 前平缓。

（4）热高分温度对反应进料加热炉负荷的影响（图 8-13）

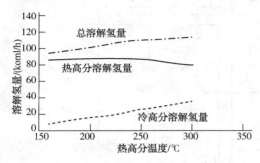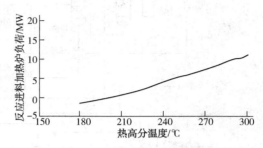

图 8-12　热高分温度与溶解氢的关系　　　图 8-13　热高分温度与反应进料加热炉负荷的关系

从图 8-13 可看出，热高分温度与反应进料加热炉负荷成正比关系，且随热高分温度增加而增加。

（5）高分温度对主要冷换设备的影响

以某 1.2Mt/a 全循环加氢裂化装置为例，其冷、热高压分离流程见图 8-14、图 8-15，主要冷换设备及加热炉变化情况见表 8-24，主要容器变化情况见表 8-25。

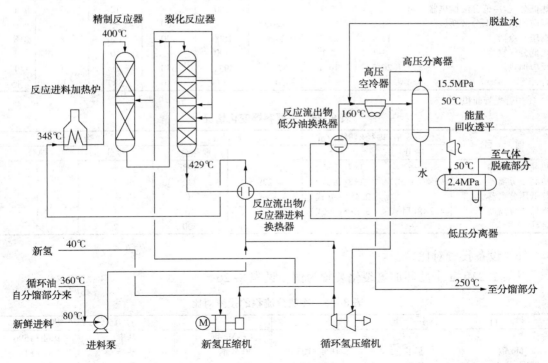

图 8-14　加氢裂化装置冷高压分离流程

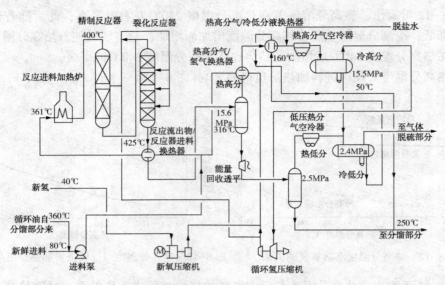

图 8-15　加氢裂化装置热高压分离流程

表 8-24　主要冷换设备及加热炉变化情况

项　目	负荷/MW		需要面积/m²		质量/t		数量/台	
	冷分	热分	冷分	热分	冷分	热分	冷分	热分
反应流出物/反应进料换热器	55.1	38.9	1800	1000	210	130	3	2
热低分气/氢气换热器	—	23.8	—	700	—	100	—	2
热低分气/冷低分液换热器	—	5.9	—	280	—	12	—	1
反应流出物/低分液换热器	34.2	—	2200	—	100	—	2	—
高压空冷器	42.4	22.1	2400	1800	190	130	8	8
热低分气空冷器	—	2.1	—	100	—	10	—	1
反应加热炉	26.7	16.1	820①	493①	340	205	1	1
合计			7020	4173	840	587	14	15

①炉管光管面积。

表 8-25　主要容器变化情况

项　目	设备规格(内径×切线)/m		质量/t		数量/台	
	冷分	热分	冷分	热分	冷分	热分
热高压分离器	—	3×7(立式)	—	198	—	1
冷高压分离器	3×7(立式)	3×8(卧式)	229	232	1	1
热低压分离器	—	2.4×8(立式)	—	30	—	1
冷低压分离器	4.2×8(卧式)	3.8×8(卧式)	48	40	1	1
合计	—	—	—	500	2	4

(6) 设备投资对比

以某 1.2Mt/a 全循环加氢裂化装置为例，见表 8-26。

表 8-26　冷热分流程的投资对比

项　目	冷分/万元	热分/万元	项　目	冷分/万元	热分/万元
冷换类			Cr-Mo 钢	基准	基准+1596
Cr-Mo 钢	基准	基准-105	20 号钢	基准	基准+14
碳钢	基准	基准-468	20R 钢	基准	基准-12
炉管类	基准	基准-1012	合计	基准	基准+13
容器类					

（7）生产成本对比

以某 1.2Mt/a 全循环加氢裂化装置为例，见表 8-27。

表 8-27 冷热分流程的生产成本对比

项 目	冷分/万元	热分/万元	项 目	冷分/万元	热分/万元
氢气不回收	基准	基准+6	电	基准	基准+1.2
氢气回收	基准	基准+1.2	氢气不回收合计	基准	基准+2.7
燃料气	基准	基准-4.5	氢气回收合计	基准	基准-2.1

从表 8-27 可看出，对热高分溶解的大量富氢气体进行提纯回收或作为制氢装置原料，充分利用其价值后，可降低装置生产成本。

8.1.10 换热塔流程方案选择及技术分析

（1）换热塔流程

如图 8-16 所示，高温高压加氢裂化反应流出物换热后进入热高压分离器 1。热高压分离器 1 的气相经与换热器 6 换热降温后进入中温高压分离器 2，中温高压分离器 2 分离出的气相与注入水 9 混合后经高压空气冷却器 7 进一步冷却，然后进入冷高压分离器 3，冷高压分离器 3 的气相作为循环氢 10。热高压分离器 1 液相降压后进入换热塔 4 的下部，中温高压分离器 2 分离出的液相进入换热塔 4 的中部，冷高压分离器 3 分离出的液相进入换热塔 4 的顶部。换热塔 4 顶部富氢气体 11 进一步处理或利用，换热塔 4 底部排出的加氢液相产物作为汽提塔进料 13。

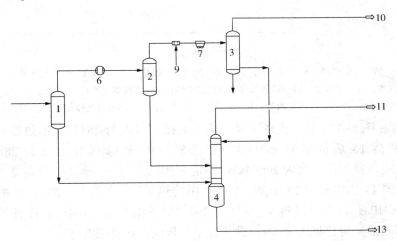

图 8-16 换热塔流程

1—热高压分离器；2—中温高压分离器；3—冷高压分离器；4—换热塔；
6—热高分气换热器；7—高压空气冷却器；9—注水；10—循环氢；
11—换热塔顶富氢气体；13—汽提塔进料

换热塔流程的特点是换热塔进料包括热高压分离器液体、中温高压分离器液体和冷高压分离器液体，换热塔底液体进分馏系统。增设中温高压分离器，减少了进入空冷器的物料流量，减少能量损失并减小空冷器规模。换热塔与热高压分离器、中温高压分离器和冷高压分离器进行了多股物料的直接换热设计，是最大限度回收热量思想的创新性应用，通过优化适宜的换热塔设备参数和操作条件，达到充分回收能量的目的。

（2）换热塔流程与热高分流程对比

通过 1.5Mt/a 加氢裂化全循环工艺中加氢裂化反应流出物采用换热塔流程和热高分流程进行对比（设备和过程数据为 PRO Ⅱ 软件计算）。加氢裂化反应流出物经初步换热后温度为 288℃，压力为 16.3MPa，流量为 335830 t/h，焓值为 101970kW。热高分流程见图 8-17。

换热塔流程（图 8-16）中，热高压分离器 1 操作温度为 288℃，换热器 6 的热负荷为 22612kW，中温高压分离器 2 的操作温度为 166℃，空气冷却器 7 热负荷为 17719kW（不能利用的热量），冷高压分离器 3 的操作温度为 49℃。换热塔 4 采用 15 块理论塔板，三种物流的进料口分别设置在顶部、中部（第 9 块理论板处）和下部，换热塔 4 底部排出的汽提塔进料 13 的温度为 259.7℃，压力为 4.5MPa。

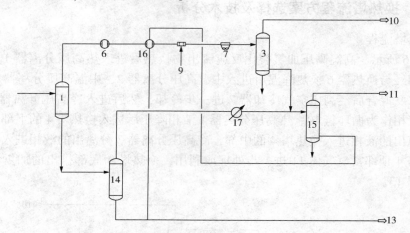

图 8-17　热高分流程

1—热高压分离器；3—冷高压分离器；6—热高分气换热器；7—热高分气空气冷却器；
9—注水；10—循环氢；11—冷低压分离器富氢气体；13—汽提塔进料；14—热低压分离器；
15—冷低压分离器；16—热高分气换热器；17—热低分气冷却器

热高分流程（图 8-17）中，热高压分离器 1 的操作温度为 288℃，换热器 6 的热负荷为 16041kW，换热器 16 热负荷为 6571kW。热低压分离器 14 操作温度为 288℃，压力为 2.6MPa。空气冷却器 7 热负荷为 20694kW（不能利用的热量），冷高压分离器 3 的操作温度为 49℃。冷却器 17 热负荷为 2351kW（不能利用的热量），冷低压分离器 15 的操作温度为 49℃，压力 2.6MPa。汽提塔进料 13 温度为 260.3℃，压力为 2.6MPa。冷却器负荷对比见表 8-28，可回收热量对比见表 8-29，设备数量及规模对比见表 8-30。

表 8-28　冷却器负荷对比

项　目	热高分流程	换热塔流程
热高压分离器气相冷却（空气冷却器 7）/kW	基准	基准-2975
热低压分离器气相冷却（冷却器 17）/kW	基准	基准-2351
总计	基准	基准-5326

从表 8-28 可看出，换热塔流程与热高分流程相比，换热塔流程可以减少冷却负

荷 5326kW。

表 8-29 可回收热量对比

项 目	热高分流程	换热塔流程
可回收能量/kW	基准	基准+6571
反应加热炉热负荷/kW	基准	基准-6571

从表 8-29 可看出，换热塔流程与热高分流程相比，可以多回收能量 6571kW。

表 8-30 设备数量及规模对比

项 目	热高分流程	换热塔流程
高压空气冷却器 7		
规格/m	10.5×3	10.5×3
数量/片	8	8
换热面积/m²	1775	1497
风机功率/kW	30	30
中温高压分离器 2/mm	无	φ2400×5650
热低压分离器 14/mm	φ3000×7680	无
冷高压分离器 3/mm	φ3200×7950	φ3200×7960
冷低压分离器 15	φ2800×7660	无
换热塔 4	无	15 块理论塔板
热低压分离器气相冷却器 17		无
规格/m	10.5×1.5	—
数量/片	2	—
换热面积/m²	112	—
风机功率/kW	11	—
热高分气换热器 16		无
规格/mm	DFU1000×6000	—
换热面积/m²	350	—

从表 8-30 可看出，换热塔流程与热高分流程对比，减少了 1 个高压换热器、1 个冷却器、1 个热低压分离器和 1 个冷低压分离器，增加了 1 个中温高压分离器和 1 个换热塔。设备数量减少，且换热面积大大减小。

循环氢纯度和流量对比见表 8-31，富氢气体纯度和流量对比见表 8-32，氢气平衡对比见表 8-33。

表 8-31 循环氢纯度和流量对比

项 目	热高分流程	换热塔流程	项 目	热高分流程	换热塔流程
循环氢流量			C_1	基准	基准+0.01
质量流量/(kg/h)	基准	基准+3521	C_2	基准	基准+0.02
摩尔流量/(kmol/h)	基准	基准+50	C_3	基准	基准+0.07
平均相对分子质量	基准	基准+0.25	i-C_4	基准	基准+0.11
循环氢体积组成/%			n-C_4	基准	基准+0.05
H_2	基准	基准-0.43	H_2O	基准	基准+0
H_2S	基准	基准+0.04	C_5^+	基准	基准+0.13

从表 8-31 可看出，换热塔流程与热高分流程相比，换热塔流程循环氢纯度有所下降，但下降幅度不大，仅为 0.43 个单位。

表 8-32　富氢气体 11 纯度和流量对比

项　目	热高分流程	换热塔流程	项　目	热高分流程	换热塔流程
富氢气流量			C_2	基准	基准+0.32
质量流量/(kg/h)	基准	基准−182	C_3	基准	基准−0.13
摩尔流量/(kmol/h)	基准	基准−22	$i-C_4$	基准	基准−0.18
富氢气体积组成/%			$n-C_4$	基准	基准−0.04
H_2	基准	基准−0.09	H_2O	基准	基准+0
H_2S	基准	基准+0.97	C_5^+	基准	基准−0.71
C_1	基准	基准−0.14			

从表 8-32 可看出，热高分流程和换热塔流程富氢气体流量和组成基本相同。

表 8-33　氢气平衡对比

项　目	热高分流程	换热塔流程
来自反应产物氢气/(kg/h)	23736.8	23736.8
循环氢带走氢气/(kg/h)	23062	23034
富氢气带走氢气/(kg/h)	599	565
汽提塔料带走氢气/(kg/h)	75.8	137.8

从表 8-33 可看出，热高分流程和换热塔流程氢气损失基本持平。

8.1.11　高压混氢流程方案选择及技术分析

以基础数据 1 和基础数据 3 进行的对比见表 8-34、表 8-35。

表 8-34　以基础数据 1 进行的对比

混氢方式	高压换热器前	高压换热器后
换热效率	基准	基准−(11%~14%)
循环氢压缩机压差	基准	基准−(13%~17%)
材质	基准	基准−Δ
反应进料加热炉炉管结焦	可能	不存在
能耗/(MJ/t 原料)	基准	基准−17.1%

表 8-35　以基础数据 3 进行的对比

混氢方式	高压换热器前 A	高压换热器后 B	$\dfrac{A-B}{B}$/%
高压换热面积/m²	1670	1420	−15
高压换热器质量/t	177	148	−16
反应进料加热炉负荷/kW	13.3	9.2	−30.8

从表 8-34、表 8-35 可看出，高压换热器前混氢可提高换热效率，降低反应进料加热炉负荷，但会增加循环氢压缩机压差和反应进料加热炉炉管结焦的可能性。

8.1.12　提高重石脑油收率方案选择及技术分析

（1）原料性质对重石脑油收率的影响

原料性质对重石脑油收率的影响见表 8-36。

表 8-36 同一套装置不同原料的重石脑油收率

加工原料量/(t/h)	150	100	105
密度(20℃)/(g/cm³)	0.8904	0.9146	0.9050
馏程/℃			
初馏点/10%	233/375	217/329	195/303
30%/50%	-/442	-/418	-/387
70%/90%	-/509	-/476	-/451
95%/终馏点	521/538	501/524	466/492
硫含量/(μg/g)	2267	5400	6700
氮含量/(μg/g)	989.1	1486	1190
残炭/%	0.12	0.35	0.19
裂化反应平均温度/℃	371	379	370.5
转化率/%	79	88	90
重石脑油收率/%	28.96	31.5	32.2
尾油收率/%	21	10.5	8.3

（2）加工负荷的影响（表 8-37）

表 8-37 同一套装置不同处理量对重石脑油收率的影响

处理量/(t/h)	转化率/%	重石脑油收率/%
110	88	31.71
120	88	32.27
130	88	32.95

提高处理量后可以提高催化剂表面的润湿程度，增加物料在催化剂表面的反应几率，从而略微提高产品的收率。

（3）转化率的影响（表 8-38）

表 8-38 转化率与重石脑油收率的关系

序号	转化率/%	重石脑油收率/%	序号	转化率/%	重石脑油收率/%	序号	转化率/%	重石脑油收率/%
1	80	26.83	9	86	32.25	17	89	34.35
2	80	27.10	10	87	32.45	18	89	34.40
3	82	27.75	11	87	32.56	19	89	34.26
4	82	27.90	12	87	32.62	20	89	34.36
5	83	29.21	13	87	32.63	21	90	34.71
6	85	31.51	14	88	34.25	22	90	34.84
7	85	31.72	15	88	34.13	23	91	34.92
8	86	32.12	16	88	34.22	24	92	35.32

从表 8-38 可看出，重石脑油的收率是随着转化率的升高而增加的，但是当转化率从88%提高到92%时，重石脑油的收率从 34.25% 升高到 35.32%，升高的幅度仅为 1.07%。而且由于转化率过高，装置生成的干气就会相应增加，能耗也会相应地增加，所以控制合适的转化率，不仅能提高重石脑油的收率，而且装置的能耗也不会增加很多。

（4）裂化反应器床层温升的影响（表 8-39）

表 8-39 裂化反应器床层温升与重石脑油收率的关系

处理量/(t/h)	总温升/℃	第一床层温升/℃	第二床层温升/℃	第三床层温升/℃	第四床层温升/℃	重石脑油收率/%
120	45.2	10.7	13.5	10.1	10.9	31.54
120	47.2	10.7	13.5	10.1	12.9	34.31

从表 8-39 可看出，裂化反应器第四床层温升提高了 2℃，总温升由原来的 45.2℃ 增加到 47.2℃，打破等温升操作，使轻质油继续裂解，提高了重石脑油收率。

8.2　分馏部分工艺方案选择及技术分析[1,20~24]

8.2.1　生成油稳定部分流程方案选择及技术分析

（1）基础数据 4

① 原料油性质见表 8-40。

表 8-40　原料油性质

项　　目	含硫直馏 VGO	项　　目	含硫直馏 VGO
密度(20℃)/(g/cm³)	0.9106	初馏点/10%	298/358
硫含量/%	2.14	30%/50%	403/429
氮含量/%	0.90	70%/90%	453/485
馏程(ASTM D1160)/℃		95%/终馏点	502/529(max：550)

② 产品方案见表 8-41。

表 8-41　产品方案

项　　目	一次通过收率/%		全循环收率/%	
	SOR	EOR	SOR	EOR
液化石油气	1.78	3.25	3.91	5.10
轻石脑油	4.10	5.39	6.58	6.91
重石脑油	7.49	9.24	13.83	14.32
喷气燃料	19.64	20.74	32.02	30.78
柴油	31.48	30.76	43.69	42.65
尾油	35	30	—	—

③ 装置的主要操作条件见表 8-42。

表 8-42　装置的主要操作条件

操作周期	SOR/EOR	SOR/EOR
流程设置	一次通过	全循环
催化剂	FMAS-1	FMAS-1
氢分压/MPa	15.7	15.7
平均反应温度/℃	402/422	402/422
体积空速/h⁻¹	0.92	0.64

（2）分馏系统工艺流程

① 分馏流程 I 如图 8-18 所示。

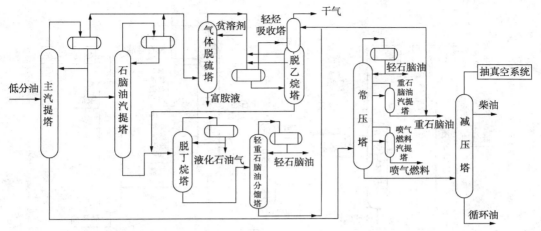

图 8-18 分馏流程 I

分馏流程 I 其设计思路为：主汽提塔切割出部分轻石脑油，石脑油汽提塔脱除 C_2 以下组分，两股塔顶富硫化氢气体脱除硫化氢后进入轻烃回收塔，并在脱乙烷塔中分离出 C_1、C_2；石脑油汽提塔和脱乙烷塔两个塔的塔底液经脱丁烷塔回收液化气，塔底石脑油组分到轻、重石脑油分馏塔进行分割，部分重石脑油作为轻烃吸收塔的吸收油循环利用；主汽提塔底油经常压塔得到轻石脑油、重石脑油、喷气燃料，常压塔底油经减压塔得到柴油，减压塔底油为循环油(或尾油)。

② 分馏流程 II 如图 8-19 所示。

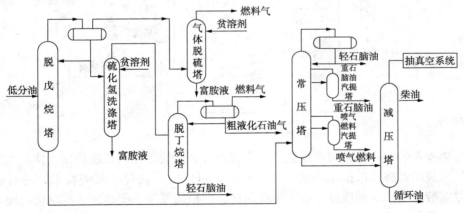

图 8-19 分馏流程 II

分馏流程 II 的设计思路为：低分油经脱戊烷塔脱除 C_5 以下组分，塔顶气相及液相分别进行脱硫处理，脱丁烷塔回收液化气，塔底 C_5 组分作为轻石脑油汇入产品，脱戊烷塔底油经常压塔得到轻石脑油、重石脑油、喷气燃料，常压塔底油经减压塔得到柴油，减压塔底油为循环油(或尾油)。

③ 分馏流程 III 如图 8-20 所示。

分馏流程 III 的设计思路为：预分馏塔切割出部分轻石脑油，塔顶液相经脱丁烷塔回收液化气，两塔顶气体进气体脱硫塔、液化气进液化气脱硫塔脱除硫化氢，预分馏塔底油经常压塔得到轻石脑油、重石脑油、喷气燃料，常压塔底油经减压塔得到柴油，减压塔底油为循环油(或尾油)。

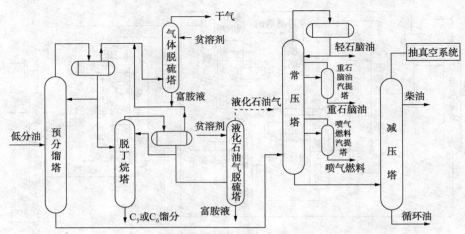

图 8-20　分馏流程Ⅲ

④ 分馏流程Ⅳ如图 8-21 所示。

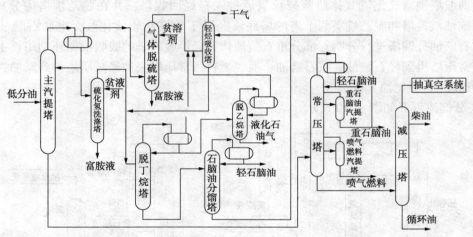

图 8-21　分馏流程Ⅳ

分馏流程Ⅳ的设计思路为：设置了主汽提塔、脱丁烷塔和脱乙烷塔顶气体、主汽提塔顶液相产品的脱硫设施，根据生产要求或用户需要可以增设轻烃吸收塔及相应的石脑油分馏塔。该方案液化气产品的质量和收率都有保证，但稍嫌复杂，要达到流程结构的完善，还需要进一步的优化。

（3）生成油稳定部分流程方案选择及技术分析

在基础数据 4 和分馏系统工艺流程基础上进行方案选择及技术分析。

生成油稳定部分流程的方案选择应根据生成油的性质和目的产品进行选择。

① 脱丁烷塔方案：脱丁烷塔将生成油分离为塔顶气体、液化气和塔底稳定化油，可完成丁烷与戊烷的清晰分割。塔顶液化气经脱乙烷塔脱除乙烷及更轻组分后，得到稳定液化气，塔底稳定化油进常压分离塔。

② 脱戊烷塔方案：脱戊烷塔将生成油分离为塔顶气体、包含丙烷、丁烷、戊烷组分的塔顶烃液和由己烷以上组分组成的塔底稳定化油。

③ 脱己烷塔方案：脱己烷塔将生成油分离为塔顶气体、包含丙烷、丁烷、戊烷、己烷

组分的塔顶烃液和由部分己烷或己烷以上组分组成的塔底稳定化油。对塔顶烃液，需增设液化气组分与轻石脑油组分的分馏塔。各方案塔顶轻组分分布见表 8-43。

表 8-43　各方案塔顶轻组分分布（摩尔分数）　　　　　%

项　目		脱戊烷塔	脱 C_6 塔	脱轻石脑油塔
塔顶气	H_2S	29.49	29.31	29.05
	C_1、C_2	25.62	33.93	35.14
	C_3、C_4	37.61	30.42	29.69
	C_5、C_6	7.28	6.34	6.12
塔顶液	H_2S	9.81	9.38	9.22
	C_1、C_2	3.13	3.3	3.3
	C_3、C_4	47.12	32.68	31.17
	C_5、C_6	39.94	54.64	56.31

从表 8-43 可看出，塔顶分割出的组分越重，硫化氢和液化气在塔顶气相、液相中所占的比例越小，但液化气在塔顶液相中的数量越大，在不设轻烃吸收设施的情况下，塔顶液相抽出的液化气数量越大意味着液态烃的回收率越高，同时硫化氢在塔底物流中存在的可能性越小，这两方面都是所希望的。但脱除组分越重，塔底温度越高，重沸炉负荷越大，油品结焦和高温硫腐蚀的可能性越大，因此，选择适宜的切割点无论对塔的操作还是装置的分馏效果都非常重要。鉴于已有同类装置的脱戊烷塔存在塔底硫腐蚀的情况，新装置的设计至少应考虑从脱除己烷开始，即通常所称的先分馏后稳定流程。

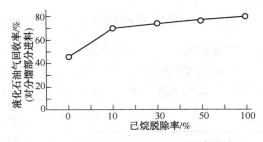

图 8-22　己烷脱除率与液化气回收率的关系

从图 8-22 可看出，随着脱己烷的比例增加，液化气回收率增加。当脱除己烷 30% 时液化气回收率达 71%，曲线开始趋向平缓，即按脱己烷 30%～50% 操作时，液化气收率是比较理想的。

8.2.2　稳定化油组分分离流程选择及技术分析

在基础数据 4 和分馏系统工艺流程基础上进行方案选择及技术分析。

稳定化油组分分离流程的工艺目的是将稳定化油组分分离为预期的产品，以取得最大限度的经济利益，它包含了产品分离度、产品回收率、分离过程用能效率、流程复杂性及灵活性等因素，可供选择的流程方案有：常压塔流程、常压塔+减压塔流程。

（1）常压塔流程

由于常压塔塔底产品为尾油，为降低塔底温度，防止油品热裂解，常压塔应采用进料加热炉+塔底蒸汽汽提方式。

此方案的特点是：可不设减压塔，在常压塔完成组分分离，流程简单、投资低、能耗低。但因常压塔进料口以下为蜡油汽提段，蜡油与柴油不能完全清晰分割。

（2）常压塔+减压塔流程

稳定化油经降压闪蒸后，进入常压塔，常压塔塔底设重沸炉，常压塔进料口以上为馏分油精馏段。自常压塔底排出的混合油在减压条件下实现蜡油与柴油的清晰分割。此方案的特点是：由于设减压塔，所有产品均可实现清晰分割，具有生产特种产品的灵活性。

表 8-44　常压塔与常压塔+减压塔流程对比

项　目	常压塔	常压塔+减压塔
冷却负荷/(MJ/t)	基准	基准-11.76
加热负荷/(MJ/t)	基准	基准+206
1.0MPa 蒸汽/(kg/h)	基准	基准-2400
0.3MPa 蒸汽/(kg/h)	基准	基准-3000
柴油收率/%	基准	基准+2%~5%
能耗/%	基准	基准+3.44
尾油中水/(μg/g)	基准	基准-400%~500%
塔重/t	基准	基准-23%~25%
加热炉台数/台	基准	基准+1
投资/万元	基准	基准+42%
柴油年回收/(万元/a)	基准	基准+1120
能耗/(万元/a)	基准	基准+826

从表 8-44 可看出，常压塔流程投资低、能耗低、流程简单，只考虑一次通过流程时，可选择常压塔流程。常压塔+减压塔流程尾油中水含量低、柴油收率高，既要一次通过又要兼顾全循环操作时，应选择常压塔+减压塔流程。

8.2.3　液化气脱硫流程选择及技术分析

在基础数据 4 和分馏系统工艺流程基础上进行方案选择及技术分析。

与液化气先脱硫相比，液化气后脱硫存在硫化氢从脱丁烷塔底进入产品的可能性，相应的液化气收率也低。按主汽提塔脱除己烷 50%进行计算，结果对比见表 8-45。

表 8-45　液化气先脱硫与后脱硫对液化气回收率的影响(摩尔分率)　　　　　　　%

项　目	液化气先脱硫		液化气后脱硫	
	C_3	C_4	C_3	C_4
主汽提塔进料	100	100	100	100
主汽提塔顶液相抽出	68.35	84.54	68.35	84.54
脱丁烷塔塔顶气	2.65	1.39	17.28	9.46
脱丁烷塔液相抽出	65.7	81.37	51.07	66.06
脱丁烷塔底	—	1.72	—	9.04
脱乙烷塔塔顶气	8.47	0.27	8.26	0.42
脱乙烷塔底	57.22	81.16	42.77	65.64
液化气回收率	72.83		57.68	

从表 8-45 可看出，当液化气组分没有脱硫而直接进入脱丁烷塔时，由于硫化氢的存在而降低了烃类的气相分压，使塔顶气体中 C_3、C_4 的含量大大增加，在不设置轻烃吸收塔的情况下，这部分 C_3、C_4 即被损失。通过计算可以得出，液化气先脱硫流程较后脱硫流程液化气收率高 15%左右。

8.2.4　轻烃吸收塔流程选择及技术分析

在基础数据 4 和分馏系统工艺流程基础上进行方案选择及技术分析。

轻烃吸收塔的设置无疑可提高液化气的回收率。对分馏流程 I，从重石脑油产品中引出一股作吸收油，然后返回脱丁烷塔解吸，则脱丁烷塔后需增加石脑油分馏塔，分离轻、重石脑油。从经济性上分析，设石脑油分馏塔增加了一次投资，重石脑油产品作吸收油需要升压，加设升压泵能耗会增加。吸收油还可以返回主汽提塔进行解吸，这个方法虽不增加石脑油分馏塔，但加大了主汽提塔的处理量，将引起主汽提塔塔径的增加及塔顶冷却负荷和塔底加热负荷的增加，同时下游分馏塔的重石脑油侧线汽提塔塔径也将相应增加。

如果将脱丁烷塔底轻石脑油(主要是 C_5 和 C_6)分出一股作为吸收油，吸收塔底油返回液化气脱硫塔进行解吸，与用重石脑油作吸收油相比，不用增加石脑油分馏塔，且吸收油不用升压，既节约了投资，又降低了操作费用。从理论上讲，吸收剂的密度与相对分子质量的比值(ρ/M)越大，吸收效率越高，由于脱丁烷塔底轻石脑油与重石脑油的密度相近，分别为 $640kg/cm^3$ 和 $651\ kg/cm^3$，而相对分子质量相差较大，分别为 73.4 和 102.9，这就从理论上肯定了轻石脑油作吸收油的选择。轻烃吸收塔的计算表明，用脱丁烷塔底轻石脑油作吸收油时吸收效果很好。

先脱丁烷后脱乙烷流程见图 8-23，先脱乙烷后脱丁烷流程 I 见图 8-24，先脱乙烷后脱丁烷流程 II 见图 8-25。

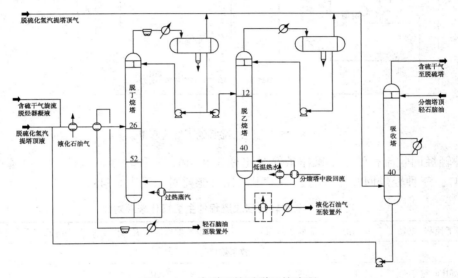

图 8-23　先脱丁烷后脱乙烷流程

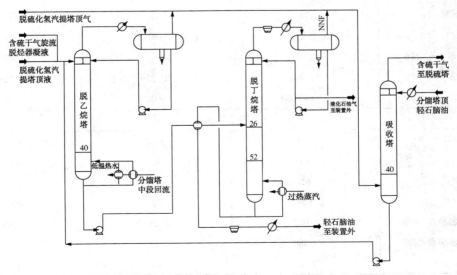

图 8-24　先脱乙烷后脱丁烷流程 I

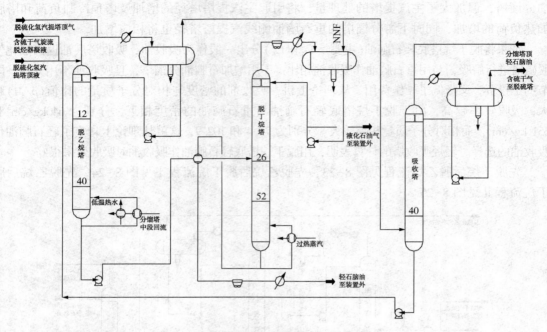

图 8-25　先脱乙烷后脱丁烷流程 Ⅱ

三种轻烃回收流程的主要操作条件对比见表 8-46，三种轻烃回收流程的设备投资对比见表 8-47，三种轻烃回收流程的公用工程消耗及能耗对比见表 8-48。

表 8-46　三种轻烃回收流程的主要操作条件对比

加工流程	先脱丁烷后脱乙烷流程	先脱乙烷后脱丁烷流程 Ⅰ	先脱乙烷后脱丁烷流程 Ⅱ
脱丁烷塔			
塔顶压力/MPa	1.4	1.0	1.0
进料温度/℃	98	97	97
塔顶温度/℃	76	61	66
塔底温度/℃	145	130	130
塔顶冷却器负荷/MW	12.980	11.851	11.670
塔底重沸器负荷/MW	11.984	10.239	10.120
塔径/mm	1400/2600	2600	2600
脱乙烷塔			
塔顶压力/MPa	3.0	1.1	1.1
进料温度/℃	40	55	40
塔顶温度/℃	61	67	55
塔底温度/℃	109	95	95
塔顶冷却器负荷/MW	1.077	0.555	2.289
塔底重沸器负荷/MW	3.389	3.800	5.166
塔径/ mm	1100	1100	1100

续表

加工流程	先脱丁烷后脱乙烷流程	先脱乙烷后脱丁烷流程 I	先脱乙烷后脱丁烷流程 II
吸收塔			
塔顶压力/MPa	0.95	0.95	0.95
进料温度/℃	55	40	40
塔顶温度/℃	68	67.2	46.8
塔底温度/℃	54.6	60.6	54.4
冷却器负荷/MW	0.140(中段取热)	0.134(吸收剂冷却器)	0.280(塔顶冷却器)
塔径/mm	φ3800	φ3500	φ3500
产品收率			
液化石油气产量/(kg/h)	35038	35024	35326
稳定石脑油产量/(kg/h)	63516	63598	63986
脱硫前干气量/(kg/h)	5957	5819	2730
液化石油气收率/%	98.6	98.5	99.4

表 8-47 三种轻烃回收流程的设备投资对比

加工流程	先脱丁烷后脱乙烷流程	先脱乙烷后脱丁烷流程 I	先脱乙烷后脱丁烷流程 II
塔质量	基准	基准-22.1%	基准-22.1%
容器质量	基准	基准-43.8%	基准+19.0%
换热器质量	基准	基准-15.5%	基准+17.0%

表 8-48 三种轻烃回收流程的公用工程消耗及能耗对比

加工流程	先脱丁烷后脱乙烷流程	先脱乙烷后脱丁烷流程 I	先脱乙烷后脱丁烷流程 II
电	基准	基准+25.1%	基准+26.8%
循环水	基准	基准-55.2%	基准-12.2%
蒸汽	基准	基准-11.4%	基准-11.4%
回收低温热水	基准	基准-7.8%	基准-29.2%
能耗	基准	基准-11.5%	基准-9.5%

8.2.5 气体脱硫流程选择及技术分析

在基础数据 4 和分馏系统工艺流程基础上进行方案选择及技术分析。

从理论上讲，气体先脱硫再回收轻烃组分是合理的，这样可以避免由于硫化氢的存在而影响 C_3、C_4 的吸收，但由于需要进行脱硫处理的气体不仅仅是几股塔顶气，还包括从反应部分低压分离器来的气体，而这股气体是富含氢气并携带有重烃，在轻烃吸收塔中的存在会在很大程度上降低轻烃组分的气相分压，使得 C_3、C_4 的吸收率大大降低，换句话说，本来是为了回收低分气中的 C_3、C_4 而将其通入吸收塔，但由于上述原因有可能不但达不到预期目的，反而会使原来已吸收下来的 C_3、C_4 也由于氢气的存在而从塔顶损失。

表 8-49 低分气吸收结果对比 (摩尔分率)　　　　　%

气体先脱硫再吸收	低分气单独脱硫			塔顶气、低分气混合后脱硫		
	C_3	$i\text{-}C_4$	$n\text{-}C_4$	C_3	$i\text{-}C_4$	$n\text{-}C_4$
吸收塔进料	100	100	100	100	100	100
吸收塔塔顶气	—	—	—	29.97	0.11	
吸收塔底	100	100	100	70.10	99.85	100
脱丁烷塔底	—	0.87	46.64	—	1.24	57.4
脱乙烷塔底	129.04	303.92	364.66	138.96	339.26	394.95
液化气回收率	90.0			90.35		

从表 8-49 可看出，低分气不进轻烃吸收塔时，吸收效果好，塔顶气中基本不含 C_3、C_4；如果低分气进轻烃吸收塔，吸收效果变差；但两者液化气的回收率相当。

通过比较，气体先吸收再脱硫方案是可行的，即几股塔顶气体进吸收塔回收 C_3、C_4，吸收油返回液化气脱硫塔解吸，低分气不吸收，与轻烃吸收塔顶气混合后脱硫，确定这个方案有以下几条理由：①避免了吸收油吸收 C_3、C_4 时的同时将低分气中的重烃组分一并带入液化气脱硫塔；②吸收油返回液化气脱硫塔解吸，保证了其中的硫化氢不带入液化气产品；③低分气与吸收塔顶气一同脱硫，可以省去低分气脱硫塔；④液化气的回收率并不因为没有回收低分气中的 C_3、C_4 而降低；⑤虽然低分气与其他气体先一同脱硫再吸收同样可省去低分气脱硫塔，且液化气总回收率相当，但由于气体脱硫塔的脱硫效果不能完全保证，只能将吸收油返回液化气脱硫塔解吸，同样也存在低分气中重烃对轻石脑油产品干点及脱硫系统操作带来不利影响。

8.2.6 脱 H_2S 汽提塔+常压塔+吸收稳定流程选择及技术分析

以基础数据 3 为计算基准。

（1）工艺流程如图 8-26 所示。

（2）两种分馏流程对比见表 8-50。

第一种流程：脱丁烷塔+脱乙烷塔+常压分馏塔；第二种流程：脱 H_2S 汽提塔+常压塔+吸收稳定。

采用第二种流程回收液化石油气，可降低塔操作压力，H_2S 汽提塔顶气可到吸收脱吸塔回收液化石油气，可回收 94.4% 的 C_3 组分和 98.2% 的 C_4 组分，回收的液化石油气组分大于 97%。

表 8-50 两种分馏流程的结果对比

项　目	压力/MPa	质量/t	热负荷/MW
方案1			
脱丁烷塔+塔顶回流罐	1.6	122	—
脱乙烷塔+塔顶回流罐	3.2	41.5	—
脱乙烷塔底重沸器	—	3.1	0.8
脱丁烷塔底重沸器			1.45

续表

项　目	压力/MPa	质量/t	热负荷/MW
分馏进料炉	—	—	9.7
合计		166.6	25
方案 2			
脱 H$_2$S 汽提塔+塔顶回流罐	0.8	76.5	—
吸收脱吸塔	0.6	49.8	—
石脑油稳定塔+塔顶回流罐	1.0	33	—
脱吸塔底重沸器		3	0.65
稳定塔重沸器		5	1.57
汽提蒸汽			1.33
分馏进料炉			17.6
合计		167.3	20.5

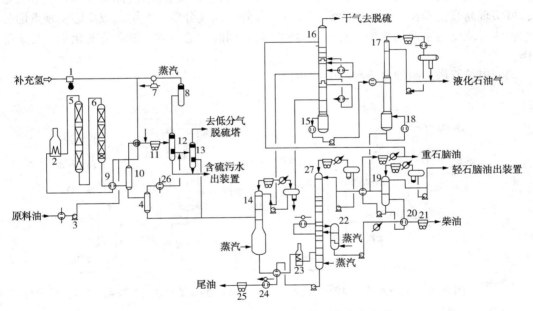

图 8-26　脱 H$_2$S 汽提塔+常压塔+吸收稳定流程

1—新氢压缩机；2—反应进料加热炉；3—反应进料泵；4—热低压低离器；5—加氢精制反应器；
6—加氢裂化反应器；7—循环氢压缩机；8—循环氢分液罐；9—混氢油/反应产物换热器；
10—热高压分离器；11—热高分空冷器；12—冷高压分离器；13—冷低压分离器；14—脱 H$_2$S 汽提塔；
15—脱吸塔底重沸器；16—吸收脱吸塔；17—石脑油稳定塔；18—稳定塔底重沸器；19—石脑油分馏塔；
20—重沸器；21—柴油空冷器；22—柴油汽提塔；23—分馏进料炉；24—蒸汽发生器；25—尾油空冷器；
26—热低分气冷却器；27—产品分馏塔

从表 8-50 可看出，方案 1 操作压力高于方案 2，设备质量方案 2 略高，能耗方案 2 比方案 1 节省 18%。

8.2.7　减压分馏流程选择及技术分析

润滑油加氢裂化减压分馏系统设计涉及单炉单塔一级抽空、无炉双塔二级抽空、单炉双塔二级抽空三种流程。

（1）单炉单塔一级抽空流程（图8-27）

方案实施要点：通过炉管注汽，降低加热炉出口温度；选择汽化段注汽，降低加热炉投资；塔内通入汽提蒸汽，以降低油气分压，提高减压塔真空度；通过优化设计降低从闪蒸段到塔顶压降，采用高性能填料，窄槽式液体分布器，实现低压降、高传质效率、大操作弹性的操作。

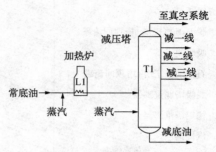

图 8-27　单炉单塔一级抽空流程

（2）无炉双塔二级抽空流程（图8-28）

方案实施要点：第一减压塔利用常底油自身的显热在适当真空下提供汽化热，分馏出减一线、减二线；第一减压塔底油馏程重，裂解气量很小，可实现高真空操作，通入汽提蒸汽，进一步降低油气分压；在第二减压塔实现重馏分的分馏；两级减压均不设加热炉，易于方案的切换；同时，第一减压塔负荷变化小，易于平稳操作。

（3）单炉双塔二级抽空流程（图8-29）

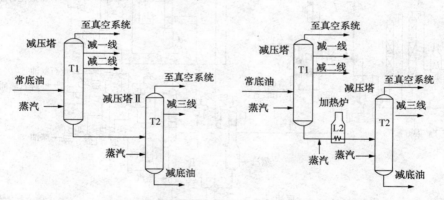

图 8-28　无炉双塔二级抽空流程　　　　图 8-29　单炉双塔二级抽空流程

方案实施要点：第一减压塔不设加热炉，利用常底油自身的显热在适当真空下提供汽化热，分馏出减一线、减二线；由于第一减压塔底油馏程重，裂解气量很小，可实现高真空操作，通入汽提蒸汽，进一步降低油气分压，在第二减压塔实现重馏分的分馏；加工轻减压蜡油时可不开加热炉、第二减压塔，实现装置的节能；同时，第一减压塔负荷变化小，易于平稳操作。

三种减压分馏流程计算结果对比见表8-51。

从表8-51可看出，单炉单塔一级抽空投资最省，能耗最低，但操作难度最大；无炉双塔二级抽空占地最小，但能耗最高；单炉双塔二级抽空占地最大、投资最高，但从分离精确度来看，产品质量最好。

表 8-51　三种减压分馏流程计算结果

项　目		单炉单塔一级抽空	无炉双塔二级抽空	单炉双塔二级抽空
L1	负荷/MJ	1709	—	—
T1	进料温度/℃	375	361	361
	塔顶压力/MPa	48	50	50
	塔底温度/℃	354	338.6	338.6
	冷却负荷/MJ	3430	1930	1930
	结构尺寸/mm	ϕ3200/2000×5050	ϕ3000/1800×27050	ϕ3000/1800×27050
L2	负荷/MJ	—	—	1791
T2	进料温度/℃	—	338.6	375
	塔顶压力/MPa	—	40	50
	塔底温度/℃	—	313.7	363.5
	冷却负荷/MJ	—	1384	1442
	结构尺寸/mm	—	ϕ3200×18000	ϕ3200×18000
能耗/(MJ/t 原料油)		基准	1.186×基准	1.066×基准
设备变化	塔/台	4	5	5
	炉/台	1		1
	泵/台	13	15	17
	换热器/台	6	9	9
	空冷/片	5	6	6
	容器/台	2	3	3
占地		基准	0.96×基准	1.22×基准
投资		基准	1.09×基准	1.18×基准

8.3　工艺技术方案的热点难点问题

8.3.1　脱除重石脑油硫的技术方案

处理加氢裂化重石脑油硫的技术方案：

方案 1——重石脑油硫<0.5μg/g，无须采取任何措施即可满足重整对石脑油的要求。

方案 2——重石脑油 1~3μg/g 无机硫，方法 1：重石脑油出装置加氧化锌吸附罐可脱除；方法 2：加氮气汽提塔可脱除。

方案 3——重石脑油 1~3μg/g 有机硫，重石脑油出装置加氧化锌吸附罐无法脱除，方法 1：热高分顶部加脱硫催化剂(需维持>280℃温度)；方法 2：热高分后部加脱硫反应器。

方案 4——重石脑油硫：运转初期<0.5μg/g，无须采取任何措施；运转末期 1~3μg/g 有机硫，用方案 3 的技术方案。

方案 5——重石脑油硫：运转初期 1~3μg/g 无机硫，用方案 2 的技术方案；运转末期 1~3μg/g 有机硫，用方案 3 的技术方案；工业装置不可能同时用方案 2 和方案 3 处理。

方案 6——重石脑油硫：运转初期 $1\sim3\mu g/g$ 有机硫、运转末期 $\leqslant10\mu g/g$ 有机硫，处理方法同方案 3。

加氢裂化重石脑油有机硫含量与加工原料硫含量、操作压力、操作温度、后精制催化剂空速、工艺流程未发现相关性。

8.3.2　脱除液化石油气硫的技术方案

加氢裂化液化石油气硫的处理技术方案：

方案 1：汽提塔顶气→胺液脱硫塔→重石脑油吸收塔→脱丁烷塔→液化石油气。

方案 2：汽提塔顶气→胺液脱硫塔→重石脑油吸收塔→脱丁烷塔→碱洗（脱除微量碳四硫醇）→液化石油气。

方案 3：汽提塔顶气→胺液脱硫塔→重石脑油吸收塔→脱丁烷塔→碱洗（脱除微量碳四硫醇）→沙滤（脱水）→液化石油气。

方案 4：汽提塔顶气→重石脑油吸收塔→胺液脱硫塔→脱丁烷塔→出液化石油气。

方案 5：汽提塔顶气→重石脑油吸收塔→胺液脱硫塔→脱丁烷塔→碱洗（脱除微量碳四硫醇）→液化石油气。

方案 6：汽提塔顶气→重石脑油吸收塔→胺液脱硫塔→脱丁烷塔→碱洗（脱除微量碳四硫醇）→沙滤（脱水）→液化石油气。

方案 7：分馏塔顶气→胺液脱硫塔→气体压缩升压→分离器→脱丁烷塔→液化石油气精制→液化石油气。

加氢裂化液化石油气的有机硫，也可通过调整裂化反应器尾部的后处理催化剂脱除。

8.3.3　脱除氯化物的技术方案

脱除（或减少）带入加氢裂化装置氯化物的技术方案：

方案 1：原油开采过程中不注含氯化物的油田助剂。

方案 2：常减压装置不注含氯化物的化学助剂。

方案 3：焦化装置不加工含氯化物的油泥、罐底油、常减压装置电脱盐部分的含盐油水乳化液。

方案 4：重整装置氯不穿透脱氯剂，重整氢不含氯。

方案 5：加氢裂化注水中不含氯化物（或在标准内）。

脱除（或减少）加氢裂化反应产物氯化物的技术方案：

方案 1：合理的注水流程。

方案 2：增加脱氯反应器。

方案 3：电化学法脱氯。

方案 4：生物法脱氯。

脱氯技术各具特点和局限性，从源头上解决原油中的氯带来的一系列危害是治本之策；在原油氯化物无法解决的情况下，根据原油中氯化物的存在状态，结合原油性质，并借鉴目前其他领域脱氯技术的特点，开发出适合脱除原油中氯化物的技术是一项长期的任务。

8.3.4　加氢裂化改造的技术方案

随着提高柴汽比变成降低柴汽比，生产中馏分油型、柴油型加氢裂化装置变成生产轻油型加氢裂化装置，众多企业希望少投资、最大量生产重石脑油，改造的结果：重石脑油与煤油馏分严重重叠，液化石油气产率大增但回收率低，分馏塔顶大量气体需要放火炬，冷高分温度居高不下，装置安全性大幅降低，腐蚀加剧，长周期运行面临巨大挑战。

中馏分油型氢裂化装置如何改造为轻油型加氢裂化装置？合理的改造方案是什么？改造的边界在哪里？值得探讨。

参 考 文 献

[1] 蹇江海，孙丽丽. 加氢裂化装置的优化设计探讨[J]. 炼油技术与工程，2004，34(11)：48-51.
[2] 朱华兴，叶杏圆. 热高压分离流程在加氢裂化装置中的应用[J]. 炼油技术与工程，1995，25(5)：1-5.
[3] 宋文模，汤尔林，何巨堂. 现有加氢裂化加工高硫原料油的探讨[C]//中国石化总公司生产管理部编. 加氢裂化装置第三次技术交流会文集. 洛阳：《炼油设计》编辑部，1991：36-52.
[4] 董松涛. 加氢裂化催化剂选择性的研究[D]. 北京：石油化工科学研究院，2001.
[5] 张学军，王刚，孟繁. 影响加氢裂化催化剂中油选择性的因素及对策[J]. 化工科技，2002，10(6)：51-54.
[6] 李立权. 馏分油固定床加氢裂化装置的能耗与节能[C]//中国石化总公司加氢裂化协作组编. 加氢裂化协作组第二届年会报告论文集. 洛阳：《炼油设计》编辑部，1996：456-462.
[7] 常波. 加氢改质技术的工业实践[D]. 天津：天津大学化工学院，2004.
[8] 黄志强. 加氢精制装置流程的比较与选择[J]. 石油化工设计，2002，19(1)：68-69.
[9] 关明华. 加氢裂化装置增产柴油问题探讨[J]. 石化技术与应用，2002，20(4)：257-260.
[10] 朱华兴，王兴敏，叶杏圆. 重油加氢装置循环氢的提纯方案分析[C]// 中国石化总公司加氢裂化协作组编. 加氢裂化协作组第三届年会报告论文集. 抚顺：加氢裂化协作组、中国石化抚顺石油化工研究院编辑，1999：750-753.
[11] 穆海涛. 膜分离氢提浓技术在加氢裂化装置上的应用[J]. 石油炼制与化工，2000，31(7)：32-35.
[12] 邱若磐，尹洪超. 重油加氢氢气系统的模拟优化[J]. 齐鲁石油化工，2007，35(1)：13-16.
[13] 董子丰. 用膜分离从炼厂气中回收氢气[J]. 低温与特气，1997，(3)：34-42.
[14] 石宝明，廖健，白雪松. 炼厂氢气的管理[J]. 化工技术经济，2003，21(1)：55-59.
[15] 邱若磐. 炼油厂氢气资源优化利用研究[D]. 大连：大连理工大学，2003.
[16] Shi Y-L, Gao X-O, et al. Study on Production of Low sulfur Diesel Fuel or Low Sulfur/low Aromatic Diesel Fuel[C]. The 7th Sino-Japan Petroleum Association Meeting, Beijing, 1997.
[17] 朱春英. 膜分离回收氢气装置及其应用总结[J]. 小氮肥，2006，34(6)：19-21.
[18] 赵德强. 循环氢油洗在润滑油加氢处理装置上的应用[J]. 石化技术与应用，2005，23(1)：29-30.
[19] 辛若凯，王德会，王国旗，等. 加氢裂化装置反应流出物新型换热-分离流程[J]. 炼油技术与工程，2008，38(8)：15-18.
[20] 李立权，师敬伟，曾茜. 含硫蜡油加氢裂化装置分馏流程的优化设计[J]. 炼油技术与工程，2003，33(1)：44-50.
[21] 李立权，李家民. 高苛刻度润滑油减压分馏系统的优化设计及工业应用[J]. 炼油设计，2000，30(9)：45-48.
[22] 张德义. 加快我国加氢工艺和技术的发展[J]. 炼油设计，2002，32(3)：1-6.
[23] Tom Kalnes, Phil Fleming, Li Wang, et al. Unicracking Innovations Deliver Profit[C]. NPRA Annual Meeting, New Orleans, LA，2001，AM-01-30.
[24] 曹喜升. 加氢裂化装置提高重石脑油收率的探讨[J]. 炼油技术与工程，2008，38(6)：23-26.

第9章 高压换热器工艺计算及技术分析

加氢裂化装置的高压换热器一般包括：反应流出物/冷原料油换热器、反应流出物/热原料油换热器、反应流出物/混合原料换热器、反应流出物/冷循环氢换热器、反应流出物/热循环氢换热器、反应流出物/低分油换热器、反应流出物/循环油换热器、反应流出物/主汽提塔底液换热器、反应流出物蒸汽发生器、热高分气/冷低分油换热器、热高分气/热低分油换热器、热高分气/冷循环氢换热器、热高分气/热循环氢换热器、热高分气/冷原料油换热器、高温高压分离气/冷原料油换热器、高温高压分离气/中温循环氢换热器、中温高压分离气/冷循环氢换热器、气封气换热器(冷却器)、压缩机级间的氢气/水换热器(冷却器)等管程高压壳程高压和管程高压壳程低压的换热器。当然，这么多种高压换热器并不一定在同一套装置出现。

9.1 工艺条件计算[1~17,31~33]

9.1.1 结构型式和结构尺寸

（1）结构型式

加氢裂化装置的高压换热器不允许冷、热流体混合，冷、热流体被固体壁面隔开，互不接触，热量由热流体通过壁面传递给冷流体。一般可选择螺纹锁紧环结构的 U 形管式换热器、大法兰结构的 U 形管式换热器、缠绕式高压换热器、Ω 环结构的 U 形管式换热器、双壳程结构的 U 形管式换热器、单套管换热器、多套管换热器等形式，如图 9-1~图 9-3 所示。

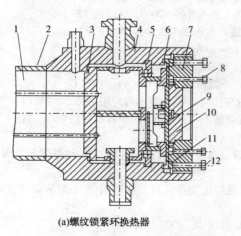
(a)螺纹锁紧环换热器

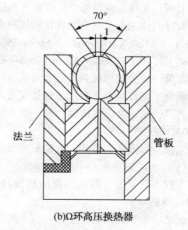
(b)Ω环高压换热器

图 9-1 加氢裂化装置的高压换热器的典型结构型式

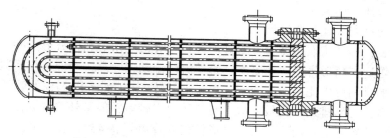

图 9-2　加氢裂化装置的高压 U 形管式换热器

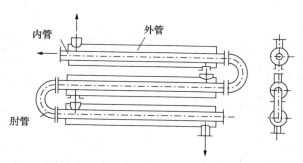

图 9-3　加氢裂化装置的高压套管换热器

单套管换热器、多套管换热器多用于循环氢压缩机气封气换热器(冷却器)。

浮头式换热器、固定管板式换热器、填料函式换热器、蛇管式换热器、外导流筒换热器、热管式换热器、插管式换热器、滑动管板式换热器一般不适用于加氢裂化装置的高压换热器。

（2）管子规格

加氢裂化装置的高压换热器多采用 $\phi 19mm$ 和 $\phi 25mm$U 形换热管，一般不采用 $\phi 38mm$ 和 $\phi 57mm$ 的高压 U 形换热管，管线厚度一般由设计压力和设计温度确定，目前应用的最薄高压换热管为 $\phi 19.05mm \times 1.651mm$ 的 TP321 不锈钢换热管，最厚高压换热管为 $\phi 25mm \times 4.572mm$ 的 Incloy825 合金钢换热管。

TEMA 标准对 U 形弯管的要求：形成 U 形弯曲时，管外径处管壁变薄，弯曲部分最小的管壁厚度应该为

$$\gamma_\omega = \gamma_m \left(1 + \frac{d_o}{4R_r} \right)$$

式中　γ_ω——本来管壁的厚度，mm；

　　　γ_m——根据直管的相同压力和金属温度计算得出的最小管壁的厚度，mm；

　　　d_o——管子外径，mm；

　　　R_r——弯曲处的平均半径，mm。

采用 $\phi 19mm \times 2mm$ 换热管比采用 $\phi 25mm \times 2.5mm$ 换热管承压能力更好，可多排换热管，单位传热面积的金属耗量管束可节约 20%。但是否采用，取决于加氢裂化装置加工原料的性质和循环氢压缩机的差压选取情况。

管子长度一般按选定的管径和流速确定管子数目，再根据所需传热面积，求得管子长度。虽然系列标准中管长有 1.5m，2m，3m，4.5m，6m 和 9m 六种，但因高压换热器的投

资较大，一般选择非标尺寸。

（3）管子的排列方式及布管计算

加氢裂化装置的高压换热器管子的排列方式有等边三角形和正方形两种，见图9-4。与正方形相比，等边三角形排列比较紧凑，管外流体湍动程度高，表面传热系数大，同一壳径采用等边三角形排列可以比正方形或正方形排列斜转45°排列多排17%的管子，单位面积的金属耗量较低。正方形排列虽比较松散，传热效果也较差，但管外清洗方便，对加工含焦化蜡油的加氢裂化装置更为适用。如将正方形排列的管束斜转45°安装，可在一定程度上提高表面传热系数。

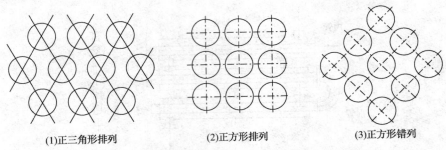

(1)正三角形排列　　　　　(2)正方形排列　　　　　(3)正方形错列

图9-4　加氢裂化装置的高压换热器管子在管板上的排列

（4）折流挡板

为提高壳程流体流速，往往在壳体内安装一定数目与管束相互垂直的折流挡板。折流挡板不仅可防止流体短路、增加流体流速，还迫使流体按规定路径多次错流通过管束，使湍动程度大为增加。

安装折流挡板的目的是为提高管外表面传热系数，因此为了取得良好的效果，挡板的形状和间距必须适当。

常用的折流挡板有圆缺形和圆盘形两种，见图9-5，前者更为常用。对圆缺形挡板而言，弓形缺口的大小对壳程流体的流动情况有重要影响。弓形缺口太大或太小都会产生"死区"，既不利于传热，又往往增加流体阻力。

加氢裂化装置的高压换热器折流挡板一般按等间距布置，壳程为反应流出物、混合进料时，一般取折流挡板间距250~550mm；管束两端的折流挡板间距与选择的高压换热器结构形式有关，一般大于等间距布置的中间折流挡板，且应尽可能靠近壳程进、出口接管。

高压换热器壳程为循环氢、混合氢、热高分气时，折流挡板缺口应水平上下布置；壳程为反应流出物、混合进料、含焦化蜡油的原料油时，折流挡板缺口应垂直左右布置。

（5）防冲挡板

高压换热器壳程进口循环氢、混合氢、热高分气、反应流出物、混合进料、低分油的 $\rho v^2 > 2230 \text{kg}/(\text{m} \cdot \text{s}^2)$（$\rho$ 密度，kg/m^3；v 流速，m/s），高压换热器壳程进口管冷原料油、热原料油的 $\rho v^2 > 740 \text{kg}/(\text{m} \cdot \text{s}^2)$ 时，壳程进、出口管处应设置防冲挡板或导流筒，避免高速流体进入壳体直接冲击、冲刷换热管，引起换热管振动，如图9-6所示。

高压换热器管程进口循环氢、混合氢、热高分气的 $\rho v^2 > 7000 \text{kg}/(\text{m} \cdot \text{s}^2)$，原料油、低分油的 $\rho v^2 > 9000 \text{kg}/(\text{m} \cdot \text{s}^2)$ 时应特别考虑，以减少流体对管子末端的腐蚀。

防冲挡板外表面到圆筒内壁的距离，应不小于接管外径的0.25倍；防冲挡板的直径或

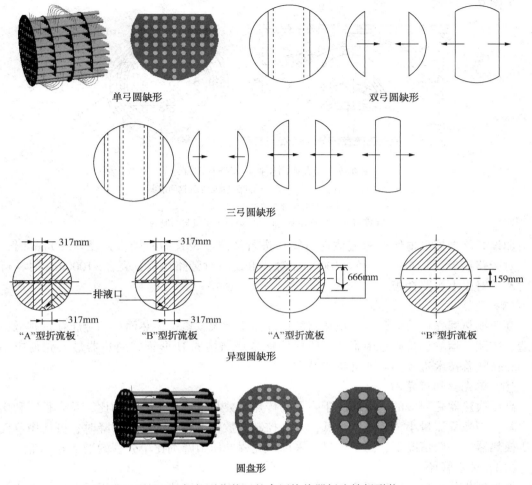

图 9-5 加氢裂化装置的高压换热器折流挡板形状

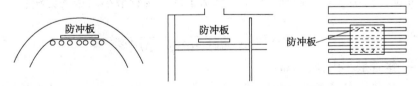

图 9-6 管壳式高压换热器防冲挡板示意

边长应大于接管外径 50mm。

内导流筒外表面到壳体圆筒内壁的距离一般不小于接管外径的三分之一；导流筒端部至管板的距离，应使其流通面积不小于导流筒的外侧流通面积。

（6）流通面积

高压换热器壳程和管束进、出口处流通面积应不小于接管面积，并使流体流经进、出口处时 $\rho v^2 < 5950 kg/(m \cdot s^2)$。

（7）旁路挡板

管壳式高压换热器壳程可能有各种泄漏，因此，壳程流体不一定完全有效地与管子接触，如图9-7所示。

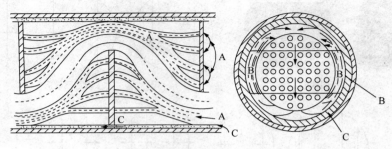

图9-7　管壳式高压换热器壳程泄漏示意
A—折流挡板管孔与管子之间间隙过大所引起的泄漏；
B—管束与外壳之间的旁路流体；
C—折流挡板与外壳之间的间隙过大所引起的泄漏

加设旁路挡板可迫使壳程流体通过管束进行换热。设置的原则：壳径≤500mm 时，可设一对旁路挡板；500mm<壳径≤1000mm 时，可设两对旁路挡板；壳径>1000mm 时，可设三对及三对以上旁路挡板。

（8）壳径

高压换热器壳径越大，单台换热器的传热面积越大，单位传热面积的金属耗量越低，但制造、装配、运输、检修越困难。一般螺纹锁紧环结构的 U 形管式换热器最大壳径应小于1800mm（随着技术进步，此数会越来越大）。

（9）单壳程和双壳程

高压换热器壳程数的选取取决于壳程的传热系数与管程传热系数的比，及壳程可利用的压力降。当壳程流量小，传热系数低，且为控制因数，有可利用的压力降时，可选用双壳程高压换热器。一般情况下，同一流量，采用双壳程的压力降约比单壳程的增加6~8倍。

（10）接管管径

加氢裂化装置高压换热器壳程流体一般为两相流，高速流体进入壳程后会撞击管线，形成对管线的冲蚀，易引起管子振动，Gollin 给出了计算接管最小内径的方法：

$$d_{min} = \sqrt[4]{\frac{W^2}{7.406 \times 10^6 \times \rho \cdot \Delta P_V}}$$

式中　d_{min}——接管最小内径，mm；

　　　W——流体在接管条件下的密度，kg/m^3；

　　　ΔP_V——流体流经接管的速度头损失，Pa。

9.1.2　几何参数计算

（1）布管计算

① 等边三角形排列：

$$P_x = 0.5 P_t$$
$$P_y = 1.732 P_t$$

式中　P_x——相邻两管横向中心线的水平距离，m；

　　　P_t——管间距，m；

P_y——相邻两管纵向中心线的垂直距离，m。

② 正方形排列：

$$P_x = P_t$$

$$P_y = P_t$$

③ 正方形斜转 45°排列：

$$P_x = 0.707P_t$$

$$P_y = 1.414P_t$$

（2）直径计算

① 管束直径：

$$D_t = D_s - 2.0t_b$$

式中　D_t——管束直径，m；

　　　D_s——壳体内径，m；

　　　t_b——管束外圆与壳体内壁的径向间隙，m。

② 平均体积当量直径：

$$D_v = \frac{a \cdot P_t^2 - d_0^2}{d_0}$$

式中　D_v——平均体积当量直径，m；

　　　a——系数，取决于管子布置方式，正方形排列或正方形斜转 45°排列，$a = 1.273$；

　　　　　等边三角形排列，$a = 1.103$。

（3）折流挡板计算

① 单弓折流挡板直径：

$$D_B = D_s - 2.0t_s$$

式中　D_B——折流挡板直径，m；

　　　t_s——折流挡板与壳体内壁的径向间隙，m。

② 单弓折流挡板缺圆高度：

$$h_y = P_d \cdot D_s$$

式中　h_y——折流挡板缺圆高度，m；

　　　P_d——折流挡板切去的百分数，%。

③ 单弓折流挡板缺圆面积：

$$A_0 = \frac{1}{4}D_t^2(\theta^2 - \sin\theta'\cos\theta')$$

$$\theta' = \cos^{-1}\frac{h_c}{D_t}$$

式中　A_0——折流挡板缺圆面积，m^2；

　　　h_c——错流区长度，$h_c = D_s - 2h_y$，m。

（4）单弓板高压换热器壳程流道当量直径

① 三角形排列管束：

$$d_e = \frac{4(\frac{\sqrt{3}}{4}P_t^2 - \frac{\pi}{8}d_o^2)}{\frac{\pi d_o}{2}}$$

式中　d_e——壳程流道当量直径，m，ϕ19mm×2mm 换热管三角形排列：$d_e = 17.0$mm；

　　　　P_t——管心距，m；

　　　　d_o——管子外径，m。

　　②单弓正方形或正方形排列斜转45°排列：

$$d_e = \frac{4(P_t^2 - \frac{\pi}{4}d_o^2)}{\pi d_o}$$

ϕ25mm×2.5mm 换热管正方形排列：$d_e = 27.0$mm。

　　(5) 单弓板高压换热器管程流通面积

$$S_i = \frac{\pi d_i^2 \cdot N_t}{4 \times N_{TP}}$$

式中　S_i——管程流通面积，m^2；

　　　　d_i——管子内径，m；

　　　　N_t——管子根数；

　　　　N_{TP}——管程数。

　　(6) 单弓板高压换热器壳程流通面积

$$S_o = (D_s - N_C \cdot d_o)(L_b - B_T)$$

式中　S_o——壳程流通面积，m^2；

　　　　N_C——中心排管数，根；

　　　　L_b——折流挡板间距，m；

　　　　B_T——折流挡板厚度，m，一般为 0.006~0.01m。

　　(7) 单弓板高压换热器窗口面积

$$A_w = \frac{1}{4}D_s^2(\theta - \sin\theta\cos\theta) - \frac{1}{4}\pi N_w d_0^2$$

$$\theta = \cos^{-1}\frac{h_c}{D_s}$$

式中　A_w——窗口面积，m^2；

　　　　N_w——窗口区管子数，根。

　　(8) 单弓板高压换热器错流面积

$$A_b = (\frac{1}{4}\pi D_t^2 - 2A_O)\frac{L_b}{h_c} - b_p \cdot L_b$$

式中　A_b——错流面积，m^2；

　　　　b_p——分程宽度，m。

　　(9) 单弓板高压换热器折流挡板边缘与壳内壁间的漏流面积

$$A_E = \pi (D_S - t_s) \cdot t_s$$

式中　A_E——漏流面积，m^2。

　　（10）单弓板高压换热器管子与折流挡板管孔间的漏流面积

$$A_a = \pi \cdot N_t (d_o - t_t) \cdot t_t$$

式中　A_a——漏流面积，m^2；

　　　　t_t——管子与折流挡板管孔间的径向间隙，m。

　　（11）单弓板高压换热器旁路流面积

$$A_c = 2t_b \cdot L_b + b_p \cdot L_b$$

式中　A_c——旁路流面积，m^2。

9.1.3　工艺参数计算

　　（1）定性温度

　　① 过渡流及湍流区（管程雷诺数 $Re_i > 2100$ 或壳程雷诺数 $Re_o > 100$）：

$$t_D = 0.4t_h + 0.6t_c$$

式中　t_D——定性温度，℃；

　　　　t_h——热端流体温度，℃；

　　　　t_c——冷端流体温度，℃。

　　② 层流区（管程雷诺数 $Re_i \leqslant 2100$ 或壳程雷诺数 $Re_o \leqslant 100$）：

$$t_D = 0.5(t_h + t_c)$$

　　（2）雷诺准数

　　① 管程雷诺准数：

$$Re_i = \frac{d_i G_i}{\mu_{iD}}$$

$$G_i = \frac{W_i}{S_i}$$

式中　Re_i——管程雷诺准数；

　　　　d_i——管程内径，m；

　　　　G_i——管程介质的质量流速，$kg/(m^2 \cdot s)$；

　　　　S_i——管程流通截面积，m^2；

　　　　W_i——管程介质流率，kg/s；

　　　　μ_{iD}——管程介质在定性温度下的黏度，$Pa \cdot s$。

　　② 壳程雷诺准数：

$$Re_o = \frac{d_e G_o}{\mu_{oD}}$$

$$G_o = \frac{W_o}{S_o}$$

式中　Re_o——壳程雷诺准数；

　　　　G_o——壳程介质的质量流速，$kg/(m^2 \cdot s)$；

W_o——壳程介质流率，kg/s；

μ_{oD}——壳程介质在定性温度下的黏度，Pa·s。

（3）普兰特准数

① 管程普兰特准数：

$$Pr_i = \frac{C_{iD} \cdot \mu_{iD}}{\lambda_{iD}} \times 1000$$

式中　Pr_i——管程普兰特准数；

C_{iD}——管程介质在定性温度下的比热容，kJ/(kg·K)；

λ_{iD}——管程介质在定性温度下的热导率，W/(m·K)。

② 壳程普兰特准数：

$$Pr_o = \frac{C_{oD} \cdot \mu_{oD}}{\lambda_{oD}} \times 1000$$

式中　Pr_o——壳程普兰特准数；

C_{oD}——壳程介质在定性温度下的比热容，kJ/(kg·K)；

λ_{oD}——壳程介质在定性温度下的热导率，W/(m·K)。

（4）管壁温度

① 热流体走管程时：

$$t_w = \frac{h_{io}}{h_{io}+h_o}(t_{iD}+t_{oD}) + t_{oD}$$

式中　t_w——管壁温度，℃；

h_{io}——管内膜传热系数(以光管外表面积为基准)，W/(m²·K)；

h_o——管外膜传热系数(以光管外表面积为基准)，W/(m²·K)；

t_{iD}——管程介质的定性温度，℃；

t_{oD}——壳程介质的定性温度，℃。

② 热流体走壳程时：

$$t_w = \frac{h_o}{h_{io}+h_o}(t_{oD}+t_{iD}) + t_{iD}$$

（5）有效平均温差

① 算术平均温差（图9-8）：

$$\Delta t_m = \frac{\Delta t_h + \Delta t_c}{2}$$

$$\Delta t_h = T_1 - t_2, \quad \Delta t_c = T_2 - t_1$$

式中　Δt_m——算术平均温差，℃，适用于$\left|\frac{\Delta t_h}{\Delta t_c}-1\right|<0.1$；

Δt_h——热端温差，℃；

T_1——热流体进口温度，℃；

t_2——冷流体出口温度，℃；

Δt_c——冷端温差，℃；

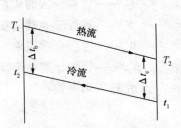

图9-8　管壳式高压换热器温差计算示意

T_2——热流体出口温度，℃；

t_1——冷流体进口温度，℃。

② 对数平均温差（图 9-9）：

$$\Delta t_{\mathrm{m}} = \frac{\Delta t_{\mathrm{h}} + \Delta t_{\mathrm{c}}}{\ln\left(\dfrac{\Delta t_{\mathrm{h}}}{\Delta t_{\mathrm{c}}}\right)}$$

式中　Δt_{m}——对数平均温差，℃，适用于 $\left|\dfrac{\Delta t_{\mathrm{h}}}{\Delta t_{\mathrm{c}}} - 1\right| \geqslant 0.1$。

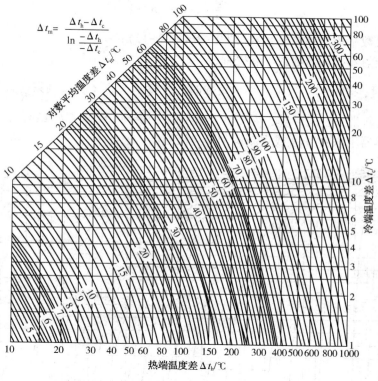

图 9-9　对数平均温差计算示意图

③ 对数平均温差校正系数：

定义：$R = \dfrac{T_1 - T_2}{t_2 - t_1}$，$P = \dfrac{t_2 - t_1}{T_1 - t_1}$

当 $|R-1| \leqslant 10^{-3}$ 时，

$$P_{\mathrm{n}} = \frac{P}{N - N \cdot P + P}$$

$$F_T = \frac{\dfrac{\sqrt{2}\,P_{\mathrm{n}}}{1 - P_{\mathrm{n}}}}{\ln\left(\dfrac{\dfrac{2}{P_{\mathrm{n}}} - 1 - R + \sqrt{R^2 + 1}}{\dfrac{2}{P_{\mathrm{n}}} - 1 - R - \sqrt{R^2 + 1}}\right)}$$

当 $|R-1|>10^{-3}$ 时，

$$P_n = \frac{1-(\frac{1-P \cdot R}{1-P})^{\frac{1}{N}}}{R-(\frac{1-P \cdot R}{1-P})^{\frac{1}{N}}}$$

$$F_T = \frac{\frac{\sqrt{R^2+1}}{R-1}\ln\frac{1-P_n}{1-P_n \cdot R}}{\ln(\frac{\frac{2}{P_n}-1-R+\sqrt{R^2+1}}{\frac{2}{P_n}-1-R-\sqrt{R^2+1}})}$$

式中　F_T——对数平均温差校正系数(图 9-10~图 9-12)；

　　　N——换热器串联台数或串联壳程数。

当计算 F_T 时，若分母对数项为零或负数时，可将原来的 R 取成倒数 $\frac{1}{R}$，并用 $P \times R$ 代替公式中的 P，重新带入公式计算，看是否能得到解。若 F_T 无解或 F_T 虽有解但小于 0.7 时，表明应增加换热器串联台数 N 或重新切割冷热流温度。

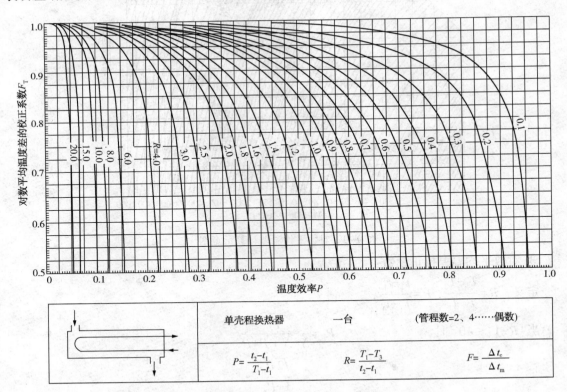

图 9-10　对数平均温差校正系数示意图(单壳程)

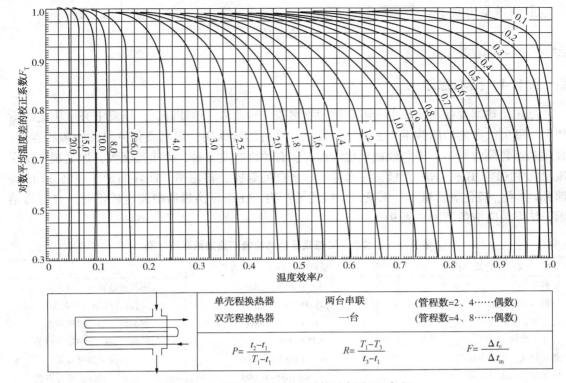

图 9-11　对数平均温差校正系数示意图（双壳程）

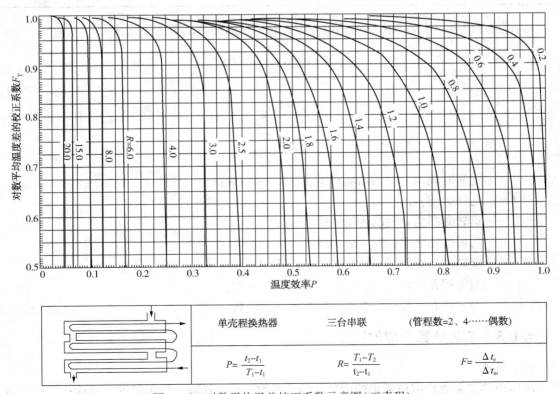

图 9-12　对数平均温差校正系数示意图（三壳程）

④ 有效平均温差：

$$\Delta t = \Delta t_m \times F_T$$

式中　Δt——有效平均温差，℃。

9.1.4　结垢热阻

高压换热器管壁在操作中会不断被污物覆盖，导致传热性能降低，压降上升。决定结垢快慢、厚度、牢度的因数主要是：加氢裂化装置的运转周期、加氢裂化原料油中焦粉含量、胶质和沥青质含量、不饱和烃被氧化的程度、腐蚀性物质含量、换热温度等，加氢裂化反应流出物中 Cl^-、H_2S、NH_3含量、注水量、注水点的温度、转化率、循环油量、中馏分（或轻馏分）收率、硫化氢含量等；无论是原料还是产物，在高压换热器中流速较低时，也容易结垢，结垢热阻取值范围见表9-1。

表9-1　加氢裂化装置高压换热物流结垢热阻取值范围

介质名称	结垢热阻/[(m²·K)/W]	备注
原料油	0.0001665~0.0012	原料油较脏时，取大值
原料油+混合氢	0.0001665~0.001	与混合氢加入量有关
混合氢、循环氢	0.0001~0.0004	与循环氢是否脱硫有关
反应流出物	0.0001665~0.0085	与转化率、循环油量等有关
热高分气、中温分离气	0.0001665~0.0007	与热高分温度有关
低分油、汽提塔底液	0.0001665~0.009	与转化率、循环油量等有关
循环油	0.0001665~0.001	与循环油性质等有关

Kern 从理论上得出的管内结垢热阻与流速和运转时间等因数的关系为：

$$r_\theta = \frac{\delta_\theta}{\lambda_d} = r_\theta^* [1 - \exp(-B\theta)]$$

$$r_\theta^* = A_1 \frac{d_i^4}{W_i}$$

$$B = A_2 \frac{W_i^2}{d_i^4}$$

式中　r_θ——运转时间为θ时的结垢热阻，(m²·K)/W；

　　θ——运转时间，h；

　　δ_θ——运转时间为θ时的污垢厚度，mm；

　　λ_d——污垢的热导率，W/(m·K)；

　　r_θ^*——运转时间无限长的结垢热阻，(m²·K)/W；

　　A_1——与管程介质性质、温度等因数有关的常数；

　　A_2——与管程介质性质、温度等因数有关的常数。

9.1.5　工艺计算考虑的因素

（1）流速

高压换热器流速选取应考虑的因数：传热系数、允许压降、结垢情况、可能产生的磨蚀情况及可能引起的振动情况。

提高流速：可提高传热系数，减小传热面积，降低生成污垢的可能性；会增加压降、功率消耗、设备磨蚀及换热器振动。

高压换热器管程流速一般选取范围：原料油 0.5~3.0m/s，含焦化蜡油的原料油>1.0m/s，循环氢、混合氢、热高分气 5~30m/s，反应流出物、混合进料 1.5~15m/s。

高压换热器壳程流速一般选取范围：原料油 0.2~1.5m/s，含焦化蜡油的原料油>0.5m/s，循环氢、混合氢、热高分气：3~15m/s，反应流出物、混合进料：0.5~15m/s。

加氢裂化装置的压力越高，高压换热器管程、壳程最大允许的流速越小。

（2）允许压力降

选择较大的压力降可以提高管程（或壳程）流速，从而提高管程（或壳程）的膜传热系数，增强传热效果，减少换热面积。

当壳程热阻为控制热阻时，可增加折流挡板数、减小壳径或采用双壳程，提高壳程流体的流速，增大膜传热系数。

当管程热阻为控制热阻时，可增加管程数，提高管程流体的流速，增大膜传热系数。

无论提高管程膜传热系数，还是壳程膜传热系数，均必须满足允许压力降要求。当加氢裂化装置循环氢压缩机差压 1.5~2.5MPa，含有氢气的单壳程管壳式高压换热器单台差压可在 0.005~0.08MPa；当加氢裂化装置循环氢压缩机差压 2.6~3.5MPa，含有氢气的单壳程管壳式高压换热器差压可在 0.02~0.15MPa；三弓板、双弓板、折流杆高压换热器单台差压较小；双壳程管壳式高压换热器差压可在以上基础上适当增大，增大的数量取决于与其他设备设计差压的匹配。

（3）管程、壳程流体

加氢裂化装置高压换热器的流体品种较多，一般应结合加工的原料油性质、结垢倾向、允许压力降、腐蚀特性、高压换热器的结构形式、控制热阻、设备材料选择、管板设计差压等因素综合考虑。

循环氢、混合氢、热高分气、反应流出物、原料油、混合进料即可走管程，也可走壳程。循环氢、混合氢走管程还是走壳程取决于氢油比大小、另一侧介质特性、管板设计差压等因素；原料油走管程还是走壳程取决于原料油性质、结垢倾向、另一侧介质特性、高压换热器的结构形式等因素。

一般情况下：单壳程管壳式高/低压换热器，低压流体走壳程，高压流体走管程；单壳程管壳式高/高压换热器，一侧热阻明显高于另一侧时，高热阻流体可走壳程，使其湍流（$Re \geqslant 100$），以提高膜传热系数；黏度相差较大，黏度大的流体走壳程；流量相差较大，流量小的流体走壳程；当流体在管程能够达到湍流，走管程就比较合理；若循环氢压缩机差压较小或提高处理量的改造装置，雷诺数低的走壳程比较合理。

9.2　传热计算 [1~17,31~32]

9.2.1　膜传热系数表达式

以 Kern 法为基础的光管换热器传热计算。

$$\frac{h \cdot d}{\lambda} = C \cdot \left(\frac{d \cdot G}{\mu}\right)^n \cdot \left(\frac{c_\mathrm{p} \cdot \mu}{\lambda}\right)^{\frac{1}{3}} \cdot \phi = J_H \cdot \left(\frac{c_\mathrm{p} \cdot \mu}{\lambda}\right)^{\frac{1}{3}} \cdot \phi$$

式中　　h——膜传热系数，$W/(m^2 \cdot K)$；

D——管径，mm；

λ——热导率，$W/(m \cdot K)$；

C——系数；

G——质量流速，$kg/(m^2 \cdot s)$；

c_p——比热容，$kJ/(kg \cdot K)$；

μ——黏度，$Pa \cdot s$；

ϕ——校正系数；

J_H——传热因子。

9.2.2　管程膜传热系数计算

（1）管程传热因子

当 $Re_\mathrm{i} \leqslant 2100$ 时，

$$J_{\mathrm{Hi}} = 1.86 \times Re_\mathrm{i}^{\frac{1}{3}} \left(\frac{d_\mathrm{i}}{L}\right)^{\frac{1}{3}} \times C_1$$

式中　　J_{Hi}——管程传热因子（图 9-13）；

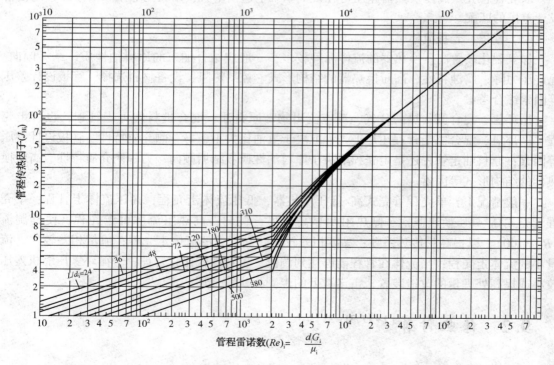

图 9-13　管程传热因子图

L——管长，m；

　　C_1——修正因子，一般取 $1.2 \sim 1.3$。

当 $2100 < Re_i < 10^4$ 时，

$$J_{Hi} = 0.116 \times \left(Re_i^{\frac{2}{3}} - 125 \right) \times \left[1 + \left(\frac{d_i}{L} \right)^{\frac{2}{3}} \right]$$

当 $Re_i \geqslant 10^4$ 时，

$$J_{Hi} = 0.023 \times Re_i^{0.8}$$

公式的实验误差：层流区（$Re_i \leqslant 2100$）$\pm 12\%$；湍流区（$Re_i \geqslant 10^4$）$+15\% \sim -10\%$。

（2）管内膜传热系数

$$h_{io} = \frac{\lambda_{iD}}{d_o} \cdot J_{Hi} \cdot Pr^{\frac{1}{3}} \cdot \varphi_i$$

$$\phi_i = \left(\frac{\mu_{iD}}{\mu_W} \right)^{0.14}$$

式中　h_{io}——管内膜传热系数（以光管外表面积为基准），$W/(m^2 \cdot K)$；

　　　　ϕ_i——管程壁温校正系数；

　　　　μ_w——壁温下的黏度，$Pa \cdot s$。

9.2.3　壳程膜传热系数计算

（1）壳程传热因子

① 单弓正方形或正方形排列斜转 45° 排列的管束

当 $Re_o \leqslant 200$ 时，

$$J_{Ho} = 0.641 \times Re_o^{0.46} \cdot \left(\frac{Z-15}{10} \right) + 0.731 \times Re_o^{0.473} \cdot \left(\frac{25-Z}{10} \right)$$

式中　J_{Ho}——壳程传热因子；

　　　　Z——弓形折流挡板缺圆高度百分数，%，国标 $Z = 25$。

当 $200 < Re_o < 10^3$ 时，

$$J_{Ho} = 0.491 \times Re_o^{0.51} \cdot \left(\frac{Z-15}{10} \right) + 0.673 \times Re_o^{0.49} \cdot \left(\frac{25-Z}{10} \right)$$

当 $Re_o \geqslant 10^3$ 时，

$$J_{Ho} = 0.378 \times Re_o^{0.554} \cdot \left(\frac{Z-15}{10} \right) + 0.41 \times Re_o^{0.5634} \cdot \left(\frac{25-Z}{10} \right)$$

② 单弓正三角形排列的管束

当 $Re_o \leqslant 200$ 时，

$$J_{Ho} = 0.641 \times Re_o^{0.46} \cdot \left(\frac{Z-15}{10} \right) + 0.713 \times Re_o^{0.473} \cdot \left(\frac{25-Z}{10} \right)$$

当 $200 < Re_o < 5000$ 时，

$$J_{Ho} = 0.491 \times Re_o^{0.51} \cdot \left(\frac{Z-15}{10} \right) + 0.673 \times Re_o^{0.49} \cdot \left(\frac{25-Z}{10} \right)$$

当 $Re_o \geqslant 5000$ 时，

$$J_{Ho} = 0.350 \times Re_o^{0.55} \cdot \left(\frac{Z-15}{10}\right) + 0.473 \times Re_o^{0.539} \cdot \left(\frac{25-Z}{10}\right)$$

（2）壳程膜传热系数

$$h_o = \frac{\lambda_{oD}}{d_e} \cdot J_{Ho} \cdot Pr^{\frac{1}{3}} \cdot \varphi_o \cdot \varepsilon_h$$

$$\phi_o = \left(\frac{\mu_{oD}}{\mu_W}\right)^{0.14}$$

式中　h_o——壳程膜传热系数（以光管外表面积为基准），$W/(m^2 \cdot K)$；

ϕ_o——壳程壁温校正系数；

ε_h——旁路挡板传热校正系数，推荐值见表9-2。

表9-2　旁路挡板传热校正系数

d_0/mm	700	800	900	1000	1100	1200	1300	1400	1500	1600	1700	1800
ε_h	1.18	1.17	1.15	1.14	1.13	1.12	1.11	1.10	1.09	1.08	1.07	1.06

9.2.4　总传热系数计算

$$K = \frac{1}{\frac{A_o}{A_i} \cdot \left(\frac{1}{h_i} + r_i\right) + \left(\frac{1}{h_o} + r_o\right) + r_p}$$

式中　K——总传热系数（以光管外表面积为基准），$W/(m^2 \cdot K)$；

A_o——光管外表面积，m^2；

A_i——光管内表面积，m^2；

h_i——管内膜传热系数（以光管内表面积为基准），$W/(m^2 \cdot K)$；

h_o——管外膜传热系数（以光管外表面积为基准），$W/(m^2 \cdot K)$；

r_i——管内流体的结垢热阻（以光管内表面积为基准），$(m^2 \cdot K)/W$；

r_o——管外流体的结垢热阻（以光管外表面积为基准），$(m^2 \cdot K)/W$；

r_p——管壁热阻，$(m^2 \cdot K)/W$，$r_p = \frac{d_o}{2\lambda_w} \cdot \ln\left(\frac{d_o}{d_i}\right)$。加氢裂化装置高压换热器常用材料典型管壁热阻见表9-3。

表9-3　加氢裂化装置高压换热器常用材料典型热阻

材料名称	传热系数/ $[W/(m^2 \cdot K)]$	金属热阻/ $[(m^2 \cdot K)/W]$			
		$\phi19mm \times 1.665mm$	$\phi19mm \times 2mm$	$\phi25mm \times 2.5mm$	$\phi25mm \times 4.572mm$
碳　钢	46.7	0.000039	0.000048	0.00006	0.00074
铬钼钢	43.3	0.000042	0.000052	0.000064	0.0008
不锈钢	19	0.000096	0.000118	0.00015	0.00182

9.2.5　热负荷计算

加氢裂化装置高压换热器热负荷计算时，一般不考虑热损失。热负荷一般按流体的平均比热容和进口、出口温度来计算。

热流体放热量按下式计算

$$Q = W_h \cdot \Delta H_h \qquad 或 \qquad Q = W_h \cdot C_h \cdot (T_1 - T_2)$$

式中　Q——热负荷，即热流体放热量，kW；

　　　W_h——热流体流率，kg/s；

　　ΔH_h——热流体进口、出口焓差，kJ/kg；

　　　C_h——热流体平均比热容，kJ/(kg·K)；

　　　T_1——热流体进口温度，℃；

　　　T_2——热流体出口温度，℃。

冷流体吸热量按下式计算

$$Q = W_c \cdot \Delta H_c \qquad 或 \qquad Q = W_c \cdot C_c \cdot (t_2 - t_1)$$

式中　Q——热负荷，即冷流体吸热量，kW；

　　　W_c——冷流体流率，kg/s；

　　ΔH_c——冷流体进口、出口焓差，kJ/kg；

　　　C_c——冷流体平均比热容，kJ/(kg·K)；

　　　t_1——冷流体进口温度，℃；

　　　t_2——冷流体出口温度，℃。

9.2.6　换热面积计算

（1）计算的换热面积

$$A_o = \frac{Q}{K \cdot \Delta t}$$

式中　A_o——计算的换热面积，m²。

（2）换热面积富余量

$$CF = \frac{A_T - A_o}{A_o} \times 100\%$$

$$A_T = A \cdot N \cdot N_{pp}$$

式中　CF——换热面积富余量，%；

　　　A_T——选用的换热面积，m²；

　　　A——单台换热器的工程传热面积，m²；

　　　N——串联台数；

　　N_{pp}——并联路数。

9.3　压力降计算[1~17,31~32]

9.3.1　管程压力降计算

（1）管内流动压力降

$$\Delta P_i = \frac{G_i^2}{2\rho_{iD}} \cdot \frac{L \cdot N_{tp}}{d_i} \cdot \frac{f_i}{\varphi_i}$$

式中　ΔP_i——管内流动压力降，Pa；

　　　N_{tp}——管程数；

　　　ρ_{iD}——管程流体在定性温度下的密度，kg/m³；

　　　f_i——管内摩擦系数(图 9-14)。

当 $Re_i < 10^3$ 时，　　　　　$f_i = 67.63 \cdot Re_i^{-0.9873}$

当 $Re_i = 10^3 \sim 10^5$ 时，　　$f_i = 0.4513 \cdot Re_i^{-0.2653}$

当 $Re_i > 10^5$ 时，　　　　　$f_i = 0.2864 \cdot Re_i^{-0.2258}$

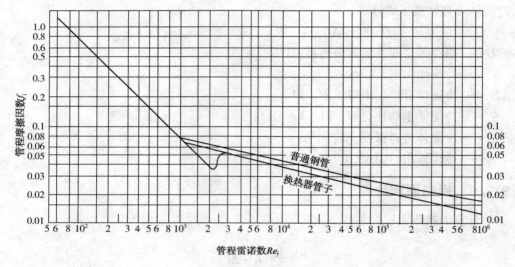

图 9-14　管程摩擦系数

（2）管程回弯压力降

$$\Delta P_r = \frac{G_i^2}{2\rho_{iD}} \cdot (4N_{tp})$$

式中　ΔP_r——管程回弯压力降，Pa。

（3）进口、出口管嘴压力降

① 进口管嘴压力降：

$$\Delta P_{Ni1} = \frac{G_{Ni1}^2}{2\rho_{iD1}}$$

$$G_{Ni1} = \frac{W_{i1}}{\frac{\pi}{4}d_{Ni1}^2}$$

式中　ΔP_{Ni1}——进口管嘴压力降，Pa；

　　　ρ_{iD1}——进口管嘴条件下的密度，kg/m³；

　　　G_{Ni1}——管程进口管嘴的质量流速，kg/(m²·s)；

　　　W_{i1}——管程进口管嘴处的流量，kg/s；

d_{Ni1}——管程进口管径，mm。

② 出口管嘴压力降：

$$\Delta P_{Ni2} = \frac{0.5 G_{Ni2}^2}{2\rho_{iD2}}$$

$$G_{Ni2} = \frac{W_{i2}}{\frac{\pi}{4} d_{Ni2}^2}$$

式中　ΔP_{Ni2}——出口管嘴压力降，Pa；

ρ_{iD2}——出口管嘴条件下的密度，kg/m^3；

G_{Ni2}——管程出口管嘴的质量流速，$kg/(m^2 \cdot s)$；

W_{i2}——管程出口管嘴处的流量，kg/s；

d_{Ni2}——管程出口管径，mm。

③ 进口、出口管嘴压力降：

$$\Delta P_{Ni} = \Delta P_{Ni1} + \Delta P_{Ni2}$$

式中　ΔP_{Ni}——进口、出口管嘴压力降，Pa。

（4）管程压力降

$$\Delta P_t = (\Delta P_i + \Delta P_r) \cdot F_i + \Delta P_{Ni}$$

式中　ΔP_t——管程压力降，Pa；

F_i——管程压力降污垢校正系数，可由表9-4查取。

表 9-4　管程压力降污垢校正系数

结垢热阻/ [(m²·K)/W]	0	0.00017	0.00034	0.00043	0.00052	0.00069	0.00086	0.00129	0.00172
F_i	1.00	1.20	1.35	1.40	1.45	1.50	1.60	1.70	1.80

9.3.2　壳程压力降计算

（1）管束压力降

$$\Delta P_o = \frac{G_o^2}{2\rho_{oD}} \cdot \frac{D_s \cdot (N_b + 1)}{d_e} \cdot \frac{f_o}{\phi_o} \cdot \varepsilon_{\Delta p}$$

式中　ΔP_o——管束压力降，Pa；

N_b——折流挡板数；

ρ_{oD}——壳程流体在定性温度下的密度，kg/m^3；

$\varepsilon_{\Delta p}$——旁路挡板压力降校正系数，推荐值见表9-5；

表 9-5　旁路挡板压力降校正系数

d_0/mm	700	800	900	1000	1100	1200	1300	1400	1500	1600	1700	1800
$\varepsilon_{\Delta p}$	1.64	1.58	1.52	1.51	1.50	1.45	1.40	1.35	1.30	1.25	1.20	1.15

f_o——壳程摩擦系数，$f_o = f_o' \cdot \frac{35}{Z+10}$，$Z=25$ 的标准尺寸，$f_o = f_o'$。

其中，f'_o 可按以下各式计算：

① 单弓正方形或正方形排列斜转 45°排列的管束：

当 $10 < Re_o \leq 100$ 时，$f'_o = 119.3 \cdot Re_o^{-0.93}$；

当 $100 < Re_o \leq 1500$ 时，$f'_o = 0.402 + 3.1 \cdot Re_o^{-1} + 3.51 \times 10^4 \cdot Re_o^{-2} - 6.85 \times 10^6 \cdot Re_o^{-3} + 4.175 \times 10^8 \cdot Re_o^{-4}$；

当 $1500 < Re_o \leq 15000$ 时，$f'_o = 0.731 \cdot Re_o^{-0.0774}$；

当 $Re_i > 15000$ 时，$f'_o = 1.52 \cdot Re_o^{-0.153}$。

② 单弓正三角形排列的管束：

当 $10 < Re_o \leq 100$ 时，$f'_o = 207.4 \cdot Re_o^{-1.106}$；

当 $100 < Re_o \leq 1500$ 时，$f'_o = 0.354 + 240.6 \cdot Re_o^{-1} - 8.28 \times 10^4 \cdot Re_o^{-2} + 1.852 \times 10^7 \cdot Re_o^{-3} - 1.107 \times 10^9 \cdot Re_o^{-4}$；

当 $1500 < Re_o \leq 15000$ 时，$f'_o = 1.148 \cdot Re_o^{-0.1475}$；

当 $Re_i > 15000$ 时，$f'_o = 1.52 \cdot Re_o^{-0.153}$。

（2）导流板或导流筒压力降

$$\Delta P_{ro} = \frac{G_{No}^2}{2\rho_{oD}} \cdot \varepsilon_{Ip}$$

式中　ΔP_{ro}——导流板或导流筒压力降，Pa。

（3）进口、出口管嘴压力降

① 进口管嘴压力降：

$$\Delta P_{No1} = \frac{G_{No1}^2}{2\rho_{oD1}}$$

$$G_{No1} = \frac{W_{o1}}{\frac{\pi}{4}d_{No1}^2}$$

式中　ΔP_{No1}——壳程进口管嘴压力降，Pa；

　　　ρ_{oD1}——壳程进口管嘴条件下的密度，kg/m³；

　　　G_{No1}——壳程进口管嘴的质量流速，kg/(m² · s)；

　　　W_{o1}——壳程进口管嘴处的流量，kg/s；

　　　d_{No1}——壳程进口管径，mm。

② 出口管嘴压力降：

$$\Delta P_{No2} = \frac{0.5G_{No2}^2}{2\rho_{oD2}}$$

$$G_{No2} = \frac{W_{o2}}{\frac{\pi}{4}d_{No2}^2}$$

式中　ΔP_{No2}——壳程出口管嘴压力降，Pa；

　　　ρ_{oD2}——壳程出口管嘴条件下的密度，kg/m³；

　　　G_{No2}——壳程出口管嘴的质量流速，kg/(m² · s)；

W_{o2}——壳程出口管嘴处的流量，kg/s；

d_{No2}——壳程出口管径，mm。

③ 进口、出口管嘴压力降：

$$\Delta P_{No} = \Delta P_{No1} + \Delta P_{No2}$$

式中　ΔP_{No}——壳程进口、出口管嘴压力降，Pa。

（4）壳程压力降

$$\Delta P_s = \Delta P_o \cdot F_o + \Delta P_{ro} + \Delta P_{No}$$

式中　ΔP_s——壳程压力降，Pa；

F_o——壳程压力降污垢校正系数，可由表 9-6 查取。

表 9-6　壳程压力降污垢校正系数

结垢热阻/[(m²·K)/W]	0	0.00017	0.00034	0.00043	0.00052	0.00069	0.00086	0.00129	0.00172
F_o	1.00	1.20	1.30	1.40	1.45	1.45	1.50	1.65	1.75

9.4　典型高压换热器工艺参数和技术分析[15~32]

9.4.1　典型高压换热器工艺参数

典型高压换热器工艺参数见表 9-7 和表 9-8。

表 9-7　反应流出物/反应进料换热器工艺参数

工艺参数	壳　程	管　程
换热器形式	DEU，单台，ϕ1200 mm×6096 mm，28891 kg	
流体名称	反应流出物	反应进料
流量/(kg/s)	112.391	58.348
汽化率/%，入口/出口	0.415/0.3462	0.0822/0.0973
气体密度/(kg/m³)，入口/出口	39.25/35.31	13.613/13.406
液体密度/(kg/m³)，入口/出口	592.1/617.3	768.03/702.28
气体热导率/[W/(m·K)]，入口/出口	0.261/0.256	0.2776/0.3147
液体热导率/[W/(m·K)]，入口/出口	0.0715/0.0846	0.1152/0.0985
温度/℃，入口/出口	401.85/351.90	233.16/344.11
温度/℃，平均/表面	376.4/346.65	288.6/339.99
壁温/℃，最大/最小	305.50/364.48	295.72/357.74
压力/kPa，入口/平均	15742.2/15680.5	17689.3/17177.2
压降/kPa，总/允许	123.51/207.11	24.14/138.89
流速/(m/s)	4.25	4.57
膜传热系数/[W/(m²·K)]	2689.97	2547.89
热负荷/MW	21.6489	21.6398
有效平均温差/℃	70.5	
总传热系数/[W/(m²·K)]	1071	

续表

工艺参数	壳　　程	管　　程
折流板间距/mm，入口/中间/出口	900/594/900	
嘴子/mm，入口/出口	450/450	300/300
嘴子流速/(m/s)，入口/出口	7.95/7.47	5.85/6.91
嘴子压降/kPa，入口/出口	4.113/3.409	2.606/1.959
金属温度/℃	375.69	330.41

表9-8　反应流出物/汽提塔底油换热器工艺参数

工艺参数	壳　　程	管　　程
换热器形式	DEU，单台，φ1400mm×2850mm，32596kg	
流体名称	汽提塔底油	反应流出物
流量/(kg/s)	93.65	108.5
汽化率/%，入口/出口	0/0	0.3469/0.3202
气体密度/(kg/m³)，入口/出口	0/0	32.949/31.305
液体密度/(kg/m³)，入口/出口	639.18/614.61	617.8/627.71
气体热导率/[W/(m·K)]，入口/出口	0/0	0.2661/0.2641
液体热导率/[W/(m·K)]，入口/出口	0.0836/0.0761	0.0839/0.089
温度/℃，入口/出口	284.05/311.59	351.19/332.29
温度/℃，平均/表面	297.8/322.59	341.8/329.57
壁温/℃，最大/最小	314.72/333.53	323.88/339.64
压力/kPa，入口/平均	2411.03/2405.02	15408.2/15376.2
压降/kPa，总/允许	12.03/101.78	64.0/113.68
流速/(m/s)	0.68	9.68
膜传热系数/[W/(m²·K)]	1656.13	5017.58
热负荷/MW	8.2276	8.225
有效平均温差/℃	41.3	
总传热系数/[W/(m²·K)]	926.86	
折流板间距/mm，入口/中间/出口	650/366.65/750	
嘴子/mm，入口/出口	300/300	450/450
嘴子流速/(m/s)，入口/出口	2.07/2.16	7.9/7.72
嘴子压降/kPa，入口/出口	1.83/1.717	2.966/1.843
金属温度/℃	298.58	329.24

9.4.2　技术分析

（1）两相流动和传热

虽然管壳式换热器工艺计算的原理与方法已达到"标准"化和"规范"化程度，形成了可进行热力设计、流动设计的 Colburn-Donohue 法、Bell-Delaware 法、Kern 法、流路分析法等理论模型，HTRI、HTFS、B-JAC、THREM、CC-Therm 和 HEAT-DESIGN 等设计软件已应用于工程设计，但对高温、高压、含氢气的两相不互溶物系冷凝、冷却过程的流体流动及传热计算，量化后误差仍较大，依然是目前研发的热点和发展方向。

（2）流体振动

由于高压管壳式换热器的壳侧流径非常复杂，会引起多种流体漩涡、抖振、弹性激振及声学共振，这些振荡组合起来就形成剧烈振动。随着加氢裂化装置的大型化，新型加氢技术的出现，高压换热器也会向大型化、高温、高压、高流速、高负荷方向发展，振动有可能更加激烈，严重时不仅使管子破裂，甚至使高压换热器损坏，造成严重的后果，所以，必须对振动机制、振动防控措施进行研究。多年来，虽然在理论上提出了一些流体激振机理和振动预测方法，但是，由于高温、高压、含氢气的两相不互溶物系流体流动的复杂性，对其规律的认识还比较肤浅，难以进行有效的控制与预防。若能对振动频率、振幅、发生地点等加以适当控制，就可以强化传热及防除垢。

目前工程设计中可采取增大折流板间距、调整管子间距、入口处和出口处增加防冲挡板、窗口区不布管等措施来减小发生振动的可能性。

（3）非线性传热

随着非线性科学的出现，高压管壳式换热器内的非线性传热与流动问题开始受到关注，例如非线性流型分析和识别、压力波动的混沌预测和控制等。也有运用分岔理论、突变论、耗散结构理论等非线性学科分支，对池沸腾过程中出现的非线性现象进行研究的报道。但是，对传热过程的非线性研究较少，应加强从新的角度揭示传热机理，创立新的换热器设计方法。

（4）换热器中流动及传热过程的数值模拟

在高压换热器流动及传热过程的数值模拟方面，通过计算机 CFX（CFD）建立描述整个系统的流体流动及传热等过程的物理数学模型，通过数值求解了解换热器内详细的三维流场及传热信息，克服经验或半理论设计的不足，实现高压换热器的定量设计和放大预测。CFX（CFD）的有效性取决于物理和数学模型的正确性，依赖于计算机的运算速度和存储能力，与所用的计算方法有很大关系。这是一个多学科交叉课题，是一项系统工程，仍需要加强合作研究和探索。

（5）螺纹锁紧环高压换热器与 Ω 环高压换热器的比较（表9-9）

表9-9　螺纹锁紧环高压换热器与 Ω 环高压换热器的比较

项　　目	螺纹锁紧环高压换热器	Ω 环高压换热器
结构	复杂	简单
制造	要求高，有难度	相对简单
密封性能	可靠	可靠
拆装、检修	专用工具，较复杂；不拆动管线	需要焊接、切割；需拆动管线
使用时间	长	长，需更换 Ω 密封环
制造费用	较高	较低
加氢裂化适用性	适用	适用
优势	相对干净介质	高压、高温、大直径

（6）高压换热器的结垢

表 9-10　某加氢裂化高压换热器垢样分析

分析项目	原料油	管程入口垢样	壳体部分垢样
C/%	86.15	51.40	3.06
H/%	12.82	5.99	0.01
S/%	0.85	13	31
N/%	0.18	0.88	—
O/%	0.83	11.74	—
Cl/(μg/g)	16.81	1441	—
Na/(μg/g)	0.28	439.5	—
Fe/(μg/g)	1.59	16.9%	24.2%
Ni/(μg/g)	0.19	145.6	5.3%
Cu/(μg/g)	0.0063	25.77	390.82
Ca/(μg/g)	0.322	12.89	629.25
V/(μg/g)	0.014	5.15	50.76
灰分/%	—	25.25	87.40
灼烧失重/%	—	74.75	12.60
油溶性			
喹啉可溶物/%		42.63	2.35
苯可溶物/%		25.06	0.49
水溶性		Fe^{3+}、Fe^{2+}、Cl^{2-}、S^{2-}	
晶相络合物	—	少量 Fe_9S_{10}	60%~70%Fe_9S_{10}，30%$(FeNi)_9S_{10}$

高压换热器垢样分析见表 9-10，积垢的原因分析：

无机物是金属腐蚀产物或生成的盐类（主要是铁盐），这些小颗粒杂质能集聚变成大颗粒而沉积，在温度较低时，原料油中的重组分较黏稠，有机聚合物的黏附性会加速小颗粒的聚集。

有机物可能是氧引发的聚合反应形成的高分子聚合物，以及在较高温度条件下，原料油中的多环芳烃、胶质、沥青质发生脱氢缩合反应生成焦炭或焦炭前身物而形成的有积垢。原料油中的 Fe、Ni、Cu、V 等金属，会对自由基起催化作用，从而加速高分子聚合物的形成。

湿硫化氢腐蚀一方面是原料油中的少量水和硫化物在受热后分解生成的 H_2S 对金属设备的腐蚀；另一方面是循环氢中的 H_2S 对金属设备的腐蚀。

氯化物的腐蚀一方面是原料油中的少量无机氯和有机氯盐类，分解生成的 HCl 对金属设备腐蚀；另一方面是循环氢中的 HCl 对金属设备的腐蚀。

氢腐蚀是长期在高压氢气气氛中的高压换热器会有少量溶解氢，当装置停工换热器降压时，溶解的氢气会从金属表面释放，使金属表面基体变脆、抗污染能力减弱，从而使换热器易受到污染物腐蚀。

油泥的聚集是换热器受到腐蚀后，表面会形成一层硫化物或溶解氢，这些腐蚀层的机械强度弱、表面粗糙，原料油中的重质组分及氧化自由基反应形成的高分子聚合物（或称油泥）便非常容易沉积在这些部位，从而加速了污垢的聚集，造成换热器堵塞。

（7）设计上防治高压换热器结垢的措施

① 使用不易结垢的换热器。换热器有各种结构类型，各种类型的结垢倾向大不相同。管壳式高压换热器结构非常粗糙，能承受非常高的压力，同时却易于结垢，尤其是壳程，因为每个挡板的两侧都有滞留区。

有几种其他类型的换热器因没有死区，且传热表面的剪切力较高，结垢就很少，但需提高板式、螺旋板式换热器、流化床式换热器的设计压力，以适应其在加氢裂化装置的应用。目前，缠绕式换热器不失为一种选择。

② 脏流体在管内时：管壳式换热器的管程较壳程易于清洗，但脏物流一般都是黏稠的，由于层流，其传热系数常常很低，因此在可操作性(清洗结垢表面)和初始费用之间应有一个权衡。在分配壳程和壳程物流之前，还必须考虑其他参数，如压力、温度、腐蚀性及流率。

a. 保持高速。高速能抑制所有形式的结垢。由于压降随着速度的增加而升高要比传热系数快得多，故就有一个最佳速度，只要超过这个速度就是不经济的。

b. 留出足够的压降余量。对于高结垢高压换热器，在许用和计算压降之间留有相当的余量(30%~40%)被视为一种谨慎方法。这种保守性的替代方法适用适当的结垢层厚度0.5mm，甚至1.0mm。

③ 脏流体在壳程时：

a. 采用U形管。管程流体清洁，可使用U形管式换热器。

b. 采用正方形或转角正方形管排列形式。管子按正方形排列，为铁钎清扫或水力喷射方式的机械清理提供通道。但是，对于低雷诺数流动，正方形排列的传热系数低，因而效果差，在这种情况下应采用转角正方形。根据TEMA推荐，通常为正方形和转角正方形排列提供必要的清洗通道。

c. 通过优化挡板设计将死区减至最少。壳程因挡板两边存在死区而易于结垢，须使用正确的挡板间距和切口，见图9-15。低挡板切口和高挡板切口都导致结垢严重的大面积滞流，对良好性能不利。挡板切口应在20%~30%之间，25%为最佳。

d. 保持高速。壳程速度高也会抑制各种结垢的生成。然而，对于特定壳径，采用最小的挡板间距(约壳径的20%)，壳程压降(和传热系数)就很低。之所以出现这种情况可能是因为壳程流速低，或平均温差低，这就要求传热面积大，相应地也就要求壳径大。

(8) 操作上防治高压换热器结垢的措施

① 注抗垢剂。抗垢剂应具有的性能：较强的清净分散性，防止微粒聚集；较强的抗氧性，防止自由基反应；抗聚合性，终止链反应；抗腐蚀和金属钝化功能；不能危害加氢催化剂，低氮、低硫及不含金属离子等。换热器的结果情况见图9-16、图9-17。

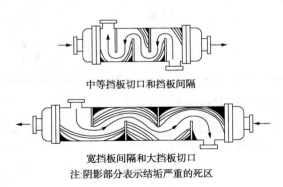

中等挡板切口和挡板间隔

宽挡板间隔和大挡板切口

注：阴影部分表示结垢严重的死区

图9-15　挡板间距和切口对结垢的影响

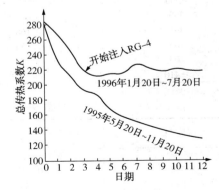

图9-16　某加氢裂化装置高压
换热器总传热系数运行曲线

抗垢剂抗垢率计算方法：

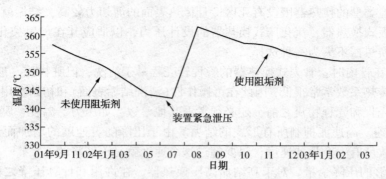

图 9-17 某加氢裂化装置高压换热器出口原料油温度

$$抗垢率 = \frac{A-B}{A} \times 100\%$$

式中   A——不加剂油样反应后的甲苯不溶物含量减去原料本身的甲苯不溶物含量;

      B——加抗垢剂油样反应后的甲苯不溶物含量减去原料本身甲苯不溶物含量。

各种抗垢剂的结垢率见表 9-11~表 9-14。

表 9-11   抗氧型单剂的抗垢率

温度/℃	甲苯不溶物含量/%		抗垢率/%
	空白	加剂	
<390	极微	极微	—
390	0.048	0.026	45.83
395	0.168	0.121	27.98
400	0.759	0.584	23.06
405	1.857	1.470	20.84
≥410	结焦严重	结焦严重	—

表 9-12   钝化型单剂的抗垢率

温度/℃	甲苯不溶物含量/%		抗垢率/%
	空白	加剂	
<390	微量	微量	—
390	0.048	0.030	37.5
395	0.168	0.124	26.2
400	0.759	0.583	23.2
405	1.857	1.476	20.5
≥410	结焦严重	结焦严重	—

表 9-13   分散型单剂的抗垢率

温度/℃	甲苯不溶物含量/%		抗垢率/%
	空白	加剂	
<390	微量	微量	—
390	0.048	0.032	33.3
395	0.168	0.106	36.9
400	0.759	0.544	28.3
405	1.857	1.705	8.2
≥410	结焦严重	结焦严重	—

表 9-14　复合剂的抗垢率

| 温度/℃ | 甲苯不溶物含量/% | | | | 抗垢率/% | | |
| | 加 SFG-3 抗垢剂/(μg/g) | | | | 加 SFG-3 抗垢剂/(μg/g) | | |
	100	150	200	空白	100	150	200
<390	极微	极微	极微	极微	—	—	—
390	0.016	0.011	0.010	0.04	66.7	77.1	81.2
395	0.053	0.045	0.029	0.16	68.5	73.2	82.7
400	0.168	0.124	0.112	0.75	77.9	83.7	85.2
405	0.654	0.381	0.310	1.85	64.8	79.5	83.3
410	4.723	3.476	3.287	结焦严重			

② 采用除垢措施。

a. 机械清洗。通过机械作用提供一种大于污垢黏附力的力而去除附着在表面的污垢，这种清洗方法对于碳化污垢和硬质垢具有较高的效率。

b. 喷射清洗。喷射清洗是一种强力清洗法，利用喷射设备将介质以极高的冲击力喷入换热器的管侧和壳侧，起到除垢的目的。常用的介质是水、蒸汽和石英砂。对于仅仅依靠冲击力是不能去除而必须依靠热量才能使其松动的污垢，蒸汽喷射清洗是非常好的方法。

c. 管内插入物清洗。只能除去管子里面的污垢，它依靠插入物在管内的运动，与管子内表面接触，达到去除污垢的效果。

插入物的型式多种多样，可以是在挠性轴的端部装上刮刀或钻头，也可以将直径比管子内径稍大的海绵球挤入管内以起到除垢的目的，还可以使用钢丝刷子来清洗较低硬度的污垢。清华大学利用弹簧在流体的作用下能发生弹性振动，不断地擦洗和碰撞管壁而除垢的原理，开发出多种弹簧插入物，在实际应用中起到了很好的效果。

d. 化学清洗。在流体中加入除垢剂、酸、碱、酶等，以减少污垢与换热面的结合力，使其从受热面上脱离。化学清洗可以在现场完成，清洗强度较低；但清洗更完全，可以清洗机械清洗所不能到达的地方，并可避免机械清洗对换热面造成一定的机械损伤；而且化学清洗可以不用拆开设备，对于不能拆开的管壳式换热设备具有机械清洗所不能比拟的优点。

化学清洗的过程中，应根据污垢的特性，合理地选择缓蚀剂、清洗主剂和助剂，控制适宜的速度和温度，同时应做好清洗废液的处理排放工作，避免对环境造成影响。

e. 超声波除垢。利用超声波的空化效应、活化效应、剪切效应和抑制效应。超声波除垢技术的关键是针对不同物料、不同装置类型和传热面积的大小，选择合适的超声波功率和频率大小。

(9) 高低压换热器爆管工况分析

加氢裂化装置的高低压换热器主要有：反应流出物/低分油换热器、反应流出物/主汽提塔底液换热器、反应流出物蒸汽发生器、热高分气/冷低分油换热器、热高分气/热低分油换热器等，当此类高低压换热器管束由于腐蚀、振动等原因发生破裂后，高压侧流体会通过破损换热管截面进入低压侧，从而引起低压侧设备及相关系统发生超压，称为爆管工况。

① 爆管工况的动态模拟计算：

某加氢裂化装置反应流出物/分馏塔进料换热器设计数据见表 9-15。

表 9-15　反应流出物/分馏塔进料换热器工艺及结构设计条件

项　目	高压侧	低压侧
TEMA 型号，尺寸	DEU，1100mm×6000mm	
换热管内径×壁厚/mm	19×2	
热负荷/MW	7.35	
流体组成，位置	反应流出物，管程	分馏塔进料，壳程
流量/(kg/h)	264601	201006
入口压力/MPa(g)	16.50	0.91
出口压力/MPa(g)	16.45	0.88
入口温度/℃	296	219
出口温度/℃	270	264
入口汽化率/%(体)	92.15	14.16
出口汽化率/%(体)	91.51	40.03

假设条件[34]：

a. 爆管工况指换热器某一根换热管在管板处发生完全断裂，高压流体在管板侧的泄漏相当于流经一个与换热管等径的孔板，另一侧的泄漏相当于流经换热管等长的管线。

b. 低压侧流体入口边界条件定义为保持正常操作流量不变，低压侧流体出口边界条件定义为保持正常操作压力不变，此边界条件与实际情况相比未考虑上下游系统对于泄放工况的减轻作用，使计算结果更加保守。

c. 换热器在爆管工况发生后热负荷保持不变。

d. 换热器低压侧按照实际体积分割为几个空间，初始液相空间根据正常操作气液体积分率给定，以考察换热器不同部分的压力变化情况。

e. 不考虑换热器上下游管线系统，这样计算使用的系统容积更小，使计算结果更加保守。

f. 动态模拟的积分时间定为 0.001s。

计算结果：

a. 在没有安全阀，且不考虑上下游管线系统的情况下，发生爆管工况后换热器低压壳侧压力上升情况如图 9-18。

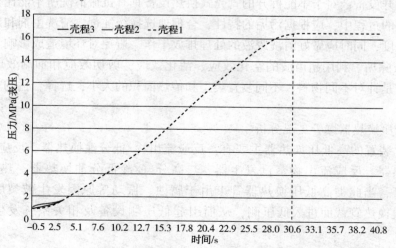

图 9-18　无安全泄放设施下爆管工况低压侧压力瞬时变化

b. 在换热器低压侧出口设置有 API 520 标准 P 型号的安全阀，定压为 1.18MPa(g)，允许超压为 10%时，爆管工况下换热器低压侧的瞬时压力情况如图 9-19 所示。

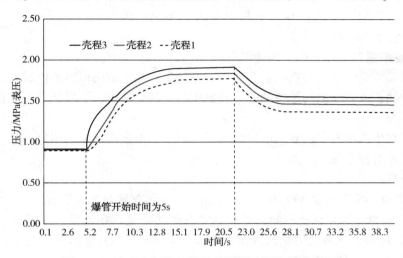

图 9-19 有安全阀保护爆管工况低压侧压力瞬时变化

c. 图 9-20 表明，安全阀泄放量在爆管工况发生后 5.8s 达到了瞬时最大值 346338kg/h，随后逐渐降低，在 13.2s 之后降低到 88148kg/h 保持稳定。

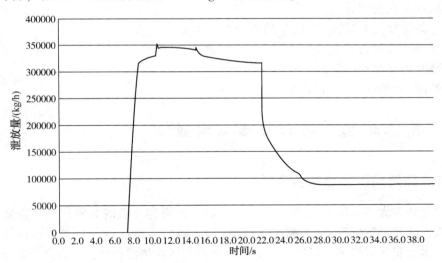

图 9-20 爆管工况泄放量随时间变化

计算结果分析：

爆管工况的复杂性是设计的难点，工程设计一般根据 API 521 建议：换热器低压侧及相关系统的设计压力取高压侧设计压力的 10/13，以保证爆管工况下的超压不会超过换热器的水压试验压力，从本质上消除超压风险[35]。

② 爆管工况的泄放量计算：

a. 爆管后的气体泄压量的计算：

$$G_v = 246.3 \times 10^4 \times d_i^2 \times (\Delta P \times \rho_v)0.5$$

式中 G_v——气体泄放量，kg/h；

ΔP——高低压侧压力差，MPa。

b. 爆管后的液体泄压量的计算：

$$G_1 = 16.8 \times 10^4 \times d_i^2 \times (\Delta P \times \rho_1) 0.5$$

式中　G_1——液体泄放量，m^3/h。

（10）螺纹缩紧环高压换热器微泄漏分析

加氢装置采用螺纹锁紧环高压换热器微泄漏现象：高压侧的原料油泄漏到相对低压的高压反应流出物侧，或高压侧的原料油泄漏到低压的产品物流中，引发产品不能达到国 V 、国 VI 质量指标要求。

这种泄漏在生产国 II 、国 III 、国 IV 时表现不明显；但生产国 V 、国 VI 产品时，因产品质量指标不合格才引起重视。

微泄漏分析：

① 操作波动：操作温度、操作压力、原料流量、氢气流量波动引起；

② 管箱内隔筒与管箱材质不同，导致高温下热膨胀量存在差异。内隔筒一般选用不锈钢，管箱为 CrMo 钢，两者线膨胀系数相差 20%；对 400℃ 左右运行的该设备，不锈钢内隔筒有 2mm 左右大于 CrMo 钢管箱的热膨胀量；

③ 密封垫片问题：垫片加工技术达不到回弹率大于 25% 的要求；

④ 管板因焊、胀管头而造成密封面变形；

⑤ 螺纹面存在毛刺等；

⑥ 内、外推螺栓未紧固到位，导致隔板受力不足；

⑦ 内部垫片预紧力不均匀；

⑧ 安装时内部垫片压紧力过大；

⑨ 管箱内法兰螺栓高温下应力松弛。

9.5　高压换热器的热点难点问题

9.5.1　高效高压换热器整合

加氢裂化装置大多采用 U 型管换热器，但由于逆流和并流的共同作用，需要的换热面积大，高效换热器可降低投资（如缠绕管换热器）、减少占地；多台 U 型管高压换热器的使用，因壳体多、相连管线多，导致投资大，将多台高压换热器整合为一台高效高压换热器是高压换热器发展的方向之一。

9.5.2　零泄漏高压换热器

加氢裂化装置大多采用螺纹锁紧环换热器，其微泄漏现象在产品质量越来越严格的今天导致的问题越来越多；随着装置大型化，制造的难度也大，泄漏也大；开发零泄漏换热器是高压换热器发展的另一个方向。

9.5.3　高压换热器结垢

高压换热器的垢主要有：原料带来的有机垢、无机垢，反应生成的无机物结合形成的垢。形成垢的原因很多，但目前均为事后采样分析，再根据采样分析结果判断形成垢的原因；而事前的模型预测和计算方法很少，导致装置无法判断换热器内的结垢情况。

9.5.4　高/低压换热器低压侧设计

方法 1：低压侧设计压力，为高压侧设计压力的三分之二；

方法 2：低压侧设计压力，为高压侧设计压力的十三分之十；

方法 3：低压侧操作压力按规定选取，但在低压侧加安全阀；

方法 4：低压侧按爆管设计，加安全阀；

方法 5：低压侧按爆管设计，加安全阀，安全阀后加分液罐。

高/低压换热器低压侧为蒸汽时，爆管工况的设计必然会产生一定问题；低压侧按高压设计时，高压系统延续到哪个阀门，设备也是一个问题。

9.5.5　高压换热器腐蚀

加氢裂化>200℃高压换热器的换热管、壳体大多采用不锈钢或不锈钢衬里，装置原料氯含量增加导致不锈钢的腐蚀加剧，设备泄漏增加。

由于氯化铵盐沉积温度高(>178℃)，注水后水汽化导致蒸发损伤，不注水铵盐结垢影响装置长周期稳定运行，降温后间断注水也会导致垢下腐蚀与铵盐水溶液腐蚀交替发生，哪种方案有利于减缓腐蚀也是企业关注的焦点。

参　考　文　献

[1] 石油化学工业部石油化工规划设计院组织编写. 炼油冷换设备工艺计算[M]. 北京：石油工业出版社，1981：1-80.

[2] 王松汉主编. 石油化工设计手册：第 3 卷　化工单元操作[M]. 北京：化学工业出版社，2002：7-40.

[3] 中国石化集团上海工程有限公司编. 化工工艺设计手册：上册[M]. 3 版. 北京：化学工业出版社，2003：264-290.

[4] 国家质量技术监督局. GB/T 151—2014 热交换器[S]. 北京：中国标准出版社，2015.

[5] 刘巍等著. 冷换设备工艺计算手册[M]. 北京：中国石化出版社，2003：1-80.

[6] 高维平，杨莹，韩方煜. 换热网络优化节能技术[M]. 北京：中国石化出版社，2004：84-112.

[7] 王勤获. 用 N_{min} 图快速确定换热器串联台数[J]. 炼油设计，1991，21(3)：54-59.

[8] 王勤获，刘巍. 换热设备的优化选型[J]. 炼油设计，1991，21(6)：37-42.

[9] 沈复，李阳初主编. 石油加工单元过程原理[M]. 北京：中国石化出版社，1996.

[10] 中国石油化工总公司石油化工规划设计院组织编写. 炼油工程师手册[M]. 北京：石油工业出版社，1995.

[11] 毛希澜主编. 换热器设计[M]. 上海：上海科学技术出版社，1988：1-187.

[12] Kuppan T 著. 换热器设计手册[M]. 钱颂文，廖景娱，邓先和，等译. 北京：中国石化出版社，2004：20-131；188-245；303-455.

[13] 王新，张湘凤. 管壳式换热器的设计计算[J]. 小氮肥设计技术，2006，27(2)：6-8.

[14] 于勇. 管壳式换热器的设计计算[J]. 特种油气藏，2004，11(6)：105-107.

[15] Gulyani B B. Estimating number of shells in shell and tube heat exchangers：a new app roach based on temperature cross[J]. Transactions of the ASME J of Heat Transfer，2000，122(3)：566-571.

[16] 刘明言，林瑞泰，李修伦，等. 管壳式换热器工艺设计的新挑战[J]. 化学工程，2005，33(1)：16-19.

[17] 郭平生，华贲，韩光泽，等．流体非平衡相变强化传热的场协同分析[J]．广西师范大学学报：自然科学版，2002，20(2)：24-27.

[18] 张杏祥，桑芝富．管壳式换热器壳程传热性能比较[J]．石油化工设备，2006，35(3)：7-10.

[19] 高明，孙奉仲，黄新元，等．换热器结垢工况下换热系数变化的分析研究[J]．能源工程，2003，(4)：9-13.

[20] 吴金星，王定标，魏新利，等．管壳式换热器壳程流动和传热的数值模拟研究进展[J]．流体机械，2002，30(5)：28-32.

[21] 王伟，裴建军．加氢裂化装置换热器阻垢剂的研制与应用[J]．齐鲁石油化工，1997，25(4)：265-267.

[22] 涂永善，杨朝合，邹贤忠，等．催化裂化沉降器的结焦原因和防焦措施[J]．石油炼制与化工，1996，27(12)：14-17.

[23] Mukherjee R. 阻止换热器结垢的新技术[J]．徐朝霞，曹晨译．国外油田工程，2000，(7)：43-47.

[24] 李镇，裴建军．VRDS 装置换热器抗垢剂的研究[J]．齐鲁石油化工，2000，128(2)：84-87.

[25] 俞国庆．高低压型螺纹锁紧环换热器管束爆管后安全泄压分析[J]．压力容器，2004，21(2)：51-54.

[26] 林海波，罗玉梅，李建明，等．换热器的结垢和清洗[J]．四川理工学院学报：自然科学版，2006，19(1)：11-12.

[27] 陈鸿斌．换热器的结垢及其管内插入物在线清洗[J]．医药工程设计，1997(6)：1-4.

[28] 马克任，汪海生，王劲松．换热器的化学清洗[J]．冶金动力，2003(5)：44-46.

[29] 赵国华，姜峰，李修伦．超声波技术在制盐工业中的应用前景[J]．海湖盐与化工，2004，33(5)：34-36.

[30] 王庆峰，郭仕清．高压加氢裂化装置运行问题分析与对策[C]//中国石油化工信息学会石油炼制分会编．2007 年中国石油炼制技术大会论文集．北京：中国石化出版社，2007：619-628.

[31] [美]卡尔·布兰南编著．石油和化学工程师实用手册[M]．王江义，吴德荣，华峰，等译．北京：化学工业出版社，2001：17-39.

[32] 中国石油化工总公司石油化工规划院编．石油化工设备手册：第二分篇　石油化工设备设计(下册)．北京：中国石油化工总公司石油化工规划院出版，1990：1-99.

[33] 章日让编著．石化工艺及系统设计实用技术问答[M]．2 版．北京：中国石化出版社，2007.33-51.

[34] URDANETA R Y, OUDE LENFERINK JE. Design pressure reduction in high pressure heat exchangers with dynamic simulation[J]. Hydrocarbon Processing, 2015(10)：37-41.

[35] American Petroleum Institute, API STD 521 Pressure-relieving and Depressuring Systems, Sixth Edition[S]. Washington：API Publishing Service, 2014.

第10章　压缩机工艺计算及技术分析

加氢裂化装置是原料油在一定温度、压力、氢气条件下和催化剂进行化学反应，生产目的产品的过程，这个过程需要在反应压力下消耗一定的氢气，而管网氢气压力一般低于装置需要压力：水蒸气转化产氢压力 0.7~1.2MPa、变压吸附产氢压力 2.4MPa，重整装置副产氢气一般压力为 1.2MPa，加氢裂化装置低分气提浓回收氢气一般压力为 1.0~2.0MPa，乙烯产氢压力为 4.0~10.0MPa，而加氢裂化需要压力 12.0~20.0MPa，因此就需要设置压缩机将氢气压力升到反应所需要的压力，这一台压缩机被称为补充氢压缩机或新氢压缩机。

大多数加氢裂化装置需要一定量的氢气按照氢油比的需要在一定压力下循环，及时地把反应热从系统中带出，改善反应床层的温度分布，降低反应器的温升，使反应器温度容易控制；保持系统足够的氢分压，使加氢反应顺利进行；防止油料在催化剂表面结焦，起到保护催化剂的作用；促使原料油雾化；提高反应物流速，确保反应物流通过催化剂床层的最小质量流率，保证反应过程中的传质传热效率；确保催化剂的外扩散，保持一定的反应速度。由于这一股氢气只在系统中循环，压缩机出入口差压即为系统压降，这一台压缩机就称为循环氢压缩机。

根据图 10-1 所示压缩机的选型范围，新氢压缩机由于出入口压差较大、流量较小，一般选用往复式压缩机或称活塞式压缩机；而循环氢压缩机由于流量较大、出入口压差较小，一般选用离心式压缩机。

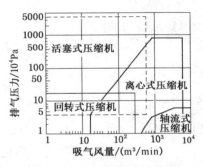

图 10-1　压缩机的选型范围

10.1　新氢压缩机[1~16,27~30]

10.1.1　工艺参数计算

(1) 入口压力

$$P_{压入} = P_{装入} - \Delta P_{管} - \Delta P_{孔} - \Delta P_{过} - \Delta P_{罐} - \Delta P_{阀}$$

式中　$P_{压入}$——新氢压缩机的入口压力，MPa；

$P_{装入}$——气体(H_2、N_2或压缩空气)至加氢装置边界压力，MPa；

$\Delta P_{管}$——气体(H_2、N_2或压缩空气)管线至新氢压缩机一级缸入口管线(弯头、三通可折合成当量长度)的压降，MPa；

$\Delta P_{孔}$——用于计量气体流量的孔板压降，MPa；

$\Delta P_{过}$——新氢压缩机的入口设置的过滤器压降，MPa；

$\Delta P_{罐}$——新氢压缩机的入口设置的分液罐压降，MPa；

$\Delta P_{阀}$——加氢装置边界处的气体至新氢压缩机一级缸入口之间的阀门压降，MPa。

新氢压缩机压缩的气体不同，入口压力不同，此压力值与加氢装置的运转时间无关。

（2）出口压力

当新氢压缩机出口氢气打到循环氢压缩机出口时：

$$P_{压出} = P_{循出}$$

式中　$P_{压出}$——新氢压缩机的出口压力，MPa；

　　　$P_{循出}$——循环氢压缩机的出口压力，MPa。

新氢压缩机压缩的气体（H_2、N_2 或压缩空气）不同，出口压力不同；此值随系统压力而变化，随运转时间延长而增加。

当新氢压缩机出口氢气打到循环氢压缩机入口时：

$$P_{压出} = P_{循入}$$

式中　$P_{压出}$——新氢压缩机的出口压力，MPa；

　　　$P_{循入}$——循环氢压缩机的入口压力，MPa。

新氢压缩机压缩的气体（H_2、N_2 或压缩空气）不同，出口压力不同；以高压分离器压力作为反应部分压力控制点时，此值不随系统压力变化而变化，与运转时间无关。

（3）流量

① 运转初期流量：

$$Q'_{SOR} = \frac{H_{SOR化} + H_{SOR溶} + H_{SOR泄} + H_{SOR排}}{Y_{H_2}} \times 110\%$$

或

$$Q_{SOR} = \frac{H_{SOR化} + H_{SOR溶} + H_{SOR泄} + H_{SOR排}}{Y_{H_2}} \times 100\%$$

式中　Q'_{SOR}，Q_{SOR}——110%、100%负荷运转初期新氢压缩机的入口流量，m^3/h；

　　　$H_{SOR化}$——运转初期化学氢耗，m^3/h；

　　　$H_{SOR溶}$——运转初期溶解氢耗，m^3/h；

　　　$H_{SOR泄}$——运转初期机械泄漏氢耗，m^3/h；

　　　$H_{SOR排}$——运转初期排放氢耗，m^3/h；

　　　Y_{H_2}——氢气的摩尔分数，%。

② 运转末期流量：

$$Q'_{EOR} = \frac{H_{EOR化} + H_{EOR溶} + H_{EOR泄} + H_{EOR排}}{Y_{H_2}} \times 110\%$$

或

$$Q_{EOR} = \frac{H_{EOR化} + H_{EOR溶} + H_{EOR泄} + H_{EOR排}}{Y_{H_2}} \times 100\%$$

式中　Q'_{EOR}，Q_{EOR}——110%、100%负荷运转末期新氢压缩机的入口流量，m^3/h；

　　　$H_{EOR化}$——运转末期化学氢耗，m^3/h；

　　　$H_{EOR溶}$——运转末期溶解氢耗，m^3/h；

　　　$H_{EOR泄}$——运转末期机械泄漏氢耗（一般情况下等于运转初期机械泄漏氢耗），m^3/h；

　　　$H_{EOR排}$——运转末期排放氢耗，m^3/h；

　　　Y_{H_2}——氢气的摩尔分数，%。

③ 额定流量：

当 $H_{H_2排} = 0$ 时，

$$Q_{H_2R} = \frac{H_{H_2化} + H_{H_2溶} + H_{H_2泄}}{Y_{H_2}} \times (1 + C_{FO} + C_C)$$

式中　Q_{H_2R}——新氢压缩机额定流量，m^3/h；

　　　$H_{H_2化}$——最大化学氢耗，m^3/h；

　　　$H_{H_2溶}$——最大化学氢耗对应的溶解氢耗，m^3/h；

　　　$H_{H_2泄}$——最大化学氢耗对应的机械泄漏氢耗，m^3/h；

　　　Y_{H_2}——氢气的摩尔分数，%；

　　　C_{FO}——装置的操作余量，%；

　　　C_C——压缩机需要的控制流量，%。

当 $H_{H_2化} + H_{H_2排}$ 最大时，

$$Q_{H_2R} = \frac{H_{H_2化} + H_{H_2溶} + H_{H_2泄} + H_{H_2排}}{Y_{H_2}} \times (1 + C_{FO} + C_C)$$

式中　Q_{H_2R}——新氢压缩机额定流量，m^3/h；

　　　$H_{H_2化}$——$H_{H_2化} + H_{H_2排}$最大时的化学氢耗，m^3/h；

　　　$H_{H_2溶}$——$H_{H_2化} + H_{H_2排}$最大时对应的溶解氢耗，m^3/h；

　　　$H_{H_2泄}$——$H_{H_2化} + H_{H_2排}$最大时对应的机械泄漏氢耗，m^3/h；

　　　$H_{H_2排}$——$H_{H_2化} + H_{H_2排}$最大时对应的排放氢耗，m^3/h；

　　　Y_{H_2}——氢气的摩尔分数，%。

　　　C_{FO}——装置的操作余量，%；

　　　C_C——压缩机需要的控制流量，%。

④ 氮气工况流量。压缩机制造厂根据运转初期流量、运转末期流量和额定流量（或用合同约定的保证值）设计、制造的压缩机，根据装置氮气条件，在压缩机配套电机功率不变的情况下核算得到的氮气流量；或用制造好的压缩机用装置氮气条件进行性能试验测得的氮气流量。

氮气工况流量指导氮气气密、反应加热炉烘炉、催化剂干燥、紧急事故补氮等操作。

⑤ 压缩空气工况流量。压缩机制造厂根据运转初期流量、运转末期流量和额定流量（或用合同约定的保证值）设计、制造的压缩机，根据装置压缩空气条件，在压缩机配套电机功率不变的情况下核算得到的压缩空气流量；或用制造好的压缩机用装置压缩空气条件进行性能试验测得的压缩空气流量。

压缩空气流量指导催化剂再生操作。采用器外再生时，不需要给出压缩空气工况流量。

10.1.2　热力工艺计算

（1）绝热压缩

新氢压缩机的压缩过程为绝热压缩过程时，气体与外界没有热交换，此时有

$$P_1 V_1^k = P_2 V_2^k = 常数$$

式中　P_1——新氢压缩机的入口压力，MPa；

V_1——新氢压缩机的入口条件下的体积流量，m^3/h；

P_2——新氢压缩机的出口压力，MPa；

V_2——新氢压缩机的出口条件下的体积流量，m^3/h；

k——绝热指数，对理想气体 $k = C_P/C_v$，混合气体的绝热指数 k 可由下式计算：

$$\frac{1}{k-1} = \sum \frac{y_i}{k_i - 1}$$

其中，k_i——i 组分的绝热指数（图10-2、图10-3）；

y_i——气体中 i 组分的摩尔分数；

C_P——气体的比定压热容，$kJ/(kg \cdot \text{℃})$；

C_v——气体的比定容热容，$kJ/(kg \cdot \text{℃})$。

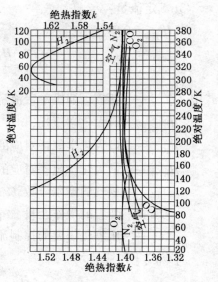

图 10-2　气体的绝热指数

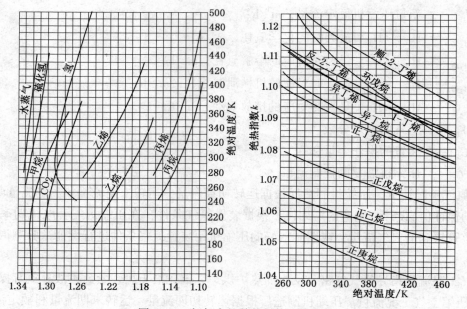

图 10-3　新氢中的其他气体绝热指数

① 排气温度（图10-4）：

$$T_2 = T_1 \varepsilon^{\frac{k-1}{k}}$$

式中　T_2——排气温度，K；

T_1——吸气温度，K；

ε——压缩比，$\varepsilon = \dfrac{P_2}{P_1}$；

k——混合气体的绝热指数。

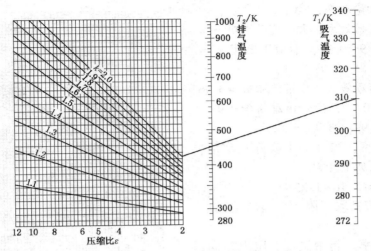

图 10-4　排气温度计算图

② 理论功率：

$$N = 16.34 P_1 V_1 \frac{k}{k-1} (\varepsilon_a^{\frac{k-1}{k}} - 1) = P_1 V_1 \phi$$

$$\varepsilon_a = \frac{P_2}{P_1(1-a_1)(1-a_2)}$$

$$\phi = 1.634 \frac{k}{k-1} [\varepsilon_a^{\frac{k-1}{k}} - 1]$$

式中　N——理论功率，kW；

P_1——新氢压缩机的入口压力，MPa；

V_1——新氢压缩机的入口条件下的体积流量，m³/min；

k——混合气体的绝热指数；

ε_a——包括压缩机进、排气阀压力损失在内的实际压缩比，由图 10-5 查取；

a_1——进气阀的压力损失系数，气阀阻力大时取高限，气阀阻力小时取低限；压力越高，进气阀的压力损失系数越小；

a_2——排气阀的压力损失系数，气阀阻力大时取高限，气阀阻力小时取低限；压力越高，排气阀的压力损失系数也越小；

ϕ——系数，由图 10-6 查取。

③ 实际功率：

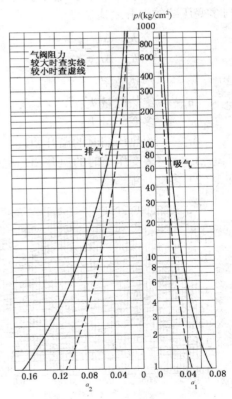

图 10-5　不同公称压力下的相对压力损失系数

1kg/cm² = 98.066kPa

$$N_s = \frac{N}{\eta_g \eta_c}$$

式中　N_s——实际功率，kW；

N——理论功率，kW；

η_g——机械效率，大中型压缩机 $\eta_g =$ 0.9～0.95；小型压缩机 $\eta_g =$ 0.85～0.9；

η_c——传动效率，皮带传动 $\eta_c = 0.96$ ～0.99；齿轮传动 $\eta_c = 0.97$～ 0.99；直联 $\eta_c = 1$。

④ 电机功率。当计算出实际功率后，一般电机功率可如下计算：

$$N_d = (1.10～1.25) N_s$$

大中型压缩机取下限，小型压缩机取上限。

⑤ 绝热效率。起始温度、压力相同，压缩比相同的条件下，新氢绝热压缩的温升与多变压缩的温升之比。

$$\eta_j = \frac{h_j}{h_p} = \frac{\Delta t_j}{\Delta t_p} = \frac{\varepsilon^{\frac{k-1}{k}} - 1}{\varepsilon^{\frac{m-1}{m}} - 1}$$

式中　η_j——绝热效率；

h_j——绝热能量头；

h_p——多变能量头；

Δt_j——绝热压缩时的温升，℃；

Δt_p——多变压缩时的温升，℃。

（2）多变压缩

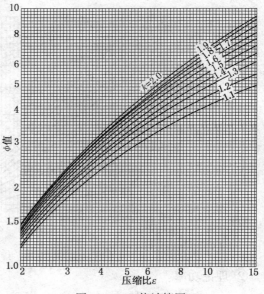

图 10-6　ϕ 值计算图

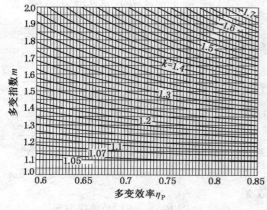

图 10-7　多变指数和绝热指数的关系

新氢压缩机的压缩过程为多变压缩过程时，气体与外界有热交换，此时有：

$$P_1 V_1^m = P_2 V_2^m = 常数$$

$$\eta_p = \frac{\dfrac{m}{m-1}}{\dfrac{k}{k-1}}$$

式中　m——多变指数，由图 10-7 查取；

η_p——多变效率。

① 排气温度：

$$T_2 = T_1 \varepsilon^{\frac{m-1}{m}}$$

② 理论功率：

$$N = \frac{1.634 P_1 V_1 \dfrac{m}{m-1} (\varepsilon_a^{\frac{m-1}{B \cdot m}} - 1)}{\eta_p} = \frac{P_1 V_1 \phi}{\eta_p}$$

多变效率与绝热效率之间的关系可由图 10-8 查取。

（3）多级压缩及中间冷却

汽油加氢、煤油加氢、直馏柴油加氢等装置一般一级压缩就满足工艺要求，但对催化柴油加氢、蜡油加氢、渣油加氢等装置随着压力等级的增高，压缩机可能需要两级、三级甚至四级压缩才能达到装置所需的压力要求，如图10-9，每级压缩后的气体经过中间冷却，降低气体出口温度，可减少功率消耗；避免气缸温度过高，超过润滑油的闪点。

① 多级压缩：

a. 多级压缩可节省功率消耗：级数越多，压缩过程越接近等温过程，而等温压缩过程循环指示功最小；

b. 多级压缩可降低排气温度：多级压缩过程在进入每一级之前都使气体等压冷却降温，从而控制了最终排气温度的升高；

c. 多级压缩可提高容积系数：压力比越大，λ_v越小，而多级压缩各级的压力比可以降低，因而容积系数增大；

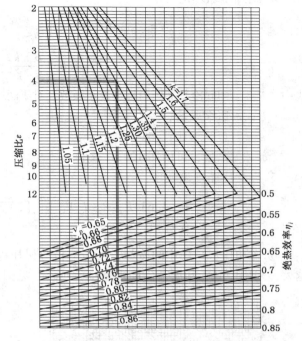

图 10-8　绝热效率和多变效率之间的关系

d. 多级压缩可以降低活塞力：活塞力的大小与活塞面积成正比，当所要求的压力比相同、活塞行程也相同时，多级压缩高压端气体的容积减小，活塞面积比单级压缩时活塞的面积减小，所以活塞上所受的气体力减小，从而可以使压缩机构轻巧些。

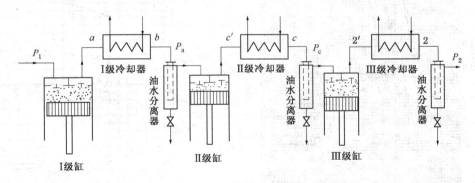

图 10-9　多级压缩示意图

尽管多级压缩有以上诸多优点，但随着级数的增加，压缩机结构的复杂性也增加，各种阻力损失也增大，压缩机制造和运行成本增大，因此，合理地选择压缩机的级数很重要，级数的选择需根据压缩机大小、重量和安装方式等具体情况来确定。

② 中间冷却数：中间冷却数=压缩段数-1。

③ 中间冷却温度：一般加氢压缩机的中间冷却温度如下确定：

一级出口冷却温度=二级出口冷却温度=一级入口温度

④ 绝热压缩理论功率：

$$N = 1.634F \cdot B \cdot P_1 V_1 \frac{k}{k-1}\left[\varepsilon^{\frac{k-1}{B \cdot k}}-1\right] = F \cdot \phi P_1 V_1$$

$$\phi = 1.634\frac{B \cdot k}{k-1}\left[\varepsilon^{\frac{k-1}{B \cdot k}}-1\right]$$

式中　F——中间冷却器压力损失校正系数，对于两级压缩，$F=1.08$；对于三级压缩，$F=1.10$；

　　　　B——压缩段数；

　　　　ε——总压缩比；

　　　　ϕ——系数，可由图 10-10 查取。

⑤ 多变压缩理论功率：

$$N = \frac{1.634F \cdot B \cdot P_1 V_1 \dfrac{m}{m-1}\left[\varepsilon^{\frac{m-1}{B \cdot m}}-1\right]}{\eta_p} = F \cdot \frac{\phi \cdot P_1 \cdot V_1}{\eta_p}$$

⑥ 省功比：采用中间冷却，使压缩机分段压缩，可以节省功率；新氢压缩机总压缩比越大，采用中间冷却所节省的功率也就越多，见图 10-11。

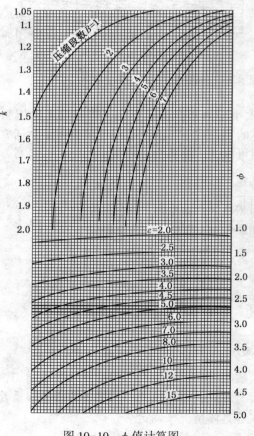

图 10-10　ϕ 值计算图

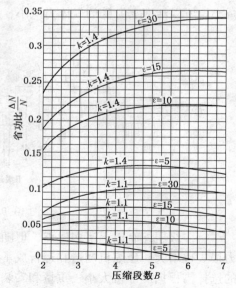

图 10-11　多段压缩的省功比

10.1.3　变工况工艺计算

（1）排气量

新氢压缩机单位时间内排气端测得的气体体积，换算到吸气条件下的数值称为排气量（V，m^3/min）。

（2）气缸容积

新氢压缩机单位时间内气缸的理论吸气容积称为气缸行程容积，简称气缸容积。

$$V_t = \frac{\pi}{4} D^2 SnI$$

式中　　V_t——气缸容积，m^3/min；

$\quad\quad D$——气缸直径，m；

$\quad\quad S$——活塞行程，m；

$\quad\quad n$——曲轴转速，r/min；

$\quad\quad I$——同级汽缸数。

当气缸不贯穿时，双作用气缸的行程容积按下式计算：

$$V_t = \frac{\pi}{4}(2D^2 - d^2)SnI$$

式中　　d——活塞杆直径，m。

（3）排气系数

新氢压缩机运行时，由于存在余隙容积和气体泄漏等因素影响，实际的排气量小于气缸行程容积。工艺计算时，考虑到这些影响因素对排气量的影响而引起的系数，称为排气系数。

$$\lambda = \frac{V}{V_t} \cdot \lambda_v \cdot \lambda_p \cdot \lambda_t \cdot \lambda_g$$

式中　　λ——排气系数；

$\quad\quad \lambda_v$——容积系数；

$\quad\quad \lambda_p$——压力系数；

$\quad\quad \lambda_t$——温度系数；

$\quad\quad \lambda_g$——气密系数。

① 容积系数：

$$\lambda_v = 1 - a\left[\varepsilon^{\frac{1}{m'}} - 1\right]$$

式中　　λ_v——容积系数；

$\quad\quad a$——余隙容积占气缸工作容积的百分数，余隙容积为压缩机压缩终了时，活塞不能完全走到气缸的尽头，留有的容积；

$\quad\quad m'$——膨胀过程指数，可由表 10-1 计算或由图 10-12 查取。

表 10-1　不同吸入压力的膨胀过程指数

吸入压力/MPa	膨胀过程指数
$P \leqslant 0.15$	$m' = 1 + 0.15(k-1)$
$0.15 < P \leqslant 0.4$	$m' = 1 + 0.62(k-1)$
$0.4 < P \leqslant 1.0$	$m' = 1 + 0.75(k-1)$
$1.0 < P \leqslant 3.0$	$m' = 1 + 0.88(k-1)$
$P > 3.0$	$m' = k$

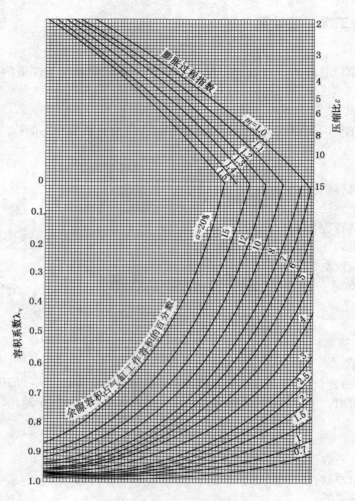

图 10-12　容积系数 λ_v 计算图

② 压力系数：

$\lambda_p = 0.95$，适用于常压吸入，且通道截面较小或具有弹簧作用的气阀；

$\lambda_p = 0.98 \sim 1.0$，适用于新氢压缩机的第二段；

$\lambda_p = 1.0$，适用于新氢压缩机的第三段。

当设计的新氢压缩机导管长、气流速度高、导管与气缸间缓冲容积不够大时，可能发生很大的压力波动，此时上述范围不适用。

③ 温度系数：

$\varepsilon = 2.0$，$\lambda_t = 0.955 \sim 0.985$；

$\varepsilon = 2.5$，$\lambda_t = 0.946 \sim 0.98$；

$\varepsilon = 3.0$，$\lambda_t = 0.938 \sim 0.975$；

$\varepsilon = 3.5$，$\lambda_t = 0.93 \sim 0.97$。

按上式取值或由图 10-13 查取时，新氢

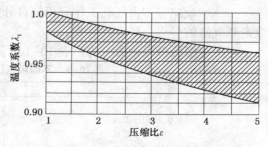

图 10-13　温度系数 λ_t 计算图

压缩机排气量越大，λ_t 越大；冷却效果越好，λ_t 越大；转速越大，λ_t 越大；气阀阻力越大，λ_t 越大；相对余隙容积越小，λ_t 越大。

④ 气密系数：$\lambda_g = 0.9 \sim 0.98$。

一般情况下，大直径的气缸，λ_g 取大值，小直径气缸，λ_g 取小值；无油润滑压缩机，λ_g 取小值；高转数压缩机，λ_g 取大值；压力高，段数多，λ_g 取小值；氢纯度越高，λ_g 取值应越小。

10.1.4 真实气体工艺计算

由于加氢装置一般操作压力高，新氢从压缩机入口的 $0.6 \sim 2.4$ MPa，到压缩机出口的 $4.0 \sim 20.0$ MPa，压缩过程中气体的性质与理想气体有较大差距，此时的气体状态方程为：

$$PV = ZRT$$

式中 Z——压缩因子，可由表 10-2 或图 10-14 求取。

表 10-2 新氢压缩机入口（包括级间入口）压缩因子

入口压力/MPa	≤1.0	≤3.0	≤4.0	≤6.0	≤8.0	≤10.0
压缩因子	1.0	1.01	1.02	1.03	1.04	1.05

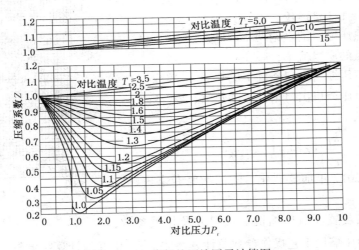

图 10-14 新氢的压缩因子计算图

（1）排气温度

$$T_2 = T_1 \varepsilon^{\frac{k_T - 1}{k_T}}$$

式中 T_2——排气温度，K；

      T_1——吸气温度，K；

      k_T——温度绝热指数，可由图 10-15 求取，也可根据 $P_1 V_1^{k_V} = P_2 V_2^{k_V} =$ 常数，求取出 k_V，再由图 10-16 求取。

（2）理论功率

① 绝热压缩：

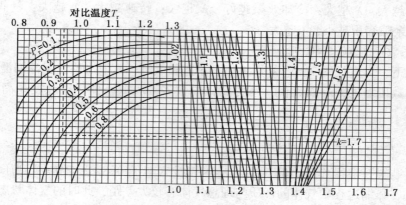

图 10-15　新氢的 k_T 计算图

$$N = 1.634 P_1 V_1 \frac{k_T}{k_T - 1} (\varepsilon^{\frac{k_T-1}{k_T}} - 1) \times \frac{Z_1 + Z_2}{2Z_1}$$

式中　Z_1——新氢压缩机入口条件下的压缩系数；

　　　Z_2——新氢压缩机出口条件下的压缩系数。利用
　　　　　热力学性质计算时：

$$N = 1.1628 \times 10^{-5} \times G(H_1 - H_2)$$

式中　N——绝热压缩时的理论功率，kW；

　　　G——新氢的质量流率，kg/h；

　　　H_1——新氢压缩机入口条件下的热焓，kW/kg；

　　　H_2——新氢压缩机出口条件下的热焓，kW/kg。

② 多变压缩：

$$N = 1.634 P_1 V_1 \frac{k_T}{k_T - 1} [\varepsilon^{\frac{k_T-1}{k_T \eta_p}} - 1] \times \frac{Z_1 + Z_2}{2Z_1}$$

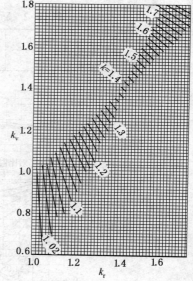

图 10-16　用 k、k_V 计算新氢的 k_T 图

【计算实例】2017 年加氢裂化、渣油加氢专家班姚立松学员作业。

表 10-3 为某装置新氢压缩机氢气组成及相关参数，表 10-4 为对应的压缩机工艺操作参数及计算参数，表 10-5 为计算结果与实际对比。

表 10-3　氢气组成及相关参数

项　目	数值	项　目	数值
氢气含量/%	97.3	氢气的绝热指数	1.402
甲烷含量/%	2.3	甲烷的绝热指数	1.298

表 10-4　工艺操作参数及计算参数

项　目	一级	二级	三级
新氢机入口流量/(标 m³/h)	31000	31000	31000
新氢机实际入口流量/(m³/h)	1890.406	913.6152	443.6908
新氢机实际入口流量/(m³/min)	31.50676	15.22692	7.394846
吸气压力/MPa	1.88	3.89	8.01
排气压力/MPa	3.89	8.01	16.54

续表

项　目	一级	二级	三级
压缩比	2.0691	2.0591	2.0649
混合新氢的绝热指数	0.015	0.015	0.015
进气阀压力损失系数	0.03	0.03	0.03
排气阀压力损失系数	0.03	0.03	0.03

表 10-5　计算结果与实际对比

项　目	一级	二级	三级
计算排气温度/℃	102.52	106.91	108.45
实际排气温度/℃	103.2	105.7	107.8
相对偏差/%	-0.66	1.15	0.60
实际压缩比	2.1656	2.1551	2.1612
理论功率/kW	836.93	831.07	834.46

10.1.5　典型工艺方案

（1）典型工艺参数（表 10-6 至表 10-9）

表 10-6　某装置新氢压缩机工艺参数（单台）

项　目	工况 1	工况 2	工况 3	工况 4
流量/(标 m³/h)	27627	34000	34000	29883
进气温度/℃	422	42	40	42
进气压力/MPa	2.2	2.2	2.2	2.2
相对分子质量	2.36	2.42	2.03	2.42
排气压力/MPa	19.6	19.6	19.6	19.6
保证点		√		

表 10-7　与表 10-6 对应的新氢压缩机技术参数（单台）

项　目	一级	二级	三级
进气压力/MPa	2.278	4.923	9.994
排气压力/MPa	5.076	10.303	19.882
每级汽缸数	1	1	1
气缸内径/mm	495.3	342.9	254.0
行程/mm	304.8	304.8	304.8
活塞杆直径/mm	127	127	127
额定转速/(r/min)	333	333	333
电机功率/kW		3728	

表 10-8　某润滑油加氢裂化装置新氢压缩机工艺参数

项　目	工况 I	工况 II	工况 III	工况 IV	工况 V	工况 VI	工况 VII
进气压力/MPa	1.05	1.05	1.05	1.05	1.05	0.35	0.45
进气温度/℃	40	40	40	40	40	40	40
气量/(标 m³/h)	11075	8700	8560	8801	12123	5520	5500
排气压力/MPa	17.85	17.85	17.85	17.85	17.85	5.6	5.6

说明：一级出口抽出部分气体去制氢装置，抽气量为 600 标 m³/h，压力≥2.8MPa。

表 10-9　某加氢裂化装置新氢压缩机 N_2 工况运转参数

项　　目	一级	二级	三级
50%负荷运行时的一个稳定工况			
进气压力/MPa	1.0	1.9	2.0
进气温度/℃	19	21	20
排气压力/MPa	2.0	2.6	2.8
排气温度/℃	137~140	75	33
停机前 100 %负荷只运行 3min			
进气温度/℃	19	21	20
排气温度/℃	>148	>118	95

（2）典型技术方案（表 10-10）

表 10-10　新氢压缩机配置方案比较

方　　案	2×60%	3×50%	2×100%
操作方式	正常时 2 台同时操作；一台故障后，装置降量操作	正常时，两台并联操作；一台故障时，另一台投入，装置不降量	正常时，一台操作，一台备用
备用率	无备用	一台备用50%	一台备用100%
驱动电机	功率需求按总量 60%，容量中等	功率需求按总量 50 %，容量最小	功率需求按总量 100 %，容量最大
操作可靠性	取决于机器质量，但由于无备用，在一台故障时，装置需降量	有备用机组，故障后可迅速切换，保证装置处理量	有备用机组，故障后，可迅速切换，保证装置处理量
占地面积	最小	最大	中
投资	最少	大	大

技术方案选择应考虑的因素：

① 压缩机的排量控制及调节。新氢压缩机可以通过设置固定式或可变式余隙腔及入口卸荷的方式实现排量控制。通过固定式（或可变式）余隙腔可实现 10%左右的排量控制。

通过入口卸荷可使具有两列一级缸的压缩机实现 0、25%、50%、75%、100%的排量控制；对只有一列一级缸的压缩机可实现 0、50%、100%的排量控制。以 2×60%的方案为例，通过 10%余隙腔及入口卸荷控制，可实现表 10-11 所示的操作工况的组合。

表 10-11　2 台 60％容量新氢压缩机操作工况的组合

工况	A 机	B 机	总排量
1	60%	60%	120%
2	54%（余隙腔开）	60%	114%
3	54%（余隙腔开）	54%（余隙腔开）	108%
4	30%（入口卸荷）	60%	90%
5	54%（余隙腔开）	30%（入口卸荷）	84%
6	60%	0%	60%

注：工况 3 为正常工况，总量的 8%、每台为总量的 4%用于压力控制回流。

② 某些装置要求新氢压缩机在某一中间压力下抽出部分氢气作为制氢装置的用氢，这将对压缩机级压缩比的选择提出要求。

③ 为了使操作中运行余隙腔调节及入口卸荷调节时，压缩机每级压缩比能保持在设计值，新氢压缩机还需设置回流控制系统。

10.1.6　技术分析

往复式新氢压缩机的基本单元如图 10-17 所示。

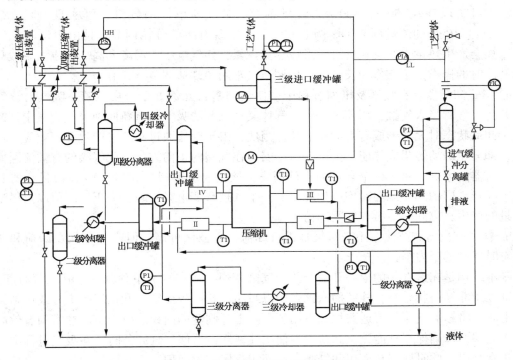

图 10-17　往复式新氢压缩机的基本单元

（1）往复式新氢压缩机流量调节

装置实际操作中，要想增加流量，必须改造或更换压缩机，这对正常操作的装置而言，困难大、可能性小，而且会造成经济上的浪费。因此，额定流量的选择，应考虑原料变化、操作方案调整、装置的操作弹性，以适应装置操作。因而相对于额定流量而言，往复式新氢压缩机的流量调节均是减小流量的调节。

① 余隙容积调节法。改变压缩机气缸中的有效余隙容积，可以改变压缩腔室中吸入的新氢气体量，在新氢从进气阀进入压缩腔室之前，残留在余隙中的气体膨胀至进口压力，当余隙容积足够大时，压缩机压缩腔的最小排气量可降至零。余隙容积调节法的缺点是：初始投资大，而且当布置在气缸的曲轴侧时，存在着空间分布的困难。典型的余隙调节方法有：

a. 固定余隙容积：通过一些关闭装置在压缩机气缸上连接一个固定的容积腔，这些关闭装置可以是一个带卸荷器的压缩机气阀，或者是一个栓塞。当使用中间开孔的双层阀或者是中间开孔的单层阀时，余隙容积可设计成与阀窝相通。对于缸头余隙，可以方便地附加一些瓶状的容积，这样可以对压缩机排量进行有级调节。打开连接阀即意味着排量最小，关闭连接阀即意味着满负荷。

b. 可变余隙容积：可变余隙几乎全部安置在压缩机缸头端，由一个瓶状的腔室和一个可移动的活塞组成。活塞通常由一个手动的手柄来驱动，余隙容积的活塞可以连续调节。但这种设计应注意的问题是余隙活塞的填料处易产生泄漏，对新氢压缩机而言，余隙调节需要较大的驱动力。当气体介质不干净，且余隙活塞长期没有移动时，活塞可能被粘住，不易改变位置。

② 卸荷调节法。在气缸的进气阀上安装卸荷器，对压缩机进行流量调节，对单列双作用气缸，可实现 0%、50%、100% 的流量调节；对双列单作用气缸，可实现 0%、25%、50%、75%、100% 的流量调节。该调节方法只能实现有级的分档调节，且由于气流在气阀处的摩擦会产生热量，并会在气缸中形成热量积累，使气缸中的温度升高。该方法一般只能作为开停时的操作，不宜作为长期的操作调节。常用的卸荷调节方式有：

a. 指式卸荷器：在吸气及压缩过程中，使气阀密封元件处于开启位置。吸气时，气体从压开的吸气阀吸入气缸，压缩过程中，气体又从压开的吸气阀重新回到吸气管线中。卸荷器处于卸荷状态时无法形成有效的压缩功。当然，由于气流通过阀隙时产生节流效应，也会消耗一部分压缩功转化成热能。由于卸荷器安装在气阀的正前方，因此气阀的有效流通面积也受卸荷器的影响。对于一个合理的设计而言，该影响应不超过 5% ~ 10%，而且在所有的使用工况及不同的气体流向时均应如此。若一个气缸有多个吸气阀，为正确卸荷以及尽量减少热量的产生，应同时使所有气阀卸荷。

b. 柱塞卸荷器调节法：用来对气缸进行卸荷，机械性可靠，但应考虑其在卸荷和非卸荷状态时气阀的阻力损失。

基本结构是在进气阀的中心开一个孔与气缸相通，或在缸上单独开一个孔与气缸相通。当气缸处于非卸荷状态时，柱塞插入该孔中以封闭该孔。当柱塞孔开在气阀中心或单独开在气缸上时，将影响气阀的流通面积或占用了气缸上开阀窝的面积。应当检验柱塞的有效面积应是否足够，以确保气缸能完全卸荷。当使用柱塞卸荷器使气缸卸荷时，在吸气过程中，气阀能正常开启，此时柱塞孔面积和气阀流通面积都属有效面积，但在排气过程中，仅柱塞孔面积有效。当考虑应用柱塞卸荷时，应先详细计算气阀损失。

c. 气阀提升器：将整个吸气阀从阀窝中提升起来，以达到对气缸进行卸荷的目的。从效率角度来讲，这是一种非常有效的方法。在卸荷状态下，不仅气阀面积能有效通流，整个阀窝面积都能有效通流。因为气阀回位相当困难，API 618 标准不推荐这种方法。

③ 部分打开吸气阀调节法。在进气阀上安装一个带执行机构的卸荷器，在排气行程的一部分时间，卸荷器使进气阀处于打开状态。进气阀延迟关闭，使得一部分压缩腔中的气体倒流到进气管线中。当进气阀关闭后（或被允许关闭后），气缸中剩余的气体才被压缩并经排气阀排出。

通过这种方法，排气量的调节范围可以达到将近 60%（即从 100% 负荷到 40% 负荷）。当最大回流时，如果气流冲击力不足以克服卸荷力，此时气阀将始终处于开启状态，即完全卸荷状态。

④ 旁路调节。在所有的调节法中，旁路法能耗最高，其基本原理是将过量的压缩气体通过中冷器和控制阀从压缩机的排气侧导入吸气侧，而用于压缩这部分过量气体的能量完全浪费掉了。但旁路调节采用调节阀控制，可实现无级自动调节，调节范围大并可靠，加氢装

置的高压分离器压力一般通过新氢压缩机旁路调节对装置进行精确自动调节。

在多级压缩的往复式压缩机中，可采取级间回流或出口返入口的大返回手段，使每次压力比尽量接近设计值。

级间回流（或逐级返回）调节方案控制回路设备多、管线长、过程控制响应慢、投资大，但对每级压缩比可以自动调节；出口返入口（如：三返一）调节方案控制回路设备少、管线少、过程控制响应快、投资省。两种控制流量的方法在加氢装置上均有多套成功应用的实例，如图 10-18、图 10-19 所示。

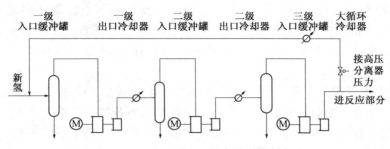

图 10-18　出口返入口的大返回控制方法

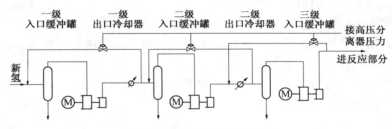

图 10-19　逐级返回控制方法

然而，往复式新氢压缩机是对体积敏感的机器，当每级气缸在一定入口压力下的进气量改变时，会造成级压力比的变化，进而影响各级活塞力的改变，会造成或恶化压缩机各列和整机的动力平衡。

⑤ 主动阀，这是一个带卸荷器的正常的吸气阀和一套专门的电子-液压执行机构。用于电子驱动的电磁阀，允许很高的液压作用在一个小缸上，通过卸荷器将吸气阀压开，当小缸中的液压释放后，气缸中的气体压力作用在吸气阀阀片上，使吸气阀关闭。吸气阀的关闭时刻可以在压缩过程中的任意时刻开始，这样便可以对压缩机的排气量从 0~100% 进行无级调节。

（2）往复式新氢压缩机压力调节

新氢压缩机的排气阀为自动排气阀，排气压力由压缩机的排气背压（即加氢装置的系统压力）决定。在一定范围内，压缩机可以自动跟踪系统压力的变化，不需人工调节，但需考虑排气压力的变化对压缩机的影响。

① 出口压力不变。入口压力升高，总压比降低，级间压力重新分布，排气温度降低，排气量增加，须校核入口压力及级间压力是否超标；入口压力降低，总压比升高，级间压力也重新分布，排气温度升高，排气量降低。

② 入口压力不变。出口压力升高，总压比升高，级间压力重新分布，排气温度升高，

排气量降低，须校核出口压力及级间压力是否超标；出口压力降低，总压比降低，级间压力也重新分布，排气温度降低，排气量升高。

③ 入口、出口压力同时变化。主要看总压缩比的变化，具体情况可参照以上分析。

④ 压力变化对轴功率的影响。加氢装置运转过程中催化剂会逐渐失活，为达到一定的产品要求，需要提高反应温度，不同的反应温度条件下原料的汽化率不同、加氢得到的反应产物也不同，在管线、设备中的压降会不同；加氢反应会脱除原料中的金属元素，使其沉积在催化剂上，因此随着运转时间的推移，反应器压降会逐渐增加；原料油中携带的固体颗粒和不饱和烃、腐蚀产物会使加热炉、换热器、空冷器压降增加；反应产生的 NH_3、H_2S 在低温条件下形成 NH_4HS，会在换热器、空冷器、后冷器中沉积，使其压降增加。因此，加氢装置随着运转时间增加，出口压力增加，轴功率增加，排气温度升高。

⑤ 对活塞力的影响。对于一台现有的压缩机，其活塞力的设计允许值是一定的；压缩机的进、排气压变化，会使活塞荷载发生变化；排气压力升高，一般会导致活塞力增加；实际生产中应注意，压缩机的活塞力不能超过许用值，否则将影响压缩机的正常操作，甚至发生活塞杆断裂及机器的损坏。

（3）往复式新氢压缩机设计、生产分析

① 适用场合及特点：

一般往复式新氢压缩机适用于 $V_1 \leq 27000$ m^3/h，单级压缩比 $\varepsilon = (2\sim3.5):1$ 的场合；

每一压缩级的出口温度不超过 135℃；

从安全角度要求，尽量采用无油或少油润滑；

控制活塞平均速度不大于 3.5m/s。

② 节能：

a. 降低级间压降。缩短冷却流程，减少系统气路的流动阻力；增大冷却器传热面积，增加新氢流通面积，降低流速，降低冷却器压降；调整操作条件，使冷却器结垢降至最低程度。

b. 应用 Hydro COM 气量调节系统。在吸气阶段被吸入气缸的部分气体，在压缩阶段被重新推回吸气腔，减少压缩机每次循环过程中实际压缩气量，实现节能。

c. 减少设备内外泄漏和余隙容积。

③ 安全阀的整定压力：

往复式新氢压缩机出口安全阀的整定值既影响压缩机机型的选择，也影响驱动机的功率。就轴功率来说，对单级小压比压缩机的影响比多级大压比的压缩机更为明显。

降低安全阀的整定值有利于降低压缩机的机型和驱动机的功率，但考虑到机组运行平稳可靠性以及安全阀整定压力允差，不可将安全阀的整定值定得太低，以免造成安全阀频繁起跳，影响正常操作。建议安全阀的整定值最低不能低于管道额定排气压力的 1.065 倍。

压缩机机型的选择不仅要考虑安全阀整定值的影响，还应考虑超过压力的影响。

驱动机的铭牌功率可按安全阀整定值为基准进行计算。如有条件，可以用提高驱动机使用系数的方法来考虑超过压力的影响。

10.2　循环氢压缩机[1~2,4,17~23,28~30]

10.2.1　工艺参数计算

（1）入口压力

采用热（或冷）高压分离流程，以冷高压分离器压力为反应系统压力控制点，循环氢脱硫、循环氢脱硫塔入口设聚结器、循环氢压缩机入口设分液罐时：

$$P_{压入} = P_{高} - \Delta P_{管} - \Delta P_{孔} - \Delta P_{聚} - \Delta P_{塔} - \Delta P_{过} - \Delta P_{阀} - \Delta P_{罐}$$

式中　$P_{压入}$——循环氢压缩机的入口压力，MPa；

$P_{装入}$——冷高压分离器压力，MPa；

$\Delta P_{管}$——冷高压分离器至循环氢压缩机入口管线（弯头、三通可折合成当量长度）的压降，MPa；

$\Delta P_{孔}$——用于计量气体流量的孔板压降，MPa；

$\Delta P_{聚}$——循环氢脱硫塔入口聚结器压降，MPa；

$\Delta P_{塔}$——循环氢脱硫塔压降，MPa；

$\Delta P_{过}$——循环氢压缩机的入口设置的过滤器压降，MPa；

$\Delta P_{阀}$——冷高压分离器至循环氢压缩机入口之间的阀门压降，MPa；

$\Delta P_{罐}$——循环氢压缩机的入口设置的分液罐压降，MPa。

采用热（或冷）高压分离流程，以冷高压分离器压力为反应系统压力控制点，循环氢不脱硫、循环氢压缩机入口设分液罐时：

$$P_{压入} = P_{高} - \Delta P_{管} - \Delta P_{孔} - \Delta P_{过} - \Delta P_{阀} - \Delta P_{罐}$$

以循环氢压缩机入口设分液罐压力为反应系统压力控制点时：

$$P_{压入} = \Delta P_{罐}$$

（2）出口压力

$$P_{压出} = P_{压入} + \Delta P_{压}$$

式中　$P_{压出}$——循环氢压缩机的出口压力，MPa；

$P_{压入}$——循环氢压缩机的入口压力，MPa；

$\Delta P_{压}$——循环氢压缩机差压，MPa。

循环氢压缩机差压 $\Delta P_{压}$ 取决于反应系统压降，随反应系统压降升高而升高；随运转时间延长而增加。

（3）流量

① 运转初期流量：

工艺计算流量：$\qquad Q_{SOR} = Q_{SOR气} + Q_{SOR冷}$

式中　Q_{SOR}——运转初期循环氢压缩机的入口流量，m^3/h；

$Q_{SOR气}$——运转初期反应器气油比计算的流量，m^3/h；

$Q_{SOR冷}$——运转初期反应器冷氢流量，m^3/h。

实际生产运转初期流量：$\quad Q_{SOR} = Q_{SOR气} + Q_{SOR冷} + Q_{SOR反}$

式中　Q_{SOR}——运转初期循环氢压缩机的入口流量，m^3/h；

$Q_{SOR气}$——运转初期反应器入口循环氢的流量，m^3/h；

$Q_{\text{SOR冷}}$——运转初期反应器的冷氢流量，m^3/h；

$Q_{\text{SOR反}}$——运转初期反飞动线上的流量，m^3/h。

② 运转末期流量：

工艺计算流量：
$$Q_{\text{EOR}} = Q_{\text{EOR气}} + Q_{\text{EOR冷}}$$

式中　Q_{EOR}——运转末期循环氢压缩机的入口流量，m^3/h；

$Q_{\text{EOR气}}$——运转末期反应器气油比计算的流量，m^3/h；

$Q_{\text{EOR冷}}$——运转末期反应器冷氢流量，m^3/h。

实际生产运转末期流量：
$$Q_{\text{EOR}} = Q_{\text{EOR气}} + Q_{\text{EOR冷}} + Q_{\text{EOR反}}$$

式中　Q_{EOR}——运转末期循环氢压缩机的入口流量，m^3/h；

$Q_{\text{EOR气}}$——运转末期反应器入口循环氢的流量，m^3/h；

$Q_{\text{EOR冷}}$——运转末期反应器的冷氢流量，m^3/h；

$Q_{\text{EOR反}}$——运转末期反飞动线上的流量，m^3/h。

③ 额定流量：
$$Q'_{\text{SORR}} = (Q_{\text{SOR气}} + Q_{\text{SOR冷}} + Q_{\text{SOR备}}) \times 110\%$$

或
$$Q_{\text{SORR}} = Q_{\text{SOR气}} + Q_{\text{SOR冷}} + Q_{\text{SOR备}}$$

式中　Q'_{SORR}，Q_{SORR}——110%、100%运转初期循环氢压缩机的入口流量，m^3/h；

$Q_{\text{SOR气}}$——运转初期反应器入口循环氢的流量，m^3/h；

$Q_{\text{SOR冷}}$——运转初期反应器的冷氢流量，m^3/h；

$Q_{\text{SOR备}}$——运转初期备用冷氢流量，m^3/h。

$$Q'_{\text{EORR}} = (Q_{\text{EOR气}} + Q_{\text{EOR冷}} + Q_{\text{EOR备}}) \times 110\%$$

或
$$Q_{\text{EORR}} = Q_{\text{EOR气}} + Q_{\text{EOR冷}} + Q_{\text{EOR备}}$$

式中　Q'_{EORR}，Q_{EORR}——110%、100%运转末期循环氢压缩机的入口流量，m^3/h；

$Q_{\text{EOR气}}$——运转末期反应器入口循环氢的流量，m^3/h；

$Q_{\text{EOR冷}}$——运转末期反应器的冷氢流量，m^3/h；

$Q_{\text{EOR备}}$——运转末期备用冷氢流量，m^3/h。

当装置按100%设计时，取Q_{SORR}与Q_{EORR}的最大值作为循环氢压缩机的额定流量；

当装置有110%操作弹性要求时，取Q'_{SORR}与Q'_{EORR}的最大值作为循环氢压缩机的额定流量。

④ 氮气工况流量。压缩机制造厂根据运转初期流量、运转末期流量和额定流量(或用合同约定的保证值)设计、制造的压缩机，根据装置氮气条件，在压缩机配套电机功率不变的情况下核算得到的氮气流量；或用制造好的压缩机用装置氮气条件进行性能试验测得的氮气流量。

氮气工况流量指导氮气气密、反应加热炉烘炉、催化剂干燥等操作。

⑤ 氢气工况流量。压缩机制造厂根据运转初期流量、运转末期流量和额定流量(或用合同约定的保证值)设计、制造的压缩机，根据装置氢气条件，在压缩机配套电机功率不变的情况下核算得到的氢气流量。

氢气工况流量指导氢气气密、紧急卸压试验等操作。

⑥ 再生工况流量。压缩机制造厂根据运转初期流量、运转末期流量和额定流量(或用合同约定的保证值)设计、制造的压缩机，根据装置再生条件下压力、流量(随再生进行而变

化)、相对分子质量(随再生进行而变化),在压缩机配套电机功率不变的情况下核算得到的再生工况流量。

再生工况流量指导催化剂再生操作。采用器外再生时,不需要给出压缩空气工况流量。

⑦ 循环氢露点计算。循环氢一般作为干气密封的密封气,产生的凝液会导致干气密封损坏。《炼油企业离心压缩机干气密封管理指导意见(暂行)》要求,高压临氢干气密封,一级密封气应从循环氢压缩机出口管线顶部垂直引出;应设置除液聚结器,在聚结器和压缩机本体之间应伴热,保证进密封的干气温度高于露点温度20℃。

柳伟在完成2018年加氢裂化、渣油加氢专家班学员大作业时总结了压力、烃组组成对循环氢露点的影响,见图10-20至图10-24。

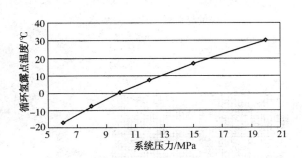

图 10-20 系统压力与循环氢露点关系

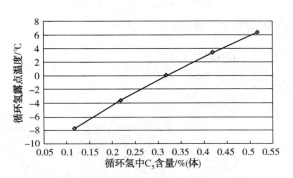

图 10-21 循环氢中 C_5 含量与循环氢露点关系

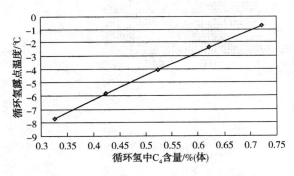

图 10-22 循环氢中 C_4 含量与循环氢露点关系

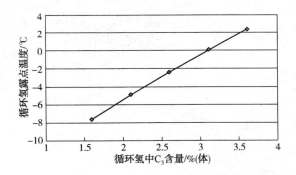

图 10-23 循环氢中 C_3 含量与循环氢露点关系

10.2.2 热力工艺计算

(1) 排气温度

$$T_2 = T_1 \varepsilon^{\frac{m-1}{m}}$$

(2) 多变能量头

离心压缩机的多变能量头相当于泵的扬程。

$$h_p = \frac{m}{m-1} \cdot ZRT_1 \cdot (\varepsilon^{\frac{m-1}{m}} - 1)$$

式中 h_p——多变能量头。

（3）马赫数

马赫数是气流速度与气体音速的比值。

$$M_a = \frac{u_2}{\sqrt{gkRT_1}}$$

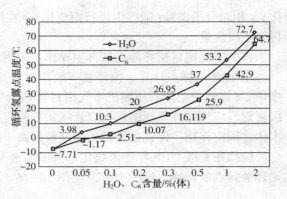

图 10-24　循环氢中 H_2O、C_6 含量与循环氢露点关系

式中　M_a——马赫数；

　　　　u_2——叶轮圆周速率，m/h；

　　　　g——重力加速度，$9.81 m/s^2$。

（4）理论功率

离心压缩机的多变效率与体积流量的关系见图 10-25。

$$N = \frac{1.634 P_1 V_1 \dfrac{m}{m-1}\left[\left(\dfrac{P_2}{P_1}\right)^{\frac{m-1}{m}}-1\right]}{\eta_p} = \frac{P_1 V_1 \phi}{\eta_p}$$

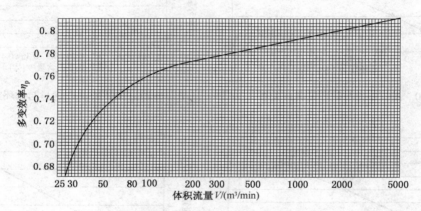

图 10-25　离心压缩机的多变效率

（5）实际功率

$$N_S = \frac{N}{\eta_g \times \eta_c}$$

式中　N_S——实际功率；

　　　　N——理论功率；

　　　　η_c——传动效率，直接传动 $\eta_c = 1.0$；齿轮增速箱传动 $\eta_c = 0.93 \sim 0.98$；

　　　　η_g——机械效率，$N > 2000 kW$，$\eta_g = 0.97 \sim 0.98$；$N = 1000 \sim 2000 kW$，$\eta_g = 0.96 \sim 0.97$；$N < 1000 kW$，$\eta_g = 0.94 \sim 0.96$。

10.2.3　变工况工艺计算

循环氢压缩机在开工时需打氮气进行氮气气密、反应加热炉烘炉、催化剂干燥等操作，氮氢混合气进行混合气密、氢气进行氢气气密、完成紧急卸压试验等操作，空气用于催化剂再生、正常生产的循环气也会随裂解产生的气体产率变化而变化，事故状态也会把氮气打入循环气中，这些气体组成的变化及伴随的压力变化，会引起压缩机性能的变化。

（1）基本工艺计算公式的换算

$$V = \frac{n}{n^0} \times V^0$$

$$G = \frac{n}{n^0} \times \frac{\rho_1}{\rho_1^0} \times G^0$$

$$N = \left[\left(\frac{n}{n^0} \right)^3 \times \frac{\rho_1}{\rho_1^0} \times N^0 \right]$$

$$\varepsilon = \left[\left(\frac{n}{n^0} \right)^2 \times \frac{P_1^2 m^0 (m-1) \rho_1}{P_1 m (m^0-1) \rho_1^0} \times \left(\varepsilon^{0 \left(\frac{m^0-1}{m^0} \right)} - 1 \right) + 1 \right]^{\frac{m}{m-1}}$$

式中　带上标"0"的均为原始工况的数据，不带上标"0"的为改变工况以后的数据，下同。

（2）只改变入口温度的工艺计算

$$V = V^0$$

$$G = \frac{T_1^0}{T_1} \times G^0$$

$$N = \frac{T_1^0}{T_1} \times N^0$$

$$\varepsilon = \left[\frac{T_1^0}{T_1} \times \left(\varepsilon^{0 \left(\frac{m^0-1}{m^0} \right)} - 1 \right) + 1 \right]^{\frac{m^0}{m^0-1}}$$

（3）只改变入口压力的工艺计算

$$V = V^0$$

$$G = \frac{P_1^0}{P_1} \times G^0$$

$$N = \frac{P_1^0}{P_1} \times N^0$$

$$\varepsilon = \varepsilon^0$$

（4）只改变转速的工艺计算

$$V = \frac{n}{n^0} V^0$$

$$G = \frac{n}{n^0} \times G^0$$

$$N = \left(\frac{n}{n^0} \right)^3 \times N^0$$

$$\varepsilon = \left\{ \left(\frac{n}{n^0} \right)^2 \times \left[\varepsilon^{0 \left(\frac{m^0-1}{m^0} \right)} - 1 \right] + 1 \right\}^{\frac{m}{m-1}}$$

（5）只改变气体相对分子质量的工艺计算

循环氢相对分子质量变化范围较大，一般为-15%~30%。

$$V = V^0$$

$$G = \frac{m}{m^0} \times G^0$$

$$N = \left(\frac{m}{m^0}\right) \times N^0$$

$$\varepsilon = \left\{ \left(\frac{m}{m^0}\right) \times \left[\varepsilon^{0 \left(\frac{m^0-1}{m^0}\right)} - 1 \right] + 1 \right\}^{\frac{m^0}{m^0-1}}$$

（6）只改变绝热指数的工艺计算

$$V = V^0$$

$$G = G^0$$

$$N = N^0$$

$$\varepsilon = \left\{ \left[\frac{k^0(k-1)}{k(k^0-1)} \right] \times \left[\varepsilon^{0 \left(\frac{m^0-1}{m^0}\right)} - 1 \right] + 1 \right\}^{\frac{m}{m-1}}$$

（7）改变气体重度和绝热指数的工艺计算

$$V = V^0$$

$$G = \frac{\rho_1}{\rho_1^0} G^0$$

$$N = \frac{\rho_1}{\rho_1^0} N^0$$

$$\varepsilon = \left\{ \left[\frac{m^0(m-1)\rho_1}{m(m^0-1)\rho_1^0} \right] \times \left[\varepsilon^{0 \left(\frac{m^0-1}{m^0}\right)} - 1 \right] + 1 \right\}^{\frac{m}{m-1}}$$

（8）气体性质和转速改变，入口压力和入口温度不变的工艺计算

$$V = \frac{n}{n_0} V^0$$

$$G = \frac{n}{n_0} \times \frac{m}{m^0} \times G^0$$

$$N = \left(\frac{n}{n^0}\right)^3 \times \frac{m}{m^0} \times N^0$$

$$\varepsilon = \left\{ \left(\frac{n}{n^0}\right)^2 \left[\frac{m^0(m-1)m}{m(m^0-1)m^0} \right] \times \left[\varepsilon^{0 \left(\frac{m^0-1}{m^0}\right)} - 1 \right] + 1 \right\}^{\frac{m}{m-1}}$$

10.2.4　典型工艺方案

（1）典型工艺参数

某厂加氢裂化装置循环氢压缩机改造后的设计工况见表 10-12 至表 10-14。

表 10-12　加氢裂化装置循环氢压缩机数据

项　　　目	工况 1	工况 2	工况 3	工况 4	工况 5
流量/（标 m³/h）	259500	250000	250000	250000	282000
相对分子质量	4.75	5.35	2.51	5.25	4.75
入口压力/MPa	16.1	16.1	16.15	16.15	16.1
入口温度/℃	54	54	49	49	54
出口压力/MPa	18.66	18.76	17.48	18.66	18.66
轴功率/kW	2177	2136	1144	2003	2313
转速/（r/min）	9455	8993	9455	8895	9658

表 10-13　加氢裂化装置循环氢压缩机运行前期数据

项　目	低压氮循环	硫化初期	硫化末期	运行初期
流量/(标 m³/h)	350000	277000	285000	211000
入口压力/MPa	5.26	14.8	14.1	16.0
入口温度/℃	44	40	40	49.5
出口压力/MPa	6.31	16.0	17.5	17.76
出口温度/℃	89.8	64.4	67.5	65.1
转速/(r/min)	6376	7216	7155	8569
蒸汽量/(t/h)	35	27.2	41.5	31

表 10-14　加氢裂化装置循环氢压缩机变工况数据

项　目	工况 1	工况 2	工况 3	工况 4	工况 5
流量/(标 m³/h)	334000	370000	370000	301000	345000
相对分子质量	4.2361	3.4075	5.2737	4.2447	4.2861
绝热指数	1.38	1.39	1.37	1.38	1.38
入口压力/MPa	13.3	12.7	12.7	13.3	9.1
入口温度/℃	50	50	50	50	50
入口压缩因子	1.08	1.08	1.07	1.08	1.05
出口压力/MPa	15.3	15.5	15.5	15.3	11.1
出口温度/℃	65.9	73.3	72.4	65.8	74.3
出口压缩因子	1.08	1.10	1.08	1.09	1.06
压缩比	1.15	1.15	1.22	1.15	1.22
多变效率/%	81	81	79	81	76
轴功率/kW	2254	3536	3546	2020	3378

（2）典型技术方案（表 10-15、表 10-16）

表 10-15　背压式蒸汽透平与凝汽式透平的方案对比

项　目	背压式	凝汽式
结构外形	小	大
辅助设备	相对简单	复杂，增加了凝汽抽真空系统及汽封压力调节系统
控制	相对简单	复杂，增加了凝结水液位自动控制、凝结水泵自动连锁及汽封压力自动控制
布置	相对紧凑	占空间较大，二层平台标高增加

表 10-16　变频电机驱动与透平驱动经济及技术对比

项　目	变频电机	背压式汽轮机
额定功率	基准+26.5%	基准
轴功率(额定转速)	基准	基准
设备价格	基准	基准+42.9%
运行费用	电：0.5 元/(kW·h)	3.5MPa 蒸汽：80 元/t；1.0MPa 蒸汽：45 元/t
全年运行费用/万元	507(电机效率90%)	526[蒸汽耗量：16.5kg/(kW·h)]
操作与维护	不需暖机，操作简单，易损件少，多增速箱	需暖机、暖管，操作较复杂，备品、备件较多

10.2.5　性能曲线

初期工况、末期工况及硫化工况性能曲线如图 10-26~图 10-28 所示。

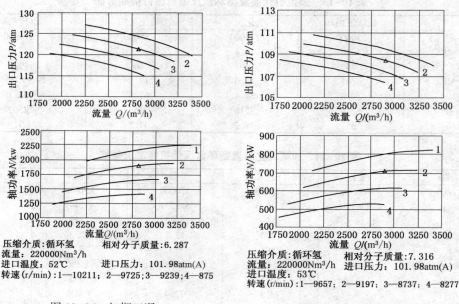

压缩介质:循环氢　　　相对分子质量:6.287
流量:220000Nm³/h
进口温度:52℃　　　进口压力:101.98atm(A)
转速(r/min):1—10211；2—9725；3—9239；4—875

图 10-26　初期工况

压缩介质:循环氢　　　相对分子质量:7.316
流量:220000Nm³/h
进口温度:53℃　　　进口压力:101.98atm(A)
转速(r/min):1—9657；2—9197；3—8737；4—8277

图 10-27　末期工况

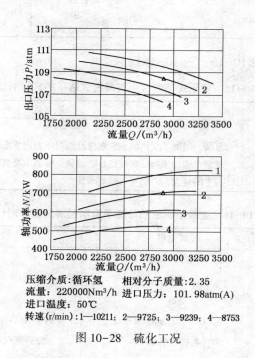

压缩介质:循环氢　　　相对分子质量:2.35
流量:220000Nm³/h
进口温度:50℃　　　进口压力:101.98atm(A)
转速(r/min):1—10211；2—9725；3—9239；4—8753

图 10-28　硫化工况

10.2.6　技术分析

离心式循环氢压缩机的基本单元见图 10-29。

（1）流量调节

① 改变转速。加氢裂化装置循环氢压缩机特性曲线与管路曲线的交点就是循环氢压缩机的工作点，见图 10-30。随着转速的改变，这一交点随之变化，循环氢压缩机的流量相应

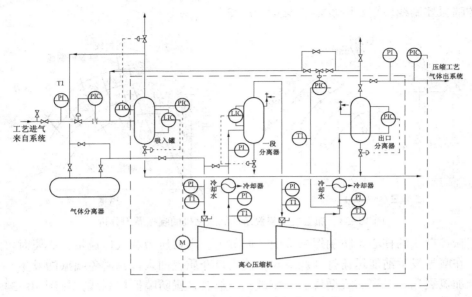

图 10-29　离心式循环氢压缩机的基本单元

得到改变。对于蒸汽透平驱动的循环氢压缩机是最省功，也最方便的一种方法。

② 改变排气管节流。循环氢压缩机出口排气管上安装蝶阀，来改变压缩机出口压力，以调节压缩机的流量，见图 10-31。

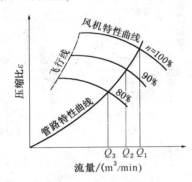

图 10-30　循环氢压缩机
改变转数调节方法

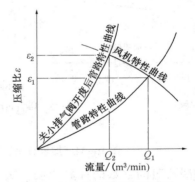

图 10-31　排气管节流调节法

加氢裂化装置循环氢压缩机一般不采用此法。

③ 改变吸气管节流。循环氢压缩机入口吸气管上安装调节阀，以调节压缩机的流量，见图 10-32。

加氢裂化装置循环氢压缩机一般也不采用此法。

④ 旁路调节。利用加氢裂化装置循环氢压缩机反飞动线调节循环氢压缩机的流量，此法虽不节能，但调节灵活。

（2）防喘振控制线的设置

加氢裂化装置循环氢压缩机在特定的压差情况下，入口流量减少到某一数值时，叶轮因不能连续输送介质形成喘振，喘振会损坏压缩机。防止压缩机喘振最有效的方法

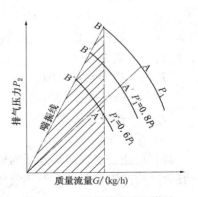

图 10-32　吸气管节流调节法

是设置防喘振控制线(或反飞动线)，见图10-33。

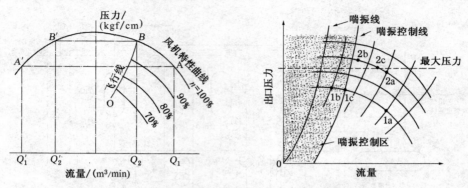

图10-33　加氢裂化装置循环氢压缩机的喘振原因分析

防喘振控制线的核心是防喘振调节阀，调节进、出口压力和入口流量，必要时可进行温度补偿；在喘振发生前能迅速打开调节阀，使出口介质返回入口，避免喘振的发生。

对于加氢裂化装置离心式循环氢压缩机，一般要设置防喘振控制线，见图10-34。稳定工况范围见图10-35。

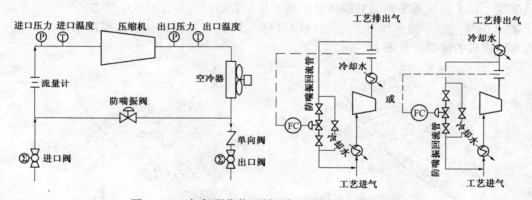

图10-34　加氢裂化装置循环氢压缩机防喘振控制线

防喘振回路时间常数的计算原则：防喘振回路的管路应尽可能短，以便缩短流体从防喘振出口到压缩机入口的时间。

$$T = T_1 + T_2 + T_3 + T_4$$

式中　T——时间常数，一般控制在3~4s以内；

T_1——管路时间；

T_2——检测元件时间；

T_3——防喘振控制阀时间；

T_4——控制器处理时间。

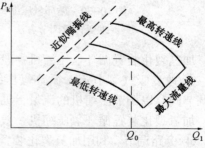

图10-35　加氢裂化装置循环氢压缩机的稳定工况范围

(3) 速度控制

调节转速是实现循环氢压缩机的防喘振和性能控制的一种重要的手段。蒸汽透平的转速一般通过蒸汽流量调节。循环氢压缩机的转速范围分析如图10-36所示。

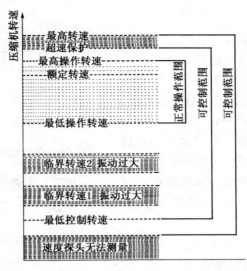

图 10-36　加氢裂化装置循环氢压缩机的转速范围分析

可测量范围：速度探头的测量值在此范围内是可靠的；

可控制范围：在此范围内控制系统可以对透平进行升速或降速的操作；

正常操作范围：压缩机正常工作的转速范围；

临界转速：透平在此转速会产生共振；

超速保护：分为机械超速保护与电子超速保护，其中机械超速保护是透平驱动的压缩机机组必不可少的保护设施；电子超速保护是对机械超速保护的补充，但不能代替机械超速保护。

10.3　新氢压缩机与循环氢压缩机合并机组[1~2,9,26,28]

10.3.1　工艺参数

某加氢装置合并机组工艺参数见表 10-17。

表 10-17　某加氢装置合并机组工艺参数

项　目	新氢			循环氢		
	工况 I	工况 II	工况 III	工况 I	工况 II	工况 III
相对分子质量	3.78	3.78	28	5.8	5.8	28
绝热指数	1.37	1.37	1.4	1.37	1.37	1.4
压力/MPa						
进气	1.73	1.73	0.65	7.52	7.52	1.96
排气	9.5	10.5	3.22	9.5	10.5	3.185
压比	5.5	6.07	4.95	1.26	1.397	1.625
压缩因子						
进气	1.01	1.035	1.0	1.035	1.035	1.0
排气	1.05	1.05	1.0	1.045	1.05	1.0
温度/℃						
进气	40	40	40	49.4	49.4	50
排气	127	135	141	77	87	123
流量/(m³/h)	673	664	519	900	864	802
流量/(标 m³/h)	9888	9797	2928	54730	52517	13122
轴功率/kW	722	754	266	602	780	376

10.3.2　应用条件

一般二合一机组将新氢和循环氢压缩机联合设置，选用二台往复式，一开一备，每台为四列四缸，新氢二列二缸二级或三列三缸三级，循环氢二列二缸一级或一列一缸一级。新氢及循环氢共用驱动机、润滑油、冷却水系统及控制系统。气路系统相对分开，正常操作时可以互不影响，但机组联锁停机时，新氢和循环氢同时停。新氢和循环氢压缩机联合设置见图10-37。

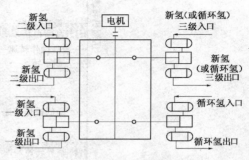

图10-37　新氢和循环氢压缩机联合设置

10.3.3　方案对比

二合一机组和分开机组对比见表10-18。

表10-18　二合一机组和分开机组对比

项　　目	二合一机组	分开机组	说明
工艺操作	正常操作时可以互不影响，停机时，新氢和循环氢同时停	正常操作及事故情况均互不影响	能满足工艺要求
占　地	基准	基准+(25%~35%)	
能　耗	基准	基准+(5%~10%)	
运行费用	基准	基准+(15%~20%)	
投　资	基准	基准+(5%~10%)	
灵活性	基准	基准+Δ	对加氢裂化尤为重要

10.4　压缩机的热点难点问题

10.4.1　循环氢压缩机反飞动线(或防喘振控制线)

加氢裂化反应回路是一个没有阀门关断的密闭循环系统，最容易形成阻力的地方是反应器压降增大，但不会形成关断，回路内的流量是否会降到循环氢压缩机反飞动线以下，需要采用增设短回路的方式来解决是一个有争议的话题。

10.4.2　新氢压缩机的多台共用

压力：多套加氢装置共用新氢压缩机时，需要按压力最高装置选择新氢压缩机；

控制：为了保证每一个装置可控运行，就需要设置调节阀；

隔断：为了保证每一个装置单独开停工、处理事故，就需要设置多个隔断阀门；为了安全，也需要设置隔断盲板；

高压管线：新氢压缩机需要在厂房布置，对一个装置近，对其他共用装置就远，必然会增加高压管线，也会形成一定压降；

　　投资、能耗：多个企业的方案对比发现，投资、能耗互有交叉，与装置平面布置、共用系统的压力差、压缩机投资、压缩机效率等有关；

　　是否多台压缩机共用是一个值得研究的课题。

参 考 文 献

[1] 韩崇仁主编. 加氢裂化工艺与工程[M]. 北京：中国石化出版社，2001：749-826.

[2] 李大东主编. 加氢处理工艺与工程[M]. 北京：中国石化出版社，2004：824-839.

[3] 偶国富，丁舍庚，徐如良，等. 加氢裂化循环氢压缩机扩能改造[J]. 石油化工设备技术，2000，21 (3)：23-25.

[4] 石油化学工业部石油化工规划设计院组织编写. 压缩机工艺计算[M]. 北京：石油化学工业出版社，1978：18-67.

[5] 杨成炯，肖忠臣. 往复式氢气压缩机的工艺调节[J]. 压缩机技术，2002，173(3)：12-14.

[6] 岑其顺. 渣油加氢脱硫装置新氢压缩机的配置及特点[J]. 压缩机技术，2002，174(4)：19-20.

[7] 活塞式压缩机设计编写组. 活塞式压缩机设计[M]. 北京：机械工业出版社，1974.

[8] 刘志军，喻使良，李志义. 过程机械[M]. 北京：中国石化出版社，2002：151-203.

[9] 王存智. 氢压机工程设计选型中常见问题的分析与探讨[J]. 石油化工设备技术，2000，21(3)：19-22.

[10] 彭宝成，彭培英，朱玉峰. 全无油压缩机设计中重要参数的合理选择[J]. 润滑与密封，2005，167 (1)：94-95.

[11] 任智，王存智. 往复式压缩机流量调节方式浅析[J]. 石油化工设备技术，2003，24(4)：21-23.

[12] 修轶鲲. 段间压降对压缩机功率的影响[J]. 广州石化，2000，28(2)：48-51.

[13] 禹晓伟. Hydro COM 气量调节系统在新氢压缩机上的应用[J]. 石油化工设备技术，2003，24(4)：29-31.

[14] 王庆丰，李国安，郭振. 关于往复压缩机节能途径的探讨[J]. 节能技术，2005，23(6)：562-563.

[15] 王广兵. 往复活塞式压缩机特性参数的确定[J]. 化工设备与管道，2005，42(3)：44-47.

[16] 魏鑫. 往复式压缩机出口泄压安全阀整定压力的探讨[J]. 炼油技术与工程，2006，36(5)：33-35.

[17] 马承慧. 变频调速技术在循环氢压缩机组中的应用[J]. 石油化工设备技术，2002，23(4)：20-23.

[18] 偶国富，丁舍庚，徐如良，等. 加氢裂化循环氢压缩机扩能[J]. 石油化工设备，2001，30(5)：64-66.

[19] 王存智. 循环氢压缩机工程设计中几个关键问题的分析与探讨[J]. 石油化工设备技术，2006，27 (3)：60-64.

[20] 孙绪刚. 循环氢压缩机防喘振控制设计分析[J]. 自动化博览，2006(4)：79-80.

[21] 戴金龙. 离心式压缩机的调节控制系统[J]. 风机技术，2002(6)：36-39.

[22] 郑水成，董爱娜. 离心式压缩机防喘振控制系统设计探讨[J]. 石油化工自动化. 2004(5)：16-17.

[23] 张景安. 镇海加氢裂化装置循环氢压缩机组改造[J]. 炼油设计，2002，32(2)：28-29.

[24] 沈刚. 浅谈离心式压缩机的控制方案[J]. 石油化工自动化，2004(6)：42-45.

[25] 于淑霞. 离心式压缩机喘振的原因分析[J]. 石油化工设备技术，1998，19(4)：38-41.

[26] 王存智. 新氢压缩机与循环氢压缩机合并机组在加氢装置中的应用[J]. 石油化工设备技术，2004，25(6)：34-36.

[27] 刘云秀，夏贵清，李岱. 进口气体压缩机在 1.4Mt/a 加氢裂化装置的应用[J]. 齐鲁石油化工，2003，31(1)：48-50.

[28] 李立权. 加氢裂化装置操作指南[M]. 北京：中国石化出版社，2005：203-211.

[29] [美]卡尔·布兰南. 石油和化学工程师实用手册[M]. 王江义，吴德荣，华峰，等译. 北京：化学工业出版社，2001：78-84.

[30] 章日让编著. 石化工艺及系统设计实用技术问答[M]. 2版. 北京：中国石化出版社，2007：19-22.

第11章　高压泵、液力透平工艺计算及技术分析

加氢裂化装置的高压泵一般包括：高压原料油泵、高压循环油泵、高压油洗泵、高压贫溶剂泵、高压注水泵、高压注氨泵及高压注硫泵。

高压原料油泵、高压循环油泵、高压油洗泵和高压贫溶剂泵一般流量大，要求操作平稳；液体黏度较高，扬程大；可靠性要求高，一般备用率100%；要求连续上升的流量–扬程特性，以便于调节，故多选择多级离心泵。

高压注水泵流量相对偏小，扬程高可选择柱塞泵或高速离心泵，一般备用率100%。

高压注氨泵、高压注硫泵流量小，扬程高，多选用计量泵，一般备用率50%~100%。各种泵大致工作范围如图11-1、图11-2所示。

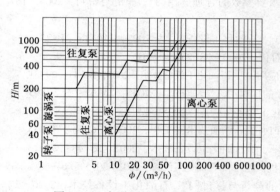

图 11-1　各种泵大致工作范围图

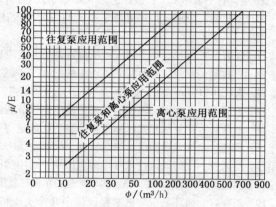

图 11-2　离心泵和往复泵的黏性介质大致范围图

加氢裂化装置的液力透平一般包括：热高分油液力透平、冷高分油液力透平及循环氢脱硫塔富胺液液力透平。液力透平的选型见图11-3。

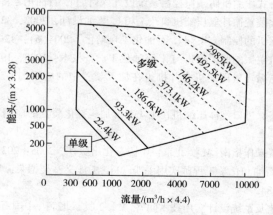

图 11-3　液力透平选型图[21]

11.1　高压原料油泵、高压循环油泵、高压油洗泵和高压贫溶剂泵[1~14,16,19~20]

11.1.1　工艺参数计算

（1）流量

一般包括正常流量、最大流量、最小流量和额定流量，计算时大多采用体积流量。

① 高压原料油泵。加氢裂化装置可能会加工几种原料油，计算高压原料油泵的流量时一般以设计原料为正常流量计算基准，最大密度和最小密度原料分别用于核算最大扬程、电动机功率、调节阀压降和最大流量等工艺参数。

正常流量
$$Q_{nor} = \frac{W}{\rho}$$

最大流量
$$Q_{max} = \frac{W \times x_{max}\%}{\rho}$$

最小流量
$$Q_{min} = \frac{W \times x_{min}\%}{\rho}$$

额定流量
$$Q_{rate} = (\frac{W \times x_{max}\%}{\rho}) \times (100\% - 110\%)$$

式中　Q_{nor}——原料油正常设计规模条件下体积流量，m^3/h；

　　　W——原料油正常设计规模条件下质量流量，kg/h；

　　　ρ——高压原料油泵入口温度条件下的密度，kg/m^3；

　　　Q_{max}——原料油最大体积流量(有最小密度工况时应与操作弹性上限统一考虑)，m^3/h；

　　　x_{max}——装置操作弹性(或处理能力)上限(与最小密度工况时计算的最大体积流量与正常设计规模条件下体积流量的比值相比，取大者，一般不叠加)；

　　　Q_{min}——原料油最小体积流量(有最大密度工况时应与操作弹性下限统一考虑)，m^3/h；

　　　x_{min}——装置操作弹性(或处理能力)下限(与最大密度工况时计算的最小体积流量与正常设计规模条件下体积流量的比值相比，取小者)；

　　　Q_{rate}——原料油额定体积流量(设计已考虑最大流量时，一般同最大流量，不再额外增加量)，m^3/h。

② 高压循环油泵。循环油量由于受催化剂性能影响，一般运转初期和运转末期的循环油量、循环油密度、循环油温度会有变化，计算时可以某一最大工况按如下计算。

正常流量
$$Q_{nor} = \frac{W}{\rho}$$

最大流量
$$Q_{max} = \frac{W \times x_{max}\%}{\rho}$$

最小流量
$$Q_{\min} = \frac{W \times x_{\min}\%}{\rho}$$

额定流量
$$Q_{\text{rate}} = \left(\frac{W \times x_{\max}\%}{\rho}\right) \times (100\% - 105\%)$$

式中　Q_{nor}——设计正常质量(国外用体积)转化率条件下的循环油(循环油泵入口温度)体积流量,m^3/h;

　　　W——设计正常质量转化率条件下的循环油(循环油泵入口温度)质量流量,kg/h;

　　　ρ——高压循环油泵入口温度条件下的密度,kg/m^3;

　　　$Q_{\max}$——循环油可能的最大体积流量,m^3/h;

　　　$x_{\max}$——设计考虑的循环油操作弹性上限(如:转化率降低、分馏塔操作波动等);

　　　$Q_{\min}$——循环油最小体积流量,m^3/h;

　　　$x_{\min}$——设计考虑的循环油操作弹性下限(如:负荷下线的影响、转化率升高、分馏塔操作波动等);

　　　Q_{rate}——循环油额定体积流量(设计已考虑最大流量时,一般同最大流量,不再额外增加量),m^3/h。

③ 高压油洗泵。

正常流量
$$Q_{\text{nor}} = \frac{W}{\rho}$$

最大流量
$$Q_{\max} = \frac{W \times x_{\max}\%}{\rho}$$

最小流量
$$Q_{\min} = \frac{W \times x_{\min}\%}{\rho}$$

额定流量
$$Q_{\text{rate}} = \left(\frac{W \times x_{\max}\%}{\rho}\right) \times (100\% - 120\%)$$

式中　Q_{nor}——正常设计条件下从中压分离器抽出的洗油体积流量,m^3/h;

　　　W——正常设计条件下从中压分离器抽出的洗油质量流量,kg/h;

　　　ρ——高压油洗泵入口温度条件下的密度,kg/m^3;

　　　$Q_{\max}$——循环氢纯度最大时需要的洗油体积流量,m^3/h;

　　　$x_{\max}$——设计考虑的洗油操作弹性上限(与循环氢纯度最大时需要的洗油体积流量与正常体积流量的比值相比,取大者,一般不叠加);

　　　$Q_{\min}$——最小洗油体积流量,m^3/h;

　　　$x_{\min}$——设计考虑的洗油操作弹性下限(与循环氢纯度最小时需要的洗油体积流量与正常体积流量的比值相比,取大者,防止下线过低);

　　　Q_{rate}——额定洗油体积流量(设计已考虑最大流量时,一般同最大流量,不再额外增加量),m^3/h。

④ 高压贫溶剂泵。

正常流量
$$Q_{\text{nor}} = \frac{W}{\rho}$$

最大流量　　　　　　　　　　　　　$$Q_{\max}=\dfrac{W\times\left(\dfrac{S_{\max}}{S_{\mathrm{nor}}}\right)}{\rho}$$

最小流量　　　　$$Q_{\min}=\dfrac{W\times x_{\min}\%}{\rho}\qquad 或\qquad Q_{\min}=\dfrac{W\times\left(\dfrac{S_{\min}}{S_{\mathrm{nor}}}\right)}{\rho}$$

额定流量　　　　　$$Q_{\mathrm{rate}}=\left(\dfrac{W\times x_{\max}\%}{\rho}\right)\times(100\%-110\%)$$

式中　Q_{nor}——按正常设计原料油硫、氮含量计算得到的贫溶剂体积流量，m^3/h；

　　　W——按正常设计原料油硫、氮含量计算得到的贫溶剂质量流量，kg/h；

　　　ρ——高压贫溶剂泵入口温度（$40\sim60^{\circ}C$）条件下的贫溶剂密度，kg/m^3；

　　　$Q_{\max}$——按原料油中最大硫含量计算得到的贫溶剂最大体积流量（一般不考虑负荷上线引起的贫溶剂量进一步增加），m^3/h；

　　　$S_{\max}$——设计考虑的最大硫含量；

　　　S_{nor}——正常设计条件下考虑的硫含量；

　　　$Q_{\min}$——最小贫溶剂体积流量，m^3/h；

　　　$x_{\min}$——设计考虑的操作弹性下限；

　　　$S_{\min}$——最小硫含量；

　　　Q_{rate}——额定条件下的贫溶剂体积流量，m^3/h。

（2）入口压力

加氢裂化装置存在冷进料和热进料工况时，计算泵入口系统阻力总合时应用冷进料工况的黏度；泵入口缓冲罐或分离器的液位应采用低低液位（联锁停泵前的液位）为计算基准；泵入口缓冲罐或分离器的压力应采用可能的最低压力。

$$P_{入}=P_{罐}+\dfrac{H_{液}\rho}{10^4}\times0.0980665-\Delta P_{管}-\Delta P_{过}-\Delta P_{孔}-\Delta P_{阀}$$

式中　$P_{入}$——泵的入口压力，MPa；

　　　$P_{罐}$——泵入口罐（如：原料油缓冲罐、循环油缓冲罐、中压分离器、贫溶剂缓冲罐）的压力，MPa；

　　　$H_{液}$——泵入口罐液位至泵轴入口中心线的液位高度，m；

　　　ρ——泵入口温度条件下的密度，kg/m^3；

　　　$\Delta P_{管}$——泵入口罐至泵入口的管线（弯头、三通可折合成当量长度）压降，MPa；

　　　$\Delta P_{过}$——泵入口罐至泵入口设置的过滤器压降，MPa；

　　　$\Delta P_{孔}$——泵入口罐至泵入口设置的孔板压降，MPa；

　　　$\Delta P_{阀}$——泵入口罐至泵入口设置的阀门压降，MPa。

（3）出口压力

加氢裂化装置加工原料的密度会变化、系统压力降会随着运转时间延长而增加，高压原料油泵、高压循环油泵出口压力应考虑最小原料密度工况、系统压力最苛刻工况和调节阀的适宜调节范围。

①高压原料油泵。

$$P_{出} = P_{入} + \frac{H\rho}{10^4} \times 0.0980665$$

或对炉前混氢流程　　　$P_{出} = P_{压出} - \Delta P_{氢} + \Delta P_{换} + \Delta P_{阀} + \Delta P_{孔} + \Delta P_{管}$

或对炉后混氢流程　　　$P_{出} = P_{压出} - \Delta P_{氢} + \Delta P_{换} + \Delta P_{阀} + \Delta P_{孔} + \Delta P_{管} + \Delta P_{炉}$

式中　$P_{出}$——高压原料油泵出口压力，MPa；

$\quad P_{入}$——高压原料油泵入口压力，MPa；

$\quad H$——高压原料油泵的扬程(取决于反应系统压力、调节阀压降等，随反应系统压力升高而升高)，m；

$\quad \rho$——高压原料油泵入口温度条件下的密度，kg/m³；

$\quad P_{压出}$——循环氢压缩机的出口压力，MPa；

$\quad \Delta P_{氢}$——循环氢压缩机出口至与原料油混合时的压降，MPa；

$\quad \Delta P_{换}$——原料油与循环氢混合前原料油换热器的压降，MPa；

$\quad \Delta P_{阀}$——原料油与循环氢混合前原料油经过的阀门压降，MPa；

$\quad \Delta P_{孔}$——原料油与循环氢混合前原料油经过的孔板压降，MPa；

$\quad \Delta P_{管}$——原料油与循环氢混合前原料油经过的管线(弯头、三通可折合成当量长度)压降，MPa；

$\quad \Delta P_{炉}$——原料油与循环氢混合前原料油经过的加热炉压降，MPa。

② 高压循环油泵。

$$P_{出} = P_{入} + \frac{H\rho}{10^4} \times 0.0980665$$

或　　　$P_{出} = P_{压出} - \Delta P_{管氢} - \Delta P_{换氢} - \Delta P_{炉氢} - \Delta P_{反氢} + \Delta P_{换} + \Delta P_{阀} + \Delta P_{孔} + \Delta P_{管}$

式中　$P_{出}$——高压循环油泵出口压力，MPa；

$\quad P_{入}$——高压循环油泵入口压力，MPa；

$\quad H$——高压循环油泵的扬程(取决于反应系统压力、精制反应器压降变化、调节阀压降等，随反应系统压力升高而升高)，m；

$\quad \rho$——高压循环油泵入口温度条件下的密度，kg/m³；

$\quad P_{压出}$——循环氢压缩机的出口压力，MPa；

$\quad \Delta P_{管氢}$——循环氢压缩机出口至与循环油混合时管线的压降，MPa；

$\quad \Delta P_{换氢}$——循环氢与循环油混合前循环氢换热器的压降，MPa；

$\quad \Delta P_{炉氢}$——循环氢与循环油混合前循环氢经过的加热炉压降，MPa；

$\quad \Delta P_{反氢}$——循环氢与循环油混合前循环氢经过的反应器压降，MPa；

$\quad \Delta P_{换}$——循环油与循环氢混合前循环油换热器的压降，MPa；

$\quad \Delta P_{阀}$——循环油与循环氢混合前循环油经过的阀门压降，MPa；

$\quad \Delta P_{孔}$——循环油与循环氢混合前循环油经过的孔板压降，MPa；

$\quad \Delta P_{管}$——循环油与循环氢混合前循环油经过的管线(弯头、三通可折合成当量长度)压降，MPa。

③ 高压油洗泵。

$$P_{出} = P_{入} + \frac{H\rho}{10^4} \times 0.0980665$$

或

$$P_{出} = P_{换出} + \Delta P_{阀} + \Delta P_{孔} + \Delta P_{管}$$

式中　$P_{出}$——高压油洗泵出口压力，MPa；

$P_{入}$——高压油洗泵入口压力，MPa；

H——高压油洗泵的扬程，m；

ρ——高压油洗泵入口温度条件下的密度，kg/m³；

$P_{换出}$——热高压分离器顶最后一台换热器的出口压力（根据反应系统压力平衡计算得出），MPa；

$\Delta P_{阀}$——洗油与热高压分离气混合前洗油经过的阀门压降，MPa；

$\Delta P_{孔}$——洗油与热高压分离气混合前洗油经过的孔板压降，MPa；

$\Delta P_{管}$——洗油与热高压分离气混合前洗油经过的管线（弯头、三通可折合成当量长度）压降，MPa。

④ 高压贫溶剂泵。

$$P_{出} = P_{入} + \frac{H\rho}{10^4} \times 0.0980665$$

或

$$P_{出} = P_{塔顶} + \Delta P_{阀} + \Delta P_{孔} + \Delta P_{管}$$

式中　$P_{出}$——高压贫溶剂泵出口压力，MPa；

$P_{入}$——高压贫溶剂泵入口压力，MPa；

H——高压贫溶剂泵的扬程，m；

ρ——高压贫溶剂泵入口温度条件下的密度，kg/m³，一般为 1.008~1.02 kg/m³；

$P_{塔顶}$——循环氢脱硫塔顶的压力，MPa；

$\Delta P_{阀}$——贫溶剂泵出口至循环氢脱硫塔顶之间的阀门压降，MPa；

$\Delta P_{孔}$——贫溶剂泵出口至循环氢脱硫塔顶之间的孔板压降，MPa；

$\Delta P_{管}$——贫溶剂泵出口至循环氢脱硫塔顶之间的管线（弯头、三通可折合成当量长度）压降，MPa。

（4）功率和效率

① 有效功率。

$$N_C = \frac{QH\rho}{102} \quad 或 \quad N_C = \frac{Q'H\gamma}{367}$$

式中　N_C——高压原料油泵、高压循环油泵、高压油洗泵和高压贫溶剂泵的有效功率，kW；

Q——输送温度下高压原料油泵、高压循环油泵、高压油洗泵和高压贫溶剂泵的流量，m³/s；

Q'——输送温度下高压原料油泵、高压循环油泵、高压油洗泵和高压贫溶剂泵的流量，m³/h；

H——高压原料油泵、高压循环油泵、高压油洗泵和高压贫溶剂泵的扬程，m；

ρ——高压原料油泵、高压循环油泵、高压油洗泵和高压贫溶剂泵入口温度条件下的密度，kg/m³；

γ——高压原料油泵、高压循环油泵、高压油洗泵和高压贫溶剂泵入口温度条件下的相对密度。

② 轴功率。

$$N=\frac{QH\rho}{102\eta}\qquad 或\qquad N=\frac{Q'H\gamma}{367\eta}$$

式中　N——高压原料油泵、高压循环油泵、高压油洗泵和高压贫溶剂泵的轴功率，kW；
　　　η——泵的效率。

③ 效率。

$$\eta=\frac{N_c}{N}\times100\%$$

一般高压原料油泵、高压循环油泵、高压油洗泵和高压贫溶剂泵的效率在 50%～85% 之间。

④ 电动机功率。

$$N_m=K\frac{N}{\eta_t}$$

式中　η_t——电动机的传动效率，一般高压原料油泵、高压循环油泵、高压油洗泵和高压贫溶剂泵采用联轴器与轴直接传动时，取 $\eta_t=1$；采用齿轮传动时，取 $\eta_t=0.9\sim0.97$，一般不建议采用齿轮传动。
　　　K——电动机额定功率安全系数，电动机的额定功率必须大于或等于 N_m，由于加氢裂化高压原料油泵、高压循环油泵、高压油洗泵和高压贫溶剂泵轴功率均大于 75kW，一般取 $K=1.10$。

（5）汽蚀余量

① 汽蚀余量

泵进口处单位重量液体所具有的超过汽化压力的富余能量。

$$(NPSH)=\frac{100(P_S-P_V)}{\gamma}+\frac{V_s^2}{2g}$$

式中　$(NPSH)$——高压原料油泵、高压循环油泵、高压油洗泵和高压贫溶剂泵的汽蚀余量，m；
　　　P_s——高压原料油泵、高压循环油泵、高压油洗泵和高压贫溶剂泵基准面算起的入口压力，MPa；
　　　P_V——高压原料油泵、高压循环油泵、高压油洗泵和高压贫溶剂泵入口温度条件下液体的饱和蒸气压，MPa，以蜡油为原料的加氢裂化装置高压原料油泵可取 $P_V=0$；
　　　γ——高压原料油泵、高压循环油泵、高压油洗泵和高压贫溶剂泵入口温度条件下的相对密度；
　　　V_s——高压原料油泵、高压循环油泵、高压油洗泵和高压贫溶剂泵入口温度压力条件下进口侧管线的流速（一般为平均速度），m/s；
　　　g——重力加速度，9.81m/s²。

基准面定义：由于加氢裂化装置高压原料油泵、高压循环油泵、高压油洗泵和高压贫溶剂泵一般均为多级离心泵,基准面为泵轴入口中心线(也有以第一级叶轮为基准的说法)。

② 必需汽蚀余量。

泵进口处所必须具有的超过汽化压力的能量,表示为$(NPSH)_r$,一般由泵制造厂通过试验测定。估算$(NPSH)_{min}$的公式为

$$(NPSH)_{min} = 10\left(\frac{n\sqrt{Q}}{C}\right)^{1.33}$$

式中　$(NPSH)_{min}$——高压原料油泵、高压循环油泵、高压油洗泵和高压贫溶剂泵的最小汽蚀余量,m;

　　　n——高压原料油泵、高压循环油泵、高压油洗泵和高压贫溶剂泵轴转速,r/min;

　　　Q——高压原料油泵、高压循环油泵、高压油洗泵和高压贫溶剂泵入口温度条件下的液体流量,m^3/s(双吸时为$\frac{1}{2}Q$);

　　　C——汽蚀比转速,可由表 11-1、表 11-2 查取。

表 11-1　用泵轴转速求汽蚀比转速 C 值

$Q/(m^3/h)$	6	20	60	100	150	200	300	>300
$n=2900r/min$	400~450	550~600	750~800	900~1000	1000~1100	1100~1200	1200~1300	1250~1350
$n=1450r/min$	—	—	—	550~600	650~750	700~750	750~850	850~1000

表 11-2　用泵的比转速求汽蚀比转速 C 值

泵的比转速 n_s	50~70	71~80	81~150	151~200
C	600~750	800	800~1000	1000~1200

表 11-2 中大直径的高压泵取下线,泵的比转速 n_s 反映了叶轮的形状和泵的性能。

$$n_s = \frac{3.65n\sqrt{Q}}{H^{\frac{3}{4}}}$$

式中　n——高压原料油泵、高压循环油泵、高压油洗泵和高压贫溶剂泵轴转速,r/min;

　　　Q——高压原料油泵、高压循环油泵、高压油洗泵和高压贫溶剂泵入口温度条件下的液体额定流量,m^3/s(双吸时为$\frac{1}{2}Q$);

　　　H——高压原料油泵、高压循环油泵、高压油洗泵和高压贫溶剂泵的扬程,m,多级泵为$\frac{H}{i}$(i 为级数)。

③ 有效汽蚀余量。泵进口处系统提供给泵超过汽化压力的能量,表示为$(NPSH)_a$,由泵入口管路特性决定,与泵结构无关。

加氢裂化装置存在冷进料和热进料工况时,计算有效汽蚀余量时应用热进料工况的温度条件,计算泵入口系统阻力总合时应用冷进料工况的黏度。

泵入口缓冲罐或分离器的液位应采用低低液位(联锁停泵前的液位)为计算基准;泵入口缓冲罐或分离器的压力应采用可能的最低压力。

a. 高压原料油泵。以蜡油为原料的加氢裂化装置

$$(NPSH)_a = \frac{P_{Vs}}{\gamma} \times 100 - h_{1s} + H_{gs}$$

式中　$(NPSH)_a$——高压原料油泵的有效汽蚀余量，m；

　　　P_{Vs}——高压原料油泵入口缓冲罐压力，MPa；

　　　γ——高压原料油泵入口温度条件下的相对密度；

　　　h_{1s}——高压原料油泵入口系统阻力总合，m；

　　　H_{gs}——高压原料油泵入口缓冲罐低低液位至泵轴入口中心线的几何高度；m，泵轴入口中心线距地面的几何高度至少应考虑 0.3m。

b. 高压循环油泵。设置循环油缓冲罐时：

$$(NPSH)_a = \frac{P_{Vs}}{\gamma} \times 100 - h_{1s} + H_{gs}$$

式中　$(NPSH)_a$——高压循环油泵的有效汽蚀余量，m；

　　　P_{Vs}——高压循环油泵入口缓冲罐压力，MPa；

　　　γ——高压循环油泵入口温度条件下的相对密度；

　　　h_{1s}——高压循环油泵入口系统阻力总合，m；

　　　H_{gs}——高压循环油泵入口缓冲罐低低液位至泵轴入口中心线的几何高度；m，泵轴入口中心线距地面的几何高度至少应考虑 0.3m。

不设置循环油缓冲罐，利用常压分馏塔或减压分馏塔作为循环油缓冲罐时：

$$(NPSH)_a = \frac{P_{Vs} - P_V}{\gamma} \times 100 - h_{1s} + H_{gs}$$

式中　$(NPSH)_a$——高压循环油泵的有效汽蚀余量，m；

　　　P_{Vs}——常压分馏塔或减压分馏塔底压力，MPa；

　　　P_V——高压循环油泵入口温度条件下液体的饱和蒸气压，MPa；

　　　γ——常压分馏塔或减压分馏塔底温度条件下的相对密度；

　　　h_{1s}——常压分馏塔或减压分馏塔底至高压循环油泵入口系统阻力总合，m；

　　　H_{gs}——常压分馏塔或减压分馏塔底低低液位至泵轴入口中心线的几何高度，m。

c. 高压油洗泵。

$$(NPSH)_a = \frac{P_{Vs} - P_V}{\gamma} \times 100 - h_{1s} + H_{gs}$$

式中　$(NPSH)_a$——高压油洗泵的有效汽蚀余量，m；

　　　P_{Vs}——中压分离器压力，MPa；

　　　P_V——高压油洗泵泵入口温度条件下液体的饱和蒸气压，MPa；

　　　γ——洗油温度条件下洗油的相对密度；

　　　h_{1s}——油洗至高压油洗泵入口系统阻力总合，m；

　　　H_{gs}——油洗低低液位至泵轴入口中心线的几何高度，m；泵轴入口中心线距地面的几何高度至少应考虑 0.3m。

d. 高压贫溶剂泵。

$$(NPSH)_a = \frac{P_{Vs} - P_V}{\gamma} \times 100 - h_{ls} + H_{gs}$$

式中　$(NPSH)_a$——高压贫溶剂泵的有效汽蚀余量，m；

P_{Vs}——高压贫溶剂泵入口缓冲罐压力，MPa；

P_V——高压贫溶剂泵入口温度条件下贫溶剂的饱和蒸气压，MPa，一般 0.01～

0.02MPa(a)；

γ——高压贫溶剂泵入口温度条件下的相对密度；

h_{ls}——高压贫溶剂泵入口系统阻力总合，m；

H_{gs}——高压贫溶剂泵入口缓冲罐低低液位至泵轴入口中心线的几何高度，m；

泵轴入口中心线距地面的几何高度至少应考虑 0.3m。

④ 有效汽蚀余量的安全裕量。加氢裂化装置的高压离心泵由于投资大，设计计算时应充分考虑有效汽蚀余量的安全裕量 S。

$$(NPSH)_a - (NPSH)_r \geq S$$

高压原料油泵、高压贫胺液泵 S 应不小于 0.8m；设置循环油缓冲罐时，高压循环油泵 S 应不小于 0.8m；不设置循环油缓冲罐时，高压循环油泵 S 应不小于 2.1m；高压油洗泵 S 应不小于 1.2m。

另一说法：$(NPSH)_a \geq 1.25(NPSH)_r$。

⑤ 汽蚀的基本方程式。由图 11-4 可得出汽蚀基本方程式为：$(NPSH)_a = (NPSH)_r$，汽蚀；$(NPSH)_a < (NPSH)_r$，严重汽蚀；$(NPSH)_a > (NPSH)_r$，无汽蚀。

（6）最小连续流量

① 最小连续稳定流量。最小连续稳定流量是指泵在不超过标准规定的噪声和振动的限度下能够正常工作的最小流量，一般由泵厂通过试验测定并提供给用户。

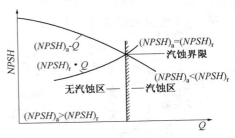

图 11-4　离心泵开始发生汽蚀的界限

② 最小连续热流量 Q_{minr}。最小连续热流量是指泵在小流量条件下工作时，部分液体的能量转换成热能使进口处液体的温度升高，当液体温度达到使 $(NPSH)_a$ 等于 $(NPSH)_r$ 时，这一温度即为产生汽蚀的临界温度，泵在低于该点温度下能够正常工作的流量就是泵的最小连续热流量，计算方法：

a. 高压泵进口处液体温升原则：使 $(NPSH)_a > (NPSH)_r$；

b. 高压泵进口处液体温升计算公式：

$$\Delta t = \frac{(1-\eta) \cdot H}{102 C_p \cdot \eta}$$

$$\Delta t = t_2 - t_1$$

式中　Δt——高压泵入口操作条件下液体温升，℃；

t_1——高压泵入口操作条件下液体温度，℃；

t_2——高压泵入口操作条件下液体温升后的温度，℃；

η——高压泵操作条件下的效率,%;

C_P——高压泵入口操作条件下液体比定压热容, kJ/(kg·K)。

c. 高压泵进口处液体允许温升 Δt_a 的计算方法:

$$t_2 \Rightarrow (P_V)_{t_2} \xrightarrow{+(NPSH)_a} P_0 \Rightarrow t'_2 \xrightarrow{-t_1} \Delta t_a$$

式中　t_2——高压泵入口操作条件下液体温升后的温度,℃;

$(P_V)_{t_2}$——t_2温度下高压泵入口液体的饱和蒸气压, MPa;

P_0——高压泵入口压力, MPa;

t'_2——P_0 对应的液体饱和温度,℃。

一般要求 $\Delta t_a > \Delta t$。

d. 最小连续热流量下的效率计算:

$$\eta_m = \frac{H_0}{102\Delta t_a \cdot C_P + H_0}$$

式中　η_m——高压泵最小连续热流量下的效率,%;

H_0——高压泵出口阀接近关闭(流量近似为0)时的扬程, m。

e. 最小连续热流量 Q_{minr}:

$$\eta_m \xrightarrow{\text{泵实际的}\ \eta-Q\ \text{曲线}} Q_{minr}$$

f. 一般高压原料油泵、高压循环油泵、高压油洗泵和高压贫溶剂泵的最小连续热流量,按 $Q_{minr} = (30\% \sim 40\%) Q_{rate}$ 估算。

③ 最小流量的设置见图11-5。

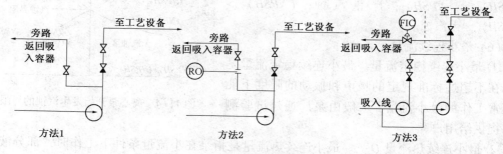

图 11-5　高压泵最小流量的设置

由于高压原料油泵、高压循环油泵、高压油洗泵和高压贫溶剂泵要求高的可靠性,建议采用方法3的设置方式设计最小流量线。

(7) 关闭压力和关闭扬程

关闭扬程是泵为零流量下的扬程(H_1),一般 $H_1 = nH_3$(H_3为额定流量对应的泵扬程,$n = 1.1 \sim 1.25$),最终值由制造厂提供。要求泵具有平坦连续上升型性能曲线,不许有"驼峰"时,可要求额定工况点到关死点扬程上升不超过20%,如图11-6所示。

关闭压力是指离心式高压泵为零流量时泵的出口压力等于泵零流量的入口压力加上泵的关闭扬程 H_1,即

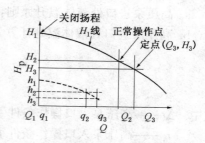

图 11-6　离心式高压泵关闭扬程

$P_{出}=P_{0入}+H_1$。

泵出口管线、阀门及所在设备的设计压力应等于或大于关闭压力。关闭压力大，则设计压力高；反之亦然。

（8）安装高度

$$H_{gs}=\frac{10^2(P_{Vs}-P_V)}{\gamma}-(NPSH)_r-h_{ls}$$

式中　H_{gs}——高压泵的允许安装高度，m。

（9）扬程

一般扬程计算通式

$$H_{gs}=\frac{(P_{Vs}-P_d)}{9.81\times\gamma}+H_d+H_s+h_d+h_s+\frac{V_d^2-V_s^2}{2\times9.81}$$

式中　H——高压泵的扬程，m；

P_d——排出侧容器液面的压力或排出侧需要的压力，m；

H_d——高压泵排出侧低低液位至泵轴入口中心线的几何高度，m；

H_s——高压泵入口缓冲罐低低液位至泵轴入口中心线的几何高度，m；

h_d——排出侧管系的阻力头，m，以排出侧需要的压力为基准时，此值为0；

h_s——吸入侧管系的阻力头，m；

V_d——排出侧管内液体的流速，m/s；

V_s——吸入侧管内液体的流速，m/s。

加氢裂化装置扬程的计算随系统压力的不同而变化，富裕的扬程一般由调节阀消耗。

11.1.2　典型工艺参数及性能曲线

① 典型工艺参数见表 11-3 至表 11-6。

表 11-3　高压原料油泵的典型参数

项　目	工况 1	工况 2
流量（正常）/（m³/h）	285.3	256
流量（额定）/（m³/h）	328	294
最小连续流量/（m³/h）	171.2	—
扬程/m	1900	1460
轴功率/kW	1888.5	1224.5
泵转速/（r/min）	5050	3500
$(NPSH)_r$/m	13	6.7（额定流量下）
$(NPSH)_a$/m	<15	8
泵效率/%	75	80
入口压力/MPa	0.1（max：0.6）	0.1
出口压力/MPa	15.3	12.088
介质组成	减压蜡油	减压蜡油、焦化蜡油
介质温度/℃	140（max：180）	150
介质相对密度	0.8347	0.838
电机功率/kW	2200	1470
电机转速/（r/min）	3000	2970
电压/V	6000	6000
防爆等级	ExeIIT3	ExeIIT3

项　目	工况 1	工况 2
防护等级	IP55	IP54
绝缘等级	F	F
齿轮增速箱输入转速/(r/min)	2984	2970
齿轮增速箱输出转速/(r/min)	5078	3505
齿轮增速箱传动比/(r/min)	1.702	1.180
电机机械效率/%	—	98.5

表 11-4　高压循环油泵的典型参数

项　目	工况	项　目	工况
流量/(m³/h)	111	介质组成	循环油
扬程/m	3125	介质温度/℃	364
轴功率/kW	955	介质相对密度	0.605
泵转速/(r/min)	5100	电机功率/kW	1190
汽蚀余量/m	9	电机转速/(r/min)	2974
效率/%	59	电流/A	126
入口压力/MPa	0.55	电压/V	6000
出口压力/MPa	19.46		

表 11-5　高压油洗泵的典型参数

项　目	工况 1	工况 2	工况 3
流量（正常）/(m³/h)	49.169	47.9	45.963
流量（额定）/(m³/h)	54.2	54.2	54.2
扬程/m	2443	2380	2283
入口压力/MPa	1.2	1.2	1.2
介质温度/℃	46.4	47.1	47.7
介质相对密度	0.711	0.731	0.761
黏度/(mPa·s)	0.36	0.39	0.47
电压/V	6000	6000	6000

表 11-6　高压贫溶剂泵的典型参数

项　目	工况 1	工况 2	项　目	工况 1	工况 2
流量（正常）/(m³/h)	137	90	出口压力/MPa	14.2	10.788
流量（额定）/(m³/h)	165	98	介质组成	贫溶剂（含 $H_2S1000\mu g/g$）	贫溶剂
最小连续流量/(m³/h)	50	—	介质温度/℃	55	50
扬程/m	1370	1110	介质相对密度	1.03	0.995
轴功率/kW	869	400	电机功率/kW	1000	560
泵转速/(r/min)	2980	2980	电机转速/(r/min)	2980	2980
$(NPSH)_r$/m	4.2	4.4（额定流量下）	电压/V	6000	6000
$(NPSH)_a$/m	<10		防爆等级	ExeIIT3	ExeIIT3
泵效率/%	73	64	防护等级	IP55	IP54
入口压力/MPa	0.4	常压	绝缘等级	F	F

② 性能曲线见图 11-7 至图 11-9。

加氢裂化装置的离心式高压泵性能曲线一般应在制造厂试验取得，该曲线应反映泵在特定转速下的各项性能参数，通常制造厂提供的性能曲线应包括：$H\text{-}Q$ 线、$N\text{-}Q$ 线、$\eta\text{-}Q$ 线及 $(NPSH)_r\text{-}Q$ 线。

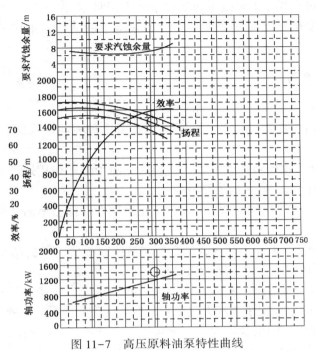

图 11-7　高压原料油泵特性曲线

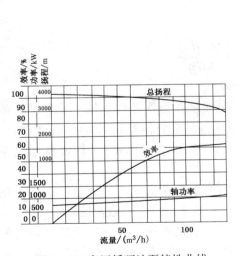

图 11-8　高压循环油泵特性曲线

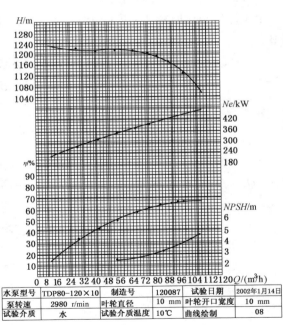

水泵型号	TDP80-120×10	制造号	120087	试验日期	2002年1月14日
泵转速	2980 r/min	叶轮直径	10 mm	叶轮开口宽度	10 mm
试验介质	水	试验介质温度	10℃	曲线绘制	08

图 11-9　高压贫溶剂泵特性曲线

性能曲线的形状：$H\text{-}Q$ 曲线应随流量变小而逐渐上升，中间不得有"驼峰"产生，由于加氢裂化装置的高压油泵扬程很高，其 $H\text{-}Q$ 曲线不宜太陡。一般从额定点到关死点泵的扬程变化不宜大于15%。

在 η-Q 曲线上，最佳效率点(BEP)应尽量靠近正常操作点，并且应不小于正常流量点。

($NPSH$)$_r$-Q 曲线在操作流量范围内变化应较平坦且与($NPSH$)$_a$ 之间有不小于 0.6m(也有 0.7m 的说法)的余度。该曲线必须是对应于常温下的清水，不应考虑烃类介质的修正系数。

11.1.3　技术分析

(1) 黏度的影响

加氢裂化原料油的黏度一般比水黏度大，采用冷进料时，泵的性能参数会发生如下变化：

① 泵的流量减小，由于液体黏度增大，切向黏滞力阻滞作用逐渐扩散到叶片间的液流中，叶轮内液体流速降低，使泵的流量减少；

② 泵的扬程降低，由于液体黏度增大，使克服黏性摩擦力所需要的能量增加，从而使泵所产生的扬程降低；

③ 泵的轴功率增加，叶轮前后盖板圆盘面与液体摩擦所引起的功率损失(盘向损失)增大，液体与内盘面摩擦的水力损失增大均引起轴功率的增加；

④ 泵的效率降低，虽然由于液体黏度增加后漏损减少，提高了泵的容积效率，但泵的水力损失和盖扳损失的增大使泵的水力效率和机械效率降低，泵的总效率仍然降低；

⑤ 泵所需要的允许汽蚀余量增大，由于泵进口至叶轮入口的动压降随液体黏度增加而增大，因而泵的允许汽蚀余量增大。

由于加氢裂化原料油黏度的影响，输送清水时高压原料油泵得到的性能参数需作相应的调整。

$$Q_V = K_Q Q_W$$
$$H_V = K_H H_W$$
$$\eta_V = K_\eta \eta_W$$
$$N_V = \frac{Q_V H_V \rho}{102 \eta_V} \quad 或 \quad N_V = \frac{Q'_V H_V \gamma}{367 \eta_V}$$
$$(NPSH)_{rV} = K_{\Delta h}(NPSH)_{rW}$$

式中　Q_V, Q'_V, H_V, η_V, N_V, ($NPSH$)$_{rV}$——高压原料油泵在操作条件下输送原料油时的流量(m^3/s)、泵的流量(m^3/h)、扬程(m)、泵效率(%)、轴功率(kW)、有效汽蚀余量(m)；

Q_W, H_W, η_W, ($NPSH$)$_{rW}$——高压原料油泵输送清水时的流量(m^3/s)、扬程(m)、泵效率(%)、有效汽蚀余量(m)；

K_Q, K_H, K_η, $K_{\Delta h}$——高压原料油泵在操作条件下输送原料油时的流量、扬程、泵效率、有效汽蚀余量的校正系数，可从图11-10、图11-11求出。

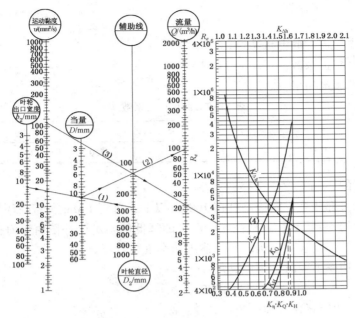

图 11-10　高压原料油泵特性参数换算系数

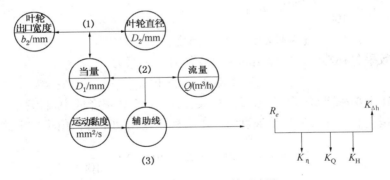

图 11-11　图 11-10 的使用步骤

加氢裂化洗油的黏度一般比水黏度小，此时高压洗油泵的汽蚀余量减小，其减小的程度取决于在输送温度条件下洗油的饱和蒸气压和相对密度，可从图 11-12 求出。

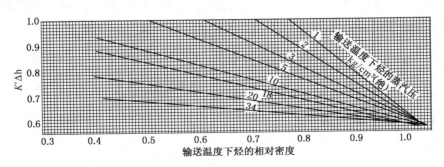

图 11-12　高压洗油泵汽蚀余量校正系数

（2）环境温度的影响

$$N'_e = K_t N_e$$

式中　N'_e——温度校正后的电机功率，kW；

　　　K_t——温度校正系数，可从表 11-7 查取；

　　　N_e——电机额定功率，kW。

表 11-7　温度校正系数

环境温度/℃	25	30	35	40	45	50
校正系数	1.1	1.08	1.05	1.0	0.95	0.875

（3）海拔高度的影响

我国西北地区大部分炼厂海拔高度在 1000m 以上，每高 100m 所需的环境温度降低补偿值规定按温升极限的 1% 折算。若最高环境温度的降低值不足以补偿由于海拔高度提高所造成的冷却效果的降低，则应对电机的额定输出功率进行修正。

电机额定输出功率不变时，则应满足：

$$(h-1000) \cdot \Delta i \leqslant 40 - t_{at}$$

式中　h——加氢裂化装置建设地的海拔高度，m；

　　　Δi——海拔高度在 1000~4000m，每提高 100m 所需要的最高环境温度补偿值，$\Delta i = \dfrac{0.01 \times 电机温升极限}{100}$，℃/m；

　　　t_{at}——加氢裂化装置建设地的最高环境温度，℃。

电机冷却效果欠补偿，额定输出功率将降低时，关系为：

$$(h-1000) \cdot \Delta i > 40 - t_{at}$$

电机额定输出功率降低的百分数可按每欠补偿 1℃，功率降低 1% 计算。

考虑加氢裂化装置建设地环境温度时，电机额定输出功率降低值可按下式计算：

$$\Delta N_e = [(h-1000) \cdot \Delta i - (40 - t_{at})] \cdot \frac{N_e}{100}$$

式中　ΔN_e——电机额定输出功率降低值，kW。

（4）泵的冷却

加氢裂化装置的高压泵一般为多级泵，输送介质温度 >100℃ 时，泵的轴或轴承体需要用水冷却；输送介质温度超过 150℃ 或介质的饱和蒸气压 >0.07MPa(a) 时，泵的填料函或夹套需要用水冷却；输送介质温度 >200℃ 时，泵的支座也需要用水冷却。

11.2　高压注水泵[1~3,11~13,15~16]

11.2.1　工艺参数计算

（1）流量

正常流量

$$Q_{nor} = \frac{W}{\rho_水}$$

最大流量
$$Q_{\max} = \frac{W_{\max}}{\rho_{水}}$$

最小流量
$$Q_{\min} = \frac{W_{\min}}{\rho_{水}}$$

额定流量
$$Q_{rate} = (\frac{W_{\max}}{\rho_{水}}) \times (100\% - 120\%)$$

式中　Q_{nor}——按正常设计原料油硫、氮含量计算得到的水体积流量，m^3/h；

W——按正常设计原料油硫含量、氮含量计算得到的水质量流量，kg/h；

$\rho_{水}$——高压注水泵入口温度（40~60℃）条件下水的密度，kg/m^3；

$Q_{\max}$——按原料油中最大硫含量、氮含量计算得到的水最大体积流量（一般不考虑负荷上线引起的水量进一步增加），m^3/h；

$Q_{\min}$——按原料油中最小硫含量、氮含量计算得到的水最小体积流量（一般不考虑负荷下线引起的水量减小），m^3/h；

Q_{rate}——水额定体积流量（最大注水量外加最后一台换热器结垢需临时增加的注水量），m^3/h。

（2）入口压力

$$P_{入} = P_{罐} + \frac{H_{水}\rho_{水}}{10^4} \times 0.0980665 - \Delta P_{管} - \Delta P_{过} - \Delta P_{孔} - \Delta P_{阀}$$

式中　$P_{入}$——高压注水泵的入口压力，MPa；

$P_{罐}$——高压注水泵入口缓冲罐压力，MPa；

$H_{水}$——高压注水泵入口缓冲罐低低液位高度，m；

$\rho_{水}$——高压注水泵入口温度（40~60℃）条件下的密度，kg/m^3；

$\Delta P_{管}$——高压注水泵入口缓冲罐至泵入口的管线（弯头、三通可折合成当量长度）压降，MPa；

$\Delta P_{过}$——高压注水泵入口缓冲罐至泵入口设置的过滤器压降，MPa；

$\Delta P_{孔}$——高压注水泵入口缓冲罐至泵入口设置的孔板压降，MPa；

$\Delta P_{阀}$——高压注水泵入口缓冲罐至泵入口设置的阀门压降，MPa。

（3）出口压力

加氢裂化装置高压注水泵出口压力取决于高压空冷器入口压力和高压注水泵出口至高压空冷器入口管线、混合器、阀门的压降；高压注水泵允许的出口压力取决于泵体强度、密封性能和电动机功率。

$$P_{出} = P_{入} + \frac{H_{水}\rho_{水}}{10^4} \times 0.0980665$$

或
$$P_{出} = P_{空入} + \Delta P_{混} + \Delta P_{阀} + \Delta P_{孔} + \Delta P_{管}$$

式中　$P_{出}$——高压注水泵出口压力，MPa；

$P_{入}$——高压注水泵入口压力，MPa；

$H_{水}$——高压注水泵的扬程（取决于高压空冷器入口压力、高压注水泵出口至高压空冷器入口阀门压降、混合器压降等），m；

$\rho_{水}$——高压注水泵入口温度（40~60℃）条件下的密度，kg/m^3；

$\Delta P_混$——高压注水泵出口至高压空冷器入口设置的混合器压降，MPa；

$\Delta P_阀$——高压注水泵出口至高压空冷器入口设置的阀门压降，MPa；

$\Delta P_孔$——高压注水泵出口至高压空冷器入口设置的孔板压降，MPa；

$\Delta P_管$——高压注水泵出口至高压空冷器入口的管线（弯头、三通可折合成当量长度）压降，MPa。

（4）轴功率和效率

① 轴功率：

$$N=\frac{QH_水\rho_水}{102\eta} \qquad 或 \qquad N=\frac{Q'H_水\gamma_水}{367\eta}$$

$$N=\frac{(P_出-P_入)\times10^5\times Q}{102\eta} \qquad 或 \qquad N=\frac{100(P_出-P_入)\times Q'}{367\eta}$$

式中　N——高压注水泵轴功率，kW；

$\gamma_水$——高压注水泵入口温度（40~60℃）条件下水的相对密度；

η——高压注水泵的效率。

② 效率，高压注水泵的效率一般由泵制造厂提供。

a. 机械效率：

$$\eta_m=\frac{N_i}{N}$$

式中　η_m——高压注水泵的机械效率，%；

N_i——高压注水泵的指示功率，kW；

高压注水泵采用曲柄泵时，$\eta_m=0.88\sim0.95$；采用蒸汽泵时，$\eta_m=0.90\sim0.96$。

b. 容积效率：

$$\eta_V=\frac{Q}{Q+Q_L}$$

式中　η_V——高压注水泵的容积效率，%；

Q_L——通过阀的密封面及填料箱、活塞环等密封处的泄漏流量，m^3/s；

一般高压注水泵 $\eta_V=0.88\sim0.99$。

c. 总效率：

$$\eta=\eta_h\eta_V\eta_m$$

式中　η——高压注水泵的总效率，%；

η_h——高压注水泵的水力效率，%，选用电动往复泵时，$\eta_h=0.6\sim0.9$；选用蒸汽往复泵时，$\eta_h=0.8\sim0.95$。

③ 电动机功率：

$$N_m=K\frac{N}{\eta_t}$$

式中　η_t——电动机的传动效率，高压注水泵采用联轴器与轴直接传动时，$\eta_t=1$；采用齿轮传动时，$\eta_t=0.9\sim0.97$，采用皮带传动时，$\eta_t=0.9\sim0.95$；

K——电动机额定功率安全系数，电动机的额定功率必须大于或等于 N_m，一般取 $K=1.10\sim1.25$。

（5）安装高度

对不装进口缓冲罐的三缸单作用电动往复式高压注水泵，其允许安装高度按下式计算。

$$H_{gs} = \frac{10^2(P_{VS}-P_V)}{\gamma} - (NPSH)_r - h_{ls} - h_{acc}$$

$$h_{acc} = \frac{0.066 L_S V_S \cdot n}{1.5 \times 9.81}$$

式中　h_{acc}——流量不均匀产生的加速度损失，m；

　　　L_S——高压注水泵进口管线展开长度（实际长度），m；

　　　V_S——高压注水泵进口侧管内水的流速，m/s；

　　　n——高压注水泵往复次数，min^{-1}。

装进口缓冲罐的三缸单作用电动往复式高压注水泵，其允许安装高度按下式计算：

$$H_{gs} = \frac{10^2(P_{VS}-P_V)}{\gamma} - (NPSH)_r - h_{ls} - h_{acc}$$

$$h_{acc} = 0.1 \times \frac{0.066 L_S V_S \cdot n}{1.5 \times 9.81}$$

式中　L_S——高压注水泵安装的进口缓冲罐至泵缸的进口管线展开长度，m。

11.2.2　典型工艺参数及性能曲线

① 典型工艺参数见表 11-8。

表 11-8　高压注水泵的典型参数

项　　目	工　况	项　　目	工　况
流量（正常）/(m³/h)	12.5	出口压力/MPa	14.33
流量（额定）/(m³/h)	15	介质组成	脱盐水
最小连续流量/(m³/h)	5.25	介质温度/℃	45
扬程/m	1500	介质相对密度	0.9746
轴功率/kW	190.7	电机功率/kW	250
泵转速/(r/min)	24861	电机转速/(r/min)	2986
$(NPSH)_r$/m	4.88	电压/V	6000
$(NPSH)_a$/m	<15	防爆等级	ExeIIT3
效率/%	31.3	防护等级	IP55
入口压力/MPa	0.1	绝缘等级	F

② 性能曲线如图 11-13 所示。加氢裂化装置的往复式高压注水泵性能曲线一般反映了容积式泵的性能特点。

从图 11-13 可看出，理论流量与管道特性无关，只取决于泵本身；提供的压力只取决于管道特性，与泵本身无关；排出压力升高时，泵内泄漏损失加大，实际流量随压力的升高略有下降；泵的轴功率随排出压力的升高而增大。

11.2.3　技术分析

（1）流量的不均匀性

加氢裂化装置的高压注水泵一般选择三缸单作用往复泵，其瞬时流量为三个液缸在同一瞬时的流量之和，流量不均匀度为 1.047，如图 11-14 所示。

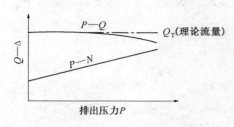

图 11-13　高压注水泵的典型性能曲线　　　图 11-14　三缸单作用高压注水泵瞬时流量曲线

实际排出的流量可按下式计算

$$Q' = 60 \times 3F \cdot S \cdot n \cdot \eta_V$$

式中　F——活塞或柱塞作用面积，m^2；

　　　S——活塞或柱塞行程，m；

　　　n——往复次数或转速，r/min。

（2）进口缓冲罐和出口缓冲罐的计算及影响

选择三缸单作用往复高压注水泵后，会造成出口压力脉动，出口压力的变化频率与出口管道的自振频率相等或成整数倍时，就会引起共振，缩短泵和管道的使用寿命，使吸入条件变坏。解决的方法之一就是在进口、出口设置缓冲罐。

① 进口缓冲罐的容积计算：

$$V_{ba} = V_{cp} + V_w + V_p$$

式中　V_{ba}——高压注水泵进口缓冲罐的容积，m^3；

　　　V_w——高压注水泵进口缓冲罐中的充液容积，m^3，$V_w = \dfrac{1}{3} V_{cp}$；

　　　V_p——高压注水泵进口缓冲罐中排出管所占的容积，m^3；

　　　V_{cp}——高压注水泵进口缓冲罐中平均气体容积，m^3，当进口缓冲罐内压力不均匀度为
　　　　　　　0.02 时，$V_{cp} = 27F \cdot S$；当进口缓冲罐内压力不均匀度为 0.05 时，$V_{cp} = 11F \cdot S$。

②出口缓冲罐的容积计算：

$$V_{da} = i \cdot F \cdot S$$

式中　V_{da}——高压注水泵出口缓冲罐的容积，m^3；

　　　i——液缸容积的倍数，一般取 16~20。

③ 进口缓冲罐中平均气体压力计算：

$$\frac{10^2 P'_0}{\gamma_{水}} = \frac{10^2 P_0}{\gamma_{水}} - H_{gs} - \frac{V_s^2}{2 \times 9.81}(1 + h_{ls})$$

式中　P'_0——高压注水泵进口缓冲罐液面上的压力，MPa(a)；

　　　P_0——注水罐液面上的压力，MPa(a)；

　　　H_{gs}——注水罐液面至高压注水泵进口缓冲罐液面的高差，m；

　　　V_s——高压注水泵操作条件下入口处的最大流速，m/s；

　　　$\gamma_{水}$——高压注水泵入口温度（40~60℃）条件下水的相对密度。

④ 出口缓冲罐中平均气体压力计算：

$$\frac{10^2 P'_{0d}}{\gamma_{水}} = \frac{10^2 P_{0d}}{\gamma_{水}} - H_{gd} - \frac{V_d^2}{2 \times 9.81}(1+h_{ld})$$

式中　P'_{0d}——高压注水泵出口缓冲罐液面上的压力，MPa(a)；

P_{0d}——高压注水泵出口压力，MPa(a)；

H_{gd}——高压注水泵出口缓冲罐液面至出口侧容器液面的高差，m；

V_d——高压注水泵操作条件下出口处的最大流速，m/s；

h_{ld}——高压注水泵出口所有阻力之和，m。

11.3　高压注硫泵、高压注氨泵[1~3,11~13,15~18]

高压注硫泵、高压注氨泵由于流量小、扬程高，根据硫化、再生要求，注入过程的不同阶段需要不同的流量，一般选择计量泵。

11.3.1　工艺参数计算

（1）流量

高压注硫泵、高压注氨泵由于注入过程的不同阶段需要不同的流量，一般要求的流量范围为 $0 \sim Q_{max}$。

① 高压注硫泵：

$$Q_{es} = \frac{Q_{zs}}{h_{zs}}$$

式中　Q_{es}——催化剂硫化期间需要硫化剂的平均流量，m^3/h，此流量与硫化时间、硫化方式、硫化剂中所含硫的质量分数、催化剂中氧化态金属含量等因数有关；

Q_{zs}——催化剂硫化需要硫化剂的总量，m^3/h，此量与硫化剂中所含硫的质量分数、催化剂中氧化态金属含量、硫化期间硫化剂或产生硫化氢的损失量等因数有关；

h_{zs}——催化剂硫化需要的时间，h，此值与硫化方式、硫化剂中所含硫的质量分数、催化剂中氧化态金属含量、硫化步骤、每个硫化步骤中的注硫量、硫化的完成程度等因数有关；

② 高压注氨泵：

$$Q_{ea} = \frac{W_{cathc}}{h_{za}}$$

式中　Q_{ea}——裂化催化剂钝化期间需要无水液氨的平均流量，m^3/h，此流量与裂化催化剂量、催化剂酸性中心量、钝化时间等因数有关；

W_{cathc}——裂化催化剂钝化期间需要无水液氨的总量，m^3，此量与裂化催化剂量、催化剂酸性中心量有关；

h_{za}——裂化催化剂钝化期间需要的时间，h，此值与裂化催化剂量、催化剂酸性中心量、钝化期间氨的损失量、催化剂专利商对钝化的要求等因数有关。

一般情况下，对采用分子筛型加氢裂化催化剂的加氢裂化装置：

$$Q_{eamin} = \frac{8\% W_{cathc}}{h_{za}} \quad \text{或} \quad Q_{eamin} = \frac{20\% W_{cathc}}{h_{za}}$$

式中　Q_{eamin}——加氢裂化装置钝化需要无水液氨的最小平均流量，m^3/h；

　　　　Q_{eamax}——加氢裂化装置钝化需要无水液氨的最大平均流量，m^3/h。

（2）入口压力

$$P_入 = P_罐 + \frac{H\rho}{10^4} \times 0.0980665 - \Delta P_管 - \Delta P_过 - \Delta P_孔 - \Delta P_阀$$

式中　$P_入$——高压注硫泵、高压注氨泵的入口压力，MPa，高压注氨泵的入口压力应大于无水液氨在入口条件下的饱和蒸气压；

　　　　$P_罐$——高压注硫泵、高压注氨泵入口缓冲罐压力，MPa，高压注氨泵入口缓冲罐在夏季应避免无水液氨的汽化，一般应加喷淋设施；

　　　　H——高压注硫泵、高压注氨泵入口缓冲罐低低液位高度，m，高压注氨泵：$H \geqslant (NPSH)_a + 1.2$；

　　　　ρ——高压注硫泵、高压注氨泵入口温度条件下的密度，kg/m^3；

　　　　$\Delta P_管$——高压注硫泵、高压注氨泵入口缓冲罐至泵入口的管线（弯头、三通可折合成当量长度）压降，MPa；

　　　　$\Delta P_过$——高压注硫泵、高压注氨泵入口缓冲罐至泵入口设置的过滤器压降，MPa；

　　　　$\Delta P_孔$——高压注硫泵、高压注氨泵入口缓冲罐至泵入口设置的孔板压降，MPa；

　　　　$\Delta P_阀$——高压注硫泵、高压注氨泵入口缓冲罐至泵入口设置的阀门压降，MPa。

（3）出口压力

加氢裂化装置高压注硫泵出口压力取决于多个注硫点处最高注硫点的压力及高压注硫泵出口至注硫点经过的管线、混合器、阀门的压降。

加氢裂化装置高压注氨泵出口压力取决于高压注氨泵出口至加氢裂化装置裂化反应器出口经过的管线、混合器、阀门的压降。

$$P_出 = P_入 + \frac{H\rho}{10^4} \times 0.0980665$$

或

$$P_出 = P_{点入} + \Delta P_混 + \Delta P_阀 + \Delta P_孔 + \Delta P_管$$

式中　$P_出$——高压注硫泵、高压注氨泵出口压力，MPa；

　　　　$P_入$——高压注硫泵、高压注氨泵入口压力，MPa；

　　　　H——高压注硫泵、高压注氨泵的扬程，m；

　　　　ρ——高压注硫泵、高压注氨泵入口温度条件下硫化剂或无水液氨的密度，kg/m^3；

　　　　$\Delta P_混$——高压注硫泵、高压注氨泵出口至注入点之间设置的混合器压降，MPa；

　　　　$\Delta P_阀$——高压注硫泵、高压注氨泵出口至注入点之间设置的阀门压降，MPa；

　　　　$\Delta P_孔$——高压注硫泵、高压注氨泵出口至注入点之间设置的孔板压降，MPa；

　　　　$\Delta P_管$——高压注硫泵、高压注氨泵出口至注入点之间经过的管线（弯头、三通可折合成当量长度）压降，MPa。

（4）轴功率和效率

高压注硫泵、高压注氨泵轴功率和效率的计算公式同高压注水泵，由于电动机额定功率一般较小，其电动机额定功率安全系数一般取 $K = 1.25 \sim 1.5$。

（5）计量精度

① 稳定计量精度，在某一相对行程位置连续测得的流量测量值与最大流量的相对极限误差。

$$E_S = \frac{Q_{smax} - Q_{smin}}{2Q_{max}} \times 100\%$$

式中　E_S——稳定计量精度,%；

Q_{smax}——一组流量的最大测量值, cm^3/h；

Q_{smin}——一组流量的最小测量值, cm^3/h；

Q_{max}——最大流量或额定流量, cm^3/h。

② 复现性精度，间断测得的一组流量测量值与最大流量的相对极限误差。

$$E_{ca} = \frac{Q_{rmax} - Q_{rmin}}{2Q_{max}} \times 100\%$$

式中　E_{ca}——复现性精度,%；

Q_{rmax}——同一行程位置间断测得的一组单个流量值的最大值, cm^3/h；

Q_{rmin}——同一行程位置间断测得的一组单个流量值的最大值, cm^3/h。

③ 线形度，任一相对行程长度测得的单个流量测量值和对应的标定流量之差相对最大流量之比。

$$E_1 = \frac{Q_1 - Q_c}{Q_{max}} \times 100\%$$

式中　E_1——线形度,%；

Q_1——稳定性精度试验在某同一行程处测得的一组单个流量的任一测量值, cm^3/h；

Q_c——流量标定曲线上同一行程处的流量, cm^3/h。

一般要求高压注硫泵、高压注氨泵在0%～100%流量范围内可调节，在10%～100%流量下，$E_S \leqslant \pm 1\%$，$E_{ca} \leqslant \pm 3\%$，$E_1 \leqslant \pm 3\%$。

11.3.2　典型工艺参数及性能曲线

① 典型工艺参数见表11-9、表11-10。

表 11-9　高压注硫泵的典型参数

介质组成	CS₂	介质组成	CS₂
流量(额定)/(m³/h)	0.94	入口压力/MPa	0.043
扬程/m	1575	出口压力/MPa	19.23
轴功率/kW	6.95	介质温度/℃	34
$(NPSH)_a$/m	3.8	介质相对密度	1.242

表 11-10　高压贫溶剂泵的典型参数

介质组成	无水液氨	介质组成	无水液氨
流量(正常)/(m³/h)	0.37	入口压力/MPa	0.34
流量(额定)/(m³/h)	0.41	出口压力/MPa	19.04
扬程/m	3232	介质温度/℃	34

介质组成	无水液氨	介质组成	无水液氨
$(NPSH)_r/m$	≥6.5	介质相对密度	0.590
$(NPSH)_a/m$	5.3		

② 性能曲线。采用计量泵的高压注硫泵、高压注氨泵与采用往复式的高压注水泵的性能曲线相似。

11.3.3　技术分析

（1）高压注硫泵、高压注氨泵的流量调节

调节柱塞（或活塞）行程：停车手动调节、运转中手动调节、运转中自动调节；调节柱塞往复次数或兼有以上两种方式的调节。

（2）流量的不均匀性

采用往复式活塞隔膜泵的高压注硫泵、高压注氨泵的流量不均匀系数可按下式计算：

$$\delta_q = \frac{Q_{smax} - Q_{smin}}{Q_{sm}}$$

式中　δ_q——流量不均匀系数，%；

Q_{sm}——平均流量，cm^3/h。

（3）压力的不均匀性

采用往复式活塞隔膜泵的高压注硫泵、高压注氨泵的压力不均匀系数可按下式计算：

$$\delta_p = \frac{P_{smax} - P_{smin}}{P_{sm}}$$

式中　δ_p——压力不均匀系数，%；

P_{smax}——最大压力，MPa；

P_{smin}——最小压力，MPa；

P_{sm}——平均压力，MPa。

加氢裂化装置采用的往复式活塞隔膜高压注硫泵、高压注氨泵压力不均匀系数一般为1%~2%。

（4）进口压力的影响

高压注硫泵、高压注氨泵进口压力和泵腔内的压力关系如下式：

$$\frac{P_{clmin}}{9.81\rho} = \frac{P_{lmin}}{9.81\rho} - \left(h_{u1} + h_{ac1} + h_{fc1} + \frac{u^2 - u_1^2}{2 \times 9.81}\right)_{max}$$

式中　P_{clmin}——泵腔内最小压力，Pa；

P_{lmin}——最小吸入压力，Pa；

h_{u1}——吸入的阻力，m；

h_{ac1}——吸入过程中，工作腔内的加速度头，m；

h_{fc1}——吸入过程中，工作腔内的摩擦水头，m；

u——活塞线速度，m/s；

u_1——吸入管的流速，m/s；

ρ——输送介质的密度，kg/m^3。

泵腔内的最小压力随着泵进口压力的减小而减小，且与管中摩擦损失、活塞的线速度的大小有很大的关系。要想保证泵的正常工作就必须保证泵在工作时泵腔内不发生汽蚀，即必须满足：

$$P_{\text{clmin}} \geqslant P_{\text{v}}$$

式中　P_{v}——液体在工作温度下的饱和蒸气压力，Pa。

11.4　液力透平[21~23]

使用液力透平的可行性一般以投资回收期为衡量指标，投资回收期=年节省能量的费用与采用液力透平后增加的费用之比，以液力透平 100% 负荷为计算基准，2~3 年为经济回收期。

11.4.1　经济回收期的计算

（1）计算回收功率

计算方法 1：

$$W = (P_1 - P_2) \times V \times \eta$$

或

$$W = \frac{V \times H \times \rho_{15.6}^{15.6}}{3672} \times \eta$$

式中　　W——液力透平 100% 负荷条件下回收轴功率，kW；

P_1——透平的进口压力，kPa；

P_2——透平的出口压力，kPa；

V——透平的体积流量，第一公式：m^3/s，第二公式：m^3/h；

η——透平的综合效率，%；

$d_{15.6}^{15.6}$——液体密度，g/cm^3。

计算方法 2：

$$BHP_{\text{t}} = 2.6843 Q_{\text{t}} \cdot H_{\text{t}} \cdot \rho \cdot E_{\text{t}}$$

式中　BHP_{t}——液力透平回收的功率，kW；

Q_{t}——液力透平入口高压液体的流量，m^3/h；

H_{t}——液力透平入出口高压液体的压力降，m；

ρ——液力透平入口高压液体的密度，t/m^3；

E_{t}——液力透平的效率，%。

$$R_{\text{y}} = \frac{C_{\text{t}} \cdot Y_{\text{t}} \cdot G_{\text{t}} \cdot T_{\text{t}} \cdot D_{\text{t}}}{n_{\text{t}} \cdot BHP_{\text{t}} \cdot D}$$

式中　R_{y}——液力透平静态投资回收期，a；

C_{t}——液力透平设备投资，元；

Y_{t}——由于液力透平引起的仪表投资，元；

G_t——由于液力透平引起的管道投资，元；

T_t——由于液力透平引起的土建投资，元；

D_t——由于液力透平引起的电气投资，元；

n_t——液力透平的年操作时数，h；

D——当地的电价，元/(kW·h)。

（2）年节省能量的费用

$$U = S \times W \times C$$

式中　U——透平年节省能量的费用，元；

S——透平年操作时数，h；

C——当地电价，元/(kW·h)。

（3）采用液力透平后增加的费用

$$Y = Y_1 \times Y_2 \times Y_3$$

式中　Y——采用液力透平后增加的费用，元；

Y_1——液力透平的采购及运输费用，元；

Y_2——液力透平的安装费用，元；

Y_3——液力透平的维修费用(一般按 3 年维修费用计算)，元。

（4）投资回收期

$$T = \frac{U}{Y}$$

式中　T——投资回收期，年。

（5）液力透平最低的回收能量及回收年限

一般定义液力透平最低的回收能量为 73.55 kW，回收年限为 3 年(也有 3.5 年一说)。

（6）应用实例

某厂加氢裂化装置高压进料泵组，包括 3 台高压进料泵、3 台功率为 1850kW 电机、2 台液力透平，总投资为 2900245 美元，两年配件 202405 美元，单台液力透平 5000 万日元。

液力透平在设计负荷运行时，电机功率 1850kW，透平省功占电机功率的 25%，装置年设计运行时间为 8400h。

年节电：0.56 元/(kW·h)×1850kW×25%×8400h＝220 万元

约 2 年的时间收回液力透平全部投资。

11.4.2　采用液力透平的流程

（1）热高分油液力透平流程

加氢裂化装置热高分油液力透平在流程图的典型设置流程见图 11-15。

（2）富胺液液力透平流程

加氢裂化装置富胺液液力透平在流程图的典型设置流程见图 11-16。

（3）冷高分液力透平调节流程

加氢裂化装置冷高分液力透平调节流程见图 11-17。

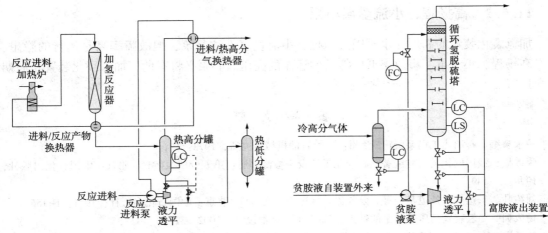

图 11-15　热高分油液力透平[23]　　　　图 11-16　富胺液液力透平[23]

（4）液力透平布置方案

在高压泵布置中，泵、电机和齿轮箱共用一个联合底座，液力透平与单向离合器安装在另一联合底座上。泵组设有单独的润滑油站。泵为双壳体多级筒型离心泵，异步电机驱动，齿轮箱增速。液力透平亦为双壳体多级筒型结构，布置在低速侧，电机与液力透平之间采用单向离合器连接，如图 11-18 所示。

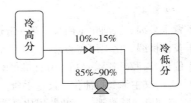

图 11-17　冷高分液力透平调节流程

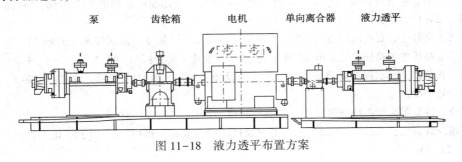

图 11-18　液力透平布置方案

11.5　高压泵及液力透平的热点难点问题

11.5.1　高压液体压力能量回收系统

加氢裂化应用的高压液体压力能量回收系统均为高压液体驱动液力透平，回收的能量带动高压泵运作，驱动不足部分由高压泵配套电机补充。目前的主要问题：回收效率低、操作弹性小。

在线压力交换器、电机辅助式压力交换器、压力发电机由于回收效率高，也必将在加氢裂化高压液体压力能量回收系统得到应用。

11.5.2　高扬程、小流量离心泵

　　加氢裂化装置的高压注水泵因高扬程、小流量多选往复泵，但故障率高是运行的隐患，开发高扬程、小流量、事故率低、能长期运作的高压离心泵必将有助于加氢裂化装置长周期稳定运行。

<h2 style="text-align:center">参 考 文 献</h2>

[1] 顾永泉编. 石油化工用泵[M]. 兰州：兰州石油机械研究所，1973：1-60.

[2] 薛敦松，钱锡俊，吴宗样编著. 石油化工厂设备检修手册：第五分册泵[M]. 北京：中国石化出版社，1998：9-139.

[3] 刘绍叶，朱达昇，杜道基，等. 泵与原动机选用手册[M]. 北京：中国石化出版社，1991：1-155.

[4] 杨成炯. 加氢装置高压进料泵的特点及选用[J]. 炼油设计，2002，32(8)：32-35.

[5] 黄卫国. Aspen Plus 在泵选型设计中的应用[J]. 高桥石化，2007，22(2)：27-30.

[6] 化学工业部人事教育司，教育培训中心组织编写. 化工用泵[M]. 北京：化学工业出版社，1997：11-53.

[7] 顾永泉编. 石油化工用泵：第一分册[M]. 兰州：兰州石油机械研究所，1973：1-60.

[8] 黄世桥编. 化工用离心泵[M]. 北京：化学工业出版社，1982：112-147.

[9] 倪正方，安华民. API 610 标准(第九版)试解读[J]. 水泵技术. 2006，22(3)：16-23.

[10] 王松汉主编. 石油化工设计手册：第3卷化工单元操作[M]. 北京：化学工业出版社，2002：7-40.

[11] 王国轩，陈静编. 石化装置用泵选用手册[M]. 北京：机械工业出版社，2005：13-34.

[12] 陈智强. 离心泵最小流量旁路设计[J]. 石油化工设计，1998，15(3)：42-44.

[13] 张守义. 离心泵特性曲线的绘制和关闭压力——泵系统设计程序系列论文(二)[J]. 石油化工设计. 2007，24(1)：1-2.

[14] 张翼飞，仝晓龙. 石油炼厂用离心泵选型时应注意的几个问题[J]. 水泵技术，2006(3)：32-34.

[15] 马忠学. 高压加氢高压往复泵单向阀的改进[J]. 石油化工设备技术，2002，23(2)：19-20.

[16] 中国石化集团上海工程有限公司编. 化工工艺设计手册：上册[M].3 版. 北京：化学工业出版社，2003：551-602.

[17] 张宗全. 往复泵流量曲线分析[J]. 石油高等教育. 1993，(3)：34-38.

[18] 李克雄，许喜红，朱继刚，等. 三柱塞往复泵传动和流量调节机构的改造[J]. 化工机械，2007，34(1)：25-29.

[19] [美]卡尔·布兰南编著. 石油和化学工程师实用手册[M]. 王江义，吴德荣，华峰，等译. 北京：化学工业出版社，2001：73-77.

[20] 章日让编著. 石化工艺及系统设计实用技术问答[M].2 版. 北京：中国石化出版社，2007：6-18；252-262.

[21] 屠锡泉. 能量回收液力透平选型方法[J]. 通用机械，2010(5)：40-42.

[22] 弗兰克·埃文斯. 炼油厂和化工厂设备设计手册[M]. 北京：石油工业出版社，1984：10-59.

[23] 刁望升. 高压加氢装置应用液力透平可行性研究[J]. 炼油技术与工程. 2008，38(7)：33-35.

第12章 高压反应器工艺计算及技术分析

12.1 高压加氢反应器概述[1~9]

12.1.1 高压加氢反应器的分类

高压加氢反应器是加氢裂化工艺过程的核心操作单元,根据强调的分类标准不同,就产生了多种分类形式。

(1) 分类1

加氢反应器属催化反应器,按催化作用的性质可分为均相的或非均相的。如果催化剂并不形成与反应物或产物分离的单独相,则催化作用称为均相的。均相的催化剂溶于液体中并且反应发生在液相中,(HC)₃™技术就是在油溶性催化剂上进行加氢裂化的一种技术。如果催化剂形成与反应物分离的单独相,称此催化作用为非均相的。大多数加氢裂化反应器为非均相反应器。

均相反应器按存在的相数可分为均相气相反应器、均相液相反应器和均相气-液相反应器;按返混程度可分为均相塞流管式反应器和均相连续搅拌罐式反应器。

非均相固体催化剂的反应器,根据在反应器中的催化剂颗粒是否移动,可分为:

① 固定床反应器-催化剂颗粒固定在位置上成为密相固定床;

② 移动床反应器-催化剂颗粒堆积在缓慢移动的密相床中. 排出某些结垢的颗粒并加入某些新鲜的颗粒;

③ 流化床反应器-催化剂颗粒被向上流动的气体托住;

④ 悬浮床反应器-催化剂颗粒悬浮在液体中。可细分为连续搅拌罐式反应器-催化剂悬浮在机械搅拌的液体中;鼓泡反应器或淤浆反应器-催化剂是用上升的气泡维持悬浮在液体中;沸腾床反应器-催化剂是悬浮在上升液体中;三相传递式反应器-催化剂悬浮在液体或气体中,而液体或气体强大到足以在反应器中携带这些催化剂。

一般意义上,讨论加氢裂化技术时,将悬浮床反应器与沸腾床反应器并称。

(2) 分类2

按反应器内部温度分布可分为恒温反应器和非恒温反应器。恒温反应器指反应器内部各点温度均相等,且不随时间变化。DuPont™公司的 IsoTherming™ 反应器属于恒温反应器。

内部各点温度变化的反应器称为非恒温反应器。大多数加氢裂化反应器为非恒温反应器。

(3) 分类3

按反应器与器外部之间的换热程度可分为绝热反应器和非绝热反应器。反应器不与器外部之间换热时称为绝热反应器。如果存在某种程度的换热时,称为非绝热反应器。大多数加氢裂化反应器为绝热反应器。

（4）分类4

按反应器中包括的相数进行分类。

方法1：可分为气相反应器和气-液相反应器。在计算相数时，固体催化剂不计算为一相。

方法2：可分为气相反应器、气-液相反应器和气-液-固三相反应器。加氢裂化反应器体系内同时存在气相、液相和固相的化学反应，属气液固三相反应。因固相为催化剂，该反应为气液固三相催化反应，也称为多相催化反应。

方法3：可分为气相反应器、气-液相反应器、气-固相反应器、气-液-固三相反应器、液-液相反应器和液-固相反应器。

（5）分类5

按反应器中流体的流型进行分类可分为平推流反应器、全混流反应器和非理想反应器。

（6）分类6

按反应器形状进行分类可分为管式反应器、塔式反应器和釜式反应器。

（7）分类7

按反应器的操作方式进行分类可分为间歇式反应器、半连续式反应器和连续式反应器。

（8）分类8

非均相加氢反应器可以将以上分类整合为以下分类：

① 固定床反应器。

a. 固定床气相反应器：（a)恒温反应器；（b)绝热反应器；（c)非恒温非绝热反应器。

b. 固定床气-液相反应器：（a)滴流床反应器；（b)鼓泡反应器。

② 悬浮床反应器。

a. 连续搅拌罐式反应器；

b. 淤浆反应器；

c. 沸腾床反应器；

d. 三相传递反应器。

③ 移动床反应器。

④ 流化床反应器。

加氢裂化工艺过程为了适应性质不同的原料油，达到生产不同产品方案的要求和长期运行的目的，可能采用不同的催化剂体系，因此就需要不同的反应器结构来配套。典型的馏分油加氢裂化装置可以称为非均相、非恒温、绝热式、平推流、固定床、塔式、连续式、气-液-固三相反应器(另一说法：气-液相反应器)。

12.1.2　高压加氢反应器设计定义

宏观上讲，高压加氢反应器设计包括工艺设计、稳定性研究和机械设计。

① 根据已知条件和已有技术，确定加氢裂化反应器的类型和型式；

② 根据原料性质、产品分布、产品性质和操作条件，进行加氢裂化反应器的工艺计算，确定加氢裂化反应器的尺寸；

③ 进行加氢裂化反应器的稳定性研究，确保计算的加氢裂化反应器是热稳定的和安全的，不会导致反应失去控制或反应失去控制后有补救措施；

④ 选择合适的加氢裂化反应器内构件，确保内构件能够满足反应的要求；

⑤ 根据反应物和流出物的性质和组成、操作年限、反应器的最苛刻操作条件、开工条件、停工条件和事故条件，确定加氢裂化反应器的结构材料，进行应力计算和结构参数计算，以便反应器的结构强度能经得住反应条件及反应物料的腐蚀。

12.1.3　高压加氢反应器的发展历史和展望

国内加氢反应器制造按技术质量和改进过程，可以划分为四个时代：

第一代（1965~1972 年），处于裂解、脱硫等石油炼制工艺的引进期，这个时期的特点是：反应器的封头为拼焊结构，反应器壳体初期内衬不锈钢筒逐渐发展为后期用不锈钢的带极堆焊方法进行内壁堆焊不锈层，反应器壳体材料用 Cr-Mo 钢钢板及锻件的 J 系数没有要求，冲击性能的试验温度为 +10℃、验收指标 $AK_v \geqslant 50J$（允许一个最低值 $\geqslant 47J$）。这个时期的反应器筒体最大壁厚 260mm，单台最大质量 500t。

第二代（1973~1980 年），出于对第一代产品在制造中存在的问题和在使用中发现的损伤问题进行科研攻关并得到解决的改良期，这个时期的特点是：反应器的封头为整体结构，在第二代初期现场组焊技术开发研究成功并得到了应用，解决了 500~800t 反应器不能运输的问题，并建立了工地焊接、焊后热处理、射线检查、水压试验的现场施工方法，这一时期用现场组焊方法制造的最大质量的反应器单台重为 814t（筒体壁厚 251mm）。材料脆化造成脆性破坏事故是在役设备的主要损伤之一，经过研究得出导致事故的主要原因是 Cr-Mo 钢母材和焊缝有明显的回火脆化倾向，因此对钢材中的 J 系数提出了要求，由初期规定的 $J \leqslant$ 300 过渡到 $J \leqslant 250$ 再发展到后期的 $J \leqslant 180$，回火脆性评定 VTr54.2+2.5ΔVTr54.2 $\leqslant$ +38℃。在制造技术上开发了用收口套锻造下筒节的技术。经过试验研究，通过采用高速度、大电流堆焊内壁不锈层的方法来解决壳体内壁不锈钢堆焊层的氢致剥离问题。冲击性能试验温度由初期的 0℃ 依次降到 -7℃、-15℃，验收指标不变，仍为 $AK_v \geqslant 55J$（允许一个最低值 $\geqslant 47J$）。这个时期反应器筒体最大壁厚 260mm，单台最大质量 850t。

第三代（1981~1987 年），处于第二代时期所建立起来的若干改良技术进一步完善与提高的过程，建立了生产周期短、可靠性高、价格低的反应器制造体系，标志着反应器的设计、制造进入了成熟期。这个时期的特点是：对钢材中 J 系数的要求进一步提高，J 系数由初期的 $J \leqslant 150$ 降低到后期的 $J \leqslant 130$，冲击性能的试验温度由初期的 -20℃ 又降到 -30℃ 验收指标不变。这个时期的反应器筒体最大壁厚 282mm，单台最大质量为 1150t。

第四代为更新期（1988 年至今），对长期服役 20 多年的退役反应器进行设备更新，同时为满足新的精制和裂化工艺流程的需要以及设备大型化的需要，开发了高强度 Cr-Mo 钢和添加 V 的改进型 Cr-Mo 钢，这些新钢种即使在 450℃ 以上的条件下，也能具有较高的强度，并能长期连续运转，发挥其良好的可靠性。这个时期的特点是：$2\frac{1}{4}$Cr-1Mo 钢反应器母材的 $J \leqslant 100$，回火脆性评定 VTr54.2+2.5ΔVTr54.2 $\leqslant$ +10℃。添加 V 的改进型 Cr-Mo 钢分为 3Cr-1Mo-V 系列钢和 $2\frac{1}{4}$Cr-1Mo-V 系列钢，3Cr-1Mo-V 系列钢比 $2\frac{1}{4}$Cr-1Mo-V 系列钢开发应用早 5 年，但后者比前者的用途更广、发展前景更好。添加 V 的改进型 Cr-Mo 钢与 $2\frac{1}{4}$Cr-1Mo 钢相比有很多的优点。因此第四代反应器主要是添加 V 的改进型

Cr-Mo 钢加氢反应器的研制应用，所以称为更新期。这个时期添加 V 的改进型 Cr-Mo 钢（3Cr-1Mo-V 系列钢）加氢反应器的内径 $\varphi4500mm$，最大壁厚 273mm，最大重量 1450t。$2\frac{1}{4}$Cr-1 Mo 钢反应器最大壁厚 344mm，内径 $\varphi4800mm$ 单台质量 1650t。截至 2018 年底，国内已制造最大加氢裂化反应器内径 5800mm，最重加氢裂化反应器 2571t。

　　加氢反应器技术发展将主要集中在新结构、新材料、新制造工艺和检测技术的应用，特别是大型高压加氢反应器。为了减少反应器的质量，降低运输和安装的困难，以及为提高反应器在生产使用中的安全可靠性，将更多地采用以 $2\frac{1}{4}$Cr-1Mo-V 钢为代表的改良型抗氢材料。加氢反应器大型化以后，内构件的先进适用性将更加重要，如何实现气-液两相流体在床层内的均匀分布，保障传质、传热的均匀进行，和提高反应器内介质的传热效率将变得更为困难和更加重要。如国外先进的气液分配器，结合先进的催化剂装填技术使得反应器内截面上的温度非常均匀，温差达到≤1℃水平，不仅有利于反应器的操作控制，也可以大大延长催化剂的使用寿命。大型加氢反应器用材料方面，将发展杂质含量低、钢水纯净度高、组织结构致密、性能均匀、稳定、成材率高，性能优良，成本又低的大型锻件和厚钢板。在制造加工方面将发展厚壁筒节、封头的成型技术；高效、快速的大厚度窄间隙焊接技术和堆焊技术；高效、准确和适宜环保的无损检测技术；适合内陆地区的大型和超大型反应器的现场组装技术。同时大型反应器的在役监测、检测、维护技术也将得到发展。

12.1.4　高压加氢反应器型式

（1）固定床反应器
① 单床层的固定床反应器如图 12-1 所示。

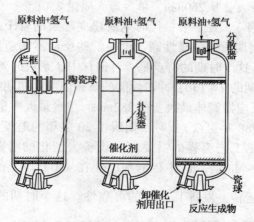

图 12-1　单床层的固定床反应器示意图

单床层的固定床反应器用于反应热较小的加氢过程，多数情况是加氢精制（加氢脱硫）反应器。这种反应器不需要注入冷却介质，催化剂也不需要分层置放。
　　② 多床层的固定床反应器如图 12-2 所示。
　　多床层的固定床反应器用于反应热较大的加氢反应器，多数情况下是加氢裂化反应器。

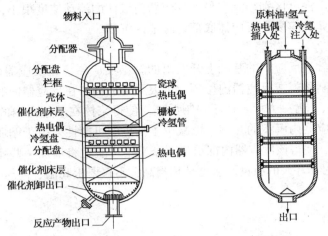

图 12-2 多床层的固定床反应器示意图

在这类反应器中催化剂必须分层放置，各层之间注入冷却介质(冷氢)以调节反应温度。这种反应器的内部结构比较复杂，其内部结构设计直接影响反应效果的好坏。这种反应器有两种结构形式：一种是壳壁开孔，即在反应器筒壁上开孔，供插热偶套管和注冷氢管的安装用；另一种结构形式是冷氢管及热偶套管开孔均设在反应器头盖处。在反应器壳体的内壁上有一个不锈钢的堆焊衬里以减少氢气和硫化氢对反应器的腐蚀作用。在衬里和筒壁之间不设绝热层，这种反应器也叫热壁反应器，热壁反应器壁温可达400℃以上，目前广泛采用的即为此类反应器。有的反应器在衬里和筒壁之间设里绝热层，这是冷壁反应器，冷壁反应器的壁温较低(260℃)。

③ 设内筒的固定床反应器如图 12-3 所示。

（2）悬浮床反应器

① 悬浮床反应器

加氢裂化装置采用的悬浮床反应器是一种活塞流反应器。真正的活塞流反应器是一种理想反应器，完全排除了返混现象，而实际采用的这类反应器，其长径比18~30，只能说返混程度轻微。其外形为细长的圆筒，里面除必要的管道进出口外，无其他多余的构件，是为达到足够的停留时间，同时有利于物料的混合和反应器制作。如图 12-4 所示。

在反应器中，气体在反应器底部通过气体分布器被分散成气泡进入反应器内，利用氢气增加反应器内的扰动，进而实现物料与氢气的混合。该种操作模式的优点是结构简单，混合比较均匀，易操作；而缺点是在反应器底部外围边缘处容易产生死角。在该死角区域，氢气不易到达，热解产生的煤自由基碎片将相互结合，产生结焦，氢气在反应器内部的气含率分布也不均匀，导致各

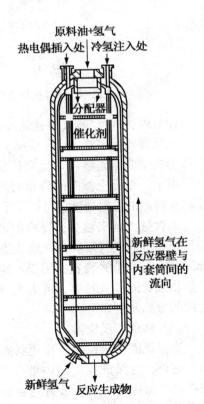

图 12-3 设内筒的固定床反应器示意图

处的反应速度和反应深度区别很大。另外反应器内液体的流动速度很小，催化剂颗粒在反应器内部容易沉积，尤其容易在反应器底部边缘地区沉积。

② 强制循环悬浮床反应器

该反应器是在鼓泡反应器的基础上开发出的新型反应器，在反应器内增加一个收集杯，底部采用循环泵强制物料在反应器内循环，可大大增加物料在反应器内的混合速度和混合程度。如图 12-5 所示。另一方面，由于强制循环，使得浆体在反应器内的流速大大加快，降低了固体颗粒在反应器内沉积的几率，也减少了结焦的可能性。由于循环泵的加入，一方面由于内构件的加入，使得该反应器内部更加复杂，不可避免将增加一些死角，结焦的可能性增大；另一方面，对循环泵的质量要求也是相当高，不仅要求高温、高压，并且还要求是气-液-固三相物料。

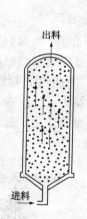
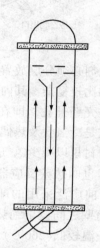

图 12-4　悬浮床反应器示意图　　图 12-5　强制循环悬浮床反应器示意图

（3）列管式反应器（平推流反应器）

在列管式反应器中（图 12-6），原料与氢气、催化剂同时进入反应器，从反应器底部均匀地到达反应器顶部。在反应过程中，物料返混很小，在反应器内的停留时间均匀一致，反应也很均匀，通过控制反应器的进料速度就可以调节反应的深度；但随着反应的进行，氢气的含量将越来越少，反应的推动力将降低，反应速度也会随之降低；局部的氢气短缺会导致结焦现象。值得一提的是 在反应器底部设置有一个排泄装置，用于不定期排出有可能存留于反应器内的结焦物或者固体颗粒等，可大大降低后续的处理负荷，有利于提高后续的分离质量。

（4）沸腾床反应器

为保证固体颗粒处于流化状态，底部可用机械搅拌或循环泵协助。另外，为保证反应器内催化剂有较高和稳定的平均反应活性，使产品质量保持均衡，装置达到长周期运转，一方面从反应器底部排出已减活的部分催化剂，另一方面要从反应器顶部补充一定量的

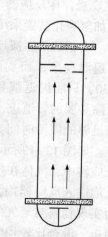

图 12-6　列管式反应器
示意图

新催化剂。H-Oil 工艺技术反应器见图 12-7，LC-Fining 工艺技术反应器见图 12-8，STRONG 工艺技术反应器见图 12-9。

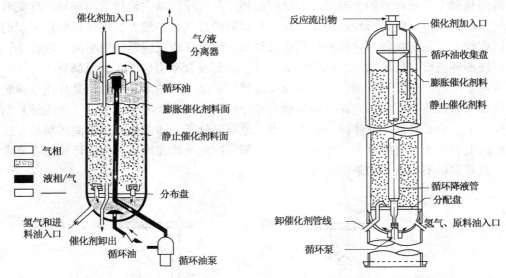

图 12-7 H-Oil 反应器的内部结构   图 12-8 LC-Fining 反应器的内部结构

    H-Oil 和 LC-Fining 沸腾床反应器中催化剂膨胀时床层体积比静止时大 30%~50%，器内催化剂的膨胀使反应器与催化剂呈部分返混状态。STRONG 反应器中催化剂完全沸腾，保证了反应物与催化剂接触良好，有利于传质和传热，使反应器内温度分布均匀。

    沸腾床反应器的操作温度比固定床反应器和移动床反应器高，一般为 400~470℃。

    沸腾床反应器中催化剂床层压降较低，并可避免因催化剂颗粒间结焦而造成床层堵塞。沸腾床反应器的操作方式见图 12-10。

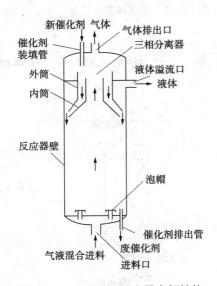

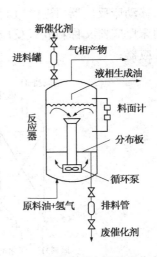

图 12-9 STRONG 反应器内部结构   图 12-10 沸腾床反应器的操作方式

（5）环流反应器（图 12-11）

在气含率差所提供推动力的作用下，形成液体的整体循环流动。环流反应器是从悬浮床反应器的基础上发展而来的，与悬浮床反应器相比具有反应器内流体定向流动，环流液速较快，气体在其停留时间内所经过的路径长，反应器的总气含率较大，单位反应器体积的气泡比表面积较大，相间接触好，体积传质系数较大，因此环流反应器的效率高、能耗小。

传统的环流反应器导流筒外侧的底部地区，局部气含率明显低于其他部分。

相对于传统的环流反应器，多级环流反应器（图 12-12）的不足之处就是环流液速相对较低，这是因为流体在反应器内流动的推动力是导流筒内外两侧的气含率差。导流筒外侧的气含率提高了，势必降低了液体流动的推动力，也就降低了流体的速度。若固体颗粒在反应器内受到的曳力大于自身的重力，就不会发生沉积，因此流体在反应器内的环流速度要求不是太高，只要满足不会沉积的条件即可。

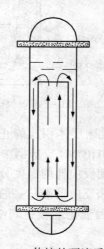
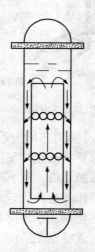

图 12-11　传统的环流反应器　　图 12-12　多级环流反应器

（6）移动床反应器（图 12-13 至图 12-15）

移动床反应器又称料仓式反应器或料斗式反应器。又分为逆流式移动床反应器和顺流式移动床反应器。

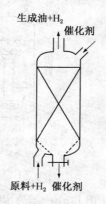
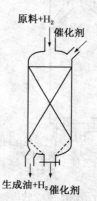

图 12-13　逆流式移动床反应器　　图 12-14　顺流式移动床反应器

移动床反应器是在固定床反应器基础上开发应用成功的一种工业反应器。正常生产过程中，随着反应器下部催化剂的中毒或失活，可连续地将其排出反应器，并从反应器上部的催化剂加入口补充新鲜催化剂，从而维持反应器内部催化剂的活性。

（7）在线催化剂置换（OCR）反应器（图 12-16）

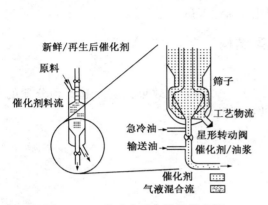
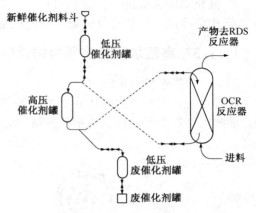

图 12-15　移动床反应器及其底部　　　　图 12-16　在线催化剂置换反应器

OCR（Onstream Catalyst Replacement，在线催化剂置换）反应器是一种逆向流移动床工艺。原料油和氢气从反应器底部进入，而新鲜催化剂分批从反应器顶部加入，两者逆向流动通过反应器，这样使最新鲜的进料首先与活性最低的催化剂接触，提高催化剂的利用率，减少催化剂的消耗量。进料自下而上的流动使催化剂床层略微膨胀，促进催化剂和进料的接触，减小催化剂床层的堵塞，同时催化剂床层压降均衡，有利于流体分配均匀。在反应器顶部加入新鲜催化剂的同时，废催化剂在反应器底部被卸出。

工业装置中 OCR 反应器催化剂的置换频率为每周一次或二次，催化剂通过压差采用油浆低速传送，整个过程由一套计算机控制的半自动程序装置来完成。每次催化剂的置换量根据进料的金属含量而定，通常为反应器中催化剂总体积的 2%~5%。

OCR 反应器所用催化剂的主要特性是低磨损率、较好的压碎强度和脱金属选择性。脱金属率通常要求在 60%左右，同时还有一定的脱硫、脱沥青质和残炭转化的性能。

（8）上流式反应器（UFR）

在 UFR（UpFlow Reactor）中反应物流自下而上流动，与传统的下流式固定床反应器相比，UFR 具有更低的压降和更大的抗压降增加能力。此外，与沸腾床和移动床反应器不同，UFR 中催化剂可以分为几个床层，装填不同性能的催化剂，以便最大程度发挥各床层催化剂的特性。与 OCR 技术相比，由于 UFR 技术省去了催化剂在线置换系统，因此投资会大幅度降低，约为 OCR 技术的 50%，而且容易控制和操作，如图 12-17 所示。

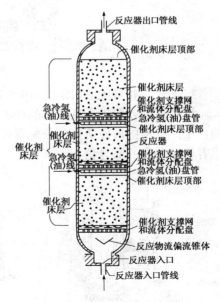

图 12-17　上流式反应器

UFR 的特点：

① 按催化剂活性从低到高，分级装填在反应器从下部到上部的不同催化剂床层中。

② 原料油和氢气自下而上通过反应器的流速要足够低，以保证催化剂床层的膨胀减到最小，要求平均膨胀率不超过 2%。

③ 催化剂床层对进料黏度的限制为：原料油 100℃下的黏度 <400 mm^2/s。

④ 用急冷油代替急冷氢能更有效地控制催化剂床层温度。

12.1.5　高压加氢反应器内构件的典型结构

（1）入口扩散器（图 12-18）

设置目的：防止高速流体直接冲击液体分配盘，影响分配效果，从而起到预分配的作用。某些入口扩散器还可起到积存进料中的一些锈垢的作用。

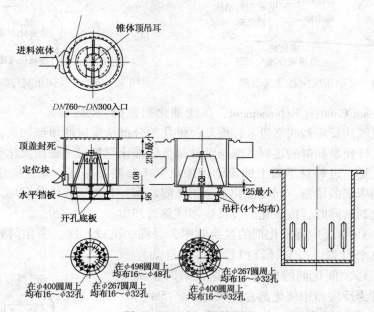

图 12-18　入口扩散器图

（2）气液相分配盘（图 12-19 至图 12-21）

设置目的：使进入反应器的物料均匀分散，与催化剂颗粒有效地接触，充分发挥催化剂的作用。目前国内外所用的分配器按其作用机理大致可分为溢流型和（抽吸）喷射型两类或二者机理兼有的综合型。

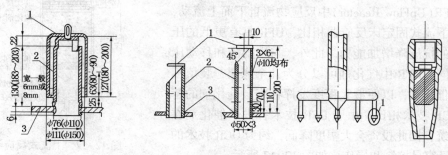

图 12-19　气液相分配盘

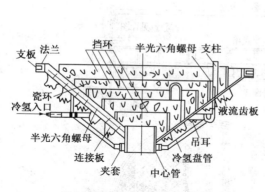

图 12-20　斜塔盘板式分配盘

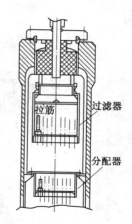

图 12-21　盘式分配盘

（3）积垢篮（图 12-22）

设置目的：积垢篮置于催化剂床层的顶部，系由各种规格不锈钢金属丝网与骨架构成的篮筐。它为反应器进入物料提供更多的流通面积，使催化剂床层可聚集更多的锈垢和沉积物而不致引起床层压降过分地增加。过去多采用，现大多不采用。

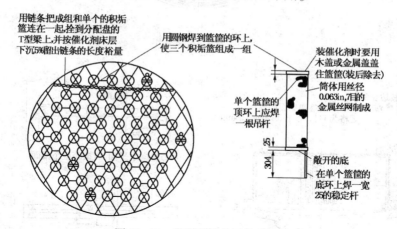

图 12-22　积垢篮结构及布置图

（4）冷氢箱（图 12-23）

设置目的：用以控制加氢放热反应引起的催化剂床层温升，图示的冷氢箱结构由冷氢管、冷氢盘、再分配盘组成，可使来自上面床层的反应物料和起冷却作用的冷氢充分混合，而又将具有均匀温度的气液混合物再均匀分配到下部的催化剂床层上。

（5）出口收集器（图 12-24）

设置目的：用于支承下部的催化剂床层，以减轻床层的压降和改善反应物料的分配。

（6）热电偶（图 12-25）

设置目的：为监视加氢放热反应引起的床层温度升高及床层截面分布状况等对操作温度进行管理。热电偶的安装有从筒体上径向插入和从反应器顶封头上垂直插入。径向水平插入的有横跨整个截面和仅插入一定长度的。

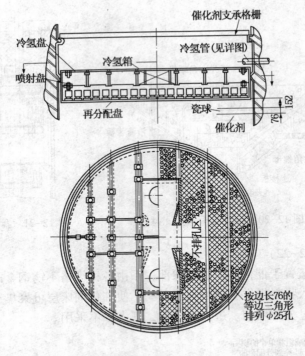

图 12-23　冷氢箱

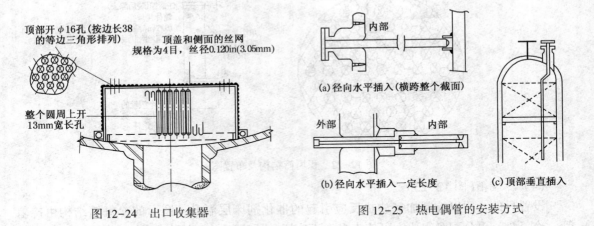

图 12-24　出口收集器　　　　　　　　图 12-25　热电偶管的安装方式

（7）催化剂卸料结构（图 12-26、图 12-27）

设置目的：为了防止催化剂装入底部卸出管而导致卸出管堵塞和便于催化剂卸出，需设置催化剂卸料结构。

正下斜方式具有将反应产物出口与催化剂卸出口合并为一，减少反应器开孔的优点。但拔出塞管卸下催化剂时，有时催化剂会随即下落，易于伤人。侧下卸方式可避免前者缺点，操作较安全，但需在器壁上多开孔。

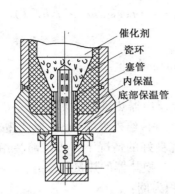
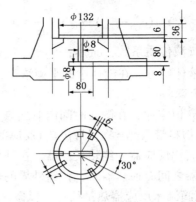

图 12-26　塞管式催化剂卸料结构　　　图 12-27　塞板式催化剂卸料结构

12.2　高压加氢反应器工艺计算及技术分析[1~2,10~20]

12.2.1　高压加氢反应器工艺计算的数学模型

加氢裂化反应器工艺计算首先应根据加氢裂化反应过程特点，结合选择的加氢裂化反应器形式，对反应物料的流型和传递过程进行综合分析，建立加氢反应器工艺计算的数学模型，由求解条件，实现加氢裂化反应器工艺计算。典型的数学模型应包括的内容：

（1）物料衡算

根据物质不灭定律，加氢裂化反应器物料衡算式为：

流入量=流出量+反应消耗量+累计量

加氢裂化反应器计算时也可取关键组分进行物料衡算。

对于液相中反应物 b 进行物料衡算：

$$-u_{01} \cdot \frac{\mathrm{d}c_{\mathrm{b}}}{\mathrm{d}Z} = a_{\mathrm{i}} \cdot \eta_0 \cdot \rho_{\mathrm{s}} \cdot r(c_1^*, \ a, \ c_{\mathrm{i}}, \ b, \ T)$$

式中　u_{01}——液体表观气速，cm/s；

c_{b}——组分 b 在反应液中的浓度，$\mathrm{mol/cm^3}$；

Z——滴流床反应器轴向坐标，cm；

a_{i}——催化剂表面活性；

η_0——有效因子；

ρ_{s}——催化剂填料密度，$\mathrm{g/cm^3}$；

r——径向坐标；

c_1^*——液体组分在液体中的平衡浓度，$\mathrm{mol/cm^3}$；

a——传质有效外表面积，$\mathrm{cm^2/cm^3}$；

c_{i}——组分 i 在反应溶液中的浓度，$\mathrm{mol/cm^3}$；

T——温度，K。

对于液相中气体反应物 a 进行物料衡算

$$k_1 \cdot a(c_{1,a}^* - c_{1,a}) - u_{0l} \cdot \frac{dc_{1,a}}{dz} = a_i \cdot \eta_0 \cdot \rho_s \cdot r(c_1^*, \ a, \ c_i, \ b, \ T)$$

式中　k_1——气液传质系数，cm/s；

　　　$c_{1,a}^*$——液体组分 a 在液体中的平衡浓度，mol/cm^3。

（2）热量衡算

根据能量守恒定律，在微元时间内对加氢裂化反应器热量进行衡算：

物料带入热＝物料带出热＋反应的熵变＋传给外界的热量＋累计热

一般加氢裂化反应器为绝热反应器，在外保温良好的情况下，可忽略传给外界的热量。但当两个反应器之间有换热器时，传给外界的热量为换热器的热量。

① 活塞流滴流床反应器热量衡算。以微元体积为例：

轴向流入的热量－轴向流出的热量＋反应产生的热量＝0

$$液相中轴向流入的热量 = T\big|_z \cdot \frac{\pi}{4}D_T^2 \cdot u_L \cdot \rho_L \cdot C_{PL} \cdot \varepsilon_L$$

$$液相中轴向流出的热量 = T\big|_{z+\Delta z} \cdot \frac{\pi}{4}D_T^2 \cdot u_L \cdot \rho_L \cdot C_{PL} \cdot \varepsilon_L$$

$$反应产生的热量 = \sum [(-\Delta H) \cdot \psi] \cdot \frac{\pi}{4}D_T^2 \cdot \Delta Z \cdot \varepsilon_L$$

$$气相中轴向流入的热量 = T\big|_z \cdot \frac{\pi}{4}D_T^2 \cdot u \cdot \rho \cdot C_P \cdot \varepsilon_G$$

$$气相中轴向流出的热量 = T\big|_{z+\Delta z} \cdot \frac{\pi}{4}D_T^2 \cdot u \cdot \rho \cdot C_P \cdot \varepsilon_G$$

当 $\Delta Z \to 0$，令 $\dfrac{T\big|_{z+\Delta z} - T\big|_z}{\Delta Z} \longrightarrow \dfrac{dT}{dz}$

$$\frac{dT}{dz} = \sum [(-\Delta H) \cdot \psi] \cdot \frac{\pi}{4}D_T^2 \cdot \Delta Z \cdot \varepsilon_L$$

式中　D_T——加氢裂化反应器内径，cm；

　　　u_L——液相的空塔速度，m/s；

　　　ρ_L——液相密度，kg/m^3；

　　　C_{PL}——液体比热容，kJ/(kg·K)；

　　　ε_L——液相分数或持液量，无因次；

　　　$-\Delta H$——反应热，kJ/mol；

　　　ψ——总反应速率，kmol/(s·m^3)；

　　　Z——反应器中的无因次轴向坐标；

　　　u——气相的空塔速度，m/s；

　　　ρ——气相密度，kg/m^3；

　　　C_P——气体比热容，kJ/(kg·K)；

　　　ε_G——气相分数，无因次。

加氢裂化反应发生在催化剂颗粒中，所以热量是在颗粒内释放，并穿过催化剂颗粒外表面扩散到整个液相，再从液相扩散到氢气流中。因此在催化剂颗粒内部和其外表面之间就有一个温度梯度。但由于加氢裂化催化剂的导热率高，可以合理地假定催化剂颗粒内部的温度是恒定的，连续不断地被液体冲洗的催化剂颗粒的温度基本上等于整个流体的温度。

② 有轴向扩散的滴流床反应器热量衡算。当加氢裂化反应器尺寸较小时，就可能存在轴向扩散，以微元体积为例：

（轴向流入的热量−轴向流出的热量）+（通过轴向扩散的热量−通过轴向扩散流出的热量）+反应产生的热量 = 0

$$液相中流入的热量 = T\big|_Z \cdot \frac{\pi}{4}D_T^2 \cdot u_L \cdot \rho_L \cdot C_{PL} \cdot \varepsilon_L$$

$$液相中流出的热量 = T\big|_{Z+\Delta Z} \cdot \frac{\pi}{4}D_T^2 \cdot u_L \cdot \rho_L \cdot C_{PL} \cdot \varepsilon_L$$

$$气相中流入的热量 = T\big|_Z \cdot \frac{\pi}{4}D_T^2 \cdot u \cdot \rho \cdot C_P \cdot \varepsilon_G$$

$$气相中流出的热量 = T\big|_{Z+\Delta Z} \cdot \frac{\pi}{4}D_T^2 \cdot u \cdot \rho \cdot C_P \cdot \varepsilon_G$$

$$液相通过轴向扩散流入的热量 = -\frac{\pi}{4}D_T^2 \cdot u_L \cdot \rho_L \cdot C_{PL} \cdot K_{PL} \cdot \frac{\mathrm{d}T}{\mathrm{d}z}\bigg|_Z$$

$$液相通过轴向扩散流出的热量 = -\frac{\pi}{4}D_T^2 \cdot u_L \cdot \rho_L \cdot C_{PL} \cdot K_{PL} \cdot \frac{\mathrm{d}T}{\mathrm{d}z}\bigg|_{Z+\Delta Z}$$

$$气相通过轴向扩散流入的热量 = -\frac{\pi}{4}D_T^2 \cdot u \cdot \rho \cdot C_P \cdot K_G \cdot \frac{\mathrm{d}T}{\mathrm{d}z}\bigg|_Z$$

$$气相通过轴向扩散流出的热量 = -\frac{\pi}{4}D_T^2 \cdot u \cdot \rho \cdot C_P \cdot K_G \cdot \frac{\mathrm{d}T}{\mathrm{d}z}\bigg|_{Z+\Delta Z}$$

$$反应产生的热量 = \sum [(-\Delta H) \cdot \psi] \cdot \frac{\pi}{4}D_T^2 \cdot \Delta Z \cdot \varepsilon_L$$

热量平衡方程必须包括气相和液相及所有的反应，因此，将很长的表达式简化、重新排列并把差分变成微分，可得：

$$\frac{\mathrm{d}T_r}{\mathrm{d}z} = \frac{\mathrm{d}^2 T_r}{\mathrm{d}z^2} \cdot \frac{1}{d_p} \cdot \left[\frac{\varepsilon_c \cdot \rho \cdot C_P \cdot K_A + \varepsilon_L \cdot \rho_L \cdot C_{PL} \cdot K_{aL}}{\varepsilon_C \cdot \rho \cdot C_P \cdot \mu + \varepsilon_L \cdot \rho_L \cdot C_{pL} \cdot u_L} \right] +$$

$$\sum [(-\Delta H) \cdot \psi] \cdot \frac{d_p}{T_0} \cdot \left[\frac{\varepsilon_L}{\varepsilon_C \cdot \rho \cdot C_P \cdot \mu + \varepsilon_L \cdot \rho_L \cdot C_{pL} \cdot u_L} \right]$$

$$令\ Pe_{haz} = \frac{d_P \cdot (\varepsilon_C \cdot \rho \cdot C_P \cdot u + \varepsilon_L \cdot \rho_L \cdot C_{PL} \cdot u_L)}{\varepsilon_C \cdot \rho \cdot C_P \cdot K_a + \varepsilon_L \cdot \rho_L \cdot C_{PL} \cdot K_{aL}}，则热量衡算方程就为：$$

$$\frac{\mathrm{d}T_r}{\mathrm{d}z} = \frac{1}{Pe_{haz}} \cdot \frac{\mathrm{d}^2 T_r}{\mathrm{d}z^2} + \sum [(-\Delta H) \cdot \psi] \cdot \frac{\pi}{4}D_T^2 \cdot \Delta Z \cdot \varepsilon_L$$

式中　K_{PL}——催化剂床层中的液相扩散系数，m^2/s；

$\qquad K_G$——催化剂床层中的气相扩散系数，m^2/s；

$\qquad d_p$——催化剂颗粒直径，mm；

$\qquad Pe_{haz}$——液相中质量和轴向扩散的 Peclet 数，无因次；

$\qquad T_r$——对比温度，无因次。

（3）动量衡算

将牛顿第二定律应用于运动着的流体，可进行加氢裂化反应器动量衡算

$$输入动量=输出动量+动量损失$$

（4）动力学方程

石油馏分加氢裂化反应过程中参与反应的组分数多至成千上万，各种可逆、平行及顺序反应的同时存在，使反应体系各组分之间强偶联，表面反应是这一系列步骤中的控制步骤。加氢裂化动力学方程和数学模型的建立一般选择适当的单体模型化合物，研究其反应规律并建立相应的机理动力学模型，或将大量的化合物按其动力学性质分成若干个虚拟（集总）组分，然后根据这些集总组分在加氢裂化反应中的变化，建立相应的过程动力学模型。在实际的工程应用中，完整的加氢裂化动力学方程和数学模型还应考虑热平衡、滴流床的传质和传热特性、催化剂的中毒与失活等影响因数。

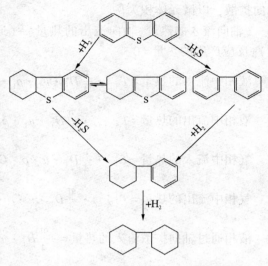

图 12-28　二苯并噻吩加氢脱硫反应网络

① 加氢脱硫的动力学方程。图 12-28 为二苯并噻吩加氢脱硫反应网络。

$$-\frac{\mathrm{d}C_S}{\mathrm{d}t}=k_{HDS} \cdot C_S^2$$

或

$$\frac{1}{C_S}-\frac{1}{C_{SO}}=k_{HDS} \cdot \frac{1}{LHSV}$$

式中　C_S，C_{SO}——产品、原料的硫化物浓度，%；

　　　　$LHSV$——液时空速或反应时间的倒数，h^{-1}；

　　　　k_{HDS}——加氢脱硫的反应速度常数，是催化剂性质、氢分压、原料性质及反应温度的函数。

加氢脱硫符合对总硫的二级反应速率方程。

RIPP 建立的多集总加氢脱硫反应动力学方程为：

$$S=k_s \cdot \frac{1}{1+K_{H_2S} \cdot P_{H_2S}} \cdot f(UOPK, MW) \cdot \exp\left(\frac{-E_S}{RT}\right) \cdot P_{H_2}^{\alpha} \cdot \frac{S}{LHSV}$$

$$E_s=f(S_f, N_f, \rho, T_{90\%BP})$$

式中　ΔS——窄馏分脱硫量，%；

　　　　S——窄馏分硫含量，%；

　　　　k_s——指前因子；

　　　　K_{H_2S}——硫化氢吸附常数；

　　　　P_{H_2S}——硫化氢分压，MPa；

　　　$UOPK$——原料油特性因子；

　　　　MW——窄馏分相对分子质量；

α——氢分压指数；

E_s——反应活化能，J/mol；

S_f——原料油硫含量，%；

N_f——原料油氮含量，%；

ρ——原料油密度，kg/m³；

T——反应温度，K；

$T_{90\% BP}$——原料油 90% 馏出点温度，K。

② 加氢脱氮的动力学方程。图 12-29 为喹啉 HDN 反应网络。

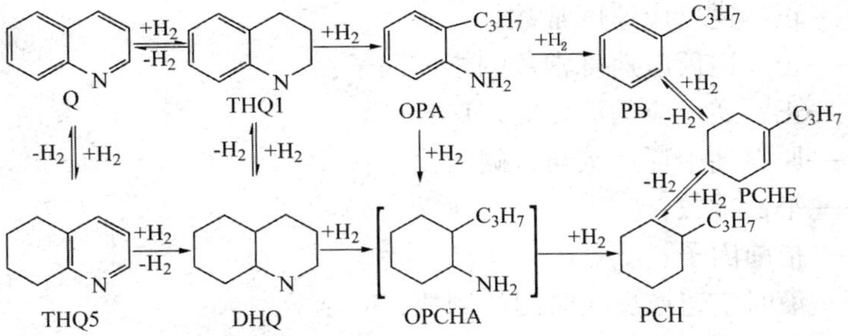

图 12-29　喹啉 HDN 反应网络

$$\ln \frac{1}{1-C} = A \cdot \exp\left(\frac{-E}{RT}\right) \cdot \left(\frac{P}{P_0}\right)^\alpha \cdot t$$

式中　C——HDN 转化率，%；

A——频率因子；

E——HDN 反应活化能，J/mol；

R——气体常数；

P——氢分压，MPa；

α——氢分压影响指数；

T——反应温度，K；

t——视反应时间或空速的例数，h。

加氢脱氮符合对一级动力学规律。

③ 加氢脱芳的动力学方程。图 12-30 为萘加氢饱和简化反应网络。

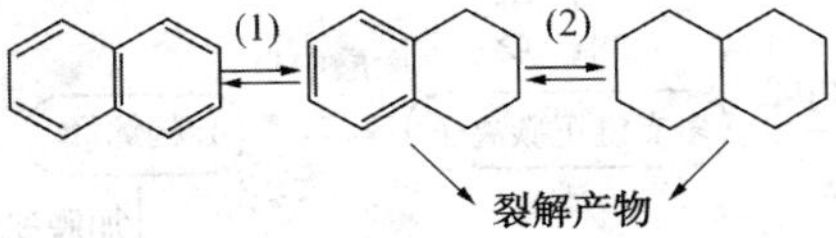

图 12-30　萘加氢饱和简化反应网络

$$X_A = \left(\frac{k_f P_{H_2}^{0.5} - k_r M}{k_f P_{H_2}^{0.5} + k_r}\right)\left(1 - \exp\frac{-k_f P_{H2}^{0.5} + k_r}{LHSV^\alpha}\right)$$

$$k_f = k_{fo}\exp\left(\frac{-E_f}{RT}\right)$$

$$k_{\mathrm{r}}=k_{\mathrm{ro}}\exp\left(\frac{-E_{\mathrm{r}}}{RT}\right)$$

$$E_{\mathrm{r}}=E_{\mathrm{f}}+32.5$$

$$X_{\mathrm{Ae}}=\left(\frac{K_{\mathrm{P}}P_{\mathrm{H_2}}^{0.5}-M}{K_{\mathrm{P}}P_{\mathrm{H_2}}^{0.5}+1}\right)$$

$$K_{\mathrm{P}}=\frac{k_{\mathrm{fo}}}{k_{\mathrm{ro}}}\exp\left(\frac{E_{\mathrm{r}}-E_{\mathrm{f}}}{RT}\right)$$

式中　X_{A}，X_{Ae}——芳烃转化率、芳烃平衡转化率，%；

$\quad\quad k_{\mathrm{f}}$，$k_{\mathrm{r}}$——正、逆反应速度常数；

$\quad\quad k_{\mathrm{fo}}$，$k_{\mathrm{ro}}$——正、逆反应速度常数的指前因子；

$\quad\quad E_{\mathrm{f}}$，$E_{\mathrm{r}}$——正、逆反应的活化能，J/mol；

$\quad\quad M$——原料油中环烷碳与芳碳的比率；

$\quad\quad K_{\mathrm{P}}$——平衡常数；

$\quad\quad \alpha$——指前因子；

$\quad\quad LHSV$——液时空速或反应时间的倒数，h^{-1}；

$\quad\quad P_{\mathrm{H_2}}$——氢分压，MPa；

$\quad\quad T$——反应温度，K。

加氢脱芳的动力学方程可认为对总芳烃含量为一级或一级可逆的动力学方程。

④ 加氢裂化的动力学方程。图 12-31 为正构烷烃加氢裂化反应历程。

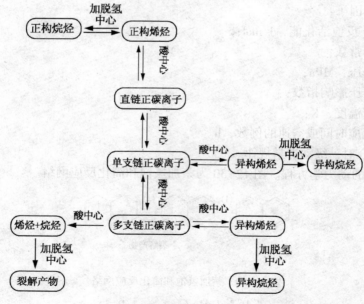

图 12-31　正构烷烃加氢裂化反应历程

渣油加氢过程的渣油加氢裂化六集总十四反应网络如图 12-32 所示。

a. 按固定馏程集总的动力学方程：

$$\frac{dC_i}{dt} = \sum_{j=1}^{i-1} k_{ji}C_j - \sum_{j=i+1}^{n} k_{ij}C_i$$

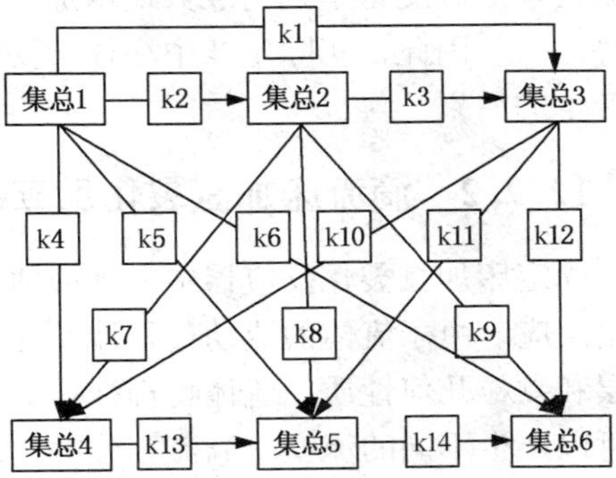

式中　n——集总的数量；

　　$\dfrac{dC_i}{dt}$——表示第 i 集总组分的变化速率；

　　$\sum\limits_{j=1}^{i-1} k_{ji}C_j$——所有比 i 集重的组分生成它的速率；

　　$\sum\limits_{j=i+1}^{n} k_{ij}C_i$——$i$ 集总因加氢裂化为比之更轻集总而

　　　　　　　　消耗的速率；

　　k_{ij}——i 集总生成 j 集总的反应速率常数。

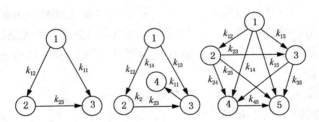

图 12-32　渣油加氢过程的
渣油加氢裂化反应网络

集总模型的特征：

（Ⅰ）把原料油和生成油按照馏程的差异（或切割方案）分成若干个集总组分，且反应物沸点与其生成物沸点均在同一集总馏程内的反应不予考虑。

（Ⅱ）加氢裂化反应是由一系列的平行顺序反应所组成. 即较重集总可以裂化生成所有比它轻的集总组分。

（Ⅲ）加氢裂化反应中. 虽然芳烃饱和反应会受到热力学平衡的限制，但该反应不会影响馏程的改变，能够影响馏程改变的主要是裂化反应。一般情况下，裂化反应可认为是不可逆的，因此加氢裂化各集总之间的反应可认为是不可逆的。

（Ⅳ）所有反应均可用一级反应动力学方程来描述。

按集总模型的特征所建立的加氢裂化反应网络可以如图 12-33 所示。

图 12-33　固定馏程集总反应网络图

b. 按可变馏程集总的动力学方程：

$$\frac{dC_i}{dt} = \sum_{j=1}^{i-1} k_j P_{ij}C_j - k_i C_i$$

式中　$\dfrac{dC_i}{dt}$——表示第 i 集总组分的变化速率；

　　$\sum\limits_{j=1}^{i-1} k_{ji}C_j$——所有比 i 集重的组分生成它的速率；

　　P_{ij}——j 集总加氢裂化生成 i 集总分率（或化学计量系数）；

　　k_{ij}——i 集总生成 j 集总的反应速率常数；

　　i——1，2，…，n。

理论上，按馏程划分的集总数目越多，其对实际加氢裂化过程的模拟近似度也越高，但数据处理的难度将呈几何级数地增加。实际生产中,加氢裂化产品切割方案灵活是其重要的优势之一。因此,实际生产中往往会要求加氢裂化动力学方程能够估算出产品切割方案改变所产生的后果。

12.2.2 滴流床加氢裂化反应器(TBR)流体力学性质计算及技术分析

固定床加氢裂化反应器中,气液两相并流向下或是逆流接触,同时在催化剂固定床表面发生反应。由于流体的流动过程涉及三种相态,其流体力学现象十分复杂。根据操作条件、床层和颗粒几何性质、流体物理性质的不同,滴流床反应器(Trickle bed reactor,简称 TBR)内可以产生不同的流型:滴流、分散气泡流、泡沫流、脉冲流、雾状。其中,滴流区内气相为连续相,液相以液膜形态从催化剂颗粒表面流过,气液相间相互作用较弱,称之为弱相互作用流区(Low interaction regime,LIR);其他流区统称强相互作用流区(High interaction regime,HIR)。

表征 TBR 的流体力学和传递性质的参数很多,大致可以分为宏观(反应器)尺度和微观(催化剂颗粒)尺度参数两大类。宏观性质主要包括:液体径、轴向分布,流体流动形态,流体力学现象的多态性,床层压降,动态和静态持液量,液固润湿效率,气液、液固相间传递系数等。微观尺度性质主要有:催化剂颗粒外部润湿效率,颗粒孔内持液量和润湿效率,液体在颗粒表面的浸润性,外部动、静态持液区的液固质量传递系数,及静态与动态持液区间的质量传递系数等。

滴流床加氢裂化反应器中,由于气液并流向下流动产生的压降较小,且不易液泛,其主要的优点是:①气液流动均接近活塞流,在单个反应器中,可以获得高的转化率;②由于存液量小,即液固比小,若存在液相均相副反应时,不至于对目的产物的收率产生大的影响;③液体呈膜状流动,从而气体反应物通过液相扩散至固体催化剂外表面的阻力较小;④如果温升明显,可以通过循环液体产品,或从反应器侧面加入"急冷氢"或急冷油"来控制;⑤压力降较小,以至整个床层压力较为均匀;⑥在反应器中,气体和液体分布均匀,液体能均匀而充分地润湿催化剂。

(1)部分润湿滴流床反应器的流体力学性能计算

低液速下,由于液体流量不足或分布不均,床层中部分催化剂颗粒表面可能未被液体覆盖或有效润湿。此类反应器称为"部分润湿滴流床",如图 12-34 所示。

滴流区(B),气液流速最低,气相连续,且气液相间影响较弱,只有所谓"几何作用"。其中,部分润湿区域(A)对应表观液速小于 3~5m/s,占其较大部分。

① 液流方式、持液量和压降(图 12-35)。

在部分润湿滴流床中主要有三种液流方式:膜流、细流和线流。

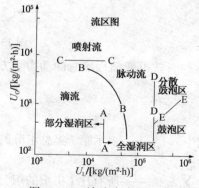

图 12-34　滴流床中的流型

膜流和细流均发生在单颗粒表面,前者以薄膜形式铺展,与固相接触良好;后者收缩,润湿较窄区域,与液体表面张力过大有关。线流是气液相分离的流动状态,在床层中垂直流下,可能覆盖多个相邻的空隙通道,易出现于预分布器和填充情况不佳时。后两种液流方式的传质效率均不高。多种液流方式并存造成滴流床流体力学特性难以描述和预测。

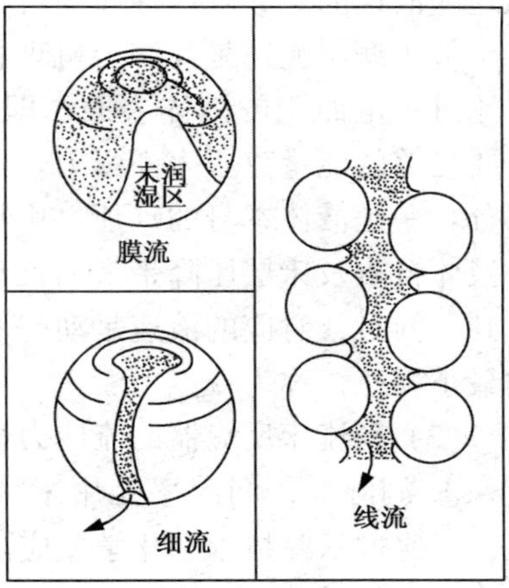

床层持液量和压降是两个相关的宏观操作参数。它们对液相停留时间、液膜厚度、润湿效率及膜传质速率均有直接影响。持液量是床层中液相所占体积分率。

$$E_t = E_d + E_s$$

式中 E_t——总持液量，无因次；

E_d——动态持液量（床层中流动的液体量），无因次；

E_s——静态持液量，无因次，分为粒外（E_{es}）和粒内（E_{is}）两个部分。

E_{es}——颗粒外的静态持液量，无因次，是粒外分布于固体接触点周围的挂液和袋液。粒径越小，单位体积床层中固体接触点数越多，E_{es} 也越大。（$E_d + E_{es}$）的极值为床层空隙率，故也将它们与 E_b 之比称为"液体饱和度"。

$$E_{is} = (1 - E_b) E_p$$

式中 E_{is}——颗粒内的静态持液量，无因次；

E_b——床层空隙率，无因次；

E_p——颗粒孔隙率，无因次。

② 特征润湿区及其传质作用。滴流床中存在几种多相接触方式见图 12-36。

a. 动态润湿：指被动态持液量（即液流）覆盖的表面（a_{wd}），液膜厚度 $\delta_d = \dfrac{E_d}{a_{wd} + a'_{ws}}$。

b. 静态润湿：被 E_{es} 覆盖，E_{es} 同时与 E_d 通过 a'_{ws} 面相接触。液相组分通过动态润湿表面的传质阻力（$\dfrac{1}{k_d E_{wd}}$），比通过静态润湿区的传质阻力（$\dfrac{1}{k_s a_{ws}} + \dfrac{1}{k'_s E_{es} a_v}$）小 2 个数量级，故液相传质主要在动态润湿区。

c. 内润湿：指多孔内表面的润湿情况，在汽化现象不严重时，内润湿接近饱和。

d. 非润湿和"干"（Dry）：在颗粒外表面，动态及静态润湿区以外的区域称非润湿区（$a_n = a_v - a_{wd} - a_{ws}$）。$a_n$ 面因毛细作用被一层极薄的液膜润湿，但无液相传质作用。通过此区域，气相与颗粒孔口处的液体直接接触，传质阻力与气-固传质相当。"干"在内润湿不完全时发生，与非润湿不同，它对粒内发生的液相反应没有传质贡献，而只提供气（汽）相催化反应表面。

③ 润湿率及最小润湿流速。

润湿率为颗粒外表面上润湿部分所占面积比率，$f_e = a_d + a_s$。f_e 一般在 0.6~1.0 之间，近

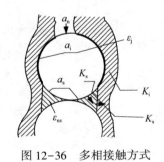

图 12-36　多相接触方式

$a_{wd} = \alpha_{dav}$；$a_{ws} = \alpha_{sav}$；

////——动态润湿

$a_n = \alpha_{nav}$；$a_v = (1 - E_b) a_p$；

\\\\——静态润湿

图 12-35　滴流床中液体的流动方式

似地随液速的对数成线性增加(图 12-37)。

最小润湿流速是与润湿机理相关的概念。当液体流过一定面积的固体表面，即发生动态润湿时，需要足够的能量克服表面张力。这部分能量来自两部分：一是液体本身的动能，由局部流速决定；二是液体自重及床层压降带来的推动力。当各作用力达到平衡时，对应的液速是动态润湿某个表面所需的最小液速，称为 $u_{\min}$。

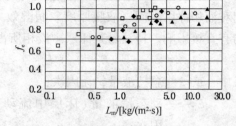

图 12-37　润湿率随液速的变化
符号□，○，▲，▼，◆对应于不同文献

（2）滴流床反应器的流体力学性能计算

① 润湿率，润湿率是用来计算总反应速率方程，可通过示踪技术和化学反应法测定，其中化学法较适用。

a. 计算方法 1：

$$f_{\rm w} = 1.617 Re_i^{0.1461} Ga_i^{-0.07}$$
$$0.161 < Re_i < 32; \quad 1.06 \times 10^4 < Ga_i < 7.23 \times 10^5$$

$$Re = \frac{L \cdot d_{\rm p}}{\mu}$$

$$Ga = \frac{d_{\rm p}^3 \cdot \rho_{\rm L}^2 \cdot g}{u_{\rm L}^2}$$

式中 $f_{\rm w}$——润湿率；

Re——Reynolds 准数，无因次；

L——表观质量流速，$kg/(m^2 \cdot s)$；

μ——黏度，$kg/(m \cdot s)$；

$d_{\rm p}$——催化剂颗粒粒径，cm；

Ga——Galileo 准数，无因次；

$\rho_{\rm L}$——液体密度，kg/m^3；

$\mu_{\rm L}$——液体黏度，$kg/(m \cdot s)$。

b. 计算方法 2：

$$f_{\rm w} = 1.104 Re_i^{\frac{1}{3}} \left(1 + \frac{\dfrac{\Delta p}{z} \rho_i g}{Ga_i^{\frac{1}{8}}} \right)$$

$$Re_i = \frac{u_{01} \cdot d_{\rm p} \cdot \rho_i}{\mu_i (1 - \varepsilon_b)}$$

$$Ga_i = \frac{d_{\rm p}^3 \cdot \rho_i^3 \cdot g \cdot \varepsilon_b^3}{u_i (1 - \varepsilon_b)^3}$$

式中　Δp——床层压降，Pa；

z——滴流床反应器轴向坐标，cm；

ρ_i——液体密度，kg/m^3；

u_{01}——液体表观气速，cm/s；

d_p——催化剂颗粒粒径，cm；

ε_b——床层空隙率，%。

② 传质系数。在滴流床中，气-液-固三相存在传质过程，加氢反应中用的是纯氢，气膜不存在，其阻力自然为零。

Dwivedi-Upadhyay 关联式：

$$\frac{\varepsilon_b \cdot K_{gs}}{u_{0g}} \cdot \left(\frac{\mu_g}{\rho_g \cdot D_1}\right)^{\frac{2}{3}} = 0.765 \times \left(\frac{d_p \cdot G_m}{\mu_g}\right)^{-0.82} + 0.365 \times \left(\frac{d_p \cdot G_m}{\mu_g}\right) - 0.386$$

式中　K_{gs}——气固传质系数，cm/s；

μ_g——气体黏度，kg/(m·s)；

u_{0g}——气体表观气速，cm/s；

ρ_g——气体密度，kg/m³；

D_1——分子内部组分 i 有效扩散系数，cm²/s；

G_m——液体表观流速，g/(m²·s)。

③ 压力降。压降与气-固反应固定床不同，在滴流床中床层压力降不仅影响反应系统的能耗，而且还与相间的传质系数计算值有关，是一个重要的设计参数。详细计算公式同压力平衡章节内容。

④ 流通区域。图 12-38 为适合工业滴流床反应器的流动区域图。

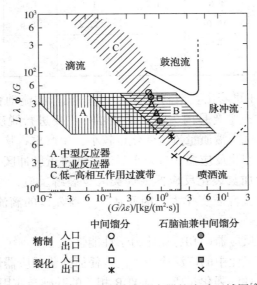

图 12-38　适合工业滴流床反应器的流动区域图[21]

图 12-38 中 G、L 分别表示气、液质量流速，kg/m²·s；ε 为床层空隙率；λ、ϕ 为物性校正系数，分别为：

$$\lambda = \left(\frac{\rho_G \rho_L}{\rho_{air} \rho_W}\right)^{0.5}$$

$$\varphi = \frac{\sigma_W}{\sigma_L} \left[\frac{\mu_L}{\mu_W}\left(\frac{\rho_W}{\rho_L}\right)^2\right]^{\frac{1}{3}}$$

式中 ρ——流体密度，kg/m^3；

    μ——流体黏度，$Pa \cdot s$；

    σ——流体表面张力，N/m；

    下表 G，L，W，air——分别代表气相、液相、水和空气。

    馏分油加氢精制、加氢裂化及渣油加氢脱硫等反应器内的流体流动区域都在滴流区或接近脉冲区操作[22,23]。随着高活性催化剂的开发应用，反应器内流体的质量速度进一步提高，接近或进入脉冲区域操作的可能性增大[24,25]。

    表 12-1 列出了 5 套加氢裂化装置的 $G/\lambda\varepsilon$ 对 $L\lambda\phi/G$ 的设计计算数据，并对部分数据绘制于图 12-38 中。

表 12-1　流体流动状态特征数据

生产方案			石脑油		石脑油兼顾中间馏分油			中间馏分油	
生产方式			全循环60%转化率	一次通过60%转化率	一次通过55%转化率	一次通过39%转化率		全循环60%转化率	
						运转初期	运转末期	运转初期	运转末期
精制反应器	入口	$G/\lambda\varepsilon$	0.43	0.75	0.79	0.68	0.60	0.65	0.68
		$L\lambda\phi/G$	45.1	30.6	29.0	32.5	39.9	41.4	49.0
	出口	$G/\lambda\varepsilon$	0.60	1.1	1.1	0.96	0.89	0.91	0.89
		$L\lambda\phi/G$	30.0	15.3	17.3	19.2	18.9	28.6	29.7
裂化反应器	入口	$G/\lambda\varepsilon$	1.6	1.2	1.1	1.0	1.1	1.2	1.2
		$L\lambda\phi/G$	12.0	15.4	17.2	18.6	16.5	31.2	31.6
	出口	$G/\lambda\varepsilon$	—	—	—	1.7	1.7	2.2	2.4
		$L\lambda\phi/G$	—	—	—	3.4	5.1	8.2	7.1

    从图 12-38 和表 12-1 可看出：精制反应器入口、出口的流动状态始终处于滴流区或接近脉冲区即过渡带内操作，主要是因为精制反应器中主要进行脱硫、脱氮及烯烃饱和等反应，物流性质变化较小，气、液质量流量变化也较小，生产重石脑油的加氢裂化稍大于生产中馏分油加氢裂化。加氢裂化反应器入口处于滴流区或接近脉冲区，出口的流动状态逐渐过渡到喷洒区，主要是因为加氢裂化反应器因烃类大量裂解反应，导致相对分子质量逐渐减小、气液比相应增加、物流性质变化大，因而从反应器入口的滴流区或脉冲区逐步向大气速、低液速的喷洒区过渡。

    （3）滴流床加氢裂化反应器(TBR)流体力学性能强化

    滴流床反应器在过程工业中的广泛应用，使得任何强化反应器性能的技术都意味着巨大的经济效益。因此，TBR 性能强化是所有与 TBR 相关的基础与应用研究的终极目的。

    TBR 反应过程是典型的多相传递反应过程，其宏观动力学受流体流动、质量和热量传递速率，以及反应的本征动力学等诸多因素的影响和制约。TBR 流体力学的复杂性，以及流体流动对过程质量和热量传递速率的决定作用，导致影响 TBR 性能的因素很多。这些因素包括操作参数、持液量、返混、传质、传热、动力学、床层结构、润湿效率等 8 个方面，约 30 个因素。如图 12-39 所示。

    实际上，TBR 中进行的大多数反应过程的一个重要特点是，气液或液固等外部质量传递速率是反应速率控制步骤。因此，提高反应物的相间传递速率是强化反应器性能的根本途

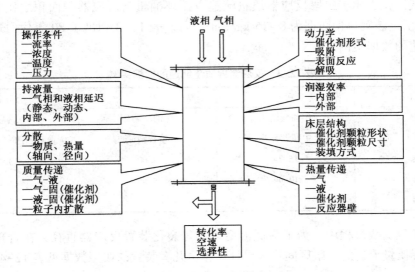

图 12-39　影响滴流床反应器性能的主要因素

径。控制和改变反应器内的流体流动，或采用新型的高性能填料和催化剂的复合结构都是改善气液固相间接触效率的主要措施。

在工程实践中，强化反应器性能最简单的方法是提高反应温度和操作压力。提高操作压力不仅能提高气相反应物在液相中的浓度，也在一定程度上影响反应器的流体力学。

典型的性能强化技术主要有：外场作用、改变操作方式（并流向上和周期性操作）、强相互作用流区（HIR）操作、新型反应器结构与新型催化剂的材料和结构等几个方面。

（4）滴流床反应器内流体的质量速度

反应器内流体的质量速度分为气体质量流速和液体质量流速。气体质量流速为在单位时间流过反应器截面积的气体质量。液体质量流速为在单位时间流过反应器截面积的液体质量。

气体质量流速和液体质量流速数值是直接影响流体流动特征的重要因数，进而影响动量、质量和热量传递。由于沿物流方向气化率逐渐上升，气相质量流速相应上升，液相质量流速则相应下降，典型数据实例见表 12-2。

表 12-2　反应器内质量流速的数据实例（SOR）　　　　　　　　kg/(m² · s)

规模/(Mt/a)		0.8		0.9		1.2	
生产方式		尾油全循环		尾油全循环		一次通过	
目的产品		中间馏分油		重石脑油		重石脑油+中间馏分油	
		气相	液相	气相	液相	气相	液相
精制反应器	入口	0.91	4.24	0.54	2.92	1.22	3.32
	出口	1.49	3.79	0.89	2.64	1.90	2.79
裂化反应器	入口	1.75	5.23	2.95	2.89	1.91	2.80
	出口	4.68	2.37	6.26	0	4.91	0

工程实践过程中，为简化计算和对比说明问题，一段反应器质量流速也有以装置处理能

力与反应器截面积之比、二段反应器质量流速以循环油量与反应器截面积之比的说法，20世纪 80 年代引进装置典型数据为 8~15 kg/(m² · s)。表 12-3 列出了 80 年代引进装置反应器内质量流速的数据实例。

表 12-3　反应器内质量流速的数据实例　　　　　　　　　　　　　　　kg/(m² · s)

规模/(Mt/a)	0.8	0.9	1.2
生产方式	尾油全循环	尾油全循环	两段
目的产品	中间馏分油	重石脑油	重石脑油+中间馏分油
一段精制反应器	15.74	8.60	13.16
一段裂化反应器	12.44	8.66	13.16
二段裂化反应器		—	12.57

近年的工程实践过程中，为了降低大型化加氢裂化装置反应器直径，在合理选取范围内，一般选择质量流速的上限区间作为设计依据。几套装置的典型数据见表 12-4。

表 12-4　反应器内质量流速的数据实例　　　　　　　　　　　　　　　kg/(m² · s)

规模/(Mt/a)	2.0	2.4	3.6	3.7
生产方式	一次通过	一次通过	一次通过	两段
目的产品	石脑油、柴油、尾油	石脑油、乙烯料	中间馏分油	中间馏分油
一段精制反应器	19.94	18.80	23.70	30.34
一段裂化反应器	19.94	18.80	28.20	30.34
二段裂化反应器	—	—		32.01

12.2.3　滴流床加氢裂化反应器工艺参数计算及技术分析

(1) 催化剂加入量

在专利商提供操作条件后，根据反应器内不同催化剂的空速、催化剂的装填密度和加工原料的质量及体积流率，可分别计算催化剂的质量加入量和体积加入量。

$$V_Z = \frac{V_{LZ}}{V_{LS}} = \frac{C}{T} \cdot \frac{1}{V_{LS}} \qquad \text{或} \qquad V_V = \frac{V_{LV}}{V_{LV}} = \frac{C}{T} \cdot \frac{1}{\rho} \cdot \frac{1}{V_{LV}}$$

式中　V_Z——催化剂的质量加入量，t；

V_{LZ}——加工原料油的质量流率，t/h；

V_{LS}——计算催化剂的质量空速，h^{-1}；

C——装置的年加工量，t/a；

T——装置年加工时数，h；

V_V——催化剂的体积加入量，m^3；

V_{LV}——加工原料油的体积流率，m^3/h；

V_{LS}——计算催化剂的体积空速，h^{-1}；

ρ——原料油在标准状态下的密度，t/m^3。

催化剂的质量加入量与体积加入量的换算关系为

$$V_Z = V_V \cdot d$$

式中　d——催化剂的装填密度，t/m^3。

催化剂的加入量也可由图 12-40 求取。

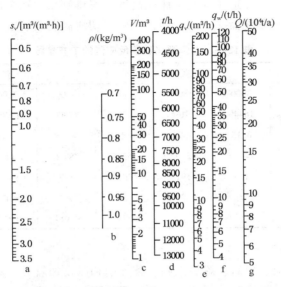

图 12-40　原料油量、空速和催化剂加入量的关系

（2）反应器的容积

$$V_r = \frac{V_V}{F_V}$$

式中　V_r——反应器容积，m^3；

　　　V_V——催化剂的体积加入量，m^3；

　　　F_V——有效利用系数（可装入催化剂的体积与反应器容积之比）。

由于反应器内件都要占据一定的空间，而这些空间本来是可以用来填充催化剂的。一般情况下，设有内保温的反应器，有效利用系数 0.5~0.6；无内保温的反应器，单床层反应器有效利用系数 0.75~0.94，两床层反应器有效利用系数 0.70~0.86，三床层反应器有效利用系数 0.68~0.80，四床层反应器有效利用系数 0.65~0.80。

（3）反应器的直径和高度

反应器的直径和高度没有严格限制，但考虑到反应热的排除、反应物与催化剂的接触效率、催化剂床层压降、流体分配、制造成本、大型化后的运输等原因，反应器直径不可过大和过小；考虑安全、催化剂压碎等因素，也不能过长或太短。因此，通常反应器设计是采用合理的总床高与直径之比，即高/径比确定。

高/径比的选择范围较广，从 2.5~17 均可。对于油品较轻，反应热不大的气相进料，当流体处于均相状态时，易于均匀分布，催化剂不需要分层设置时，可采用低的高/径比，如 1.5~5；而对于较重油品，分配情况是压力降和催化剂床层深度的函数，一方面需要一定高度的床层，即一定的压力降保证液体的良好起始分配；另一方面，床层深度过高，反而产生液体短路的机会，所以，在床层内必须设置再分配设施。由于反应热的排除和液体再分配都需要催化剂分层设置，因此，就需要较大的高/径比，一般选择3.5~17，并通过床层压力降核算后确定。

反应器单个床层高度一般控制在15米以下，最好不要超过9米。

确定反应器直径后，就知道了催化剂床层高度。安排好床层数量后，再加上冷氢盘空间高度、惰性填充物高度和分配器净空高度后，反应器切线高度就确定下来了。见表12-5。

表 12-5　　加氢裂化装置反应器的工艺参数

装　　置	A	B	C	D	E	F	G	H
内径/mm	5200	3000	3800	3500	4200	3800	4400	4600
高度/mm	15700	18449	18186	14500	17900	12704	36400	28400
高/径比	3.02	6.15	4.79	4.14	4.26	3.34	8.27	6.17
容积/m³	413.4	144.4	239	163.6	289.5	141	596.7	522.7
催化剂/m³	351.8	126	191	120.2	197	94.7	416.1	315.6
床层数	1	2	2	3	4	4	6	6
有效利用系数	0.851	0.872	0.799	0.735	0.681	0.672	0.697	0.604

（4）反应器的冷氢量

石油加氢反应的脱硫、脱氮、烯烃饱和、芳烃饱和以及加氢裂化等大多为放热反应，只有蜡分子的异构化反为吸热反应。因此，一般加氢反应总体表现出放热现象。为了使反应受控，并得到理想的产品分布，通常控制反应温升：

一般加氢精制　　　　　　　≤60℃

加氢裂化前加氢精制　　　　≤45℃

加氢裂化　　　　　　　　　≤10~20℃

为了取出反应器中多余热量，一般采用循环氢急冷。对于放热量特别大的情况，也有采用急冷油注入反应器床层间。一般急冷氢控制阀的设计最大流量为其正常量的1~2倍。

（5）反应器的压力降

压力降不可设计得过小，因为过小的压力降会使床层内流体分布不均。更不能设计过大，这不仅会使装置能耗增加，还会加大支撑内件的负荷，以及造成催化剂压碎。

合理的压力降范围是在开工初期干净床层情况下，反应器压降为：

一般装填　　　　　　　　0.08~0.12MPa

密相装填　　　　　　　　0.18~0.25MPa

反应器的压力降计算，应包括入口分配器、分布盘、冷氢箱、出口收集器和催化剂床层的阻力降。反应器内件的阻力降在设计内件尺寸时就加以确定，如：

入口分配器　　　　　　　0.003~0.006MPa

泡帽分布器　　　　　　　0.004~0.008MPa

冷氢箱　　　　　　　　　0.010~0.030MPa

支撑盘　　　　　　　　　0.003~0.006MPa

收集盘　　　　　　　　　0.004~0.007MPa

催化剂床层的阻力降计算有多种关联式可供采用，如Larkins方程、Turpin公式、修正的Ergun和Larachi方程式等可供选择。

12.3　高压反应器的热点难点问题

12.3.1　反应器的超期服役

国内引进的第一套加氢裂化装置于 1982 年投产，至 2020 年已运行 38 年。早期设计的反应器没有设计寿命，后期设计寿命 30 年。超期服役的反应器检验后存在较多缺陷，但没有机构明确表示带有缺陷的反应器能否继续使用，也没有机构明确表示带有缺陷的反应器能否报废，因反应器没有报废制度，如何安全使用超期服役的反应器是加氢裂化的重要课题之一。

12.3.2　反应器内构件

淘汰的内构件：积垢篮筐、床层催化剂内部卸料管、催化剂卸料松动钢索等，因新设计已不再使用，这些不再设计的内构件，继续使用值得关注；

温度检测：一般采用的三点热电偶，长期使用后，部分企业已出现裂化反应器床层下部温度小于上部温度，如何判定热电偶可正常使用是一个课题；

反应器支撑梁：装置扩能改造、长周期运行导致的压差增加、材料性能下降等对支撑梁的影响，是装置长周期安全运行应关注的问题之一；

内构件寿命：入口扩散器、泡帽、塔盘、冷氢箱、格栅、支撑梁、出口收集器设计寿命 10~15 年，长期使用后是否完好，能否适应长周期运行、紧急泄压要求也需要关注。

12.3.3　反应器振动

固定床加氢裂化反应器最佳的流体流动形态应为滴流态，但装置处理能力变化、加工原料组成变化、加工原料性质变化等，都会改变流体流动形态，导致装置振动的源头在反应器。多套装置反应器振动表明：合理设计、操作反应器，避免反应器振动值得关注。

参 考 文 献

[1] 刘国柱. 非定态操作滴流床反应器的基础研究[D]. 天津：天津大学化工学院，2005.

[2] [美]塔汉 M O 著. 催化反应器设计[M]. 阚道悠，刘虹，唐文生，等译. 北京：烃加工出版社，1989：1-6；122-198.

[3] [美]E Bruce Nauman 著. 化学反应器的设计、优化和放大[M]. 朱开宏，李伟，张元兴译. 北京：中国石化出版社，2004：260-371.

[4] 王建华主编. 化学反应工程下册化学反应器设计[M]. 成都：成都科技大学出版社，1989：1-3；382-415.

[5] 孙宇. 热壁加氢反应器材料 $2\frac{1}{4}$Cr-1Mo 的回火脆性研究[D]. 南京：南京工业大学，2005.

[6] 张振戎，张文辉，卢庆春. 加氢反应器的发展历史[J]. 一重技术，2004，99(1)：1-2.

[7] 高晋生，张德祥，吴克. 煤加氢液化反应器的研究与开发[J]. 煤化工，2007，129(2)：1-5.

[8] 李飞，朱伟平，任相坤. 煤直接液化反应器发展概况[J]. 煤质技术，2007，(4)：46-48.

[9] 李大东主编. 加氢处理工艺与工程[M]. 北京：中国石化出版社，2004，793-805.

[10] 韩崇仁主编. 加氢裂化工艺与工程[M]. 北京：中国石化出版社，2001，577-639.

[11] 李大东主编. 加氢处理工艺与工程[M]. 北京：中国石化出版社，2004，724-761.

[12] 刘乃汇. 高压滴流床中多相流动及传质特性研究[D]. 北京：北京化工大学，2002.

[13] Ng K M, Chu C F. Trickle Bed Reactors[J]. Chemical Engineering Progress, 1987(42)：55-63.

[14] Rao V G, Drinkenburg A A H. A Model for Pressure Drop in Two Phase Gas-Liquid Downflow Though Packed Beds[J]. AIChE Journal, 1985(31)：1010-1018.

[15] 江志东，陈瑞芳，吴平东. 部分润湿滴流床的文献综述[J]. 化学工业与工程，1998，15(1)：15-27.

[16] 李雪，白雪峰. 气-液-固滴流床反应器放大中的重要参数及其数学模型[J]. 化学与黏合，2003(1)：26-29.

[17] 第一石油化工建设公司炼油设计研究院编. 加氢精制与加氢裂化[M]. 北京：石油化学工业出版社，1977：72-101；153-175.

[18] 余夕志. 汽油和柴油馏分加氢脱氮催化剂及反应动力学研究[D]. 南京：南京工业大学，2005.

[19] 董松涛. 加氢裂化催化剂选择性的研究[D]. 北京：石油化工科学研究院，2001.

[20] 许先焜. 渣油加氢-催化裂化组合工艺反应动力学模型研究[D]. 上海：华东理工大学，2005.

[21] Zhukova T B, Pisarenko V N, Kafarov V V. International Chemical Engineering, 1990(1)：57.

[22] Charpentier J C, Favier M. Some liquid holdup experimental data in trickle- bed reactors for foaming and non-foaming hydrocarbons[J]. AIChE Journal, 1975, 21：1213-1218.

[23] Satterfield C N. Trickle-bed reactors[J]. AIChE Journal, 1975, 21(2)：209-228.

[24] Lerou J J, David G, Dan L. Packed bed liquid phase dispersion in pulsed gas-liquid downflow[J]. Ind Eng Chem Fund, l980, 19(1)：66-71.

[25] Blok J R, Drinkenburg A A. Hydrodynamic properties of pulses in two-phase downflow operated packed columns[J]. Chemical Engineering Journal, 1982, 25：89-99.

第13章　高压空冷器工艺计算及技术分析

加氢裂化装置的高压空冷器一般包括：反应流出物空冷器、热高分气空冷器和压缩机级间空冷器。压缩机级间空冷器多用在节水要求比较高的企业。

13.1　工艺条件计算[1~8,16]

13.1.1　结构型式和结构尺寸

（1）结构型式

空冷器的主体部分由矩形的管束组成，每个管束有若干排三角形排列的管子，该管子一般是翅片管，也可以是光管，但加氢裂化装置一般用翅片管。介质的流向通常是逆流，热流体（反应流出物或热高分气）从管束顶端流入，底部流出，空气由下向上流动，冷却热的工艺介质。另外还有风机、百叶窗、构架和风箱等部件，风机驱动空气流过管束，百叶窗通过调节进入空冷器的空气量来改善空冷器的调节和适应性能，构架是支撑管束、风机、百叶窗以及其他附属件的钢结构，风箱用于导流空气，如图 13-1 所示。

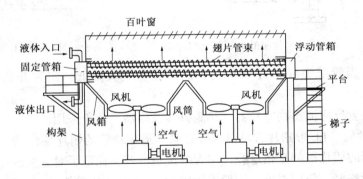

图 13-1　空气冷却器的基本结构

空冷器按管束布置方式可分为水平式、立式、圆顶式、斜顶式、V 字式等多种形式。

按通风方式可分为鼓风式、引风式和自然通风式。

按冷却方式可分为干式、湿式和干湿联合式。

按工艺流程可分为全干空冷、前干空冷后水冷、前干空冷后湿空冷和干湿联合空冷。

按安装方式可分为地面式、高架式和塔顶式。

按风量控制方式可分为停机手动调角风机、不停机自动调角风机、自动调角风机、自动调速风机和百叶窗调节式。

按流体流动方式可分为并联式和串联式。

按防寒防冻方式可分为热风内循环式、热风外循环式、蒸汽伴热式和不同温位热流体的联合式等。

　　加氢裂化装置反应流出物空冷器、热高分气空冷器一般选择水平式、鼓风式、干式、高架式、并联式(个别情况采用串联式)空冷器。

　　① 管束。管束是由翅片管(或光管)与管箱及框架等组成。管子的两端胀接或焊接在管箱的侧面。管子的上、下两侧分别与进出口管子相连。管子呈三角形排列。加氢裂化装置采用的水平式管束大多为奇数多管程,考虑到紧急泄压时的温度升高(一般>110℃),常采用分解管箱形。如图 13-2 所示。

　　② 翅片管。翅片管是空气冷却器的核心和关键部件,它的性能直接影响着空气冷却器整体的优劣。翅片管的形式繁多,资料上介绍的翅片管有 15 种之多,常用的翅片管有以下七种:L 形绕片管、LL 形绕片管、KLM 翅片管、镶嵌式翅片管、双金属轧片管、I 形绕片管、椭圆翅片管。

　　a. L 形绕片管。L 形绕片管是通过把弯成 L 形的铝带拉紧后缠绕在芯管上制造而成的。由于铝片是借缠绕的初始应力紧固在钢管表面上,平均接触压力不超过 1.7MPa。因为铝和钢的热膨胀系数不同,所以 L 形绕片管的使用温度较低,一般铜管铝片≤180℃,铝管铝片≤150℃。如图 13-3 所示。

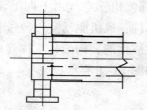

图 13-2　水平式分解管箱的加氢裂化空冷器

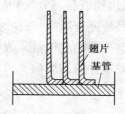

图 13-3　L 形翅片

　　实践证明,当管壁温度超过 70℃时,翅片张力大大降低,翅片开始松动,接触热阻增大。

　　加氢裂化装置反应流出物空冷器、热高分气空冷器一般不采用。

　　b. LL 形绕片管。LL 形翅片管可以部分克服 L 形翅片管的翅片易松动,接触热阻大的缺点。这种翅片管的翅片根部互相重叠,与管壁接触良好,保证了对管壁的完全覆盖,传热性能比 L 形翅片管略好。使用温度:一般铜管铝片≤180℃,铝管铝片≤150℃。缺点是加工难度增加,价格略有提高。如图 13-4 所示。

　　不考虑事故工况的加氢裂化装置反应流出物空冷器、热高分气空冷器有时会采用。

　　c. KLM 翅片管。KLM 翅片管是 L 形绕片管的一种。但由于制造中多了两道滚花工艺,使其综合性能超过了其他所有翅片管。制造时,管子表面先经滚花,绕片时再在 L 脚的上面同步滚压一次,使 L 脚一部分面积嵌入管子表面。

　　KLM 翅片的主要特点是:传热性能好(比 L 形绕片管高 6%～7%),接触热阻小;翅片与管子的接触面积大,贴合紧密、牢靠,承受冷热急变能力较佳;翅片根部抗大气腐蚀性能高。如图 13-5 所示。

　　换热温度不太高或事故状态升温不太高的加氢裂化装置反应流出物空冷器、热高分气空冷器多采用。

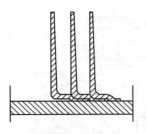
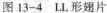
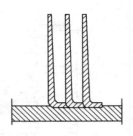

图 13-4　LL 形翅片　　　　　　　　图 13-5　KLM 形翅片

d. G 形镶嵌式绕片管。铝片嵌入钢管表面被挤压到约 0.25～0.5mm 深的螺旋槽中，同时将槽中挤出的金属用滚轮压回翅片根部。这种翅片的最大优点是传热效率高(有资料表明比 L 形翅片高约 20%)。工作温度钢管钢片≤400℃，钢管铝片≤260℃。其缺点是不耐腐蚀，造价高。管壁处有应力集中，如果制造中压接不良(槽缘不贴紧铝片)，则传热性能比任何翅片管都差。如图 13-6 所示。

对于事故状态升温太高的加氢裂化装置反应流出物空冷器、热高分气空冷器有时必须采用。

e. 双金属轧片管。双金属轧片管的内外管可以分别选材；管外可选用既有较好的延伸性，又有良好的传热性能的金属。经过轧制内外管子可以紧密结合在一起，主要特性有许用温度高，可达 260℃；抗腐蚀性能好，寿命长；传热性能好，压力降小；翅片和管子形成一个整体，刚度好；由于翅片牢固不易变形，因此可用高压水、高压气进行清洗；由于内外管结合紧密，因此能长期保持良好的传热性能。缺点是价格较其他翅片管高、质量大。如图 13-7 所示。

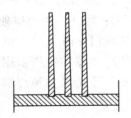
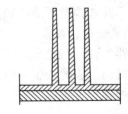

图 13-6　G 形镶嵌式翅片　　　　　　图 13-7　双金属翅片

近年来，事故状态升温不太高的加氢裂化装置反应流出物空冷器、热高分气空冷器常采用。

③ 管箱。管箱是热流介质的集流箱，大体上可分为四种类型，即丝堵式、可卸盖板式、集合管型管箱和分解式管箱等，加氢裂化装置反应流出物空冷器、热高分气空冷器多采用丝堵式。如图 13-8 所示。

当进出口温度差大于 110℃时，采用分解式管箱。如图 13-9 所示。

丝堵式管箱管子与管板采用胀接，密封好，允许工作压力≤20.0MPa，大多数加氢裂化装置的工作压力均在此范围。最大的优点是可以通过丝堵孔进行胀管和清洗管内污物，维修十分方便。如果某根管子泄漏，可以通过丝堵将其堵死或换管。丝堵孔和管板孔必须在同一轴线上。

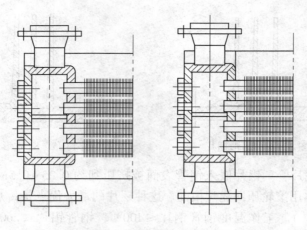

图 13-8　丝堵式管箱

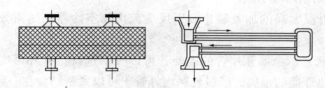

图 13-9　五排管管箱分程隔板或分解式管箱

④ 构架。构架由立柱、横梁、风箱等组成。加氢裂化装置反应流出物空冷器、热高分气空冷器采用的风箱一般为方箱式。长度＝管子长度−300mm。如图 13-10 所示。

构架依据布置方式分为水平式、斜顶式、湿式和干—湿联合式四种。每种结构包括开式和闭式两种形式。开式构架不能单独使用，只供组合使用；闭式构架可单独使用。

⑤ 风机。加氢裂化装置高压空冷器风机均为强制通风（图 13-11），风机性能的优劣不仅决定空气冷却器的传热性能优劣，也极大地影响空气冷却器的操作费用。一般采用由叶片、轮毂和驱动机构组成的低压轴流风机。表 13-1 为高压空冷器热流终端温度控制精度与风机控制方法的选择。

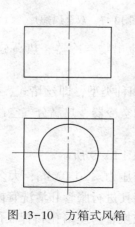

图 13-10　方箱式风箱

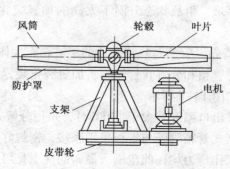

图 13-11　风机示意图

表 13-1　高压空冷器热流终端温度控制精度与风机控制方法的选择

控制精度	控制方法
>±16℃	固定叶角风机, 开−停操作控制
±11℃	手动或自动百叶窗控制
±6℃	50%以上风机自动调角控制
<±2.8℃	全部风机自动调角控制或变频控制

⑥ 百叶窗。百叶窗由框架、窗叶、操纵机构和机械执行机构组成。如图 13-12 所示。

a. 框架：百叶窗均采用矩形外形，框架亦采用矩形结构，框架构件可采用螺栓连接或焊接装配。为符合运输规定，允许分段制造，现场装配，但必须保证分段结构具有足够的刚度，碳钢钢板框架的厚度不应低于 3.5mm，铝板框架的厚度不应低于 4.0mm。

b. 窗叶：窗叶结构有薄板型和翼型两种，前者结构简单，重量轻，但刚度差，易变形。窗叶的有效长度不应大于 1.7m。窗叶材料为薄钢板或铝板，薄钢板应尽量采用镀锌钢板，采用碳钢板时，必须作表面防腐处理，钢板厚度不应小于 1.5mm，铝板厚度不应小于 2mm。窗叶轴承应采用耐温无油轴承。

c. 操纵机构：操纵机构包括连杆系统和手柄。连杆系统应保证操纵灵活，并不应有滞后现象；手柄安装位置应便于操作人员接近，但不得伸出平台通道过多，以免妨碍通行；手柄必须有定位销，以保持所需的开启度，不得用螺栓或螺母代替，为便于操作，可使用加长的手柄，但此种手柄应能折叠，也可使用蜗杆传动装置，既便于微调，也便于自锁，如果操纵装置离开平台过高，可采用链传动。

d. 机械执行机构：机械执行机构适用于自调式百叶窗，通常采用气动执行机构，可分为两种：

(a) 膜盒式：气动力较大，但行程较小，需要行程放大设计。

(b) 气缸式：行程较大，便于直接操纵连杆，但需要较大工作气压。

e. 百叶窗型式(图 13-13)：手动调节代号为 SC，自动调节代号为 ZC。

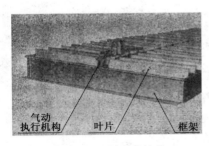

气动执行机构　　叶片　　框架

图 13-12　百叶窗结构

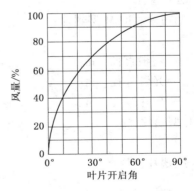

图 13-13　百叶窗调节特性

(2) 结构尺寸

管束的基本结构尺寸包括管束的长、宽、基管的管径、壁厚、管心距、翅片高、翅片厚、翅片间距及管排数和管程数。在传热及阻力计算中，需要管束的翅化比和迎风面积比。翅化比是指单位长度翅片管的总外表面积和基管外表面积的比值，而迎风面积比则是指空气的最小流通面积与管束的迎风面积之比，亦称窄隙面积比。这两个参数及管束的传热面积均可由管束的基本参数计算出来。见表13-2。

表13-2 高压空冷器翅片管的特性参数

翅片管	基管直径/mm	翅片管参数/mm				翅片管排列	
		外径	翅片高	翅片厚	翅片间距	管心距/mm	排列方式
低翅片	25	50	12.5	0.4	2.3、2.5、2.8、3.2、3.6	54	等边三角形
						56	
						59	
高翅片	25	57	16	0.5		62	
						64	
						67	

翅片管的长度分为：3.0m、4.5m、6.0m、9.0m，大型化加氢裂化装置常用10.5m和12m。

翅片管的管排数分为：水平式—2、3、4、5、6、7、8，大型化加氢裂化装置常用偶数管排，如：4管排、6管排或8管排。

管程数：Ⅰ、Ⅱ、Ⅲ、Ⅳ、Ⅴ、Ⅵ、Ⅶ、Ⅷ，大型化加氢裂化装置常用奇数管程数，如：Ⅲ管程数或Ⅴ管程数。

管束的公称宽度分为：0.5m、0.75m、1.0m、1.25m、1.5m、2.0m、2.5m、3.0m，大型化加氢裂化装置一般用3m。

风机直径：1.8m、2.1m、2.4m、2.7m、3.0m、3.3m、3.6m、3.9m、4.2m、4.5m，一般与所选用的构架有关。

13.1.2 结构参数计算

（1）翅根直径

① L型翅片、KLM型翅片：

$$d_r = d_0 + 2t_f$$

式中 d_r——翅根直径，m；

   d_0——光管外径，m；

   t_f——翅片厚度，m。

② LL型翅片：

$$d_r = d_0 + 4t_f$$

③ G型翅片：

$$d_r = d_0$$

（2）翅根外径

$$d_f = d_0 + 2h_f$$

式中 d_f——翅根外径，m；

   d_0——光管外径，m；

   h_f——翅片高度，m。

（3）迎风面积比

$$A_0 = 1.0 - \frac{\dfrac{(d_f - d_r) \cdot t_f}{F_p + d_r}}{S_p}$$

式中　A_0——迎风面积比；

　　　F_p——翅片间距，m；

　　　S_p——管心距，m。

（4）翅化比

① 圆翅片管：

$$f_\Sigma = \frac{0.5(d_f - d_r) \cdot (d_f + d_r) + d_f \cdot t_f + d_r \cdot (F_P - t_f)}{d_0 \cdot F_P}$$

② 椭圆管绕 L 型铝翅片：

$$f_\Sigma = \frac{0.5(a_r \cdot b_r - a_r \cdot b_r) + \sqrt{\dfrac{a_f^2 + b_f^2}{2}} \cdot t_f + \sqrt{\dfrac{a_r^2 + b_r^2}{2}} \cdot (F_P - t_f)}{\sqrt{\dfrac{a_0^2 + b_0^2}{2}} \cdot F_P}$$

式中　f_Σ——翅化比；

　　　a_f——椭圆翅片管长轴方向翅片直径，m；

　　　b_f——椭圆翅片管短轴方向翅片直径，m；

　　　a_r——椭圆翅片管长轴方向翅根直径，m；

　　　b_r——椭圆翅片管短轴方向翅根直径，m；

　　　a_0——椭圆管长轴方向外径，m；

　　　b_0——椭圆管短轴方向外径，m。

13.1.3　工艺参数确定与计算

（1）设计气温

设计气温是指设计空冷器时所采用的空冷器入口的空气温度。

加氢裂化装置高压空冷器一般采用干空冷（指干的空气），一种方法是：设计气温按当地最热月的月最高气温的月平均值再加 3~4℃ 来确定；另一种方法是：按当地夏季平均每年不保证五天的日平均气温来确定。但我国各主要城市的气温普查年份较早，随着全球变暖，此设计气温明显偏低，这也是目前国内加氢裂化装置高压空冷器在夏季冷不下来的主要原因之一。

当加氢裂化装置高压空冷器的对数平均温度差<20℃ 时，对设计气温的拟定，需要审慎地考虑。因为当大气温度高于设计气温时，平均温度差就会大大地降低。这样管内流体就难以冷却到要求的温度。

（2）热流的操作条件

① 入口温度。高压空冷器热流的入口温度越高，采用空冷比水冷越经济。但入口温度超过 200℃，又能回收一定的热量时，则应换热。相反，如果入口温度较低（<100℃），可考虑采用增湿空冷或水冷，但必须保证加氢裂化装置高压空冷器不产生硫氢化铵的沉积。

② 出口温度。高压空冷器热流出口温度与设计气温之差（这个差值称之为接近温度）最好>20~25℃，至少要大 15℃，因为高压空冷器的投资太高，很容易不经济。按此要求确定

热流的出口温度，并核算校正后的对数平均温度差，希望>45℃。

当空冷的热流出口温度不能满足工艺流程的要求时，可考虑加后冷。届时干空冷的出口温度，即后冷的入口温度可定为 55~65℃，国内一些炼厂往往将后冷入口温度定为 50℃，但偏高一些比较经济，也有利于稳定操作。

目前的加氢裂化装置高压空冷器出口温度大多选择在 50℃，一是为了节省循环水消耗，二是在基本满足工艺要求的前提下，可取消后水冷器。但存在夏季冷不下来的潜在危险。

（3）迎风面的空气速度

迎风面指管束迎风的一面。迎风面的面积为管束外框内壁以内的面积，它近似地等于管束的长乘宽。空气通过迎风面的速度简称为迎风速；当空气为标准状态时，迎风面的速度简称为标准迎风速。在设计计算中，用迎风面的风速作为基本参数，比用通过管间的实际风速要方便得多。

迎风面空气速度太低时，影响传热速度，从而影响传热而积；太高时影响空气压力降，从而影响功率消耗。因此对迎风面速度需要规定一定的范围，最大≤3.1m/s（标准状态），最小≥1.4m/s（也有一说：≥1.5m/s）。一般在 2.0~3.0m/s（标准状态）。见表13-3。

表 13-3 迎风速及有关参数

项 目	单 位	翅片	管排数		
			4	6	8
标准迎风速	m/s	—	2.8	2.5	2.3
单位迎风面的光管面积	m²/m²	低翅	5.8	8.74	11.6
		高翅	5.06	7.6	10.1
单位迎风面的风量	m³/(h·m²)	—	10000	9000	8300
	kg/(h·m²)	—	13000	11600	10700
单位迎风面空气每升高 1℃ 带走的热量	kcal/(h·m²·℃)	—	3120	2800	2570
单位光管面积空气每升高 1℃ 带走的热量	kcal/(h·m²·℃)	低翅	538	320	222
		高翅	616	368	254

（4）空气出口温度

空气出口温度必须根据热平衡及传热速度共同确定。

① 估算法计算空气出口温度：

$$t_2 = t_1 + 1.024 \times 10\text{-}3 \cdot K_0 \cdot F_t \cdot \left(\frac{T_1 - T_2}{2} - t_1 \right)$$

式中 t_1——空气进口温度，℃；

   t_2——空气出口温度，℃；

   T_1——反应流出物或热高分气进口温度，℃；

   T_2——反应流出物或热高分气出口温度，℃；

   K_0——以光管外表面积为基准的总传热系数，kcal/(h·m²·℃)；

   F_t——空气温度校正系数，可由图13-14 查取。

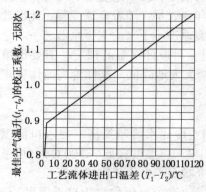

图 13-14 空气温度校正系数图

② 空气温升猜算法

图 13-15 为空气温升猜算图。

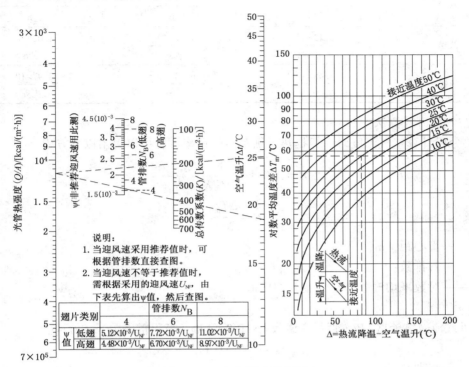

图 13-15　空气温升猜算图

根据热平衡和传热速率方程可以得出以下方程

$$\frac{Q_R}{A_0} = K_0 \cdot \frac{\Delta}{n \cdot \left(\dfrac{\Delta}{T_2 - t_1} + 1 \right)}$$

$$\Delta = (T_1 - T_2) - \Delta t_a$$

式中　Δ——反应流出物或热高分气温降与空气温升的差值，℃；

Δt_a——空气温升，℃；

Q_R——反应流出物或热高分气热负荷，W；

A_0——光管管外表面积，m^2；

n——叶轮转数，r/min。

$$\frac{Q_R}{A_0} = \psi \cdot \Delta t_a$$

$$\psi = \left(\frac{S_F}{A_0} \right) \cdot V_{NF} \cdot \rho_a \cdot C_{pa}$$

式中　ψ——翅片系数，可由表 13-4 查取；

V_{NF}——迎风速度，m^3/s；

ρ_a——空气密度，kg/m^3；

C_{pa}——空气比热容，$kcal/(kg \cdot ℃)$。

表 13-4　ψ 的计算

翅片	管排数		
	4	6	8
低翅	$\dfrac{5.12\times10^{-3}}{U_{NF}}$	$\dfrac{7.72\times10^{-3}}{U_{NF}}$	$\dfrac{1.02\times10^{-3}}{U_{NF}}$
高翅	$\dfrac{4.48\times10^{-3}}{U_{NF}}$	$\dfrac{6.70\times10^{-3}}{U_{NF}}$	$\dfrac{8.97\times10^{-3}}{U_{NF}}$

③ 空气温升计算法

需要分段计算空气温度时，根据热平衡和传热速率方程可以得出以下方程

$$B_t = 370.18 \frac{S \cdot U_{NF}}{d_0 \cdot K_0 \cdot N_B}$$

以及

$$B_t = \frac{\Delta T_m}{\Delta t_a}$$

式中　S——管心距，m；

　　　N_B——管排数；

　　　B_t——对数平均温差与空气温升的比值。

（5）定性温度

① 过渡流及湍流区［Re_i（管程雷诺数）>2100 或 Re_o（壳程雷诺数）>100］：

$$t_D = 0.4t_h + 0.6t_c$$

式中　t_D——定性温度，℃；

　　　t_h——热端流体温度，℃；

　　　t_c——冷端流体温度，℃。

② 层流区［Re_i（管程雷诺数）≤2100 或 Re_o（壳程雷诺数）≤100］：

$$t_D = 0.5(t_h + t_c)$$

（6）管程雷诺准数

$$Re_i = \frac{d_i G_i}{\mu_{iD}}$$

$$G_i = \frac{W_i}{S_i}$$

式中　Re_i——管程雷诺准数；

　　　d_i——管程内径，m；

　　　G_i——管程介质的质量流速，kg/（m²·s）；

　　　S_i——管程流通截面积，m²；

　　　W_i——管程介质流率，kg/s；

　　　μ_{iD}——管程介质在定性温度下的黏度，Pa·s。

（7）管程普兰特数

$$Pr_i = \frac{C_{piD} \cdot \mu_{iD}}{\lambda_{iD}} \times 1000$$

式中 Pr_i——管程普兰特数；

$\quad\quad C_{piD}$——管程介质在定性温度下的比热容，kJ/(kg·K)；

$\quad\quad \lambda_{iD}$——管程介质在定性温度下的热导率，W/(m·K)。

（8）有效平均温差

有效平均温差有下述两种算法：方程式求解法和图算法。

① 方程式求解法。当管程数 $N_{tp}=1$ 时，有效平均温差由下式计算：

$$\Delta T = \frac{a}{1.7 \cdot \ln\left(\dfrac{a+b}{b-a}\right)}$$

$$a = \left[(T_1-T_2)^2 + (t_2-t_1)^2 \right]^{0.5}$$

$$b = \left[(T_1-T_2)^{\frac{1}{1.7}} + (T_2-t_1)^{\frac{1}{2}} \right]^{17}$$

当管程数 $N_{tp}=2$ 时，有效平均温差由下式计算：

$$\Delta T_{N_{tp}=2} = 0.4\Delta T_{N_{tp}=1} + \Delta T_m$$

当管程数 $N_{tp}\geqslant 3$ 时，有效平均温差取对数平均温差值。对数平均温差：

$$\Delta T_m = \frac{(T_1-t_2)-(T_2-t_1)}{\ln\left(\dfrac{T_1-t_2}{T_2-t_1}\right)}$$

② 图算法。

$$\Delta T = F_t \times \Delta T_m$$

$$P = \frac{t_2-t_1}{T_1-t_2} \quad\quad R = \frac{T_1-T_2}{t_2-t_1}$$

式中 F_t——对数平均温差校正系数，可由图 13-16 至图 13-24 查取。

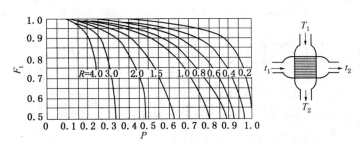

图 13-16 修正系数 F_t（交叉流、单管程）

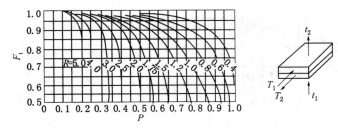

图 13-17 温度修正系数 F_t（逆向交叉流、两管程）

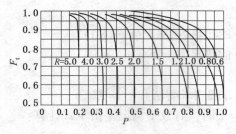
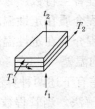

图 13-18   温度修正系数 F_t（逆向交叉流、三管程）

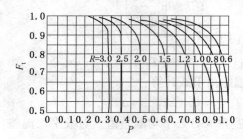
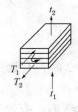

图 13-19   温度修正系数 F_t（逆向交叉流、四管程）

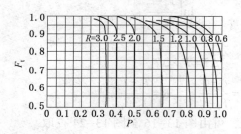
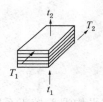

图 13-20   温度修正系数 F_t（逆向交叉流、五管程）

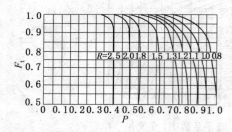
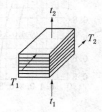

图 13-21   温度修正系数 F_t（逆向交叉流、七管程）

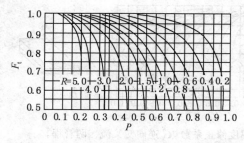
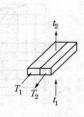

图 13-22   温度修正系数 F_t（并列交叉流、两管程）

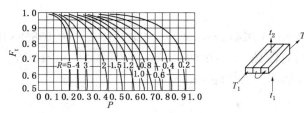

图 13-23　温度修正系数 F_t（并列交叉流、三管程）

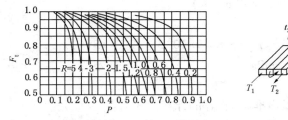

图 13-24　温度修正系数 F_t（并列交叉流、>三管程）

（9）空气性质计算

① 密度：

$$\rho_a = 3.48816 \times 10^{-3} \frac{P_a}{273.15 + t_{am}}$$

式中　ρ_a——空气的密度（图 13-25），kg/m^3；

P_a——空气的压力，MPa；

t_{am}——空气的温度，℃。

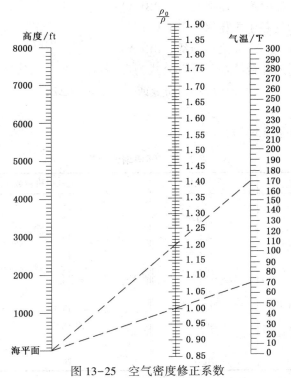

图 13-25　空气密度修正系数

② 比热容：

$$C_{pa} = 1.0036 + 0.02413 \times 10^{-3} t_{am} + 0.4283 \times 10^{-6} t_{am}^2 + 0.03868 \times 10^{-9} t_{am}^3$$
$$- 0.95024 \times 10^{-12} t_{am}^4 + 0.89676 \times 10^{-15} t_{am}^5 - 0.25726 \times 10^{-18} t_{am}^6$$

式中　C_{pa}——空气的比热容，kJ/(kg·K)。

③ 热导率：

$$\lambda_a = 0.02389 + 0.100857 \times 10^{-3} t_{am} - 0.28571 \times 10^{-6} t_{am}^3$$

式中　λ_a——空气的热导率，W/(m·K)。

④ 黏度

$$\mu_a = 5.8449 \times 10 - 5 \cdot (273.15 + t_{am})$$

式中　μ_a——空气的黏度，mPa·s。

（10）噪声计算

① 噪声计算。API《噪声准则》推荐的计算公式为：

$$L_P = A + 30\lg V_t + 10\lg N - 20\lg D$$

式中　L_P——空冷器估算的噪声声压，dB(A)；

A——常数，鼓风式 35.8，引风式 32.8；

V_t——叶尖速度，m/s；

N——轴功率，kW；

D——叶轮直径，m。

② 噪声声压级总合计算：

$$L_{P总} = 10\lg\left(\sum 100.1 L_{P_i}\right) = 10\lg(10^{0.1 L_{P_1}} + 10^{0.1 L_{P_2}} + \cdots + 10^{0.1 L_{P_n}})$$

式中　　$L_{P总}$——空冷器噪声声压级总合，dB(A)；

L_{P_i}——相加的各个声压级，dB(A)；

L_{P_1}，L_{P_2}，L_{P_n}——声源 1、2、n 之声压级，dB(A)。

如果噪声声压相同的几台叠加，计算公式为：

$$L_{P总} = L_P + 10\lg n \quad 或 \quad L_{P总} = L_P + \Delta L_P$$

式中　n——台数；

ΔL_P——噪声增值（表 13-5），dB(A)。

表 13-5　噪声增值计算

同一水平上的风机台数	噪声增值	同一水平上的风机台数	噪声增值
1	0	11	10.4
2	3.0	12	10.8
3	4.8	13	11.1
4	6.0	14	11.5
5	7.0	15	11.8
6	7.8	16	12.0
7	8.4	17	12.3
8	9.0	18	12.5
9	9.5	19	12.8
10	10.0	20	13.0

③ 噪声平均值计算：

$$L_{P均} = L_{P总} - 10\lg n$$

式中　$L_{P均}$——噪声平均值，dB(A)。

13.2　传热计算[1~2,8~9,16]

13.2.1　膜传热系数表达式

以 Kern 法为基础的光管换热器传热计算。

$$\frac{h \cdot d}{\lambda} = C \cdot \left(\frac{d \cdot G}{\mu}\right)^n \cdot \left(\frac{C_p \cdot \mu}{\lambda}\right)^{\frac{1}{3}} \cdot \phi$$

$$= J_H \cdot \left(\frac{C_p \cdot \mu}{\lambda}\right)^{\frac{1}{3}} \cdot \phi$$

式中　h——膜传热系数，W/(m²·K)；

　　　d——管径，mm；

　　　λ——热导率，W/(m·K)；

　　　C——系数；

　　　G——质量流速，kg/(m²·s)；

　　　C_p——比热容，kJ/(kg·K)；

　　　μ——黏度，Pa·s；

　　　ϕ——校正系数；

　　　J_H——传热因子。

13.2.2　管程膜传热系数计算

(1) 管程传热因子

当 $Re_i \leqslant 2100$ 时，

$$J_{Hi} = 1.86\,(Re_i)^{\frac{1}{3}}\left(\frac{d_i}{L}\right)^{\frac{1}{3}} \times C_1$$

式中　J_{Hi}——管程传热因子；

　　　L——管长，m；

　　　C_1——修正因子，一般取 1.2~1.3。

当 $2100 < Re_i < 10^4$ 时，

$$J_{Hi} = 0.116\left[(Re_i)^{\frac{2}{3}} - 125\right] \cdot \left[1 + \left(\frac{d_i}{L}\right)^{\frac{2}{3}}\right]$$

当 $Re_i \geqslant 10^4$ 时，

$$J_{Hi} = 0.023\,(Re_i)^{0.8}$$

（2）管内膜传热系数

$$h_{io} = \frac{\lambda_{iD}}{d_o} \cdot J_{Hi} \cdot Pr_i^{\frac{1}{3}} \cdot \phi_i$$

$$\phi_i = \left(\frac{\mu_{iD}}{\mu_w}\right)^{0.14}$$

式中　h_{io}——管内膜传热系数（以光管外表面积为基准），W/(m²·K)；

　　　ϕ_i——管程壁温校正系数；

　　　μ_w——壁温下的黏度，Pa·s。

13.2.3　壳程膜传热系数计算

加氢裂化装置高压空冷器一般采用强制通风（$Re_i \geqslant 3000$）的圆形翅片管，其管外膜传热系数通常采用勃利格斯（Briggs）和杨（Yang）公式计算

$$h_0 = 0.1378 \cdot \frac{\lambda_a}{d_r} \cdot Re_a^{0.718} \cdot Pr_a^{0.333} \cdot \left(\frac{s_t}{h}\right)^{0.296} \cdot \left(\frac{A_t}{A_0}\right)$$

$$Re_a = \frac{d_r \cdot G_{max}}{\mu_a}$$

$$G_{max} = \frac{W_a}{B_{jr} \cdot U_n}$$

$$W_a = \rho_a \cdot U_n \cdot L \cdot B \cdot N_p \cdot N_s$$

$$Pr_a = \frac{C_{pa} \cdot \mu_a}{\lambda_a}$$

式中　h_o——管外膜传热系数（以光管外表面积为基准），W/(m²·K)；

　　　d_r——翅根直径，m；

　　　Re_a——空气通过翅片管束的雷诺数；

　　　μ_a——空气的动力黏度，Pa·s；

　　　G_{max}——最窄流通截面处的质量流速，kg/(m²·s)；

　　　U_n——标准迎风面速度，m/s；

　　　L——管束长度，m；

　　　B——管束宽度，m/片；

　　　N_p——并联片数；

　　　N_s——串联片数；

　　　Pr_a——空气的普兰特数；

　　　s_t——横向管心距，m；

　　　h——翅片高度，m；

　　　A_t——翅片管总表面积，m²；

　　　A_0——光管外表面积，m²。

13.2.4　总传热系数计算

加氢裂化装置高压空冷器一般采用的圆翅片管空冷器的总传热系数：

$$K = \cfrac{1}{\cfrac{1}{h_{io}} + \cfrac{1}{h_o} + r_i \cdot \cfrac{d_o}{d_i} + r_o + r_p + r_f}$$

式中　K——总传热系数(以光管外表面积为基准)，$W/\cdot(m^2 \cdot K)$；

h_{io}——管内膜传热系数(以光管内表面积为基准)，$W/(m^2 \cdot K)$；

h_o——管外膜传热系数(以光管外表面积为基准)，$W/(m^2 \cdot K)$；

r_i——管内流体的结垢热阻，$(m^2 \cdot K)/W$；

r_o——管外流体的结垢热阻，$(m^2 \cdot K)/W$；

r_p——翅片热阻，$(m^2 \cdot K)/W$；

r_f——翅片接触热阻，$(m^2 \cdot K)/W$。

13.2.5　热负荷计算

加氢裂化装置高压空冷器热负荷计算时，一般不考虑热损失。

$$Q = W_h \cdot \Delta H_h \quad 或 \quad Q = W_h \cdot C_{ph} \cdot (T_1 - T_2)$$

式中　Q——热负荷，即加氢裂化装置高压空冷器热流体放热量，kW；

W_h——热流体流率，kg/s；

ΔH_h——热流体进口、出口焓差，kJ/kg；

C_{ph}——热流体平均比热容，$kJ/(kg \cdot K)$；

T_1——热流体进口温度，℃；

T_2——热流体出口温度，℃。

13.2.6　换热面积计算

(1) 计算的换热面积

$$A_R = \frac{Q}{K \cdot \Delta t}$$

式中　A_R——计算需要的换热面积，m^2。

(2) 换热面积富余量

$$C_f = \left(\frac{A \cdot N_S \cdot N_P}{A_R} - 1 \right) \times 100\%$$

式中　C_f——换热面积富余量，%；

A——单片空冷器的换热面积，m^2。

13.3　压力降计算 [1~2,8~9]

13.3.1　管程压力降计算

(1) 管内流动压力降

$$\Delta P_i = \frac{G_i^2}{2\rho_{iD}} \cdot \frac{L \cdot N_{tp}}{d_i} \cdot \frac{f_i}{\phi_i}$$

式中　ΔP_i——管内流动压力降，Pa；

　　　ϕ_i——管程壁温的校正系数，无因次；

　　　N_{tp}——管程数；

　　　ρ_{iD}——管程流体在定性温度下的密度，kg/m³；

　　　f_i——管内摩擦系数。

当 $Re_i < 10^3$ 时，

$$f_i = 67.63 \cdot Re_i^{-0.9873}$$

当 $Re_i = 10^3 \sim 10^5$ 时，

$$f_i = 0.4513 \cdot Re_i^{-0.2653}$$

当 $Re_i > 10^5$ 时，

$$f_i = 0.2864 \cdot Re_i^{-0.2258}$$

（2）管程回弯压力降

$$\Delta P_r = \frac{G_i^2}{2\rho_{iD}} \cdot (4N_{tp})$$

式中　ΔP_r——管程回弯压力降，Pa。

（3）进口、出口管嘴压力降

① 进口管嘴压力降：

$$\Delta P_{Ni1} = \frac{G_{Ni1}^2}{2\rho_{iD1}}$$

$$G_{Ni1} = \frac{W_{i1}}{\frac{\pi}{4}d_{Ni1}^2}$$

式中　ΔP_{Ni1}——进口管嘴压力降，Pa；

　　　ρ_{iD1}——进口管嘴条件下的密度，kg/m³；

　　　G_{Ni1}——管程进口管嘴的质量流速，kg/(m²·s)；

　　　W_{i1}——管程进口管嘴处的流量，kg/s；

　　　d_{Ni1}——管程进口管径，mm。

② 出口管嘴压力降：

$$\Delta P_{Ni2} = \frac{0.5G_{Ni2}^2}{2\rho_{iD2}}$$

$$G_{Ni2} = \frac{W_{i2}}{\frac{\pi}{4}d_{Ni2}^2}$$

式中　ΔP_{Ni2}——出口管嘴压力降，Pa；

　　　ρ_{iD2}——出口管嘴条件下的密度，kg/m³；

　　　G_{Ni2}——管程出口管嘴的质量流速，kg/(m²·s)；

　　　W_{i2}——管程出口管嘴处的流量，kg/s；

　　　d_{Ni2}——管程出口管径，mm。

③ 进口、出口管嘴压力降：

$$\Delta P_{Ni} = \Delta P_{Ni1} + \Delta P_{Ni2}$$

式中　ΔP_{Ni}——进口、出口管嘴压力降，Pa。

（4）管程压力降

$$\Delta P_t = (\Delta P_i + \Delta P_r) \cdot N_{tp} \cdot \xi$$

$$\xi = 0.6 + 0.4\ln(10000 r_i + 2.7183)$$

式中　ΔP_t——管程压力降，Pa；

　　　ξ——管程结垢压力降补偿系数；

　　　r_i——可由表 13-6 查取。

表 13-6　管程结垢压力降补偿系数

结垢热阻/[$10^3(m^2 \cdot K)/W$]	0	0.172	0.344	0.43	0.516	0.688	0.86	1.29	1.72
补偿系数推荐值	1.00	1.20	1.35	1.40	1.45	1.50	1.60	1.70	1.80
补偿系数计算值	1.00	1.20	1.33	1.38	1.43	1.51	1.57	1.70	1.80

13.3.2　壳程压力降计算

加氢裂化装置高压空冷器一般采用三角形排列的圆翅片管，压力降可用 Robinson Briggs 关联式计算

$$\Delta P_{st} = f_a \cdot N_r \cdot \frac{G_{max}^2}{2\rho_a}$$

式中　ΔP_{st}——壳程压力降，Pa；

　　　N_r——管排数；

　　　f_a——空气流动的摩擦系数，当 $2000 \leqslant Re_a < 5000$，$1.8 \leqslant \dfrac{S_t}{d_r} < 4.6$ 时，

$$f_a = 37.86 Re_a^{-0.316} \cdot \left(\frac{s_t}{d_r}\right)^{-0.927}$$

对横向管心距和纵向管心距不相等的三角形排列的圆翅片管：

$$f_a = 37.86 Re_a^{-0.316} \cdot \left(\frac{s_t}{d_r}\right)^{-0.927} \cdot \left(\frac{s_t}{s_p}\right)^{0.515}$$

式中　s_p——纵向管心距，m。

13.4　风机工艺计算[1~2,8~9]

13.4.1　全风压

空气通过空气冷却器时的总静压力降与风机出口动压力降之和。

$$H = \Delta P'_{st} + \Delta P_d$$

$$\Delta P_d = \frac{U_b^2}{2} \cdot \rho_b$$

$$U_b = \frac{V_{ao}}{900\pi \cdot D_f^2}$$

$$V_{ao} = 3600 \cdot U_n \cdot L \cdot B$$

式中　H——全风压，Pa；

$\Delta P'_{st}$——通过管束的总静压力降，Pa。包括管束压力降、吸入及排出气流时收缩、扩大以及空气在风箱内转折的局部阻力影响，一般取管束的静压力降的 1.1 ~ 1.2 倍；

ΔP_d——风机的动压力降，Pa；

ρ_b——空气流过风机叶片时的密度，kg/m³；

U_b——空气离开风机时的气速，m/s；

D_f——风机叶轮直径，m；

V_{ao}——通过每台风机的风量，Nm³/h。

13.4.2　电机功率

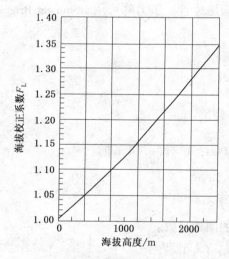

图 13-26　海拔高度校正系数图

$$N = \frac{H \cdot V \cdot F_L}{\eta_1 \cdot \eta_2 \cdot \eta_3}$$

$$V = V_{ao} \cdot \left(\frac{273.15+t}{273.15+20} \right)$$

式中　N——风机所配电机所需的电机功率，kW；

V——风机入口处的实际风量，m³/h；

t——风机入口处空气的温度，℃；

η_1——风机效率（一般 >0.65）；

η_2——传动效率（直接传动 1.0，皮带传动 0.95）；

η_3——电机效率（一般 0.82~0.92）；

F_L——海拔高度校正系数；

$F_L = 0.98604 + 0.01435 \times 10^{-2} H_L + 2.495 \times 10^{-9} H_L^2$

H_L——海拔高度（图 13-26），m。

13.4.3　风机轴功率

$$N_0 = 1.35 \times 10^{-7} \overline{N} \cdot D_f^5 \cdot n^3$$

式中　N_0——风机轴功率，kW；

$\overline{N}$——风机轴功率系数，由风机叶片夹角及风量系数从风机特性曲线（图 13-27 至图 13-29）查得。

图 13-27 至图 13-29 中，$\overline{H}$ 的计算式为：

$$\overline{H} = \frac{H}{3.2765 \times 10^{-3} D_{\mathrm{f}}^2 \cdot n^2}$$

式中　$\overline{H}$——风压系数。

图 13-27 至图 13-29 是根据夏季平均气温 35℃ 做出的，如果风机的操作可根据气温的变化自动调节(调角或调速)风量，可由图 13-30 查出随温度变化的风机相对功率校正值。

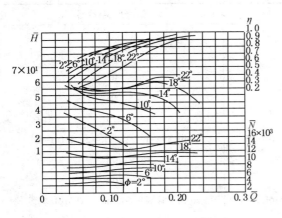

图 13-27　B 型四叶片风机特性曲线
（普通型，玻璃钢制）

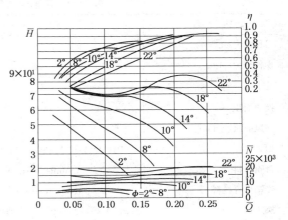

图 13-28　B 型六叶片风机特性曲线
（普通型，玻璃钢制）

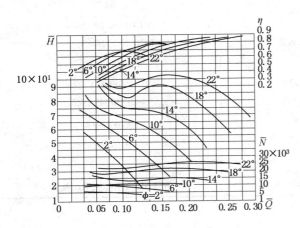

图 13-29　W 型四叶片风机特性曲线
（宽型，玻璃钢制）

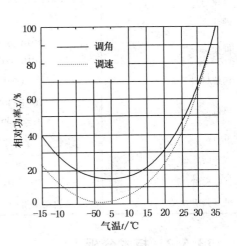

图 13-30　随温度变化的风机
相对功率校正值

由下式计算出风机实际操作条件下轴功率：

$$N_{操作} = N_0 \cdot x\%$$

式中　$N_{操作}$——风机实际操作条件下轴功率，kW。

13.5　典型高压空冷器工艺参数和技术分析[10~15]

13.5.1　典型高压空冷器工艺参数

加氢裂化高压空冷器工艺参数见表 13-7。

表 13-7　加氢裂化高压空冷器工艺参数

项　　目	反应流出物空冷器	热高分气空冷器
操作温度/℃	145	132
操作压力/MPa	14.6	11.0
片数	8	4
换热面积/m²	1800	908
迎风面风速/(m/s)	2.5	2.5
型式	P10.5×3-6-225-16S-23.4/DR-III	P10.5×3-6-227-11S-23.4/DR-III
管箱材料	16MnR(R-HIC)	20R
管箱接管材料	16Mn(R-HIC)锻	20R
换热管	20 钢，管端衬 600mm 长 TP316L 短管	20 钢，管端衬 600mm 长 TP316L 短管
接管法兰材料	16Mn(R-HIC)锻	20R
管程数	3	3
管排数	6	6
翅片	A1	A1
框架	JP10.5×6B-3.6/2 JP10.5×6K-3.6/2	JP10.5×6.2B-36/2 JP10.5×6.2K-36/2
构架材料	Q235-A.F	Q235-A.F
风机	G-BF36B4-Vs30 G-ZF$_j$36B4-Vs30	G-TF36B4-Vs22 G-ZF$_j$36B4-Vs22
电机	YAg225S-4W	YA200L-4W
百叶窗	SC10.5×3	SC10.5×3
百叶窗材料	A1	A1
风量调节方式	自动调角+不停机手动调角	自动调角+不停机手动调角

13.5.2　技术分析

（1）冲蚀问题

加氢裂化原料中硫和氮在加氢裂化反应过程中转变成 H_2S 和 NH_3，冷却后二者反应生成 NH_4HS，在缺少液态水的情况下，NH_4HS 直接由气相变成固态晶体，它能迅速堵塞加氢裂化高压空冷系统。为防止堵塞发生，通常在加氢裂化高压空冷前注水。在冲洗水有效防止堵塞的同时，带来了 NH_4HS 溶液的严重腐蚀问题。因此，问题由堵塞变成腐蚀，这种腐蚀是因 NH_4HS 溶液导致的冲蚀。

国际腐蚀工程师联合会(以下简称 NACE)将流体速度、流体腐蚀性[K_p=(H₂S)mol%×(NH₃)mol%]和污水中 NH_4HS 浓度作为加氢裂化高压空冷腐蚀的主要参数。NACE 调查的加氢高压空冷装置分类见图 13-31。

碳钢管束:

a. 腐蚀因子 K_p 的影响。K_p 计算以干基为基准,包括气相和液相的烃类,不含水。K_p 计算取决于装置的进料性质、反应转化率、油和气的流量及循环气的组成等,如图 13-32 所示。

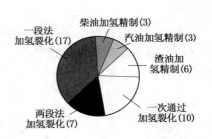

图 13-31　NACE 调查的
加氢高压空冷装置分类

图 13-32 显示腐蚀程度并不是完全与 K_p 相关。当 K_p 值增加,腐蚀程度也随之增加,但当 K_p 值低于 0.02 时,没有明显的腐蚀。

b. 硫氢化氨浓度的影响。NH_4HS 浓度取决于冲洗水流量、进料硫含量、进料氮含量和氮转化率,如图 13-33 所示。

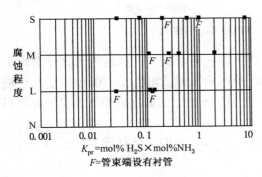

图 13-32　K_p 对加氢高压空冷管束腐蚀程度的影响

S—严重腐蚀,管束寿命不大于 5 年;M—中度腐蚀,
管束寿命为 6~10 年;L—低度腐蚀,管束寿命超过 10 年;
N—无腐蚀,没有腐蚀报道

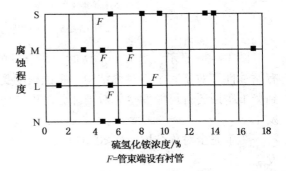

图 13-33　NH_4HS 浓度对加氢
高压空冷管束腐蚀程度的影响

图 13-33 显示,当 NH_4HS 浓度<2%时不可能发生腐蚀。但是腐蚀不仅仅只与 NH_4HS 浓度有关。设计结构为集合管箱(即没有回弯头或 U 形管)的高压空冷已发生腐蚀。

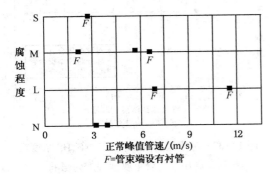

图 13-34　速度对加氢高压空冷
管束腐蚀程度的影响

c. 速度的影响。由于 NH_4HS 的存在,碳钢表面会形成一层硫化铁保护膜。流体的化学作用取决于保护膜与金属材料的黏合程度。由表面的黏合度而定,保护膜可被中高速流体所冲刷掉。一旦冲刷发生,局部腐蚀将会迅速产生,如图 13-34 所示。

当流速超过 6m/s 时,可能发生严重腐蚀。在名义速度为 3m/s 或更低时也可能发生严重腐蚀。

d. 集合管设计的影响。出入口集合管结构形式设计也是影响加氢高压空冷腐蚀的重要变量。

　　在对称型集合管结构(图13-35)中,空冷器管束的流道长度相等。对称设计是为了使管束之间的油、水和汽相达到平均分布和减小管束间流速的差异。对称结构要求管束数量为 2^n,其中 n 为任意正整数。

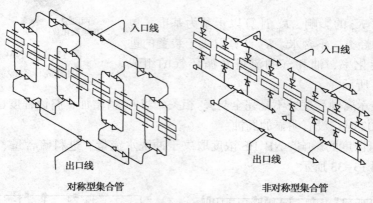

图13-35　对称型与非对称型集合管结构

　　图13-36显示,当 $K_p<0.02$ 时,集合管的结构影响不再重要,这是因为流体基本上没有腐蚀性。对于完全不对称结构,腐蚀程度受 K_p 值影响强烈。即使 $K_p \leq 0.10$ 时,中度腐蚀到严重腐蚀还有可能发生。对于部分对称结构, $K_p>0.15$ 时,从低度到稍严重腐蚀也有可能发生。

　　对于完全对称结构, $K_p<0.02$ 时,无腐蚀发生; $K_p>0.20$ 时,从低度到中度腐蚀有可能发生。

　　图13-37是综合考虑集合管结构和分离器污水中 NH_4HS 含量综合影响时的情况。当不考虑集合管结构时,若 $NH_4HS<2\%$ 时,没有严重腐蚀发生。对于非对称型结构,当 $NH_4HS>2\%$ 时,中度到严重腐蚀都有可能发生;对于部分对称结构,当 $NH_4HS<8\%$ 时,没有发生严重腐蚀。

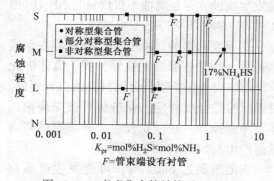

图13-36　考虑集合管结构后, K_p 对
加氢高压空冷管束腐蚀程度的影响

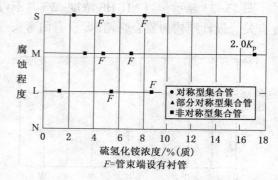

图13-37　考虑集合管结构后, NH_4HS 浓度对
加氢高压空冷管束腐蚀程度的影响

　　图13-38是综合考虑了集合管结构和名义(即平均)速度时的情况。在所有采用完全对称型结构的装置中,即使管速高达6.7m/s时亦没有腐蚀情况报道;采用非对称结构的装置

即使名义速度低至 3m/s，还有中度甚至严重腐蚀发生。

计算速度是平均值，是建立在假设流体平均分布基础上。非对称集合管管束之间速度变化很大，因此，平均速度并不能真实地代表非对称结构中各个位置的具体情况。

只要加氢高压空冷采用完全对称结构，速度<6.0m/s，NH_4HS<8%，就能获得令人满意的运行效果。

（2）加氢装置高压空冷入口和出口管道腐蚀

大部分严重腐蚀情况发生在具有非对称结构或部分对称结构的装置中（图 13-39 至图 13-41）。

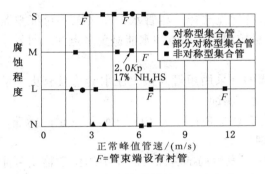

图 13-38　考虑集合管结构后，速度对
加氢高压空冷管束腐蚀程度的影响

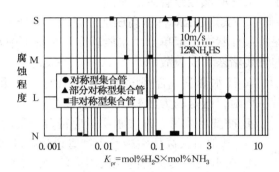

图 13-39　K_p 对加氢高压空冷碳钢
管道腐蚀程度的影响

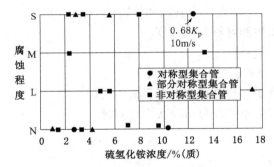

图 13-40　NH_4HS 浓度对加氢
高压空冷碳钢管道腐蚀程度的影响

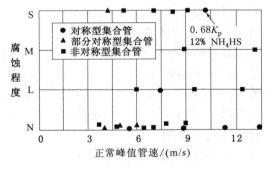

图 13-41　速度对加氢高压空冷碳
钢管束腐蚀程度的影响

S—严重腐蚀，使用寿命<10 年的管道；M—中度腐蚀，
使用寿命为 11~20 年的管道；L—低度腐蚀，可以测到
腐蚀，但至今没有发生故障；N—无腐蚀，没有腐蚀报道

（3）注水

① 注水量和位置。反应流出物中腐蚀物质包括 NH_3、H_2S 和少量来自 HCl 的 Cl^-。当流体被冷却到水的露点温度，第一滴冷凝水将吸收 HCl，因为它在水中的溶解度最大。当大量水被冷凝后，溶液由于溶解大量的 NH_3 而显碱性。

如果存在露点工况，则露点腐蚀是系统的隐患，可以通过快速经过水的露点温度加以避免。为防止酸性干沸状态存在，目前的做法是在合适的位置注入足够量水以确保至少有

20%的注水在注入点处保持液态。

加氢装置高压空冷上游换热器前进行注水最有可能出现干沸状态,因为这些注入点处温度比高压空冷入口温度高得多,需要更大量的注水以防止完全汽化。

② 多个与单个注点。

a. 对于非对称结构高压空冷系统,若采用单点注水,则不能保证所有管束的水流速度相等。因为任何注水量不够的高压空冷管束都会有增加腐蚀的可能。所以对于非对称结构,在每一管束进口管道进行注水量控制是确保每个高压空冷管束注水量均匀的最有效手段。

多点注水系统若设计较差,则可能被水中的固体颗粒堵塞,因堵塞致使管束中无冲洗水,最终必然导致管束的腐蚀。

b. 对于完全对称型高压空冷系统,单点注水是优先选择。尽管水分布情况不可能总是保持最佳状态,但单点注水能确保各个管束中水量较理想。单点注水能避免多点注水时发生的管线堵塞和仪表故障。

③ 注水套管。合理设计注水套管是十分重要的。采用短管连接比注水套管具有更大的潜在危险,这是因为注射水直接冲击集合管壁而发生腐蚀。

④ 冲洗水质量。冲洗水质量应符合公认的关于 O_2、PH、Fe、Cl^-、CN^- 等含量的标准。

(4)其他有关高压空冷管束和管道故障的机理

① 在出入口集合管的死区因为停滞的 NH_4HS 而发生局部腐蚀。液相中的化学物质可能会堆积在这些不知道的死区。硫化物也可能堆积在这些死区,这种情况可能会导致电化学腐蚀或沉积物腐蚀。

② 以碳钢为材料的出口管线弯头处发生硫化物应力腐蚀,可以通过提高钢材等级、改善焊接工艺以减小焊接金属和热处理区的硬度来防止集合管、管箱和管道的类似腐蚀。

③ 当采用铁素体或双相不锈钢管时,必须要控制好材料的硬度。

④ $NH_4HS>10\%$时,氢鼓泡或氢蚀的发生概率会增加。

⑤ 405 和 410 钢发生点蚀的可能性比发生冲蚀和腐蚀的可能性大。

⑥ 为减轻连多硫酸腐蚀,可以通过降低碳含量,合理控制镍含量或奥氏体含量。

⑦ 在装置停工期间,在海边的装置海风携带海水及盐分可导致发生点蚀。

(5) 设计和操作建议

① 加氢裂化装置高压空冷设计:

a. 采用带有丝堵的集合管箱,不要使用回弯头或 U 形管结构。

b. 应用完全对称结构,空冷管束数为 2^n,n 为任意整数。

c. K_p 值较高的情况下,采用合金材料。

d. 碳钢管束流速<6m/s,825 合金管道流速<9m/s,625 合金管道流速<12m/s。

e. 若腐蚀是发生在管束端的冲蚀,则应采用衬管,其材料为 300 系列不锈钢,衬管出口应为喇叭口结构。

② 管道集合管设计:

a. 出入口集合管结构应为完全对称型。

b. 出入口集合管没有死区。

c. 管束出口管道上应设有温度指示。

d. K_p 值较高的情况下,采用合金材料。

e. 碳钢管道流速<6m/s，825 合金管道流速<9m/s，625 合金管道流速<12m/s。

③ 注水：

a. 注水量应足够确保污水中 NH_4HS<8%。

b. 注水量和注水点应保证注水点处至少有 20% 的注水保持为液相。

c. 多点注水仅用于非对称结构，应有仪表监控和调节各个注水点的注水量。

d. 注水套管结构比短接管更常用。

e. 冲洗水质量应符合公认的关于 O_2、PH、Fe、Cl^-、CN^- 等含量的标准。

④ 操作：

a. 避免稠环芳香烃沉积。

b. 停工过程时应保持所有管束具有相同的温度。

⑤ 检查。应出台细致的定期检查程序，它是建立在加氢裂化装置高压空冷结构细节、运行程度和过去腐蚀经验的基础之上。

13.6　高压空冷器的热点难点问题

13.6.1　高压空冷器更换

高压空冷器腐蚀导致的生产问题是加氢裂化装置主要事故来源，产生的原因主要有：制造焊接缺陷沉积腐蚀、管线缺陷沉积腐蚀、入口内衬管与管线接口过渡涡流腐蚀、丝堵腐蚀、管箱焊缝腐蚀、材料不抗氯化铵盐腐蚀、换热管高流速冲蚀、换热管低流速垢下腐蚀等。

高压空冷器不在压力容器标准范围内，没有设计寿命，目前的更换方式有：定期全部更换、定期部分轮流更换、泄漏后更换、检测减薄后更换、材质更换（825、2205、625）、运行一定年限后更换，如何更换没有一定的标准可执行是企业更换的难题。

13.6.2　高压空冷器注水

对不同材质的高压空冷器注水量、注水后水的气化率、注水后介质流速、注水点位置、注水形式、注水内件、空冷入口衬管材料选择、空冷入口衬管长度及坡度选择、注水后管线布置、注水后弯头的选择、硫氢化胺浓度、水指标、净化水比例等设计均有要求，但工业生产中的空冷器问题很多仍与注水有关。优化注水系统依然是设计和生产需要持续关注的一个课题。

13.6.3　高压复合空冷器

高压空冷器采用 INCOLOY 825 或 INCOLOY 625 材质后，管程从碳钢管道流速<6m/s 可提高到 825 合金管道流速<9m/s、625 合金管道流速<12m/s。但由于空气侧的传热系数低，导致所需空冷器面积大、台数多，设备和配管的投资大幅增加。

高压复合空冷器将直接空冷与蒸发冷有机结合，具有显热+潜热换热机理，发挥了直接空冷不耗水、蒸发冷节水等各自优点，改善了管内介质的分布，使气液分布更均匀，减少了滞留区和高速区而引起的垢底腐蚀和冲刷腐蚀，应具有一定的发展前景。

参 考 文 献

[1] 刘巍等著. 冷换设备工艺计算手册[M]. 北京：中国石化出版社，2003：136-199.

[2] 石油化学工业部石油化工规划设计院组织编写. 炼油设备工艺设计资料冷换设备工艺计算[M]. 北京：石油化学工业出版社，1981：81-129.

[3] Design, Materials, Fabrication, Operation, and Inspection Guidelines for Corrosion Control in Hydroprocessing Reactor Effluent Air Cooler (REAC) Systems. API RECOMMENDED PRACTICE 932-B. FIRST EDITION, JULY 2004.

[4] 王松汉主编. 石油化工设计手册：第三卷　化工单元过程[M]. 北京：化学工业出版社，2002：739-775.

[5] 中国石化集团上海工程有限公司. 化工工艺设计手册[M].3版，北京：化学工业出版社，2003：282-329.

[6] 蔡尔辅编著. 化工厂系统设计[M].1版. 北京：化学工业出版社，1998：58-59.

[7] 马连强，郑开学，金志康，等. 空冷器的应用与工艺系统设计[J]. 化工设计，2005，15(2)：32-36.

[8] 中国石油化工总公司石油化工规划院. 石油化工设备手册：第二分篇 石油化工设备设计(中册)[M]. 北京：中国石化出版社，1990.

[9] 马义伟，刘纪福，钱辉广编著. 空气冷却器[M]. 北京：化学工业出版社，1982.

[10] 偶国富. 加氢裂化空冷器管束多相流模拟与冲蚀破坏预测研究[D]. 杭州：浙江大学，2004.

[11] Craig Harvey, LLCAnil Singh. 反应流出物空冷器防腐技术(Ⅰ)[J]. 张立群译，偶国富校. 镇海石化，2000，11(3)：23-30.

[12] Craig Harvey, LLCAnil Singh. 反应流出物空冷器防腐技术(Ⅱ)[J]. 张立群译，偶国富校. 镇海石化，2000，11(4)：58-63.

[13] 吴丽娜，靳钧. 加氢裂化装置高压空冷器的腐蚀及防护[J]. 石油炼制与化工，2007，38(2)：69-71.

[14] 章炳华，陈江，谭金龙. 加氢裂化高压空冷器腐蚀分析与防护[J]. 全面腐蚀控制，2007，21(2)：26-29.

[15] 韩建宇，苏国柱. 加氢裂化高压空冷器管束穿孔失效分析[J]. 石油化工设备技术，2004，25(2)：50-52.

[16] [美]卡尔·布兰南. 石油和化学工程师实用手册[M]王江义，吴德荣，华峰，等译. 北京：化学工业出版社，2001：17-39.

第14章 高压加热炉工艺计算及技术分析

加氢裂化装置的高压加热炉一般包括：反应进料加热炉、循环氢加热炉和高压原料油加热炉。

14.1 结构形式及燃烧计算[1~17]

14.1.1 结构形式、材质和热膨胀

（1）结构形式（图14-1）

① 辐射室。

辐射室是通过火焰或高温烟气进行辐射传热的部分。这个部分直接受到火焰冲刷，温度最高，对材料的强度、耐热性等有一定要求。这个部分是热交换的主要场所，全炉热负荷的70%~80%是由辐射室担负的，它是全炉最重要的部位。一个炉子是优是劣主要看它的辐射室性能如何。

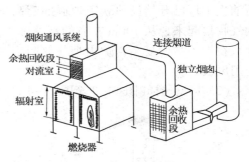

图14-1 加热炉的一般结构图

② 对流室。

对流室是靠由辐射室出来的烟气进行对流换热的部分，但实际上它也有一部分辐射热交换，而且有时辐射换热还占有较大的比例。所谓对流室是指"对流传热起支配作用"的部位。对流室内密布多排炉管，烟气以较大速度冲刷这些管子，进行有效的对流换热。对流室一般担负全炉热负荷的20%~30%。对流室吸热量的比例越大，全炉的热效率越高，但究竟占多少比例合适，应根据管内流体同烟气的温度差和烟气通过对流管排的压力损失等，选择最经济合理的比值。对流室一般都布置在辐射室之上，与辐射室分开，单独放在地面上也可以。

为了提高传热效果，多数炉子在对流室采用了钉头管和翅片管。

③ 余热回收系统。

余热回收系统是从离开对流室的烟气中进一步回收余热的部分。回收方法分两类。一类是靠预热燃烧用空气来回收热量，这些热量再次返回炉中。另一类是采用同炉子完全无关的其他流体回收热量。前者称为"空气预热方式"，后者因为常常使用水回收，被称为"废热锅炉"方式。空气预热方式又有直接安在对流室上面的固定管式空气预热器和单独放在地上的回转式空气预热器等种类。固定管式空气预热器由于低温腐蚀和积灰，不能指望长期保持较高的热效率，它的优点是同炉体结合成一体，设计和制造比较简便，适合于热回收量不大时选用。

目前，炉子的余热回收系统以采用空气预热方式为多，通常只有高温度管式炉和纯辐射炉才使用废热锅炉，因为这些炉子的排烟温度太高。设余热回收系统以后，整个炉子的总热

效率能达到 88%~90%。

④ 燃烧器。

燃烧器产生热量，是炉子的重要组成部分。管式加热炉只烧燃料气和燃料油，所以不需要烧煤那样复杂的辅助系统，火嘴结构也比较简单。

由于燃烧火焰猛烈，必须特别重视火焰与炉管的间距以及燃烧器间的间隔，尽可能使炉膛受热均匀，使火焰不冲刷炉管并实现低氧完全燃烧。为此，要合理选择燃烧器的型号，仔细布置燃烧器。

⑤ 通风系统。

通风系统的任务是将燃烧用空气导入燃烧器，并将废烟气引出炉子，它分为自然风方式和强制通风方式两种。前者利用烟囱本身的抽力，不消耗机械功。后者要使用风机，消耗机械功。

过去，绝大多数炉子因为炉内烟气侧阻力不大，都采用自然通风方式，烟囱通常安在炉顶，烟囱高度只要足以克服炉内烟气侧阻力就可以了。但是，近年来由于公害问题，石油化工厂已开始设独立于炉群的超高型集合烟囱，这一烟囱通过烟道把若干台炉子的烟气收集起来，从 100m 左右的高处排放，以降低地面上的污染气体的浓度。强制通风方式只在炉子结构复杂，炉内烟气侧阻力很大，或者设有余热回收系统时才采用，它必须使用风机。

（2）炉型选择（图 14-2 至图 14-4）

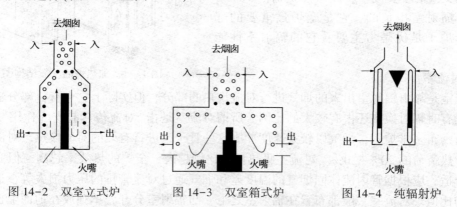

图 14-2　双室立式炉　　　图 14-3　双室箱式炉　　　图 14-4　纯辐射炉

加氢裂化高压加热炉有四种形式：电加热炉、纯对流式加热炉、辐射式管式炉和辐射对流式管式炉。

电加热炉应用于规模小的加氢裂化装置，如实验室小试、中试装置。

纯对流式加热炉有传热比较均匀、管壁温度较低、比较容易控制和平稳安全运行等优点。缺点是传热效率低、对高温高压临氢操作的加氢裂化加热炉钢材耗量大、设备费用和维修费用都较高，现代加氢裂化装置已很少采用。

辐射式管式炉是目前应用最多的加氢裂化高压加热炉形式，因辐射传热比对流传热效率高数倍，因而可以节省大量昂贵的不锈钢材，大大降低加氢裂化高压加热炉的建造和操作费用。

辐射对流式管式炉是对离开辐射式温度较高的烟气在对流式换热，烟气温度降低后再与其他工艺介质换热，以达到节省燃料消耗，提高加热炉效率的目的。

　　加氢裂化高压加热炉炉型的选择应考虑到工艺操作方便灵活、安全长周期运行及维修费用低、达到设计负荷所需投资少等原则。热负荷小于 30MW 时，如工艺无特殊要求，圆筒炉通常是优先选用的。然而加氢装置的炉型和炉管选材密切相关，选用奥氏体钢炉管时，即使负荷小，圆筒炉也是不经济的。

　　对于操作压力较低、操作条件相对缓和的加氢裂化高压加热炉，当被加热介质中 H_2S 含量较低，其炉管材质采用价格相对低的铬-钼钢炉管时，加热炉炉型选择一般采用圆筒炉（图 14-5）。

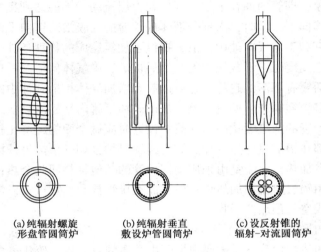

(a) 纯辐射螺旋　　　　(b) 纯辐射垂直　　　　(c) 设反射锥的
形盘管圆筒炉　　　　敷设炉管圆筒炉　　　　辐射-对流圆筒炉

图 14-5　圆筒炉示意图

　　对于操作压力较高且含有 H_2S 等特殊腐蚀介质的加氢裂化高压加热炉，其管内为气-液两相流且含有 H_2S 及大量 H_2，其炉管一般采用稳定可靠的奥氏体不锈钢，如 TP321 或 TP347 系列钢种。这种奥氏体不锈钢价格非常贵，因此加热炉炉管选择一般采用单排管双面辐射。

　　采用单排管双面辐射的主要理由，是因为单排管双面辐射平均热强度是单排管单面辐射的 1.5 倍，这可以提高昂贵的不锈钢炉管的利用率，降低加氢裂化高压加热炉的投资；管心距为 2 倍管径时，单排管一面受辐射，一面受反射的有效吸收因数为 0.883，单排管受双面辐射的有效因数为 1.316，也就是最高表面热强度相同时，单排管受双面辐射吸收的热量是单排管一面受辐射，一面受反射吸收热量的 1.49 倍，吸热负荷相同时，双面辐射受热方式管材耗量省 33%；同时在相同的管内流速下，单排管双面辐射炉管的水力长度仅为单排管单面辐射的 0.66 倍，即压降仅为单排管单面辐射的 0.66 倍。因此奥氏体钢炉管的加热炉应优先采用单排双面辐射传热方式的加热炉。

　　加氢裂化高压加热炉单排管双面辐射采用立管还是卧管目前都有应用，从结构上说，立管炉具有其管支架相对简单，可以节省高铬镍合金支架，炉管膨胀问题相对容易解决，其投资比卧管炉相对少，同时对加氢裂化高压加热炉的加氢过程，立管比卧管更有利于氢气在油中的扩散。立管加热炉的缺点是立管要保证其流型符合要求的范围很窄，容易产生气液分离现象，从而导致局部过热、结焦和烧穿炉管等问题。

　　卧管加热炉的优点是它可以在较宽的流速范围获得良好的流型。同时沿炉管纵向的热强度不均匀系数基本可以不考虑。相应的在同样的最高表面热强度的要求下，卧管加热炉比立管加热炉可获得更高的平均表面热强度。另外，卧管加热炉可以布置尽可能长的炉管，减少弯头的数量，从而减少了流体阻力。卧管加热炉的缺点是卧管炉管支架相对复杂，高铬镍合金支架用的相对多，投资较大。

采用炉后混氢流程的加氢裂化高压加热炉，炉管内仅走氢气，多选用单排立管双面辐射炉型。加氢裂化反应进料加热炉一般采用双面辐射卧管立式加热炉。

采用炉前混氢流程的加氢裂化高压加热炉，炉管最好采用垂直吊装。因在横管内，油和气体有分层流动现象，即管内油在下层，气体在上层流动，不能达到良好的气液接触。在直立的炉管中，当流体向下流动时，大部分液体成很薄的油膜沿管壁向下流动，氢气则在管中心流动，薄层的膜有利于氢气向油中扩散，提供了加氢反应的物理条件。在炉管下部回弯头处，液体滞留到一定高度时，形成压力差，然后被炉管中气体像活塞一样地向上推动。由于重力的作用，液体活塞有下落的趋势，也可以起到增加气体扩散到油中的作用。但是因为管内是混相，程数一多，容易产生偏流现象，从而破坏了管内平稳流动状态。

采用奥氏体钢炉管的加氢裂化高压加热炉设计时应做全面的经济比较，尽可能降低工程造价：反应进料全部在辐射室加热，加热炉为纯辐射炉，烟气余热另外设余热锅炉回收；反应进料全部在辐射室加热，对流室由采用碳钢炉管的其他物料回收余热；不具备其他回收余热方式时，可以选用辐射对流型加热炉，但对流室排管数量不宜过多，烟气余热应尽可能多地由其他工艺介质或空气预热器回收。

（3）炉管材质的选择

加氢裂化高压加热炉炉管材质主要根据管内介质的氢分压、硫化氢含量、操作压力和管壁温度来选择。一般选用经固溶和稳定化处理的 TP347。这是因为 TP347 的高温许用应力要比 TP321 的高得多（表 14-1），采用 TP347 可用较薄的壁厚。

表 14-1　许用应力对比

钢　　种	许用应力/MPa				
	500℃	550℃	600℃	650℃	700℃
TP321	105	103	73	45	28.5
TP347	125	125	115	67	40
TP347/TP321	1.19	1.21	1.58	1.48	1.40

对于炉前混氢的加氢裂化高压加热炉，其炉管一般选用 ASTM A312 的 TP321 和 TP347，后者的高温许用应力要比前者高 20%～50%。因此，一般操作压力<10MPa 时选用 TP321，而操作压力≥10MPa 时选用 TP347。

按 GB150 的规定，当金属温度高于 525℃时，应采用 TP321H 和 TP347H，以保证其碳含量在 0.04%上。

从抗氢—硫化氢腐蚀来看，两种钢号都可以用，不锈钢中加入钛，能提高其抗蚀性，特别是提高其抗晶间腐蚀的性能。因为钛作为强碳化物形成元素，钛与碳结合成极为稳定的碳化钛，防止了铬的碳化物在晶界上析出而导致贫铬。但钛对不锈钢的热强性和抗蠕变性能的改善却远不如铌。铌在抗蚀性方面同钛的作用差不多。铌对奥氏体钢的物理性能和室温力学性能没有显著影响，但对其热强性和抗蠕变性能的提高比钛要显著得多。

（4）辐射管架的热膨胀问题

加氢裂化高压加热炉采用单排卧管双面辐射炉型时，辐射管架处在高温的辐射室内干烧，其金属温度一般在 800℃ 左右，而用作辐射管架的 ZG35Cr25Ni20 的线膨胀系数又比一般钢材大，这将造成炉出入口管很大的位移。当辐射管架为下支撑时，位于下部的出口管向上位移 15~30mm，位于上部的入口管向上位移 80~100mm。当辐射管为上吊式时，情况则相反，位于下部的出口管一般向下位移 80~100mm，而位于上部的入口管，一般向下位移 15~30mm。同时，出入口炉管穿过炉墙处应设置密封套管，既保证炉膛密封，又保证出入口炉管能自由位移。

当采用单排卧管双面辐射炉型的加氢裂化高压加热炉设有一段对流室时，对流室至辐射室的转油线设计应特别注意辐射管架的热膨胀问题。辐射管为下支撑时，应将最上部辐射管在转油线组焊时向上预拉 40~50mm。且将对流管板上的对应管孔开成长圆孔，让对流管作为辐射管架的补偿。辐射管架采用上吊式时，这个问题则不突出，只需考虑辐射室入口管少量的向下位移。因此，在有对流室时，宜采用上吊式辐射管架。

14.1.2 燃烧计算

（1）燃料热值

燃料的热值与燃料组成有关，热值分高热值和低热值两种。

高热值是燃料完全燃烧后所生成的水已冷凝成液体水的状态时计算的热值。

低热值是燃料完全燃烧后所生成的水为水蒸气状态时计算的热值。加氢裂化燃料计算时，一般按低热值计算。

为了精确控制加氢裂化反应进料加热炉出口温度，一般要求加热炉的燃料为气体燃料。

气体燃料的高热值和低热值计算公式

$$Q_h = \sum q_{hi} \cdot y_i$$
$$Q_l = \sum q_{li} \cdot y_i$$

式中　　Q_h，Q_l——气体燃料的高热值、低热值，kJ/kg（或 kJ/m³）；

　　　　q_{hi}，q_{li}——气体燃料中各组分的高热值、低热值（表 14-2），kJ/kg（或 kJ/m³）；

　　　　y_i——气体燃料中各组分的体积分数，%。

表 14-2　气体燃料的高热值、低热值

气体组分	质量热值/(kJ/kg)		体积热值/(kJ/m³)	
	高热值	低热值	高热值	低热值
甲烷	55684	50049	39775	35709
乙烷	51497	47520	68663	63580
丙烷	50241	46348	96296	91029
异丁烷	—	45652	118486	109275
正丁烷	49404	45770	125604	118407
异戊烷	48985	45271	—	134815
正戊烷	48566	45259		145776

续表

气体组分	质量热值/(kJ/kg)		体积热值/(kJ/m³)	
	高热值	低热值	高热值	低热值
正己烷	48148	45133	—	176264
正庚烷		44953	197617	182963
正辛烷	—	44819	226087	209340
乙烯	50660	47193	—	59469
丙烯	49404	45812	—	86595
异丁烯	48487	45489	—	114718
乙炔	50241	48566	—	56471
苯	42286	40603	—	145993
氢	144444	98180	—	11095
硫化氢	16537	15281	—	15533

（2）理论空气量及实际空气量

进入加氢裂化高压加热炉的燃料完全燃烧时所需的空气量为理论空气量。

$$V_0 = \frac{0.0619}{\rho}\left[0.5H_2 + 0.5CO + \sum\left(m + \frac{n}{4}\right)C_mH_n + 1.5H_2S - O_2\right]$$

式中　　　　　　V_0——理论空气量，m³/h；

　　　　　　　　ρ——气体燃料的密度，kg/m³；

H_2,CO,C_mH_n,H_2S,O_2——气体燃料中氢气、一氧化碳、烃、硫化氢、氧气的体积分数,%；

　　　　　　　　m——碳原子数；

　　　　　　　　n——氢原子数。

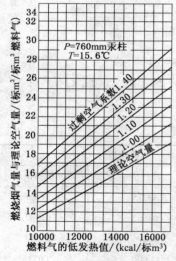

图14-6　气体燃料的低热值与烟气量和理论空气量的关系

$$V = \alpha V_0$$

式中　V——实际空气量，m³/h；

　　　α——过剩空气系数。

图14-6为气体燃料的低热值与烟气量和理论空气量的关系。

（3）过剩空气系数（图14-7）

实际进入加氢裂化高压加热炉的空气量与理论空气量之比，称为过剩空气系数。

在合理控制加氢裂化高压加热炉燃烧的条件下，过剩空气系数一般的选取范围为1.05～1.15。过剩空气系数<1.05将腐蚀炉管，使热分布恶化；过剩空气系数>1.15将降低火焰温度，减少三原子气体浓度，降低辐射热的吸收率，结果将使炉效率降低。过剩空气系数每降低10%可使加氢裂化高压加热炉热效率提高1%～1.5%。

$$\alpha = \frac{21}{21 - 79 \dfrac{O_2}{N_2}}$$

式中　α——过剩空气系数(图 14-8 至图 14-10);

O_2, N_2——烟气中氧气、氮气的体积分数,%。

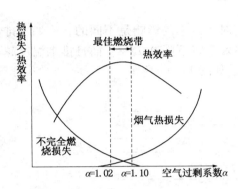

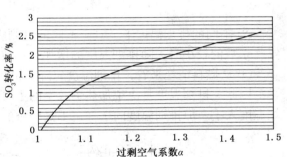

图 14-7　过剩空气系数与热损失、热效率的关系　　　图 14-8　烟气中氧与过剩空气系数的关系

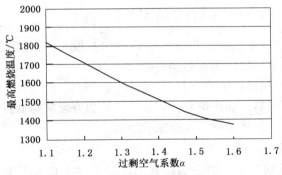

图 14-9　过剩空气系数和最高燃烧温度的关系　　　图 14-10　过剩空气系数与 SO_3 转化率的关系

(4)炉效率

加热炉的热效率为其有效利用热量 Q_e 占供给总热量 Q_{in} 的百分数。通常,计算加热炉热效率的方法有两种,即正平衡法和反平衡法。

正平衡法即根据定义,其计算公式为

$$\eta = \frac{Q_e}{Q_{in}} \times 100\%$$

反平衡法是扣除排烟热损失 q_2(排烟带走的热量)、化学不完全燃烧热损失 q_3(是指排走的烟气中含有的本可作为燃料的未燃尽的可燃气体 CO、H_2、CH_4 等带走的损失)、机械不完全燃烧热损失 q_4(未燃尽的炭造成的热损失)、散热损失 q_5(由于加热炉温度高于环境温度而向环境散失的热量)之后的部分,计算公式为

$$\eta = \left(1 - \frac{q_2 + q_3 + q_4 + q_5}{Q_{in}}\right) \times 100\%$$

式中　q_2——烟气带走的热量，kW；

　　　q_3——化学不完全燃烧热损失，kW；

　　　q_4——机械不完全燃烧热损失，kW；

　　　q_5——散热损失，kW。

对于气体燃料，不完全燃烧损失极小；只要保温措施较好，散热部分节能的潜力也不大。而排烟损失占到总热量的 15%~20%，是加热炉热损失的主要部分。

排烟温度对热效率的影响：

① 在不同烟排温度下，过剩空气系数变化对热效率的影响是不同的。比如，排烟温度为 200℃ 时，过剩空气系数每增大 0.1，全炉热效率将下降 0.75%。而且排烟温度越高，过剩空气带走的热量越多，对热效率的影响越大。如图 14-11 所示。

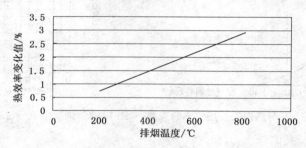

图 14-11　过剩空气系数每增加 0.1 对热效率下降值的影响关系

② 不同的排烟温度下，对应不同的过剩空气系数值，炉子的热效率相差很大。在过剩空气系数值较小时，随排烟温度的增加，热效率下降的幅度要小一些。

③ 从燃料消耗来看，排烟温度每降低 10℃，可以节省燃料 1% 左右。

因此，排烟温度是决定加热炉效率的主要因素，加热炉节能应该主要从想方设法降低排烟温度入手。但排烟温度的选择也不是任意的，它要受到露点腐蚀的限制。

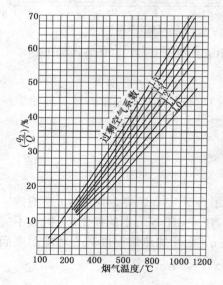

图 14-12　烟气带走热量的百分比图

排烟温度的选择：

正常情况下，炉子的排烟温度不是一个确定的数值。通常情况下，它近似高于工艺流体进入对流室温度 56℃ 左右较好。也有文献介绍称，不管 SO_3 的计算露点是多少，根据经验此值最小 149~177℃。

在过去的加热炉设计中，烟气与被加热流体间的温差一般在 100~150℃ 中选取，随着节能要求提高，通过对流室内采用翅片管、钉头管和高效吹灰器等办法，可以将该温差缩小到 50℃ 左右。图 14-12 为烟气带走热量的百分率图。

（5）燃料用量

$$B = \frac{Q}{Q_1 \times \eta}$$

式中　B——加氢裂化高压加热炉燃料气用量，kg/h；

　　　Q——加氢裂化高压加热炉的总热负荷，kW。

（6）烟气流量

$$W_q = \alpha \cdot V_0 \cdot B$$

式中　W_q——加氢裂化高压加热炉烟气流量，kg/h。

（7）烟气露点温度

烟气露点温度与燃料气硫含量、燃烧温度、烟气中水蒸气含量等有关。

$$t_{ld} = t_{sl} + \frac{\beta \cdot \sqrt[3]{S_{ar,zs}}}{105 a_{fh} \cdot A_{ar,zs}}$$

$$t_{sl} = 6.175 + 13.787 \ln H_2O + 1.357 (\ln H_2O)^2$$

式中　t_{ld}——烟气露点温度，℃；

$S_{ar,zs}$，$A_{ar,zs}$——燃料的硫分和灰分，%；

a_{fh}——飞灰占燃料灰分的份额，%；

β——考虑炉内过剩空气影响的系数；

t_{sl}——水露点温度，℃；

H_2O——烟气的水蒸气含量，%。

14.2　辐射段和对流段传热计算[1~2,5~9,17]

14.2.1　辐射段传热计算

（1）传热速率方程和热平衡方程

$$Q_R = \sigma \cdot \phi \cdot A_{cp} \cdot F(T_K^4 - T_L^4) + h_{Rc} \cdot A_{R1}(T_K - T_L)$$

式中　Q_R——加氢裂化高压加热炉辐射室热负荷，kW；

σ——Stefen-Boltzmann 常数，$\sigma = 5.72 \times 10^{-11} kW/(m^2 \cdot K)$；

ϕ——烟气对管排的平均角系数，与炉管的排列方式和管心距的大小有关；

$A_{cp} \cdot F$——冷平面面积，m^2，指敷设管排所占据的面积 A_{cp} 乘以总辐射交换系数 F；

F——总辐射交换因数；

T_K——辐射室出口烟气温度，K；

T_L——管壁平均温度，K。

① 烟气对管排的平均角系数。

对一面受辐射、一面受反射的单排炉管，即靠炉墙敷设的单排炉管，其平均角系数为：

$$\phi = \phi_{12}(2 - \phi_{12})$$

$$\phi_{12} = 1 + \frac{1}{\frac{S_1}{d_0}} arctg \sqrt{\left(\frac{S_1}{d_0}\right)^2 - 1} - \frac{1}{\frac{S_1}{d_0}}\sqrt{\left(\frac{S_1}{d_0}\right)^2 - 1}$$

对受双面辐射的单排炉管，其平均角系数为：

$$\phi = 2\phi_{12}$$

对受双面辐射的双排炉管，其平均角系数为：

$$\phi = 2\phi_{12}(2-\phi_{12})$$

式中 d_0——炉管外径，m；

S_1——管心距，m。

② 冷平面面积 A_{cp} 的计算。

$$A_{cp}-[(n-1)S_1+d_0] \cdot L_{ef} \approx n \cdot S_1 \cdot L_{ef}$$

式中 n——炉管根数；

L_{ef}——炉管的有效长度，m；

而当量冷平面面积等于冷平面面积乘以有效吸收因数(图14-13)。

③ 总辐射交换因数可从图14-14查取。

也可由下式计算：

$$F = \cfrac{1}{\cfrac{1}{\varepsilon_r}+\cfrac{1}{\varepsilon_F}-1}$$

$$\varepsilon_F = \varepsilon_g\left(1+\cfrac{\cfrac{A_R}{\phi \cdot A_{cp}}}{1+\cfrac{\varepsilon_g}{1-\varepsilon_g} \cdot \cfrac{1}{\phi_{R1}}}\right)$$

式中 ε_r——管壁表面辐射率，对碳钢炉管 $\varepsilon_r = 0.85 \sim 0.9$；对合金钢炉管 $\varepsilon_r = 0.8$；

ε_F——炉膛有效辐射率；

ε_g——烟气辐射率(图14-15)；

ϕ_{R1}——反射面对管排的角系数。

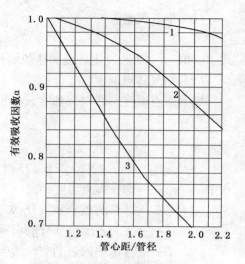

图 14-13 管排的有效吸收因数

1—有双管排时，传给双管排的总热量；

2—有单管排时，传给单管排的总热量；

3—对第一排管的直接辐射

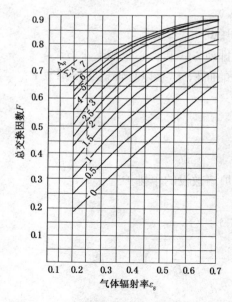

图 14-14 气体的总辐射交换系数

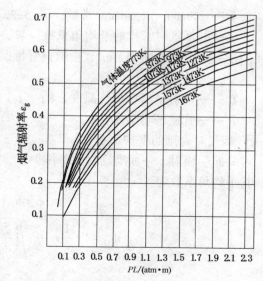

图 14-15 烟气辐射率

P—烟气中 H_2O 和 CO_2 的分压，atm；

L—烟气的平均辐射长度

当 $0 < \dfrac{A_R}{\phi \cdot A_{cp}} < 1$ 时，$\phi_{R1} = \dfrac{\phi \cdot A_{cp}}{\sum A}$

当 $3 < \dfrac{A_R}{\phi \cdot A_{cp}} < 6.5$ 时，$\phi_{R1} = \dfrac{\phi \cdot A_{cp}}{A_R}$

式中　$\sum A$——辐射室内全部炉墙内表面积之总和，m^2；

　　　A_R——有效反射面，$A_R = \sum A - \phi \cdot A_{cp}$。

④ 管壁平均温度 T_L 的计算：

$$T_L = \frac{1}{2}(T_{in} + T_{out}) + 50$$

式中　T_{in}，T_{out}——辐射管入口、出口处管内介质的温度，K；

　　　h_{Rc}——烟气对流传热系数，$kW/(m^2 \cdot K)$，对圆筒炉 $h_{Rc} = 1.4186 \times 10^{-2} kW/(m^2 \cdot K)$，对方形炉 $h_{Rc} = 1.1349 \times 10^{-2} kW/(m^2 \cdot K)$；

　　　A_{cp}——冷平面面积，m^2；

　　　A_{R1}——辐射管外表面积，m^2。

（2）辐射管管径及管程数

$$d_i = \frac{1}{30}\sqrt{\frac{W_F}{\pi \cdot N \cdot G_F}}$$

式中　d_i——辐射管管径，m；

　　G_F——管内流体质量流速，$kg/(m^2 \cdot s)$；

　　W_F——管内流体流量，kg/h；

　　N——管程数。

（3）气体辐射率

气体辐射率由三原子气体 CO_2、H_2O 两种成分的浓度、炉子大小、气体温度和吸收表面温度等因数决定。气体辐射率随三原子气体 CO_2、H_2O 分压的增加而增加，随气体温度的增加而降低。因为管壁温度在 310~660℃ 范围内影响气体辐射率所产生的误差<1%，所以管壁温度的影响可以忽略。见图 14-16、图 14-17。

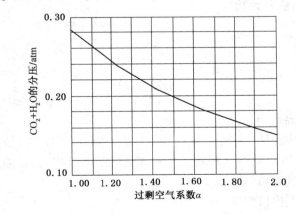

图 14-16　烟气中 $CO_2 + H_2O$ 分压

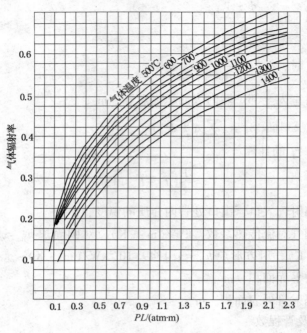

图 14-17　气体辐射率

（4）辐射段热平衡

$$Q_n + q_a + q_f = Q_R + q_L + q_z$$

或

$$Q_R = Q_n + q_a + q_f - q_L - q_z$$

式中　Q_n——燃料的总放热量，kW；

　　　q_a——燃烧空气的显热，kW；

　　　q_f——燃料的显热，kW；

　　　Q_R——被管子吸收的热量，kW；

　　　q_L——热损失，kW；

　　　q_z——离开炉膛的烟气显热，kW。

14.2.2　对流段传热计算

（1）对数平均温度差

$$\Delta t = \frac{(t_p - \tau'_1) - (t_1 - \tau_1)}{\ln\left(\dfrac{t_p - \tau_1}{t_1 - \tau_1}\right)}$$

式中　Δt——对流平均温差，℃；

　　　τ_1——对流段管内流体（氢气或加工原料与氢气的混合物）入口温度，℃；

　　　τ'_1——对流段管内流体（氢气或加工原料与氢气的混合物）出口温度，℃；

　　　t_p——对流段烟气入口温度，℃；

　　　t_l——对流段烟气出口温度，℃。

对数平均温度差也可由图 14-18 查取。

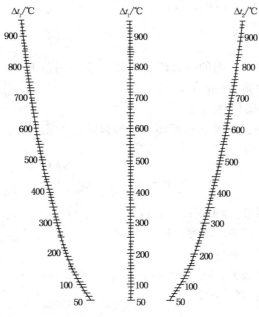

图 14-18　对数平均温度差

（2）对流段炉管的内膜传热系数

$$h_i = \frac{0.027}{d_i}\left(\frac{1000 d_i \cdot G_F}{\mu}\right)^{0.3} \cdot \lambda \cdot \left(\frac{c \cdot \mu}{\lambda}\right)^{0.33} \cdot \phi$$

$$\phi = \frac{\mu}{\mu'}$$

式中　h_i——对流段炉管的内膜传热系数，$kW/(m^2 \cdot K)$；

　　　　μ——管内流体（氢气或加工原料与氢气的混合物）在平均温度下的黏度，$Pa \cdot s$；

　　　　d_i——对流段炉管的内径，m；

　　　　μ'——管壁温度下流体黏度（图 14-19），$Pa \cdot s$。

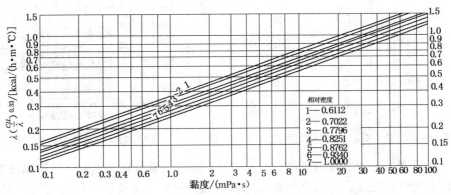

图 14-19　$\lambda\left(\dfrac{c \cdot \mu}{\lambda}\right)$ 值的求取

包括结垢热阻在内的内膜传热系数：

$$\frac{1}{h_i^*} = \frac{1}{h_i} + R_i$$

式中　h_i^*——包括结垢热阻在内的内膜传热系数，kW/（m²·K）；

　　　　R_i——内膜结垢热阻，（m²·K）/kW。

（3）对流段炉管的外膜传热系数

① 对流段采用光管时，炉管的外膜传热系数包括以下几部分：

a. 对流传热系数（图 14-20）：

$$h_{0c} = 9.44 \frac{(G_g)^{0.667} \cdot (T_g)^{0.3}}{(d_c)^{0.333}}$$

式中　h_{0c}——对流传热系数，kW/（m²·K）；

　　　　T_g——对流段烟气的平均温度，K；

　　　　d_c——对流管外径，mm；

　　　　G_g——烟气的质量流速，kg/（m²·s）。

b. 气体辐射传热系数（图 14-21）：

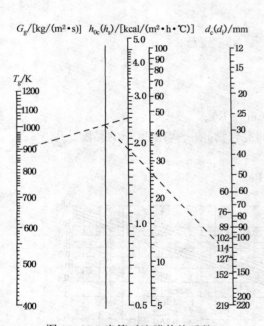

图 14-20　光管对流膜传热系数

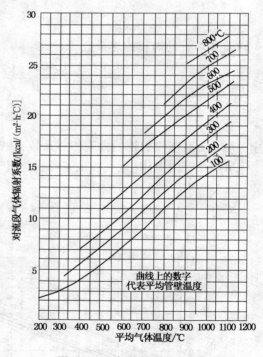

图 14-21　气体辐射传热系数

平均气体温度为对流段管内流体（氢气或加工原料与氢气的混合物）平均温度加对流段烟气和油的平均对数温度；平均管壁温度为管内流体（氢气或加工原料与氢气的混合物）平均温度加 30℃。

c. 对流段砖墙辐射传热系数：平均值一般取气体辐射和对流传热系数的 10%。

d. 对流段光管总外膜传热系数：

$$h_0 = 1.1(h_{0c} + h_{0r})$$

式中　h_0——对流段光管总外膜传热系数，kW/(m² · K)；

　　　h_{0r}——气体辐射传热系数，kW/(m² · K)。

包括结垢热阻在内的对流段光管总外膜传热系数：

$$\frac{1}{h_0^*} = \frac{1}{h_0} + 0.01(\text{或} 0.005)$$

式中　h_0^*——包括结垢热阻在内的对流段光管总外膜传热系数，kW/(m² · K)。

② 对流段采用钉头管或翼片管时，气体辐射传热及砖墙辐射传热影响很小，一般可忽略不计。

a. 对流段采用钉头管：

（a）传热系数：

$$h_s = 9.44 \frac{(G_g)^{0.667} \cdot (T_g)^{0.3}}{(d_s)^{0.333}}$$

式中　h_s——钉头表面传热系数，kW/(m² · K)；

　　　d_s——钉头直径，mm。

包括钉头结垢热阻在内的钉头表面传热系数：

$$\frac{1}{h_s^*} = \frac{1}{h_s} + 0.005$$

式中　h_s^*——包括结垢热阻在内的钉头表面传热系数（图 14-22），kW/(m² · K)。

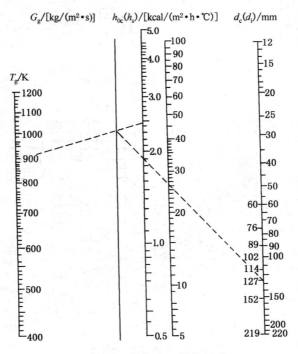

图 14-22　钉头表面传热系数

（b）钉头效率：

$$Q_S = \frac{Thmb}{mb}$$

$$m = \left(\frac{h_s \cdot l_s}{\lambda_s \cdot a_x}\right)0.5$$

式中　Q_s——钉头效率（图 14-23 至图 14-25），%；

　　b——钉头高，m；

　　l_s——钉头周边长，m；

　　λ_s——管材热导率，kW/（m·h·℃），一般
　　　钢管 $\lambda_s = 37$kW/（m·h·℃）；

　　a_x——钉头的截面积，m²；

　　Th——双曲正切。

对标准钉头，钉头直径 12mm，钉头高 25~27mm。

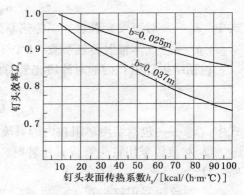

图 14-23　钉头效率

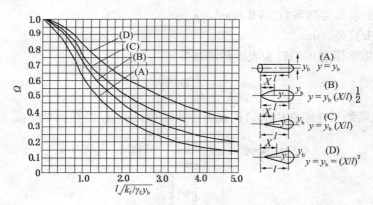

图 14-24　钉头管的翅片效率

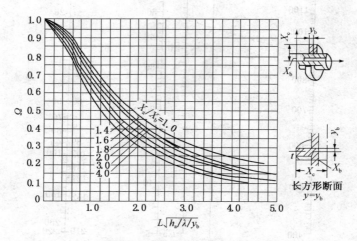

图 14-25　翅片管的翅片效率

（c）钉头管的光管部分管外对流传热系数：

$$h_{0c} = 9.44 \frac{(G_g)^{0.667} \cdot (T_g)^{0.3}}{(d_c)^{0.333}}$$

式中　h_{0c}——钉头管的光管部分管外对流传热系数，kW/(m²·K)。

包括结垢热阻在内的钉头管的光管部分管外对流传热系数：

$$\frac{1}{h_{0c}^*} = \frac{1}{h_{oc}} + 0.005$$

式中　h_{0c}^*——包括结垢热阻在内的钉头管的光管部分管外对流传热系数，kW/(m²·K)。

（d）钉头管管外膜传热系数：

$$h_{sc} = \frac{h_s^* \cdot Q_s \cdot a_s + h_{0c}^* \cdot a_b}{a_0}$$

式中　h_{sc}——钉头管管外膜传热系数，kW/(m²·K)；

a_s——每米长管子的钉头部分外表面积，m²；

a_s——每米长管子的光管部分外表面积，m²；

a_0——每米长管子的光管外表面积，m²。

b. 对流段采用翼片管：

$$h_f = h_{0c}^* \frac{(Q_f \cdot a_f + a_0)}{a_0}$$

式中　h_f——翼片管管外膜传热系数，kW/(m²·K)；

a_f——每米长翼片管的翼片表面积，m²；

a_0——每米长管子的光管面积，m²；

Q_f——翼片效率(图 14-26)，%。

（4）对流段总传热系数

$$K_c = \frac{h_0^* \cdot h_i^*}{h_0^* + h_i^*}$$

式中　K_s——对流段总传热系数，kW/(m²·K)。

（5）对流管的外表面积及表面热强度

$$A_c = \frac{Q_c}{K_c \cdot \Delta T}$$

式中　A_c——对流管的外表面积，m²；

Q_c——对流段的热负荷，kW；

ΔT——对流段的对数平均温差，℃。

$$N_c = \frac{A_c}{\pi \cdot d_c \cdot L_c \cdot n_c}$$

式中　N_c——对流管的排数；

d_c——对流管的外径，m；

L_c——对流管的有效长度，m；

n_c——每排对流管的根数。

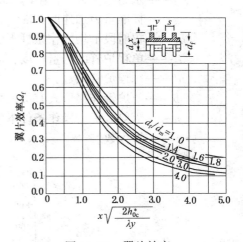

图 14-26　翼片效率

$$q_c = \frac{Q_c}{A_c}$$

式中　q_c——对流管的表面热强度，kW/m^2。

14.3　辐射段和对流段压力降计算[1~17]

14.3.1　循环氢加热炉炉管压力降计算

（1）辐射段炉管压力降计算

$$\Delta P_R = 2f \frac{l_e}{d_i} \cdot \frac{u^2}{g} \cdot \rho_L \cdot 10^{-4}$$

$$f = 0.00339 + \frac{0.000309 + 0.0025 d_i}{d_i \sqrt{u}}$$

$$l_e = n' \cdot L + (n'-1) \cdot \phi \cdot d_i$$

$$u = \frac{G_F}{3600 \rho_L \cdot \frac{\pi}{4} \cdot d_i^2 \cdot N}$$

式中　ΔP_R——辐射段炉管压力降（图14-27），MPa；

　　　　f——水力摩擦系数（图14-28）；

　　　　g——标准重力加速度，m/s^2；

　　　　ρ_L——辐射段平均操作条件下流体的密度，kg/m^3；

　　　　l_e——单程炉管的当量长度，m；

　　　　n'——每程炉管根数；

　　　　ϕ——与炉管连接形式有关的系数，可从表14-3查取；

　　　　u——辐射段平均操作条件下的介质流速，m/s；

　　　　N——管程数。

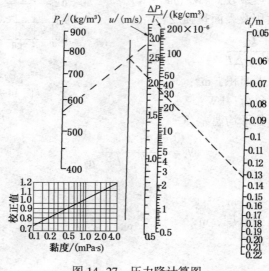

图14-27　压力降计算图

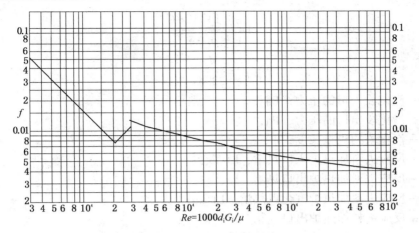

图 14-28　水力摩擦系数

表 14-3　各种连接形式的 ϕ 值

连接形式	ϕ 值	连接形式	ϕ 值
急剧转弯及内部急剧缩小的回弯头	100	平缓转弯的回弯头	30
急剧转弯的回弯头	50~60	半径 ≥4d 的弯头	10

（2）对流段炉管压力降计算

$$\Delta P_c = 2f \frac{l_e}{d_i} \cdot \frac{u^2}{g} \cdot \rho_c \cdot 10^{-4}$$

$$l_e = n' \cdot L + (n'-1) \cdot \phi \cdot d_i$$

$$u = \frac{G_F}{3600 \rho_L \cdot \frac{\pi}{4} \cdot d_i^2 \cdot N}$$

式中　ΔP_c——对流段炉管压力降，MPa；

　　　　f——对流段炉管水力摩擦系数（图 14-28）；

　　　　g——标准重力加速度，m/s^2；

　　　　ρ_c——对流段平均操作条件下流体的密度，kg/m^3；

　　　　l_e——单程炉管的当量长度，m；

　　　　n'——每程炉管根数；

　　　　ϕ——与炉管连接形式有关的系数，也可从表 14-3 查取；

　　　　u——对流段平均操作条件下的介质流速，m/s；

　　　　N——管程数。

14.3.2　反应进料加热炉炉管压力降计算

巴克兰罗夫计算公式

$$p_1 = \sqrt{p_2^2 + 10^{-3} \cdot A \cdot L_e \cdot p_2(1+C) + 10^3 \cdot B \cdot L_e(1+2C)}$$

$$L_e = \frac{I_0 - I_e}{I_0 - I_L} L_R$$

$$I_e = e \cdot I_V + (1-e) \cdot I_L$$

$$A = \frac{8.1423f \cdot G_{\mathrm{F}}^2}{\rho_{\mathrm{L}} \cdot d_{\mathrm{i}}^2}$$

$$\rho_{\mathrm{v}} = \frac{M_{\mathrm{v}}}{22.4} \times \frac{273}{T_{\mathrm{v}}}$$

式中　p_1——汽化段入口的压力，Pa；

　　　　p_2——汽化段出口的压力，Pa；

　　　　L_{e}——汽化段的当量长度，m；

　　　　I_1——反应进料加热炉入口热焓，kJ/kg；

　　　　I_0——反应进料加热炉出口热焓，kJ/kg；

　　　　I_{e}——反应进料加热炉汽化点热焓，kJ/kg；

　　　　I_{v}——反应进料加热炉出口气相热焓，kJ/kg；

　　　　I_{L}——反应进料加热炉出口液相热焓，kJ/kg；

　　　　e——反应进料加热炉出口处的汽化分率，%；

　　　　L_{R}——反应进料加热炉炉管总当量长度，m；

　　　　A——系数；

　　　　ρ_{v}——平均温度下的管内气相密度，kg/m³；

　　　　M_{v}——反应进料加热炉炉管气相的平均相对分子质量，kg/kmol；

　　　　T_{v}——反应进料加热炉炉管内介质的平均温度，K；

　　　　e_1——反应进料加热炉入口处的汽化分率，%；

　　　　e_2——反应进料加热炉出口处的汽化分率，%。

图 14-29 为压力降计算图。

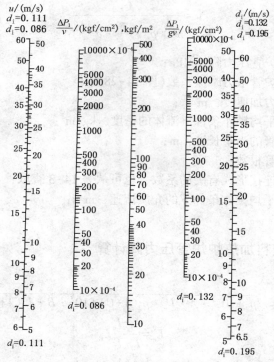

图 14-29　压力降计算图

14.4 烟囱的水力学计算[1~2,5~9,17]

（1）烟囱直径的确定

$$D_{\pi} = \sqrt{\frac{4}{\pi} \times \frac{W_g}{3600 w_{\sigma}}}$$

式中　D_{π}——烟囱的内径，m；

　　　W_R——烟气的流量，kg/h；

　　　w_{σ}——烟气的流速，m/s，自然通风 $w_{\sigma} = 4 \sim 8$ m/s，机械通风 $w_{\sigma} = 10 \sim 16$ m/s。

（2）对流室和烟囱产生的抽力

① 对流室产生的抽力：

$$\Delta p_t = 354 \left(\frac{1}{T_a} - \frac{1}{T_f} \right) \cdot H_c$$

式中　Δp_t——对流室产生的抽力，Pa；

　　　H_c——对流室的高度，m；

　　　T_a——大气温度，K。

② 烟囱产生的抽力：

$$\Delta p_1 = 354 \left(\frac{1}{T_a} - \frac{1}{T_m} \right) \cdot H_h$$

式中　Δp_t——烟囱产生的抽力，Pa；

　　　H_h——烟囱的最低高度，m；

　　　T_m——烟气在烟囱中的平均温度，K。

（3）烟气流动产生的压力降

① 烟气由辐射室至对流室的压力降：

$$\Delta p_{11} = \xi_1 \cdot \frac{w_1}{2g_c} \cdot \rho_1$$

$$\rho_1 = \frac{354}{T_g}$$

式中　Δp_{11}——烟气由辐射室至对流室的压力降，Pa；

　　　w_1——烟气在对流室入口处的流速，m/s；

　　　g_c——单位换算系数，m/(kg·s)^2，$g_c = 9.81$ m/(kg·s)^2；

　　　ξ_1——局部阻力系数（表 14-4）；

　A_1，A_2——分别为烟气入口和出口的截面积，m^2；

　　　ρ_1——烟气在对流室入口处的密度，kg/m^3；

　　　T_g——辐射室出口烟气温度，K。

表 14-4　烟气经过大小头的局部阻力系数

$\dfrac{A_2}{A_1}$	0.1	0.2	0.3	0.4	0.5	0.6	0.7	0.8	0.9	1.0
ξ_1	0.47	0.43	0.39	0.34	0.30	0.26	0.21	0.16	0.08	0.0

② 烟气通过对流室的压力降：

a. 烟气通过错排的光管管排的压力降：

$$\Delta p_{12} = \frac{T_1}{2324} \cdot G_{\text{mine}}^2 \cdot N_t \left(\frac{d_p \cdot G_{\text{mine}}}{\mu_g} \right)^{-0.2}$$

$$d_p = S_c - d_c$$

式中　Δp_{12}——烟气通过错排的光管管排的压力降，Pa；

T_1——对流段烟气的平均温度，K；

N_t——管排数；

d_p——管与管的间隙，m；

μ_g——烟气在对流室平均温度下的黏度，Pa·s。

b. 烟气通过错排的钉头管管排的压力降：

$$\Delta p_{t12} = \frac{T_1}{2324} \cdot G_{\text{gc}}^2 \cdot N_t \left(\frac{d_p \cdot G_{\text{gc}}}{\mu_g} \right)^{-0.9}$$

$$\left(\frac{W_s}{3600 G_{\text{gc}}} - A_{\text{sc}} \right)^{1.2} = \frac{A_{\text{s1}}^{1.8}}{N_d} \left(\frac{d'_p}{d''_p} \right)^{0.2}$$

$$A_{\text{sc}} = \left[B - (d_c + 2l) \cdot n_c \right] \cdot L_c$$

$$A_{\text{s1}} = \left[B - d_c \cdot n_c - \frac{2d_s \cdot l \cdot n_c}{S_e} \right] \cdot L_c$$

式中　Δp_{t12}——烟气通过错排的钉头管管排的压力降，Pa；

G_{gc}——烟气在钉头外部区域的质量速度，kg/(m²·s)；

W_s——烟气的流量，kg/h；

N_d——每一圈钉头的个数；

A_{sc}——钉头区域外部的流通面积，m²；

A_{s1}——钉头区域内部的流通面积，m²；

B——对流室宽度，m；

L_c——对流室长度，m；

d_c——炉管的外径，m；

n_c——每排的管数；

d_s——钉头的直径，m；

l——钉头的高度，m；

S_e——纵向钉头的中心距，m；

d'_p——纵向钉头与钉头之间的间隙，m；

d''_p——两相邻管钉头顶端之间的间隙，m。

c. 烟气通过错排的翅片管管排的压力降：

$$\Delta p_{t22} = \frac{f'}{6934} \cdot T_r \cdot G_{\text{max}}^2 \cdot \frac{H'}{D_v} \left(\frac{D_v}{S_c} \right)^{0.4}$$

式中　Δp_{t22}——烟气通过错排的翅片管管排的压力降，Pa；

f'——烟气的摩擦系数；

  H'——烟气通过的管排高度，m；

  D_v——炉管的容积水力直径，m。

  烟气的摩擦系数，可根据 $Re = \dfrac{D_v \cdot G_{max}}{\mu_g}$ 的大小计算：

  当 $Re \leqslant 320$ 时，$\lg f' = -0.967 \lg Re + 2.2127$；

  当 $Re > 320$ 时，$\lg f' = -0.14335 \lg Re + 0.27515$。

  H' 的计算：
$$H' = 0.866 S_c \cdot N_c$$

式中　S_c——炉管的管心距，m。

  D_v 的计算：
$$D_v = 4 \times \frac{V}{S}$$

$$V = 0.866 S_c^2 - \frac{\pi \cdot d_c^2}{4} - \frac{\pi}{4}[(d_c + 2l)^2 - d_c^2]\delta \cdot N_f$$

$$S = \pi \cdot d_c + \frac{\pi}{4}[(d_c + 2l)^2 - d_c^2] \cdot 2N_t$$

式中　V——翅片管管排每米长的净自由体积，m³；

  S——翅片管管排每米长的摩擦表面积，m²；

  δ——翅片厚度，m。

  ③ 烟气由对流室至烟囱的压力降：
$$\Delta p_{111} = \xi_1 \cdot \frac{w_1}{2g_c} \cdot \rho_1$$

式中　Δp_{111}——烟气由对流室至烟囱的压力降，Pa。

  ④ 烟气在烟囱内的摩擦损失：
$$\Delta p_4 = f \frac{H_e \cdot w_e^2}{2D_e \cdot g_c} \rho_g$$

式中　Δp_4——烟气在烟囱内的摩擦损失，Pa；

  w_e——烟气在烟囱内的流速，m/s；

  H_e——烟囱的高度，m；

  D_e——烟囱的内径，m；

  ρ_g——烟气在烟囱内的平均密度，kg/m³。

  ⑤ 烟囱挡板的压力降：
$$\Delta p_5 = \xi_5 \frac{w_e}{2g_c} \rho_g$$

式中　Δp_5——烟囱挡板的压力降，Pa；

  ξ_5——局部阻力系数(表 14-5)。

表 14-5　烟气经过挡板的局部阻力系数

挡板开度/%	10	20	30	40	50	60	70	80	90	100
ξ_5	200	40	18	8	4	2	1.0	0.5	0.22	0.1

  ⑥ 烟囱出口的动能损失：

$$\Delta p_6 = \frac{w_e^2}{2g_c}\rho_g$$

式中 Δp_6——烟囱出口的动能损失，Pa。

14.5 典型高压加热炉工艺参数和技术分析[1~2,5~12]

14.5.1 典型高压加热炉工艺参数

典型高压加热炉工艺参数见表14-6、表14-7。

表14-6 高压循环氢加热炉工艺参数

介质名称		循环氢			
介质流量/(Nm³/h)		60000			
炉管部位		对流段		辐射段	
		入口	出口	入口	出口
设计条件	温度/℃	290		324	
	压力/MPa	20.0		20.0	
设计热负荷/kW		1139		3877	
加热炉规格和结构特征		5233.5(450×10)-20(200)-φ114.3(翅)/φ114.3 立管立式炉			
过剩空气系数		1.15			
排烟温度/℃		210(烟囱)			
外形尺寸	炉管外径×厚度/mm	φ114.3×12		φ114.3×12	
	炉管长度/m	4700		6000	
	火嘴形式及数量	12			
余热回收	回收方法	热管式空气预热器			
	管子形式及材料	翅片管20#			
加热炉设计效率/%		88			

表14-7 高压反应进料加热炉工艺参数

介质名称		混合进料			
炉管部位		辐射段		对流段	
		入口	出口	入口	出口
操作条件	温度/℃		402	372	
	压力(绝)/MPa		10.88	11.28	
介质流量/(kg/h)		261586			
热负荷/kW	计算	8283			
	设计	17500			
设计炉管表面热强度/(W/m²)		44584		27292	
介质质量流速/[kg/(m²·s)]		1080			

续表

介质名称		混合进料	
压降/MPa		0.4	
过剩空气系数		1.15	
操作工况排烟温度/℃		196	
燃料气(标)/(m³/h)		2213	
加热炉构造	炉管形式及材料	光管 TP347H	光管+翅片管 TP347H
	炉管根数×程数×排数	64×4×4	48×4×12
	炉管外径×厚度/mm	168.3×10.97	
	炉管有效长度/m	9	5.48
	炉管传热面积/m²	305	139
	管心距×排心距/mm	457×500	304×263
	火嘴形式及数量	45kg/h 底部气体燃烧器 24 台；30 kg/h 侧壁气体燃烧器 24 台	
余热回收	回收方法	1414KW 扰流子空气预热器	
	管子形式及材料	翅片管　ND 钢	
加热炉计算热效率/%		91%(最大负荷工况 87%)	

14.5.2　技术分析

(1) 炉管表面热强度

加氢裂化高压加热炉辐射管表面最高热强度的上限由炉管材质所允许的最高管壁温度或管内介质所允许的最高膜温度控制。采用铬钼钢炉管的高压加热炉，两者均有可能成为限制条件；采用奥氏体钢炉管的高压加热炉加工重质油品时，主要由管内介质许用膜温度控制；加工轻质油时，应综合许用膜温度、炉膛温度、管壁温度等各方面的因素来确定采用的管壁热强度。

加氢裂化高压加热炉无论加工的是直馏重油或直馏重油与二次加工油品的混合油，在炉管内过热时，将发生一系列裂解与缩合反应，一方面裂解成低级不饱和烃类，另一方面缩合成相对分子质量越来越大的稠环芳烃，高度缩合的结果是生成碳氢比很高的焦炭。为了避免焦炭的生成，炉管内必须控制一定的温度，即允许内膜温度。一般情况下该温度按烃类临界分解温度进行控制，内膜温度的控制范围大致为：汽油、煤油、柴油为 460~480℃；重柴油、减压馏分油为 440~460℃；重油为 430℃。研究表明该温度范围内最易结焦。

根据内膜温度，可以得出允许的最高管壁热强度为：

$$q_m = (t_c - t_0) \cdot h_i \frac{D_i - 2S_r}{D_0}$$

式中　q_m——炉管外表面局部最高热强度，W/m²；

t_c——许用内膜温度，℃；

t_0——管内介质出口温度，℃；

h_i——管内流体传热系数，W/(m²·℃)；

D_0——炉管外径，m；

D_i——炉管内径，m；

S_r——焦层或垢层的厚度，m。

（2）管内流速及管径

管内流速高，管径小，管子壁厚薄，投资省，传热有利，可以选用较高的热强度，但阻力降上升；管内流速低，管径大，壁厚增加，投资上升，还可能会使得管子路数增加，操作控制困难，易偏流，另外流速低使得内膜传热系数降低，易结焦。

加氢裂化高压反应进料加热炉炉管内为氢油混相，根据气液在管内空间的分布与流动情况及相互作用的机理，形成了两相流不同的流型，各种流型的产生主要取决于气液的流速。

在垂直向上的管段中，气液两相的流型有：气泡流、液节流、泡沫流及环-雾状流；在水平管段中，气液两相的流型有：分层流、波状流、长泡流、液节流、分散气泡流、环-雾状流等。

加氢裂化高压反应进料加热炉炉管内为避免结焦，流速应按雾状流情况选择，并保证70%处理量时仍能达到雾状流。

加氢裂化高压加热炉炉管内平均线速度通常在8m/s以上，速度上限由原料泵及压缩机的压头所能分给炉子的最大允许压降决定，如压头允许，应尽量取较高的速度。炉管内达到雾状流有一定困难，采用其他流型也是可以的，但应绝对避免液节流的产生。

14.6　高压加热炉的热点难点问题

14.6.1　取消反应加热炉或变成开工炉

加氢裂化过程是强放热反应过程，反应器出、入口温差>60℃（一次通过一般110~130℃），在采用高效换热设备可保证利用旁路调节换热设备温度，满足反应温度要求的前提下，配合加热炉的合理设计，正常操作可将反应加热炉熄火（包括长明灯），只在开工阶段启用，将反应加热炉变成开工炉。

取消反应加热炉是加氢裂化反应加热炉未来的方向之一，如何变成行动方案，尚需大量工作。

14.6.2　反应加热炉管结焦

加氢裂化装置加工焦化汽油、焦化柴油、焦化蜡油、催化汽油、催化柴油、催化循环油、减压渣油等物料，当加热炉出口温度高、设计炉管热强度大、炉膛温度高时，部分物料会在加热炉管结焦(不同介质的结焦温度和结焦程度不同)。

氢气加热炉出现原料倒窜的情况时，氢气加热炉管也会结焦。

将加热炉出口温度降到加热物料结焦温度以下，是防止反应加热炉管结焦的有效措施之一；防止原料倒窜到氢气加热炉管，是避免氢气加热炉管结焦的措施之一。

参　考　文　献

[1] 中国石化集团上海工程有限公司. 化工工艺设计手册. [M]. 3版. 北京：化学工业出版社，2003：

332-393.

[2] 石油化学工业部石油化工规划设计院组织编写. 炼油设备工艺设计资料：管式加热炉工艺计算[M].
　　北京：石油化学工业出版社，1976.

[3] 徐兆康编著. 工业炉设计基础[M]. 上海：上海交通大学出版社，2004.

[4] 林世雄主著. 石油炼制工程[M].3 版. 北京：石油工业出版社，2000：457-468.

[5] 王松汉主编. 石油化工设计手册：第三卷　化工单元过程[M]. 北京：化学工业出版社，2002：
　　897-989.

[6] 钱家麟等编著. 管式加热炉[M]. 北京：烃加工出版社，1987.

[7] 化工部工艺炉设计技术中心站编著. 化学工业炉设计手册[M]. 北京：化学工业出版社，1988：381.

[8] 燃料化学工业部石油化工规划设计院编著. 管式加热炉工艺计算[M]. 北京：燃料化学工业出版社，
　　1974：12.

[9] 化学工程手册编辑委员会. 化学工程手册：第 3 篇. 传热设备及工业炉[M]. 北京：化学工业出版
　　社，1987.

[10] 尹朝曦. 如何选用奥氏体钢炉管[J]. 石油化工设备技术，1991，12(2)：21-25.

[11] 李文辉. 重油加氢加热炉的设计特点[J]. 石油化工设备技术，1988，9(6)：2-7.

[12] 张铁峰. 加氢装置反应进料加热炉主要设计参数探讨[J]. 石油化工设备技术，2001，22(6)：56-58.

[13] 贾保全，王勇. 加氢加热炉的关键设计要素[J]. 当代化工. 2007，36(4)：443-446.

[14] 张华. 加热炉专家系统的研究与开发[D]. 杭州：浙江大学，2006.

[15] 袁熙武. 加热炉燃烧系统的模糊控制研究[D]. 武汉：武汉科技大学，2005.

[16] 苏红星. 管式加热炉旋流场燃烧节能新技术研究与工业应用[D]. 武汉：华中科技大学，2005.

[17] 中国石油化工总公司石油化工规划院编. 石油化工设备手册：第三分篇. 石油化工加热炉设计（上册）
　　[M]. 北京：中国石油化工总公司石油化工规划院，1990：1-120.

第15章 高压循环氢脱硫塔
工艺计算及技术分析

循环氢脱硫塔是将加氢裂化高压分离器产生的循环氢与吸收剂(目前应用的均为贫胺液)接触,利用循环氢中各组分在贫胺液中的溶解度不同,使循环氢中的易溶组分 H_2S 溶解于贫胺液中,而使循环氢中的 H_2S 得到脱除。

15.1 结构形式、结构参数计算及技术分析[1~10,21]

加氢裂化装置的循环氢脱硫塔可以设计成填料塔,也可以设计成板式塔。

15.1.1 板式塔结构形式、结构参数计算及技术分析

板式塔的内部工艺结构包括塔顶、塔板结构、塔底、塔裙及塔各种类型的进口、抽出板、出口,塔的各种类型防冲挡板、防涡器、破沫网等;为了避免凝结的油品引起循环氢脱硫塔发泡,有时也设置撇油口。

(1) 塔顶

① 塔顶物料出口。一般为平接式,直径与循环氢工艺管线相同。

② 塔顶空间。塔顶空间是塔顶第一块塔板到塔顶切线距离。为了减少塔顶出口循环氢中携带贫胺液,塔顶空间一般取 1.0 ~ 1.5m,以利于循环氢中的液滴自由沉降,又避免投资增加过高。

③ 破沫网。为了分离循环氢中携带的贫胺液,提高循环氢的质量,改善循环氢进循环氢压缩机的操作,带液滴的循环氢经过丝网时,循环氢中的贫胺液与丝网碰撞,附着于丝网上,随之向下流至两根丝的接触处,由于接触缝隙的毛细管作用,液滴就不再往下流。当液滴聚集到一定体积时,其重量超过毛细管与气体上升的联合作用力,液滴自行下落。如图 15-1 所示。

破沫网下部与塔板的距离一般不小于板间距,网上部到塔顶切线可保持较小距离。

破沫网的直径取决于循环氢流量及气速,气速又受循环气与贫胺液密度、表面张力、黏度、丝网的比表面积、循环气中的雾沫量等因素影响。其中循环气与贫胺液密度

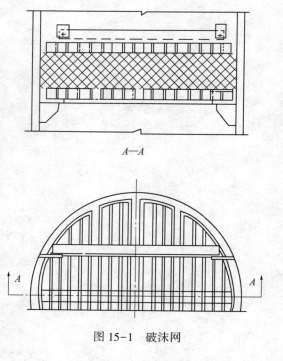

A—A

图 15-1 破沫网

影响最大。

$$V = K \sqrt{\frac{\rho_1 - \rho_g}{\rho_g}}$$

式中　V——气速，m/s，雾沫携带量有波动时，取计算气速的 75%，最小取计算气速
　　　　　的 30%；

　　　K——常数，取 107；

　　　ρ_1——贫胺液密度，kg/m³；

　　　ρ_g——循环氢密度，kg/m³。

$$D = \frac{4 \times Q}{\pi \cdot V}$$

式中　D——破沫网直径，m；

　　　Q——气体流量，m³/s；

　　　π——圆周率。

（2）进口

循环氢脱硫塔循环氢进口直径与循环氢工艺
管线相同（图 15-2）。

循环氢脱硫塔贫胺液进口设防冲斗，可使进
口处塔板上液体分布均匀，设导向内管，可防止
液体直冲塔板。如图 15-3 所示。

（3）塔底

① 塔底空间。循环氢脱硫塔底第一块塔板到
塔底切线的距离，停留时间可取 5~30min。

② 塔底出口。循环氢脱硫塔底贫胺液出口与

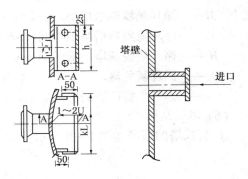

图 15-2　设进口挡板和平接式循环氢进口

贫胺液管线直径相同。由于贫胺液处于高压下，
且贫胺液中含有的 H_2S 有毒，不宜在裙座内采用法兰连接，以免发生意外事故，一般采用
全焊死，法兰布置在裙座外的连接方式。如图 15-4 所示。

（4）塔裙

循环氢脱硫塔塔裙如图 15-5 所示。

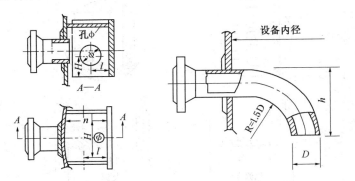

图 15-3　设防冲斗和导向内管贫胺液进口

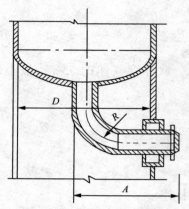 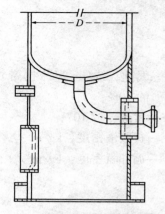

图 15-4　循环氢脱硫塔底贫胺液出口　　　　　图 15-5　循环氢脱硫塔塔裙

（5）塔高

$$H = H_d + (n-2) \cdot H_t + H_b$$

式中　H——循环氢脱硫塔塔高（切线到切线），m；

　　　H_d——循环氢脱硫塔塔顶空间（不包括头盖部分），m；

　　　H_t——循环氢脱硫塔塔板间距，m；

　　　H_b——循环氢脱硫塔塔底空间（不包括底盖部分），m；

　　　n——循环氢脱硫塔的实际塔盘数，块。

（6）塔板结构

① 板式塔的塔型如图 15-6 所示。

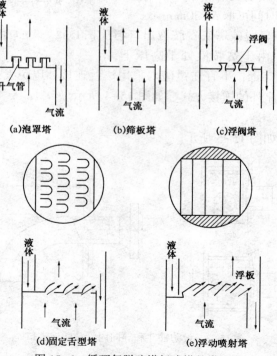

图 15-6　循环氢脱硫塔板式塔的塔型

② 塔板流动形式如图 15-7 所示。

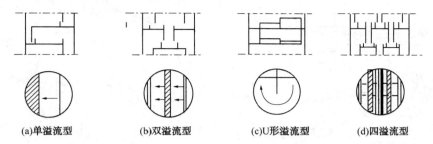

(a)单溢流型   (b)双溢流型   (c)U形溢流型   (d)四溢流型

图 15-7 塔板流动形式

③ 塔板的共同结构：

a. 塔板的几个区域。各种塔板面大致可分为三个区域：降液管所占的部分称为溢流区；塔板开空部分称为鼓泡区；阴影部分称为无效区，如图 15-8 所示。

b. 降液管示意图，如图 15-9 所示。

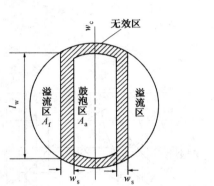

图 15-8 塔板共同结构示意图

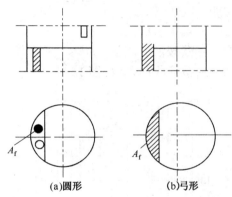

(a)圆形   (b)弓形

图 15-9 降液管示意图

$$\tau = \frac{A_f \cdot H_T}{L_s}$$

式中 τ——循环氢脱硫塔降液管停留时间，s；

A_f——循环氢脱硫塔溢流区面积，m^2；

H_T——循环氢脱硫塔降液管高度，m；

L_s——胺液的体积流量，m^3/s。

一般要求循环氢脱硫塔降液管停留时间大于 3~5s，并尽可能取上限。

c. 溢流堰(单液流溢流堰如图 15-10 所示)。

对单溢流循环氢脱硫塔 $\dfrac{l_w}{D} = 0.6 \sim 0.8$

对双溢流循环氢脱硫塔 $\dfrac{l_w}{D} = 0.5 \sim 0.7$

式中 l_w——循环氢脱硫塔溢流堰长，m；

D——循环氢脱硫塔塔径，m。

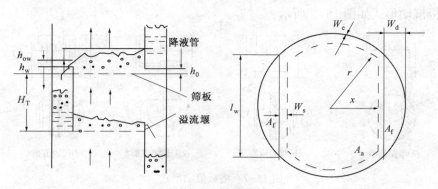

图 15-10　单液流溢流堰示意图

d. 堰上液层高度。

（a）平堰：

$$h_{ow} = 2.84 \left(\frac{L_h}{l_w} \right)^{\frac{2}{3}} \quad \text{或} \quad h_{ow} = 2.84 \cdot E \cdot \left(\frac{L_h}{l_w} \right)^{\frac{2}{3}}$$

式中　h_{ow}——堰上液层高度，m；

　　　　L_h——贫胺液的流量，m^3/s；

　　　　E——液流收缩系数（图 15-11）。

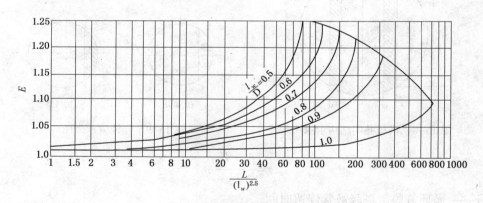

图 15-11　液流收缩系数

一般 $h_{ow} < 60 \sim 70mm$，过大时宜采用双液流或多液流；h_{ow} 应 $>6mm$，以免造成板上贫胺液分布不均匀，如果达不到，可采用齿形堰。

（b）齿形堰：如图 15-12（a）所示，当液流层不超过齿顶时，

$$h_{ow} = 1.17 \cdot \left(\frac{L_h \cdot h_a}{l_w} \right)^{2.5}$$

式中　h_a——齿深，m。

如图 15-12（b）所示，当液流层超过齿顶时，

$$L = 0.735 \left(\frac{l_w}{h_a} \right) [h_{ow}^{\frac{1}{2}} (h_{ow} - h_s)^{0.2}]$$

式中　L——贫胺液的流量，m^3/s。

图 15-13 为流层超过齿顶时的 h_{ow}、L_h、l_w 的关系图。

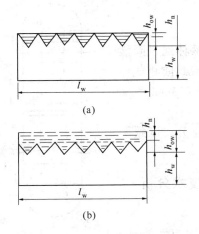

图 15-12　齿形堰

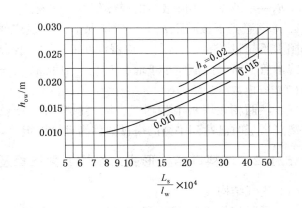

图 15-13　液流层超过齿顶时的 h_{ow} 值

（c）圆形溢流管见图 15-14。

当 $h_{ow} < 0.2d$ 时，

$$h_{ow} = 0.14 \left(\frac{L}{d}\right)^{0.104}$$

当 $0.2d < h_{ow} < 1.5d$ 时，

$$h_{ow} = 2.65 \times 10^4 \left(\frac{L}{d^2}\right)^2$$

式中　d——圆管直径，m。

e. 液体抛出距离见图 15-15。板上液体越堰流入降液管时，应有一定的抛出距离。

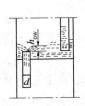

图 15-14　圆形溢流管

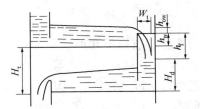

图 15-15　液体抛出距离

$$W_t = 0.8 \sqrt{h_{ow} \cdot h_f} ; \quad h_f = H_\tau + h_w - H_d$$

式中　W_t——抛出距离，m；

　　　h_f——堰顶端到降液管内液面的距离，m；

　　　H_τ——塔板间距，m；

　　　h_w——堰高，m；

　　　H_d——降液管内液层高度，m。

最大抛出距离应小于降液管宽度的 0.6 倍。

f. 降液管内液面高度：

$$H_d = h_w + h_{ow} + \Delta + h_d + h_o$$

式中　h_w——外堰高，m；

Δ——进出口堰之间的液面梯度，m；

h_o——通过每层塔板的气相总压降，m 液柱；

h_d——液相流出降液管的局部阻力，m 液柱。

g. 降液管到下板间距 h_o。一般情况下，h_o 值应使液体通过降液管的阻力不超过 25mm。此外，应浸没在液层中以保持液封防止气体进入降液管，所以此值应小于堰高 h_w，一般取 $h_w - h_0 = 6 \sim 13\text{mm}$。

（7）塔板数（图 15-16）

气、液两相在塔板上相遇时，因接触良好、传质充分，以致两相在离开塔板时已达到平衡的塔盘数称为理论塔板。

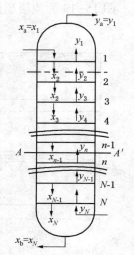

图 15-16　板式循环氢脱硫塔示意图

15.1.2　填料塔结构形式、结构参数计算及技术分析

（1）进气结构

循环氢脱硫塔良好的进气结构应具有如下特点：均布性能好，即入塔气流经进气结构预分布后，能均匀流入填料床；流动阻力小；雾沫夹带少。

① 进气管结构，如图 15-17 所示。

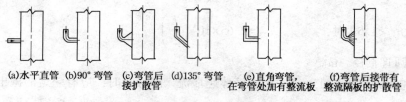

(a)水平直管　(b)90°弯管　(c)弯管后接扩散管　(d)135°弯管　(e)直角弯管，在弯管处加有整流板　(f)弯管后接带有整流隔板的扩散管

图 15-17　循环氢脱硫塔进气管结构

② 进气分布器，有以下几种形式：切向号角式、单切向环流式、多孔直管式、直管挡板式、双列叶片式、双切向环流式等。

a. 多孔直管式。进气管径向入塔延伸至塔中央，管口向下，循环氢气流由管上的开孔向下喷，再折射而向上。此时，塔壁处气速较高，管上方有一旋涡，中心处气速向下，沿管长各孔气速依次增大。气液两相进料带液速度分布不均，局部孔速较高，阻力很大，如图 15-18 所示。

b. 直管挡板式，如图 15-19 所示。直管挡板式是为了减少冲击而在直管中加有向下的弧形挡板，液体在入口处下落最多，阻力与液沫夹带大为减少。

c. 切向号角式，如图 15-20 所示。切向号角式是进口管切向进入塔内，管口有一向下倾斜的号角形导流罩。循环氢以高速切向进入渐扩的喇叭管，沿塔壁向下旋转至塔底再折而向上，塔中央有一向下的气旋。由于离心力的作用，液沫夹带几乎为零，阻力很小，但喇叭管的倾角要适当，否则可使液面上移至进气口，使全塔发生震动。

d. 单向切向环流式，如图 15-21 所示。单向切向环流式由内筒和塔壁形成环形通道，上面封顶，内设弧形导流板。高速气液流切相进入由内筒和塔壁组成的环形通道，被弧形叶片依次导流向下，气流又受塔底反射折而向上并与液体分离。中心处气速较高，液体受离心力作用沿塔壁流下，液沫夹带几乎为零，分布器阻力较小，而入口管中高速两相流的阻力较大。

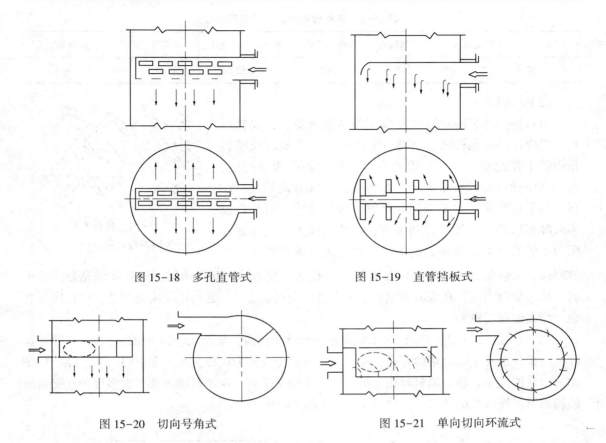

图 15-18　多孔直管式　　　　　　　　图 15-19　直管挡板式

图 15-20　切向号角式　　　　　　　图 15-21　单向切向环流式

　　e. 双切向环流式，如图 15-22 所示。循环氢径向入塔由导流板分成两部分，各沿内筒进入环形通道，依次被弧形导流叶片导向塔底并折而向上，循环氢气速分布较均匀，液沫夹带量少，阻力较小。这是一种综合性能较优良的气体进料分布器。缺点是该种分布器为面对称，故气速分布还不能令人满意。

　　f. 双列叶片式，如图 15-23 所示。循环氢径向入塔，进口两侧有两列导流弧形叶片，其顶部、底部均封闭，循环氢气流沿两列叶片左右分开，冲向塔壁后，向上，造成两侧边壁气速较高，中央部分气流朝下而有旋涡。这种结构气流分布不均，液沫夹带较少，阻力较小。

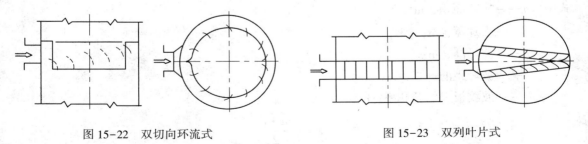

图 15-22　双切向环流式　　　　　　　图 15-23　双列叶片式

　　各种分布器的不均匀度比较见表 15-1，一般加氢裂化装置填料型循环氢脱硫塔多用进气管结构。

表 15-1　各种分布器的不均匀度比较

分布器	多孔直管式	直管挡板式	切向号角式	单向切向环流式	双切向环流式	双列叶片式
不均匀度	2.0	2.0	1.97	0.52	0.37	1.8

（2）填料

　　填料型循环氢脱硫塔主要应用的是规整填料，规整填料主要应用的是孔板波纹填料（图 15-24）。孔板波纹填料是由若干彼此平行、垂直排列表面有沟纹的孔板片组成，波纹与塔轴方向成一定夹角，相邻板片波纹方向相反，使板片间形成交叉三角形通道；填料由板片组成，板片有较大波峰相错排列，板片排列整齐，因此空隙大，气体通过阻力小、通量大；填料表面润湿率高，无沟流现象，传质

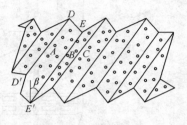

图 15-24　孔板波纹
填料板片示意图

效率高，持液量少。气液两相在填料中不断呈 Z 型运动，混合均匀，气液接触充分，效率高、抗污染能力强；孔板波纹填料除用金属和塑料制造外，还可以用陶瓷制造，以适应耐腐蚀、耐高温等特殊要求。

　　在一个波纹板片上，每个波纹面都是一个局部斜面，如图 15-24 中的 A，B，C 等，每片填料板片上有不同数量的开孔，相邻波纹斜面交线称为纹棱，如上图中的 DD'，EE' 等，β 称为填料的倾角。组装填料时相邻板片的纹棱交叉排列，在填料层内部形成多层相互交错的倾斜通道。波纹片的几何尺寸如图 15-25、图 15-26 所示。

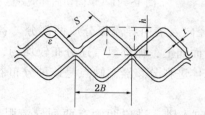

图 15-25　波纹片的几何尺寸

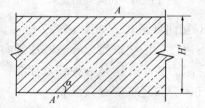

图 15-26　波纹片成型前的板片

$$a=\frac{2S}{h\cdot B}(1-\sigma)$$

式中　a——比表面积，m^2；

　　　　S——板片宽，m；

　　　　h——波峰高，m；

　　　　B——波峰距的一半，m；

　　　　σ——波纹板上的开孔率，%。

$$\varepsilon=1-\frac{a\cdot t}{2}$$

式中　ε——空隙率，%；

　　　　t——板片厚度，m。

$$d_h = \frac{4\varepsilon}{a} = \frac{4}{a} - 2t$$

式中　d_h——水力直径，m。

$$H = H' \frac{\cos\phi}{\sin\alpha}$$

式中　H——盘高，m；

　　　H'——板片未形成波纹前的宽度，m；

　　　ϕ——倾角；

　　　α——纹棱与底边的夹角。

15.2　工艺计算及技术分析[1~3,9,11~12,21]

15.2.1　平衡计算

加氢裂化装置的循环氢与贫胺液在高压(10~18MPa)、低温(40~60℃)条件下接触，若循环氢中的 H_2S 由循环氢向贫胺液传质的速率与由贫胺液向循环氢的传质速率相等，即达到平衡状态。此时，两相中 H_2S 的化学位或逸度相等，H_2S 在循环氢中的浓度称平衡浓度，分压称平衡分压，H_2S 在液相中的浓度称为溶解度。

（1）H_2S 在醇胺水溶液中的溶解度如图 15-27、图 15-28 所示。

$$\lg\left(\frac{c}{c_w}\right) = \lg\left(\frac{H_w}{H}\right)$$

式中　c——循环氢中的 H_2S 在贫胺液中的溶解度，$kmol/m^3$；

　　　c_w——循环氢中的 H_2S 在纯水中的溶解度，$kmol/m^3$；

　　　H——循环氢中的 H_2S 在贫胺液中的亨利系数，$kPa \cdot m^3/kmol$；

　　　H_w——循环氢中的 H_2S 在纯水中的溶解度，$kPa \cdot m^3/kmol$。

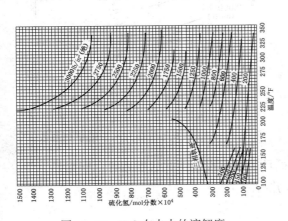

图 15-27　H_2S 在水中的溶解度

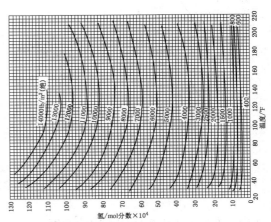

图 15-28　H_2 在水中的溶解度

（2）H_2S 的平衡分压，如图 15-29 所示。

（3）H_2S 的亨利系数。

H_2S 在贫胺液中溶解度与 H_2S 在循环氢中的分压成正比，比例系数即为 H_2S 的亨利系数。

$$p_{H_2S} = H_{H_2S} \cdot x_{H_2S}$$

式中　p_{H_2S}——H_2S 在循环氢中的分压，kPa；

　　　H_{H_2S}——H_2S 的亨利系数（表 15-2、图 15-30）；

　　　x_{H_2S}——H_2S 在贫胺液中的摩尔分率，%。

$$y_{H_2S} = m_{H_2S} \cdot x_{H_2S}$$

式中　y_{H_2S}——H_2S 在循环氢中的平衡摩尔分率，%；

　　　m_{H_2S}——H_2S 的相平衡系数。

表 15-2　循环氢中的几种气体在水中的亨利系数　　　　　　　　$\times 10^{-6}$

项　目	35	40	45	50	60	70	80
H_2	54	55.1	57.1	57.7	58.1	57.8	57.4
CH_4	38.5	39.5	11.8	43.9	47.6	50.6	51.8
C_2H_6	29.1	32.2	35.2	37.9	42.9	47.4	50.2
H_2S	0.519	0.566	0.618	0.672	0.782	0.905	1.03

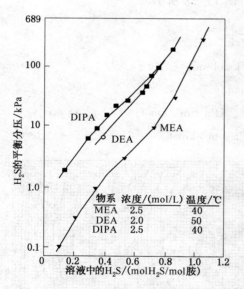

图 15-29　在贫胺液中的平衡 H_2S 分压

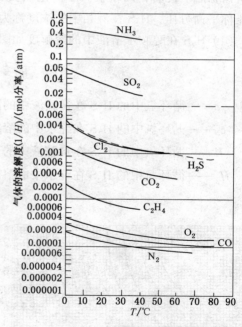

图 15-30　H_2S 等气体在水中的亨利系数

（4）热力学平衡关系式。平衡时，H_2S 在循环氢和贫胺液中的逸度相等，根据热力学：

$$f_i^G = p \cdot \phi_i \cdot y_i; \quad f_i^L = f_i^0 \cdot x_i \cdot \gamma_i$$

式中　f_i^G——H_2S 在循环氢中的逸度；

　　　f_i^L——H_2S 在贫胺液中的逸度；

p——总压，kPa；

ϕ_i——H$_2$S 的逸度系数（图 15-31）；

y_i——H$_2$S 在循环氢中的摩尔分率，%。

γ_i——H$_2$S 的活度系数。

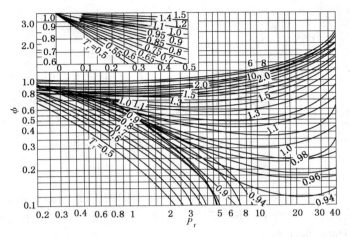

图 15-31　气体的逸度系数与对比温度和对比压力的关系

（5）H$_2$S 的吸收率，如图 15-32 至图 15-34 所示。

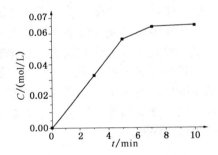

图 15-32　液相中不同吸收时间
对应的 H$_2$S 浓度

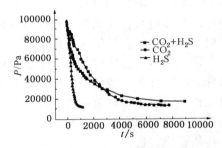

图 15-33　25%MDEA 溶液吸收酸气
压力随时间变化关系

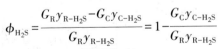

$$\phi_{H_2S} = \frac{G_R y_{R-H_2S} - G_C y_{C-H_2S}}{G_R y_{R-H_2S}} = 1 - \frac{G_C y_{C-H_2S}}{G_R y_{R-H_2S}}$$

式中　ϕ_{H_2S}——H$_2$S 的吸收率，%；

G_R——进入循环氢脱硫塔的循环氢流量，
kmol/h；

y_{R-H_2S}——进入循环氢脱硫塔循环氢中 H$_2$S
的摩尔分率，%；

G_C——离开循环氢脱硫塔的循环氢流量，
kmol/h；

y_{C-H_2S}——离开循环氢脱硫塔循环氢中 H$_2$S
的摩尔分率，%。

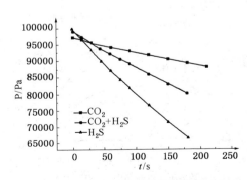

图 15-34　25%MDEA 吸收各种气体初始
阶段压力随时间变化关系

（6）化学反应平衡。MDEA 与 H_2S 反应方程式为：

$$2R_3N+H_2S \Longleftrightarrow (R_3NH)_2S$$
$$(R_3NH)_2S+H_2S \Longleftrightarrow 2R_3NHHS$$

MDEA 与 H_2S 发生的反应为可逆反应，在循环氢脱硫塔中平衡向右移动，循环气中的酸性组分（H_2S）被脱除。

$$R_3NH^+ \Longleftrightarrow R_3H+H^+ \qquad K_1=\frac{[R_3N]\cdot[H^+]}{[R_3NH^+]}$$
$$H_2O \Longleftrightarrow H^++OH^- \qquad K_2=[H^+]\cdot[OH^-]$$
$$H_2S \Longleftrightarrow H^++HS^- \qquad K_3=\frac{[H^+]\cdot[HS^-]}{[H_2S]}$$
$$HS \Longleftrightarrow H^++S^{2-} \qquad K_4=\frac{[H^+]\cdot[S^{2-}]}{[HS^-]}$$

式中 K_1，K_2，K_3，K_4——平衡常数；

        [ ]——表示化合物或离子在溶液中的浓度，$kmol/m^3$。

循环氢脱硫塔的吸收过程中，包括溶解、电离、化学反应还有气液传质，目前还没有综合的计算方法，只能分步计算，综合平衡。

15.2.2　传质计算

在循环氢脱硫塔的传质分离过程中，H_2S 靠扩散由循环氢气相穿过界面传向贫胺液，因此构成相际间传质过程，达到使循环气分离的目的。H_2S 由循环氢气相穿过界面向贫胺液传递过程，既与循环氢和贫胺液间的流动状况有关，又与循环氢和贫胺液间的物理化学性质及相际间的平衡关系有关，所以这是一个复杂的过程。循环氢脱硫塔的传质过程，也是相间物质扩散过程，往往并非单纯分子扩散，而是以对流扩散（包括分子扩散和涡流扩散）的方式进行，对流扩散不仅与循环氢和贫胺液的物理性质有关，尤其与循环氢和贫胺液的流动状况及设备的几何特性等因素有关。双膜理论物理模型见图 15-35。

（1）传质速率方程

循环氢脱硫塔宏观的主体浓度与截面浓度示意如图 15-36 所示。

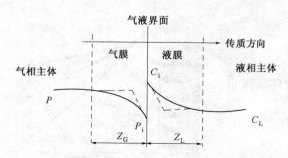

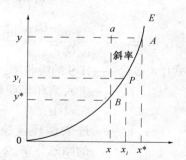

图 15-35　双膜理论物理模型

P—某溶质 A 在气相中的分压；P_i—某溶质 A 在界面中的分压；

C_i—界面处溶质 A 的浓度；C_L—液相主体中溶质 A 的浓度；

Z_G—虚拟的气相滞流膜层厚度；Z_L—液相有效滞流膜层厚度

图 15-36　主体浓度与截面浓度示意图

循环氢脱硫塔任一截面气液两相主体浓度在 $y-x$ 上可用一点 a 表示。此点一般不在平衡线上。如双膜理论模型假设成立，表示界面上两相组成关系的点 P 必位于平衡线上。若 P 点附近两相组成 x、y 在涉及的范围内，平衡线可近似看成斜率为 m 的直线(若服从亨利定律，则 m 为相平衡常数)则

$$m(x_i-x)=y_i-y^* \quad \text{或} \quad \frac{y-y_i}{m}=x^*-x_i$$

（2）气膜传质系数与传质速率方程

气液两相之间的传质阻力全部集中在气液两个虚拟的滞流膜层内。溶质 A(循环氢)由气相主体向界面的对流传质，可以认为是通过虚拟停滞气膜 Z_C 的稳定分子扩散，故传质速率方程可写为：

$$N_A=\frac{D_G}{RTZ_G}\cdot\frac{P_总}{P_{BM}}\cdot(P-P_i)$$

$$P_{BM}=\frac{P_{B2}-P_{B1}}{\ln\left(\dfrac{P_{B2}}{P_{B1}}\right)}=\frac{(P_总-P_i)-(P_总-P)}{\ln\left(\dfrac{P_总-P_i}{P_总-P}\right)}=\frac{P-P_i}{\ln\left(\dfrac{P_总-P_i}{P_总-P}\right)}$$

式中　N_A——溶质 A(H_2S)的对流传质速率，$kmol/(m^2\cdot s)$；

D_G——溶质 A(H_2S)在气相中的扩散系数，m^2/s；

Z_G——虚拟的气相滞流膜层厚度，m；

$P_总$——循环氢脱硫塔的压力，kPa；

P_{BM}——氢气在循环氢中与界面处分压的对数平均值，kPa；

P——溶质 A(H_2S)在气相处的分压，kPa；

P_i——溶质 A(H_2S)在相界面处的分压，kPa；

P_{B1}——氢气在循环氢中的分压，kPa；

P_{B2}——氢气在相界面处的分压，kPa；

R——通用气体常数，$8.314kJ/(kmol\cdot K)$；

T——循环氢脱硫塔的温度，K。

传质速率与传质推动力成正比而和传质阻力成反比：

$$N_A=\frac{推动力}{阻力}$$

（3）液膜传质系数与传质速率方程

按照双膜理论，溶质 A(H_2S)由界面向液相主体(贫胺液)对流传质，可认为是通过虚拟停滞膜 Z_L 的稳态分子扩散，其传质速率方程可写成：

$$N_A=\frac{D_L\cdot C}{Z_L\cdot C_{sm}}(C_1-C)$$

式中　N_A——溶质 A(H_2S)在液相中的对流传质速率，$kmol/(m^2\cdot s)$；

D_L——溶质 A(H_2S)在液相中的扩散系数，m^2/s；

Z_L——贫胺液有效滞流膜层厚度，m；

C——贫胺液中的溶质 A(H_2S)浓度，$kmol/m^3$；

C_i——界面处的溶质 A(H_2S)浓度，$kmol/m^3$；

C_{sm}——MDEA 在贫胺液中与界面处浓度的对数平均值，$kmol/m^3$。

（4）相际间总的传质系数与传质速率方程

以气相分压差$(P-P^*)$表示总推动力的传质速率方程

$$N_A = K_G(P-P^*)$$

$$K_G = \cfrac{1}{\left(\cfrac{1}{K_G} + \cfrac{1}{H \cdot k_L}\right)}$$

式中　N_A——相际间总的传质速率，$kmol/(m^2 \cdot s)$；

　　　　P——循环氢中H_2S的浓度在循环气中的分压，kPa；

　　　　P^*——与贫胺液中H_2S浓度成平衡的循环气分压，kPa；

　　　　K_G——气相总传质系数，K_G的倒数为两个膜层传质的总阻力；

　　　　k_L——以液相摩尔浓度差表示推动力的液膜传质系数，$kmol/m^3$。

（5）化学吸收增强系数

　　加氢裂化循环氢脱硫塔吸收过程中伴有化学反应，与物理吸收不同，化学吸收的速率不仅与传质速率有关，而且大体分为几个步骤：溶质$A(H_2S)$从循环气到界面的扩散速度；溶质$A(H_2S)$在液相（贫胺液）中的扩散速度（到反应区）；溶剂中反应组分$MDEA$在液相（贫胺液）中的扩散速度；组分$A(H_2S)$与$B(MDEA)$在反应区的化学反应速度；反应产物从反应区到液相主体中的扩散速度。吸收过程浓度分布如图15-37所示。

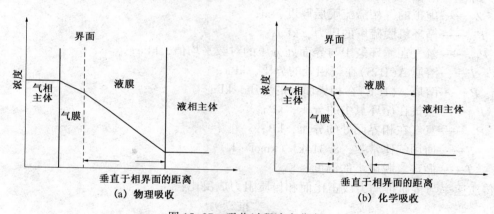

图15-37　吸收过程浓度分布

物理吸收：

$$N_A = \frac{D_A}{Z_L}(C_{Ai} - C_{AL}) = k_L(C_{Ai} - C_{AL})$$

化学吸收：

$$N'_A = \frac{D_A}{\dfrac{Z_L}{\alpha}}(C_{Ai} - C_{AL}) = \alpha \cdot k_L(C_{Ai} - C_{AL})$$

式中　N_A——物理吸收速率，$mol/(m^2 \cdot s)$；

　　　　N'_A——化学吸收速率，$mol/(m^2 \cdot s)$；

　　　　D_A——H_2S在液相中的扩散系数，m^2/s；

　　　　Z_L——液膜有效厚度，m；

C_{Ai}——H_2S 的界面浓度，$kmol/m^3$；

C_{AL}——H_2S 的液相浓度，$kmol/m^3$；

k_L——液膜传质系数，m^2/s；

α——反应系数。

（6）传质阻力

总传质阻力为气相分传质阻力与液相分传质阻力之和（图 15-38）。若传质阻力集中于气相，称为气相阻力控制（亦称气膜控制）。若传质阻力集中于液相，称为液相阻力控制（亦称液膜控制）。

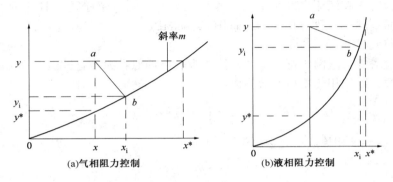

图 15-38　两相中的吸收传质阻力示意图

15.2.3　工艺工程计算

若以下标 a 代表塔顶，下标 b 代表塔底，A、B、S 分别代表溶质（H_2S）、惰性气体（氢气）和溶剂（MDEA）。

（1）全塔物料恒算

循环氢脱硫塔气、液流率及组成见图 15-39。

以气液两相达到平衡作为物料恒算的基准（实际工业生产中很难达到理论上的物料平衡）

$$G_B = G(1-y) \qquad L_s = L(1-x)$$

式中　G_B——氢气的流率，m^3/h；

　　　G——循环气的流率，m^3/h；

　　　y——循环氢中氢气的分率，%；

　　　L_s——MDEA 的流率，m^3/h；

　　　L——贫胺液的流率，m^3/h；

　　　x——贫胺液中 MDEA 的分率，%。

与此相应，气液相组成应采用摩尔比表示

$$Y = \frac{y}{1-y} \qquad X = \frac{x}{1-x}$$

$$G_B(Y_b - Y_a) = L_S(X_b - X_A)$$

$$L_S = L_a(1-x_a) = L_b(1-x_b)$$

式中　Y_b——进入循环氢脱硫塔氢气的摩尔分率，%；

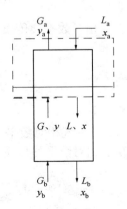

图 15-39　循环氢脱硫塔气、液流率及组成

Y_a——离开循环氢脱硫塔氢气的摩尔分率，%；

L_a——进入循环氢脱硫塔贫胺液的流率，m^3/h；

x_a——进入循环氢脱硫塔贫胺液中 MDEA 的摩尔分率，%；

L_b——离开循环氢脱硫塔贫胺液的流率，m^3/h；

x_b——离开循环氢脱硫塔贫胺液中 MDEA 的摩尔分率，%。

（2）贫胺液（吸收剂）用量

从能耗的角度考虑，希望贫胺液（吸收剂）流量要小，但限于 H_2S 在贫胺液中的溶解度，贫胺液流率小到一定程度则达不到吸收要求，故需合理选取。

循环氢脱硫塔贫胺液流率的大小根据操作压力的不同、循环气中 H_2S 的不同以及贫胺液组成的不同而不同。一般为 $0.3\sim0.6molH_2S/molMDEA$。

（3）传质单元数

循环氢脱硫塔气、液两相符合恒摩尔流，吸收可近似看为等温过程，两相的体积传质系数沿塔高为常数。以气相传质单元数为例：

$$N_{OG} = \int_{y_a}^{y_b} \frac{dy}{y - y^*}$$

式中　　　N_{OG}——气相传质单元数（图 15-40）；

y_a，y_b，y，y^*——图中坐标，dy 为积分微元。

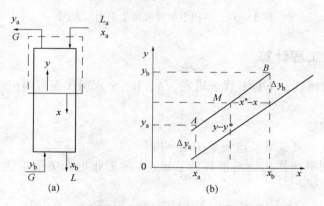

图 15-40　对数平均推动力法求传质单元数示意图

① 气相对数平均传质推动力：

$$N_{OG} = \int_{y_a}^{y_b} \frac{dy}{y - y^*} = \int_{y_a}^{y_b} \frac{dy}{\Delta y} = \frac{y_b - y_a}{\Delta y_b - \Delta y_a} \int_{\Delta y_a}^{\Delta y_b} \frac{d(\Delta y)}{\Delta y} = \frac{y_b - y_a}{\dfrac{\Delta y_b - \Delta y_a}{\ln \dfrac{\Delta y_b}{\Delta y_a}}}$$

式中　Δy——气相对数平均传质推动力，$\Delta y = y - y^*$。

② 液相对数平均传质推动力：

$$N_{OL} = \int_{x_a}^{x_b} \frac{dx}{x - x^*} = \int_{x_a}^{x_b} \frac{dx}{\Delta x} = \frac{x_b - x_a}{\Delta x_b - \Delta x_a} \int_{\Delta x_a}^{\Delta x_b} \frac{d(\Delta x)}{\Delta x} = \frac{x_b - x_a}{\dfrac{\Delta x_b - \Delta x_a}{\ln \dfrac{\Delta x_b}{\Delta x_a}}}$$

式中 N_{OL}——液相传质单元数；

x_a, x_b, x, x^*——图中坐标；

            dx——积分微元；

            Δx——液相对数平均传质推动力，$\Delta x = x - x^*$。

（4）理论塔盘数

理论塔盘：气液两相在这种塔板上相遇时，因接触良好、传质充分，以致两相在离开塔板时已达到平衡。

在循环氢脱硫塔内取一截面 $A\text{-}A'$，设其位置落在第 $n-1$ 与 n 块板之间，对 $A\text{-}A'$ 于循环氢脱硫塔塔顶、底作 H_2S 物料恒算，可得到操作线方程（图 15-41）。

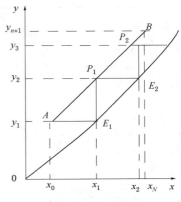

图 15-41 图解法理论塔板示意图

$$y_n = \frac{L}{G}x_{n-1} + \left(y_b - \frac{L}{G}x_b\right) \qquad y_n = \frac{L}{G}x_{n-1} + \left(y_a - \frac{L}{G}x_a\right)$$

式中 n, $n-1$——塔盘数。

15.3 典型循环氢脱硫塔工艺参数和技术分析[13~20]

15.3.1 典型循环氢脱硫塔工艺参数

典型板式循环氢脱硫塔工艺参数见表 15-3、表 15-4。

表 15-3 典型板式循环氢脱硫塔工艺参数

操作条件	工艺数据	操作条件	工艺数据
塔顶操作温度/℃	58	空塔气速/(m/s)	0.1
塔底操作温度/℃	57	单板压降/mmHg	3.42
塔顶操作压力/MPa	15.4	降液管清液层高度/mm	143
塔顶最高液相流量/(m³/h)	62458	雾沫夹带量/%	0.45
塔顶最高液相流量下的密度/(kg/m³)	964.1	降液管液体停留时间/s	16.21
塔顶最低液相流量/(m³/h)	59604	塔截面开孔率/%	7
塔顶最低液相流量下的密度/(kg/m³)	978.6	塔板间距	600
塔顶最高气相流量/(m³/h)	36187	溢流程数	单
塔顶最高气相流量下的密度/(kg/m³)	21.78	降液管形式	直降液管
塔顶最低气相流量/(m³/h)	35798	降液管总面积百分数/%	10
塔顶最低气相流量下的密度/(kg/m³)	21.63	出口堰高度或齿堰深	50
阀孔动能因数	6.77	出口堰长	1734
溢流强度/[m³/(h·m)]	35.05	降液板底隙	50

表 15-4　典型板式脱硫塔逐板计算结果

塔板数	压力/kPa	温度/℃	液相流率/(kmol/h)	气相流率/(kmol/h)	液相 H₂S 含量/%	气相 H₂S 含量/%
1	8120.0	35.2	18051.3	4245.8	0.000536	0.000001
2	8129.5	35.4	18056.8	4276.8	0.000537	0.000002
3	8138.9	35.7	18062.4	4282.2	0.000538	0.000004
4	8148.4	35.9	18068.2	4287.8	0.000538	0.000006
5	8157.9	36.2	18074.2	4293.7	0.000539	0.000008
6	8167.4	36.4	18080.5	4299.7	0.000540	0.000011
7	8176.8	36.7	18086.9	4305.9	0.000542	0.000017
8	8186.3	37.0	18093.6	4312.4	0.000547	0.000027
9	8195.8	37.3	18100.7	4319.1	0.000557	0.000049
10	8205.3	37.6	18108.1	4326.1	0.000579	0.000092
11	8214.7	37.9	18116.3	4333.6	0.000623	0.000182
12	8224.2	38.3	18125.9	4341.7	0.000175	0.000368
13	8233.7	38.7	18136.9	4351.0	0.000906	0.000752
14	8243.2	39.3	18152.4	4362.4	0.001301	0.001545
15	8252.6	40.1	18176.0	4377.8	0.002118	0.003182
16	8262.1	41.5	18216.0	4401.4	0.003796	0.006544
17	8271.6	44.0	18289.0	4441.4	0.007199	0.013387
18	8281.1	48.2	18425.3	4514.5	0.013866	0.027018
19	8290.5	54.6	18661.6	4650.7	0.025711	0.052851
20	8300.1	58.3	18965.3	4887.0	0.041604	0.096199

15.3.2　技术分析

（1）脱硫溶剂

脱硫溶剂的对比如表 15-5 所示。

表 15-5　脱硫溶剂的对比

脱硫方法	MDEA	Sulfinol-D	Sulfinol-M	MEA	DEA
化学溶剂	MDEA	DIPA	MDEA	MEA	DEA
物理溶剂		环丁砜	环丁砜		
胺液浓度/%	20~50	30~50	30~50	15~25	30~40
酸气负荷/(mol/mol)	0.4~0.7	>0.5	>0.5	0.3~0.5	>0.5
溶解烃类	少	较多	较多	少	少
再生难易程度	易	较易	较易	难	较难
腐蚀性	弱	较弱	较弱	强	较强

　　MDEA 具有：对 H₂S 具有很好的选择吸收能力；对酸性气体的吸收性好，兼有物理和化学吸收，溶剂负载量大，净化度高；在各种醇胺液中，MDEA 溶液与酸性气体的溶解热最低，吸收与再生间温差小，再生温度低，故能耗低；稳定性好，使用中很少发生降解，对碳钢基本无腐蚀；MDEA 溶液蒸气压低，吸收酸性气体溶剂损失小，工业装置上溶解的年更换率为 2%~3%。

　　① MDEA 溶液密度：

$$\rho = 1.0991 + 0.0002237 \times T - 0.000001425 \times T^2$$

式中　ρ——45%MDEA 溶液密度，kg/m³；

　　　T——温度，K，适用范围：303~383K。

当 MDEA 溶液吸收 H_2S 后，其密度随 H_2S 负荷的增加而上升。

② MDEA 溶液黏度：

$$\lg\nu = -3.65787 + \left(\frac{1326.0}{T}\right)$$

式中　ν——45%MDEA 溶液黏度，mPa·s。

当 MDEA 溶液吸收 H_2S 后，其黏度随 H_2S 负荷的增加而下降。

③ MDEA 溶液比热容

$$C_P = 3.3536 + 0.00435 \times T$$

式中　C_P——45%MDEA 溶液比热容，kJ/(kg·℃)。

④ MDEA 溶液表面张力：

$$\delta = 55.65 - 0.1376 \times T$$

式中　δ——45%MDEA 溶液表面张力，mN/m。

⑤ MDEA 溶液饱和蒸气压：

$$\lg P = 11.008 - \left(\frac{2252.70}{T}\right)$$

式中　P——45%MDEA 溶液饱和蒸气压，kPa。

（2）循环氢脱硫塔入口液滴的脱除

脱除循环氢脱硫塔入口气相中的液滴，可以保证胺液洗涤的正常操作、防止胺液发泡、减少胺液的耗量及保护进入循环氢压缩机的循环气。

带有部分气体自循环的旋风式循环氢气液聚结器的原理：含液滴的气流通过切向进入分离器并在其内部作高速旋转运动，液滴在气流旋转的离心力作用下被甩向器壁，从而与气体分离；被气流夹带到分离器中心升气管内的液滴，又进一步被甩到升气管壁，形成液膜旋转上升，经由分离器顶部升气管上的环隙、外循环管返回到分离器内进行二次分离。

① 入口气速对分离性能的影响见图 15-42。在相同入口含液量（45μg/g）、相同雾化液滴滴径（$d = 28.91\mu m$）条件下，气液凝聚器的分离效率随入口气速的增大而平缓地增加。

在纯气流状态下，气液凝聚器的压降（或称干阻）随入口气速增大而增大（图 15-43）。

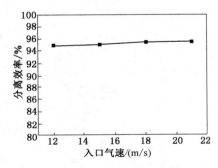 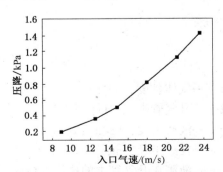

图 15-42　入口气速对分离效率的影响　　　图 15-43　入口气速对分离器干阻的关系

② 入口含液量对分离效率的影响见图 15-44。在相同入口气速(12m/s)、相同雾化液滴滴径($d=28.91\mu m$)条件下，气液凝聚器的分离效率随入口含液量的增大而增大。

③ 液滴滴径对分离效率的影响见图 15-45。在相同入口含液量($45\mu g/g$)条件下，气液凝聚器雾化液滴滴径越大，分离效率越高。

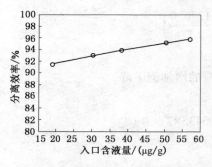

图 15-44　入口含液量对分离效率的影响

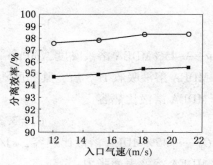

图 15-45　液滴滴径对分离效率的影响

■—入口液滴滴径 $d=28.91\mu m$;

○—入口液滴滴径 $d=55\mu m$

④ 液滴分离效率:

$$\eta = \frac{1}{n}\sum_{i=1}^{n}\eta_i$$

式中　η——液滴分离效率,%;

　　　n——升气管沿径向半径 R 划分的等分数;

　　　η_i——根据入口液滴滴径分布得到 r_i 处的分离效率。

a. η_i 的计算:

$$\eta_i = \sum_{i=1}^{m}f_i(d_p)$$

式中　$f_i(d_p)$——液滴滴径大于临界滴径 d_{ps} 液滴的质量分数。

b. d_{ps} 的计算

$$d_{ps} = \left[\frac{18\cdot\mu\cdot R^2}{t_s\cdot\rho_P\cdot V_i^2\cdot K^2}\ln\left(\frac{R}{r}\right)\right]^{0.5}$$

$$t_s = \frac{H}{\left(\dfrac{d_i}{d_r}\right)^2\cdot V_i}$$

$$K = \frac{V_t\cdot R}{V_i\cdot r}$$

式中　μ——气体黏度,mPa·s;

　　　R——升气管半径,m;

　　　ρ_p——液滴密度,kg/m³;

　　　r——任一半径,m;

　　　t_s——液滴在升气管中的平均停留时间,s;

　　　H——圆筒通道有效分离空间长度,m;

d_r——升气管直径，m；

d_i——任一点处的直径，m；

V_i——任一半径处的气流速度，m/s。

⑤ 外循环管的循环气量。气液凝聚器外循环管的循环气量随入口气量而变化，约为入口气量的 6.42%~8.10% 之间。

（3）工艺参数的影响

① 操作温度的影响，见表 15-6。对比基准：贫胺液流量 30000kg/h，贫胺液浓度 25%，贫胺液中 H_2S 含量 $2g/cm^3$，理论塔板数 10 块。

表 15-6　操作温度对气体脱硫效果的影响

贫胺液温度/℃	脱硫后气体中 H_2S 含量/（μL/L）	脱硫后气体中 H_2S 含量的相对变化/%
44	28.5	
42	25.7	9.8
40	23.2	9.7
38	20.9	9.9
36	18.8	10.0
34	17.0	9.6
32	15.3	10.0
30	13.8	9.8
28	12.5	9.4
26	11.3	9.6

② 贫胺液流量的影响，见表 15-7、表 15-8。对比基准：贫胺液温度 40℃，贫胺液浓度 25%，贫胺液中 H_2S 含量 $2g/cm^3$，理论塔板数 10 块。

表 15-7　贫胺液流量对气体脱硫效果的影响

贫胺液流量/（kg/h）	脱硫后气体中 H_2S 含量/（μL/L）	脱硫后气体中 H_2S 含量的相对变化/%
25000	23.4	
30000	23.2	0.85
35000	23.1	0.43
38000	23.1	0.43

表 15-8　贫胺液流量与塔板温度的关系

贫胺液流量/（kg/h）	塔板温度（编号自上而下）/℃			
	1#	7#	8#	9#
25000	40	43.8	48.7	55.2
30000	40	41.4	43.2	48.4
35000	40	40.8	41.8	45.4
38000	40	40.6	41.4	44.3

③ 贫胺液浓度的影响，见表 15-9。对比基准：贫胺液温度 40℃，贫胺液流量 30000kg/h，贫胺液中 H_2S 含量 $2g/cm^3$，理论塔板数 10 块。

表 15-9　贫胺液浓度对气体脱硫效果的影响

贫胺液浓度/%	脱硫后气体中 H_2S 含量/($\mu L/L$)	脱硫后气体中 H_2S 含量的相对变化/%
20	29.0	
21	27.6	4.8
22	26.4	4.3
23	25.2	4.5
24	24.2	4.0
25	23.2	4.1
26	22.3	3.9
27	21.5	3.6
28	20.7	3.7
29	20.0	3.4
30	19.3	3.5

④ 贫胺液中残余 H_2S 含量的影响，见表 15-10。对比基准：贫胺液温度 40℃，贫胺液流量 30000kg/h，贫胺液浓度 25%，理论塔板数 10 块。

表 15-10　贫胺液中残余 H_2S 含量对气体脱硫效果的影响

贫胺液 H_2S 含量/(g/cm^3)	脱硫后气体中 H_2S 含量/($\mu L/L$)	脱硫后气体中 H_2S 含量的相对变化/%
0.35	71.7	
0.30	52.4	26.9
0.25	36.3	30.7
0.20	23.2	36.1
0.15	13.1	43.5
0.10	6.0	54.2

⑤ 塔板数的影响，见表 15-11。对比基准：贫胺液温度 40℃，贫胺液流量 26000kg/h，贫胺液浓度 25%，贫胺液中 H_2S 含量 $2g/cm^3$。

表 15-11　塔板数对气体脱硫效果的影响

塔板数/块	脱硫后气体中 H_2S 含量/($\mu L/L$)	脱硫后气体中 H_2S 含量的相对变化/%
10	23.3	
9	23.3	0
8	23.4	0.4
7	23.4	0
6	23.5	0.4
5	24.0	2.1
4	29.0	20.8

（4）降低胺耗

① 降低胺的夹带损失。

胺夹带损失的主要原因主要有：循环氢脱硫塔塔径偏小；塔板操作在设计压力下；塔板操作处在液泛点；塔板堵塞；分布器尺寸偏小或堵塞；破沫网损坏。

较高的胺夹带损失常常是气速高于设计值或压力低于设计值引起的。为了控制夹带损失，应保持较低的气速。

② 降低胺的溶解损失。胺的溶解损失是由于胺液在烃中有一定溶解度所致。溶解损失的大小与操作温度、操作压力及胺液浓度等有关。随着温度增加和压力降低，烃中带胺量相应增加。胺的浓度越高，胺在烃中的溶解度就越大。

③ 降低胺的发泡损失。引起循环氢脱硫塔发泡的原因主要有：

a. 溶液中有装置腐蚀产物及循环氢中带入的硫化铁、催化剂颗粒等分散的细微固体悬浮物；

b. 胺液中溶解了或循环气凝结了烃类；

c. 溶液中有硫代硫酸盐和挥发性酸等胺的降解物；

d. 胺液中含有无机化合物的组分；

e. 气液接触速度太高和胺液搅动过分剧烈。

解决循环氢脱硫塔发泡的方法：

a. 定期化验分析机械杂质含量，确定贫胺液过滤器的再生及更换内部活性炭的时间，确保胺液过滤效果，控制胺液中机械杂质<0.1%；

b. 活性炭过滤器前设置机械过滤器以脱除胺系统中 10μm 的机械杂质，在活性炭过滤器后设置机械过滤器以脱除胺系统中 5μm 的碳粒；

c. 增加胺液的沉降静置时间，减少外送胺液机械杂质含量；

d. 控制贫胺液入循环氢脱硫塔的温度高于循环气入塔温度 4~7℃，防止重质烃的凝结，或在循环气入循环氢脱硫塔前设置水冷器，使冷却后的干气分出冷凝的烃后再进循环氢脱硫塔；

e. 脱硫装置长时间停工后再开工，必须经过吹扫、置换、水洗，将系统杂质尽可能清除后，方可进料进行胺液循环。

15.4　高压循环氢脱硫塔的热点难点问题

15.4.1　组合塔

组合塔的目的是降低循环氢脱硫塔发泡、节省投资和占地。典型的方案有：

组合塔1：循环氢脱硫塔入口分液罐、循环氢脱硫塔组合；

组合塔2：冷高压分离器、循环氢脱硫塔入口分液罐、循环氢脱硫塔组合；

组合塔1的外部组合已有工业化应用，但内部组合尚无工业化业绩；

组合塔2的外部、内部组合均无工业化业绩。

组合塔2会伴随第二代 SHEER 加氢裂化技术的工业化而工业应用。

15.4.2　循环氢脱硫理论研究

循环氢脱硫塔体系包含：硫化氢在水中的溶解、硫化氢在水中的电离、氨在水中的溶解、氨在水中的电离、胺液在水中的溶解、胺液在水中的电离、硫氢化胺在水中的溶解、硫氢化胺在水中的电离、硫化氢与氨的化学反应、硫化氢与胺液的化学反应、传热、传质等过程，可能还有少量氯化铵盐在水中的溶解和电离，研究和分析这些物理和化学过程，有助于设计计算和分析循环氢脱硫系统。

参 考 文 献

[1] 王松汉主编. 石油化工设计手册：第三卷　化工单元过程[M]. 北京：化学工业出版社，2002：1100-1322.

[2] 石油化学工业部石油化工规划设计院组织编写. 炼油设备工艺设计资料塔的工艺计算[M]. 北京：石油化学工业出版社，1976.

[3] 孙鹏程. 大型脱硫填料吸收塔气体分布器的研究[D]. 天津：天津大学环境科学与工程学院，2005.

[4] 杜玉萍. 进料分布器气液两相流场的CFD研究[D]. 天津：天津大学化工学院，2005.

[5] 刘国标. 新型塔结构的优化及其两相流与传质性能的改进[D]. 天津：天津大学化工学院，2003.

[6] 侯经纬. 新型塔的开发及计算流体力学与传质研究[D]. 天津：天津大学化工学院，2003.

[7] 丁浩. 精馏塔气相流动分布的CFD模拟及分析[D]. 天津：天津大学化工学院，2004.

[8] 李磊. 孔板波纹填料的结构参数对其流体力学和传质性能的影响[D]. 天津：天津大学化学工程学院，2005.

[9] 中国石化集团上海工程有限公司编. 化工工艺设计手册：上册[M]. 3版. 北京：化学工业出版社，2003：97-174.

[10] 潘国昌. 填料塔进料气体分布研究[J]. 化学工程，1998，26(1)：6-11.

[11] 陈建良，马正飞，纪宏宸，等. MDEA水溶液对 H_2S 和 CO_2 混合气体吸收速率的测定[J]. 天然气化工，2007，32(4)：74-77.

[12] 叶启亮，惠文明，陶军，等. 醇胺法选择性脱除 H_2S 侧线实验研究[J]. 华东理工大学学报，2003，28(2)：127-130.

[13] 樊大风，孙国刚，孙丽丽，等. 循环氢气液凝聚器的性能试验研究[J]. 石油炼制与化工，2004，35(11)：60-64.

[14] 范恩泽. MDEA法在垫江分厂脱硫装置上的使用效果评述[J]. 天然气工业，1988，8(4)：68-73.

[15] 张燃. 天然气脱硫装置工艺模拟及优化设计技术研究[D]. 南充：西南石油大学，2006.

[16] [日]小川明著. 气体中颗粒的分离[M]. 周世辉，刘俊人译，北京：化学工业出版社，1991：74-82.

[17] 戴学海. 胺液的发泡原因及处理措施[J]. 石油与天然气化工，2002，31(6)：304-305.

[18] 胡晓应. 影响干气脱硫效果因素分析[J]. 石油化工设计，2002，19(2)：44-47.

[19] 曹长青，叶庆国，李宁，等. MDEA脱硫过程的模拟分析与优化[J]. 石油化工，1999，28(3)：179-181.

[20] 刁九华. 轻质油品脱硫醇技术[J]. 炼油设计，1999，29(8)：32-35.

[21] 章日让. 石化工艺及系统设计实用技术问答[M]. 2版. 北京：中国石化出版社，2007：93-114.

第16章 高压分离器工艺计算及技术分析

加氢裂化装置的高压分离器主要包括：热高压分离器、冷高压分离器、循环氢脱硫塔入口分离器、循环氢脱硫塔入口聚结器、循环氢压缩机入口分液罐、反应器级间分离器等。

16.1 工艺条件计算[1~7,15]

加氢裂化装置高压分离器的功能主要是进行油、气两相分离和油、气、水三相分离。

16.1.1 分类及工艺参数计算

（1）按高压分离器在加氢裂化工艺流程中的作用分类

① 一段低温分离器。当加氢装置加工的原料较轻（如汽油、煤油、柴油）或加氢裂化全转化后得到的产品较轻时，可采用一段低温分离器（图 16-1）。

② 两段低温分离器。对减压蜡油、焦化蜡油、脱沥青油加氢裂化或加氢裂化产品的凝点较高时，可采用两段低温分离器（图 16-2）。

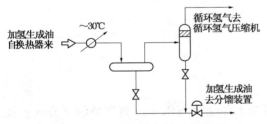

图 16-1 一段低温分离器+循环氢气
压缩机入口分液罐

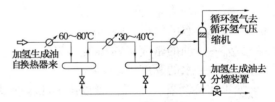

图 16-2 两段低温分离器+循环
氢气压缩机入口分液罐

③ 高温分离器+低温分离器。对减压蜡油、焦化蜡油、脱沥青油加氢裂化、常压渣油、减压渣油加氢装置，可采用高温分离器+低温分离器（图 16-3）。

④ 一段高温分离器。对较重的加氢生成油（如润滑油加氢、石蜡加氢、凡士林加氢等），可采用一段高温分离器（图 16-4）。一段高温分离器可采用卧式分离器或旋风分离器，卧式

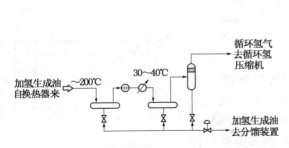

图 16-3 高温分离器+低温分离器+循环
氢气压缩机入口分液罐

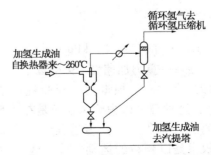

图 16-4 一段高温分离器+循环
氢气压缩机入口分液罐

分离器需要一定的停留时间，占地大；旋风分离器需要一定的压力降，动力消耗大。

（2）按高压分离器的型式分类

① 卧式。

优点：液体运动方向与重力的作用方向相垂直，有利于沉降分离，液面波动小，液面稳定性好。

缺点：气液分离空间小，占地面积大，高位架设不便。

② 立式。

优点：气液分离空间大，有足够的垂直高度，有利于出现中间混合层的连续分离，占地面积小，高位架设方便。

缺点：液体流动方向与重力的作用方向相反，不利于沉降分离，液面波动大，液面稳定性较卧式差。

（3）按高压分离器分离原理分类

① 重力法。

重力法是根据介质相对密度不同，组分一定的油气混合物在一定的压力和温度下，当系统处于平衡时，就会形成一定比例的油相、水相和气相。当相对较重的组分处于层流状态时，较轻组分液滴按司托克斯（Stokes）公式的运动规律反方向沉降（上浮）。

$$u_f = \frac{d^2(\rho - \rho_0)}{18\mu}$$

式中　u_f——上浮速度，m/s；

　　　d——油滴半径，m；

　　　ρ——水的密度，kg/m^3；

　　　ρ_0——油的密度，kg/m^3；

　　　μ——水的黏度，kPa·s。

如果将油滴看作小球，可以由 Stokes 公式得知上浮速度与水中污油半径的平方成正比；与水、油的密度差成正比；与水的黏度成反比。油滴半径越大、油水密度差越大、水的黏度越小，分离过程越容易进行。

当有内部环流存在的情况下，直径为 d 的液滴在连续介质中的自由上浮速度可由哈马德-赖伯钦斯基（H-R）公式计算。

$$u_f = \frac{\lambda'}{18} \cdot \frac{gd^2(\rho - \rho_0)}{\mu}$$

$$\lambda' = \frac{3(\mu + \mu_0)}{2\mu + 3\mu_0}$$

式中　μ_0——油的黏度，kPa·s；

　　　g——重力加速度，9.81m/s^2。

1904 年 Hazen 根据实践经验提出了"浅池理论"（图16-5），这种理论认为油珠颗粒是在理想的状态下进行重力分离的。即在重力分离过程中，分散而非结绒颗粒的分离效果是以颗粒的运动速度与池子的面积为函数来衡量的，与池子深度、运动时间无关。即要提高分离池的处理能力有两个途径：一是扩大沉降（上浮）面积；二是

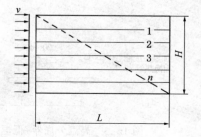

图16-5　浅池理论示意图

提高水珠下沉(上浮)速度。

② 离心法。

离心分离是利用密度的不同、使高速旋转的非均相体系产生不同的离心力,从而实现分离的一种方法。由于离心设备可以达到非常高的转速,产生高达几百倍重力的离心力,因此离心设备只需很短的停留时间和较小的设备体积。

水力旋流器是利用离心分离原理工作的一种主要设备(图16-6),它可以实现连续相的液体与分散相的固体颗粒、液滴或者气泡的物理分离,具有分离效率高、处理量适应范围宽、结构简单、操作和维护方便、占地面积小、安装方便灵活、流程易于密闭等优点。分散相与连续相之间的密度差越大,分散相的颗粒直径越大,分离就越容易。水力旋流器除了要求两相介质之间存在着一定的密度差之外,还要求两相在强烈的旋转运动中不得产生任何物理或物理化学变化。

$$F = \pi d^3 \cdot \frac{(\rho - \rho_0)\omega_r}{6}$$

式中　F——液滴获得的离心力,N;

　　　ω——旋转的旋转角速度,rad/s;

　　　r——旋转半径,m。

密度较大的水,沿着水力旋流器的内壁旋转而下,进入圆柱形尾管,经底流口排出,同时对上部流场造成一定回压;密度较小的油被迫卷入低压轴线附近,在细圆柱形尾管内回压的作用下,逆轴向上流动,经水力旋流器顶部的溢流口排出。

离心法循环氢气液分离器(图16-7)的工作原理:含有液滴的循环氢通过切向进口进入分离器并在其内作高速旋转运动,液滴在离心力作用下被抛向器壁,聚集成为大液滴沿器壁向下流动,完成与气体的第一级分离;然后气流被反射盘折流进入到分离器中心的升气管内,在升气管内高速旋转气流作用下,细小的液滴被甩到管壁上形成液膜旋转上升,经由分离器顶部排气管上的环隙、外循环管返回到分离器底部空间,完成气液的二级分离。

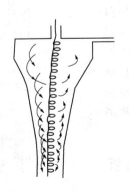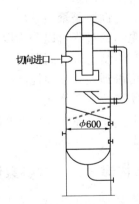

　　图16-6　水力旋流器示意图　　　　　图16-7　循环氢气液分离器

③ 聚结法。

聚结法是把聚结过程和重力分离过程结合于一个单元的加速重力分离方法,具有效率高、停留时间短、设备简单等优点。其机理是:分散相液滴在重力作用下沉降于聚结介质表面，并发生吸附、润湿、碰撞、聚结等过程，使分散相液滴长大形成大液滴或液膜，在重力和流体流动的作用下，液膜或大液滴从聚结介质表面脱除，从而实现分离。

聚结分离器又分为板式聚结器和多孔介质聚结器。

a. 板式聚结器（图16-8）。板式聚结器由一系列板组构成，多层板缩短了重相液滴的沉降攻读，缩短了沉降时间，增大了聚结表面，从而更快地完成相际分离。1950年美国壳牌公司研制成功第一台平行板捕集器，可去除水中最小尺寸为6μm的油滴。20世纪70年代Fram公司开发了V型板分离器。80年代CE-NATCO公司开发了商标为Performax的板式聚结器，这是一种错流式组合波纹板，经过不断改进，这种设备在非均相分离中得到了广泛应用。

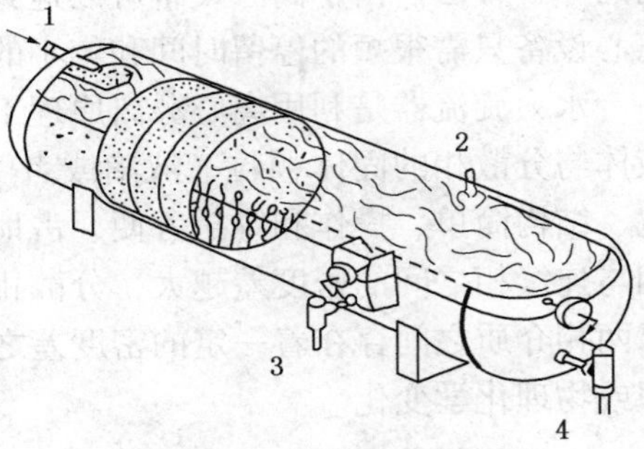

图16-8　板式聚结器
1—进液口；2—气出口；3—油出口；4—水出口

新型高效波纹板分离器将"浅池原理"和"聚结技术"结合起来，采用斜通道波纹板作为分离构件、保证在定设备容积内，可提供最大的液滴沉降面积，以及尽可能多的液滴聚结机会，并使得连续相中的液滴可在沉降中聚结，在聚结中沉降。分离器内部液流分布均匀，防止了液流的短路和沟流，这样在较短的停留时间内，可获得较高的分离效率。

b. 多孔介质聚结器。多孔介质聚结器的机理是当含水轻烃通过多孔介质时，分散相水滴吸附于多孔介质表面。随着吸附水滴的聚结长大，在重力和液体流动的作用下，液滴便脱离聚结介质表面而随混合液移动、沉降，最后沉降于底层并得到脱除。聚结材料可以是纤维状物，也可以是粒状物。多孔介质聚结机理非常复杂，与多孔介质的毛细现象、聚结介质的凝聚力、渗透现象、物理吸附等多种因素有关，还受到范德华力、流体的紊流扰动、固体表面力等多种因素的支配。

聚结材料的表面性质是聚结分离的关键。因为聚结材料材质的差异，聚结的过程可以分为以润湿聚结为主和以碰撞聚结为主。当聚结机理为润湿聚结和碰撞聚结同时作用时，聚结效率可得到大幅度地提高。同时，聚结材料良好的润湿性可以使液液混合物流经介质表面时分散相液滴附着于固体表面上，在流体的剪切下水滴或油滴界面膜破裂，水滴或水滴聚结。

16.1.2　结构形式、结构参数计算及技术分析

（1）高压分离器结构型形式，如图16-9至图16-13所示。

（2）进口和出口

罐式热高压分离器、冷高压分离器、循环氢脱硫塔入口分离器（循环氢脱硫塔入口聚结器）、循环氢压缩机入

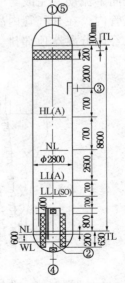

图16-9　立式冷高压分离器示意图
1—循环氢出口；2—油出口；
3—油气入口；4—水出口；
5—人孔

口分液罐进口和出口直径一般与连接的工艺管线相同。当循环氢压缩机差压较小，需要减少分离器出口嘴子的压力降，或避免产生涡流，出口嘴子直径可大于连接管线。

　　为了保持容器的液面平稳、使循环氢和油水相及油相与水相更好地分离，也可以将嘴子延伸到分离器内。热高压分离器的进口示意见图 16-14。

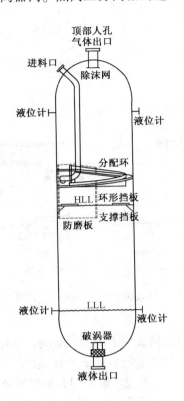
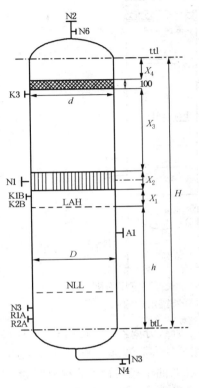

图 16-10　立式热高压分离器示意图　　　图 16-11　循环氢脱硫塔入口分液罐示意图

N1—入口；N2—循环氢出口；N3—液体出口；
N4—排凝口；N5—蒸汽吹扫口；N6—放气口；
K1—液位指示表口；K2—液位控制口；
K3—压力控制口；A1—人孔

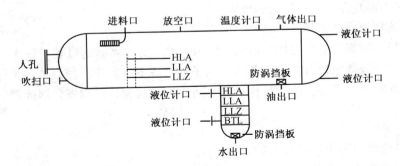

图 16-12　卧式冷高压分离器示意图

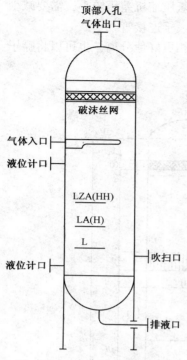

图 16-13　立式循环氢压缩机
入口分液罐示意图

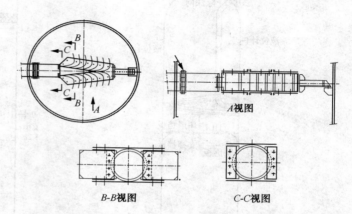

图 16-14　热高压分离器的进口示意图

① 对于卧式分离器(图 16-15),可以将嘴子延伸到高液面以上的油气空间,并用一个 90° 弯头指向相近的容器端部。90°弯头可采用大曲率半径(弯曲半径为管子公称直径的 1.5 倍)或小曲率半径(弯曲半径为管子公称直径的 1 倍)的标准弯头。不过一般采用大曲率半径。

② 对于卧式冷高压分离器,因罐底有水,罐底出口嘴子采用延伸直管,延伸管高出水面 150mm 或罐底 150~300mm。

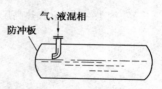

图 16-15　卧式分离器入口
延伸嘴子示意图

③ 对于要求将液沫夹带降到最低限度的容器,如循环氢压缩机入口分液罐,入口常装有开槽的"T"型分配器。分配器的分配管下部开槽,开槽的位置不超过分配管中心水平线以下 30°的范围,并不得开在正对入口管的地方。

(3) 防涡流挡板或防涡器

防涡流挡板、防涡器分别见图 16-16、图 16-17。当分离器出口嘴子较大、出口嘴子以上液层不够高时,液体流出分离器底部出口嘴子上形成下漩涡流,使液体夹带气体或重相液体而流出,使沉降分离不好,影响操作。为了防止形成涡流,可设置防涡流挡板或防涡器。

$$A \leqslant 0.051 + \frac{12N}{6-3.28W_0}$$

式中　A——最低液面高出出口管嘴的距离,m;

　　　　N——出口管公称直径,m;

　　　　W_0——液体通过出口管的流速,m/s。

当 50mm<N<150mm 时,可用图 16-16(a)、图 16-16(b)的形式;当 N=150mm 时,可

用图 16-16(d) 的形式；当 $D>150$mm 时，可用图 16-16(c) 的形式。

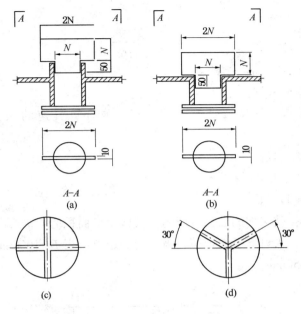

图 16-16 防涡流挡板示意图

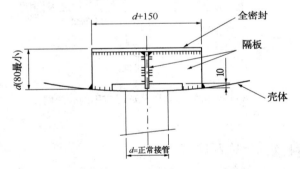

图 16-17 冷高压分离器应用的防涡器

(4) 破沫网
为了减少液沫夹带，在循环氢出口处一般装有金属丝破沫网，见图 16-18。

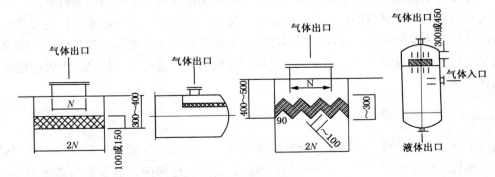

图 16-18 破沫网

$$D = \frac{4 \times Q}{\pi \cdot V}$$

$$V = K \sqrt{\frac{\rho_1 - \rho_g}{\rho_g}}$$

式中　D——破沫网直径，m；

　　　Q——气体流量，m^3/s；

　　　V——气速，m/s，雾沫携带量有波动时，取计算气速的 75%，最小取计算气速的 30%；

　　　K——常数，取 107；

　　　ρ_1——液体密度，kg/m^3；

　　　ρ_g——循环氢密度，kg/m^3。

对于卧式分离器，破沫网的面积一般约为气体出口面积的 4 倍(图 16-19)。

对于立式分离器，入口嘴子的顶端距破沫网的距离：当 $D<1000mm$ 时，应$>300mm$；当 $D>1000mm$ 时，应$>450mm$。

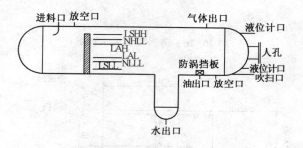

图 16-19　卧式冷高压分离器应用的破沫网

16.2　闪蒸计算[8~12,15]

热高压分离器、冷高压分离器、循环氢脱硫塔入口分离器、循环氢脱硫塔入口聚结器、循环氢压缩机入口分液罐、反应器级间分离器的分离过程均为连续单级蒸馏过程，热高压分离器和冷高压分离器是将大量的循环氢和反应生成的油品、未反应的油品进行分离；循环氢脱硫塔入口分离器、循环氢脱硫塔入口聚结器、循环氢压缩机入口分液罐是将绝大量的循环氢与冷凝产生的少量凝液进行分离；反应器级间分离器是将大量的循环氢和反应生成的轻质油品与未反应的油品进行分离，避免反应生成的轻质油品再进行加氢裂化，生成过量的气体组分和轻质油品。

16.2.1　等温闪蒸

热高压分离器、冷高压分离器、循环氢脱硫塔入口分离器、循环氢脱硫塔入口聚结器、循环氢压缩机入口分液罐、反应器级间分离器的分离是在已知闪蒸温度和闪蒸压力条件下，进行的气、液两相平衡过程。严格意义上讲，工业生产的分离器均有和外界换热的可能，换热量的大小取决于保温性能、环境温度、分离器的操作温度等。

总物料衡算式：

$$F = L_油 + L_水 + V$$

式中　F——分离器入口流量，kg/h；

$L_油$——离开分离器的油流量，kg/h；

$L_水$——离开分离器的水流量，kg/h；

V——离开分离器的气体流量，kg/h。

组分衡算式：

$$F z_i = L_油 x_{油i} + L_水 x_{水i} + V y_i$$

式中　z_i——分离器入口 i 组分的质量分率，%；

$x_{水i}$——离开分离器的水中 i 组分的质量分率，%；

$x_{油i}$——离开分离器的油中 i 组分的质量分率，%；

y_i——离开分离器的气体中 i 组分的质量分率，%。

焓平衡关系式：

$$F H_F + Q = L_油 H_油 + L_水 H_水 + V H_V$$

式中　Q——进入分离器的热量，J；

H_F——进入分离器的平均摩尔热焓，J/mol；

$H_油$——离开分离器的油平均摩尔热焓，J/mol；

$H_水$——离开分离器的水平均摩尔热焓，J/mol；

H_V——离开分离器的气体平均摩尔热焓，J/mol。

气、液平衡关系式：

$$y_i = K_i x_i \qquad i = 1, 2, \cdots, c$$
$$K_i = f(T, P, x, y)$$

式中　y_i——向量表示的气相组成，%，其中：$\sum_{i=1}^{c} y_i = 1$；

x_i——向量表示的液相组成，%，其中：$\sum_{i=1}^{c} x_i = 1$；

K_i——相平衡常数；

T——操作温度，℃；

P——操作压力，MPa；

x——液相组分，%；

y——气相组分，%；

i——任一组分；

c——组分总数。

轻烃的相平衡常数见图 16-20。

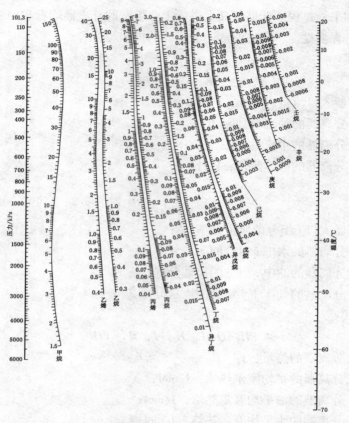

图 16-20　轻烃的 K 值

液相分率方程：

$$x_i = \frac{z_i}{1+\psi(K_i-1)} \qquad i=1,\ 2,\ \cdots,\ c$$

$$\psi = \frac{V}{F},\ 0 \leqslant \psi \leqslant 1.0。$$

气相分率方程

$$y_i = \frac{K_i z_i}{1+\psi(K_i-1)} \qquad i=1,\ 2,\ \cdots,\ c$$

闪蒸方程式(或称 Rachford-Rice 方程)

$$f_{(\psi)} = \sum_{i=1}^{c} \frac{(K_i-1)z_i}{1+\psi(K_i-1)} = 0 \qquad i=1,\ 2,\ \cdots,\ c$$

迭代方程式

$$\psi^{(k+1)} = \psi^k - \frac{f(\psi^k)}{\dfrac{\mathrm{d}f(\psi^k)}{\mathrm{d}\psi}}$$

式中　k，$k+1$——迭代步长起点、终点。

当 ψ 值计算确定后，由气相分率方程计算 x_i，液相分率方程计算 y_i，物料衡算方程计算

L 和 V, 用下式计算 H_L 和 H_V。

理想溶液的液相焓计算方程:

$$H_L = \sum_{i=1}^{c} x_i H_{Li}(T, P) \qquad i = 1, 2, \cdots, c$$

式中　H_L——液相摩尔热焓, J/mol;

　　　H_{Li}——i 组分的液相摩尔热焓, J/mol。

理想溶液的气相焓计算方程:

$$H_V = \sum_{i=1}^{c} y_i H_{Vi}(T, P) \qquad i = 1, 2, \cdots, c$$

式中　H_V——气相摩尔热焓, J/mol;

　　　H_{Vi}——i 组分的气相摩尔热焓, J/mol。

16.2.2　绝热闪蒸

热高压分离器、冷高压分离器、反应器级间分离器的分离是在已知闪蒸压力条件下, 闪蒸温度由温度控制确定后, 外界输入热量近似为 0 进行的气、液两相平衡过程。由于加氢裂化装置为连续、稳定、大量的操作过程, 热损失绝对量与物料热量相比较小, 理论物料、热量平衡计算时, 一般可忽略热损失。因此, 多数情况按绝热闪蒸计算。

闪蒸方程式:

$$G_1(T, x, y, \psi) = \sum_{i=1}^{c} \frac{(K_i - 1)}{1 + \psi(K_i - 1)} \qquad i = 1, 2, \cdots, c$$

式中　G——自由焓, J。

热平衡关系式:

$$G_2(T, x, y, \psi) = \psi H_v + (1 - \psi) H_L - H_F$$

16.3　高压分离器工艺计算[1,4,13~14]

16.3.1　重力式分离器工艺计算

(1) 沉降计算

$$F_B = (\rho_1 - \rho_g) \frac{\pi \cdot D_m^2 \cdot g}{2}$$

式中　F_B——液滴本身所受重力, N;

　　　ρ_1——液滴密度, kg/m³;

　　　ρ_g——循环氢密度, kg/m³;

　　　D_m——液滴直径, m;

　　　g——重力加速度, 9.81m/s²。

$$F_D = C_D \cdot A \cdot \rho_g \cdot \frac{V^2}{2}$$

式中　F_B——气体对液滴相对运动所产生的携带力, N;

　　　C_D——气流携带力系数;

    A——液滴横截面积，m^2；

    V——液滴周围气流速度，m/s。

    对球形液滴，气流携带力系数是假想雷诺数的函数：

$$C_D = \frac{24}{Re} + \frac{3}{Re^2} + 0.34$$

$$Re = \frac{\rho_g \cdot d_m \cdot V}{10\mu}$$

式中 Re——雷诺数；

      d_m——液滴直径，m，一般情况下，$d_m = 100\mu m$；

      μ——气体黏度，$kPa \cdot s$。

    当 $Re \leqslant 2$ 时，认为液滴在气流中的处于层流状态，可取 $C_D = \dfrac{24}{Re}$；

    在过渡区 $2 < Re \leqslant 500$ 时，可取 $C_D = 18.5 Re^{-0.6}$；

    在紊流区 $500 < Re \leqslant 2 \times 10^5$ 时，可取 $C_D = 0.44$；

    当 $Re > 2 \times 10^5$ 时，可取 $C_D = 0.1$。

$$V_t = 3.617 \times \left[\left(\frac{\rho_1 - \rho_g}{\rho_g} \right) \frac{d_m}{C_D} \right]^{0.5}$$

式中 V_t——液滴的临界速度，m/s。

    在 $C_D = 0.34$ 时的紊流条件下的临界速度：

$$V_t^0 = 6.203 \times \left[\frac{(\rho_1 - \rho_g) \cdot d_m}{\rho_g} \right]^{0.5}$$

式中 V_t^0——液滴紊流条件下的临界速度，m/s。

    （2）处理能力计算

    ① 两相立式分离器。

    a. 气相处理能力计算：

$$v_g = \frac{Q}{A_g}$$

$$A_g = \frac{\pi \cdot D^2}{4} = 0.785 D^2$$

$$D^2 = 1.408 \times 10^{-9} \frac{Z \cdot Q_n \cdot T}{P \cdot d_m^{0.5}} \cdot K$$

式中 v_g——分离器气体速度，m/s；

      Q——操作条件下的流量，m^3/s；

      A_g——分离器横截面积，m^2；

      D——分离器直径，m；

      Z——操作条件下气体的压缩因子；

      Q_n——气体流量，m^3/s；

      T——分离器温度，℃；

P——分离器压力，MPa；

K——分离器设计系数。

当 $d_m = 100\mu m$ 时，得

$$D^2 = 1.408 \times 10^{-7} \frac{Z \cdot Q_n \cdot T}{P} \cdot K$$

b. 液相处理能力计算：

$$t = \frac{V_l}{Q_l}$$

式中　t——液体在分离器内的停留时间，s；

V_l——设计分离器内液体的体积，m^3；

Q_l——液体流量，m^3/s。

$$D^2 h = 8.843 \times 10^{-4} t_\tau Q_{max}$$

式中　h——分离器的液柱高度，m；

t_τ——液体在分离器内的停留时间，min；

Q_{max}——最大流量，m^3/d。

② 两相卧式分离器。

a. 气相处理能力计算：

$$t_s = \frac{L_{el}}{V_g}$$

式中　t_s——气体在分离器中的停留时间，s；

L_{el}——分离器的有效长度，一般为气流进出口之间距离，m；

V_g——气体在分离器中的流速，m/s。

$$t_d = \frac{\frac{D}{2}}{V_t}$$

式中　t_d——气流中液滴沉降分离至液面所需的时间，s；

V_t——液滴在垂直方向上的沉降速度，即直径为 d_m 液滴在气体中沉降所需临界流速，

m/s。

$$L_{el} D = 1.408 \times 10^{-9} \frac{Z \cdot Q_n \cdot T}{P \cdot d_m^{0.5}} \cdot K$$

当 $d_m = 100\mu m$ 时，得

$$L_{el} D = 1.408 \times 10^{-7} \frac{Z \cdot Q_n \cdot T}{P} \cdot K$$

b. 液相处理能力计算：

$$L_{el} D^2 = \frac{t_\tau Q_{max}}{566} \quad \text{或} \quad L_{el} D^2 = 1.767 \times 10^{-3} t_\tau Q_{max}$$

③ 三相立式分离器。

a. 气相处理能力计算：

$$v_g = \frac{Q}{Ag}$$

$$D^2 = 1.408 \times 10^{-6} \frac{Z \cdot Q_n \cdot T}{P \cdot d_m^{0.5}} \cdot K$$

当 $d_m = 100\mu m$ 时，得

$$D^2 = 1.408 \times 10^{-7} \frac{Z \cdot Q_n \cdot T}{P} \cdot K$$

b. 液相处理能力计算：

$$V_1 = \frac{5.45 \times 10^{-2} (\rho_w - \rho_o) \cdot d_m^2}{\mu_o}$$

式中　V_1——水滴在油中的沉降速度，m/s；
　　　ρ_w——水滴密度，kg/m³；
　　　ρ_o——油滴密度，kg/m³；
　　　μ_o——油的黏度，kPa·s。

$$D_1^2 = 27046 \times 10^{-9} \frac{Q_o \mu_o}{(\rho_w - \rho_o) d_m^2}$$

式中　D_1——利用液体处理能力公式计算所得的分离器直径，m；
　　　Q_o——最大油流量，m³/s。
　　当 $d_m = 500\mu m$ 时，得

$$D_1^2 = 1.082 \times 10^2 \frac{Q_o \mu}{(\rho_w - \rho_o)}$$

c. 液柱高度计算：

$$D^2 h_o = 8.843 \times 10^{-4} t_{\tau o} Q_o$$

式中　h_o——油的高度，m；
　　　$t_{\tau o}$——油的停留时间，s。

$$D^2 h_w = 8.843 \times 10^{-4} t_{\tau w} Q_w$$
$$(h_o + h_w) D^2 = 8.843 \times 10^{-4} (t_{\tau o} Q_o + t_{\tau w} Q_w)$$

式中　Q_w——最大水流量，m³/s；
　　　h_w——水的高度，m；
　　　$t_{\tau w}$——水的停留时间，s。
④ 三相卧式分离器。
a. 气相处理能力计算：

$$t_s = \frac{L_{el}}{V_g}$$

$$t_d = \frac{\frac{D}{2}}{V_t}$$

$$L_{el} D = 1.408 \times 10^{-9} \frac{Z \cdot Q_n \cdot T}{P \cdot d_m^{0.5}} \cdot K$$

当 $d_m = 100\mu m$ 时，得

$$L_{el}D = 1.408 \times 10^{-7} \frac{Z \cdot Q_n \cdot T}{P} \cdot K$$

b. 液相处理能力计算：

$$D_1^2 L_{el} = 1.768 \times 10^{-3} (t_{\tau o} Q_o + t_{\tau w} Q_w)$$

按液相处理能力计算计算所得的分离器直径应与按气相处理能力计算计算所得的分离器直径进行比较，取较大者。

16.3.2　离心式分离器工艺计算

（1）压降计算（图 16-21）

$$\Delta P = \xi \cdot \frac{\rho_g}{2} \cdot V_i^2$$

$$\xi = 4.8 \, (K_A \tilde{d}_r^2)^{-0.82}$$

$$K_A = \frac{\frac{\pi}{4} D^2}{A_i}$$

$$\tilde{d}_r = \frac{d_r}{D}$$

式中　ΔP——分离器的压降，Pa；

　　　　V_i——分离器的体积，m³；

　　　　ξ——阻力系数；

　　　　K_A——入口截面积比；

　　　　A_i——分离器的入口面积，m²；

　　　　$\tilde{d}_r$——升气管直径比；

　　　　d_r——升气管直径，m。

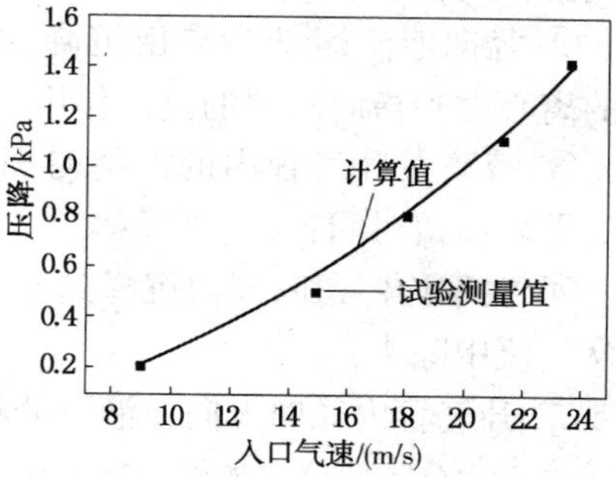

（2）分离效率计算

$$\eta = \frac{1}{n} \sum_{i=1}^{n} \eta_i$$

$$\eta_i = \sum_{j=1}^{m} f_j(d_p)$$

$$d_{ps} = \left[\frac{18 \times 10^{-3} \mu R^2}{t_s \rho_p V_i^2 K^2} \ln\left(\frac{R}{r}\right) \right]^{0.5}$$

$$t_s = \frac{H}{\left(\dfrac{d_i}{d_r}\right)^2 V_i}$$

$$K = \frac{V_1 R}{V_i r}$$

图 16-21　离心式分离器压降计算值与实测值的对比

式中　η——总分离效率，%；

　　n——升气管沿径向半径分为的等分数；

　　　i——升气管沿径向半径分为的等分数中的任一点；

　　η_i——r_i 处的分离效率；

$f_i(d_p)$——液滴滴径大于临界滴径 d_{ps} 液滴的质量分数

　　m——任一半径 r 处分为的等分数；

　　　j——任一半径 r 处分为的等分数中的任一点；

　d_{ps}——临界液滴滴径，m；

　　μ——液滴的黏度，kPa·s；

　　R——升气管半径，m；

　　t_s——液滴在升气管中的平均停留时间，s；

　　H——升气管筒型通道的有效分离空间，m；

　d_i——升气管内任一半径 i 处直径，m；

　d_r——升气管直径，m；

　ρ_p——液滴的密度，kg/m³；

　　r——任一半径，m；

　V_1——升气管内气流的切向速度，m/s。

以上公式计算的假定条件：

　　① 液滴形状为球形，运动速度(径向速度除外)与气流相同；

　　② 径向液滴运动为自由沉降，液滴只受指向器壁的离心力和指向圆周的曳力作用；

　　③ 液滴在升气管内的停留时间为气流在升气管中的平均停留时间；

　　④ 在平均停留时间内沉降到器壁上的液滴 100%能从气流中除去；

　　⑤ 升气管内径向方向上液滴分布是均匀的。

离心式分离器分离效率计算方法比较见图 16-22。

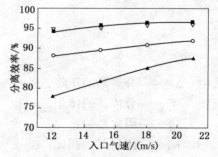

图 16-22　离心式分离器分离效率
计算方法比较

■—临界滴径法；○—横混模型法；
▲—分区法；▽—试验测量值

16.4　典型高压分离器工艺参数和技术分析[1,5,14]

16.4.1　典型高压分离器工艺参数

典型冷、热高压分离器工艺参数见表 16-1，典型循环氢脱硫塔入口分液罐工艺参数见表 16-2。

表 16-1　典型冷、热高压分离器工艺参数

项　　目	冷高压分离器	热高压分离器
操作温度/℃	45	210
设计温度/℃	175	370
操作压力/MPa	16.05	16.95

续表

项　　目	冷高压分离器	热高压分离器
设计压力/MPa	18.4	19.3
油相流量/(m³/h)	234767	335764
油相密度(20℃)/(kg/m³)	793.1	884.6
油相操作温度下密度/(kg/m³)	782.2	762
水相流量/(m³/h)	8976	
水相密度(20℃)/(kg/m³)	998	
水相操作温度下密度/(kg/m³)	990	
气相流量/(m³/h)	38943	43589
气相相对分子质量	2.5	4.8
气相操作温度下密度/(kg/m³)	5.2	8.5
内径/mm	1750	3440
切线长/mm	8500	10500
分水包内径/mm	800	
分水包切线长/mm	2800	

表 16-2　典型循环氢脱硫塔入口分液罐工艺参数

项　　目	循环氢脱硫塔入口分液罐	循环氢压缩机入口分液罐
操作温度/℃	45	45
设计温度/℃	180	178
操作压力/MPa	16.7	16.5
设计压力/MPa	19.3	18.3
油相流量/(m³/h)	6728	8988
液相操作温度下密度/(kg/m³)	700.2	703.5
气相流量/(m³/h)	8943	14887
气相相对分子质量	3.4	3.2
气相操作温度下密度/(kg/m³)	8.4	8.1
内径/mm	1200	1000
切线长/mm	5500	4800

16.4.2　技术分析

离心式气液分离器主要应用于循环氢脱硫塔入口分液罐、循环氢压缩机入口分液罐。离心式气液分离器的分离效果：

① 工艺设计参数：操作温度 45~50℃；操作压力 11.7MPa；最大压降 0.02MPa。

② 介质流动参数：气相体积流量(标准状态)267000m³/h；相对分子质量范围 4.75(4.2~5.3)；密度 0.019g/cm³；黏度 $1×10^{-5}$Pa·s；液体脱除率 80%~90%。

③ 入口速度对分离性能的影响见图 16-23。在相同入口液含量(45μg/g)、雾化液滴直径(28.91μm)条件下，分离效率随着入口速度的增加而平缓地增加。分离器尺寸一定时，入口气速增大，处理量随之提高，分离器内切线速度与径向速度同时增大(液滴受到的离心力与曳力增大)；因离心力与切线速度的二次方成正比，曳力与径线速度的一次方成正比，并且切向速度比径向速度大得多，结果离心力的增加大于曳力的增加，离心力场增强，分离

效率提高。

④ 入口速度与压降(分离干阻)的关系见图 16-24。在纯气流状态下，气液聚结器的压降随入口气速增大而增大。

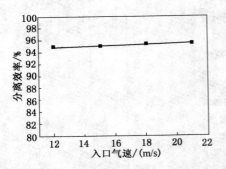

图 16-23　不同入口速度对分离性能的影响

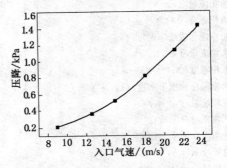

图 16-24　入口速度对压降的影响

⑤ 入口液含量对分离效率的影响见图 16-25。在入口气速 12m/s、雾化液滴直径 28.91μm 条件下，分离效率随入口液含量增大而增大。因为气流中液含量增大，单位体积内液滴数量增大，液滴之间的碰撞、聚并形成大液滴的概率增大，液滴滴径变大有利于液滴的分离，使分离效率提高。

⑥ 液滴滴径对分离效率的影响见图 16-26。在相同液含量下，液滴直径越大，分离效率越高。当离心式气液分离器入口管中喷嘴的雾化液滴平均直径为 28.91μm 时，分离器的分离效率约在 95%左右；若入口管中喷嘴的雾化液滴平均直径为 55μm 时，分离器的分离效率可增大到 98%左右。

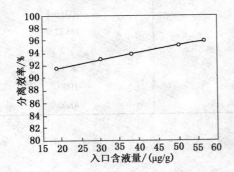

图 16-25　入口液含量对分离效率的影响

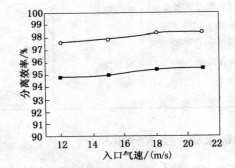

图 16-26　液滴滴径对分离效率的影响

入口液含量 45μg/g；■—入口液滴直径 28.91μm；

○—入口液滴直径 55μm

16.5　高压分离器的热点难点问题

16.5.1　增强式热高分

在热高压分离器上部装填脱硫醇催化剂，可脱除加氢裂化重石脑油中的有机硫，满足重整装置要求；

生产希望热高压分离器温度稳定，生产波动小，有利于装置优化操作，进一步实施黑屏操作；

脱硫醇催化剂的失活需要温度补偿，就意味着运转初期温度低、运转末期温度高；

如何调整和匹配是增强式热高分面临的问题。

16.5.2　塔式热高分

在热高压分离器下部装填一定数量塔盘，将高压新氢注入热高压分离器底部作为汽提介质，可有效脱除热高分液中硫化氢，降低硫化氢对后部设备及产品的影响；

如何设计和使用塔式热高分，更好发挥塔式热高分的效果是一个需要深入研究的课题。

16.5.3　热高分发泡

热高分发泡是热高分流程的生产问题之一，发泡的原因主要有：①进热高分的物料为乳化液或发泡物系；②热高分分离出轻组分后，重组分形成了乳化液或发泡物系；③热高分尺寸小，气液流速大导致低度发泡物系发泡；④热高分内未设降低发泡的内构件等。

解决热高分发泡需要研究：加氢裂化加工原料油的组成和性质、原料加氢裂化生成产品的机理、生成的反应流出物特性、避免形成乳化液或发泡物系的方法、消除乳化体系或发泡体系的方法等。

参 考 文 献

[1] 樊大风，孙国刚，孙丽丽，等.循环氢气液凝聚器的性能试验研究[J].石油炼制与化工，2004，35（11）：60-64.

[2] 第一石油化工建设公司炼油设计研究院编.加氢精制与加氢裂化[M].北京：石油化学工业出版社，1977.

[3] 文成杨.多相流体的多相分离技术[D].南充：西南石油学院，2002.

[4] 张李.重力式油水分离器中的流体力学研究[D].天津：天津大学化工学院，2005.

[5] 邓卫平，吴德飞.加氢装置气液分离器的研制[J].石油化工设备技术，2005，26(3)：6-7.

[6] 石油化学工业部石油化工规划设计院组织编写.炼油设备工艺设计资料：容器和液液混合器的工艺设计[M].北京：石油化学工业出版社，1979.

[7] 王松汉主编.石油化工设计手册：第三卷　化工单元过程[M].北京：化学工业出版社，2002：222-288.

[8] 陈树章主编.非均相物系分离[M].北京：化学工业出版社，1993.

[9] 陈洪钫，刘家祺编.化工分离过程[M].北京：化学工业出版社：1999：1-50.

[10] 朱自强，姚善泾，金彰礼编.流体相平衡原理及其应用[M].杭州：浙江大学出版社，1990.

[11] 小岛和夫著.化工过程设计的相平衡[M].傅良译.北京：化学工业出版社，1985.

[12] 金可新，赵传钧，马沛生.化工热力学[M].天津：天津大学出版社，1990.

[13] 余汉成.重力式分离器的沉降理论与实用公式[J].天然气工业，1994，14(6)：60-64.

[14] [日]小川明著.气体中颗粒的分离[M].周世辉，刘俊人译.北京：化学工业出版社，1991：74-82.

[15] [美]卡尔·布兰南编著.石油和化学工程师实用手册[M].王江义，吴德荣，华峰，等译.北京：化学工业出版社，2001：91-96.

第17章 过滤器工艺计算及技术分析

加氢裂化装置的过滤器主要包括：原料油过滤器、富胺液过滤器、循环氢过滤器等。单体设备也附带一些过滤器，如附属压缩机的润滑油过滤器、密封油过滤器，泵入口、压缩机入口的工艺管线上也要求设置过滤器，填料塔槽式分布器的入口管线上有时也会设置过滤器。特种油品加氢装置也会设置产品过滤器。

17.1 过滤基础及有关工艺计算[1~14]

加氢裂化装置的过滤分离具有设备简单、工艺成熟、易操作(包括自动和手动方式)、分离效率稳定、对原料适应性强等优点，过滤技术的关键是找到适宜的过滤材料和有效的反冲洗方式。

17.1.1 过滤器形式及分类

加氢裂化装置的固液、气固分离一般不采用由沉降或借助场力(重力、离心力)作用的沉降分离，而是将原料油、富胺液、循环氢直接通过过滤介质进行两相分离，固体介质被截留在过滤介质表面或过滤介质内。

从理论上讲，过滤可分为重力过滤、真空过滤、加压过滤和离心过滤。

按过滤机理可分为表层过滤和深层过滤(图17-1、图17-2)。表层过滤的固体颗粒停留并堆积在过滤介质表面，过滤介质主要为滤网、烧结材料和粉体。深层过滤的过滤介质由固体堆积成床层构造，或用短纤维多层烧制成管状滤芯，过滤介质的空隙形成许多曲折、细长的通道，过滤作用发生在介质的全部空隙体内。

图 17-1 表层过滤示意图　　　　　　　图 17-2 深层过滤示意图

按过滤杂质含量可分为：滤饼过滤和澄清过滤。滤饼过滤用于体积分数高的悬浮液的脱水、浓缩等；通常，适用的体积分数在 1% 以上。滤饼过滤以回收滤饼为目的的情况居多，因此应设法降低滤饼的含水率。澄清过滤的目的，通常是从浓度非常低的(稀薄)悬浮液中分离出固体粒子，其适用的悬浮液的体积分数在 0.01% 以下。

澄清过滤又可细分为 5 类：粒状层过滤或深层过滤(如砂滤、生物过滤等)、直接过滤(如滤芯过滤、微细筛滤)、助滤剂过滤(如预敷层过滤等)、膜过滤以及磁过滤。

按反冲洗的形式分为自动和手动，自动与手动又包括氮气、炼厂干气、蒸汽、滤后油和轻质冲洗油反冲洗。目前加氢裂化装置常用的过滤器形式有：滤后油和(或)轻质冲洗油手动反冲洗过滤器、氮气或炼厂干气自动反冲洗过滤器、浸泡油+滤后油+氮气自动反冲洗过滤器、浸泡油+氮气自动反冲洗过滤器、清洁油品自动反冲洗过滤器、滤后油自动反冲洗过滤器及蒸汽自动反冲洗过滤器等(图 17-3 至图 17-9)。

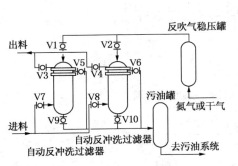

图 17-3　氮气自动反冲洗过滤器示意图

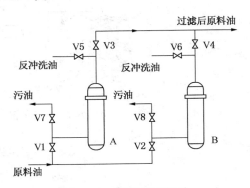

图 17-4　滤后油和轻质
冲洗油手动反冲洗过滤器示意图

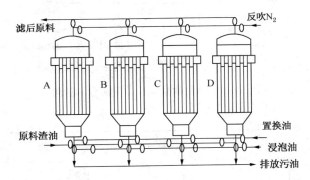

图 17-5　浸泡油+滤后油+氮气自动反冲洗过滤器示意图

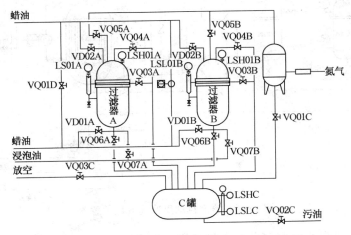

图 17-6　浸泡油+氮气自动反冲洗过滤器示意图

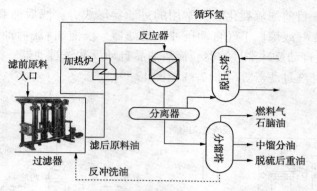

图 17-7　清洁油品自动反冲洗流程示意图

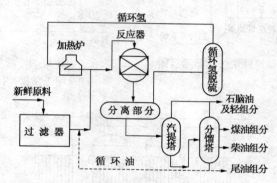

图 17-8　滤后油自动反冲洗流程示意图

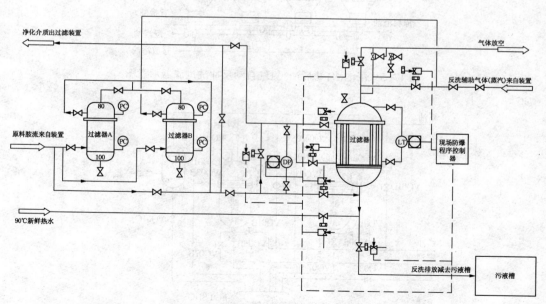

图 17-9　蒸汽自动反冲洗流程示意图

按材质分类，即制造材料可分为天然纤维、合成纤维、金属、玻璃、塑料及陶瓷等，其结构如图 17-10 至图 17-13 所示，不同材料的性能参数见表 17-1 至表 17-3。

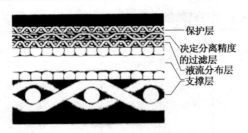

图 17-10　烧结金属丝网多孔材料

保护层
决定分离精度
的过滤层
液流分布层
支撑层

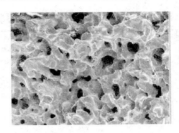

图 17-11　烧结金属粉末多孔材料

图 17-12　烧结金属纤维微孔材料

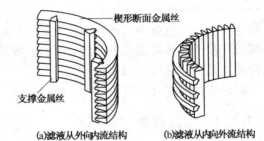

楔形断面金属丝

支撑金属丝

(a)滤液从外向内流结构　　(b)滤液从内向外流结构

图 17-13　楔形断面金属滤网

表 17-1　不锈钢烧结金属粉末介质的参数

介质型号	介质孔尺寸分布/μm			渗透性/达西[①]	密度/(g/m³)	最小厚度/mm	孔隙率/%	截留颗粒的额定值/μm
	最小	平均	最大					
S10	1.5	6	20	1.0×10^{-8}	3.5~5.5	1.5	55	6
S20	2	10	30	2.0×10^{-8}	3.5~5.5	2.0	55	10
S30	3	15	70	7.5×10^{-8}	3.5~5.5	2.5	55	15
S40	5	30	160	25×10^{-8}	3.5~5.5	3.0	55	30
S50	10	60	250	70×10^{-8}	3.5~5.5	4.0	55	60

①1 达西 = 0.99μm²。

表 17-2　烧结金属粉末介质特性

烧结金属粉末	厚度/mm	孔隙率/%	绝对过滤度[①]/μm	纳污能力[②]/(mg/cm²)	透气度[③]/[L/(dm²·min)]
15μm	2	31	15	1.16	1.6
15μm	3	44	15	5.2	4.1
17.5μm	3	37	17.5	3.6	2.27
18μm	2	29	18	5.5	5.5
26μm	2	33	26	3.4	10.87
40μm	3	37	40	4.46	15.1
53μm	3	43	53	9.4	14.5
60μm	3	36	60	10.7	24.4
65μm	3	35	65	11.1	34

①绝对过滤度：过滤效率高于98%的粒子直径，μm。

②纳污量：当滤材两边压差达到初始压差的 8 倍时，单位面积滤材上收集到的粒子质量，mg/cm²。

③透气度：在滤材上施加 200Pa 压力时，单位面积上的气体流量，L/(dm²·cm)。

表 17-3　金属丝断面形状对筛性能的影响

筛的性能	圆形断面	三角形断面	长方形断面	楔形断面
清洗性	差	好	尚可	好
强度	好	好	不好	好
负荷能力	不好	尚可	好	好
孔隙率	差	不好	好	好
使用寿命	尚可	不好	好	好
筛效率	不好	差	尚可	好

　　按结构分类，可分为柔性、刚性及松散性过滤介质。柔性介质可能是金属的，也可能是非金属的，甚至还可能是二者的混合材料制成的。刚性介质是由黏性的固相颗粒制成的。松散性介质则是由非黏结的固相颗粒所构成。

　　滤饼过滤的形式有：恒压过滤、恒速过滤、变压变速过滤。

17.1.2　过滤器的过滤机理

　　过滤器的过滤机理见图 17-14。

　　（1）传递机理（图 17-15）

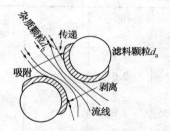

图 17-14　过滤器的过滤机理

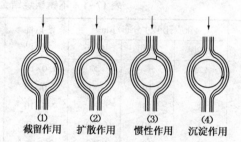

图 17-15　过滤器的传递机理

　　① 截留作用：当流线距滤料表面距离小于杂质颗粒半径时，处于该流线上的颗粒会直接触及滤料而被滤料截留。

　　② 扩散作用：当杂质颗粒尺寸很小时，颗粒因周围分子（原料油、富胺液、循环氢）的随机热运动而呈现出布朗运动，从而会使颗粒向滤料表面迁移。直径 $<1\mu m$ 的颗粒其扩散作用是明显的，当颗粒直径较大时，扩散作用可以忽略。

　　③ 惯性作用：由于滤层空隙通道错综复杂，流道弯曲，流速经常改变方向，致使悬浮颗粒因惯性力作用而离开原来的流线向滤料表面靠近。

　　④ 沉淀作用：作用在悬浮颗粒上的重力能使颗粒横向穿过流线层，沉积在滤料层颗粒向上的表面上。颗粒密度和操作温度对沉淀作用的影响非常大。直径 $>25\mu m$ 的颗粒沉淀作用是主要的。

　　（2）吸附机理

　　一旦悬浮颗粒被运送到接近滤料颗粒表面或原有沉积物时，则在物理-化学和分子力的影响下，能发生吸附现象。于是，在颗粒滤床中，粒状滤料截留悬浮颗粒的作用能够用架桥及吸附双电层的概念来解释。

（3）剥离机理

悬浮颗粒移动到滤料颗粒上后，会以不同几何构造聚集。这些几何构造不仅与滤料颗粒有关，还与先前沉积物有关。一般的构造是位于滤料颗粒顶部的球冠形和处于孔隙中的管状结构。在达到饱和状态但沉积颗粒呈现亚稳态构造的滤料层中，吸附和剥离可以同时发生。

17.1.3　过滤基本概念及有关工艺计算

（1）颗粒

颗粒可以定义为没有尺寸上限的物质聚集体，一个和环境有关并包括小颗粒的物系成为颗粒物系。在特定环境下，颗粒可呈现出球形、正方形、正四面体或其他规则形状。

少数颗粒物系由粒径相同的颗粒组成；大多数颗粒物系有一个粒径表征范围。可用粒径分布范围表述（表 17-4）。

表 17-4　颗粒粒度表示方法

筛 分 粒 度	能够通过颗粒的最小筛分宽度
表面粒度	与颗粒具有相同表面积的球体直径
体积粒度	与颗粒具有相同体积的球体直径
比表面粒度	与颗粒具有相同比表面积的球体直径
投影粒度	在垂直于平面方向上与颗粒具有相同投影面积的球体直径
自由沉降粒度	在同一流体中与颗粒具有相同沉降速度的球体直径
斯托克斯粒度	雷诺数小于 0.2 时的自由沉降速度

（2）粒径分布

用颗粒尺寸概率分布标准偏差的均值、中值、众值可得集中趋势表征。

均值（或代数平均值）是指分布的质点或平衡点，受所有的数据特别是极值的影响。

中值是指将分布分为两个相同的面积的值，每块面积包括相同数量的物质。

众值是指分布中出现最多即概率最大的尺寸。粒度分布曲线示意见图 17-16。

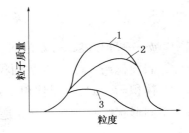

图 17-16　粒度分布曲线示意图
1—过滤前的粒子；2—截留住的粒子；
3—过滤后的粒子数量–长度均值

$$\bar{x} = \frac{\sum nx}{\sum n}$$

式中　$\bar{x}$——均值，μm；

　　　x——粒径尺寸，μm；

　　　n——粒径尺寸 x 的颗粒数量，个。

面积–长度均值：

$$\frac{\sum nx^2}{\sum nx} = \frac{\int n^2 \mathrm{d}x}{\int nx \mathrm{d}x}$$

体积–表面积均值：

$$\frac{\sum nx^3}{\sum nx^2} = \frac{\int n^3 \mathrm{d}x}{\int nx^2 \mathrm{d}x}$$

$$n_0(x) = \frac{\mathrm{d}N_0(x)}{\mathrm{d}x}$$

式中 $n_0(x)$——概率分布曲线，位于 x 与 $\mathrm{d}x$ 之间；

     $N_0(x)$——累积分布曲线，一个比特定颗粒粒径 x 大（或小）的分数。

（3）比表面积

$$\int_{x_{\min}}^{x_{\max}} \pi x^2 n_0(x) \mathrm{d}x$$

由球体的体积分布，可得总表面积：

$$\int_{x_{\min}}^{x_{\max}} \pi x^2 \frac{n_3(x)}{\pi \frac{x^3}{6}} \mathrm{d}x = 6 \int_{x_{\min}}^{x_{\max}} \frac{n_3(x)}{x} \mathrm{d}x$$

$n_3(x)$ 归一化，则总表面积与比表面积相等。

（4）球形度

$$\psi = \frac{\text{与颗粒体积相等的球的表面积}}{\text{颗粒的实际表面积}}$$

式中 ψ——球形度，有效范围：0~1。

     表面积 $= f \cdot x^2$，f 是表面积系数。

     体积 $= k \cdot x^3$，k 是体积系数。

不同形状的 f_a、k_a（下标 a 是指投影面积直径）和 ψ 值见表 17–5。

表 17–5   表面积系数、体积系数和球形度

项 目	f_a	k_a	ψ
圆形颗粒	2.7~3.4	0.32~0.41	0.82
片状颗粒	2.0~2.8	0.12~0.16	0.54
薄片状颗粒	1.6~1.7	0.01~0.03	0.22

（5）孔隙率

$$\text{孔隙率} = \frac{\text{孔隙体积}}{\text{总体积}}$$

典型过滤介质的孔隙率见表 17–6。

表17-6 典型过滤介质的孔隙率

介质种类	孔隙率/%	介质种类	孔隙率/%
楔形金属丝网	5~40	烧结金属粉末	25~55
斜纹编织金属丝网	15~20	烧结金属纤维	70~85
正方形编织金属丝网	25~50		

（6）渗透率

$$k = \frac{\varepsilon^2}{K \cdot (1-\varepsilon)^2 \cdot S_V^2}$$

式中　k——滤饼渗透率，无因次；

　　　ε——孔隙率，无因次；

　　　K——Kozeny常数，无因次；

　　　S_V——单位体积的比表面积，m^2/m^3。

压降与体积流速的关系见图17-17。

（7）局部滤饼比阻

$$a = \frac{1}{k \cdot C \cdot \rho_s}$$

式中　C——固体颗粒体积浓度；

　　　ρ_s——固体颗粒密度，kg/m^3。

（8）单位过滤面积上沉积的滤饼质量

$$w = L \cdot C \cdot \rho_s$$

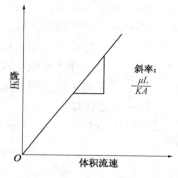

图17-17 压降与体积流速的关系

式中　w——单位过滤面积上沉积的固体颗粒质量，kg/m^2；

　　　L——滤饼厚度，m。

（9）过滤速率

$$v = \frac{1}{K \cdot \mu} \cdot \frac{\varepsilon^3}{S_V^2 \cdot (1-\varepsilon)^2} \cdot \frac{\Delta p}{Z}$$

式中　v——过滤速率，m^3/m^2；

　　　Z——滤层厚度，m。

（10）过滤面积

$$A = \pi \cdot n \cdot D \cdot L$$

式中　D——过滤元件的内径，m；

　　　n——过滤元件的数量，个；

　　　L——过滤元件的有效长度，m。

（11）过滤推动力

滤液通过过滤介质和滤饼层流动时需克服流动阻力，因此，过滤过程必须施加外力。外力可以是重力、压力差，也可以是离心力，加氢裂化装置的过滤推动力一般为压力差。

（12）滤饼的压缩性

若形成的滤饼刚性不足，则其内部空隙结构将随着滤饼的增厚或压差的增大而变形，空隙率减小，称这种滤饼为可压缩滤饼；反之，若滤饼内部空隙结构不变形，则称为不可压缩滤饼。

17.2　过滤器工艺计算 [1,12~14]

(1) 过滤基本方程

$$\frac{1}{A} \cdot \frac{\mathrm{d}V}{\mathrm{d}t} = \frac{\mathrm{d}v}{\mathrm{d}t} = \frac{p}{\mu(R_c + R_m)}$$

$$v = \frac{V}{A}$$

$$R_c = a_m \frac{W}{A} = a_m w$$

$$R_c = a_v L_1$$

式中　R_c——滤饼阻力，m^{-1}；

$\quad\;\; W$——总滤饼质量，kg；

$\quad\;\; a_m$——平均质量比阻，kg/m^2；

$\quad\;\; w$——单位过滤面积上堆积的滤饼固体质量，kg/m^2；

$\quad\;\; a_v$——平均体积比阻，m/m^2；

$\quad\;\; L_1$——滤饼厚度，m。

(2) 恒压过滤

$$\frac{t}{V} = \frac{\mu \cdot c \cdot a}{2A^2 \cdot \Delta p} V + \frac{\mu \cdot R_m}{A \cdot \Delta p}$$

式中　t——过滤时间，s；

$\quad\;\; V$——滤液(原料油、富胺液、循环氢)体积，m^3；

$\quad\;\; \mu$——滤液(原料油、富胺液、循环氢)黏度，$mPa \cdot s$；

$\quad\;\; c$——单位滤液体积的干固体质量，kg/m^3；

$\quad\;\; a$——局部滤饼比阻，m/kg；

$\quad\;\; A$——过滤面积，m^2；

$\quad\;\; \Delta p$——过滤器压差，N/m^2；

$\quad\;\; R_m$——过滤介质阻力，m^{-1}。

$\dfrac{t}{V}$ 与 V 的关系见图 17-18。

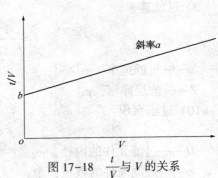

图 17-18　$\dfrac{t}{V}$ 与 V 的关系

(3) 恒速过滤

$$\Delta p = \left(\frac{\mu \cdot c \cdot a \cdot V}{A^2 \cdot t}\right) \cdot V + \left(\frac{\mu \cdot R_m}{A} \times \frac{V}{t}\right)$$

(4) 变压变速过滤

$$\frac{\Delta p}{q} = \left(\frac{\mu \cdot c \cdot a}{A^2}\right) \cdot V + \left(\frac{\mu}{A \cdot R_m}\right)$$

式中　q——滤液(原料油、富胺液、循环氢)流量，m^3/s。

(5) 平均过滤比阻

① 平均质量比阻：

$$a_m = \beta + a_0(p - p_m)$$

式中　β——实验常数；

　　　a_0——单位过滤压力比阻，m/kg；

　　　p——滤饼两侧压力差，Pa；

　　　p_m——过滤介质表面的液压，Pa。

② 平均体积比阻：

$$a_v = a_m \rho_v (1 - \varepsilon_{av})$$

式中　ρ_v——滤饼真密度，kg/m³；

　　　ε_{av}——滤饼平均孔隙率。

17.3　典型过滤器的参数及技术分析[9,11,15~18]

17.3.1　典型过滤器的参数

典型过滤器的参数见表 17-7 至表 17-11。

表 17-7　典型的加氢裂化原料油过滤器工艺性能数据

原　料　油	直馏减压蜡油
反冲洗形式	滤后油自动反冲洗
正常/最大操作流率/(m³/h)	242.5/266.1
黏度/(mPa·s)	0.98
正常/最大操作温度/设计温度/℃	227/235/250
正常/最大操作压力/设计压力/MPa	0.64/1.43/1.43
正常/最大允许干净压降/MPa	0.014/0.04
最大允许结垢压降/MPa	0.1
建议的反冲洗差压/MPa	0.35~0.55
正常/最大颗粒尺寸/μm	20~40/200
过滤精度/μm	20
最大过滤流率/[m³/(h·m²)]	4.9
过滤元件数目/组	28
每组过滤元件的表面积及选用总比表面积/m²	2.04/57.12
每个过滤元件尺寸/cm	2.54(直径)×91.4(高度)
脱除 20μm 固体颗粒的去除效率/%	98.6
每组过滤元件反冲洗耗时/s	6
每组过滤元件反冲洗液流率/(m³/h)	80~90
每次反冲洗消耗反冲洗液量/m³	3.1
每组过滤元件两次反冲洗的间隔时间(40μm)/h	3.5
每组过滤元件两次反冲洗的间隔时间(20μm)/h	0.75

表 17-8　典型的重蜡油过滤器工艺性能数据

原　料　油	重蜡油(包括脱沥青油)
反冲洗形式	氮气辅助自动反冲洗
正常操作流率/(m³/h)	280.7
原料油密度/(kg/m³)	997.1
黏度(50℃)/(mm²/s)	117.9
黏度(100℃)/(mm²/s)	28.29
正常/设计温度/℃	130~150/200
正常/设计压力/MPa	0.35/1.38
允许干净/结垢压降/MPa	0.05/0.14
正常/最大颗粒尺寸/μm	50~100/200
固体颗粒含量/(μg/g)	50~200
25μm 颗粒尺寸数量/%	>60
过滤精度/μm	25
过滤器数目/个	2
每组过滤元件数目/个	130
每个过滤元件的表面积及每组过滤元件表面积/m²	0.118/15.34
最大过滤流率/[m³/(h·m²)]	1.8375
每个过滤元件尺寸/cm	2.54(直径)×143.7(高度)
过滤器直径/mm	600
脱除 25μm 固体颗粒的去除效率/%	95
每组过滤元件两次反冲洗的间隔时间(25μm)/h	2~8
固体颗粒 50~100μg/g 两次反冲洗的间隔时间/h	4~8
固体颗粒 200μg/g 两次反冲洗的间隔时间/h	2
反冲洗氮气温度/℃	常温
反冲洗氮气压力/MPa	0.5
反冲洗氮气消耗量/(kg/d)	80

表 17-9　某原料油过滤器性能数据

过　滤　器	A 组	B 组	C 组	D 组
滤芯型号	R	WW	R	WW
滤芯根数/根	445	316	432	316
直径/mm	25.4	25.4	25.4	25.4
长度/mm	1371	1134	1371	935
总过滤面积/m²	48.8	32.8	45.7	26.8
总开孔面积/m²	14.53	1.57	14.20	1.28
过滤精度/μm	75	25	75	25

表 17-10　某焦化蜡油过滤器工艺条件

入口温度/℃	入口压力/MPa	密度/(kg/m³)	流量/(m³/h)	浸泡油	浸泡油温度/℃	浸泡油压力/MPa	氮气压力/MPa
90	0.6	890	50	焦化柴油	120~150	0.5	1.6

表 17-11　典型的胺液过滤器工艺性能数据

项　目	粗胺液过滤器	精胺液过滤器
工作介质	富胺液（25%MDEA，1.4%H$_2$S）	
正常操作压力/MPa	0.5	0.65
设计压力/MPa	2.0	
正常/最大操作温度/℃	65/260	65/260
设计温度/℃	260	260
介质密度（65℃）/（kg/m^3）	1037	1026
正常/最大操作流量/（m^3/h）	143.6/160	150/160
过滤精度/μm	100	10
允许压降（洁净）/MPa	≥0.05	≥0.1
允许压降（污染）/MPa	0.1	0.15
过滤器数目/个	2	1
反冲洗蒸汽温度/℃	<250	
反冲洗蒸汽压力/MPa	0.9	
两次反冲洗的间隔时间/h	—	12~24
每组过滤元件数目/个	26	120
每个过滤元件面积/m^2	0.078	0.24
每个罐的过滤面积/m^2	2.0	28.8
过滤器直径/mm	500	1100

17.3.2　技术分析

（1）原料油过滤器技术分析

PALL 公司应用于加氢裂化原料油过滤器的滤芯有多种级别，其颗粒去除精度和固体污染物颗粒度分布分别见表 17-12、表 17-13。

表 17-12　Rigimesh 滤芯的去除效率　　μm

滤芯形式	液相中去除精度		气相中去除精度	
	98%	100%	98%	100%
PALL J 级	10	25	6	18
PALL M 级	17	45	11	25
PALL R 级	40	70	30	55
PALL S 级	70	105	50	85

表 17-13　原料油过滤器固体污染物颗粒度分布

颗粒大小/μm	5~15	15~25	25~50	50~100	>100	总计
过滤器 I 出口						
颗粒数	296	19	2	0	0	317
数量/%	93.4	5.99	0.63	<0.3	<0.3	100
质量分数/%	53.5	27.5	19	0	0	100

颗粒大小/μm	5~15	15~25	25~50	50~100	>100	总计
过滤器Ⅱ出口						
颗粒数	289	31	6	1	0	327
数量/%	88.4	9.84	1.83	<0.3	<0.3	100
质量/%	22.7	19.4	24.8	33.1	0	100

图 17-19 至图 17-22 为不同滤芯过滤情况对比图。

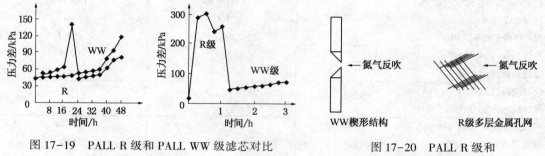

图 17-19　PALL R 级和 PALL WW 级滤芯对比

图 17-20　PALL R 级和
PALL WW 级反吹对比

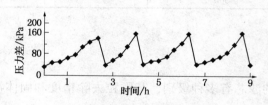

图 17-21　PALL WW 级滤芯过滤情况

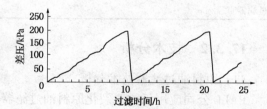

图 17-22　焦化蜡油自动反冲洗
过滤器系统差压变化曲线

表 17-14 至表 17-17 为过滤器技术分析。

表 17-14　原料油过滤器过滤前、后固体污染物颗粒度分布

项　　目	过滤前		过滤后	
	总颗粒/个	质量分数/%	总颗粒/个	质量分数/%
颗粒大小/μm				
纤维	13		4	
>100	21	0.98	2	0.16
50~100	14	0.66	3	0.24
25~50	83	3.89	48	3.80
15~25	206	9.65	113	8.95
5~15	1810	83.8	1097	86.8
污染物含量/(μg/g)	19.2		6.7	

表 17-15　处理 1Mt/a 原料精制反应器压力降　　　　　kPa

项　　目	反应器压力降	原压力降	压力降增值
过滤器 I	105	72	32
过滤器 II	86	71	15

表 17-16　原料油过滤器的过滤效率

项　　目	固体污染物/(mg/L)	过滤效率/%
过滤器 I 进口	22.9	
过滤器 I 出口	15.1	34.1
过滤器 II 进口	26.5	
过滤器 II 出口	14.2	46.4

表 17-17　劳动强度

项　　目	操作次数	维修次数
过滤器 I	1 次/8h　手动	2 次/季度
过滤器 II	1 次/4h　自动	0 次/季度

（2）脱硫溶剂过滤器技术分析（图 17-23、表 17-18、表 17-19）

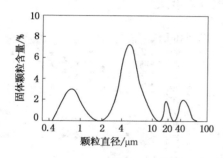 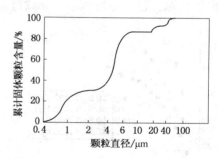

图 17-23　脱硫溶剂中固体颗粒含量及分布

表 17-18　过滤器投用前后效果比较

项　　目	泡高/mm	消泡时间/s	颜色	是否拦液
过滤前	300	12.1	黑色	是
过滤后	60	6.5	清澈	否

表 17-19　采用过滤器效益分析　　　　　万元/a

项　　目	投资额	操作费用	溶剂费用	合计
有过滤	+40	-100	+40	-20
无过滤	0	0	0	0

（3）烧结金属丝网滤芯过滤器的性能

① 流速与压差，见图 17-24。烧结金属丝网滤芯在过滤初期的滤饼形成阶段，由于颗粒直接堵塞滤管内部的孔隙，导致压差增长较快；在滤饼形成后，压差增大由滤饼增厚引起，增长速度较慢。

流速越快压差增长越快。

② 固体质量浓度与压差，见图 17-25。同一过滤速度下，浓度越大，颗粒堵塞孔隙的概率越大，压力升高得越快。

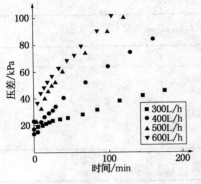

图 17-24　不同流速下的压差

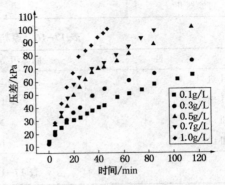

图 17-25　不同固体质量浓度下的压差

③ 处理量与压差，见图 17-26。由于固体中的油滴颗粒很容易黏附在滤管孔隙通道内部，处理量越大越易聚集成更大的油滴，直到完全堵塞孔隙通道。

④ 不同粒径颗粒与压差，见图 17-27。固体颗粒粒径越小，越容易进入过滤介质内部，堵塞滤芯内的孔隙，过滤通道减小，导致过滤器压差变大。

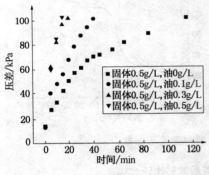

图 17-26　不同处理量下的压差

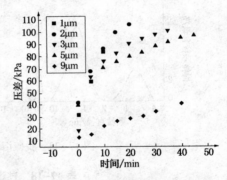

图 17-27　不同粒径颗粒下的压差

17.4　过滤器的热点难点问题

17.4.1　过滤粒径

加氢裂化加工的原料可能含有：腐蚀产物、催化剂粉末、焦粉、油泥、沉渣、缩合物或聚合物、油浆、垢等，过滤的目的是脱除一定粒径固体物和有机物，避免这些固体物和有机物在换热器、加热炉、反应器、管线、阀门等聚集和沉积，冲蚀管线和阀门，缩短装置运行周期。

加氢裂化原料过滤选用的过滤粒径一般为 20μm 或 25μm，特殊体系（如催化油浆）为 5μm，过滤粒径的确定与过滤粒径数目、颗粒总量、颗粒分布、装置运行周期、含固体系流速、含固体系材料选择、阀门形式及材质、催化剂允许压降、催化剂装填、过滤器的反吹频率、过滤器残余压降、过滤的技术经济性与其他措施的技术经济性对比等有关，确定过滤粒径是一个复杂过程，仍有许多内容需要研究。

17.4.2　高温过滤

随着装置热联合、低温热利用，加氢裂化原料过滤器的过滤温度越来越高，过滤滤芯、过滤阀门、连接件是否适应高温要求，是否适应高、低温交替运行，管线、转换部件是否适应热应力的变化要求，对高温过滤器的设计、使用均是一个挑战。

参 考 文 献

[1]［英］拉什顿 A，沃德 AS，霍尔迪奇 RG 著．固液两相过滤及分离技术［M］．朱企新，许莉，谭蔚，等译．北京：化学工业出版社，2005.

[2] 郭中台．降低催化裂化油浆中灰分的过滤工艺研究［D］．天津：天津大学化工学院，2005.

[3] 刘存柱，李胜昌，孙玉虎，等．重油催化裂化油浆连续过滤技术的应用［J］．炼油设计，2001，31（1）：32-34.

[4] 方图南，潘元奇．过滤的基础理论与技术进展［J］．化工设备与防腐蚀，2001，（3）：1-7；19.

[5] 何少华，熊正为，文竹青，等．水处理技术发展的辩证分析［J］．南华大学学报：理工版，2002，16（4）：19-22.

[6] 张宇．均质滤料过滤技术研究-滤料粒径和滤层厚度对过滤特性的影响关系研究［D］．西安：西安建筑科技大学，2004.

[7] 文棋．全自动自清洗过滤器过滤机理分析及控制系统研究［D］．杭州：浙江大学，2004.

[8] 李凤岭，刘恒涛．加氢裂化装置原料过滤方案的选择［J］．石油化工设备，2007，36（2）：46-48.

[9] 蒋晓峰，毛亚光，邹庆浩，等．加氢裂化装置原料过滤器的改造［J］．石油化工安全技术，2002，18（2）：44-46.

[10] 肖锋．反冲洗过滤器在加氢裂化装置中的应用［J］．化工装备技术，2003，24（6）：19-22.

[11] 穆海涛，孙振光．渣油加氢脱硫装置进料过滤器的改进［J］．炼油设计，2001，31（5）：30-33.

[12] 王松汉主编．石油化工设计手册：第三卷　化工单元过程［M］．北京：化学工业出版社，2002：222-344.

[13] 罗茜主编．固液分离［M］．北京：冶金工业出版社，1997.

[14] 丁启圣，王维一，等编著．新型实用过滤技术［M］．2版．北京：冶金工业出版社，2005.

[15] 郭仕清，马昌龙．PALL 自动过滤系统在加氢裂化装置的应用［J］．炼油设计，2000，30（4）：24-25.

[16] 栾培新，梁新武．烧结金属丝网滤芯过滤性能的试验研究［J］．石油机械，2003，31（7）：3-5.

[17] 张宝龙，张福者．蜡油自动反冲洗过滤系统在延迟焦化装置的应用［J］．石油化工设备技术，2006，27（6）：32-36.

[18] 胡先念，熊云清，刘建华，等．自动反冲洗过滤器的开发及在脱硫溶剂系统的应用［J］．石油化工设备技术，2002，23（5）：18-20.

第18章 安全泄放系统工艺计算及技术分析

18.1 安全泄放系统的设置[1~6,21]

18.1.1 安全泄放系统的作用和设置原则

（1）安全泄放系统的作用

加氢裂化装置由于处于高温、高压、临氢、易燃、易爆环境，设备、管道壁厚都只允许承受一定压力和温度，超过这个压力和温度，就可能因过度的塑变而损坏。因此，在可能超压和超温(温度与压力按一定比例换算)的设备、管道上均要求设置安全泄放系统。

（2）安全泄放系统的设置原则

炼油厂中的加氢裂化装置均为连续操作，工程设计时在氢气循环回路中尽可能减少或不设阀门，这样反应系统的压力源相同，反应系统每台设备、管道的压力又不会自动升高，因此，反应系统的安全泄放系统一般设置在压力平衡的低点，但为确保事故条件下装置的可靠性，一般设置三套安全泄放系统：安全阀、慢速自动紧急泄压系统和快速自动紧急泄压系统。

18.1.2 安全泄放装置的类型及特点

（1）阀型安全泄放装置

阀型安全泄放装置为重闭式安全泄放装置(一般指安全阀)。特点：排放高于规定部分的压力，压力降到一定数值后，自动迅速关闭。

（2）断裂型安全泄放装置

断裂型安全泄放装置为一次性安全泄放装置(一般指爆破片)。特点：通过爆破片的断裂达到泄压的目的。

（3）熔化型安全泄放装置

熔化型安全泄放装置为易熔塞，通过易熔合金的熔化使介质从易熔合金的孔中排出达到泄压的目的。特点：防止温度超高而产生超压。

（4）组合型安全泄放装置

组合型安全泄放装置是同时具有阀型和断裂型或阀型和熔化型的组合装置，目前常用的为弹簧式安全阀与爆破片的组合。特点：同时具有两种单体安全泄放装置的优点。

加氢裂化装置一般采用阀型安全泄放装置和组合型安全泄放装置，在装置开工阶段多使用断裂型安全泄放装置，一般较少使用熔化型安全泄放装置。

18.1.3 紧急泄压系统的设置

加氢裂化装置的紧急泄压系统一般分为慢速自动紧急泄压系统和快速自动紧急泄

系统。

（1）慢速紧急泄压系统

① 泄压速率：一般在 0.5~1.0MPa/min 之间选取。

② 启动方式：可同时采用自动启动和手动启动两种方案。

③ 联锁方式：a. 可将原料油泵（包括液力透平）、循环油泵、新氢压缩机、反应加热炉停运。b. 也可只降反应压力，不联锁设备，但原料油泵（包括液力透平）、循环油泵、新氢压缩机、反应（循环氢）加热炉、循环氢压缩机在中控室、离设备 15m 处均设停机按钮，视情况停止运行。

④ 启动条件：a. 循环氢压缩机出现故障；b. 反应器床层温度偏高；c. 装置发生火灾；d. 高压分离器液位高高。

⑤ 手动启动按钮应设在中控室内，装置内还应设置手动副线紧急泄压，以便遥控紧急泄压系统一旦失灵，可手动开副线紧急泄压阀，以确保装置安全。

⑥ 紧急泄压阀：多选用 ON/OFF（两位式）作用的切断阀，并配置事故空气罐，保证净化压缩空气故障时，阀门处于安全状态。紧急泄压阀应设置防爆型阀位回讯开关，并在 DCS 显示阀位状态。

（2）快速紧急泄压系统

① 泄压速率：一般在 1.4~2.1MPa/min 之间选取。

② 启动方式：手动启动。

③ 联锁方式：a. 可将原料油泵（包括液力透平）、循环油泵、新氢压缩机、反应加热炉、循环氢压缩机停运。b. 也可只降反应压力，不联锁设备，但原料油泵（包括液力透平）、循环油泵、新氢压缩机、反应（循环氢）加热炉、循环氢压缩机在中控室、离设备 15m 处均设停机按钮，视情况停止运行。

④ 启动条件：a. 反应器床层温度严重失控或发生"飞温"；b. 装置发生严重火灾。

⑤ 手动启动按钮应设在中控室内，装置内还应设置手动副线紧急泄压，以便遥控紧急泄压系统一旦失灵，可手动开副线紧急泄压阀，以确保装置安全。

⑥ 紧急泄压阀：多选用 ON/OFF（两位式）作用的切断阀，并配置事故空气罐，保证净化压缩空气故障时，阀门处于安全状态。紧急泄压阀应设置防爆型阀位回讯开关，并在 DCS 显示阀位状态。

18.2　安全阀工艺计算及技术分析[7~18,21]

18.2.1　安全阀的定义和分类

广义上的安全阀包括泄压阀，均是在超过开启压力时自动排放内部介质，当容器内部压力恢复正常后自行关闭阻止介质继续排出，保证设备和装置安全的设备。

（1）安全阀的定义

① 安全阀（图 18-1），由阀前介质静压力驱动的自动泄压装置，特征为具有突开的全开启或微开启动作。

② 泄放阀（图 18-2），由阀前介质静压力驱动的自动泄压装置，特征为随压力超过开启

力的增长按比例开启。

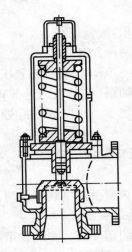 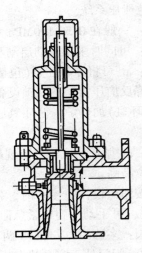

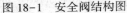

图 18-1　安全阀结构图　　　　　图 18-2　泄放阀结构图

③ 安全泄放阀，由阀前介质静压力驱动的自动泄压装置，根据使用场合不同既可具有安全阀功能（具有突开的全开启或微开启动作），也可具有泄放阀功能（随压力超过开启力的增长按比例开启）。

日本劳动省高压气体管理规则、运输省及各级船舶协会的规则：保证了排放量的称为安全阀，不保证排放量的阀门称为泄放阀。

（2）安全阀的分类

① 按适用介质分：

a. 气体用安全阀：适用介质为气体，如氢气、塔顶气、蒸汽及其他气体；

b. 液体用安全阀：适用介质为液体，如原料油、洗涤水及其他液体。

加氢裂化装置两类安全阀均有。

② 按公称压力分：

a. 低压安全阀：公称压力 $PN<2.45MPa$；

b. 中压安全阀：公称压力 $PN2.49\sim4.9MPa$；

c. 高压安全阀：公称压力 $PN5.9\sim9.8MPa$；

d. 超高压安全阀：公称压力 $PN11.8\sim14.7MPa$；

e. 亚临界安全阀：公称压力 $PN15.7\sim19.6MPa$；

f. 超亚临界安全阀：公称压力 $PN>22.0MPa$。

加氢裂化装置一般应用前五类安全阀，白油加氢装置会用到超亚临界安全阀。

③ 按适用温度分：

a. 超低温安全阀：工作温度$(t)\leqslant-100℃$；

b. 低温安全阀：工作温度$(t)-100\sim-40℃$；

c. 常温安全阀：工作温度$(t)-40\sim120℃$；

d. 中温安全阀：工作温度$(t)120\sim450℃$；

e. 高温安全阀：工作温度$(t)>450℃$。

加氢裂化装置一般应用低温安全阀、常温安全阀和中温安全阀。

④ 按连接方式分：

a. 螺纹连接安全阀：其入口端与容器连接方式为螺纹连接；

b. 焊接连接安全阀：其入口端与容器连接方式为焊接连接；

c. 法兰连接安全阀：其入口端与容器连接方式为法兰连接（图18-3）。

加氢裂化装置一般选用法兰连接安全阀。

⑤ 按排放量分：

a. 微启式安全阀（图18-4）：开启高度在 $\frac{d_1}{40} \sim \frac{d_1}{20}$（$d_1$安全阀喷嘴喉部直径），适用于介质为水、油及其他液体；

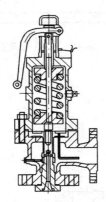

图18-3　法兰连接安全泄放阀结构图

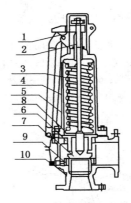

图18-4　弹簧封闭微启式安全阀
1—保护罩；2—调整螺杆；3—阀杆；
4—弹簧；5—阀盖；6—导向套；7—阀瓣；
8—衬套；9—调节圈；10—阀体

b. 全启式安全阀（图18-5）：开启高度不小于 $\frac{d_1}{4}$，适用于介质为蒸汽、空气及其他气体；

c. 半启式安全阀：开启高度介于微启式和全启式之间，适用于介质为气、液混合且温度不高的混合物。

加氢裂化装置一般不用半启式安全阀。

⑥ 按排放形式分：

a. 封闭式安全阀：介质排放在封闭的管道内回收进容器内；

b. 敞开式安全阀：介质排放在大气中，介质不回收。

加氢裂化装置除循环水安全阀采用敞开式安全阀外，一般均选择封闭式安全阀。

⑦ 按结构形式分：

a. 杠杆式重锤安全阀（图18-6）：单、双杠杆式；

b. 弹簧式安全阀：螺旋弹簧式安全阀、外加负载盘形弹簧式安全阀、背压式弹簧安全阀（图18-7）；

c. 电动式安全阀（图18-8）；

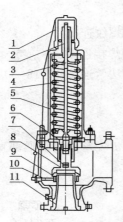

图 18-5　弹簧封闭全启式安全阀

1—保护罩；2—调整螺杆；3—阀杆；4—弹簧；
5—阀盖；6—导向套；7—阀瓣；8—反冲盘；
9—调节圈；10—阀体；11—阀座

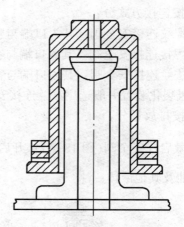

图 18-6　重锤式安全阀

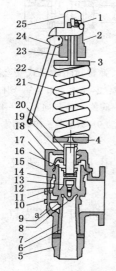

图 18-7　背压式弹簧安全阀

1—手动挡圈；2—锁紧并帽；3—上弹簧座；
4—下弹簧座；5—入口短管；6—喷嘴；7—阀体；
8—阀瓣；9—下调整环；10，11—定位螺栓；
12—上调整环；13—下止挡；14—阀瓣套；
15—导向套；16—上止挡；17—阀盖排气；
18—阀盖；19—上浮动圈；20—重叠调整环；
21，22—阀杆；23—弹簧；24—调整环；25—护罩

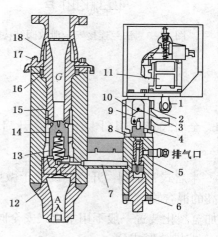

图 18-8　电动式安全阀

1—电磁铁芯；2—护罩；3—调节螺钉；
4—控制阀杆；5—控制阀座；6—控制阀壳；
7—连通管；8—轭架；9—杠杆；
10—锁紧螺帽；11—控制线圈；12—主阀体；
13—衬套；14—主阀瓣；15—主阀座；
16—垫片；17—螺栓；18—主阀盖

d. 脉冲式安全阀(图 18-9)。

加氢裂化装置一般选择弹簧式安全阀。

⑧ 按作用原理分:

a. 直接作用式安全阀:是直接用机械载荷如重锤、杠杆加重锤或弹簧来克服由阀瓣下介质压力所产生作用力的安全阀;

b. 带动力辅助装置式安全阀:该安全阀借助一个动力辅助装置,可以在低于正常的开启压力下开启。

c. 间接作用式安全阀,又称先导式安全阀(图 18-10):即依靠从导阀排出介质来驱动或控制的安全阀。

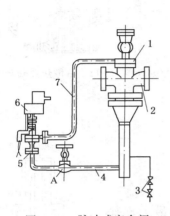

图 18-9　脉冲式安全阀

1—主阀脉冲入口;2—主阀;3—压力测点隔离阀;

4,7—连通管;5—控制阀入口法兰;6—控制阀;

A—控制阀疏水

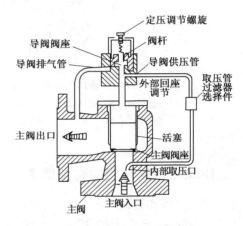

图 18-10　先导式安全阀

加氢裂化装置一般选择直接作用式安全阀,但高压分离器上一般选择间接作用式安全阀。

⑨ 按不同结构分:

a. 封闭弹簧式安全阀:适用于易燃易爆或有毒介质;

b. 带扳手安全阀(图 18-11):扳手的作用主要是检查阀瓣的灵活程度,有时也可用作紧急泄压用;

c. 带散热片的安全阀(图 18-12):在其阀体和弹簧盖之间设置若干散热片,或设有使弹簧腔与高温介质隔离的特制轴套,可以防止介质直接冲刷弹簧,降低弹簧腔室的温度;

d. 波纹管安全阀(图 18-13):在阀瓣与中法兰挡板之间焊有金属波纹管,一是用于平衡附加背压对阀门开启压力的影响,二是可使用在腐蚀性介质场合。

加氢裂化装置多选择封闭弹簧式安全阀,但其他形式安全阀也有采用。

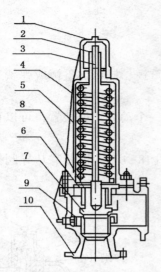

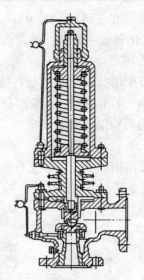

图 18-11 弹簧封闭带扳手微启式安全阀　　　　图 18-12 带散热片安全阀

1—保护罩；2—调整螺杆；3—阀杆；4—弹簧；

5—阀盖；6—导向套；7—阀瓣；8—衬套；

9—调节圈；10—阀体

18.2.2　安全阀的有关概念

（1）设备和管道的操作压力（P）

操作时可能承受的压力，一般为工艺过程的最大操作压力。

（2）最大允许工作压力（P_m）

设计温度下，设备操作的最大允许工作压力。一般取满足设计温度时，设备和管道的设计压力，即：

当 $P \leqslant 1.8\text{MPa}(\text{g})$ 时，$P_m = P + 0.18 + 0.1\text{MPa}(\text{a})$；

当 $1.8 < P \leqslant 4\text{MPa}(\text{g})$ 时，$P_m = 1.1P + 0.1\text{MPa}(\text{a})$；

当 $4 < P \leqslant 8\text{MPa}(\text{g})$ 时，$P_m = P + 0.4 + 0.1\text{MPa}(\text{a})$；

当 $P > 8\text{MPa}(\text{g})$ 时，$P_m = 1.05P + 0.1\text{MPa}(\text{a})$。

（3）定压（P_0）

阀瓣刚好开启状态时的入口压力，此时有可测量的开启高度，介质呈由视觉或听觉感知的连续排放状态。也称为整定压力、开启压力、设计压力等。

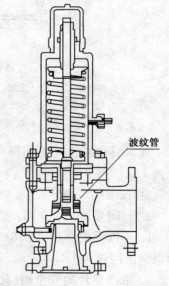

图 18-13 波纹管安全阀

对气体和蒸汽物系，定压是阀突然动作时的入口压力，对液体物系，定压是阀开始泄压时的入口压力。一般情况下，$P_0 = P_m$。

整定压力允许有一定的偏差：$\delta_p = \pm 0.014 P_0$　　　$P_0 < 0.5\text{MPa}$

$\delta_p = \pm 0.03 P_0$　　　$P_0 \geqslant 0.5\text{MPa}$

（4）排放压力（表示为 P_1）

阀瓣达到规定开启高度时的入口压力，此时安全阀达到泄放能力，有时排放压力也称为最高排放压力。

$$P_1 = P_0 + P_a + 0.1013 \text{MPa(a)}$$

（5）积聚压力（P_a）

安全阀排放期间，入口压力超过设备和管道最大允许工作压力的增值。

无火压力容器上的安全阀： $P_a = 0.1 P_0 \text{MPa(a)}$

着火有爆炸危险容器上的安全阀： $P_a = 0.2 P_0 \text{MPa(a)}$

蒸汽锅炉上的安全阀： $P_a = 0.03 P_0 \text{MPa(a)}$

（6）背压力（P_b）

安全阀开启前泄压总管的压力与安全阀开启后介质流动所产生的流动阻力之和，背压力也称为出口压力。

$$P_b = P'_b + P''_b$$

（7）附加背压力（P'_b）

安全阀出口已有的静压力，如支管、火炬头、水封等，是排放系统中阻力或由其他泄压源产生，可恒定，也可变化。附加背压力也称为叠加背压或静背压。

（8）排放背压力（P''_b）

介质通过安全阀后，所排放的介质在排放系统中流动所产生的压力或流动阻力。排放背压力是变化的。排放背压力也称为积聚背压或动背压。

（9）回座压力

排放后阀瓣重新与阀座接触，开启高度变为零时的入口压力，亦可表示为设定压力与安全阀关闭压力之差，以整定压力的百分数或压力单位表示。

（10）超过压力

排放压力与整定压力之差，以整定压力的百分数表示。

（11）启闭压差

整定压力与回座压力之差，以整定压力的百分数表示。

（12）冷态试验压力（表 18-1）

安全阀在试验台上调整到开启时的进口静压力。包括了对背压和温度等工作条件的修正。

表 18-1　冷态试验压力温度修正值

操作温度/℃	−18~66	67~316	317~427	428~538
在常温下增加的定压	无	1%	2%	3%

（13）实际排放面积

实际测定安全阀流量的最小净面积。

（14）帘面积

阀瓣在阀座上升起时，密封面之间形成的圆柱形或圆锥形通道的面积。

（15）有效排放面积

介质流经安全阀的名义面积或计算面积。

（16）喷嘴面积

喷嘴喉部面积，喷嘴的最小横截面积。

（17）入口尺寸

安全阀进口的公称管道尺寸。

（18）出口尺寸

安全阀出口的公称管道尺寸。

（19）开启高度

当安全阀排放时，阀瓣离开关闭位置的实际行程。

18.2.3　安全阀泄放量的工艺计算

（1）换热器破裂时安全阀的泄放量计算

介质为气体（如循环氢、新氢、低分气等）：

$$G_v = 246.3 \times 10^4 \times d_i^2 \left(\frac{\Delta p}{\rho_v} \right)^{0.5}$$

介质为液体（如原料油、轻石脑油、重石脑油、喷气燃料、柴油、尾油等）：

$$G_1 = 16.8 \times 10^4 \times d_i^2 \left(\frac{\Delta p}{\rho_1} \right)^{0.5}$$

式中　G_v——气体泄放量，kg/h；

　　　G_1——液体泄放量，kg/h；

　　　d_i——换热管内径，m；

　　　Δp——换热器高压侧与低压侧的压力差，MPa；

　　　ρ_v——气体密度，kg/m³；

　　　ρ_1——液体密度，kg/m³。

（2）液体膨胀时安全阀的泄放量计算

$$G_1 = 0.00361 \times \frac{\omega \cdot Q}{\rho_1 \cdot C_p}$$

式中　Q——传入热量，W；

　　　C_p——液体比热容，kJ/(kg·℃)；

　　　ω——液体每升高1℃的体积膨胀系数，水 0.00018，轻烃 0.0018，轻石脑油和重石
　　　　　脑油 0.00144，馏分油 0.00108，渣油 0.00072。

（3）火灾时安全阀的泄放量计算

①　无保温层的容器：

$$G_v = \frac{25.5 \times 10^4 F \cdot A^{0.82}}{H_v}$$

式中　F——容器外壁校正系数（表18-2），地面上的设备 $F=1$，用砂土覆盖的设备 $F=0.3$，
　　　　　容器设置在大于 101 m²/min 喷淋设施下 $F=0.6$；

　　　A——受热面积，m²。

表 18-2　容器外壁校正系数

安装形式	校正系数 F	安装形式	校正系数 F
不保温容器	1.0	10220	0.0376
保温材料的导热系数/[J/(m²·h·℃)]		8176	0.03
81760	0.3	6745	0.026
40880	0.15	有水喷淋设施的不保温容器	1.0
20440	0.075	地下储罐	0.3
13695	0.05		

对半球形封头的卧式容器，$A = \pi \cdot D_0 \cdot L$；

对椭圆形封头的卧式容器，$A = \pi \cdot D_0 \cdot (L + 0.3D_0)$；

对立式容器，$A = \pi \cdot D_0 \cdot L'$；

对球形容器，$A = \dfrac{1}{2}\pi \cdot D_0$ 或从地平面起到 7.5m 高度以下所包括的外表面积，取两者中较大的值。

式中　D_0——外径，m；

　　　L——长度，m；

　　　L'——容器内最高液位，m。

② 有完全保温层的容器：

$$G = \frac{9.4(650-t)\lambda \cdot A^{0.82}}{\delta \cdot H_v}$$

式中　G——泄放量，kg/h；

　　　t——泄放温度下的饱和温度，℃；

　　　λ——常温下隔热材料的导热系数，W/(m·K)；

　　　δ——保温层厚度，m。

（4）阀门故障时安全阀的泄放量计算

加氢裂化装置的原料油脱水罐、原料油缓冲罐等容器出口阀因误操作而关闭时，安装在这些容器出口的安全阀泄放量一般按进入该容器的液体物料总量计算。

加氢裂化装置的热低压分离器、冷低压分离器、富胺液闪蒸罐需考虑上游热高压分离器、冷高压分离器、循环氢脱硫塔出口阀门因误操作而打开（最大为全部打开）时，同时失去容器液面而导致的高压气体进入低压系统的可能性，安全阀泄放量一般按高压阀全部打开阀芯的最大流通量计算。

2018 年 3 月 12 日九江加氢装置事故后，原料油缓冲罐因高压泵故障，泵出口切断阀全部处于打开状态，且泵出口两道安全阀全部故障，存在高压气体倒串入原料油缓冲罐的可能性，此时安全阀泄放量一般按两道高压单向阀故障时的流通量计算。

（5）回流中断时安全阀的泄放量计算

加氢裂化装置分馏部分带回流的脱乙烷塔、脱丙烷塔、脱丁烷塔、脱戊烷塔、汽提塔、常压分馏塔、石脑油分馏塔等，在回流中断时安全阀的泄放量为正常温度条件下，顶层塔盘的气体量（包括由于塔底重沸或加热传入的热量所产生的气体量）减去塔顶冷却负荷产生的冷凝量，最大泄放量为正常温度条件下，顶层塔盘的气体量（此时，塔顶冷却负荷为 0）。

（6）塔顶空冷故障时安全阀的泄放量计算

加氢裂化装置分馏部分塔顶空冷器故障时，塔顶安全阀的泄放量一般按塔顶馏出物的总量减去空冷自然对流承担的负荷(一般取空冷正常负荷的20%~40%)。

18.2.4　安全阀喷嘴面积的工艺计算

API计算方法中采用的面积和系数均为公称数据,ASME计算方法中采用的喷嘴通过面积和流量系数均为具体阀的实测值,加氢裂化装置一般采用API计算方法。

(1)计算条件

① 物性数据:物流名称、泄放状态、泄放时的密度、相对分子质量(气体状态时,可利用分子组成计算相对分子质量)、黏度、压缩因子等;

② 操作条件:操作压力、操作温度、设备的设计压力等;

③ 泄放条件:安全阀定压、允许超压、需要的回座压力、附加背压、积聚背压、泄放温度等。

(2)泄放气体安全阀的喷嘴面积计算

公式1:

$$A=6.45\times 2.205W\cdot \frac{\left(\dfrac{Z\cdot(492+1.8T)}{M}\right)^{0.5}}{145P_1\cdot C_O\cdot X\cdot K_b}$$

$$X=387\sqrt{K\left(\frac{2}{K+1}\right)^{\frac{K+1}{K-1}}}$$

$$K=\frac{C_P}{C_v}$$

式中　A——需要的最小有效泄放面积,cm^2;

　　　W——泄放温度条件下需要的泄放量,kg/h;

　　　Z——气体压缩因子(图18-14);

　　　T——泄放温度,℃;

　　　P_1——安全阀的泄放压力,MPa(a);

　　　C_O——安全阀流量系数,与安全阀的结构有关,一般由试验得到,无试验数据时,可
　　　　　　用表18-3估算;

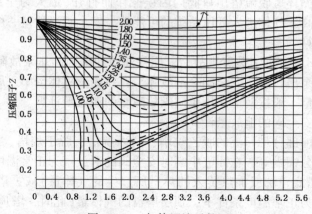

图18-14　气体压缩系数图

表18-3　安全阀流量系数估算表

安全阀形式	安全阀流量系数	安全阀形式	安全阀流量系数
全启式安全阀	0.6~0.8	不带调节圈的全启式安全阀	0.25~0.35
带调节圈的微启式安全阀	0.4~0.5		

X——气体特性系数；

K——气体的绝热系数，可用表18-4查取；已知绝热指数时，也可用表18-5查取；

表18-4　加氢裂化新氢、循环氢常用气体特性系数表

项　目	相对分子质量	绝热指数	气体特性系数
氢气	2	1.41	387
甲烷	16	1.31	346
乙烷	30	1.18	336
丙烷	44	1.13	330
正丁烷	56	1.09	328
异丁烷	56	1.11	326
戊烷	72	1.07	323
环己烷	64	1.06	424

表18-5　加氢裂化新氢、循环氢常用气体绝热指数与特性系数表

绝热指数	气体特性系数	绝热指数	气体特性系数
1.00	315	1.52	368
1.02	316	1.54	368
1.04	320	1.56	369
1.06	322	1.58	371
1.08	324	1.60	372
1.10	327	1.62	374
1.12	329	1.64	376
1.14	331	1.66	377
1.16	333	1.68	379
1.18	335	1.70	380
1.20	337	1.72	382
1.22	339	1.74	383
1.24	341	1.76	384
1.26	343	1.78	386
1.28	345	1.80	387
1.30	347	1.82	388
1.32	349	1.84	390
1.34	351	1.86	391
1.36	352	1.88	392
1.38	354	1.90	394
1.40	356	1.92	395
1.42	358	1.94	397
1.44	359	1.96	398
1.46	361	1.98	399
1.48	363	2.00	400
1.50	364	2.02	401

K_b——背压校正系数(表18-6、图18-15、图18-16),通用型安全阀,气相条件下,安全阀背压低于临界压力(一般为泄放压力的55%)或液相条件下,背压校正系数=1;安全阀背压高于临界压力时,必须用背压校正系数,其中背压百分数=$\dfrac{P_b}{P_0}\times100\%$。

对比温度等于安全阀进口气体的真实绝对温度与临界温度之比:$T_r=\dfrac{T}{T_c}$;

对比压力等于安全阀进口气体的泄放压力与临界压力之比:$P_r=\dfrac{P_1}{P_c}$。

表18-6　背压校正系数表

背压百分数/%	背压校正系数	背压百分数/%	背压校正系数
55	1.00	78	0.87
60	0.995	80	0.85
62	0.99	82	0.81
64	0.98	84	0.78
66	0.97	86	0.75
68	0.96	88	0.70
70	0.95	90	0.65
72	0.93	92	0.56
74	0.91	94	0.49
76	0.89	96	0.39

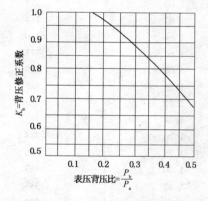

图18-15　流体为液体的波纹管安全阀背压校正系数

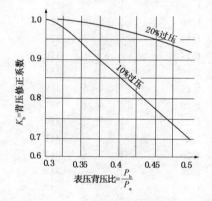

图18-16　流体为气体和蒸汽的波纹管安全阀背压校正系数

公式2:

$$A=0.09815W\cdot\dfrac{\left(\dfrac{Z\cdot(492+1.8T)}{M}\right)^{0.5}}{P_1\cdot C_O\cdot X\cdot k_b}$$

(3)泄放液体安全阀的喷嘴面积计算

公式1:

$$A = 6.45 \times 4.403 \times V \cdot \left(\frac{\left(\dfrac{G}{145 \times (1.25P_1 - P_b)} \right)^{0.5}}{24.32K_p \cdot K_b \cdot K_v} \right)$$

式中　V——泄放温度条件下需要的泄放量，m^3/h；

　　　G——泄放条件下液体密度，kg/m^3；

　　　K_p——超压校正系数。超压 25% 时，$K_p = 1$，超压 10% 时，$K_p = 0.6$，一般由图 18-17
查取；

　　　K_v——黏度校正系数。黏度不显著时，$K_v = 1$，一般由表 18-7 或图 18-18 查取。

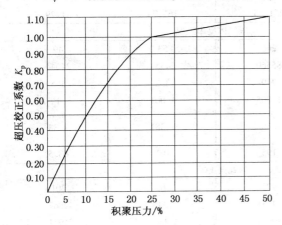

图 18-17　超压校正系数　　　　　　　　　图 18-18　黏度校正系数

表 18-7　黏度校正系数表

操作温度下的液体黏度/(mm^2/s)	<35	35~70	70~100
黏度校正系数	1.0	0.9	0.75

（4）安全阀的有效通过面积计算

① 全启式安全阀：

$$A = 0.785D^2$$

式中　D——安全阀的阀座直径，cm。

② 微启式安全阀：

$$A = \pi D L$$

式中　L——阀芯开启高度，cm。

当阀座为斜面时：

$$A = \pi D L \sin\theta$$

式中　θ——斜面角度，°。

18.3　典型安全阀的参数及技术分析[5,11,16,19~25]

18.3.1　典型安全阀的参数

典型安全阀的参数见表 18-8 至表 18-10。

表 18-8　原料油缓冲罐、贫胺液缓冲罐安全阀参数

安装位置	原料油缓冲罐		贫胺液缓冲罐	
操作温度/℃	168	213	55	45
操作压力/MPa(g)	0.345	0.34	0.1	0.207
设计温度/℃	205	245	120	120
安全阀定压/MPa(g)	1.65	2.05	0.45	1.2
附加背压/MPa(g)	0.02	0.02	0.02	0.02
累加背压/MPa	0.557	0.689	0.114	0.34
最大总背压/MPa(g)	0.577	0.709	0.134	0.36
选用流道面积/cm²	103.23	251.35	167.74	71.29
高压气体反串工况				
泄放温度/℃	359	260	53	49
气相流率/(kg/h)	29459	85560	24354	24644
气相相对分子质量	3.4	2.9	3.2	3.5
压缩比	1.05	1.005	1.001	1
$K = \dfrac{C_p}{C_v}$	1.37	1.368	1.381	1.38
计算流道面积/cm²	82.16	195	161	63.5
着火工况				
泄放温度/℃	421	422	162	201
气相流率/(kg/h)	19927	24931	1345	2867
气相相对分子质量	260	401.7	18	19.1
压缩比	0.7	0.7	0.947	0.94
$K = \dfrac{C_p}{C_v}$	1.06	1.047	1.304	1.36
计算流道面积/cm²	5.44	4.58	3.97	3.42
压控阀事故工况			胺液泵停运	
泄放温度/℃	41	40	20	49
气相流率/(kg/h)	741	85	142	6636
气相相对分子质量	2	2.03	28	2.5
压缩比	1.01	1.006	1	1.02
$K = \dfrac{C_p}{C_v}$	1.4	1.4	1	1.4
计算流道面积/cm²	1.85	0.18	0.34	20.3

表 18-9　冷高压分离器安全阀参数

项　目	工况 1	工况 2	工况 3	工况 4
操作温度/℃	48	54	55	58
操作压力/MPa(g)	14.576	14.48	15.168	13
设计温度/℃	310	195	270	
安全阀定压/MPa(g)	15.35	15.95	15.95	14.15
附加背压/MPa(g)	0.02	0.021	0.02	—
累加背压/MPa	0.689	0.689	0.689	—
最大总背压/MPa(g)	0.709	0.71	0.709	—
选用流道面积/cm²	61.22	18.406	23.23	—

续表

项　　目	工况1	工况2	工况3	工况4
着火工况				
泄放温度/℃	414	349	421	327
气相流率/(kg/h)	223315	48707	125314	142488
气相相对分子质量	84	99.5	55.4	7.96
压缩比	0.96	0.74	0.7	1.064
$K=\dfrac{C_p}{C_v}$	1.03	1.26	1.4	1.288
计算流道面积/cm²	13.6	4.63	7.64	—
空冷器故障工况				
泄放温度/℃	139	142	106	124
气相流率/(kg/h)	63561	26336	38236	38016
气相相对分子质量	5.1	6.8	4.7	3.73
压缩比	1.048	1.063	1.06	1.079
$K=\dfrac{C_p}{C_v}$	1.357	1.337	1.37	1.47
计算流道面积/cm²	13.6	4.63	7.64	—
全厂停电工况				
泄放温度/℃	309	300	264	—
气相流率/(kg/h)	212294	87079	115832	—
气相相对分子质量	9.3	11.8	8.4	—
压缩比	1.059	1.071	1.06	—
$K=\dfrac{C_p}{C_v}$	1.23	1.209	1.25	—
计算流道面积/cm²	41.5	14.208	21.26	—
进料泵故障工况			净化风停工	
泄放温度/℃	200	260	193	58
气相流率/(kg/h)	85000	64003	75712	118653
气相相对分子质量	5.8	10	6.6	2.95
压缩比	1.06	1.07	1.04	1.076
$K=\dfrac{C_p}{C_v}$	1.314	1.24	1.31	1.495
液相流率/(kg/h)				441030
计算流道面积/cm²	18.6	10.837	14.32	—
新氢压缩机返回线关闭工况				
泄放温度/℃	48	54	55	—
气相流率/(kg/h)	10931	12875	15088	—
气相相对分子质量	3.4	4.5	3.7	—
压缩比	1.062	1.061	1.08	—
$K=\dfrac{C_p}{C_v}$	1.4	1.395	1.4	—
计算流道面积/cm²	2.51	2.434	3.17	—

表 18-10　汽提塔顶安全阀参数

项目	工况 1	工况 2	工况 3	工况 4
操作温度/℃	159	149	138	146
操作压力/MPa(g)	1.05	0.59	1.016	1.22
设计温度/℃	405	310	405	
安全阀定压/MPa(g)	1.25/1.312	0.85	1.25	1.42
附加背压/MPa(g)	0.02	0.021	0.02	—
累加背压/MPa	0.479	0.321	0.48	—
最大总背压/MPa(g)	0.499	0.342	0.5	—
选用流道面积/cm²	365.93	167.742	103.23	
着火工况				
泄放温度/℃	379	316	276	140
气相流率/(kg/h)	47730	59167	9155	37308
气相相对分子质量	146.7	109	101.9	58.1
压缩比	0.852	0.871	0.821	0.813
$K=\dfrac{C_p}{C_v}$	1.043	1.061	1.08	1.16
计算流道面积/cm²	24.9	47.644	4.96	
塔顶回流中断工况				
泄放温度/℃	245	127	—	157
气相流率/(kg/h)	325780	128491		126236
气相相对分子质量	79.2	75.6		59.3
压缩比	0.844	0.861		0.827
$K=\dfrac{C_p}{C_v}$	1.086	1.101		1.159
计算流道面积/cm²	210	109.831		
空冷器故障工况				
泄放温度/℃	245	127	—	153
气相流率/(kg/h)	312204	128491		134458
气相相对分子质量	79.2	75.6		59.3
压缩比	0.844	0.861	—	0.855
$K=\dfrac{C_p}{C_v}$	1.086	1.101		1.137
计算流道面积/cm²	202	109.831	—	—

续表

项目	工况 1	工况 2	工况 3	工况 4
	热低分液控阀事故开工况	压控阀事故关工况	热低分液控阀事故开工况	冷低压串气工况
泄放温度/℃	230	127	141	89
气相流率/(kg/h)	273383	128491	11074	210680
气相相对分子质量	30.5	75.6	66.2	14.9
压缩比	0.992	0.861	0.85	0.997
$K=\dfrac{C_p}{C_v}$	1.111	1.101	1.12	1.228
计算流道面积/cm²	301	109.831	7.11	—
	装置停电工况	汽提蒸汽控制阀事故开工况		
泄放温度/℃	245	109	—	157
气相流率/(kg/h)	437151	9110	—	23038
气相相对分子质量	81.6	66.3	—	59.3
压缩比	0.851	0.872	—	0.827
$K=\dfrac{C_p}{C_v}$	1.087	1.114	—	1.159
计算流道面积/cm²	279	8.141	—	

18.3.2　技术分析

（1）背压的影响及技术分析

背压力（P_b）与附加背压力也称为叠加背压或静背压（P'_b）、排放背压力也称为积聚背压或动背压（P''_b）的关系为：$P_b = P'_b + P''_b$。

而通用式安全阀的操作性能受弹簧两端压力差控制，因此背压力对安全阀的起跳、操作稳定性和泄放能力影响较大。背压力的存在使阀门的开启压力增加，增加的值即为背压力。

不同的规范标准对背压力的规定有一定的差别，API 规定：通用式安全阀如允许超压 10%，则排放背压力不应超过设定压力的 10%；如超过设定压力的 10%，则其最大排放背压力也可大于 10%，但不能超过允许超压；如超过，需选平衡型或先导型安全阀。API 同时规定：恒定附加背压力通过降低弹簧设定压力抵消，即弹簧设定压力 = $P_0 - P'_b$；当恒定附加背压力通过降低弹簧设定压力已抵消，安全阀泄放时被保护设备内的最大压力不会通过规范规定的最大积聚压力限制时，仍可选用通用式安全阀。

行业标准 HG/T 20570《化工装置工艺系统工程设计规定》：对于弹簧式安全阀，弹簧设定时不考虑静背压的影响，出口管道的动背压与静背压之和要不大于设定压力（表压）的 10%。

《石油化工设计手册》：通用式安全阀在非火灾工况使用时，动背压的值不可超过定压的 10%；火灾工况使用时，动背压的值不可超过定压的 20%。波纹管平衡式安全阀在火灾及非火灾工况下的总背压（静背压 + 动背压）不高于定压的 30%。压力的计算关系见图 18-19。

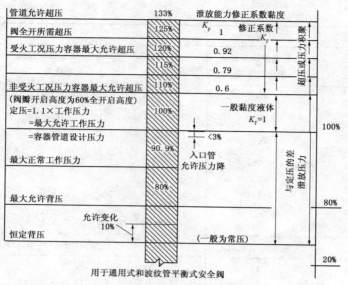

图 18-19　液体用安全阀的压力工况

　　工程设计时，当恒定附加背压力通过降低弹簧设定压力抵消，可变附加背压力足够小，且不影响安全阀运行时，最大排放背压力以不大于设定压力（表压）的 10% 为宜；当恒定附加背压力未通过降低弹簧设定压力抵消，最大排放背压力应不大于设定压力（表压）的 10%。

　　不同的背压力对泄放能力有一定的影响，详见图 18-20 和图 18-21。

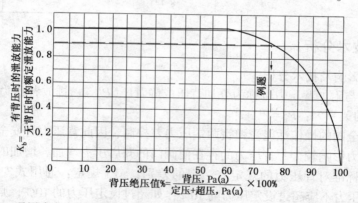

图 18-20　通用式安全阀用于泄放蒸汽和气体时，背压力对泄放能力影响的修正曲线

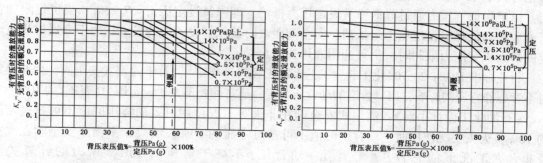

图 18-21　波纹管平衡式安全阀用于泄放蒸汽和气体时，背压力对泄放能力影响的修正曲线

（2）安全阀的泄漏及技术分析

安全阀出厂前或检修后，一般应作泄漏试验。泄漏试验的介质可以是空气、水或蒸汽，但应与定压试验的介质相同。试验开始数气泡前，对 $DN50mm$ 及以下的安全阀，试验压力至少要保持 1min；$DN65mm \sim DN150mm$ 安全阀，试验压力至少要保持 2min；对 $DN150mm$ 及以上的安全阀，试验压力至少要保持 5min。对金属阀座的安全阀，定压大于 345kPa（g）时，安全阀入口的试验压力为 90% 安全阀的定压，定压等于或小于 345kPa（g）时，安全阀入口的试验压力为安全阀的定压减去 34.5kPa；对软密封的安全阀，安全阀入口的试验压力为 90% 或 95% 安全阀的定压。见表 18–11。

表 18–11　金属阀座的安全阀最大允许泄漏表

定压/MPa（g）	有效阀孔面积 1.98m² 及以下		有效阀孔面积 1.98m² 以上	
	泄漏量/（气泡/min）	24h 泄漏量/标 m³	泄漏量/（气泡/min）	24h 泄漏量/标 m³
0.103~6.896	40	0.017	20	0.0085
10.3	60	0.026	30	0.013
13	80	0.034	40	0.017
17.2	100	0.043	50	0.021
20.7	100	0.043	60	0.026
27.6	100	0.043	80	0.034

加氢裂化装置的高压安全阀，一般应选用先导式安全阀，阀座允许泄漏量只适用于导阀。

弹簧式安全阀在阀前压力达到定压的 90%~95% 的情况下就会有泄漏，且随阀前压力的继续升高，阀门的泄漏量增大。先导式安全阀，当阀前压力达到定压的 98% 时才开始泄漏。安全阀的泄漏往往受阀的关闭力影响，就作用原理而言，先导式安全阀阀前压力越高，阀门关闭越严密，而普通弹簧式安全阀则相反，阀前压力越接近定压，阀门的关闭力越小，越易泄漏。

加氢裂化装置的安全阀均在一定温度、压力、腐蚀介质的工作环境下长期工作，可能会导致弹簧失效，具体表现为弹簧刚度下降甚至断裂，导致弹簧作用于阀瓣的压力下降或丧失而使得安全阀泄漏。温度对松弛的影响见图 18–22。

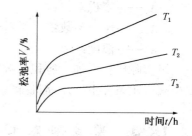

图 18–22　温度对松弛的影响

（3）安全阀整定压力对设备的影响（表 18–12、表 18–13）

表 18–12　某加氢裂化装置新氢压缩机正常工况与安全阀起跳工况比较

项　　目	正常工况	安全阀起跳工况
压缩机入口流量/（m³/h）	392	363
压缩机入口压力/MPa	1.45	1.45
压缩机出口压力/MPa	12.0	13.3
活塞力（气体力，压）/kN	458	519
活塞力（气体力，拉）/kN	208	250
轴功率/kW	2927	3084
驱动机功率/kW	3250	

表 18-13　某循环氢压缩机正常工况与安全阀起跳工况比较

项　目	正常工况	安全阀起跳工况
压缩机入口流量/(m³/h)	900	871
压缩机入口压力/MPa	6.36	6.36
压缩机出口压力/MPa	8.02	8.92
活塞力(气体力,压)/kN	281.19	428.01
活塞力(气体力,拉)/kN	152.54	232.55
轴功率/kW	746	1076
驱动机功率/kW	820	

往复式压缩机安全阀定压对排气量的影响

$$\lambda_v = 1 - \alpha \left(\frac{Z_2}{Z_1} \varepsilon^{\frac{1}{m_T}} - 1 \right)$$

式中　λ_v——余隙容积系数;

α——相对余隙容积;

Z_1——进口压缩性系数;

Z_2——出口压缩性系数;

ε——级实际压比;

m_T——膨胀指数。

往复式压缩机的气缸进气量

$$V_s = V_h \lambda_v \lambda_p \lambda_T$$

式中　V_h——活塞行程容积;

λ_v——容积系数;

λ_p——压力系数;

λ_T——温度系数。

级实际压比增加,容积系数降低(相对余隙容积不变),排气量减少,轴功率减少。在安全阀定压条件下,压缩机排气压力增高,轴功率增大。

18.4　紧急泄压工艺计算及技术分析[27~29]

18.4.1　紧急泄压概述

紧急泄压的定义:在非正常操作工况下,通过排放反应系统介质,降低系统压力、控制反应器下游设备和管线不超过设计温度和设计压力的方法。

紧急泄压的意图:当关键设备故障时使装置停工和限制反应器热量偏离。反应器热量偏离会引起局部催化剂结碳并堵塞,导致流体不良分配、控制困难,降低反应性能,卸催化剂困难,对反应器及其下游设备和管线产生危害。

紧急泄压的效果:适当的紧急泄压是给设备和管线设定保守但实际的设计条件,使投资最小;非正常事件发生时,装置是安全的。

紧急泄压的分类:低速率泄压和高速率泄压适应不同的严重程度。紧急泄压分自动和手动启动，多重泄压状况必须考虑不同的引发项目和启动条件，并考虑控制条件。

紧急泄压的速率：紧急泄压时的瞬间速率连续变化，一般根据一特定的时间期限内的全部变化来定义泄压速率。①根据第一分钟压力下降特定的值来规定；②根据在一固定时间内压力下降到特定的值来规定。

紧急泄压的起始压力：一般规定为冷高压分离器的压力。

紧急泄压的原因：循环氢压缩机故障；进料泵故障，不能维持反应器停留时间；电力故障；反应器显著超温；反应能力过度的进料，例如含有过量的烯烃或被氧化的进料；制氢装置失常导致新氢中含有的 CO 或 CO_2 严重超标；误操作；高压系统有较大的泄漏；装置内着火。

紧急泄压的过程：当高压分离器顶部的紧急泄压阀打开时开始紧急泄压，高压系统内介质通过紧急泄压阀排至火炬系统，以平衡最大的反应系统冷却需要和尽可能快地降低反应压力的需要。当紧急泄压阀打开并停止进料后，反应流出物流量改变，新的流率可能低或高于正常流率，物流量和压力降低在没有冷氢循环的最初几秒钟之后与时间呈指数关系。大多数冷却反应流出物的物流仅在全部能源故障时无流量，而在其他情况下可以持续。例如：由于反应能力过度的进料所引起的紧急泄压，当循环氢压缩机由蒸汽透平驱动时，反应流出物和金属相及冷却物流换热，传热速率动态减少。

紧急泄压的网络效应：沿着换热链升高的温度波与回路中压力降低相伴随。在每一设备项或管段处都有唯一升高的温度和降低的压力依时间变化纵向分布来确定该处在泄压时的状况，泄压时温度的峰值沿着换热链依次降低，如果在换热链上有一些调节的因素，高温波就很难到达高压分离器。

紧急泄压的时间：从几分钟持续到 1h，如果工艺失常在泄压期间得到纠正，装置可以在没有完全停工的情况下恢复正常操作，也可指定一种在某些情况下导致完全停工的彻底泄压。

18.4.2   紧急泄压工艺计算

紧急泄压工艺计算的基础流程见图 18-23。

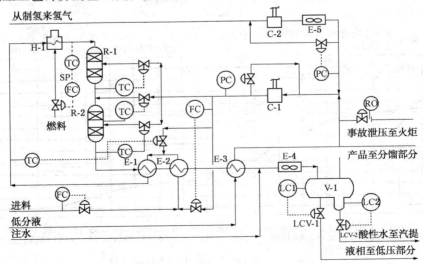

图 18-23   紧急泄压工艺计算的基础流程

（1）计算方法 1

从反应器到空冷器的设备和管线采用反应器设计温度，以增加设备投资为代价代替无法进行的泄压计算，一般设计温度都是较高的，所以这种方法提供了最保守的结果。尽管如此，对于反应器出口的管线和第一个换热器来说，可能还是不够的，这是因为在催化剂床层发生热量偏离期间，反应器壁温并没有显著升高，反应器壁通过相对较小的表面区域把热量减到最小，大的质量和高热容稳定了壁温，相比之下，反应器下游最靠近的管线和换热器可能高于反应器的设计温度。

（2）计算方法 2

给最大的操作温度一个固定的设计余量，如果要确保足够的安全度而采用大余量，这种方法也要承担额外的费用，这避免了困难的泄压计算而对所有的项目都提供了保守的结果。

（3）计算方法 3

进行较长时间间隔的稳定态计算，这是一种烦琐的计算并且其中一些步骤必须手算，这种方法接近但不能得到最小费用，属于保守的简化模型。例如，手工插值法假定风机停运时，反应流出物空冷器负荷下降到正常工况的三分之一，而动态模拟计算表明当完全泄压期间物流会被冷到低得多的温度，这是因为在管内流速较低时管内膜传热系数成为控制因素，而这种过程难于模拟只能忽略其影响。这种方法用常用的设计余量提供保守的设备设计。

在一定假设条件下，利用计算方法 2、计算方法 3 均可得到 300psi/min（1psi = 6.896kPa）泄压条件如图 18-24 设计压力与操作压力、图 18-25 设计温度与操作温度的计算结果。

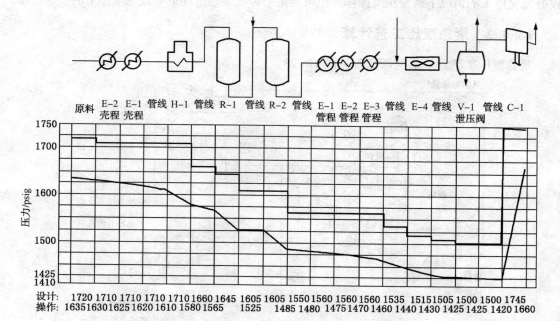

图 18-24　设计压力与操作压力计算结果

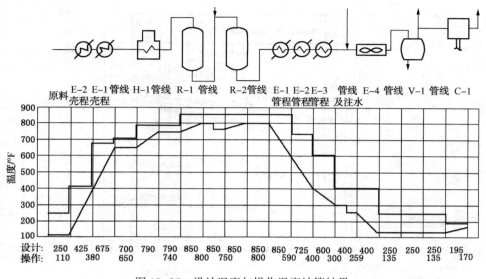

图 18-25　设计温度与操作温度计算结果

（4）计算方法 4

动态模拟可以得到最接近的最小费用，但需要特殊的软件进行计算。动态模拟能更严格地描绘所有重要的物理现象，可作为设计余量下全部项目适当设计条件的基础。

图 18-26 至图 18-29 是动态模拟的典型计算结果。

18.4.3　技术分析

紧急泄压期间反应流出物的高温不必作为设备的设计条件，设备的机械设计是基于平均壁温，平均壁温滞后于管内流体温度而没有达到流体的极限温度。

泄压分析最终影响投资和安全性，在设备和管线设计条件上的任何缩减都将节省更多的费用或避免额外的费用。国外的工业经验表明：当流体温度超过 550℉时用镶嵌式翅片；某些情况下，2205（双相不锈钢）常用于空冷器管，比用 Incoloy 800 节省费用，2205 不推荐用于 600℉以上温度；整个紧急泄压过程自然对流可以维持可接受的反应流出物空冷器温度，不必设风机备用电源；应考虑限制换热器管子与管板接头和金属衬里最大的膨胀差。

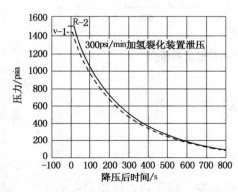

图 18-26　300psi/min 时反应器出口和高压分离器压力

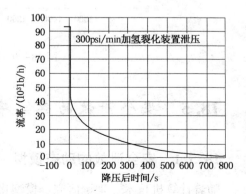

图 18-27　300psi/min 时反应器出口流率

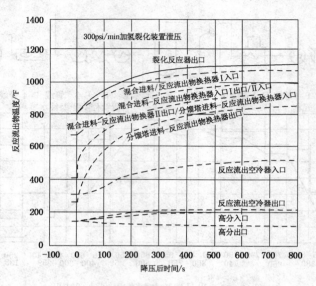

图 18-28　反应流出物温度分布

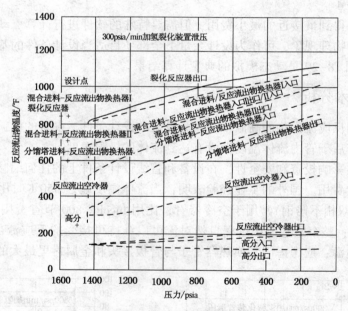

图 18-29　高压分离器温度和压力

18.5　安全泄放的热点难点问题

18.5.1　安全泄放的动态模拟

随着计算机技术、理论研究、模型化研究及高温、高压物系性质研究的深入，动态模拟计算在加氢裂化装置的应用，提高了人们对紧急泄压系统的认识。

利用装置安全泄放的动态数据，完善动态模拟计算程序，准确预测不同条件下的动态变化，指导设计和生产必将成为发展趋势。

18.5.2　高压串低压

2018 年 3 月 12 日九江加氢装置高压串低压事故发生后，中国石化开展了高压串低压排查，引发的思考主要有：

如何防止"高压串低压"、"中压串低压"等事故发生？

如何保护才是安全的？

如何避免人的失误？

是否 100%设备、管线、阀门均要考虑失效事故？

预防"串压"事故的措施主要有：安全阀、紧急泄放阀、提高下游压力、紧急切断阀、单向阀、调节阀、联锁切断阀等，如何保证措施的有效性是值得关注的问题。

18.5.3　合规性

遵循国家标准、行业标准、地方标准、企业标准及相关规范、规章制度、操作法就是合规的，但合规是否意味着没有事故发生值得深思。

国家标准、行业标准、地方标准、企业标准及相关规范、规章制度没有的（如加氢裂化装置如何报废、运行 30 年的加氢裂化装置如何改造等），如何使其符合合规性，期待相关政策和标准。

参 考 文 献

[1] 孙宇. 浅谈压力容器安全泄放装置的选用[J]. 中国化工装备，2006，2：19-21.

[2] 国家质量技术监督局. 压力容器安全技术监察规程[M]. 北京：中国劳动社会保障出版社，1999.

[3] 国家质量技术监督局. GB 150—1998 钢制压力容器[S]. 北京：中国标准出版社，1998.

[4] 吴粤燊. 压力容器安全工程学[M]. 北京：劳动人事部锅炉压力容器安全杂志社，1986.

[5] 金承尧. 石化装置在役安全阀的风险评价和风险管理[D]. 南京：南京工业大学，2004.

[6] 李立权编著. 加氢裂化装置操作指南[M]. 北京：中国石化出版社，2005：252-253.

[7] 安玉龙，黎圣葵. 安全阀的计算与选用(一)[J]. 石油化工设计，1988，10(3)：54-65.

[8] 安玉龙，黎圣葵. 安全阀的计算与选用(二)[J]. 石油化工设计，1988，10(4)：46-65.

[9] 中国石化集团上海工程有限公司编. 化工工艺设计手册：下册[M]. 3 版. 北京：化学工业出版社，2003：54-58.

[10] 王东宇. 化工容器超压泄放系统的设计与研究[D]. 大连：大连理工大学，2002.

[11] 张德姜，王怀义，刘绍叶主编. 石油化工装置工艺管道安装设计手册：第一篇设计与计算[M]. 3 版. 北京：中国石化出版社，2007：315-326.

[12] Wong W Y. 安全阀规格更精确的计算[J]. 孙工平译. 化工设计，1994(1)：45-47.

[13] 闫正伟. 安全阀的选用[J]. 通用机械，2003(11)：37-40.

[14] 沈坤新，季勇. 安全阀的分类与故障分析[J]. 阀门，2006(3)：29-31.

[15] 葛顺源. 安全阀的选用及喉径计算[J]. 化学工程，1997，25(3)：6-17.

[16] 王松汉主编. 石油化工设计手册：第三卷 化工单元过程[M]. 北京：化学工业出版社，2002：403-443.

[17] 张明先，王家国. 安全阀的选用与使用[J]. 石油化工设备技术，1996，17(3)：60-62.

［18］刘金伟. 安全阀阀内压力的计算［J］. 阀门，2005（4）：9-10.

［19］GB/T 12241—2005 安全阀 一般要求［S］. 2005：1-15.

［20］API RP 520 Sizing，Selection，and Installation of Pressure-Relieving Devices in Refineries，Part Ⅰ，Sizing and Selection，Washington，DC：American Petroleum Institute，2003.

［21］API RP 520 Sizing，Selection，and Installation ofPressure-Relieving Devices in Refineries，Part Ⅱ，Installation，Washington，DC：American Petroleum Institute，2003.

［22］杨旭. 安全阀进出口管道水力学计算若干问题探讨［J］. 石油化工设计，2006，23（2）：10-14.

［23］HG/T 20570—95 化工装置工艺系统工程设计规定［S］. 1995：23-40.

［24］闫正伟，金寿根. 背压对安全阀性能的影响［J］. 中国化工装备，2004，6（1）：24-26.

［25］魏鑫. 往复式压缩机出口泄压安全阀整定压力的探讨［J］. 炼油技术与工程，2006，36（5）：30-33.

［26］章日让编著. 石化工艺及系统设计实用技术问答［M］. 2 版. 北京：中国石化出版社，2007：232-251.

［27］Ernest J B，Depew C A. Use dynamic simulation to modle HPU reactor depressuring［J］. HYDROCARBON PROCESSING，1995，74（1）：72-77.

［28］Cassata J R，Dasgupta S，Gandhi S. Modeling of tower relief dynamics（Part 1）［J］. HYDROCARBON PROCESSING，1993，72（10）：71-76.

［29］Cassata J R，Dasgupta S，Gandhi S. Modeling of tower relief dynamics（Part 2）［J］. HYDROCARBON PROCESSING，1993，72（11）：69-74.

第 19 章　能耗及节能技术分析

19.1　能耗概述[1~3,23]

　　能耗是在生产过程中所消耗的各种燃料、电和耗能工质，按规定的计算方法和单位折算为一次能源的总和。加氢裂化装置所用的单位能耗系加工单位原料的能耗，而设计能耗是按燃料、电和耗能工质的设计消耗量计算的能耗。装置标定能耗是按燃料、电和耗能工质的实测消耗量计算的能耗。

　　GB/T 50441 规定：热进料和热出料热量的温度等于或大于 120℃ 时，全部计入能耗；油品规定温度与 120℃ 之间的热量折半计入能耗；油品规定温度以下的热量不计入能耗。热用户物流通过热交换得到热量后，温度升至 120℃ 以上的中高温位热量全部计入能耗；60~120℃ 之间的低温位热量折半计入能耗；60℃ 以下的热量不计入能耗。

　　按统一价格平均能耗计算，日本炼厂平均能耗费用在现金操作费用中占 54%，亚洲(除日本外)能耗费用平均占现金操作费用的 62%，中石化该比例约为 48.6%。一些能耗数据见表 19-1 至表 19-6。

表 19-1　某企业炼厂典型能耗变化

年份	综合能耗/(kg 标油/t)	原油加工量/Mt	总能耗/kt 标油	能耗占原油加工量的比例/%
2000	76.66	111.7721	8568.4	7.67
2001	79.03	106.0528	8381.4	7.90
2002	78.33	112.1909	8787.9	7.83
2003	76.03	124.1700	9440.6	7.60
2004	73.47	141.4080	10389.2	7.35
2005	68.59	148.7950	10205.8	6.86
2006	66.89	156.5060	10468.7	6.69

　　在过去的 10 年中，能源利用效率(简称能效)较高的炼油厂的能效平均提高了约 6%，能效较差的炼油厂能效提高了 12%。

表 19-2　加氢裂化装置复杂系数及公用工程消耗与其他装置对比

装置名称	复杂系数	电力	蒸汽	热量	能量
原油蒸馏	1	1.0	1.0	1.0	1.0
烷基化	11	7.0	21.6	3.6	6.8
延迟焦化	5.5	2.0	2.1	2.8	2.5
催化裂化	6	3.3	6.0	1.1	3.7
加氢裂化	6	16.0	0.5	2.3	2.7

装置名称	复杂系数	电力	蒸汽	热量	能量
加氢处理	1.7	1.5	0.6	0.6	0.6
加氢脱硫	3	2.7	0.5	0.7	0.7
催化重整	5	2.7	1.5	3.0	2.7
减压闪蒸	1	0.8	1.3	0.7	0.9

表 19-3　全厂复杂系数和平均能耗的关系[①]

全厂复杂系数	平均能耗/(10^6 Btu/桶)	全厂复杂系数	平均能耗/(10^6 Btu/桶)
6.0	525	9.0	760
7.0	600	10.0	850
8.0	675		

①美国阿莫科公司的汤姆逊 20 世纪 80 年代提出的全厂复杂系数和平均能耗的关系是以当时美国炼油厂工艺装置的平均能耗为基础。

表 19-4　加氢裂化装置与其他装置能量因数对比[①]

装置名称	平均能耗/(10^3 Btu/桶)	能量因数	装置名称	平均能耗/(10^3 Btu/桶)	能量因数
常减压	187	1.2	渣油加氢	244	1.6
常压	154	1.0	加氢处理	95	0.6
催化裂化	503	3.3	烷基化	940	6.1
延迟焦化	396	2.6	催化重整	432	2.8
加氢精制	90	0.6	芳烃装置	400	2.6
加氢裂化	404	2.6	溶剂脱沥青	407	2.6

① 工艺装置的能量因数是将该装置每加工 1 桶原料油所消耗的能量与原油蒸馏装置每加工 1 桶原油所消耗的能量进行对比，按照原油蒸馏装置的能量因数为 1 换算而得。

表 19-5　EII 方法中的加氢裂化装置与其他装置标准能耗对比

装置名称	工艺类型	复杂系数	标准能耗/(10^3 Btu/桶进料)
1. 原油常压蒸馏		1	3+[1.23×(原油 API)]
2. 减压蒸馏			
减压闪蒸(VFL)	VFL	0.8	30
标准减压装置(VAC)	VAC	1	15+[1.23×(原油 API)]
特大型减压装置(VFR)	VFR	1.2	25+[1.23×(原油 API)]
3. 减黏装置			
减压渣油减黏(VBF)	VBF	3.2	140
常压渣油减黏(VAR)	VAR	3.2	140
4. 热裂化		3.8	220
5. 焦化			
延迟焦化(DC)	DC	7.5	180
流化焦化(FC)	FC	7.5	400
灵活焦化(FX)	FX	11	575

续表

装置名称	工艺类型	复杂系数	标准能耗/(10^3Btu/桶进料)
6. 催化裂化			
蓄热式催化裂化(TCC)	TCC	8.2	100+[40×(焦产率%)]
Houdry 裂化(HCC)	HCC	8.2	100+[40×(焦产率%)]
流化催化裂化(FCC)	FCC	8.2	70+[40×(焦产率%)]
重油催化裂化(HOC)	HOC	10	70+[40×(焦产率%)]
渣油催化裂化(RCC)	RCC	10	70+[40×(焦产率%)]
7. 加氢裂化			
石脑油裂化(HNP)	HNP	5.4	180
缓和加氢裂化(HMD)	HMD	7	300+[0.08×(psig-1500)]
苛刻加氢裂化(HSD)	HSD	8	柴油%+1.5×(蜡油%+其余产品%)
氢-油法加氢裂化(HOL)	HOL	11	250
LC-Fining(LCF)	LF	11	350
8. 催化重整			
半再生(RSR)	RSR	3.4	[3.56×(C_5+RON)]-120
循环再生(RCY)	RCY	3.5	[3.56×(C_5+RON)]-120
连续再生(RCR)	RCR	3.6	[3.56×(C_5+RON)]-133
9. 制氢(产品)/(kscf/d)			
蒸汽转化			
石脑油蒸汽转化(HSN)	HSN	3	200
甲烷蒸汽转化(HSM)	HSM	3	200
部分氧化(POX)	POX	4	400
煤气化		1.4	80
10. 氢气提纯(产品)/(kscf/d)			
深冷处理法(CRYO)	CRYO	0.5	20
膜分离法(PRSM)	PRSM	0.5	20
变压吸附法(PSA)	PSA	0.5	20
11. 加氢处理			
汽油/石脑油加氢处理		2	90
煤油加氢处理		2.5	90
中间馏分油加氢处理		2.5	90
选择性加氢处理			
二烯烃转化为烯烃作原料	DIO	2.5	90
汽油选择性加氢处理	GASO	2.5	100
馏分油选择性加氢处理	DIST	2.5	100
12. 裂化原料或减压馏分油加氢脱硫			10335
VHDS，<1500psig(10335kPa)	VHDS	3.5	120
VHDN，>1500psig(10335kPa)	VHDN	5	170
13. 渣油脱硫处理			
常压渣油(DAR)	DAR	7.4	190
减压渣油(DVR)	DVR	7.4	190
14. 溶剂脱沥青		3	230
15. 加氢脱烷基		8	170

注：1scf=0.0283168 标 m^3。

表 19-6　中国石化加氢裂化装置与其他装置平均能耗对比　　　　kg 标油/t

年份	常减压	催化裂化	催化重整	延迟焦化	加氢裂化	汽柴油加氢
1995	12.41	71.18	120.82	27.36	62.88	24.37
2000	12.13	73.72	113.00	30.73	58.50	19.66
2001	11.77	65.17	99.49	30.07	59.41	19.78
2002	11.56	71.47	98/103[②]	27.22	55.00	18.47
2003	11.59	69.27	107.35	27.10	52.47	17.90
2004	11.58	65.34/72.4[①]	96.05	28.91	49.71	13.56/19.13[③]
2016	9.00	48.4	71.86	23.32	25.08	9.71
2017	9.27	52.56	70.51	24.05	24.75	13.66

① 催化重整和多金属催化重整。
② 重油催化和渣油催化。
③ 压力小于 3.0MPa 和大于 6.0MPa。

　　目前，世界炼油厂的平均能耗约为"最佳技术"炼厂水平的两倍，虽然加氢裂化装置复杂系数和能量因数均有一个基本的数据，但设计阶段就重视节能最为关键，装置一旦设计完成并建成，要解决能效不高的问题成本相当昂贵。

19.2　加氢裂化装置的能耗[4~16]

　　加氢裂化装置能耗占炼油综合能耗的比例一般在 6%~10%，其操作状况、用能水平对炼油厂能耗及经济效益有着重要影响。因采用的催化剂、工艺流程、操作条件、装置组成、能量优化和节能技术应用的程度等不同，不同类型的加氢裂化装置用能特点有所不同，能耗差别较大。

19.2.1　国内加氢裂化装置的能耗

　　随着节能降耗工作的持续开展，加氢裂化装置的能耗也在逐渐降低。表 19-7 至表 19-10，图 19-1、图 19-2 为我国加氢裂化装置的能耗数据。

表 19-7　加氢裂化装置的设计能耗

项　　目	装置 1	装置 2	装置 3	装置 4	装置 5	装置 6	装置 7
净化水	—	—	—	—	—	(60.67)	—
循环水	26.38	22.65	24.09	24.75	35.17	21.16	20.9
脱盐水		5.66	—	24.89	60.71	—	24.9
脱氧水	107.18	43.14	49.52	—		19.51	
凝结水	−4.61	−5.39	−4.75			−1.38	−10.9
净化污水	1.67						
燃料油	993.11		444.83	573.84	254.14	—	769.1
燃料气	363.41	808.45	371.53	—	643.30	761.34	238.3
电	671.56	371.16	782.76	543.00	690.82	633.56	1124.4
9.5MPa 蒸汽	—	—	—	—	—	1095.24	—

续表

项　目	装置1	装置2	装置3	装置4	装置5	装置6	装置7
3.5MPa蒸汽	1143.82	601.78	1051.45	557.02	728.5	-1047.62	87.8
1.0MPa蒸汽	-1474.59	-514.42	-818.63	-241.42	-524.19	99.90	-363.7
0.5MPa蒸汽(0.35MPa蒸汽)	-249.95	-143.27	(-148.54)	-92.96	—	-158.71	—
氮气	7.95	7.9	—	3.18	—	7.91	—
净化压缩空气	4.19	3.34	—	4.11	—	3.13	—
透平回收	—	—	-71.77	—	—	—	—
低温热回收	—	—	-143.17	-103.77	—	—	—
热进料	—	—	65.43	42.35	—	—	—
能耗	1590.12	1201.00	1602.75	1334.97	1888.45	1494.71	1890.8

表 19-8　加氢裂化装置的标定能耗

项　目	装置1	装置2	装置3	装置4	装置5	装置6	装置7
新鲜水(净化水)	—	0.17	—	—	0.08	(41.77)	—
循环水	57.78	23.94	10.34	40.10	49.74	18.75	37.6
脱盐水	—	6.6	4.08	10.90	7.16	—	25.1
脱氧水	131.47	23.46	61.33	—	—	29.38	—
凝结水	—	-16.75	—	—	—	-0.27	-13.8
净化污水(污水)	10.89	—	(5.35)	—	—	—	—
燃料油	598.26	—	870.02	—	—	—	392.9
燃料气	952.52	256.69		731.39	668.22	476.09	359.5
电	836.52	426.95	537.47	510.74	446.56	610.43	948.9
9.5MPa蒸汽	—	—	—	—	—	841.12	—
3.5MPa蒸汽	1036.23	536.38	801.51	489.90	406.45	-804.55	380.4
1.0MPa蒸汽	-1547.44	-280.55	-885.42	-238.65	-170.99	63.63	-305.1
0.5MPa蒸汽(0.35MPa蒸汽)	-293.08	-98.58	(-4.08)	-63.50	—	-188.89	—
氮气	—	0.90	—	22.10	—	0.23	—
净化压缩空气	—	1.34	—	2.24	—	2.99	—
低温热回收	—	—	-128.34	-13.50	—	—	—
热进料	—	—	99.97	38.50	—	—	—
总能耗	1766.40	897.3	1373.27	1512.22	1407.24	1090.66	1825.5

表 19-9　2017年国内部分加氢裂化装置的平均操作能耗

项　目	装置1	装置2	装置3	装置4	装置5	装置6	装置7
循环水/(t/t原料)	30.51	15.33	18.43	14.9	10.77	15.1	13.62
脱盐水/(t/t原料)	0.11	0.13	0.10	0.14	0.13	0.38	0.12
电/(kW·h/t原料)	80.49	67.86	50.26	46	53.51	54.54	43.69
3.5MPa蒸汽/(t/t原料)	0.45	0.163	0.134	0.16	0.207	0.19	0.2

续表

项　　目	装置1	装置2	装置3	装置4	装置5	装置6	装置7
1.0MPa蒸汽/(t/t原料)	-0.42	-0.097	-0.014	-0.16	0.065	-0.29	-0.22
燃料气/(kg/t原料)	22.58	12.16	0.01	9.26	9.73	8.47	7.08
总能耗/(kg标油/t)	45.87	35.39	27.54	24.1	18.97	18.45	16.09

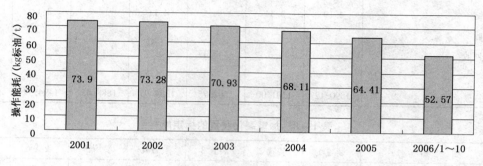

图 19-1　某加氢裂化装置历年来的操作能耗

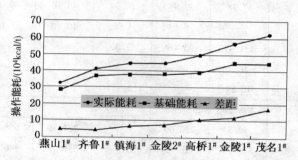

图 19-2　2006年国内加氢裂化装置的典型操作能耗

表 19-10　国内主要加氢裂化装置能耗统计表

炼厂	装置规模/(Mt/a)	装置类型	首次投产时间	单程转化率/%	脱硫再生系统	2006年综合能耗/(kg标油/t)	2016年综合能耗/(kg标油/t)
MM	1.10	中油型	1982	80	有	50	39.36
JL	1.00	中油型	1986	65	有	51.85	45.87
	1.50	中油型	2005	65	有	34.72	28.92
JS	1.50	轻油型	1985	80	无循环氢脱硫	50	31.71
YZ	2.00	轻油型	1990	65	无循环氢脱硫	48.06	34.48
QL	1.40	中油型	2001	65	有	35.32	18.45
YS	2.00	中油型	2007	60	有	31.56	18.97
GZ	1.20	中油型	2006	75，全循环	无溶剂再生	43.59	16.32
HN	1.20	中油型	2006	60，全循环	计入渣油加氢	36.57	13.5
ZH	2.20	中油型	1993	90	有	42	23.37
	1.50	轻油型	2007	75	有	37	30.74
TJ	1.20	轻油型	1999	60	无溶剂再生	45.4	35.39

19.2.2　国外加氢裂化装置的能耗

（1）专利所有者（表 19-11、表 19-12）：CLG

表 19-11　加氢裂化装置原料和产品

原　料	石脑油	LCCO	VGO	VGO
催化剂床层	1	2	2	2
ASTM/℃ 10%/干点	154/290	478/632	740/1050	740/1100
硫含量/%	0.005	0.6	1.0	2.5
氮含量/(μg/g)	0.1	500	1000	900
产量/%(v)				
丙烷	55	3.4	—	—
异丁烷	29	9.1	3.0	2.5
正丁烷	19	4.5	3.0	2.5
轻石脑油	23	30.0	11.9	7.0
重石脑油		78.7	14.2	7.0
煤油	—	—	86.8	48.0
柴油	—	—	—	50.0

表 19-12　14.4kt/a 加氢裂化装置能耗

项　目	能耗/(MJ/t)	所占比例/%	项　目	能耗/(MJ/t)	所占比例/%
燃料	1497.00	62.23	冷却水	50.28	2.09
电	789.04	32.80	总能耗	2405.60	100
蒸汽	69.28	2.88			

（2）专利所有者（表 19-13、表 19-14）：IFP

表 19-13　加氢裂化装置原料和产品

项　目	原　料	产　品	
	HVGO	喷气燃料	柴油
相对密度	0.932	0.800	0.826
馏程/℃	405~565	156~229	280~364
硫含量/(μg/g)	31700	<10	<20
氮含量/(μg/g)	853	<5	<5
十六烷指数	—	—	62
闪点/℃	—	39	125
烟点/℃(末期)	—	22~23	—
芳烃含量(EOR)/%(体)	—	20~22	13
黏度(38℃)/(mm²/s)	110	—	5.3

表 19-14　20kt/a 加氢裂化装置能耗

项　　目	能耗/(MJ/t)	所占比例/%	项　　目	能耗/(MJ/t)	所占比例/%
燃料	2055.53	71.64	冷却水	24.85	0.87
电	750.30	26.15	总能耗	2869.02	100
蒸汽	38.34	1.34			

（3）专利所有者（图 19-3）：Chevron、IFP、Texaco

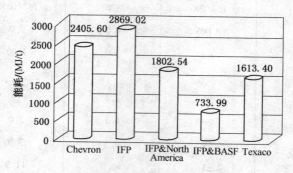

图 19-3　国外加氢裂化装置的能耗

19.2.3　加氢裂化装置的能耗分析

（1）能耗与能耗的计算基准（表 19-15）

不同的能耗计算基准会得到不同的装置设计能耗和操作能耗。加氢裂化装置一般以单位原料为基准计算能耗。设计能耗应按装置投产后正常运行工况计算，不考虑开工、停工、事故、消防、临时吹扫等的能耗；正常生产的间断消耗应折算到连续值后，并计入能耗；输入能量和输出能量应以能耗计算的正负值计入能耗；装置加工的原料不计入能耗；正常生产过程中消耗的净化压缩空气、非净化压缩空气、氧气、氮气等各种气体介质和产生的含硫污水、含油污水应计入能耗。

表 19-15　加氢裂化装置能源及耗能工质折标准油系数

能源名称	计量单位	能量折算值/MJ	折千克标准油系数/(kg 标油/t)
1. 能源折算系数			
燃料气			
天然气	t	38937	930
液化天然气	t	51497	1230
液化石油气	t	50241	1200
炼厂干气	t	39775	950
甲烷氢	t	41868	1000
PSA 尾气	t	18840	450
回收火炬气	t	29308	700
瓦斯气	t	41868	1000

续表

能源名称	计量单位	能量折算值/MJ	折千克标准油系数/（kg 标油/t）
燃料用油			
燃料油	t	41868	1000
渣油（重油）	t	41868	1000
电力			
等价折标油系数	kW·h	10.89	0.26
当量折标油系数	kW·h	3.6	0.086
热力			
10.0MPa 蒸汽（$P \geq 7$）	t	3852	92
5.1MPa 蒸汽（$7 > P \geq 4.5$）	t	3768	90
3.5MPa 蒸汽（$4.5 > P \geq 3$）	t	3684	88
2.5MPa 蒸汽（$3 > P \geq 2$）	t	3558	85
1.5MPa 蒸汽（$2 > P \geq 1.2$）	t	3349	80
1.0MPa 蒸汽（$1.2 > P \geq 0.8$）	t	3182	76
0.7MPa 蒸汽（$0.8 > P \geq 0.6$）	t	3014	72
0.3MPa 蒸汽（$0.6 > P \geq 0.3$）	t	2763	66
<0.3MPa 蒸汽（$0.3 > P$）	t	2303	55
2. 耗能工质换算系数			
水			
新鲜水	t	7.12	0.17
除氧水（锅炉给水）	t	385.19	9.2
除盐水	t	96.30	2.3
循环水	t	4.19	0.1
软化水（含一级除盐水、脱氯水）	t	10.47	0.25
凝汽式蒸汽轮机凝结水	t	152.8	3.65
加热设备凝结水	t	320.3	7.65
中水	t	2.9	0.07
净化压缩空气（仪表风）	m³	1.59	0.038
非净化压缩空气（工业风）	m³	1.17	0.028
氮气	m³	6.28	0.15
氢气	t	125604	3000

（2）能耗与装置组成

加氢裂化装置可以包括：反应部分、压缩部分（也可合到反应部分）、分馏部分、气体分馏部分、气体脱硫部分、溶剂再生部分、酸性水处理部分、氢气回收部分和公用工程部分等。不同组成的加氢裂化装置能耗绝对值、能耗组成也会不同（图 19-4）。

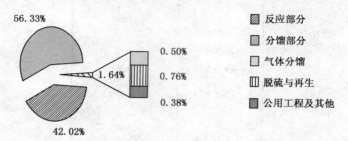

图 19-4　国内某加氢裂化装置组成与能耗

（3）能耗与能耗构成（表 19-16、表 19-17）

加氢裂化装置的主要能耗为燃料、电和蒸汽（采用背压蒸汽透平驱动时）。

表 19-16　MM 企业 11kt/a 加氢裂化装置能耗构成

项　　目	实物单耗/(kg/t)	能耗/(MJ/t)	构成/%
中压蒸汽	0.24	872.1	38.53
燃料油	14.04	587.8	25.97
燃料气	17.00	676.2	29.87
循环水	18.18	76.2	3.37
脱盐水	0.19	18.4	0.81
外排低压蒸汽	-0.27	-863.3	-38.14
电	82.30(kW·h/t)	896.0	39.58
新鲜水	0.039	0.3	0.01
合计		2263.7	100

表 19-17　加氢裂化装置能耗构成　　　　　　　　　　　%

项　　目	M 装置 1	J 装置 1	Y 装置 1	Z 装置 1	CG 装置	IF 装置
水	4.64	3.66	3.18	2.34	2.09	0.87
电	37.44	36.23	25.52	33.89	32.80	26.15
蒸汽	4.27	5.71	12.39	19.24	2.88	1.34
燃料	53.65	54.40	58.91	44.53	62.23	71.64
合计	100.00	100.00	100.00	100.00	100.00	100.00

由以上加氢裂化装置的能耗构成可看出，不同类型、不同专利公司的加氢裂化装置能耗构成差别较大，燃料消耗在能耗中所占比例最高，一般在 40%～70%，其次为电耗，一般在

25%～40%，蒸汽消耗差异较大，从 2% 到 20%，水所占比例较低，一般为 1%～5%。

（4）能耗与装置加工能力（图 19-5）

同样加工流程、相同操作条件的加氢裂化装置处理能力越大，单位能耗越低。MM 企业加氢裂化装置 1982 年 11 月投产，采用单段串联部分循环工艺，包括反应、分馏、脱硫和溶剂再生系统。原设计能力 0.80Mt/a，经过 1994 年、2004 年两次扩能改造，目前处理能力达到 1.10Mt/a，2004 年改造增设了循环氢脱硫系统。

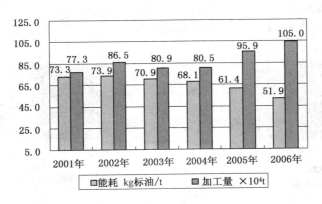

图 19-5　MM 企业加氢裂化装置能耗与加工能力的关系

（5）能耗组成与转化率（图 19-6）

加氢裂化装置不同转化率条件下的能耗组成不同。转化率越高，放热量越大，燃料消耗越低。

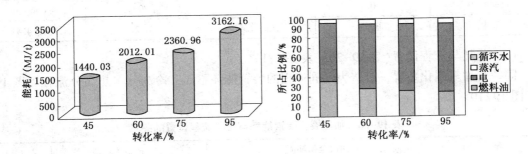

图 19-6　某加氢裂化装置不同转化率条件下的能耗及能耗组成

（6）能耗与反应压力（表 19-18、图 19-7）

不同压力的加氢裂化装置能耗差别较大，压力越高，能耗越高。

表 19-18　加氢裂化装置能耗与压力的关系　　　　　　　　　　　　kg 标油/t

中压	YS 厂		YZ 厂		JS 厂		ZJ 厂		平均
	32.77		44.74		33.06		29.7		35.06
高压	TJ 厂	JL1 厂	JL2 厂	YZ 厂	GQ 厂	JS 厂	ZH 厂	MM 厂	平均
	53.55	56.87	44.97	48.5	49.96	48.03	44.28	62.1	51.03

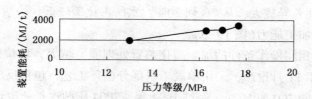

图 19-7 加氢裂化装置能耗与压力等级的关系

（7）能耗与装置规模及负荷率（图 19-8）

随着装置规模的增大，能耗中的电耗相应减少。

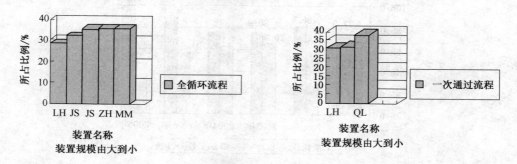

图 19-8 能耗与装置规模

同一套加氢裂化装置的负荷率越高，能耗越低。如某套加氢裂化装置负荷率与能耗的关系见表 19-19。

表 19-19 加氢裂化装置负荷率与能耗的关系

负荷率/%	100	76	70	66
能耗	基准	基准+1.32	基准+2.03	基准+4.41

（8）能耗与流程设置（表 19-20、表 19-21）

同一套加氢裂化装置，改造为不同流程的装置能耗不同。冷高分与热高分流程见图 19-9、图 19-10。

表 19-20 加氢裂化装置能耗与工艺流程设置的关系

项　　目	两段全循环流程		改造为单段一次通过	
设计规模/(kt/a)	12		20	
加工负荷率/%	96.24	99.31	92.4	99.7
能耗/(kg 标油/t)	73.7	67.14	57.86	57.13

表 19-21 加氢裂化装置能耗与冷热高分流程设置的关系

项　　目	2002 年冷高分流程		2003 年改为热高分流程	
	kg 标油/t	MJ/t	kg 标油/t	MJ/t
燃料气	19.029	796.706	16.625	696.056
新鲜水	0.001	0.060	0.002	0.079
循环水	1.24	51.916	1.66	69.5

续表

项　目	2002 年冷高分流程		2003 年改为热高分流程	
	kg 标油/t	MJ/t	kg 标油/t	MJ/t
电	10.083	421.563	11.21	469.34
蒸汽	9.48	396.291	4.45	186.313
能耗	39.833	1665.311	33.947	1421.288

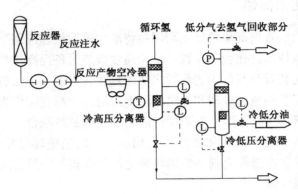

图 19-9　冷高分流程

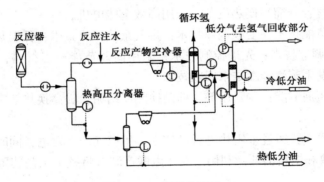

图 19-10　热高分流程

(9) 能耗与催化剂(表 19-22)

同一套加氢裂化装置,随着使用催化剂活性的提高,装置能耗降低。

表 19-22　加氢裂化装置能耗与催化剂的关系

项　目	催化剂系列 1		催化剂系列 2	
	kg 标油/t	MJ/t	kg 标油/t	MJ/t
燃料气	20.72	867.505	17.993	753.331
新鲜水	0.001	0.042	0.0017	0.071
循环水	1.186	49.655	1.013	42.412
电	9.102	381.083	7.8702	329.51
蒸汽	3.8	159.098	4.56	190.918
能耗	34.809	1457.383	31.4379	1316.242

（10）能耗与节能设施的应用

同一套加氢裂化装置，液力透平不开，装置能耗 45.39kg 标油/t；液力透平开，装置能耗 44.42kg 标油/t。

19.3　加氢裂化装置的节能技术[17~22,23~24]

19.3.1　节能技术概述

（1）改进加氢裂化装置内部单位热能利用：将渐次蒸馏概念应用于分馏部分；改善烟道气废热回收；利用窄点技术优化换热流程；采用高效换热设备提高换热效率等。

（2）实现加氢裂化装置与其他工艺装置之间的热联合：避免加氢裂化装置的原料和产品与其他工艺装置之间工艺物流的冷却和加热，将上游的热产品直接作为加氢裂化装置进料送入加氢裂化装置，改善产生热能装置和消耗热能装置之间的热联合。

（3）改进工艺技术节能：液相加氢代替气相加氢，取消循环氢压缩机，减小新氢压缩机；采用分段注氢技术；改进催化剂，使加氢裂化装置在较低的氢分压和较低的反应温度下运转；提高循环氢的氢含量。

（4）采用先进的工艺设备：选用高效换热器，减少冷热端的温差；利用液力透平回收高压液流的动力能；整合分馏与换热设备；采用高效节能电机。

（5）采用单项节能技术：变频调速技术；烟气余热回收技术；低温热回收技术；压缩机的 Hydro COM 气量调节技术；先进控制技术；采用高效节能衬里材料，减少散热损失；分馏塔设置中段回流发生蒸汽；凝结水回收技术。

（6）注入化学药剂节能：注阻垢剂，抑制换热器结垢，提高换热效率；投用除灰剂，增加余热回收量。

（7）采用热电联产：通过采用热电联产技术，用燃气透平发电，同时用烟道气加热工艺物流，减少 CO_2 排放和燃料消耗。利用一套热电联产装置将整个工艺装置需要的所有热量联系起来。

（8）加强生产管理节能：合理控制工艺介质进冷却器加强保温伴热管理，减少热损失；加强伴热蒸汽的管理，避免蒸汽无用的过量消耗；加强疏水器的管理，有效利用蒸汽；合理控制循环氢压缩机的蒸汽消耗；尽可能利用回注水，减少新鲜水的消耗；合理控制循环水的温差，节约循环水用量；加强加热炉氧含量的分析，降低排烟温度。

19.3.2　窄点技术优化换热流程节能

（1）典型加氢裂化装置的主干换热网络

某炼厂加氢裂化装置为一次通过流程（图 19-11），以蜡油为原料，生产喷气燃料、柴油等中油型产品和加氢尾油。装置的主要热物流有反应流出物、尾油、柴油和喷气燃料，需要加热的冷物流包括原料油、低分油和各分馏塔的重沸物流等。

由图 19-11 可以看出，最大的热公用工程消耗为反应进料加热炉，最大的冷公用工程消耗为高压空冷，高压热源：反应流出物。

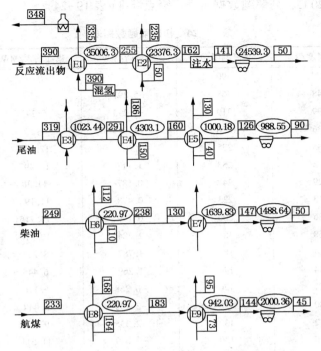

图 19-11 某炼厂加氢裂化装置的主要换热流程

E1—反应流出物/混合进料换热器；E2—反应流出物/低分油换热器；E3—喷气燃料汽提塔重沸器；

E4—尾油/原料油换热器；E5—尾油/脱丁烷塔进料换热器；E6—脱乙烷塔重沸器；

E7—柴油/石脑油分馏塔进料换热器 2；E8—脱丁烷塔重沸器；E9—柴油/石脑油分馏塔进料换热器 1

(2) 主要的冷热物流条件(表 19-23)

表 19-23 主要冷热物流条件表

物流名称	代号	起始温度/ ℃	目标温度/ ℃	起始焓值/ (MJ/kg)	目标焓值/ (MJ/kg)	热容流率/ (kW/℃)
反应流出物	H1	390	50	85.91	15.52	240.78
尾油	H2	319	90	7.84	1.57	31.84
柴油	H3	249	50	3.35	0.48	16.77
喷气燃料	H4	233	45	4.39	0.75	22.52
原料油	C1	150	186	11.69	15.39	119.53
混氢原料	C2	154	348	24.5	56.86	193.99
低分油	C3	50	236	3.8	23.84	125.30
喷气燃料汽提塔重沸物	C4	233	235	6.39	7.27	511.72
石脑油分馏塔进料	C5	73	130	2.49	4.72	45.50
脱丁烷塔重沸物	C6	164	168	6.06	7.16	319.83
脱乙烷塔重沸物	C7	110	112	1.33	1.52	110.49
脱丁烷塔进料	C8	40	130	0.29	1.17	11.37

（3）设 $\Delta T_{min} = 20℃$，列解题数据表确定窄点温度（表 19-24）。

表 19-24　初始解题数据表

子网络	冷流温度/℃	热流温度/℃	热负荷/MW	累计输入/MW	累计输出/MW
0		390			
1	348	368	-5.297		5.297
2	299	319	-2.293	5.297	7.59
3	236	256	-4.954	7.59	12.544
4	235	255	0.047	12.544	12.497
5	233	253	1.117	12.497	11.38
6	229	249	0.187	11.38	11.193
7	213	233	0.478	11.193	10.715
8	186	206	0.199	10.715	10.516
9	168	188	2.284	10.516	8.232
10	164	184	1.787	8.232	6.445
11	154	174	1.269	6.445	5.176
12	150	170	-0.268	5.176	5.444
13	130	150	-3.732	5.444	9.176
14	112	132	-2.335	9.176	11.511
15	110	130	-0.039	11.511	11.55
16	73	93	-4.8	11.55	16.35
17	70	90	-0.526	16.35	16.876
18	50	70	-2.868	16.876	19.744
19	40	60	-2.687	19.744	22.431
20	30	50	-2.801	22.431	25.232
21		45	-0.338	25.232	25.57

由表 19-24 可见，各子网络的输入、输出热流量均大于零，说明该系统不需要热公用工程对物流加热，只需要冷公用工程对物流冷却，且冷却负荷为 25.57MW，说明系统中热量过剩。找出表 19-24 子网络中输出热流量的最小值为 5.176MW（子网络 11），令该处的输出值为零，则子网络 17 的输入值亦为零。据此调整后的解题见表 19-25。

表 19-25　调整后的解题表

子网络	冷流温度/℃	热流温度/℃	热负荷/MW	累计输入/MW	累计输出/MW
0		390			
1	348	368	-5.297		0.121
2	299	319	-2.293	0.121	2.414
3	236	256	-4.954	2.414	7.368
4	235	255	0.047	7.368	7.321
5	233	253	1.117	7.321	6.204
6	229	249	0.187	6.204	6.017
7	213	233	0.478	6.017	5.539
8	186	206	0.199	5.539	5.34
9	168	188	2.284	5.34	3.056
10	164	184	1.787	3.056	1.269

续表

子网络	冷流温度/℃	热流温度/℃	热负荷/MW	累计输入/MW	累计输出/MW
11	154	174	1.269	1.269	0
12	150	170	-0.268	0	0.268
13	130	150	-3.732	0.268	4
14	112	132	-2.335	4	6.335
15	110	130	-0.039	6.335	6.374
16	73	93	-4.8	6.374	11.174
17	70	90	-0.526	11.174	11.7
18	50	70	-2.868	11.7	14.568
19	40	60	-2.687	14.568	17.255
20	30	50	-2.801	17.255	20.056
21		45	-0.338	20.056	20.394

由表 19-25 可见，调整后网络出现窄点，窄点温度为 174℃/154℃，冷公用工程用量变为 20.394MW，此值即为最小冷公用工程用量。

（4）换热网络优化

图 19-12 是原设计的换热网络，可以看出存在多处与上述窄点换热原则相违背的情况：通过窄点换热有热交换、反应进料加热炉、高热容流率物流没有分流而直接进行换热；但也有符合窄点理论的情况：窄点上方没有冷公用工程设施、窄点下方没有热公用工程设施。

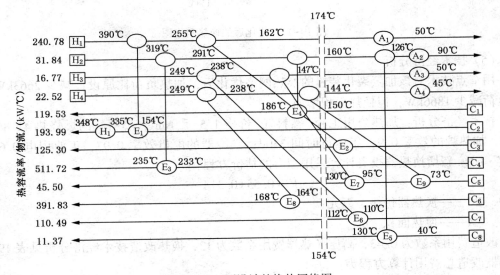

图 19-12　原设计的换热网络图

依据窄点理论，可以得出以下换热优化的依据：过剩热量可以通过换热的方式使混氢原料达到反应所需的温度，而不一定需要设置高压反应进料加热炉；通过分流的方式使反应流出物的高热容流率与原料油、低分油等冷流相匹配，以达到最佳的换热器设置效果；窄点以上不设置冷公用工程设施，窄点以下不设置热公用工程设施；尽量不通过窄点进行换热。

具体优化内容：增加原料油/喷气燃料换热器，原料油从 150℃升温到 154℃，喷气燃料从183℃降温到162℃，该换热器的增加，改变了原喷气燃料/重沸器跨窄点换热的情况，并合理地将新增换热器设置在喷气燃料与脱丁烷塔重沸物流换热以后窄点附近的温度范围内，符合从窄点开始进行匹配的原则；增加原料油/柴油换热器，新增低压换热器后，原料油预热温度上升到200℃，经与反应流出物换热后，能够达到反应所需温度，从换热角度可以取消反应进料加热炉。优化后的换热网络见图19-13。

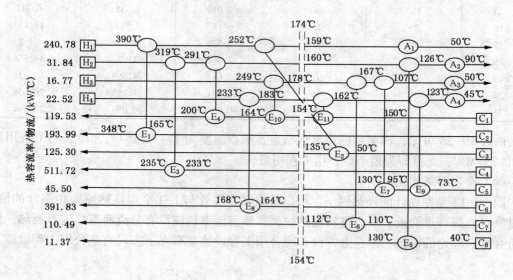

图 19-13　优化后的换热网络图

（5）技术经济分析

用窄点技术对该加氢裂化装置的换热网络优化后，加热负荷比原设计减少2663kW，冷却负荷减少1866kW，但换热面积增加。

技术经济分析：加热公用工程（燃料气）价格1.5元/Nm³，燃料气的燃烧热41.868MJ/Nm³，加热炉的效率0.9，年运行时间330d；空冷器的电机效率0.97，工业用电0.64元/(kW·h)。新增换热器投资计算采用拟合的估价方程：

$$BC = 0.55 + 0.31A^{0.6}$$

式中　BC——换热器价格，万元；

　　　A——换热面积，m²。

改造费用系数为0.43，高压换热器费用系数为12，换热改造技术经济分析见表19-26，换热器改造总费用计算方程为：

$$BC = 1.43 \times [12 \times (0.55 + 0.31A^{0.6})]$$

表 19-26　换热改造技术经济分析

节约加热公用工程量/(kW·h)	节约空冷器耗电量/(kW·h/a)	增加高压换热面积/m²	增加低压换热面积/m²	节省加热炉投资/万元	增加换热器投资/万元	节省操作费用/(万元/a)	回收期/a
2663	18.66×10⁶	348	220	300	200	1277	—

（6）几种换热网络的优化方案

某1.794Mt/a加氢裂化装置的基本换热网络如图19-14至图19-17所示。

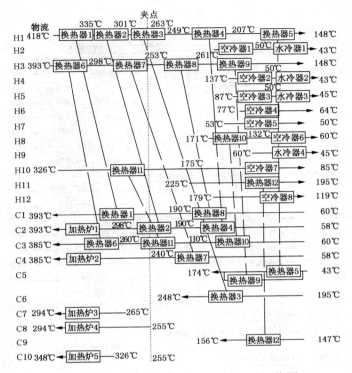

图 19-14　某加氢裂化装置的基本换热网络图

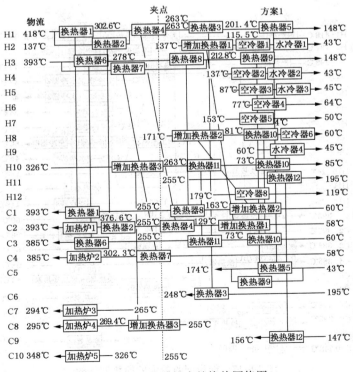

图 19-15　改动较小的换热网络图

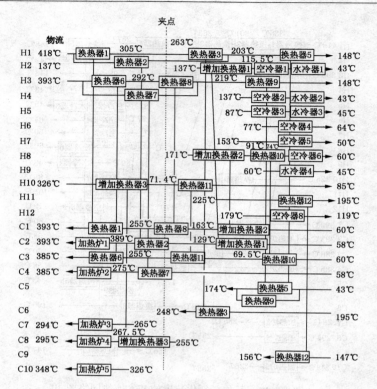

图 19-16　优化的改动较小换热网络图

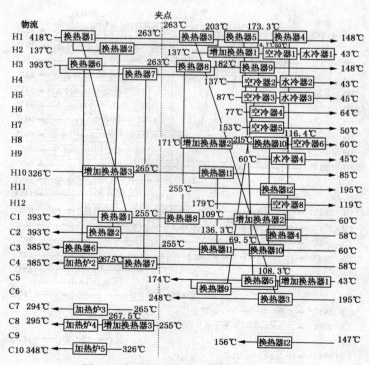

图 19-17　能量回收最大的换热网络图

19.3.3　加氢裂化反应流出物余热发电节能

某 0.8Mt/a 加氢裂化装置为全循环、冷高压分离器流程，80℃以上反应流出物余热量为 15.8MW。

某 4.0Mt/a 加氢裂化装置为全循环、热高压分离器流程，80℃以上的反应流出物余热量为 67.4MW。

动力回收反应流出物余热流程见图 19-18。

基准价格数据：电 0.45 元/(kW·h)，除盐水 14 元/t，冷却水 0.25 元/t，1.0MPa 蒸汽 100 元/t。

（1）投资

新建加氢裂化装置回收 41MW 低温位余热（下称新建装置动力回收）和已有装置改造回收（下称改造装置动力回收）两种方案的动力回收系统工程投资见表 19-27。

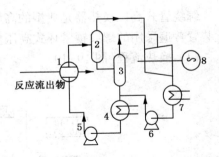

图 19-18　动力回收反应流出物余热流程
1—反应流出物换热器；2——级扩容器；
3—二级扩容器；4—冷却器；5—热水泵；
6—凝结水泵；7—凝汽器；8—汽轮发电机组

表 19-27　动力回收系统工程投资　　　　　　　　万元

项　　目	新建装置动力回收	改造装置动力回收
低温余热发电站	1700	1700
反应流出物换热器	0	400
热水管道	175	175
合计	1875	2275

注：①由于单独建低温余热发电站，故发电站与装置的距离按 500m 计；
②新建装置时，高低压换热器代替了高压空气冷却器，故投资不计。

（2）效益

发电 3500kW，年效益 1260 万元；换热器代替高压空冷器后，减少风机用电 160kW，年效益 57.6 万元。温余热发电的年总效益为 1317.6 万元。

低温余热电站的有关消耗及费用：

① 冷却水 3340t/h，年费用 660 万元；

② 电站自耗电（包括热水泵）200kW，年费用 72 万元；

③ 热水补充用除盐水 2.5t/h，年费用 28 万元；

④ 消耗 1.0MPa 蒸汽 0.5t/h，年费用 40 万元。

上述 4 项相加，年总费用 800 万元。

（3）投资回收期

低温发电的年净效益为 517.6 万元，新建和改造装置动力回收方案的简单投资回收期分别为 3.6 年和 4.4 年。

投资回收期 5 年内，说明采用动力回收方式是经济可行的。

新建装置动力回收方案更合理，投资回收期比改造装置动力回收短 0.78 年。

（4）节能效果

发电 3500kW 并减少风机用电 160kW，节约能量 1098kg 标油/h，各种消耗折一次能源量 438kg 标油/h，此方案净节约能量为 660kg 标油/h，每年节约标准燃料油 5280t。

19.3.4　高效换热设备节能

缠绕管式高压换热器是典型的高压高效换热设备，采用缠绕管式高压换热器替代加氢裂化装置普遍采用的螺纹锁紧环式高压换热器，可实现节能降耗、降低投资的作用。

（1）换热流程（图19-19）

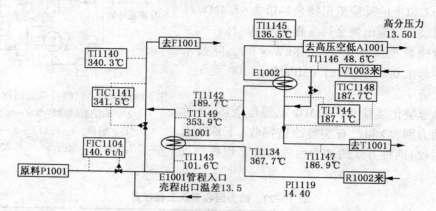

图 19-19　采用缠绕管式高压换热器后的换热流程

（2）节省钢材，减少投资（表 19-28）

表 19-28　某厂两套加氢裂化装置实际使用高压换热器参数比较

处理能力/(Mt/a)	换热设备台数	换热面积/m²	质量/t	投资
	1	237	41.5	
	2	572	88	
0.8	1	170	30.8	
	2	508	68.8	
	2	584	53	
总计	8	2071	282.1	基准+46%
1.5	1	1348	87.9	
	2	1860	81.9	
总计	2	3208	169.8	基准

缠绕管式换热器投资中考虑了部分研发资金。

（3）换热效率高（图19-20、图19-21）

高温流体入口温度与低温流体出口温差（热端温差）非常低，第一台缠绕管式高压换热器为13℃左右，第二台缠绕管式高压换热器为2℃左右。单台螺纹锁紧环式高压换热器一般热端温差为40℃左右。

（4）反应进料加热炉负荷为零

某厂加氢裂化装置采用缠绕管式高压换热器后，开工期间由于第一台缠绕管式高压换热器冷旁路阀无法投用，第一台缠绕管式高压换热器实际取热量增大，反应进料加热炉入口温度348℃与反应器入口温度一致，理论上可以取消反应进料加热炉。

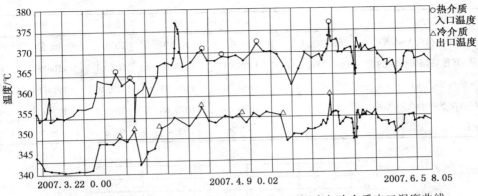

图 19-20　第一台缠绕管式高压换热器热介质入口温度与冷介质出口温度曲线

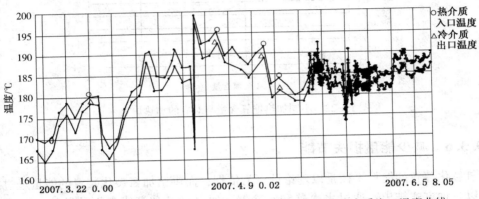

图 19-21　第二台缠绕管式高压换热器热介质入口温度与冷介质出口温度曲线

19.3.5　加热炉节能

不同加热炉氧含量与对应的加热炉效率的对应关系分别见表 19-29 和图 19-22。

表 19-29　加热炉氧含量与对应的加热炉效率

氧含置	4%	3%	2%	1%	0%
过剩空气系数	1.24	1.18	1.1	1.05	1
过剩空气量/(Nm³/h)	3113.4	2308.3	1263.1	625.7	0.0
过剩空气干基/(Nm³/h)	3018.5	2238.0	1224.6	606.6	0.0
过剩空气湿基/(Nm³/h)	94.9	70.4	38.5	19.1	0.0
空气温度/℃	186	186	186	186	186
炉膛温度/℃	690	690	690	690	690
空气平均比定压热容/[kJ/(m³·℃)]	1.3415	1.3415	1.3415	1.3415	1.3415
平均比定压热容/[kJ/(m³·℃)]	1.5765	1.5765	1.5765	1.5765	1.5765
过剩空气消耗热/(kJ/h)	2116285.2	1569035.4	858573.6	425288.4	0.0
其他热损失/(kJ/h)	1562308.1	1562308.1	1562308.1	1562308.1	1562308.1

续表

氧含置	4%	3%	2%	1%	0%
过剩空气消耗燃料/(Nm³/h)	51.4	38.10	20.85	10.33	0.00
有效热量+其他热损失所需的燃料气量/(Nm³/h)	1108.61	1108.61	1108.61	1108.61	1108.61
总燃料气量/(Nm³/h)	1160.00	1146.71	1129.46	1118.94	1108.61
有效热量所需的燃料气/(Nm³/h)	1070.68	1070.68	1070.68	1070.68	1070.68
热效率/%	92.3	93.4	94.8	95.7	96.6

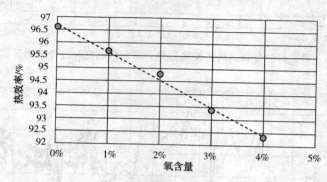

图 19-22　不同加热炉氧含量与对应的加热炉效率

19.3.6　减少能量损失节能

加氢裂化装置的能量平衡是以理论计算为依据，而供给加氢裂化装置的能量经过换热降质后，以三种方式排出：通过水冷器和空冷器；通过设备和管线表面的散热；通过物流排弃。典型分馏塔的排弃㶲损失见表 19-30，分馏塔侧线物流散热及冷却损失的比较见图 19-23。

表 19-30　典型分馏塔的排弃㶲损失

散热/%	冷却/%	物流排弃/%	合计/%
53.6	28.0	18.4	100

（1）通过水冷器和空冷器节能

某 1.2Mt/a 加氢裂化装置在保持循环氢纯度相近的情况下，1 段、2 段反应流出物取消水冷器后，可节省冷却负荷分别为 38.22MJ/h 和 23.41MJ/h。

降低空冷器入口温度主要靠优化换热网络，提高换热效率和低温热的利用，如汽提塔顶、分馏塔顶、喷气燃料、柴油低温热的利用，降低了相应空冷器的负荷，也降低了加氢裂化装置的能耗。

（2）减少设备和管线表面的散热节能

散热㶲损失计算式：

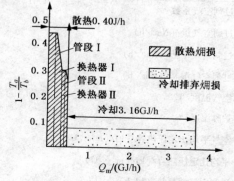

图 19-23　分馏塔侧线物流散热

及冷却损失的比较

$$D_{JD} = D_{JD}\left(1 - \frac{T_0}{T_b}\right)$$

式中　D_{JD}——散热量，kW；

　　　T_0——环境温度，℃；

　　　T_b——散热设备内部的介质温度，℃。

① 散热㶲损失的特点：

a. 能级较高：加氢裂化反应需要在高温下进行，而反应又是强放热反应，散热的㶲损失能级较高；分馏部分散热设备内部的介质温度总是比冷却器或排入大气的物流温度高，从图 19-23 可看出：散热和冷却的㶲损失相差无几。

b. 从散热设备向环境的排放热，具有最大的不可逆性，散失的热量无法回收，设计和生产中只能通过加强保温隔热力求减少。

c. 高温部位散失的㶲损，几乎要靠加倍的一次能源来补偿。

② 改善散热的途径：

a. 减少裸露金属表面。一般认为，按照标准要求的保温措施可使裸露散热的95%得以避免，但反应器入口、出口法兰、高压换热器入口、出口法兰、调节阀、容器封头等少量的高温金属裸露表面，散热量也会很大。

b. 优化保温设计。经济合理的设计是应按㶲价而非热价设计保温。如：管线的最优保温厚度可按下式计算：

$$D\ln\frac{D}{d} = 1.9\times10^{-3}(t_B - t_t)\sqrt{\frac{\lambda c_u H}{\alpha N t_B} - \frac{2\lambda}{\alpha_T}}$$

式中　D——保温结构外径，mm；

　　　d——管线外径，mm；

　　　t_B——介质温度，℃；

　　　T_0——环境温度，℃；

　　　d——保温材料的导热系数，W/(m²·℃)；

　　　c_u——热㶲价，元/J；

　　　H——年操作时数，h；

　　　α——保温层的单位投资费用，元/mm；

　　　N——投资年费用系数；

　　　α_T——保温外表面的散热系数，W/(m²·℃)。

（3）减少物流排弃损失节能

① 减少显热排弃，如反应进料加热炉、分馏炉排烟、蒸汽发生器的连续排污、加热伴热蒸汽凝结水的排放；

② 减少潜热排弃，如生产过程的乏汽、燃油加热炉烟气中的水蒸气；

③ 减少化学能的损失，如燃油加热炉烟气中的一氧化碳、减压抽空器排放的可燃成分。

19.4　节能降耗的热点难点问题

19.4.1　降低大法兰、换热器封头的散热损失

反应器出、入口单个大法兰在常温下散热损失3000~5000W(与法兰大小、反应温度成正比，与环境温度成反比)，开发能够降低螺栓松弛(防止法兰泄漏)、又保温的设备是降低大法兰散热损失的途径之一；

高压螺纹锁紧环换热器封头在常温下散热损失4000~8000W(与换热器壳径、封头断面温度成正比，与环境温度成反比)，开发能够降低外螺栓松弛(防止换热器泄漏)、又保温的设备是降低高压螺纹锁紧环换热器封头散热损失的途径之一。

19.4.2　低温热发电

反应流出物空冷器(或热高分气空冷器)投资高、冷却负荷大，是加氢裂化装置节能的重点之一。反应流出物低温热发电节能，投资回报率适中，是一种可选方案。

反应流出物低温热发电节能的难点在于安全性，提高反应流出物低温热发电的安全性是推广该技术的核心。

19.4.3　耗能与产能

工业应用的加氢裂化装置均为耗能装置，能否变为产能装置，取决于：反应热大小、低温热利用、空冷器负荷、加热炉负荷、泵及压缩机的效率、散热损失等。

从能量平衡的角度，当反应热大于装置其他耗能需求，加氢裂化装置就是产能装置。对于能耗20kg标油/t原料的加氢裂化装置，只要每吨原料降低838MJ耗能需求或多产生838MJ能量，加氢裂化装置能耗就为零。

初步核算表明：当反应进料加热炉变成开工炉、反应流出物空冷器入口温度降到<80℃、>80℃的低温热得到利用，含硫蜡油一次通过的加氢裂化装置能耗就可降为负值，即加氢裂化装置由耗能装置变为产能装置。

参 考 文 献

[1] 华贲. 中国炼油企业能源构成和能量转换技术的发展趋势[J]. 炼油技术与工程，2005，35(11)：1-6.
[2] 华贲. 中国能源形势与炼油企业节能问题[J]. 炼油技术与工程，2005，35(4)：1-5.
[3] 孟宪玲. 我国炼油行业节能综述[J]. 当代石油化工，2005，13(3)：31-35.
[4] 李立权. 加氢装置的能耗与节能[C]//加氢裂化协作组第三届年会报告论文集. 抚顺：中国石化抚顺石油化工研究院，加氢裂化协作组，1999：854-861.
[5] 张英，赵威，孙荣. 加氢裂化装置用能三环节分析与改进[C]//加氢裂化装置生产运行交流会会议交流报告. 抚顺：中国石油化工股份有限公司炼油事业部，中国石化抚顺石油化工研究院，2007：523-527.
[6] 邓茂广. 茂名加氢裂化装置用能分析及节能途径[J]. 中外能源，2008，13(1)：110-115.
[7] 陈刚，李浩. 加氢装置用能分析与节能措施[C]//加氢裂化装置用能三环节分析与改进，加氢裂化装置生产运行交流会会议交流报告. 抚顺：中国石油化工股份有限公司炼油事业部，中国石化抚顺石油

化工研究院，2007：535-543.

[8] 李大东主编.加氢处理工艺与工程[M].北京：中国石化出版社，2004：1179-1187.

[9] 田同虎.中压加氢裂化装置生产优化与节能[C]//加氢裂化装置用能三环节分析与改进，加氢裂化装置生产运行交流会会议交流报告.抚顺：中国石油化工股份有限公司炼油事业部，中国石化抚顺石油化工研究院，2007：549-559.

[10] 张英，赵威，关明华.不同类型加氢裂化装置能量平衡分析与节能途径探讨[C]//加氢裂化装置用能三环节分析与改进，加氢裂化装置生产运行交流会会议交流报告.抚顺：中国石油化工股份有限公司炼油事业部，中国石化抚顺石油化工研究院，2007：564-570.

[11] 中国石油化工信息学会石油炼制分会编.2007年中国石油炼制技术大会论文集[M].北京：中国石化出版社，2007：175-170；193-197；1071-1078；1086-1091.

[12] 中华人民共和国建设部，中华人民共和国国家质量监督检验检疫总局.GB/T 50441—2007石油化工设计能耗计算标准[S].北京：中国计划出版社，2007.

[13] 王庆峰.降低加氢裂化装置综合能耗的探索[J].中外能源，2006，11(3)：61-65.

[14] 李立权.馏分油固定床加氢裂化装置的能耗与节能[C]//2004年中国石化炼油节能技术交流会论文集，2004：117-123.

[15] 李越明.扬子加氢裂化装置1999—2001年生产技术总结[C]//加氢裂化协作组第四届年会报告论文集.抚顺：中国石化抚顺石油化工研究院，加氢裂化协作组，2007：209-214.

[16] 卢时述.过程能量综合在炼油装置热联合能量优化中的应用研究[D].湘潭：湘潭大学，2005.

[17] 蔡砚，冯霄.加氢裂化装置换热网络的节能改造[J].现代化工，2006，27(S1)：289-294.

[18] 郭文豪.加氢裂化装置反应流出物余热发电探讨[J].炼油设计，2002，32(7)：60-62.

[19] 陈安民.石油化工过程节能方法和技术[M].北京：中国石化出版社，1995：66-76.

[20] 何文丰，胡明忠.缠绕式换热器在加氢裂化装置高压空冷系统的应用[C]//加氢裂化装置生产运行交流会会议交流报告.抚顺：中国石油化工股份有限公司炼油事业部，中国石化抚顺石油化工研究院，2007：492-498.

[21] 俞伯炎，吴照云，孙德刚主编.石油工业节能技术[M].北京：石油工业出版社，2000：403-459.

[22] 沈春夜.镇海150万吨/年加氢裂化装置满负荷考核报告[C]//加氢裂化装置生产运行交流会会议交流报告.抚顺：中国石油化工股份有限公司炼油事业部，中国石化抚顺石油化工研究院，2007：92-106.

[23] 冯霄编著.化工节能原理与技术[M].2版.北京：化学工业出版社，2004：9-262.

[24] 曹汉昌，郝希仁，张韩主编.催化裂化工艺计算与技术分析[M].北京：石油工业出版社，2000：502-532.

[25] 侯芙生主编.炼油工程师手册[M].北京：石油工业出版社，1995：1101-1138.

致　谢

　　本书第一版作为由中国石化炼油事业部主办、石油化工管理干部学院承办的第一期和第二期加氢裂化、渣油加氢装置专家班学员教材，学员在做作业过程中，指出了书中存在的问题，提供了更多计算方面的素材，他们分别是：

　　第一期加氢裂化、渣油加氢装置专家班学员，中国石化：刘红磊、李茂广、尚计铎、刘峰奎、李楠、黄楚安、潘赟、刘天翼、李强、王建伟、汪加海、杨楚彬、赖全昌、姚立松、刘学、刘涛、吴子明、刘昶、石磊、宋智博、陈福祥；中国石油：朱强、牛贵峰、张辰宇、敖锟；中国海油：曲慧勇。

　　第二期加氢裂化、渣油加氢装置专家班学员，中国石化：任谦、袁洪生、许楠、吴相雷、冯震恒、白宏、何继龙、姜来、吉建国、郑树坚、刘政伟、孙兴、刘付福千、宫琳、毛炎云、赵广乐、柳伟、耿新国、周桂娟、陈超、蒋新民、姜文华；中国石油：郭强、张雷；中国海油：杨杰。

　　感谢以上学员对本书再版提出的宝贵意见；本书第二版采用了部分学员的大作业案例作为例题，对他们为本书再版做出的贡献表示感谢。

　　感谢为本书再版提供过支持和帮助的中石化广州工程有限公司和中石化洛阳工程有限公司的同事，中国石化出版社、石油化工管理干部学院及中国石化总部的各位领导和同仁。

编　者